MICROMÉGA

Physique Chimie 2de

DEUXIÈME ÉDITION

Chantal Clavel-Monin
Professeur au lycée Condorcet de Saint-Priest

Ghislain Garcia
Professeur à Montpellier

Anne-Marie Miguet
Professeur au lycée Saint-Exupéry de Lyon

Hélène Pruvot-Déchelette
Professeur au lycée René Descartes de Saint-Genis-Laval

Karine Vasseur
Professeur au lycée La Martinière Monplaisir de Lyon

sous la direction de

Jean-François Le Maréchal
Maître de conférences à l'École normale supérieure de Lyon

HATIER

Collaborations

Les auteurs et les éditions Hatier remercient pour leur précieuse collaboration :

- **L'École normale supérieure de Lyon**
- **L'équipe de recherche sur les COmmunication et Apprentissage des Savoirs Scientifiques et Techniques** de l'université Lyon 2
- **Nadia Gomit**, professeur au lycée François Truffaut de Bondoufle

Cet ouvrage est la deuxième édition de l'ouvrage Microméga 2de paru en 2000, rédigé, sous la direction de Jean-François Le Maréchal, par l'équipe d'auteurs suivante :

Chantal Clavel-Monin
Anne-Marie Colonna
Ghislain Garcia
Nathalie Hild
Guy Le Parc
Anne-Marie Miguet

Édition : Claire-Marie La Sade
Conception maquette : Hatier Graphismes et Monique Alessandrini
Composition : MCP
Suivi et mise en page : Monique Alessandrini
Schémas : Domino
Illustrations : François Foyard
Iconographie : Hatier illustration, Pierre Philippon

ISBN2-218-74579-8

AVANT-PROPOS

Cet ouvrage constitue une nouvelle édition entièrement remaniée du livre de physique-chimie de seconde de la collection *Micromega*. Comme la précédente édition, il est conforme au B.O. hors série n° 6 du 12 août 1999.

Ce livre s'adresse à tous les élèves, futurs scientifiques ou non, et à leurs professeurs. Nous l'avons voulu clair et simple, sans redondance ni inflation, et nous nous sommes attachés tout particulièrement à la rigueur du vocabulaire. Sa conception est le fruit du travail d'équipe de professeurs confrontés depuis des années à l'hétérogénéité de cette classe de seconde.

La nouveauté principale de cette édition porte sur l'introduction d'activités de découverte qui s'organisent :
– en activités courtes (1 et 2 de chaque chapitre) pour l'introduction rapide de quelques notions fondamentales ;
– en activités plus longues (3 et 4) qui permettent aux élèves de découvrir le cours sous une forme active.

Les activités placées après le cours supposent les connaissances du chapitre introduites au préalable et sont semblables à celles de la précédente édition.
Toutes les activités proposées peuvent être des travaux pratiques, des activités d'analyse d'expériences, d'introduction de concepts théoriques, d'utilisation du cédérom Micromega ou des activités sur l'histoire des sciences. Certaines d'entre elles (cadran solaire p. 290 ou celles du chapitre 10) peuvent être considérées comme des approfondissement thématiques.

On trouvera à la fin de chaque chapitre un nombre important d'exercices : un ou deux résolus, quelques-uns présentant une aide, d'autres dont les réponses sont fournies en fin d'ouvrage, enfin, de nombreux exercices sans aide ni correction.

Les élèves pourront continuer à s'appuyer sur la clarté de l'ouvrage, la rigueur dans la formulation du texte, l'aspect synthétique de la présentation des connaissances essentielles à la fin de chaque cours et l'aspect pratique des fiches méthodes situées en fin d'ouvrage.

Le cédérom Micromega seconde contient des simulateurs, leurs prises en main et leurs exercices, ainsi que du cours, des tests de connaissance et des vidéos. Une version de démonstration gratuite peut être obtenue sur simple demande (voir le rabat de couverture en fin d'ouvrage).

Pour insister sur les aspects macroscopiques ou microscopiques de certaines notions, des logos ont été placés aux endroits importants du manuel.

F.M. 1 Des *Fiches méthodes* sont regroupées en fin d'ouvrage et permettent aux élèves d'être guidés dans quelques situations couramment rencontrées.

Nous espérons ainsi que cette collection continuera d'être utilisée avec efficacité. Nous remercions par avance des suggestions et remarques que les utilisateurs nous feront parvenir, par exemple par l'intermédiaire du site http://www.micromega-hatier.com.

Les auteurs

S O M M A I R E

CHIMIE

PHYSIQUE

Programme officiel de seconde

ENSEIGNEMENT FONDAMENTAL

Les connaissances et savoir-faire exigibles sont notés sur un fond jaune.

CHIMIE

I. « Chimique ou naturel ? »

1. La chimie du monde : mise en évidence de l'ubiquité des espèces chimiques

1.1. Inventaire et classement de quelques espèces chimiques

1.2. Espèces chimiques naturelles et espèces chimiques synthétiques

Savoir que certaines espèces chimiques proviennent de la nature et d'autres de la chimie de synthèse.

2. Le monde de la chimie : approches expérimentale et historique de l'extraction, de la séparation et de l'identification d'espèces chimiques

2.1. Techniques d'extraction d'espèces chimiques organiques

a. Approche historique.

b. Principe de l'extraction par solvant.

c. Extraction d'espèces chimiques à partir d'un *produit* de la nature : extraction par solvant ou par entrainement à la vapeur.

2.2. Séparation et identification d'espèces chimiques

Caractérisation ou identification par comparaison d'une espèce chimique extraite

a. Chromatographie

Principe de la chromatographie : phase fixe, phase mobile, révélation, interprétation, application à la séparation des espèces d'un mélange et à l'analyse.

b. Caractéristiques physiques

T_f, T_{eb}, densité, indice de réfraction, *couleur*, solubilités.

Interpréter les informations de l'étiquette d'un flacon (risques, sécurité, paramètres physiques) comme une carte d'identité de son contenu.

S'informer sur les risques et les consignes de sécurité à respecter lors des manipulations, en particulier des solvants organiques. Reconnaître et nommer la verrerie de laboratoire employée. Utiliser une ampoule à décanter, un dispositif de filtration, un appareil de chauffage dans les conditions de sécurité.

Mettre en œuvre une technique d'extraction.

À l'aide d'un tableau de données (températures de changement d'état, solubilités, masses volumiques), à pression atmosphérique et pour une température connue, prévoir l'état physique d'une espèce chimique, choisir un solvant approprié pour faire une extraction, prévoir le liquide surnageant dans un système constitué de deux liquides non miscibles.

Réaliser une chromatographie sur couche mince.

3. Le monde de la chimie : la synthèse des espèces chimiques au laboratoire et dans l'industrie

3.1. Nécessité de la chimie de synthèse. Quelques exemples de synthèse dans la chimie lourde et dans la chimie fine (à haute valeur ajoutée) à partir des matières premières de la nature et en fonction des besoins des consommateurs

3.2. Synthèse d'une espèce chimique

3.3. Caractérisation d'une espèce chimique synthétique et comparaison avec un extrait naturel comportant la même espèce chimique que l'espèce synthétisée

Suivre un protocole de synthèse en respectant les consignes (sécurité, protection de l'environnement).

Proposer une méthode expérimentale pour comparer deux espèces chimiques.

Interpréter, discuter et présenter les résultats d'une analyse comparative.

II. Constitution de la matière

1. Des modèles simples de description de l'atome

1.1. Un modèle de l'atome

Noyau (protons et neutrons), électrons : Nombre de charge et numéro atomique Z. Nombre de nucléons A. Charge électrique élémentaire, charges des constituants de l'atome.

Électroneutralité de l'atome.

Masse : masses des constituants de l'atome ; masse approchée d'un atome et de son noyau, considérée comme la somme des masses de ses constituants.

Dimension : ordre de grandeur du rapport des dimensions respectives de l'atome et de son noyau.

1.2. L'élément chimique

Définitions des isotopes.

Définitions des ions monoatomiques.

Caractérisation de l'élément par son numéro atomique et son symbole.

Conservation de l'élément au cours des transformations chimiques.

1.3. Un modèle du cortège électronique

Répartition des électrons en différentes couches, appelées K, L, M. Répartition des électrons pour les éléments de Z compris entre 1 et 18.

Connaître la constitution d'un atome.

Connaître et utiliser le symbole $^{A}_{Z}X$.

Savoir que l'atome est électriquement neutre.

Savoir que la masse de l'atome est essentiellement concentrée dans son noyau.

Évaluer la masse d'un atome, en faisant la somme de celles de ses protons et de ses neutrons.

Connaître le symbole de quelques éléments.

Savoir que le numéro atomique caractérise l'élément.

Interpréter une suite de transformations chimiques en terme de conservation d'un élément.

Distinguer les électrons associés aux couches internes de ceux de la couche externe. Dénombrer les électrons de la couche externe.

2. De l'atome aux édifices chimiques

2.1. Les règles du *duet* et de l'octet

a. Énoncé des règles de stabilité des atomes de gaz nobles (ou *rares*), inertie chimique.

b. Application aux ions monoatomiques stables.

c. Application aux molécules à l'aide du modèle de Lewis de la liaison covalente.

Représentation de Lewis de quelques molécules.

Dénombrement des doublets d'électrons liants et non liants. Notion d'isomérie.

2.2. La géométrie de quelques molécules simples.

Disposition relative des doublets d'électrons en fonction de leur nombre. Application à des molécules ne présentant que des liaisons simples.

Représentation de Cram.

Connaître les règles du duet et de l'octet et savoir les appliquer pour rendre compte des charges des ions monoatomiques existants dans la nature.

Donner la représentation de Lewis de quelques molécules simples : H_2, Cl_2, HCl, CH_4, NH_3, H_2O, C_2H_6, O_2, N_2, C_2H_4, CO_2.

Représenter des formules développées et semi-développées compatibles avec les règles du duet et de l'octet de quelques molécules simples, telles que C_4H_{10}, C_2H_6O, C_2H_7N.

Rendre compte de la géométrie des molécules : CH_4, NH_3, H_2O, en se basant sur la répulsion électronique des doublets liants et non liants.

3. La classification périodique des éléments

3.1. Classification périodique des éléments. La démarche de Mendeleïev pour établir sa classification : son génie, ses erreurs

Les critères actuels de la classification : Z et les électrons de la couche externe.

3.2. Utilisation de la classification périodique

Familles chimiques.

Formules des molécules usuelles et charges des ions monoatomiques ; généralisation à des éléments de Z plus élevés.

En utilisant la classification périodique, retrouver la charge des ions monoatomiques et le nombre de liaisons que peuvent établir les éléments de chacune des familles de la colonne du carbone, de l'azote, de l'oxygène et du fluor.

Localiser, dans la classification périodique, les familles des alcalins, des halogènes et des gaz nobles (ou rares).

III. Transformations de la matière

1. Outils de description d'un système

1.1. De l'échelle microscopique à l'échelle macroscopique : la mole

Unité de la quantité de matière : la mole.

Constante d'Avogadro, N_A.

Masse molaire atomique : M $(g \cdot mol^{-1})$.

Masse molaire moléculaire.

Volume molaire V_m $(L \cdot mol^{-1})$ à T et p.

1.2. Concentration molaire des espèces moléculaires en solution

Notions de solvant, soluté, solution et solution aqueuse.

Dissolution d'une espèce moléculaire.

Concentration molaire d'une espèce dissoute en solution non saturée. Dilution d'une solution.

Calculer une masse molaire moléculaire à partir des masses molaires atomiques.

Déterminer une quantité de matière (exprimée en mole) connaissant la masse d'un solide ou le volume d'un liquide ou d'un gaz.

Prélever une quantité de matière d'une espèce chimique donnée en utilisant une balance, une éprouvette graduée ou une burette graduée.

Savoir qu'une solution peut contenir des molécules ou des ions. Réaliser la dissolution d'une espèce moléculaire.

Réaliser la dilution d'une solution.

Utiliser une balance et la verrerie de base qui permet de préparer une solution de concentration donnée (pipette graduée ou jaugée, poire à pipeter, burette, fiole jaugée).

Connaître l'expression de la concentration molaire d'une espèce moléculaire dissoute et savoir l'utiliser.

2. Transformation chimique d'un système

2.1. Modélisation de la transformation : réaction chimique

Exemples de transformations chimiques.

État initial et état final d'un système. Réaction chimique.

Écriture symbolique de la réaction chimique : équation.

Réactifs et produits.

Ajustement des nombres stœchiométriques.

2.2. Bilan de matière

Initiation à l'avancement. Expression des quantités de matière (en mole) des réactifs et des produits au cours de la transformation. Réactif limitant et avancement maximal. Bilan de matière.

Cette progression dans les contenus est accompagnée par la construction d'un tableau descriptif de l'évolution du système au cours de la transformation.

Décrire un système. Écrire l'équation de la réaction chimique avec les nombres stœchiométriques corrects.

PHYSIQUE

I. Exploration de l'espace

1. De l'atome aux galaxies

1.1. Présentation de l'Univers

L'atome, la Terre, le système solaire, la Galaxie, les autres galaxies.

1.2. Échelle des longueurs

Échelle des distances dans l'Univers de l'atome aux galaxies. Unités de longueur.

Taille comparée des différents systèmes.

1.3. L'année de lumière

Propagation rectiligne de la lumière.

Vitesse de la lumière dans le vide et dans l'air.

Définition et intérêt de l'année de lumière.

Utiliser à bon escient les noms des objets remplissant l'espace aussi bien au niveau microscopique (noyau, atome, molécule, cellule, etc.) qu'au niveau cosmique (Terre, Lune, planète, étoile, galaxie).

Savoir classer ces objets en fonction de leur taille.

Savoir positionner ces objets les uns par rapport aux autres sur une échelle de distances.

Savoir que le remplissage de l'espace par la matière est essentiellement lacunaire, aussi bien au niveau de l'atome qu'à l'échelle cosmique.

Connaître la valeur de la vitesse de la lumière dans le vide (ou dans l'air) et savoir qu'il s'agit d'une vitesse limite.

Convertir en année de lumière une distance exprimée en mètre et réciproquement.

Expliquer que « voir loin, c'est voir dans le passé ».

Utiliser les puissances de 10 dans l'évaluation des ordres de grandeur, dans les calculs, et dans l'expression des données et des résultats.

Repérer un angle. Mesurer une petite et une grande distance : mettre en œuvre une technique de mesure utilisée en TP ; garder un nombre de chiffres significatifs en adéquation avec la précision de la mesure ; exprimer le résultat avec une unité adaptée.

Compétence en cours d'acquisition : être capable d'effectuer une recherche documentaire et critique sur un cédérom ou sur internet.

2. Messages de la lumière

2.1. Un système dispersif, le prisme

Caractérisation d'une radiation.

Lois de Descartes sur la réfraction pour une radiation (l'un des milieux étant l'air).

Dispersion de la lumière blanche par un prisme.

Variation de l'indice d'un milieu transparent selon la radiation qui le traverse ; interprétation qualitative de la dispersion de la lumière par un prisme.

2.2. Les spectres d'émission et d'absorption

a. Spectres d'émission

Spectres continus d'origine thermique.

Spectres de raies.

b. Spectres d'absorption

Bandes d'absorption de solutions colorées.

Raies d'absorption caractéristiques d'un atome ou d'un ion.

2.3. Application à l'astrophysique

Savoir que la longueur d'onde, qui s'exprime en mètre et sous-multiples, caractérise dans l'air et dans le vide une radiation monochromatique. Connaître et appliquer les lois de Descartes sur la réfraction.

Utiliser un prisme pour décomposer la lumière blanche.

Étudier expérimentalement la loi de Descartes sur la réfraction : utiliser un dispositif permettant d'étudier les lois de la réfraction, repérer un angle entre un rayon lumineux et une référence, mesurer un angle.

Savoir qu'un corps chaud émet un rayonnement continu qui s'enrichit vers le violet quand la température de ce corps augmente.

Savoir distinguer un spectre d'émission et un spectre d'absorption.

Savoir repérer, par sa longueur d'onde dans un spectre d'émission ou d'absorption, une radiation caractéristique d'une entité chimique.

Savoir qu'un atome ou un ion ne peut absorber que les radiations qu'il est capable d'émettre.

Utiliser un système dispersif pour visualiser des spectres d'émission et comparer ces spectres à celui de la lumière blanche. Utiliser un système dispersif pour visualiser des spectres d'absorption et comparer ces spectres à celui de la lumière blanche.

Savoir que l'étude des spectres permet de connaître la composition de l'enveloppe externe des étoiles.

II. L'Univers en mouvements et le temps

1. Mouvements et forces

1.1. Relativité du mouvement

1.2. Principe d'inertie

a. Effets d'une force sur le mouvement d'un corps. Rôle de la masse du corps

b. Énoncé du principe d'inertie pour un observateur terrestre : « Tout corps persévère dans son état de repos ou de mouvement rectiligne uniforme si les forces qui s'exercent sur lui se compensent. »

1.3. La gravitation universelle

a. L'interaction gravitationnelle entre deux corps.

b. La pesanteur résulte de l'attraction terrestre.

Comparaison du poids d'un même corps sur la Terre et sur la Lune.

c. Trajectoire d'un projectile.

Interprétation du mouvement de la Lune (ou d'un satellite) par extrapolation du mouvement d'un projectile.

Décrire le mouvement d'un point dans deux référentiels différents.

Savoir qu'une force s'exerçant sur un corps modifie la valeur de sa vitesse et/ou la direction de son mouvement et que cette modification dépend de la masse du corps.

Énoncer le principe d'inertie.

Savoir qu'il est équivalent de dire : un corps est soumis à des forces qui se compensent et un corps n'est soumis à aucune force.

Utiliser le principe d'inertie pour interpréter en termes de force la chute des corps sur Terre.

Calculer la force d'attraction gravitationnelle qui s'exerce entre deux corps à répartition sphérique de masse, et représenter cette force.

Cas du poids en différents points de la surface de la Terre.

Prévoir qualitativement comment est modifié le mouvement d'un projectile lorsqu'on modifie la direction du lancement ou la valeur de la vitesse initiale.

2. Le temps

Utilisation d'un phénomène périodique.

2.1. Phénomènes astronomiques : l'alternance des jours et des nuits, des phases de la lune, des saisons permettent de régler le rythme de la vie (jour, heure, mois, année)

2.2. Dispositifs construits par l'Homme

Passer des années aux mois, aux jours, aux heures, aux secondes et réciproquement.

Connaître les définitions de la période et de la fréquence d'un phénomène périodique.

Savoir calculer la fréquence d'un phénomène à partir de sa période et réciproquement, et exprimer ces calculs avec les unités convenables.

Nommer et reconnaître quelques dispositifs mécaniques ou électriques permettant la mesure d'une durée : cadran solaire, clepsydre, horloge à balancier...

Mesurer une durée : mettre en œuvre une technique de mesure utilisée en travaux pratiques, garder un nombre de chiffres significatifs en adéquation avec la précision de la mesure, exprimer le résultat avec une unité adaptée.

III. L'air qui nous entoure

1. Du macroscopique au microscopique

1.1. Description d'un gaz à l'échelle microscopique

1.2. Nécessité de décrire l'état gazeux par des grandeurs physiques macroscopiques

a. Notion de pression

Force pressante exercée sur une surface, perpendiculairement à cette surface. Définition de la pression exercée sur une paroi par la relation $p = F/S$.

Instrument de mesure de la pression : le manomètre.

Unités de pression.

Mise en évidence et origine de la pression dans un gaz ; interprétation microscopique.

b. Notion d'état thermique

De nombreux phénomènes physiques peuvent renseigner sur l'état thermique d'un corps comme : la dilatation des liquides, la dilatation des gaz, la variation de la résistance électrique, l'émission de rayonnement (cf. Messages de la lumière)...

La mesure d'une température implique l'équilibre thermique de deux corps en contact.

2. Lien entre agitation thermique et température : équation d'état des gaz parfaits

L'agitation des molécules constituant un gaz à faible pression caractérise son état thermique et peut être utilisée pour définir sa température.

Tous les gaz permettent de définir la même échelle de température, dite échelle Kelvin.

L'absence d'agitation thermique correspond au zéro absolu. Unité de température absolue : le kelvin.

La température θ en degré Celsius est déduite de la température absolue T.

Savoir que la matière est constituée de molécules en mouvement.

Savoir que l'état d'un gaz peut être décrit par des grandeurs macroscopiques comme sa température, son volume, la quantité de matière du gaz, sa pression.

Utiliser la relation $p = F/S$.

Connaître l'unité légale de pression.

Savoir interpréter la force pressante sur une paroi par un modèle microscopique de la matière.

Donner quelques exemples de propriétés physiques qui dépendent de l'état thermique d'un corps.

Savoir mesurer une pression et une température : utiliser un manomètre adapté à la mesure, utiliser un thermomètre adapté à la mesure, garder un nombre de chiffres significatifs en adéquation avec la précision de la mesure, exprimer le résultat avec une unité correcte.

Savoir que, à une pression donnée et dans un état thermique donné, un nombre donné de molécules occupe un volume indépendant de la nature du gaz.

Savoir que l'équation d'état $pV = nRT$ définit le modèle de comportement du gaz parfait.

Savoir utiliser la relation : $\theta\ (°C) = T(K) - 273{,}15$
et $T(K) = \theta\ (°C) + 273{,}15$.

Savoir que, dans les conditions habituelles de température et de pression, l'air de la salle de classe peut être assimilé à un gaz « parfait ».

Savoir utiliser la relation : $pV = nRT$.

Fécondation de la vanille à la main.

Récolte de la vanille.

Séchage des gousses de vanille à Madagascar.

L'obtention de l'espèce chimique vanilline d'origine naturelle nécessite le traitement coûteux de beaucoup de matière première. Après purification, un échantillon de l'espèce chimique extraite ne se différentie pas de la même espèce chimique obtenue par synthèse.

Solution (noire) de vanilline d'origine naturelle résultant d'une extraction

« CHIMIQUE OU NATUREL ? »

PARTIE I

Usine chimique Rhodia contenant une unité de synthèse, à l'échelle industrielle, de l'espèce chimique vanilline.

« Prenez intérêt, je vous en conjure, à ces demeures sacrées que l'on désigne du nom expressif de " laboratoires "...
C'est là que l'humanité grandit, se fortifie et devient meilleure. »

Louis PASTEUR (1822-1895)

Prérequis du collège

- Tests de reconnaissance de l'eau et du dioxyde de carbone.
- Test du pH.
- Mélange homogène, mélange hétérogène.
- Décantation, filtration, distillation, dissolution.
- Changements d'état : solidification, fusion, vaporisation, condensation.
- Miscibilité ou non-miscibilité de deux liquides.
- Substances naturelles ou de synthèse.
- Corps pur.
- Les ions.
- Réactif et produit.

Contenu de la partie

Cette première partie de chimie constitue une approche expérimentale de la notion d'espèce chimique. Cette notion s'apparente à celle de corps pur, étudiée au collège. Nous allons voir quelles sont les propriétés des espèces chimiques, comment on peut les classer, les extraire ou les synthétiser.

Cette notion est importante puisqu'elle accompagne l'étude de la chimie tout au long de l'année et jusqu'en terminale. Si dans cette partie il est occasionnellement question d'ions, ce n'est nullement avec une approche microscopique. Cette notion ne sera envisagée que dans la deuxième partie. La notion d'espèce chimique ionique sera intéressante par comparaison avec les espèces chimiques non ioniques.

Référence au programme

L'importance de la chimie, pour la société et au quotidien, n'a cessé de croître au fil des années. Les besoins croissants, les impératifs économiques et les limites des ressources naturelles ont conduit à l'élaboration d'une chimie de synthèse.

Cette première partie est l'occasion :
– de démythifier la chimie en suscitant une réflexion sur l'opposition médiatique fréquente entre chimie et nature ;
– de montrer la chimie en tant que science expérimentale et de découvrir les activités et les outils du chimiste ;
– enfin d'introduire la notion d'espèce chimique qui sera réinvestie et précisée tout au long de l'année.

ESPÈCES CHIMIQUES

1

La nature nous fournit nombre d'espèces chimiques. Sur la photo, les vapeurs issues d'une zone volcanique contiennent l'espèce chimique soufre. Tous ces rochers de couleur jaune sont constitués de l'espèce chimique soufre.
Ainsi, le chimiste est capable de reconnaître une espèce chimique. Il peut assez souvent extraire cette espèce chimique de son milieu d'origine.

OBJECTIFS

- Savoir qu'on peut extraire des espèces chimiques de la nature.
- Savoir interpréter et utiliser les informations figurant sur l'étiquette d'un flacon.
- Savoir mettre en œuvre une technique d'extraction et de chromatographie.

PLAN DU COURS

1 - La chimie du monde

2 - Extraction d'espèces chimiques

3 - Caractérisation des espèces chimiques

1 Le monde de la chimie et la chimie du monde

Sur un emballage de comprimé d'aspirine figure la composition du médicament :

> Acide acétylsalicylique
> Acide ascorbique
> Bicarbonate de sodium
> Benzoate de sodium

Il s'agit de quatre noms d'espèces chimiques.

a. Citer d'autres noms d'espèces chimiques.

On souhaite préparer un comprimé d'aspirine à partir du contenu de flacons d'acide acétylsalicylique, d'acide ascorbique, de bicarbonate de sodium et de benzoate de sodium dont on dispose au laboratoire. Sur le flacon d'acide acétylsalicylique, on lit :

> Acide acétylsalicylique
> 98,5 %

b. Pourquoi ne peut-on pas dire que la poudre blanche présente dans le flacon est l'espèce chimique acide acétylsalicylique ?

Au laboratoire, on dispose d'autres flacons dont les étiquettes sont les suivantes :

> Bicarbonate de sodium
> 99 % minimum

> Benzoate de sodium
> 99 %

> Acide ascorbique
> 99,5 %

c. La réponse à la question **b** semble-t-elle générale ?
d. Le comprimé d'aspirine préparé à partir des flacons ci-dessus contiendra-t-il plus de 4 espèces chimiques ? Même question pour le comprimé de fabrication industrielle.
e. Quelle est, à votre avis, la définition qui vous semble le mieux convenir pour l'espèce chimique :
– un corps de pureté supérieure à 99 % ?
– un corps de pureté supérieure à 99,9 % ?
– un corps parfaitement pur ?

2 Sécurité au laboratoire de chimie

ALCOOL ISOPROPYLIQUE
R 11 - S 7 - S 16

F - FACILEMENT INFLAMMABLE

FACILEMENT INFLAMMABLE
Conserver le récipient bien fermé.
Conserver à l'écart de toute flamme ou source d'étincelles.
Ne pas fumer.

Doc. 1. Étiquette d'une bouteille du laboratoire de chimie.

Doc. 2. Quelques pictogrammes de sécurité.

a. Quel risque présente le contenu de la bouteille contenant l'espèce chimique alcool isopropylique dont l'étiquette figure ci-contre (**Doc. 1**) ? Combien de fois l'information concernant ce risque figure-t-elle sur l'étiquette ?
b. Quelles sont les précautions de sécurité à prendre lors de l'utilisation d'une espèce chimique qui présente le risque mentionné ci-dessus ?
c. Indiquer des liquides de la vie quotidienne pour lesquels le pictogramme orange utilisé dans le **Doc. 1** doit figurer sur l'emballage.
d. À partir des pictogrammes de sécurité présentés dans les **Doc. 1** et **2**, faire une liste de règles de sécurité à respecter dans un laboratoire de chimie.

Voir exercice 12

3 Eau et sirop de menthe

Objectif

- Savoir reconnaître des espèces chimiques dans des boissons courantes

1. Constitution d'un sirop de menthe

L'étiquette ci-dessous précise la composition d'un sirop de menthe (**Doc. 1**).

Saccharose – eau –
sirop de glucose – arôme naturel –
colorants : E102, E131

Doc. 1. Extrait d'étiquette d'un bidon de sirop de menthe.

a. On trouve du sucre en poudre ou en morceaux dans toutes les cuisines. Pour les chimistes, un morceau de sucre est composé quasi exclusivement d'une espèce chimique appelée « saccharose ». De quelles plantes peut-on extraire cette espèce chimique ?
b. Chacun des six constituants présents dans le sirop peut-il exister indépendamment des autres ?

On mélange dans les bonnes proportions du saccharose, du glucose, de l'eau, du colorant E102 et du colorant E131.

c. Ce mélange peut-il avoir la couleur, le goût et l'odeur du sirop de menthe du commerce ? Justifier la réponse.

2. Espèces chimiques et pureté

L'eau du robinet est plus pure que l'eau de mer. L'eau distillée est encore plus pure que l'eau du robinet : c'est l'eau la plus pure que l'on puisse obtenir. On dira que l'eau distillée est pratiquement constituée d'une seule espèce chimique : l'eau.

a. Que signifie le terme « pur » ?
b. L'eau minérale est-elle constituée d'une seule espèce chimique ? (On pourra s'aider du **Doc. 2**.)
c. Proposer une méthode expérimentale, basée sur la température d'ébullition de l'eau, permettant de montrer qu'un échantillon d'eau distillée ne contient quasiment que l'espèce chimique « eau » et pratiquement pas d'autres espèces chimiques.
d. Quelles sont les espèces chimiques les plus abondantes contenues dans le sirop de glucose ?
e. Combien d'espèces chimiques différentes le sirop de menthe contient-il au minimum ?

3. Espèces chimiques ioniques ou non ioniques

Une espèce chimique ionique est constituée d'ions chargés négativement appelés anions et d'ions chargés positivement appelés cations. Elle porte souvent un nom composé. Ce nom est formé du nom de l'anion, de la préposition « de » et du nom du cation. C'est le cas du « chlorure de sodium », communément appelé sel de cuisine. Cette espèce chimique est constituée d'ions chlorure et d'ions sodium.
Le colorant E102 constitue une espèce chimique qualifiée de non ionique. Son nom « tartrazine » n'est pas un nom composé mais un nom simple.

a. Préciser la nature ionique ou non ionique des espèces chimiques : glucose, eau, sulfure de fer, hydrogénocarbonate de potassium, oxyde de calcium.

Les ions dont le nom se termine par « ure », « yde » ou « ate » sont des ions négatifs. Les ions dont le nom se termine par « ium » sont des ions positifs.

b. Lister les anions et les cations intervenant dans la question **a**. Même question à partir du **Doc. 2**.

Calcium	78
Magnésium	24
Sodium	5
Potassium	1
Bicarbonates	357
Sulfates	10
Chlorure	4,5
Nitrates	3,8
Silice	13,5

Doc. 2. Composition (en mg/L) de l'eau minérale Evian®.

c. Quels ions trouve-t-on dans une solution dans laquelle les espèces chimiques chlorure de magnésium et chlorure de sodium ont été dissoutes ? Des espèces chimiques ioniques interviennent-elles dans la préparation du sirop de menthe ?

Voir exercice 11

4 TP Analyse d'une pomme

Objectif

- Connaître et savoir mettre en œuvre quelques tests d'espèces chimiques

1. Espèce chimique eau

■ Introduire à l'aide d'une spatule une pointe de sulfate de cuivre anhydre dans une coupelle. Verser quelques gouttes d'eau distillée sur la poudre.
■ Recommencer l'expérience en remplaçant l'eau distillée par de l'éthanol.

a. Décrire les observations.

On admettra que le sulfate de cuivre anhydre se comporte ainsi à chaque fois qu'il est en présence de l'espèce chimique eau.
Une telle expérience est appelée test chimique.
■ Déposer un peu de sulfate de cuivre anhydre sur un petit morceau de pomme.

b. Observer et en déduire si la pomme contient ou non l'espèce chimique eau.

2. Espèces chimiques acides

Certaines espèces chimiques ont la propriété d'être acides. On les identifie par un test chimique dont le principe est le changement de couleur du papier pH.
■ On dispose de trois solutions à tester. Une seule des solutions contient une espèce chimique acide. Ajouter tour à tour, sur un petit morceau de papier pH, une goutte de chacune des solutions à tester avec une pipette propre. Comparer la couleur du papier à la palette de couleurs du couvercle de la boîte.
Si la valeur du pH est inférieure à 7, c'est que la solution contient une espèce chimique acide.

a. Quelle solution contient une espèce chimique acide ?

■ Frotter un petit bout de papier pH sur une coupe fraîche de pomme.

b. En déduire si la pomme contient ou non au moins une espèce chimique acide.
c. Citer une autre technique expérimentale permettant de détecter la présence d'espèces chimiques acides. Décrire cette technique. La mettre en œuvre pour vérifier la réponse à la question **b**.

3. Espèces chimiques de la famille des sucres

Le test chimique utilisant le réactif de Fehling permet de détecter, dans un échantillon, la présence de certaines espèces chimiques de la famille des sucres. Le test est positif quand la couleur initialement bleue du réactif de Fehling devient rouge brique après chauffage en présence de l'échantillon testé (**Doc. 1**).

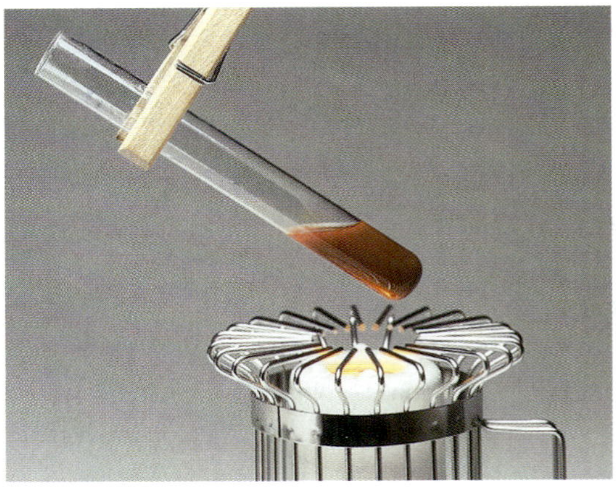

Doc. 1. Test au réactif de Fehling.

a. Décrire le matériel nécessaire et les gestes à accomplir pour tester la présence d'espèces chimiques de la famille des sucres dans la pomme.
b. Réaliser le test et conclure.

4. Espèce chimique amidon

Le test chimique mettant en évidence la présence de l'espèce chimique amidon consiste à déposer une pointe de spatule de l'échantillon à tester dans une coupelle puis à ajouter quelques gouttes d'eau iodée à l'aide d'une pipette. L'eau iodée vire au noir quand le test est positif.
■ Réaliser ce test avec de la fécule de pomme de terre.

a. Conclure quant à la présence de l'espèce chimique amidon dans la fécule de pomme de terre.
b. Adapter ce mode opératoire pour trouver si une pomme contient l'espèce chimique amidon. Réaliser l'expérience et conclure.

Voir exercice 23

1 La chimie du monde

1.1. Notion d'espèce chimique

L'un des objectifs de la chimie est de décrire le monde qui nous entoure (**Doc. 1**).

Activité 1

▌*Exemple.* La notice d'une boîte de comprimés d'aspirine mentionne : acide acétylsalicylique, acide ascorbique, bicarbonate de sodium ainsi que benzoate de sodium. Ce sont les noms des quatre principales espèces chimiques utilisées pour fabriquer ces comprimés d'aspirine.

Afin d'étudier des situations simples, les chimistes disposent, dans leur laboratoire, de flacons dont le contenu est essentiellement composé d'une unique espèce chimique. Son nom est indiqué sur le flacon.

Doc. 1. Dans une pomme, certaines espèces chimiques sont responsables des couleurs de sa peau, d'autres de sa texture, d'autres de son goût ou de son odeur, etc.

1.2. Classement des espèces chimiques

Les chimistes ont recensé des millions d'espèces chimiques différentes. Il est donc nécessaire de pouvoir les classer. Plusieurs modes de classement sont envisageables.

• **Espèces chimiques organiques et inorganiques**

Les espèces chimiques dont la combustion conduit à la formation de dioxyde de carbone et d'eau sont qualifiées d'espèces chimiques organiques. Les autres sont appelées espèces chimiques inorganiques.

Ce classement en espèces chimiques organiques et inorganiques permet de ranger l'espèce chimique « acétone » dans la catégorie des espèces chimiques organiques et le « chlorure de sodium », principal constituant du sel de cuisine, dans la catégorie des espèces chimiques inorganiques.

• **Espèces chimiques ioniques et non ioniques**

Voir activité 3

Une espèce chimique ionique est constituée à la fois d'anions et de cations. Les anions sont des ions qui possèdent une charge négative, et les cations une charge positive. Le nom d'une espèce chimique renseigne souvent sur sa nature ionique ou non ionique. Le nom de nombreuses espèces chimiques ioniques est constitué de deux mots reliés par la préposition « de ». C'est le cas des espèces chimiques chlorure de sodium, sulfate de calcium, etc. Quand le nom d'une espèce chimique n'est pas construit ainsi, on peut penser que l'espèce chimique n'est pas ionique. C'est le cas des espèces chimiques eau, glucose, acide éthanoique, etc.

• **Espèces chimiques d'origine naturelle ou synthétique**

Certaines espèces chimiques, comme le saccharose présent dans la betterave sucrière, sont d'origine naturelle. D'autres comme l'aspartame, utilisé comme édulcorant, n'existent pas dans la nature et sont créées par l'homme. De telles espèces chimiques sont d'origine synthétique.
Il est parfois commercialement intéressant de synthétiser des espèces chimiques qui existent pourtant dans la nature. C'est le cas de la vanilline présente dans les gousses de vanille, mais dont la production industrielle est économiquement plus rentable qu'à partir des fruits du vanillier.

Espèces chimiques solubles et insolubles

Une espèce chimique est dite soluble dans un liquide appelé solvant si elle se dissout dans ce liquide. Le mélange obtenu est alors homogène.

L'espèce chimique « éthanol » (constituant essentiel de l'alcool de pharmacie) est soluble dans le solvant eau puisqu'un mélange d'éthanol et d'eau est un liquide homogène.
En revanche, l'espèce chimique « eau » n'est pas soluble dans de nombreux solvants organiques, comme le pentane par exemple. En effet, un mélange d'eau et de pentane est un mélange hétérogène. Cette propriété d'insolubilité sera mise à profit pour réaliser les extractions à deux solvants dans la partie suivante.

Une espèce chimique peut être plus ou moins soluble dans un solvant donné. On peut dissoudre 2 kg de l'espèce chimique saccharose dans 1 litre d'eau, mais seulement 1 g de l'espèce chimique dioxygène.

Voir activité 2

1.3. Risques liés aux espèces chimiques et sécurité

Sur les récipients du chimiste figurent, outre le nom des espèces chimiques qu'ils contiennent, des informations sur les risques présentés par leur utilisation.

Les pictogrammes de sécurité attirent l'attention sur les risques liés à la manipulation des espèces chimiques et indiquent des consignes de sécurité à appliquer.

Les pictogrammes de sécurité (**Doc. 2**) rappellent que la manipulation de certaines espèces chimiques nécessite le respect de consignes strictes.

➤ Voir exercices 13 et 16

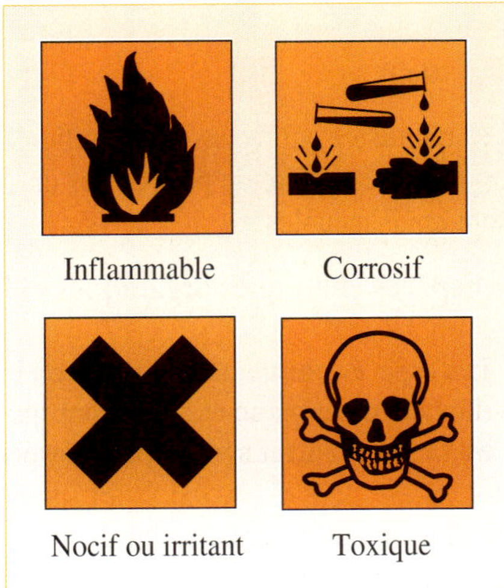

Doc. 2. Pictogrammes de sécurité.
Par exemple, le pictogramme représentant une flamme indique la présence d'une espèce chimique inflammable. Celle-ci doit donc être manipulée en l'absence de toute flamme.

2 Extraction d'espèces chimiques

2.1. Définition et intérêt de l'extraction

Une espèce chimique en petite quantité parmi d'autres espèces chimiques peut présenter un intérêt particulier. C'est le cas de l'espèce chimique « chlorophylle » qui donne aux feuilles d'épinards leur couleur verte. La question de l'extraction de cette espèce chimique se pose alors.

Extraire une espèce chimique, c'est la séparer d'un mélange et faire en sorte qu'elle devienne le constituant majoritaire d'un échantillon appelé « extrait ».

Une extraction peut se représenter de façon imagée par le **Doc. 3**. Les ronds verts sont initialement dispersés parmi des ronds jaunes et des carrés rouges.
Le résultat de l'extraction des ronds verts est représenté. De même qu'on n'arrive jamais à une séparation parfaite de la chlorophylle, les ronds verts n'ont pas été représentés seuls dans ce qui correspond à l'extrait. Ici, ils sont cependant majoritaires.

Doc. 3. Représentation imagée de l'extraction d'une espèce chimique. L'ensemble des ronds jaunes représente une espèce chimique. L'ensemble des carrés rouges représente une autre espèce chimique. L'ensemble des ronds verts représente une troisième espèce chimique, celle qui est extraite.

2.2. Extraction par solvant d'espèces chimiques non volatiles

Dans certaines situations, une espèce chimique intéressante, non volatile, est présente en petite quantité dans un mélange.

L'extraction par solvant est une technique qui repose sur la mise en solution d'une espèce chimique dans un solvant. L'extraction est d'autant plus efficace que la solubilité de l'espèce chimique est grande dans le solvant choisi.

Une espèce chimique volatile passe facilement à l'état gazeux à température ambiante.

Exemple. Lors de l'extraction de la chlorophylle, les feuilles d'épinards sont broyées en présence d'un solvant appelé éther de pétrole. Les cellules de la feuille éclatent lors du broyage et la chlorophylle peut alors se dissoudre dans le solvant d'extraction. Il en résulte un liquide vert qui contient la chlorophylle.
En évaporant l'éther – volatil – il reste un extrait essentiellement constitué de chlorophylle, non volatile. Cette technique est efficace parce que les autres espèces chimiques constituant la feuille ne sont pas solubles dans l'éther de pétrole et que ce solvant est volatil.

F.M. 1 Certaines situations nécessitent l'utilisation de deux solvants non miscibles. On choisit généralement l'eau et un solvant organique. Le mélange dont on veut extraire une espèce chimique est agité avec les deux solvants.
On utilise une verrerie particulière appelé ampoule à décanter (**Doc. 4**).

Exemple. Sur la photo du **Doc. 4**, l'espèce chimique à extraire est le diiode soluble dans le pentane (phase supérieure). Les autres espèces chimiques sont dissoutes dans l'eau et constituent la phase inférieure qui peut être éliminée.

Lors d'une extraction utilisant deux solvants, il est indispensable que les deux solvants ne soient pas miscibles.
La méthode est efficace quand l'espèce chimique à extraire est soluble dans l'un des solvants, alors que les autres espèces chimiques sont solubles dans le second solvant.

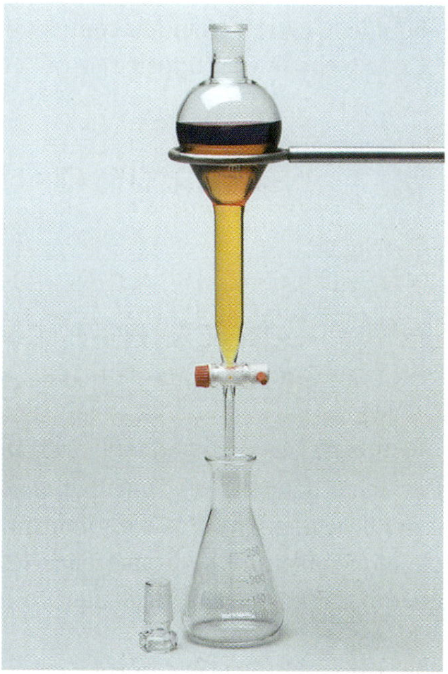

Doc. 4. Ampoule à décanter avec deux solvants non miscibles.

Le caractère volatil du solvant d'extraction permet de l'éliminer facilement en conservant l'espèce chimique intéressante non volatile. Enfin le choix des solvants doit tenir compte des risques liés à leur utilisation.

2.3. Entraînement à la vapeur d'espèces chimiques volatiles

Une espèce chimique volatile peut facilement se retrouver en phase vapeur. Cette propriété est mise à profit pour séparer cette espèce chimique volatile d'un mélange d'espèces chimiques non volatiles.

| *Exemple.* Pour extraire les espèces chimiques volatiles et odorantes présentes dans la peau d'orange, on peut porter à ébullition un mélange d'eau et de zestes d'orange. Les vapeurs qui s'échappent du mélange contiennent à la fois de l'eau et l'espèce chimique « limonène » responsable de l'odeur d'orange. Ces vapeurs sont récupérées sous forme liquide à l'aide d'un réfrigérant (**Doc. 5**). C'est le distillat.

Phase aqueuse
= liquide dont le solvant est l'eau

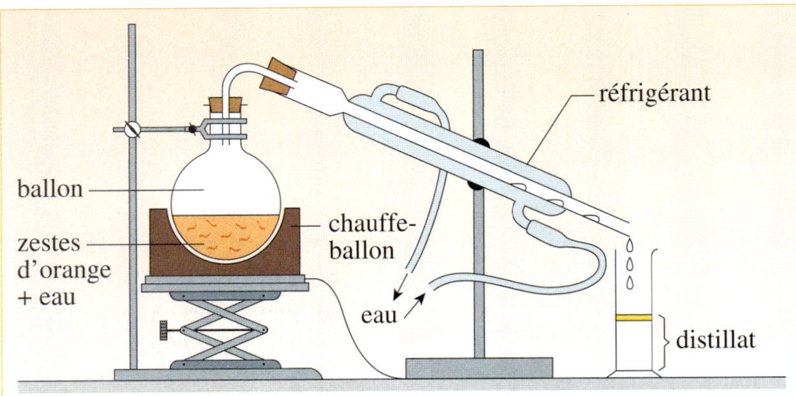

Doc. 5. Schéma d'un dispositif d'entraînement à la vapeur.

La vapeur d'eau permet d'entraîner des espèces chimiques volatiles. Une telle extraction nécessite un dispositif de chauffage pour produire la vapeur. Cette vapeur est déplacée puis condensée pour redonner du liquide. L'extrait résultant contient donc aussi de l'eau.
Cette technique est appelée entraînement à la vapeur.

➤ **Voir exercice 27**

3 Caractérisation des espèces chimiques

Comment déterminer si une eau contient des espèces chimiques qui la rendraient impropre à la consommation ? Comment savoir si une espèce chimique interdite se trouve dans les urines d'un sportif ? Toutes ces questions nécessitent des techniques d'identification des espèces chimiques.

3.1. Tests chimiques

Pour confirmer ou infirmer la présence d'une espèce chimique, on peut utiliser un test chimique spécifique de cette espèce chimique. Un tel test est dit positif quand l'espèce chimique recherchée est présente dans l'échantillon.

Exemple. *Exemple.* La présence de l'espèce chimique eau dans un échantillon se met en évidence par un test au sulfate de cuivre anhydre. Ce dernier reste blanc en l'absence d'eau (test négatif) et se colore en bleu (**Doc. 6**) en présence d'eau (test positif).
Certains tests permettent de détecter la présence d'une espèce chimique appartenant à une famille d'espèces chimiques.

Exemple. La présence d'une espèce chimique de la famille des acides est détectée grâce au papier pH.

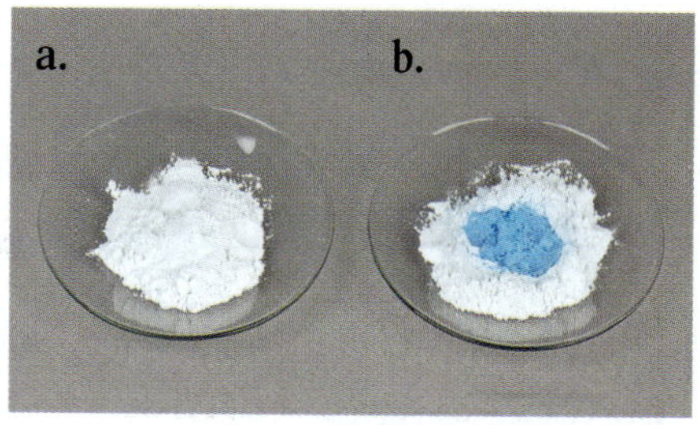

Doc. 6. Test au sulfate de cuivre anhydre.
a. Sulfate de cuivre avant le test.
b. Sulfate de cuivre si le test est positif.

3.2. Analyse physique

Une espèce chimique est caractérisée par une série de grandeurs physiques : température de fusion et température d'ébullition, masse volumique, densité, etc. Pour identifier un échantillon, on mesure ses caractéristiques physiques et on les compare à celles de l'espèce chimique dont il est supposé être constitué. S'il y a concordance entre toutes les valeurs, l'échantillon est bien constitué de l'espèce chimique en question.

Voir activité 4

• **La masse volumique** d'un échantillon se détermine à partir de sa masse et de son volume :

$$\rho = \frac{m}{V}$$

ρ : masse volumique en $kg \cdot m^{-3}$
m : masse en kg
V : volume en m^3

Attention aux unités de masse volumique !

ρ	m	V
$kg \cdot m^{-3}$	kg	m^3
$g \cdot L^{-1}$	g	L
$g \cdot cm^{-3}$	g	cm^3

$1{,}0 \times 10^3\ kg \cdot m^{-3}$
$= 1{,}0 \times 10^3\ g \cdot L^{-1}$
$= 1{,}0\ g \cdot cm^{-3}$

• **La densité** d'un échantillon permet de comparer la masse volumique de cet échantillon solide ou liquide à celle de l'eau :

$$d_{\text{échantillon}} = \frac{\rho_{\text{échantillon}}}{\rho_{\text{eau}}}$$

$d_{\text{échantillon}}$: densité sans unité
$\rho_{\text{échantillon}}$ et ρ_{eau} s'expriment avec la même unité

Dans un mélange hétérogène de deux liquides non miscibles, le liquide le moins dense se trouve au-dessus. Cette propriété est utilisée lors de l'extraction par deux solvants.

• **La température de fusion** d'un échantillon correspond à la température de passage de l'état solide à l'état liquide pour cet échantillon. On la note θ_{fus} et on l'exprime en degré Celsius (°C).

• **La température d'ébullition** d'un échantillon correspond à la température de passage de l'état liquide à l'état gazeux pour cet échantillon. On la note $\theta_{\text{éb}}$ et on l'exprime en degré Celsius (°C).

Les températures de changement d'état (ébullition ou fusion) d'un échantillon ne contenant qu'une seule espèce chimique sont caractéristiques de l'espèce chimique. Ces températures sont constantes pendant toute la durée du changement d'état.

Exemple. Un échantillon de pentane bout à 36 °C. Cette température reste constante pendant toute la durée de l'ébullition. En revanche, un échantillon contenant un mélange de pentane et d'acétone commence à bouillir à 40 °C puis sa température d'ébullition augmente progressivement jusqu'à 56 °C au fur et à mesure que le volume de l'échantillon diminue.

3.3. Chromatographie

Il est parfois indispensable de séparer et d'identifier des espèces chimiques présentes dans des échantillons de petite masse, par exemple, inférieure à 1 mg. C'est ce que permet la technique de la chromatographie.

La séparation et l'identification d'espèces chimiques par chromatographie fait intervenir une phase mobile, constituée de la solution qui entraîne les espèces chimiques à séparer, et une phase fixe.

• **Séparation.** Le **Doc. 7.a** montre une plaque recouverte d'une couche de silice. La silice constitue la phase fixe. L'expérience de chromatographie consiste à déposer une goutte, ici de couleur verte, sur la phase fixe. Le bas de la plaque est plongé dans un solvant (**Doc. 7.b**). Ce dernier migre progressivement sur l'ensemble de la phase fixe. Il entraîne chaque espèce chimique avec des vitesses différentes. Les espèces chimiques se séparent.

• **Identification.** Pour identifier une espèce chimique, on utilise le fait que les vitesses de migration de chaque espèce chimique sont reproductibles. La procédure d'identification consiste à déposer sur la même plaque, et à la même hauteur, l'échantillon à analyser et un ou plusieurs échantillons de référence. Après migration, on peut identifier chaque tache « inconnue » pour laquelle une tache de référence se situe à la même hauteur.

Le **Doc. 8** schématise une expérience de chromatographie.

• Sur le **Doc. 8.a**, le dépôt de gauche est un mélange de deux espèces chimiques : l'une représentée par les ronds verts, l'autre par les carrés rouges. Des espèces chimiques de référence constituent les deux autres dépôts. L'une d'elle est représentée par les mêmes ronds verts que le dépôt de gauche ; l'autre espèce chimique, dont on veut montrer qu'elle n'est pas dans le mélange à identifier, est représenté par des ronds noirs.

• Le **Doc. 8.d** représente la plaque à la fin de la chromatographie. Une espèce chimique de référence (ronds verts) est bien présente dans le mélange étudié, une autre espèce chimique (ronds noirs) ne l'est pas. Une dernière espèce chimique (carrés rouges) est présente dans le mélange mais n'a pas été identifiée.

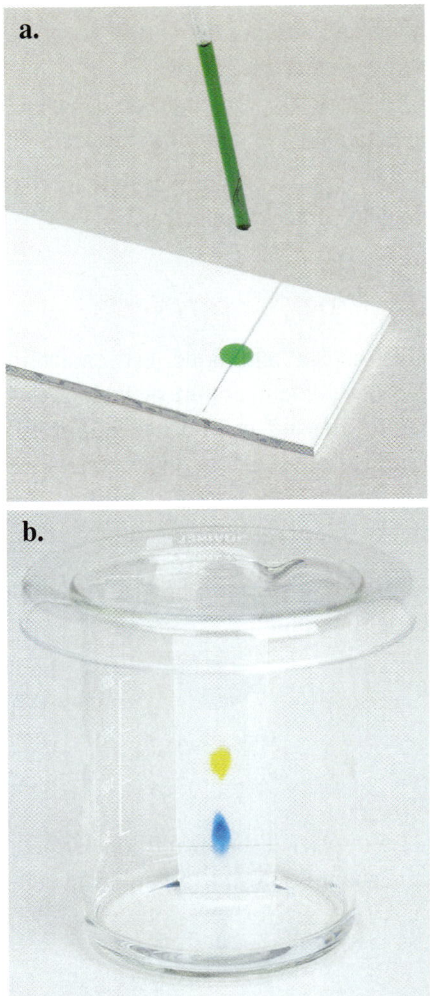

Doc. 7. Séparation d'espèces chimiques par chromatographie.

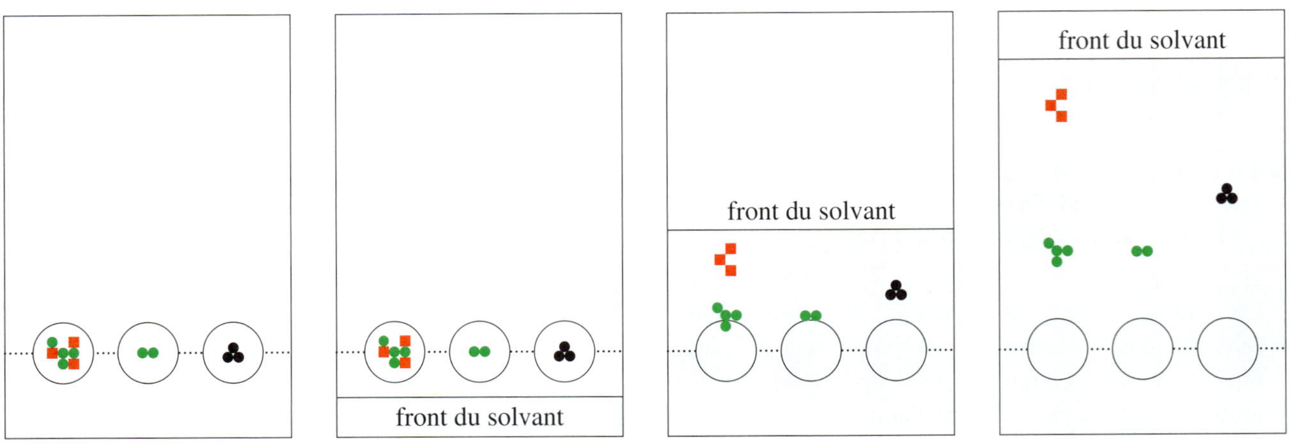

a. Dépôt du mélange (à gauche) et de deux échantillons de référence.

b. La plaque est plongée dans le solvant. Le front du solvant monte petit à petit.

c. Le solvant entraîne les espèces chimiques à des vitesses différentes.

d. Une espèce chimique est identifiée : celle correspondant aux ronds verts.

Doc. 8. Représentation imagée de la chromatographie.

➤ **Voir exercice 29**

essentiel

Techniques d'extraction d'une espèce chimique

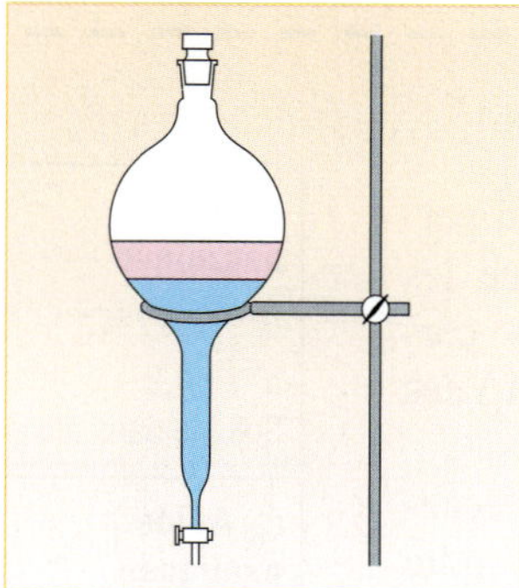

Extraction par deux solvants

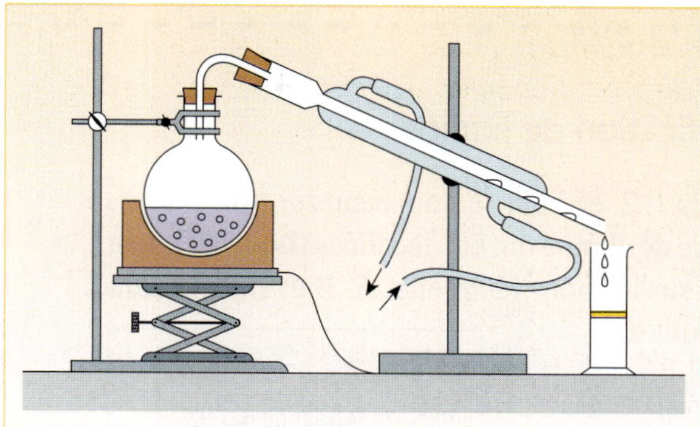

Entraînement à la vapeur

Identification des espèces chimiques

• Tests chimiques

Les tests chimiques permettent de confirmer ou d'infirmer la présence d'espèces chimiques dans un échantillon.

• Caractéristiques physiques d'une espèce chimique

Les caractéristiques physiques d'une espèce chimique constituent sa carte d'identité et permettent de la reconnaître

Caractéristiques physiques	Symbole	Unité
Température d'ébullition	$\theta_{\text{éb}}$	°C
Température de fusion	θ_{fus}	°C
Masse volumique	$\rho = \frac{m}{V}$	$kg \cdot m^{-3}$ (ou $g \cdot cm^{-3}$)
Densité	$d_{\text{échantillon}} = \frac{\rho_{\text{échantillon}}}{\rho_{\text{eau}}}$	sans unité

• Chromatographie

La chromatographie permet de séparer et d'identifier les espèces chimiques d'un mélange.

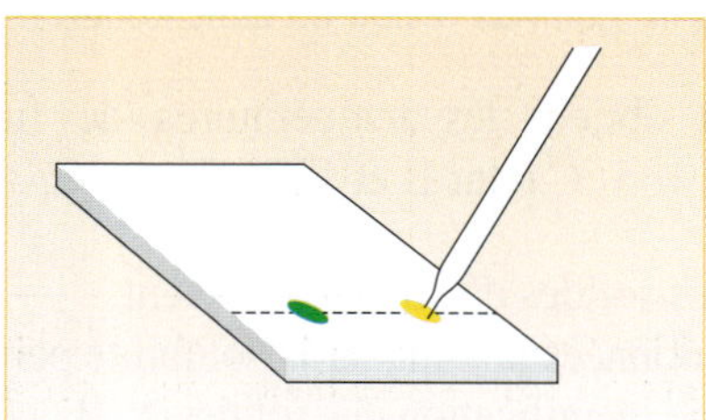

Dépôt

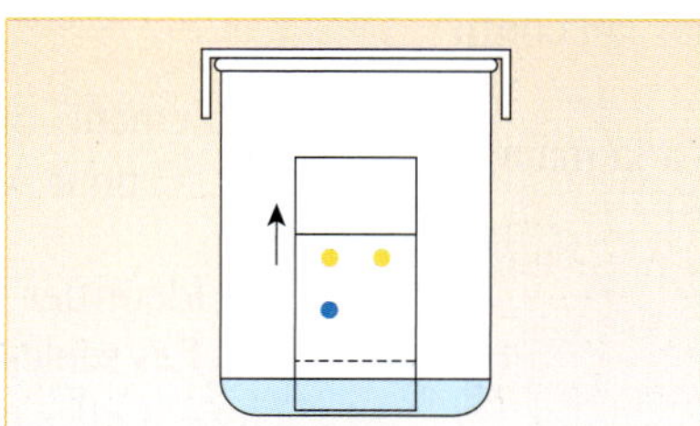

Migration

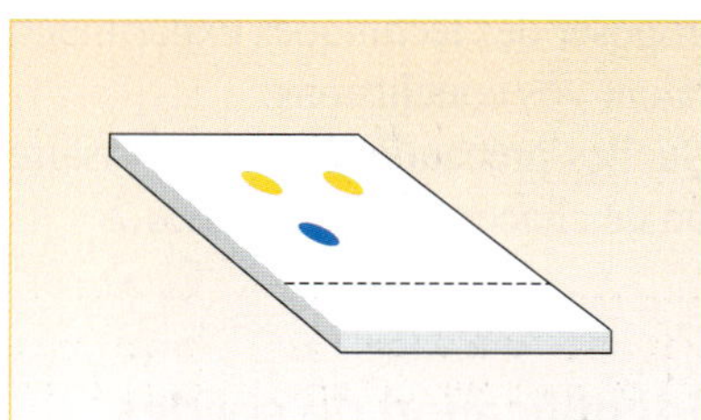

Identification

5 Caractéristiques physiques

Objectif

- Savoir utiliser les caractéristiques physiques d'une espèce chimique

1. Identification de liquides

Les étiquettes 1, 2, et 3 qui se trouvaient sur trois flacons du laboratoire de chimie ont été décollées (**Doc. 1**). Il faut les remettre sur les bons récipients A, B et C contenant chacun un liquide incolore.

① **Eau**

Indice de réfraction = 1,33

② **Éthanol**

θ_{eb} = 78 °C
θ_{fus} = – 117 °C
d = 0,789
Soluble dans l'eau

③ **Cyclohexane**

θ_{eb} = 81 °C
θ_{fus} = 6 °C
d = 0,778
Non soluble dans l'eau

Doc. 1. Étiquettes de trois flacons contenant des liquides.

a. Compléter l'étiquette 1 à l'image des deux autres.

Pour différencier les trois liquides, on pèse 200 mL de chaque liquide. On obtient les résultats suivants.

A	B	C
158 g	201 g	156 g

b. Calculer la masse volumique, puis la densité de chacun des liquides.
c. Quelle étiquette peut-on attribuer de manière définitive ?

Un prélèvement de A est mélangé, dans un tube à essais, à un peu d'eau . Le mélange obtenu est hétérogène.

d. Rappeler la définition d'un mélange hétérogène en utilisant les mots « phases » et « miscibles ».
e. Attribuer chaque étiquette au flacon approprié.
f. Proposer des techniques expérimentales qui confirmeraient vos conclusions.
g. Quelles précautions sont nécessaires à la manipulation de chacun de ces liquides ?

2. Identification de solides

On dispose des étiquettes 1, 2 et 3 (**Doc. 2**) et de trois récipients A, B et C contenant des solides blancs. On cherche à étiqueter chaque récipient.

a. Qu'est-ce qui permet de dire que les trois étiquettes correspondent bien à des solides ?
b. Quelles précautions faut-il prendre pour manipuler les trois solides ?

① **Acide benzoïque**

θ_{fus} = 122 °C
d = 1,3
Soluble dans alcool, éther

② **Acide oxalique**

θ_{fus} = 105 °C
d = 1,7
Soluble dans eau, alcool, éther

③ **Acide citrique**

θ_{fus} = 153 °C
d = 1,6
Soluble dans eau, alcool, éther

Doc. 2. Étiquettes de trois flacons contenant des solides.

Les températures de fusion des échantillons A, B et C sont mesurées grâce à un banc Kofler (**Doc. 3**). La température de la plaque métallique du banc s'échelonne de 50 °C à 260 °C. Les échantillons placés sur la partie à 50 °C sont déplacés lentement vers les plus hautes températures jusqu'à ce que l'on observe leur fusion. On lit alors la température correspondante.

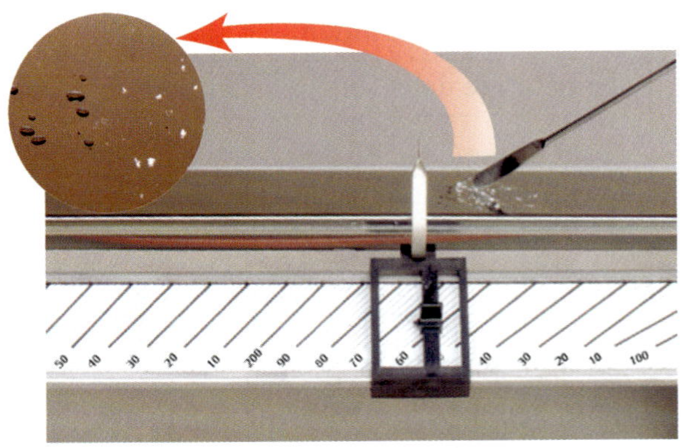

Doc. 3. Mesure d'un point de fusion au banc Kofler.

Finalement on obtient les températures de fusion : 153 °C pour A, 105 °C pour B et 122 °C pour C.

c. Identifier les solides de chaque récipient.
d. Les seules données portant sur la solubilité permettraient-elles une identification des solides A, B et C ?

Voir exercice 21

6 TP Extraction et séparation d'espèces chimiques

Objectif

- Savoir mettre en œuvre une technique d'extraction

Le jus de tomate contient de nombreuses espèces chimiques dont certaines sont colorées. Les manipulations décrites dans le texte qui suit ont pour but de séparer certaines d'entre elles du jus de tomate initial.

1. Extraction d'espèces chimiques

■ Sans agiter, remplir à moitié une mini-ampoule à décanter avec du jus de tomate, puis ajouter quelques millilitres d'éther de pétrole (espèce chimique organique). Observer le contenu de l'ampoule.

a. Schématiser l'ampoule et son contenu.

■ Pour vérifier que la phase aqueuse provenant du jus de tomate se trouve en dessous de la phase organique, introduire une goutte d'eau par le haut de l'ampoule à décanter. Celle-ci rejoint la phase aqueuse.

b. L'hypothèse faite sur la position des deux phases est-elle vérifiée ?
c. Que peut-on dire de la densité de l'éther de pétrole par rapport à celle de l'eau ?

■ Boucher l'ampoule et agiter fortement son contenu. Laisser reposer le tout quelques minutes.

d. Comment évolue le contenu de l'ampoule à décanter après ce traitement ? Peut-on dire que l'on a extrait des espèces chimiques du jus de tomate ?
e. En utilisant les mots « soluble » ou « solubilité », proposer une explication au fait que l'extraction d'espèces chimiques ait pu avoir lieu.

■ Éliminer la partie inférieure du liquide de l'ampoule à décanter et recueillir la partie supérieure dans un tube à essais n° 0, c'est l'extrait de jus de tomate.

2. Séparation d'espèces chimiques

■ Fixer verticalement, à l'aide d'une pince, une pipette contenant un coton et du gel de silice (**Doc. 1**). Positionner la colonne ainsi constituée au-dessus d'un tube à essais n° 1. À l'aide d'une autre pipette, remplir le reste de la colonne avec de l'éther de pétrole et laisser s'écouler le liquide dans le tube à essais n° 1.

Puis introduire un peu de l'extrait, recueilli dans le tube n° 0, dans la colonne. Laisser s'écouler le liquide dans le tube à essais n° 1.

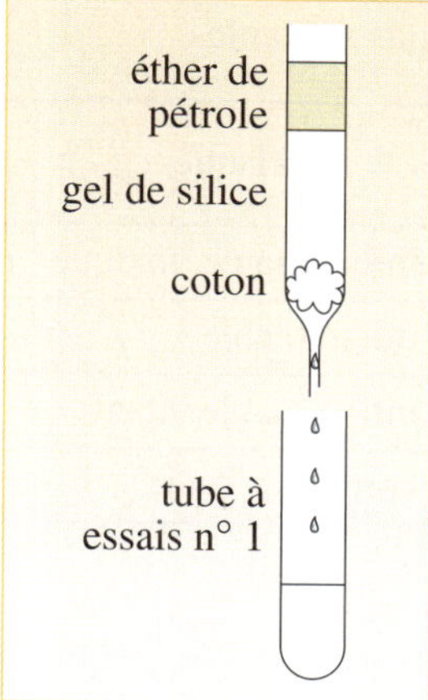

Doc. 1. Dispositif de la chromatographie sur colonne. Le gel de silice constitue la phase fixe, les liquides introduits, la phase mobile.

a. Observer ce qu'il advient des espèces chimiques colorées introduites. Noter les observations.

■ Ajouter de l'éther de pétrole dans la colonne et laisser s'écouler le liquide dans le tube à essais n° 1.

b. Que constate-t-on en haut de la colonne ?

■ Ajouter à la pipette du dichlorométhane dans la colonne. Récupérer le liquide dans un tube à essais n° 2. Avant que le haut de la colonne ne s'assèche, renouveler l'ajout de dichlorométhane.

c. Que constate-t-on en haut de la colonne ?
d. En utilisant l'expression « être retenue par la phase fixe », expliquer le fonctionnement de la technique de chromatographie sur colonne.

■ Une fois que la totalité de la fraction colorée est sortie de la colonne, mettre le tube n° 3 sous la colonne et ajouter de l'alcool en haut de la colonne. Dès que la nouvelle fraction colorée s'apprête à sortir de la colonne, récupérer le liquide dans un tube à essais n° 4.

e. Observer les quatre tubes à essais. A-t-on réussi à séparer différentes espèces chimiques issues du jus de tomate ?
f. Quelle observation permet d'affirmer que l'extrait de tomate ne contient pas qu'une seule espèce chimique ?

Exercice résolu

La rhubarbe et l'acide chrysophanique

Énoncé

Les racines de rhubarbe sont réputées pour leur faculté à teindre les textiles en jaune orangé.
L'espèce chimique acide chrysophanique est responsable de cette coloration résistante à la lumière et au lavage. Pour extraire cette espèce chimique, les racines de rhubarbe, gorgées d'eau, sont d'abord broyées. La phase liquide ainsi obtenue est ensuite mélangée à un solvant dans une ampoule à décanter.
On dispose des informations suivantes.

	Espèce chimique	Risque	Solubilité	Température d'ébullition
Solvant	Benzène	inflammable, toxique	insoluble dans l'eau	$\theta_{éb} = 81$ °C
Solvant	Acétone	inflammable	soluble dans l'eau	$\theta_{éb} = 56$ °C
Solvant	Toluène	inflammable, nocif	insoluble dans l'eau	$\theta_{éb} = 110$ °C
Solvant	Acide éthanoïque	corrosif	soluble dans l'eau	$\theta_{éb} = 118$ °C
	Acide chrysophanique		un peu soluble dans l'eau ; très soluble dans le benzène, l'acide éthanoïque, le toluène ; insoluble dans l'acétone	$\theta_{éb} = 481$ °C

a. Quel dispositif expérimental permet de récupérer la partie liquide, notée A, après broyage ?

b. En utilisant le critère de solubilité dans l'eau, indiquer quels solvants ne conviennent pas pour une extraction par solvant.

c. Parmi les deux solvants restants, lequel est-il préférable d'utiliser ?

d. Quelle est la densité de ce solvant sachant que 100 mL de celui-ci pèse 86 g ?

e. Décrire ce que l'on observe après mélange de A et du solvant précédent dans une ampoule à décanter. Justifier que l'on a effectivement réalisé une extraction par solvant de l'acide chrysophanique.

Conseils

a. Il s'agit de séparer la phase liquide de la phase solide.

b. Penser qu'un solvant d'extraction ne peut être soluble dans l'eau.

c. Ne pas oublier l'aspect sécurité.

d. Toutes les masses volumiques doivent être exprimées avec la même unité.

e. Ne pas oublier l'eau présente dans le mortier.

Résolution

a. La phase liquide A est récupérée grâce à un dispositif de filtration.

b. L'acétone et l'acide éthanoïque ne conviennent pas puisqu'ils sont solubles dans l'eau.

c. Le benzène est toxique alors que le toluène n'est « que » nocif. On préférera donc le toluène.

d. $d_{\text{toluène}} = \dfrac{\rho_{\text{toluène}}}{\rho_{\text{eau}}} = \dfrac{\dfrac{m_{\text{toluène}}}{V_{\text{toluène}}}}{\rho_{\text{eau}}} = \dfrac{\dfrac{86}{100}}{1{,}0} = 0{,}86$

car $\rho_{\text{eau}} = 1{,}0 \text{ g} \cdot \text{mL}^{-1}$ et $V_{\text{toluène}} = 100$ mL.

e. Le liquide A contient de l'eau. Comme le toluène n'est pas soluble dans l'eau on verra deux phases : la phase aqueuse, plus dense, au-dessous, et la phase organique avec le toluène, au-dessus.
L'acide chrysophanique, plus soluble dans le toluène que dans l'eau, est ainsi extrait par le solvant organique.

Exercices

Tester ses connaissances

● **1.** Quel est l'intérêt des pictogrammes de sécurité ?

● **2.** Comment appelle-t-on une espèce chimique dont la combustion produit du dioxyde de carbone et de l'eau ?

● **3.** Comment s'aperçoit-on qu'une espèce chimique est insoluble dans un solvant ?

● **4.** Décrire la méthode expérimentale permettant de réaliser une extraction avec un solvant. Même question pour une extraction avec deux solvants.

● **5.** Donner le nom d'une technique permettant d'extraire une espèce chimique volatile.

● **6.** Quelle espèce chimique le test au sulfate de cuivre anhydre permet-il de mettre en évidence ?

● **7.** Indiquer trois grandeurs physiques permettant de caractériser une espèce chimique.

● **8.** Donner quelques unités permettant d'exprimer une masse volumique.

● **9.** Qu'appelle-t-on phase fixe et phase mobile en chromatographie ?

● **10.** Décrire une expérience de chromatographie.

Appliquer ses connaissances

Notion d'espèce chimique

● **11.** ✶ Sur l'étiquette du médicament Mag2®, on lit la composition suivante : carbonate de magnésium ; amidon ; stéarate de magnésium.

a. Combien d'espèces chimiques cette étiquette permet-elle de repérer ? Les citer.

b. Parmi ces espèces chimiques, lesquelles sont probablement ioniques ?

● **12.** ✶ Sur une bouteille d'acétone, on trouve le pictogramme ci-contre.

a. Qu'indique ce pictogramme ?

b. Donner un exemple de manipulation qu'il est fortement déconseillé de réaliser en présence de l'acétone.

● **13.** ✶ L'anhydride éthanoïque est une espèce chimique organique d'origine synthétique vendue dans un flacon portant le pictogramme ci-contre.

a. Que signifie l'expression « origine synthétique » ?

b. Quelles espèces chimiques peut-on mettre en évidence dans les produits de combustion de l'anhydride éthanoïque ?

c. Parmi les conditions d'utilisation suivantes, en citer deux qui vous paraissent particulièrement importantes :
– manipuler avec les mains propres ;
– porter des lunettes ;
– ne pas fumer pendant l'utilisation ;
– conserver à l'écart de la chaleur ;
– manipuler avec des gants.

aide

a. L'origine synthétique s'oppose à l'origine naturelle.

b. Utiliser la définition d'une espèce chimique organique.

c. Voir la liste des pictogrammes dans le rabat de couverture. En déduire les règles à observer.

● **14.** ✶ L'espèce chimique chloroforme a longtemps été utilisée comme anesthésique. Un flacon contenant du chloroforme porte entre autres les indications ci-contre.

a. Le X dessiné sur le pictogramme indique-t-il que le danger d'utilisation est inconnu ?

b. Que signifie la lettre « n » suivant le X ?

c. Que signifie 99 %?

● **15.** ✶✶ L'Actifed® est un médicament administré par voie orale. Sa boîte porte les indications : paracétamol, chlorhydrate de diphénydramine, excipient.

a. L'Actifed® est-il une espèce chimique ? Justifier la réponse.

b. Chercher dans un dictionnaire la signification du terme « excipient ».

c. Donner le nom d'une espèce chimique ionique contenue dans l'Actifed®.

● **16.** ✶ En utilisant votre expérience quotidienne, classez les espèces chimiques suivantes en espèce soluble ou insoluble dans l'eau :
– le saccharose (sucre ordinaire) ;
– le cuivre ;
– le chlorure de sodium (sel de cuisine) ;
– l'acide éthanoïque (présent dans le vinaigre) ;
– le polyéthylène (constituant des sacs plastique).

● **17.** ✶ Le caoutchouc naturel est obtenu à partir du latex, un liquide recueilli par saignée d'un arbre : l'hévéa. La production de caoutchouc synthétique a débuté en 1942 alors que les États-Unis étaient privés de leur approvisionnement en caoutchouc naturel pendant la seconde guerre mondiale.

a. Le tableau ci-dessous donne la production mondiale annuelle, en millions de tonnes, de caoutchouc naturel (CN) et de caoutchouc synthétique (CS). À l'aide du tableau, tracer les graphes représentant la production, en millions de tonnes, du CN et du CS, en fonction de l'année.

F.M. 9

Année	1938	1960	1975	1991	2001
CN	0,9	2,0	3,1	5,4	7,0
CS	0,0	2,5	6,9	8,9	10,5

b. Quels commentaires peut-on faire quant à l'évolution des productions de caoutchouc naturel et de caoutchouc synthétique ?

c. Donner des exemples d'utilisation du caoutchouc.

● **18.** ✶✶ **a.** Donner un critère permettant de reconnaître à son nom si une espèce chimique est ionique ou pas.

b. Parmi les noms suivants, lesquels correspondent à des espèces chimiques ioniques : carbonate, mercure, carbonate de sodium, ammoniac, chlorure d'ammonium.

● **19.** ✶✶✶ Une étiquette d'eau minérale de Quézac® mentionne : calcium 241 ; magnésium 95 ; sodium 255 ; potassium 50 ; nitrates < 1 ; bicarbonate 1 685 ; chlorure 38 ; sulfate 143.
Une étiquette de Coca-Cola® mentionne :
acide phosphorique ; aspartame ; caféine ; benzoate de sodium.

a. Quelle étiquette ne mentionne que des ions ? Quelle étiquette ne mentionne que des espèces chimiques ?

b. L'espèce chimique eau, bien que non mentionnée sur ces deux étiquettes, est-elle présente dans les deux boissons ?

c. Comment pourrait-on prouver expérimentalement la réponse à la question précédente ?

aide

a. Ne pas confondre un ion et une espèce chimique ionique qui est constituée d'ions positifs et négatifs.

b. L'eau est un solvant.

c. Utiliser un test chimique permettant de détecter l'eau.

Identification et caractérisation des espèces chimiques

● **20.** ✶ L'étiquette d'un shampooing informe de la présence d'eau et d'acide citrique. Proposer des tests chimiques qui permettraient de vérifier ces informations.

● **21.** ✶ Le dichlorométhane a une densité de 1,326. Calculer sa masse volumique en $g \cdot cm^{-3}$.

● **22.** ✶ Une pomme est soumise aux tests chimiques suivants.

• ***Test 1***. Du papier pH est déposé sur la peau de la pomme. Le papier pH ne change pas d'aspect.

• ***Test 2***. Un morceau de pomme broyé est placé dans un tube à essais avec un peu d'eau. Après agitation du tube, une goutte du jus obtenu est déposée sur du papier pH. Le papier pH vire au rouge.

• ***Test 3***. Un morceau de pomme est placé dans un tube à essais. On ajoute un peu de réactif de Fehling. Après chauffage, on observe la formation d'un précipité rouge.

a. Parmi les tests 1 et 2, lequel correspond à une bonne utilisation du papier pH ? Que peut-on en déduire ?

b. Quelle espèce chimique est mise en évidence par le réactif de Fehling ? Le test 3 est-il positif ?

c. Comment peut-on prouver que la pomme contient de l'eau ? Proposer un test qui permette de répondre à cette question. Quelle observation attend-on ?

aide

a. Lorsque le papier pH vire au rouge, c'est qu'il a rencontré des espèces chimiques acides.

b. Voir partie 3 de l'activité 4.

c. Voir le paragraphe **3.1** du cours.

● **23.** ✶ Un détergent liquide est soumis à des tests chimiques dont les résultats sont donnés ci-dessous.

Test	Résultat du test
Test au sulfate de cuivre anhydre	Positif
Test au papier pH	Le papier rougit
Test au réactif de Fehling	Négatif

Quelles informations peut-on tirer de ces tests ?

● **24.** ★ Le propane et le butane sont tous deux utilisés comme GPL (gaz de pétrole liquéfié) et comme gaz de camping.

Données. À la pression atmosphérique :

$\theta_{éb}(\text{propane}) = -42\ °C$; $\theta_{éb}(\text{butane}) = 0\ °C$

a. Quel est l'état physique du propane et celui du butane à température ambiante et à la pression atmosphérique ?

b. Même question à $-5\ °C$.

c. Expliquer pourquoi le butane ne peut pas être utilisé pour le camping par temps froid.

Extraction d'espèces chimiques

● **25.** ★★ Le limonène est une espèce chimique qui peut être extraite des zestes d'orange ou de citron par entraînement à la vapeur.

a. Schématiser le dispositif et décrire son principe.

b. Pourquoi ce dispositif permet-il de réaliser une extraction ?

Le liquide récupéré après extraction est composé de deux phases. Le limonène est le principal constituant de la phase supérieure et la phase inférieure est une phase aqueuse.

c. Quelle est la principale espèce chimique présente dans la phase aqueuse ?

d. La densité du limonène est-elle supérieure ou inférieure à 1 ?

e. Sachant qu'un millilitre de limonène pèse 0,84 g, donner la densité du limonène et vérifier la réponse à la question précédente.

● **26.** ★ **a.** Indiquer la signification des renseignements mentionnés sur l'étiquette d'une bouteille d'éther (éthoxy-éthane) représentée ci-dessous.

ÉTHOXY-ÉTHANE	
900 ml	PUR
$(C_2H_5)_2O$ M : 74,12 Teneur min : 99,0 % d : 0,71 $\theta_{éb} = 34\ °C$ Stockage : Hors lumière	 F+ : Très inflammable
Réf. 1020E	
Extrêmement inflammable. Peut former des peroxydes explosifs. Conserver hors de la porée des enfants. Conserver le récipient dans un endroit bien ventilé. Conserver à l'écart de toute source d'ignition. Ne pas fumer. Ne pas jeter les résidus à l'égout. Éviter l'accumulation des charges électrostatiques.	

L'étiquette indique les caractéristiques physiques et les risques chimiques.

b. L'éther est couramment employé comme solvant d'extraction. Quelles qualités doit posséder l'éther pour être un bon solvant d'extraction ?

c. Comparer la densité de l'éther à celle de l'eau.

d. D'après les informations fournies par l'étiquette, quelles précautions faut-il prendre pour manipuler de l'éther ?

● **27.** ★ On considère que le sirop d'orgeat est un mélange de trois espèces chimiques : eau, saccharose et benzaldéhyde. Pour extraire le benzaldéhyde contenu dans un sirop d'orgeat, on mélange un peu de ce sirop avec quelques millilitres d'éther dans une ampoule à décanter. L'éther est un solvant insoluble dans l'eau et très volatil.

a. Le mélange obtenu est-il homogène ou hétérogène ?

b. Le benzaldéhyde, fortement soluble dans l'éther, l'est nettement moins dans l'eau.

Quel est l'intérêt, pour l'extraction du benzaldéhyde, de telles informations ?

c. En utilisant ces informations, préciser comment il faut procéder pour extraire l'espèce chimique recherchée.

● **28.** ★★ L'arôme de vanille vendu dans le commerce est composé essentiellement de trois espèces chimiques : la vanilline, l'acide vanillique et l'acide hydroxybenzoïque.

a. L'arôme de vanille est-il une espèce chimique ?

b. L'espèce chimique vanilline extraite de la gousse de vanille est utilisée en parfumerie et surtout en pâtisserie. Le protocole expérimental de l'extraction consiste à diluer de l'extrait de vanille dans de l'eau puis à verser le mélange dans une ampoule à décanter. Du chloroforme est ensuite versé dans l'ampoule à décanter.

Après agitation vigoureuse, on laisse décanter le mélange. On procède ensuite à la séparation des phases. À l'aide des indications ci-dessous, faire un schéma annoté de l'ampoule à décanter et préciser le contenu de chaque phase.

Données

- Le chloroforme est présent dans la phase inférieure.
- La vanilline est très soluble dans le chloroforme et peu soluble dans l'eau.
- L'acide vanillique et l'acide hydroxybenzoïque sont solubles dans l'eau.

c. De quel type d'extraction s'agit-il ? Quel est le rôle du chloroforme ?

d. Que faut-il faire après la séparation des phases présentes dans l'ampoule pour isoler l'espèce chimique vanilline ?

Chromatographie

● **29.** ★ Parmi les schémas de mise en œuvre d'une chromatographie, trouver celui qui correspond aux bonnes conditions opératoires. Justifier la réponse.

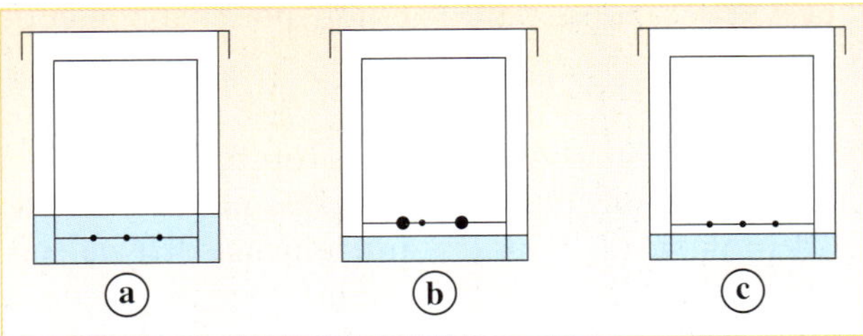

● **30.** ★ **a.** Définir les notions de phase fixe et de phase mobile.

b. On réalise la chromatographie d'un sirop de menthe de couleur verte ; la phase mobile est l'eau. Après migration du solvant, la plaque de chromatographie a l'allure représentée sur le schéma ci-contre. Quelle conclusion peut-on en tirer ? Justifier la réponse.

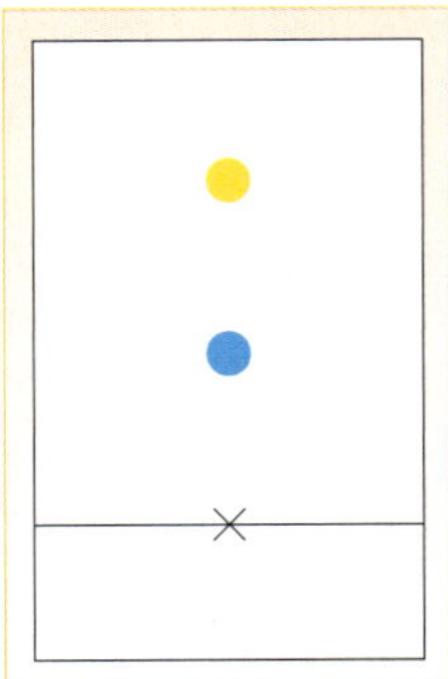

c. On pense que les colorants présents dans le sirop de menthe sont de la tartrazine (E102) jaune et du bleu patenté (E131) bleu. Proposer une expérience supplémentaire qui permettrait de le vérifier.

● **31.** ★★ L'étiquette d'un sirop de grenadine porte les indications suivantes :

> sirop de glucose, sucre, eau, arômes, acidifiants E330, colorants E122 et E124.

Les codes E122 et E124 correspondent à des espèces chimiques faisant partie des colorants alimentaires : E122 est l'azorubine, E124 est le rouge cochenille. Le code E330 correspond à un additif alimentaire : l'acide citrique. On désire vérifier la présence des deux colorants E122 et E124 dans le sirop de grenadine. Pour ce faire, on procède à une extraction de ces colorants, suivie d'une analyse chromatographique.
Sur une phase fixe de silice, on dépose :
- Dépôt 1 : rouge cochenille de référence.
- Dépôt 2 : extrait concentré de colorants.
- Dépôt 3 : azorubine de référence.

La phase mobile est un mélange de propanol et d'une solution d'ammoniac.

a. Quels sont les rôles d'une chromatographie ?

b. Faire un schéma annoté du dispositif utilisé pour réaliser une chromatographie.

c. Après migration du solvant, la plaque de chromatographie a l'aspect donné sur le schéma ci-contre. Analyser les résultats obtenus. Les indications données sur l'étiquette du sirop de grenadine concernant les colorants E122 et E124 sont-elles exactes ?

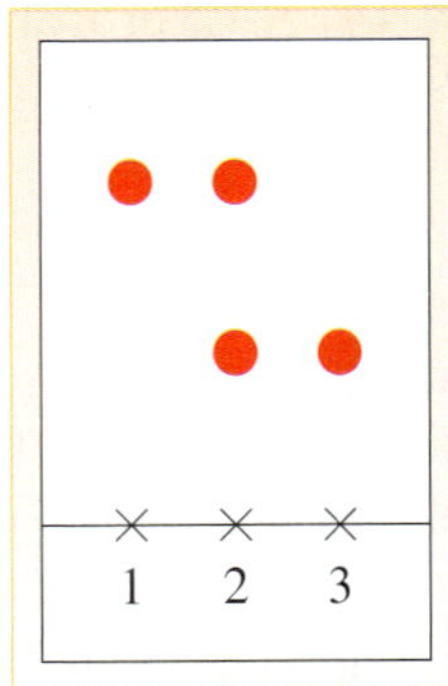

aide

a. Il faut citer deux rôles.
b. Utiliser en particulier les termes phase fixe, phase mobile.
c. Analyser les résultats, c'est comparer la hauteur atteinte par chacune des taches issues des dépôts 1, 2 et 3.

Aller plus loin

● **32.** ★★★ *Analyse d'un anesthésique*

L'espèce chimique benzocaïne est préparée dans l'industrie pharmaceutique à partir de l'espèce chimique benzoate d'éthyle. Un échantillon de benzocaïne ainsi obtenu est soumis aux deux analyses suivantes.

- Mesure du point de fusion. L'échantillon est un solide blanc qui fond à 92 °C. La température de fusion d'un échantillon de benzocaïne de référence est égale à 92 °C.
- Chromatographie sur couche mince. Le solvant de migration est l'éthanoate d'éthyle.

Les dépôts suivants sont effectués sur la plaque.
– Dépôt 1 : benzoate d'éthyle.
– Dépôt 2 : benzocaïne de référence.
– Dépôt 3 : benzocaïne synthétisée.

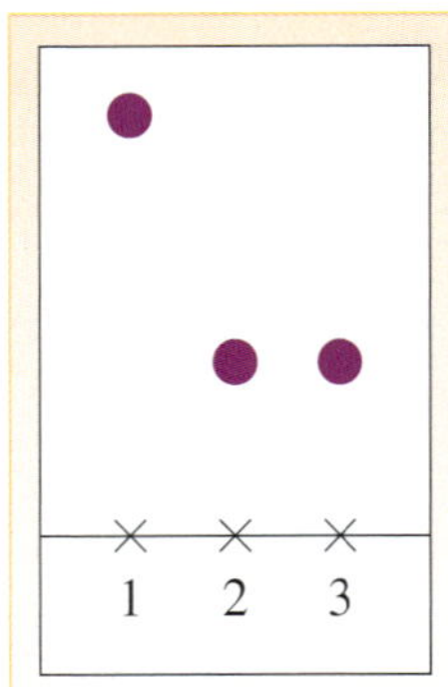

Après révélation sous une lampe à ultraviolet, la plaque de chromatographie a l'aspect donné sur le schéma ci-dessus.

a. Indiquer la nature des phases fixe et mobile de la chromatographie réalisée.

b. Que peut-on conclure de l'analyse chromatographique ?

c. Que peut-on conclure de la mesure du point de fusion ? Ce résultat est-il en accord avec l'analyse chromatographique ?

SYNTHÈSE D'ESPÈCES CHIMIQUES

2

Les gousses de vanille présentées peuvent donner, après extraction, l'espèce chimique vanilline. Cette espèce chimique peut également être synthétisée par l'industrie chimique. Ainsi, le chimiste est capable de synthétiser des espèces chimiques fournies par la nature, mais ce chapitre montrera que le chimiste est également capable de créer des nouvelles espèces chimiques.

OBJECTIFS

- Savoir définir et décrire une synthèse d'espèces chimiques.
- Savoir effectuer une synthèse à partir d'un protocole en respectant les consignes de sécurité.
- Savoir expliquer la nécessité de la chimie de synthèse.
- Savoir qu'il n'est pas possible de discerner une espèce chimique d'origine naturelle d'une espèce chimique obtenue par synthèse.

PLAN DU COURS

1 Synthétique, mais plus vrai que nature

L'extrait de vanille naturelle, vendu dans le commerce, est un liquide constitué à 95 % de l'espèce chimique vanilline.
La vanilline est obtenue à partir des gousses du vanillier par une technique d'extraction à l'alcool. Avant d'en arriver à l'extraction, les fleurs de vanille ont été pollinisées à la main une par une (**Doc. 1**), les gousses ont été trempées dans l'eau deux jours puis séchées pendant deux à trois mois.
La vanilline peut également être synthétisée dans l'industrie.
On obtient alors de la vanilline presque pure sous forme de poudre à partir des espèces chimiques gaïacol et acide glyoxylique.
Alors que la production mondiale de vanilline de synthèse est de l'ordre de 12 000 tonnes par an, la production de vanilline naturelle s'élève à 30 tonnes.

D'après un article de la revue *Eurêka*, novembre 1999

a. Rappeler le sens du mot « extraction ».

b. Quelle est la méthode évoquée pour se procurer l'espèce chimique vanilline sans avoir recours à l'extraction des gousses de vanillier ?
c. Comment pourrait-on montrer que l'espèce chimique obtenue par les deux méthodes est la même ?
d. Quel peut être, à votre avis, l'intérêt de la synthèse ? (Vous vous aiderez du texte et de votre réflexion personnelle sur les procédés industriels.)

Doc. 1. Pollinisation des fleurs de vanille.

Voir exercice 10

2 Odeur de lavande

Dans un tube à essais, quelques millilitres d'acide éthanoïque, autant de linalol et un peu d'acide sulfurique sont mélangés. Un test au sulfate de cuivre anhydre est réalisé avec trois gouttes de ce mélange ; le sulfate de cuivre anhydre reste blanc.
Le tube à essais, fermé par un réfrigérant à air, est chauffé au bain-marie quelques minutes, puis refroidi (**Doc. 1**). Il apparaît alors deux phases. Trois gouttes de la phase inférieure sont mises en contact avec du sulfate de cuivre anhydre : celui-ci devient bleu.

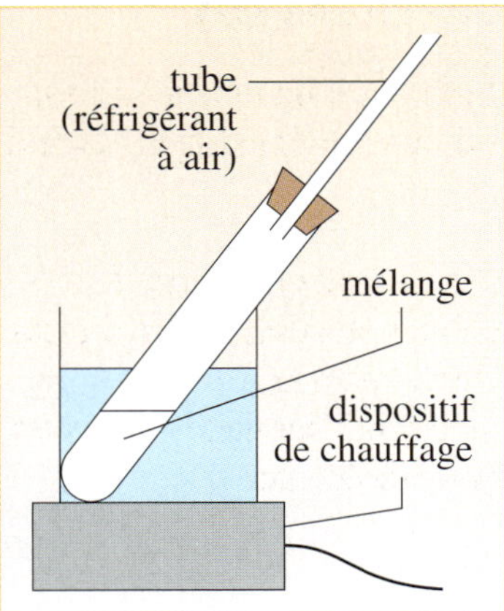

Doc. 1. Chauffage au bain-marie.

a. Quelle espèce chimique est mise en évidence par le deuxième test au sulfate de cuivre ?
b. Cette espèce chimique était-elle présente au début de l'expérience ?
D'où provient-elle ?

Une goutte de la phase supérieure, prélevée à la fin de l'expérience, est déposée sur un papier filtre. Cette goutte possède une forte odeur rappelant celle de la lavande.

c. Cette odeur n'est ni celle de l'acide éthanoïque, ni celle du linalol ni celle de l'acide sulfurique. Que peut-on en déduire ?
d. Rappeler ce qu'on appelle une espèce chimique d'origine synthétique.
e. Le terme « synthèse » utilisé dans le titre de cette activité est-il justifié ?

Voir exercice 14

3 TP Synthèse d'une espèce chimique

Objectifs

- Suivre un protocole de synthèse en respectant les consignes
- Interpréter et analyser les résultats d'une expérience

1. Tests chimiques préliminaires

Remplir deux tubes à essais A et B au quart avec de l'eau distillée, puis ajouter dans chacun une pointe de spatule de sulfate de fer. Boucher, puis agiter les tubes pour obtenir un mélange homogène.

a. Dans le tube A, ajouter quelques gouttes d'une solution d'hydroxyde de sodium et observer.
b. Dans le tube B, ajouter quelques gouttes d'une solution de chlorure de baryum et observer.

Pour interpréter ces observations, on dispose des données du **Doc. 1** concernant certains ions en solution.

Cations \ Anions	Ions sulfate	Ions chlorure	Ions hydroxyde
Ions sodium	×	×	×
Ions ammonium	×	×	×
Ions baryum	Précipité blanc	×	Précipité blanc
Ions fer	×	×	Précipité vert

Doc. 1. Association d'anions et de cations. La croix (×) indique qu'il n'y a pas de formation de précipité ; la solution ne se trouble pas.

Un précipité est constitué d'une espèce chimique obtenue par association de cations et d'anions, suite à un mélange de deux solutions.
Par exemple, le tableau du **Doc. 1** indique que les anions sulfate s'associent aux cations baryum en donnant un précipité blanc constitué de l'espèce chimique sulfate de baryum.

c. Préciser les ions présents dans le tube A au moment de l'ajout de la solution d'hydroxyde de sodium. À l'aide du tableau du **Doc. 1**, indiquer les ions susceptibles de former un précipité et nommer l'espèce chimique ainsi formée. Les observations expérimentales vous semblent-elles cohérentes avec cette analyse ?
d. Même question dans le cas du tube B.

2. Synthèse et identification d'une espèce chimique ionique

Dans un ballon de 100 mL, peser 2,5 g de sulfate de fer. Dans une coupelle, peser 1,0 g d'oxalate d'ammonium et l'introduire dans le ballon. Rajouter quelques grains de pierre ponce. Ajouter 25 mL d'eau distillée.

F.M. 1 Placer le réfrigérant au-dessus du ballon pour mettre en place un chauffage à reflux. Faire circuler l'eau et régler le chauffage au maximum, pour une durée de cinq minutes.

a. À partir de la fiche méthode, expliquer pourquoi, dans ce protocole, il a été nécessaire d'utiliser un réfrigérant.

On peut dire qu'une synthèse a eu lieu lorsqu'une nouvelle espèce chimique a été formée ou bien qu'une espèce chimique présente au départ a disparu.

b. Quel indice laisse penser qu'une synthèse a effectivement eu lieu ?

F.M. 1 Une fois le ballon refroidi, filtrer son contenu. Récupérer le solide dans une coupelle et le filtrat dans un bécher.

c. Compte tenu des informations données dans le **Doc. 1**, déterminer les ions qui ont permis de former le précipité jaune. En déduire son nom.
d. Décrire par une phrase la synthèse réalisée.

3. Caractérisation de certains ions

Mettre une partie du filtrat dans un tube à essais et y rajouter quelques gouttes d'une solution d'hydroxyde de sodium.

a. Qu'observe-t-on et que peut-on en déduire ?
b. Prévoir si les ions sulfate sont susceptibles d'exister dans ce filtrat. Justifier la réponse.
c. Proposer et réaliser un test qui permette de vérifier la prévision de la question précédente.

Voir exercice 17

Les espèces chimiques ont été classées en particulier selon leur origine : naturelle ou synthétique. Le chapitre 1 a permis de donner des exemples d'extraction d'espèces chimiques naturelles.
Ce chapitre aborde la seconde possibilité d'obtenir des espèces chimiques : la synthèse.

1 Nécessité de la synthèse

Extraire des espèces chimiques de la nature, comme nous l'avons vu dans le chapitre précédent, permet depuis des siècles d'obtenir de nombreuses espèces chimiques. Mais cela ne suffit pas toujours pour couvrir la demande : la synthèse s'avère alors indispensable.

Exemple. La production de gousses de vanille ne suffit pas à produire toute la vanilline dont l'homme a besoin. Les chimistes sont capables de synthétiser une espèce chimique vanilline strictement identique à l'espèce chimique naturelle (**Doc. 1**).

Parfois les espèces chimiques disponibles ne sont pas assez performantes et la synthèse permet d'en créer de nouvelles.

Exemple. C'est le cas de l'éthylvanilline produite par synthèse qui a beaucoup plus de goût que la vanilline et que l'industrie agroalimentaire préfère utiliser.

Enfin, synthétiser une espèce chimique est souvent moins coûteux.

Exemple. Ainsi, la production de l'arôme artificiel de vanille a un prix de revient au kilogramme de l'ordre de 15 € alors que l'utilisation de gousses de vanille fournit le même kilogramme d'arôme pour 3 000 € environ.

Doc. 1. Flan parfumé avec l'espèce chimique vanilline d'origine synthétique et gousses de vanille desquelles on peut extraire la même espèce chimique, mais d'origine naturelle.

Voir activité 1

2 Synthèse et caractérisation d'une espèce chimique

2.1. Réactifs et produits de la synthèse

Les espèces chimiques dont on dispose pour faire une synthèse sont les réactifs de la synthèse. Les espèces chimiques obtenues sont les produits de la synthèse.

Exemple. Lorsque l'on souhaite préparer l'espèce chimique éthanoate de linalyle, on met en présence les espèces chimiques anhydride éthanoïque et linalol, qu'on appelle les réactifs de la synthèse. L'éthanoate de linalyle qui se forme alors est un des produits de la synthèse.

Une synthèse est un cas particulier de transformation chimique dont l'objectif est d'obtenir une espèce chimique nouvelle.

Les produits et les réactifs diffèrent par leurs caractéristiques physiques : température d'ébullition, température de fusion, densité, etc. Ces différences de caractéristiques physiques sont utilisées pour identifier le ou les produits formés.

Voir activité 5

2.2. Conditions expérimentales d'une synthèse

Réaliser une synthèse nécessite de suivre un protocole opératoire qui précise les proportions des réactifs à utiliser, ainsi que la verrerie nécessaire, les conditions éventuelles de chauffage, l'utilisation d'un solvant, les conditions de sécurité, etc.

Lors d'une synthèse, on distingue trois étapes :
– le mélange des réactifs et éventuellement du solvant ;
– la transformation chimique au cours de laquelle les réactifs disparaissent et les produits apparaissent ;
– l'extraction de l'espèce chimique synthétisée.

Exemple. Lors de la synthèse de l'éthanoate de linalyle, on prélève les réactifs linalol et anhydride éthanoïque avec des éprouvettes, avant de les placer dans un ballon.

F.M. 1 Le dispositif de chauffage à reflux (**Doc. 2**) permet que l'éthanoate de linalyle soit synthétisé rapidement. Une fois la synthèse achevée, l'utilisation d'une ampoule à décanter permet d'extraire facilement l'éthanoate de linalyle.

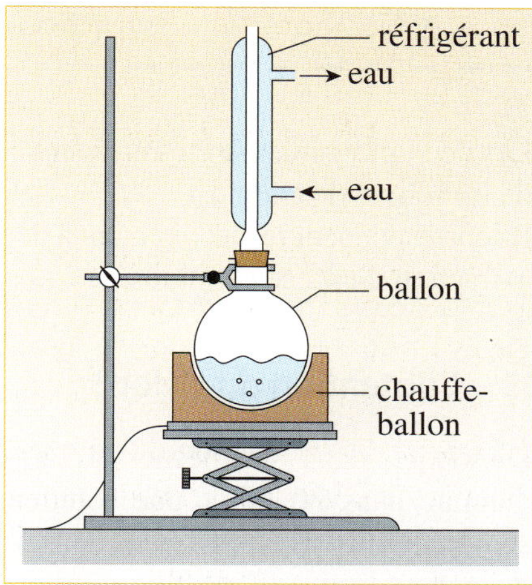

Doc. 2. Dispositif de chauffage à reflux.

2.3. Description d'une synthèse

Différentes notations existent pour décrire une synthèse. La plus naturelle est de faire une phrase qui mentionne les réactifs utilisés et les produits obtenus.

Exemple. « Le linalol réagit avec l'anhydride éthanoïque pour donner l'éthanoate de linalyle et l'acide éthanoïque. »

Une écriture plus symbolique peut être utilisée (voir chapitre 8) :

linalol + anhydride éthanoïque → éthanoate de linalyle + acide éthanoïque

2.4. Caractérisation d'une espèce chimique synthétique

Une fois la synthèse réalisée, il est impératif de vérifier que l'espèce chimique synthétisée est bien l'espèce chimique attendue.

Pour s'assurer que l'espèce chimique synthétisée est effectivement celle attendue, plusieurs méthodes sont envisageables comme la mesure de grandeurs physiques (température d'ébullition ou température de fusion, masse volumique, etc.) et leur comparaison avec des valeurs connues.
On peut également effectuer une chromatographie si l'on dispose d'un échantillon de la même espèce chimique que celle attendue.

Exemple. Sur le **Doc. 3**, le dépôt 2 est un échantillon de l'espèce chimique synthétisée. Il atteint la même hauteur à la fin de la chromatographie que le dépôt 1 de l'échantillon de vanilline de référence. La synthèse a bien permis d'obtenir de la vanilline.

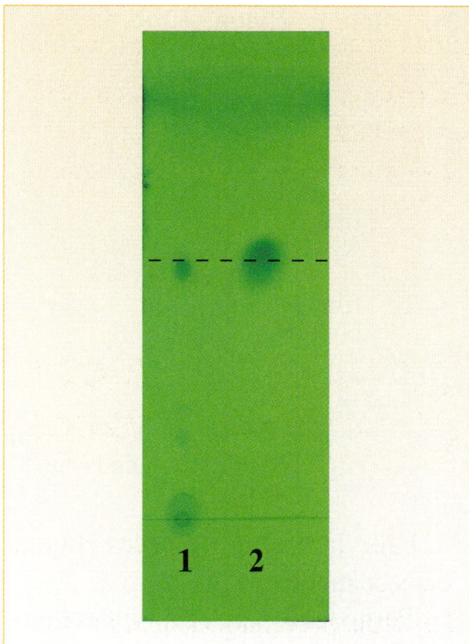

Doc. 3. Chromatographie de l'échantillon de vanilline de référence (dépôt n° 1) et de l'échantillon de la vanilline d'origine synthétique (dépôt n° 2). La plaque a été révélée sous une lampe UV.

Voir activité 6

4 Synthèse, entraînement à la vapeur et extraction

Objectifs

- Interpréter et analyser les résultats d'une expérience
- Comparer une extraction et une synthèse

Les deux protocoles opératoires suivants ont été relevés dans un livre de chimie.
Ils correspondent respectivement à une synthèse et à une extraction d'espèce chimique.

1. L'obtention du Nylon®

Dissoudre dans un bécher 1,2 g d'hexaméthylènediamine dans 30 mL d'une solution de carbonate de sodium : c'est la solution 1. Dans un autre bécher, mélanger 1 mL de dichlorure d'acyle et 30 mL de tétrachlorométhane : c'est la solution 2. Verser doucement la solution 1 sur la solution 2.
Un film se forme à l'interface des deux solutions. Tirer le fil avec une pince puis l'enrouler autour d'une baguette de verre. Laver le fil obtenu avec de l'éthanol. Quand la solution de lavage est incolore, le fil est propre. C'est un fil de Nylon® (**Doc. 1**).

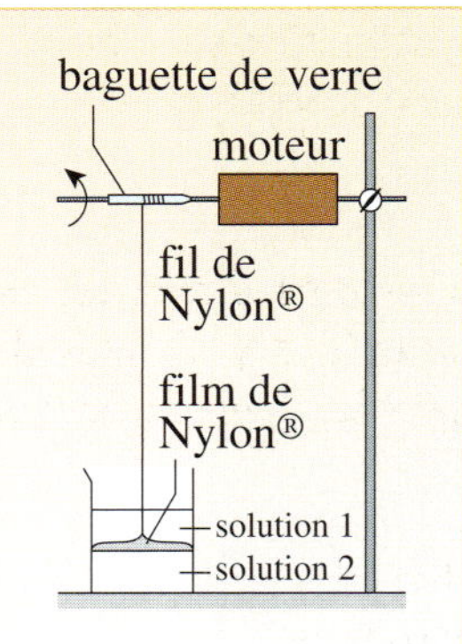

Doc. 1. Formation d'un fil de Nylon®.

a. Faire la liste des espèces chimiques mentionnées dans ce mode opératoire.
b. Parmi les espèces chimiques du premier bécher, en citer une qui est probablement ionique.
c. Quelle indication permet d'affirmer qu'une synthèse d'espèce chimique a eu lieu ? Quelle espèce chimique a été synthétisée ?
d. L'état physique de cette espèce chimique est-il solide, liquide ou gazeux ? Justifier la réponse.
e. Quelle indication permet d'affirmer que le mélange obtenu n'est pas homogène ?
f. Quel usage peut-on faire, dans la vie quotidienne de l'espèce chimique synthétisée ?

2. L'obtention de l'essence de lavande

On introduit, dans le ballon du montage du **Doc. 2**, 10 g de fleurs de lavande et 100 mL d'eau. On chauffe à ébullition le mélange jusqu'à obtenir environ 60 mL de distillat.
Le distillat est composé de deux phases. La phase inférieure fait bleuir du sulfate de cuivre anhydre.
On récupère la phase supérieure qui possède la même odeur que les fleurs utilisées.

a. Légender le schéma du **Doc. 2** et préciser la fonction de chacun des éléments.
b. De quel type de montage s'agit-il ? Quel est le principe de son fonctionnement ?
c. Sachant que ce protocole ne permet pas de réaliser une synthèse, peut-on dire que l'eau introduite dans le ballon a été consommée au cours de l'expérience ?
d. Quelle observation permet d'affirmer qu'une partie de cette eau se trouve dans le distillat ?
e. Quel est l'intérêt de cette manipulation ? En quoi cela diffère-t-il de l'expérience présentée en **1** ?
f. Quel dispositif permet de séparer phase supérieure et phase inférieure du distillat ?

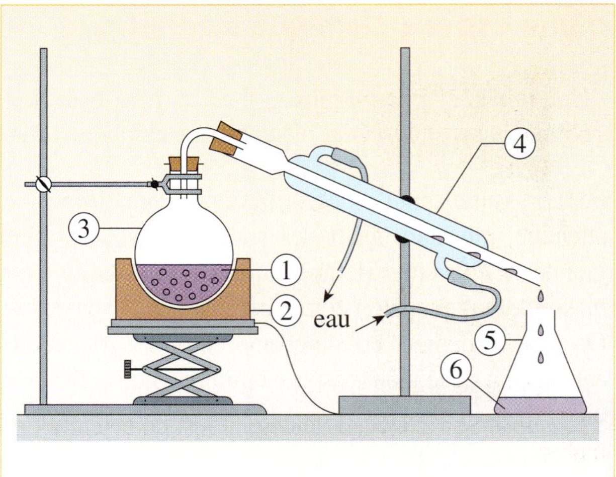

Doc. 2. Dispositif d'entraînement à la vapeur.

Voir cours 2.2 ; exercice 17

5 TP Synthèse et extraction de l'éthanoate de linalyle

Objectifs

- Suivre un protocole de synthèse en respectant les consignes
- Interpréter et analyser les résultats d'une expérience

1. Synthèse de l'éthanoate de linalyle

▪ Dans un ballon sec posé sur un support, introduire, avec une éprouvette graduée, 5 mL de linalol. Ajouter quelques grains de pierre ponce.
Puis, sous la hotte et en se protégeant à l'aide de gants, ajouter avec une éprouvette graduée 10 mL d'anhydride éthanoïque.

F.M. 1 ▪ Ajuster un réfrigérant à boules sur le ballon et adapter un chauffe-ballon (**Doc. 1**). Mettre en fonctionnement la circulation d'eau froide, puis porter le mélange à ébullition pendant une vingtaine de minutes.

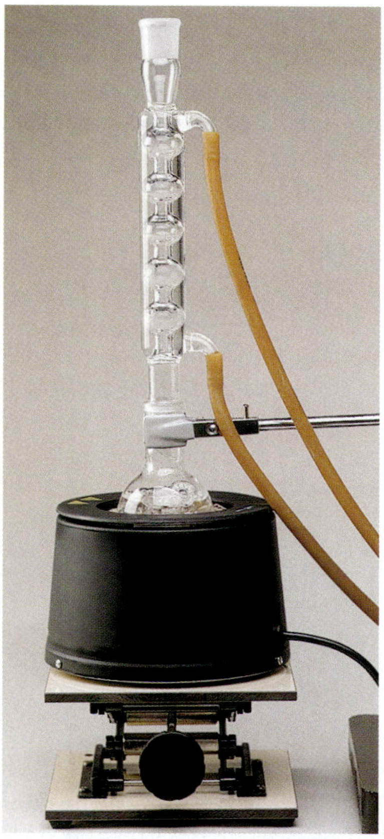

Doc. 1. Montage utilisé pour la synthèse de l'éthanoate de linalyle.

a. Quel est le nom du dispositif expérimental mis en place ?
b. Décrire la transformation réalisée à l'aide d'une phrase sachant que l'acide éthanoïque est un des produits de la synthèse.

2. Extraction de l'éthanoate de linalyle

▪ Arrêter le chauffage sans arrêter la circulation de l'eau dans le réfrigérant et laisser le ballon refroidir.

a. Pourquoi ne faut-il pas arrêter l'alimentation du réfrigérant dès lors que le chauffage du ballon cesse ?

▪ Lorsque le ballon est tiède ajouter 25 mL d'eau par le réfrigérant. Arrêter son alimentation en eau.

F.M. 1 ▪ Verser le contenu du ballon dans une ampoule à décanter.

▪ Après agitation et décantation, observer les deux phases non miscibles et introduire quelques gouttes d'eau dans l'ampoule pour repérer la phase aqueuse.

b. Faire un schéma de l'ampoule et indiquer la phase aqueuse et la phase organique.
c. Préciser, à l'aide des données, dans quelle phase peuvent se trouver les espèces chimiques suivantes : eau, acide éthanoïque et éthanoate de linalyle.

▪ Éliminer la phase inférieure.
▪ Ajouter avec précaution une solution d'hydrogénocarbonate de sodium jusqu'à ce qu'il n'y ait plus de dégagement gazeux. Agiter l'ampoule. Laisser décanter le mélange.

d. Repérer les deux phases présentes dans l'ampoule à décanter et préciser leur composition.

▪ Récupérer dans un bécher la phase organique qui contient surtout l'espèce chimique éthanoate de linalyle.

Données
• Le linalol et l'éthanoate de linolyle sont peu solubles dans l'eau.
• L'acide éthanoïque et l'anhydride éthanoïque sont très solubles dans l'eau.
• L'acide éthanoïque se répartit à la fois dans les phases aqueuse et organique.
• L'hydrogénocarbonate de sodium a pour fonction de transformer l'acide éthanoïque en une espèce chimique soluble uniquement dans la phase aqueuse.

Voir cours 2.2 ; exercice 18

6 TP Caractérisation de l'éthanoate de linalyle

Objectifs

- Utiliser les caractéristiques physiques d'une espèce chimique
- Mettre en place un dispositif de chromatographie sur couche mince

L'éthanoate de linalyle est une espèce chimique existant dans la nature (voir activité 4) ou qui peut être obtenue grâce à une synthèse (voir activité 5). Le but de cette activité est de caractériser un mélange A dont on fait l'hypothèse qu'il contient cette espèce chimique.

1. Caractéristiques physiques

Le **Doc. 1** fournit quelques caractéristiques concernant l'espèce chimique éthanoate de linalyle.

Odeur	« lavande »
Couleur	incolore
$\theta_{éb}$ **(°C)**	220
Densité	0,89
Solubilité dans l'eau	faible
Solubilité dans le cyclohexane	grande

Doc. 1. Quelques caractéristiques physiques de l'éthanoate de linalyle.

a. Quelle information supplémentaire ne figurant pas dans le **Doc. 1** permettrait de savoir si l'éthanoate de linalyle est liquide à température ambiante ?
b. Quelles précautions faut-il prendre pour tester l'odeur d'un flacon de contenu inconnu ?
c. Les deux premières données semblent-elles correspondre au liquide A fourni par le professeur ?
d. Si l'on pèse 1,0 mL du liquide A, quelle masse doit-on trouver si A est bien de l'éthanoate de linalyle ?

▪ Mélanger un échantillon du liquide A avec de l'eau dans un tube à essais et vérifier après agitation que la solubilité dans l'eau est faible comme indiqué dans le **Doc. 1**.

e. Prévoir à l'aide du **Doc. 1** si le mélange du liquide A et du cyclohexane doit être homogène ou hétérogène. Vérifier expérimentalement cette prévision.
f. Les observations expérimentales précédentes permettent-elles d'affirmer que le liquide A contient de l'éthanoate de linalyle ?
g. Quelle expérience supplémentaire permettrait de confirmer ce résultat ?

2. Chromatographie sur couche mince

F.M. 1

▪ Après avoir relu la fiche méthode sur la chromatographie sur couche mince, préparer une chromatographie avec le solvant dichlorométhane.

▪ Introduire dans quatre petits tubes à essais environ 1 mL de dichlorométhane. Dissoudre :
– dans le tube 1, une goutte de A ;
– dans le tube 2, une goutte d'un échantillon de référence d'éthanoate de linalyle ;
– dans le tube 3, une goutte d'un échantillon de référence de linalol ;
– dans le tube 4, une goutte d'un extrait d'essence de lavande.

▪ Déposer, sur une ligne située à 1 cm du bas de la plaque de chromatographie, une micro-goutte de chacun des liquides des quatre tubes à essais en les espaçant régulièrement de gauche à droite.

▪ Réaliser la chromatographie.

a. Préciser ce que sont les phases fixe et mobile de cette chromatographie.

▪ Plonger quelques secondes la plaque de chromatographie dans une solution de permanganate de potassium afin de faire apparaître les taches invisibles et entourer au crayon les taches visibles après égouttage.

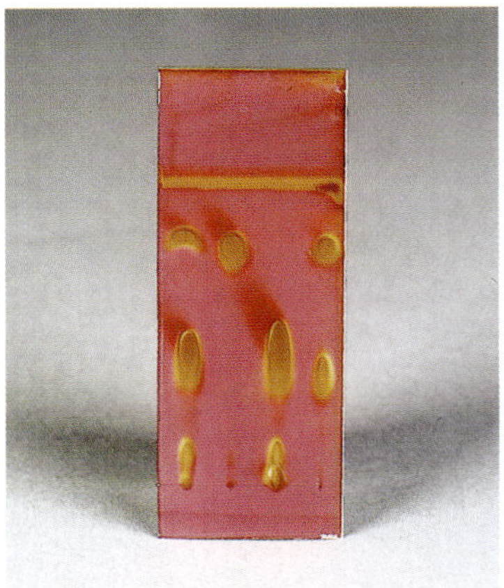

Doc. 2. Plaque de chromatographie après le passage dans la solution de permanganate de potassium.

b. En déduire le nom de quelques espèces chimiques présentes dans le liquide A.

Voir cours 2.4 ; exercice 20

Exercice résolu

L'odeur du jasmin

Énoncé

Le bromostyrène est une espèce chimique d'origine synthétique à l'odeur de jasmin utilisé en remplacement de l'essence naturelle.
Le protocole expérimental de sa synthèse est décrit ci-dessous.
Dans un ballon, introduire 30,8 g d'acide dibromophénylpropanoïque ; 5,5 g de carbonate de sodium et 60 mL d'eau. Chauffer à reflux.

a. Sachant que l'eau joue le rôle de solvant, quels sont les réactifs de la synthèse du bromostyrène ?

b. Au cours de la synthèse, on observe un dégagement gazeux qui trouble l'eau de chaux. Quelle est l'espèce chimique ainsi mise en évidence ? Fait-elle partie des réactifs ou des produits de la synthèse ?

c. Sachant que la transformation chimique donne également de l'eau et du bromure de sodium, décrire la synthèse effectuée.

d. À la fin de la synthèse, il est nécessaire d'isoler le bromostyrène du mélange par entraînement à la vapeur au moyen du dispositif représenté sur le schéma. Légender le schéma du dispositif expérimental.

e. Le schéma ci-contre est-il compatible avec le fait que le bromostyrène, de densité 1,43, est insoluble dans l'eau ?

f. Proposer une méthode qui permette d'isoler cette espèce chimique à l'odeur de jasmin.

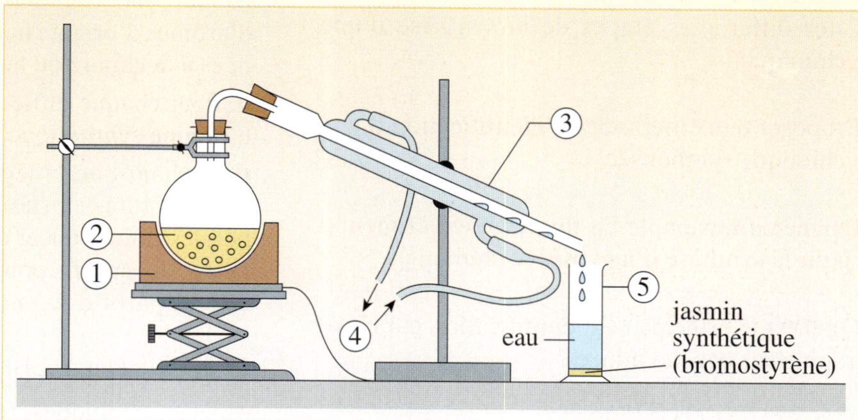

Conseils

a. et b. Les réactifs sont consom-més au cours de la synthèse, alors que les produits apparaissent.

c. Décrire la transformation chimique soit par une phrase, soit sous forme symbolique.

d. Voir la fiche méthode 1.

e. Revoir le caractère soluble ou insoluble ainsi que la notion de densité au chapitre 1.

f. Voir la fiche méthode 1.

Résolution

a. Les réactifs sont l'acide dibromophénylpropanoïque et le carbonate de sodium.

b. L'espèce chimique ainsi mise en évidence est le dioxyde de carbone. C'est un produit de la synthèse.

c. Acide dibromophénylpropanoïque + carbonate de sodium

$\rightarrow$ bromostyrène + dioxyde de carbone + eau + bromure de sodium.

d. ① Chauffe-ballon. ② Acide dibromophénylpropanoïque, carbonate de sodium, eau. ③ Réfrigérant. ④ Circulation d'eau. ⑤ Éprouvette.

e. Oui, le fait que le bromostyrène soit insoluble dans l'eau se traduit par la présence de deux phases.
La position du bromostyrène, sous la phase aqueuse, est en accord avec la densité de 1,43 du bromostyrène.

f. Pour isoler le bromostyrène présent dans l'éprouvette, il faut placer son contenu dans une ampoule à décanter et procéder à la séparation des phases.

Tester ses connaissances

1. Définir l'expression « synthèse d'espèces chimiques ».

2. Citer des raisons d'avoir recours à la synthèse plutôt qu'à l'extraction pour obtenir des espèces chimiques.

3. Que peut-on dire des caractéristiques physiques d'un échantillon d'origine naturelle d'une espèce chimique et de celles d'un échantillon d'origine synthétique de la même espèce chimique ?

4. Qu'appelle-t-on « réactif » et qu'appelle-t-on « produit » lors d'une synthèse ?

5. Citer différentes étapes de la synthèse d'une espèce chimique.

6. Proposer deux méthodes d'identification d'une espèce chimique synthétisée.

7. Donner un exemple de montage expérimental utilisé pour la synthèse d'une espèce chimique.

8. Quel est le principe de l'identification par chromatographie sur couche mince ?

Appliquer ses connaissances

Limites de la production naturelle

9. ✶ Le pétrole contient 20 % en masse d'espèces chimiques de la famille des aromatiques (benzène, toluène, xylène, etc.). Elles sont obtenues par distillation du pétrole.

a. Sachant que le pétrole est constitué d'espèces chimiques organiques, citer deux produits résultant de la combustion du pétrole.

b. Que peut-on dire de l'origine des espèces chimiques de la famille des aromatiques ?

c. Bien que des milliers de tonnes d'aromatiques soient obtenues par ce procédé, les besoins ne sont pas satisfaits. Quelles solutions peut-on envisager ?

d. Le vapocraquage permet de transformer certaines espèces chimiques contenues dans le pétrole en espèces chimiques aromatiques. Que peut-on dire de l'origine des espèces chimiques aromatiques obtenues par ce procédé ?

10. ✶✶ Depuis longtemps, les végétaux constituent une source privilégiée des arômes naturels que l'on exploite sous forme d'huiles essentielles, de jus de fruits ou encore d'extraits de plantes. Cependant, on ne trouve le composé sensoriel actif qu'en quantités infimes ou encore dans une forme liée, ce qui rend sa purification difficile.
Ainsi, il faut cinq millions de fleurs de jasmin pour produire un kilogramme d'extrait aromatisant de la plante ! De plus, les rendements en plantes aromatiques dépendent des conditions climatiques, des maladies, des parasites et même de l'instabilité politique de certains pays.

D'après *Agri-Food Canada*

a. Sous quelle forme récupère-t-on les arômes naturels à partir des végétaux ? Proposer deux méthodes utilisées en chimie pour y parvenir.

b. Faire la liste des difficultés liées à l'utilisation d'arômes d'origine naturelle. Les classer en difficultés liées à la chimie ou liées à d'autres facteurs.

c. Pour chaque difficulté, préciser en quoi les arômes d'origine synthétique peuvent apporter une solution.

d. Sachant que la législation française impose, pour les confitures de jasmin, au moins 5 g d'extrait de pétales pour 1 000 g de confiture, combien faut-il de fleurs de jasmin pour faire un pot de confiture de 200 g à partir d'arômes d'origine naturelle ?

11. ✶✶ La décalactone et la vanilline sont des espèces chimiques responsables des arômes framboise et vanille.
Dans le tableau ci-dessous sont indiqués les prix de 100 g de ces espèces chimiques dans le cas d'une origine naturelle et dans le cas d'une origine synthétique.

Espèce chimique	Prix en € (origine naturelle)	Prix en € (origine synthétique)
Décalactone	850	20
Vanilline	300	1,5

a. Proposer des explications aux différences de prix observées suivant l'origine de chaque espèce chimique.

b. En déduire l'origine des espèces chimiques massivement utilisées dans l'industrie agro-alimentaire.

c. Les besoins mondiaux en vanilline s'élèvent à 8 000 tonnes par an. Quel en serait le coût si la vanilline était exclusivement d'origine naturelle ?

d. Quel résultat attend-on si on réalise la chromatographie d'un échantillon de vanilline synthétique et d'un échantillon de vanilline naturelle ?

Représentation d'une synthèse

12. ✱ On synthétise le carbonate d'argent en mélangeant du nitrate d'argent et du carbonate de sodium. Donner les réactifs et les produits de cette synthèse.

13. ✱ Faire une phrase pour décrire la synthèse représentée par :

chlorure de téréphtalyle + paraphénylènediamine
→ Kevlar® + chlorure d'hydrogène.

14. ✱ Un morceau de fer est introduit dans de l'acide chlorhydrique. Le fer disparaît et il se dégage du dihydrogène. Quelle espèce chimique a-t-on synthétisé ? Donner le nom des réactifs utilisés.

15. ✱✱ Le méthanol est une espèce chimique assez peu présente dans la nature. Cependant, les besoins industriels mondiaux dépassent les 25 millions de tonnes par an.

a. Quelle est l'origine du méthanol utilisé dans l'industrie ?

b. On peut synthétiser le méthanol à partir de monoxyde de carbone et de dihydrogène. Quels sont les réactifs et les produits d'une telle synthèse ?

c. Le méthanol est un alcool différent de l'éthanol qui, lui, apparaît lors de la fermentation du jus de fruit. Cette fermentation est-elle une synthèse ou une extraction de l'espèce chimique éthanol ? Justifier la réponse.

d. Le jus fermenté est souvent distillé. L'éthanol est alors présent dans le distillat en grande quantité. Cette distillation peut-elle être apparentée à une synthèse ou à une extraction ? Justifier la réponse.

aide

a. Évoquer l'opposition entre l'existence en faible quantité dans la nature et les besoins importants.

b. Les réactifs permettent la synthèse. Les produits sont formées au cours de la synthèse.

c. et **d.** Une synthèse a lieu, par exemple, lorsqu'il apparaît une nouvelle espèce chimique.

16. ✱✱ *Les chimistes du XIXe siècle et la synthèse*

Déjà M. Wohler était parvenu à former synthétiquement l'urée par la combinaison de l'ammoniac avec l'acide cyanique : l'urée est une substance apte à s'unir aux acides ; elle mérite d'autant plus d'intérêt qu'elle se rencontre à l'état normal dans l'urine des animaux.

D'après « Synthèse chimique », M. Berthelot (1876)

a. Quels sont les termes utilisés dans le texte qui décrivent des réactifs d'une synthèse ? des produits d'une synthèse ?

b. D'après le texte, l'urée peut être d'origine naturelle (dans l'urine) ou synthétique (travaux de Wohler). S'agit-il, dans les deux cas, de la même espèce chimique ?

Protocole d'une synthèse

17. ✱✱ Le chloral est une espèce chimique utilisée comme sédatif et hypnotique.

C'est, de plus, un réactif dans la synthèse de l'hydrate de chloral, lui-même utilisé dans la fabrication d'insecticides.

Le protocole de la synthèse de l'hydrate de chloral au laboratoire est le suivant.

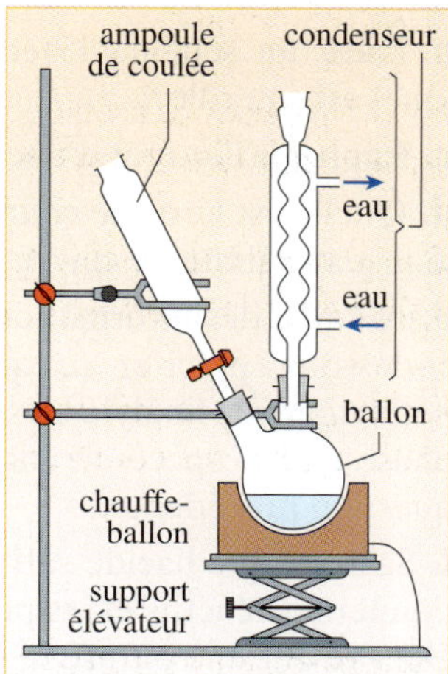

• Dans un ballon, on verse 40 mL de chloral anhydre et on ajoute lentement 10 mL d'acide chlorhydrique contenu dans une ampoule de coulée.

• À l'interface des deux liquides, on observe l'apparition d'un solide blanc : il s'agit de l'hydrate de chloral.

• Au bout de 30 minutes de reflux, on filtre, on lave le solide blanc obtenu avec un peu d'eau et on laisse sécher. On recueille le solide dont la température de fusion est 57 °C.

a. D'après le protocole opératoire, donner l'état physique des espèces chimiques chloral anhydre et hydrate de chloral, à la température ambiante et à la pression atmosphérique.

b. L'acide chlorhydrique est une solution aqueuse. En déduire que le chloral anhydre n'est pas une espèce chimique soluble dans l'eau. Justifier la réponse.

c. Schématiser un montage de filtration.

d. La transformation chimique peut se représenter par :

chloral + eau → hydrate de chloral.

Qu'est-ce qui permet, dans le protocole opératoire, d'affirmer que la synthèse a bien eu lieu ?

e. Quelle caractéristique physique permettrait d'identifier le produit de la synthèse ?

● **18.** ** L'éthanoate de linalyle est une espèce chimique dont l'odeur rappelle celle de la lavande. Cette espèce chimique est de ce fait utilisée comme arôme dans certains desserts. Elle est synthétisée au laboratoire de la façon suivante.

• Dans un ballon de 50 mL bien sec, introduire un volume de 5 mL de linalol. Sous la hotte, ajouter 10 mL d'acide éthanoïque et 2 mL d'acide sulfurique mesurés à l'aide d'une éprouvette bien sèche. Boucher.
Agiter doucement en maintenant le bouchon.
• Réaliser un montage à reflux et chauffer pendant 20 minutes.
• Après refroidissement, verser le contenu du ballon dans une ampoule à décanter.
• Après séparation des phases, la phase inférieure donne un test positif au sulfate de cuivre anhydre.

a. D'après les pictogrammes, quelles précautions doit-on prendre pour réaliser cette synthèse ?

b. Faire un schéma légendé du montage à reflux. Quel est son rôle ?

c. Rappeler l'intérêt d'une ampoule à décanter.

d. Quelle est l'espèce chimique mise en évidence par le test au sulfate de cuivre anhydre ?

e. À l'aide des informations fournies dans le tableau ci-dessous, préciser ce qui permet d'affirmer que l'éthanoate de linalyle n'est pas présent dans la même phase que l'espèce chimique mise en évidence à la question précédente.

f. Sachant que l'acide sulfurique n'est pas un réactif, donner les réactifs et les produits de la synthèse.
Décrire par une phrase la synthèse réalisée.

Données	Linalol	Éthanoate de linalyle	Acide sulfurique	Acide éthanoïque
Densité	0,87	0,89	1,82	1,05
Solubilité dans l'eau	peu soluble	peu soluble	soluble	soluble
Danger				

● **19.** ** Un mélange des trois espèces chimiques – éthylène, chlorure d'hydrogène et dioxygène – conduit aux espèces chimiques dichloroéthane et eau.
Pendant la synthèse à température élevée, les réactifs et les produits sont gazeux. À température ordinaire, les trois réactifs restent gazeux alors que les deux produits de la synthèse sont liquides.

a. Pourquoi une telle opération est-elle appelée synthèse du dichloroéthane et non synthèse de l'eau ?

b. Comment séparer les réactifs des produits à l'issue de la synthèse ?

c. Les deux produits ne sont pas miscibles.
Comment fait-on pour séparer les produits l'un de l'autre ?

d. Une fois isolé, le dichloroéthane est chauffé à 500 °C.
On obtient du chlorure de vinyle et du chlorure d'hydrogène.
Décrire cette synthèse par une phrase.

e. Le chlorure de vinyle est un liquide à température ambiante.
Comment peut-il être séparé de l'autre produit de la synthèse ?

f. À votre avis, que fait-on du chlorure d'hydrogène produit par la synthèse du chlorure de vinyle ?

g. Avec du chlorure de vinyle, on fait un matériau appelé PVC (polychlorure de vinyle).
À quoi sert ce matériau ?

Caractérisation d'une espèce chimique synthétique

● **20.** ** On prépare l'acide acétylsalicylique qui est le principe actif de l'aspirine, en chauffant à reflux un mélange d'acide salicylique et d'anhydride acétique.
Après le chauffage, l'ajout d'eau dans le mélange entraîne la formation de cristaux blancs.

a. Quel est l'intérêt du chauffage à reflux lors de cette synthèse ?
Faire le schéma légendé du montage.

On veut vérifier que ces cristaux contiennent bien de l'aspirine. Pour cela, on réalise une chromatographie sur couche mince avec un solvant adapté.
On dépose :
– en A, une goutte de solution d'acide acétylsalicylique de référence ;
– en B, une goutte du mélange prélevé pendant la synthèse ;
– en C, une goutte de solution d'acide salicylique de référence.

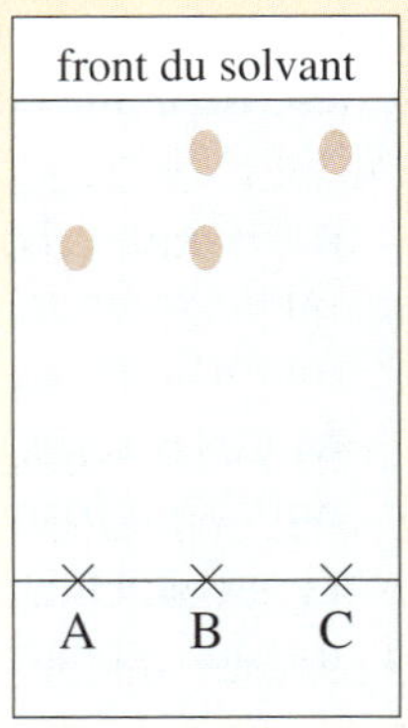

chromatogramme de l'aspirine synthétisée

On obtient le chromatogramme ci-dessus.

b. Rappeler le principe de la chromatographie.

c. Pourquoi peut-on dire que l'on a synthétisé le principe actif de l'aspirine par ce protocole ?

d. Quelle autre espèce chimique obtient-on ?

Aller plus loin

21. ★★ *Procédé de fabrication des savons*

Dès le IIe siècle avant J.-C., les Égyptiens savaient fabriquer des savons en chauffant de la cendre de bois, de l'eau et de l'huile d'olive. Actuellement les savons sont préparés en chauffant à reflux un mélange des espèces chimiques, eau, alcool, triglycéride et hydroxyde de sodium. Le mélange, une fois refroidi, est introduit dans de l'eau très salée, il se forme alors un solide constitué de l'espèce chimique palmitate de sodium.
Cette espèce chimique est à la base de la préparation de nombreux savons.

a. Lors du chauffage, il n'y a pas de disparition de l'eau ni de l'alcool. En déduire quels sont les réactifs et les produits de cette synthèse.

b. Représenter le montage à reflux réalisé pour effectuer la synthèse du palmitate de sodium.

c. Quel est l'intérêt du montage précédent ?

d. Si l'on effectue une chromatographie sur couche mince en déposant sur la même ligne de l'huile d'olive et du triglycéride, on constate, après migration du solvant, que l'huile d'olive contient plusieurs espèces chimiques, la principale migrant à la même hauteur que l'espèce chimique triglycéride de référence.
Que peut-on en déduire quant à la composition de l'huile d'olive ?
Quel était le principe de fabrication des savons par les Égyptiens ?

e. Dans la cendre de bois, on trouve de l'oxyde de sodium qui donne, en présence d'eau, de l'hydroxyde de sodium. Pourquoi cette remarque sur les espèces chimiques qui constituent la cendre de bois permet-elle de comprendre le procédé des Égyptiens ?

f. Quelles différences peut-on envisager entre le savon préparé par les Égyptiens et les savons actuels ?

22. ★★ *Synthèse de l'aniline*

L'espèce chimique aniline est synthétisée en chauffant de l'acide chlorhydrique, du nitrobenzène et du zinc.

a. Proposer un protocole opératoire et un schéma légendé décrivant la façon de réaliser cette synthèse.

b. À la fin de la synthèse, l'aniline est en présence d'eau, d'ions et des restes des réactifs n'ayant pas réagi. Il est possible d'extraire l'aniline à l'aide d'un dispositif d'entraînement à la vapeur.
Décrire les différences entre ce dispositif et celui qui a permis la synthèse.

c. Proposer une ou plusieurs méthodes permettant de prouver que l'on a bien isolé de l'aniline.

23. ★★ *Synthèse de l'acétylène*

Le chimiste français Marcellin Berthelot (1827-1907) a été très actif dans le domaine de la synthèse. On lui doit, en particulier, la synthèse de l'espèce chimique organique acétylène. L'acétylène peut être synthétisé en mettant en contact les espèces chimiques carbure de calcium et eau. Le mode opératoire nécessite le dispositif suivant.
On fait couler lentement de l'eau depuis une ampoule dans un flacon contenant le carbure de calcium solide. De l'acétylène gazeux est synthétisé.
Il s'échappe par le tube coudé et remonte dans la cuve à eau en chassant l'eau. L'acétylène gazeux est ainsi récupéré en haut de l'éprouvette graduée.

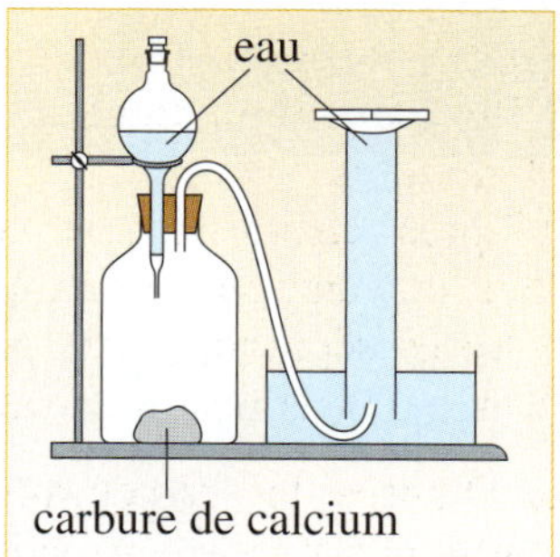

a. Quels réactifs et quel produit ont été mentionnés dans le mode opératoire ci-dessus ?

b. Laquelle de ces espèces chimiques est ionique ?

c. L'eau de la cuve à eau sert-elle de réactif ? L'eau de l'ampoule sert-elle de réactif ?

d. Pour que le dispositif de la cuve à eau soit efficace, l'acétylène peut-il être soluble dans l'eau ?

e. Au XIXe siècle, l'acétylène servait principalement pour l'éclairage. Il était brûlé dans les lampes à acétylène. Cette combustion produit du dioxyde de carbone et de l'eau. Dans quelle catégorie d'espèce chimique peut-on classer l'acétylène à partir des informations précédentes ?

f. On a longtemps cru que l'on ne pouvait pas synthétiser d'espèces chimiques organiques à partir d'espèces chimiques qui n'étaient pas organiques elles-mêmes. Or la synthèse de l'acétylène remet en cause cette croyance. Que pouvez-vous en déduire concernant les réactifs ?

aide

a. Les réactifs permettent la synthèse. Les produits sont formées au cours de la synthèse.

b. Utiliser les noms des espèces chimiques pour répondre.

c. S'aider du fonctionnement de la cuve à eau pour répondre.

d. Montrer qu'il n'est pas possible de recueillir un gaz soluble dans l'eau avec ce dispositif.

e. Retrouver quel type d'espèces chimiques brûle en produisant du dioxyde de carbone et de l'eau.

Image créée d'après les données fournies par un microscope à effet tunnel lors de l'analyse de la surface d'une lame d'or. Chaque bosse correspond à une variation des grandeurs mesurées, et s'interprète avec la notion d'atome.

Cristaux de glace. C'est en étudiant les cristaux que l'on peut déterminer la structure microscopique de la matière.

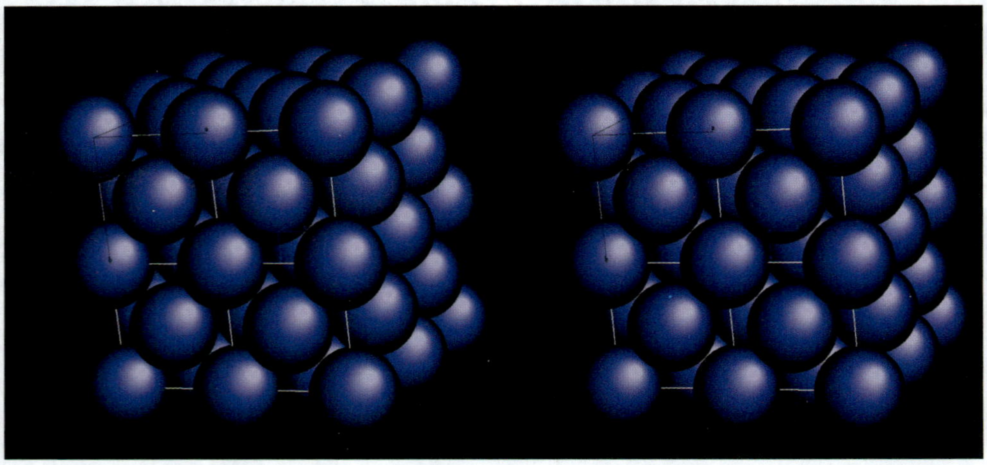

Vue stéréoscopique d'un assemblage d'atomes de cuivre.

En positionnant la vue stéréoscopique à une dizaine de centimètres des yeux, puis en l'éloignant lentement, il apparaît une troisième image, en relief, entre les deux premières.

Le microscope à effet tunnel permet d'analyser la surface d'un échantillon.
Il en résulte une image de la surface que la notion d'atome permet d'interpréter.

CONSTITUTION DE LA MATIÈRE

PARTIE II

Le chimiste fait appel au modèle de l'atome pour interpréter les données fournies par des instruments scientifiques (diffractomètre, microscope à effet tunnel, etc.) lors de l'étude de la matière.

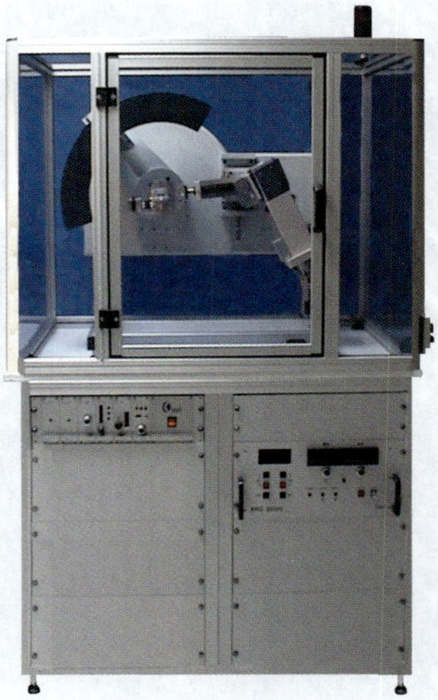

Le diffractomètre permet, en analysant des cristaux, d'obtenir la structure microscopique d'un échantillon.

« Et où que j'aille, dans l'univers entier,
Je rencontre toujours,
Hors de moi comme en moi,
L'irremplaçable Vide,
L'inconquérable Rien. »

Valéry LARBAUD (1881-1957)

Prérequis du collège

- L'atome et ses constituants : noyau et électrons.
- Neutralité électrique de l'atome.
- Symboles chimiques.
- Quelques molécules et leurs formules chimiques (O_2, H_2O, CO_2, CH_4).
- Quelques ions et leurs formules chimiques (H^+, Na^+, Zn^{2+}, Cu^{2+}, Al^{3+}, Fe^{2+}, Fe^{3+}, HO^-, Cl^-).

Prérequis de mathématiques

- Puissances de 10.

Contenu de la partie

La notion de synthèse d'espèce chimique étudiée en première partie a soulevé quelques questions importantes. Par exemple : « Comment est-il possible que de l'eau apparaisse quand on chauffe un mélange d'anhydride éthanoïque et de linalol (page 30) ? » Pour répondre à de telles questions, ce qui sera l'objet de la partie III, il faut pouvoir décrire la matière à l'échelle microscopique, et en particulier les espèces chimiques.

La description microscopique de la matière fait intervenir les notions d'atome, de molécule et d'ion qui sont au cœur de cette partie. Des notions étudiées en physique (partie IV) lors de l'étude de la structure de l'univers sont réinvesties dans cette partie II.

Référence au programme

La description microscopique de la matière s'appuie sur des modèles simples pour établir la constitution des atomes, des ions et des molécules. Le concept d'élément chimique et sa conservation au cours d'une transformation chimique sont présentés dans cette deuxième partie, qui s'achève par l'étude de la classification périodique des éléments chimiques, à partir de laquelle est introduite la notion de famille chimique.

MODÈLE DE L'ATOME

3

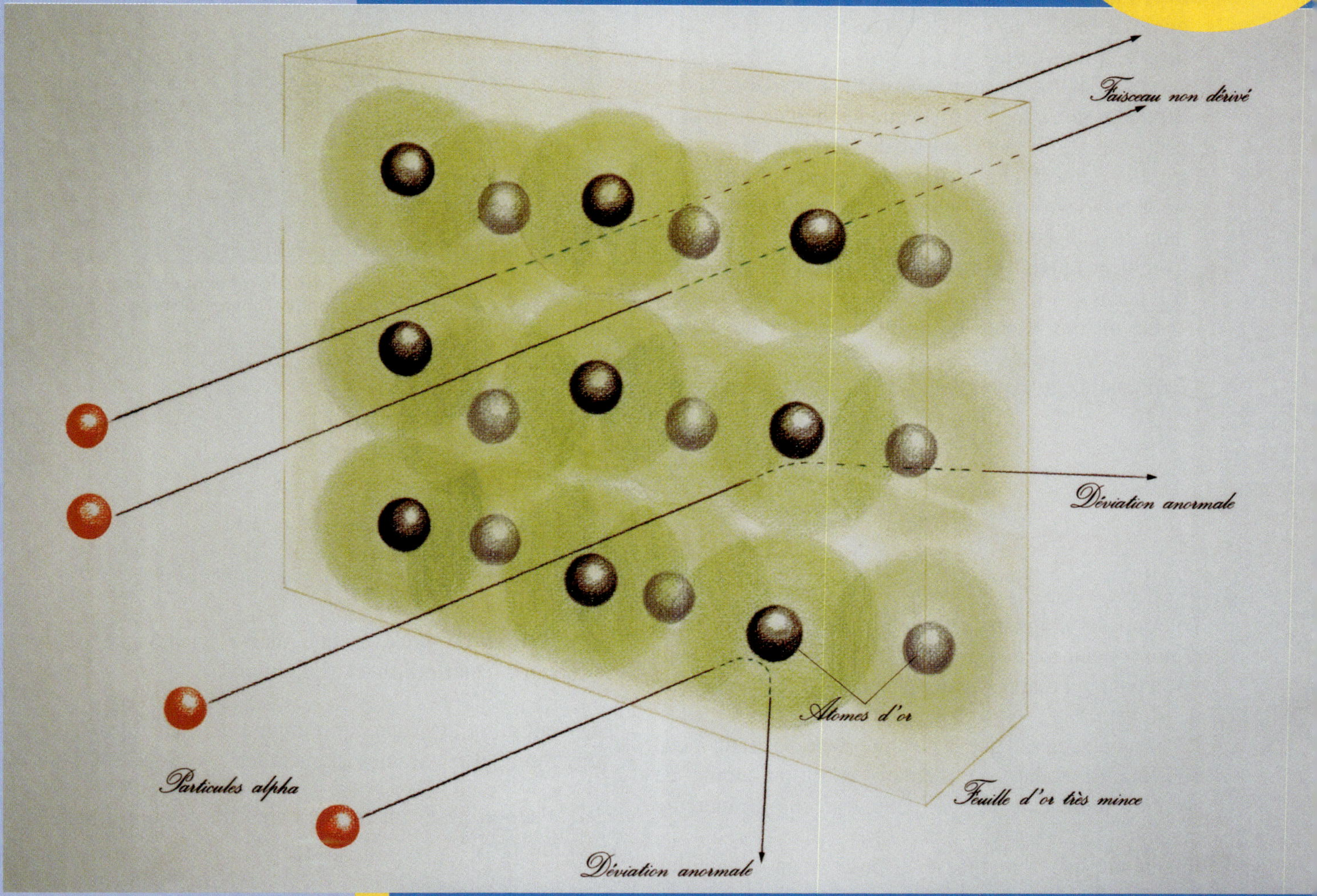

Le dessin ci-dessus illustre l'expérience dite de Rutheford (1911), considérée comme l'expérience ayant mis en évidence la structure lacunaire des atomes.
Des particules, représentées en rouge sur le dessin, furent envoyées sur une feuille d'or constituée d'atomes d'or, dont les noyaux sont ici représentés en noir. Sur le dessin, 2 particules sur 4 sont déviées ; les deux autres traversent la feuille sans être déviées. Dans l'expérience, seule 1 particule sur 10 000 fut déviée. (Voir l'activité 6.)

OBJECTIFS

- Savoir décrire la matière à l'aide d'un modèle microscopique.
- Découvrir et utiliser le concept d'élément chimique.

PLAN DU COURS

1 - **Description de l'atome**

2 - **L'élément chimique**

3 - **Un modèle du cortège électronique**

1 Dessine-moi un atome

Lors de l'étude des objets constituant l'Univers, la structure des atomes a été évoquée (voir chapitre 11).

a. À l'aide d'un dessin légendé de grande taille (un quart de feuille au moins), représentez ce que vous pensez être un atome.
b. On modélise un atome par une sphère (**Doc. 1**) de 10^{-10} m de diamètre. Au centre de l'atome, le noyau peut être assimilé à une sphère de 10^{-15} m de diamètre. Pourquoi l'échelle de votre dessin ne respecte-t-elle pas les dimensions qui interviennent dans le modèle de l'atome ?
Comment faudrait-il modifier le dessin pour que ce soit le cas ?
c. On dit des atomes qu'ils ont une structure lacunaire.
Expliquer cette expression.

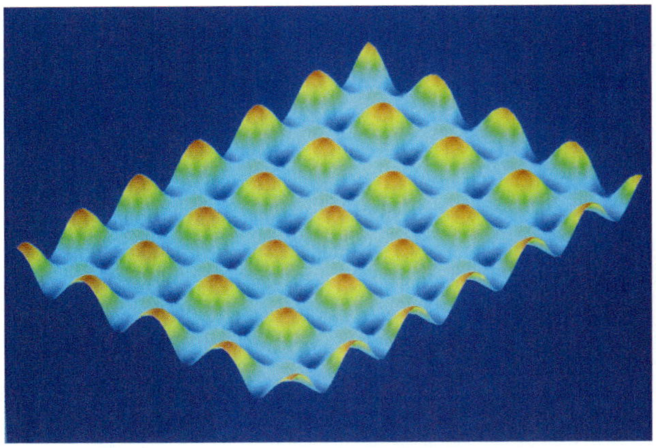

Doc. 1. Surface d'un métal à l'échelle atomique obtenue par microscopie à effet tunnel. Chaque bosse correspond à un atome.

Voir exercice 15

2 Vingt siècles de doute

Pourquoi les chimistes ont-ils mis tant de siècles avant d'être convaincus de l'existence des atomes ? Cette activité a pour but d'apporter des éléments de réponse à cette question.
De nos jours, on sait que le mercure (**Doc. 1**) est un métal constitué d'atomes de mercure et qu'un atome de mercure représente la plus petite parcelle de mercure qui soit.
Imaginons que l'on puisse disposer d'un échantillon constitué de 11 atomes de mercure (**Doc. 2**).

Doc. 1. Gouttes de mercure éparpillées sur une surface. La plus petite de ces gouttes contient des milliards de milliards d'atomes de mercure.

a. Pourrait-on prélever une masse quelconque de mercure à partir d'un tel échantillon ?

On sait aussi que, dans un gramme de mercure, il y a environ $3 \cdot 10^{21}$ atomes de mercure.

b. Peut-on peser un milligramme de mercure à un atome près ?

Les anciens chimistes n'avaient à leur disposition que de simples balances pour étudier la matière.

c. Pourquoi ne pouvaient-ils pas être convaincus de l'existence des atomes ? Un chimiste actuel pourrait-il être convaincu de l'existence des atomes s'il ne possédait qu'une balance ?
d. Pourquoi, à votre avis, les scientifiques ont-ils mis tant d'années pour croire enfin à l'existence des atomes ?

Doc. 2. Représentation de 11 atomes de mercure.

3 Structure d'un atome

Objectif

• Décrire le modèle de l'atome et introduire la notion d'élément chimique

1. Le noyau de l'atome

Un atome possède un noyau autour duquel se déplacent des électrons.
Le noyau d'un atome est constitué de deux sortes de particules : les protons et les neutrons. Tous les protons sont identiques entre eux et tous les neutrons sont identiques entre eux. Il y a un nombre entier de particules dans le noyau. Un proton et un neutron ont la même masse $m_p = m_n = 1{,}7 \cdot 10^{-27}$ kg, mais diffèrent par leur charge électrique : la charge (en coulomb) d'un proton est $q_p = 1{,}6 \cdot 10^{-19}$ C ; un neutron n'est pas chargé.

a. Proposer une origine au terme neutron.
b. Quelle est la masse m_{noyau} d'un noyau de lithium constitué de $Z = 3$ protons et de $N = 4$ neutrons ?
c. Quelle est la charge électrique q d'un tel noyau ?
d. On appelle charge élémentaire, notée e, la charge d'un proton. Combien de charges élémentaires ce noyau possède-t-il ?

2. Les électrons

Les électrons sont des particules en mouvement autour du noyau. Les électrons sont tous identiques et en nombre entier. Leur masse et leur charge sont :

$$m_e = 9{,}1 \cdot 10^{-31} \text{ kg} \quad \text{et} \quad q_e = -e = -1{,}6 \cdot 10^{-19} \text{ C}$$

a. Un atome étant toujours électriquement neutre, quel est le nombre d'électrons de l'atome de lithium ?
b. On considère une entité constituée de 3 protons, 4 neutrons et 2 électrons. Exprimer sa charge en coulomb et en nombre de charges élémentaires « e ».
c. On note Li l'atome de la question **a** et Li^+ l'ion de la question **b**. Quelle est la différence de masse entre l'atome Li et l'ion Li^+ ?
d. Calculer la masse m_{atome} de l'atome Li. Pourquoi peut-on considérer que l'atome, l'ion et leur noyau ont la même masse ?
e. Le **Doc. 1** représente un atome de magnésium Mg, un ion magnésium Mg^{2+} et un ion chlorure Cl^-. Proposer une explication au fait que l'ion Mg^{2+} a un rayon inférieur à celui de l'atome Mg.
f. Prévoir si l'atome de chlore Cl est plus gros ou plus petit que l'ion Cl^-.

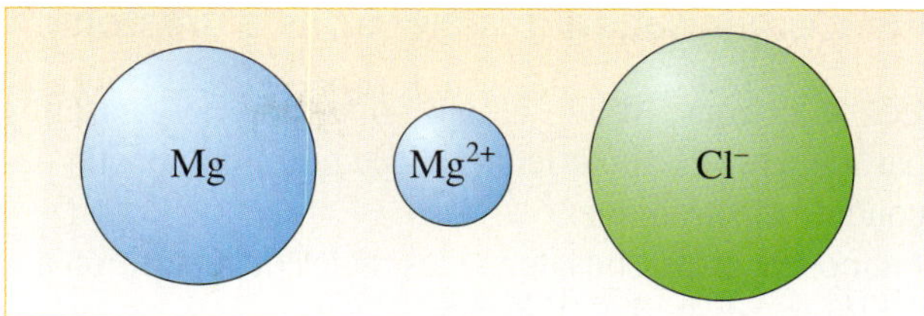

Doc. 1. Représentation, à la même échelle, de l'atome de magnésium, de l'ion magnésium et de l'ion chlorure.

3. Isotopes

On appelle atomes **isotopes** des atomes dont les noyaux ont le même nombre de protons mais des nombres différents de neutrons. On connaît deux atomes isotopes du lithium, appelés atome de lithium 7 et atome de lithium 6. Le premier possède $N = 4$ neutrons et le second $N' = 3$ neutrons. Les symboles de leurs noyaux sont ${}^{7}_{3}Li$ et ${}^{6}_{3}Li$. De même, il existe deux ions isotopes du lithium, l'ion lithium 7 et l'ion lithium 6, notés tous deux Li^+.

a. Recopier et compléter le tableau suivant en précisant la constitution (nombre de protons, neutrons et électrons) des noyaux, atomes et ions indiqués.

Isotope	Noyau	Atome Li	Ion Li^+
Lithium 7			
Lithium 6			

b. On connaît deux isotopes du chlore. Les symboles de leurs noyaux sont ${}^{35}_{17}Cl$ et ${}^{37}_{17}Cl$. Déduire de cette notation la constitution de ces deux isotopes.

4. Éléments chimiques

L'espèce chimique chlorure de lithium est constituée des éléments chimiques chlore et lithium. L'élément chimique lithium est aussi présent dans les ions lithium Li^+ et dans les atomes de lithium Li.

a. Ce qui est commun à toutes les entités du tableau de la question **3.a** est l'élément chimique lithium. En déduire ce qui caractérise un élément chimique.
b. Par quoi est caractérisé l'élément chimique chlore ?

Voir exercices 13, 18 et 22

4 Structure électronique des atomes et des ions

Objectif

- Décrire l'organisation des électrons au sein des atomes et des ions

1. L'organisation des électrons d'un atome

Les électrons d'un atome ont une organisation particulière. Ils appartiennent à ce que l'on appelle des couches électroniques.
Le modèle ci-dessous donne les règles de répartition des électrons dans les couches électroniques, appelées couche K, couche L et couche M, pour tout atome ayant moins de 18 électrons.

Modèle

① Chaque couche électronique ne peut contenir qu'un nombre limité d'électrons : 2 électrons pour la couche K, 8 électrons pour la couche L et 8 électrons pour la couche M.
② Les électrons se répartissent dans les couches électroniques dans un ordre précis : d'abord la couche K, puis la couche L et enfin la couche M. Un électron ne peut être dans une couche électronique que si les couches précédentes sont pleines (**Doc. 1**).

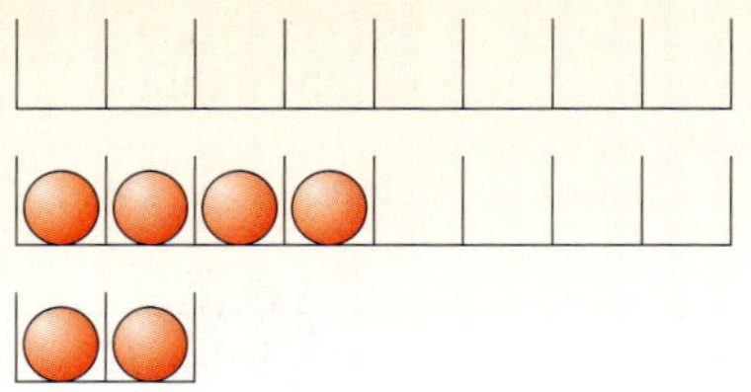

Doc. 1. Représentation des couches électroniques d'un atome.

a. Un atome de lithium possède 3 électrons. Deux de ces électrons sont dans la couche K. Le troisième est dans la couche L. Vérifier que cette répartition, appelée structure électronique et notée $(K)^2(L)^1$, est en accord avec les règles énoncées.
b. La structure électronique d'un atome est représentée dans le **Doc. 1**. Quel est le numéro atomique (nombre de protons) de cet atome ? Rechercher son nom dans la classification périodique.
c. Combien d'électrons possède l'atome dont la couche M contient 2 électrons ? En déduire son numéro atomique Z et son nom.
d. Donner la structure électronique de l'atome de soufre S $(Z = 16)$.

2. Cas des ions

Les ions monoatomiques, comme les atomes, sont constitués d'un noyau et d'électrons, mais leur nombre d'électrons est différent de leur nombre de protons.
L'organisation des électrons d'un ion monoatomique est aussi une organisation en couches électroniques.
Elle suit les mêmes règles que celles des atomes.

a. L'ion sulfure S^{2-} possède 2 électrons de plus que de protons. Donner sa structure électronique.
b. On considère un ion dont la structure électronique est $(K)^2(L)^8$. Déterminer le numéro atomique de cet ion, sachant que sa charge électrique est $+3e$. En déduire son symbole.
c. On appelle couche externe d'un ion la dernière couche électronique occupée. Les autres couches électroniques sont les couches internes de l'ion.
Quelle propriété ont les couches externes des deux ions considérés dans les questions **a** et **b** ?
d. Cette propriété est-elle aussi vérifiée pour l'ion sodium $(Z = 11)$ de symbole Na^+ ?

3. Position des électrons

Un électron d'un atome n'a pas de trajectoire particulière et il est impossible de prévoir précisément sa position. Par contre, on peut déterminer les zones de l'espace où il a le plus de chances de se trouver : on dit que, dans ces zones, la probabilité de présence de l'électron est grande.
Le simulateur *e-couche* illustre cette notion de probabilité de présence des électrons d'un atome.

a. Dans le simulateur, afficher la représentation de l'atome de lithium. Quelle est la couleur des points qui représentent sa couche K ? sa couche L ?
b. Repérer au moins deux zones où il est peu probable de « rencontrer » l'électron de la couche L.
c. Quelle est la couche électronique la plus près du noyau ? la plus éloignée ? Répondre en utilisant les termes « couche externe » et « couche interne ».
d. Qu'est-ce qui différencierait la représentation de l'ion lithium Li^+ de celle de l'atome Li ?

Voir exercice 31

Bien que le terme d'atome ait été utilisé par les philosophes grecs dès le IVe siècle avant notre ère, c'est seulement au XIXe siècle que le chimiste anglais Dalton remarqua que de nombreuses propriétés chimiques s'expliquaient simplement en considérant que la matière est constituée de petits grains. Il appela ces petits grains des **atomes**.

1 Description de l'atome

Un atome est constitué d'un noyau et d'électrons en mouvement dans le vide autour de ce noyau.

Voir activité 3

1.1. Le noyau

Le noyau est constitué de particules appelées nucléons. Ces particules sont de deux types : les protons et les neutrons.

L'unité de charge électrique est le coulomb.
Symbole : C.

Les protons et les neutrons sont caractérisés par leur masse et leur charge électrique dont les valeurs sont rassemblées dans le **Doc. 1**.
Toute charge électrique est toujours un multiple d'une charge appelée **charge élémentaire** et notée e. La charge q_p d'un proton est égale à la charge élémentaire.

	Nucléons	
	Proton	Neutron
Masse	$m_p = 1{,}673 \cdot 10^{-27}$ kg	$m_n = 1{,}675 \cdot 10^{-27}$ kg
Charge	$q_p = e = +1{,}602 \cdot 10^{-19}$ C	$q_n = 0$ C

Doc. 1. Valeurs de la masse et de la charge d'un proton et d'un neutron.

Le nombre de protons du noyau est appelé *numéro atomique* et se note *Z*. Le nombre de neutrons se note *N*. Le nombre total de nucléons se note *A*. *A*, *Z* et *N* sont liés par la relation :

$$A = Z + N$$

Le noyau de l'atome de lithium est constitué de 3 protons et 4 neutrons, soit 7 nucléons (**Doc. 2**). Pour cet atome, $Z = 3$, $N = 4$ et $A = 7$.

Doc. 2. Noyau d'un atome de lithium.

1.2. Les électrons

Un électron est environ 1 800 fois plus léger qu'un nucléon. Sa masse, notée m_e, est égale à $9{,}1 \cdot 10^{-31}$ kg.
Sa charge électrique est l'opposé de celle d'un proton. Sa valeur, exprimée en coulomb est donc $-1{,}602 \cdot 10^{-19}$ C.

Un atome est électriquement neutre et a donc toujours autant d'électrons que de protons.

La charge de l'électron étant l'opposé de la charge élémentaire, on la note $q_e = -e$.

1.3. Symboles

Un atome est symbolisé par une ou deux lettres. La première lettre est toujours une majuscule. Quand il y a deux lettres, la deuxième est une minuscule.

▌*Exemples* : **H** est le symbole de l'atome d'hydrogène ; **Li** est celui de l'atome de lithium.

Le symbole d'un atome correspond souvent au début du nom de cet atome, mais cela n'est pas une règle générale. Certains symboles sont issus du nom latin comme Na provient de *natrium* pour l'atome de sodium.
On trouve les symboles de tous les atomes, classés par ordre de numéro atomique croissant, dans le tableau « classification périodique des éléments chimiques » du rabat de couverture.
Le symbole du noyau d'un atome s'écrit à partir du symbole de l'atome correspondant auquel on ajoute les nombres de nucléons et de protons (**Doc. 3** et **Doc. 4**).

Nombre de nucléons (A)

$${}^{7}_{3}\mathrm{Li}$$

Nombre de protons (Z)

Doc. 3. Symbole du noyau d'un atome de lithium.

Nom	Hydrogène	Lithium	Cuivre
Symbole de l'atome	H	Li	Cu
Symbole du noyau	${}^{1}_{1}\mathrm{H}$	${}^{7}_{3}\mathrm{Li}$	${}^{63}_{29}\mathrm{Cu}$
A	**1**	**7**	**63**
Z	**1**	**3**	**29**
Nombre de protons	1	3	29
Nombre de neutrons	0	4	34
Nombre d'électrons	1	3	29

Doc. 4. Exemples d'atomes

➤ **Voir exercice 13**

Dans un atome, il y a toujours autant d'électrons que de protons.

1.4. Dimension et masse de l'atome

L'ordre de grandeur de la dimension des atomes, assimilés à des sphères, est 10^{-10} m. L'ordre de grandeur de la dimension de leur noyau est 10^{-15} m. Le volume occupé par le noyau est donc minuscule par rapport à celui occupé par l'atome.
Les électrons sont libres de se déplacer dans la quasi-totalité du volume de l'atome, seul l'espace « minuscule » occupé par le noyau leur est interdit.
Le calcul suivant montre que c'est pourtant dans ce « minuscule » espace que se trouve la quasi-totalité de la masse de l'atome.
La masse d'un atome m_{atome} s'obtient en additionnant la masse de son noyau m_{noyau} et la masse de ses électrons $m_{\text{électrons}}$:

$$\begin{aligned} m_{\text{atome}} &= m_{\text{noyau}} + m_{\text{électrons}} \\ &= (Z \times m_{\mathrm{p}} + N \times m_{\mathrm{n}}) + Z \times m_{\mathrm{e}} \\ &= Z \times (m_{\mathrm{p}} + m_{\mathrm{e}}) + N \times m_{\mathrm{n}} \end{aligned}$$

Quand on ne cherche pas cette valeur avec une grande précision, on peut négliger m_{e} devant m_{p} et considérer que les masses m_{p} et m_{n} des nucléons sont identiques (**Doc. 5**). On a alors :

$$m_{\text{atome}} \approx m_{\text{noyau}} \approx (Z + N) \times m_{\text{nucléon}} = A \times m_{\text{nucléon}}$$

Tout comme le système solaire ou une galaxie, on dit que les atomes ont une structure lacunaire car leurs électrons se déplacent dans un volume vide immense, comparé au volume occupé par le noyau.

$$\begin{aligned} & m_{\mathrm{p}} + m_{\mathrm{e}} \\ &= 1{,}673 \cdot 10^{-27} + 9{,}1 \cdot 10^{-31} \\ &= (1{,}673 + 0{,}000\,91) \cdot 10^{-27} \\ &= 1{,}673 \cdot 10^{-27}\ \text{kg} \\ &\approx m_{\mathrm{p}} \end{aligned}$$

Doc. 5. Calcul de la somme des masses du proton et de l'électron : m_{p} n'étant donné qu'à 10^{-30} kg près, il serait incorrect d'écrire $1{,}673\,91 \cdot 10^{-27}$ kg.

La masse d'un atome est pratiquement égale à la masse de ses nucléons, bien que ceux-ci n'occupent qu'un volume minuscule par rapport à celui de l'atome :

$$m_{\text{atome}} \approx A \times m_{\text{nucléon}}$$

Le volume d'un atome est l'espace occupé par ses électrons. Ceux-ci ne contribuent pratiquement pas à la masse de l'atome.

Exemple. L'atome de fluor F est constitué de 9 protons, 10 neutrons et 9 électrons. Sa masse m_F est pratiquement égale à celle de ses nucléons, soit :

$$m_F = 19 \times 1{,}67 \cdot 10^{-27} = 3{,}17 \cdot 10^{-26} \text{ kg}$$

« Toute cette masse » est présente dans le noyau de diamètre 10^{-15} m.
En revanche, la masse des électrons, $m_{\text{électrons}}$, est :

$$m_{\text{électrons}} = 9 \times 9{,}1 \cdot 10^{-31} = 0{,}000\ 82 \cdot 10^{-26} \text{ kg}$$

Ces électrons, de masse négligeable devant celle de l'atome, contribuent cependant à pratiquement tout le volume de l'atome de dimension 10^{-10} m.

➤ Voir exercice 18

2 L'élément chimique

2.1. Isotopes

Certains atomes possèdent le même numéro atomique et pourtant n'ont pas la même masse.

Voir activité 3

Des atomes sont dit isotopes si leurs noyaux ont le même nombre de protons mais des nombres de neutrons différents.
Des atomes isotopes n'ont pas la même masse, mais se comportent chimiquement de la même manière.

Entités isotopes :
$Z_1 = Z_2$
$N_1 \neq N_2$
$A_1 \neq A_2$

Il existe principalement deux sortes d'atomes de carbone : certains atomes de carbone possèdent 12 nucléons et sont appelés atomes de carbone 12, les autres possèdent 13 nucléons et sont appelés atomes de carbone 13 (**Doc. 6**). Dans la nature, parmi les atomes de carbone, il y a 98,9 % de l'isotope carbone 12 et 1,1 % de l'isotope carbone 13. On rencontre aussi des traces d'un autre isotope du carbone, le carbone 14.

Bien que présents à l'état de traces dans la nature, les atomes de carbone 14 permettent de dater des objets d'origine animale ou végétale.

Nom de l'isotope	Numéro atomique	Symbole du noyau	Composition de l'atome
carbone 12	$Z = 6$	$^{12}_{6}C$	6 protons 6 neutrons 6 électrons
carbone 13	$Z = 6$	$^{13}_{6}C$	6 protons 7 neutrons 6 électrons

Doc. 6. Isotopes du carbone.

2.2. Ions monoatomiques

Comme les atomes, les ions monoatomiques sont constitués d'un noyau et d'électrons.
Cependant, un ion monoatomique étant électriquement chargé, son nombre d'électrons n'est pas égal à son nombre de protons.

S'il a plus d'électrons que de protons, l'ion monoatomique est globalement négatif : c'est un anion.
S'il a moins d'électrons que de protons, l'ion monoatomique est globalement positif : c'est un cation.

Un ion monoatomique et un atome qui ont le même nombre de protons sont représentés par le même symbole.
On précise en haut, à droite du symbole de l'ion, sa charge exprimée en unité de charge élémentaire.

Exemple 1. Quel ion monoatomique possède 17 protons et 18 électrons ?
Cet ion possède autant de protons que l'atome de chlore Cl de numéro atomique $Z = 17$ et sa charge électrique est celle d'un électron. On note cette charge $-e$ et on représente l'ion par Cl^- (**Doc. 7**).

Exemple 2. Quelle est la structure du cation cuivre Cu^{2+} ?
Ce cation doit posséder autant de protons que l'atome de cuivre Cu, soit 29 protons. Sa charge est $+2e$. Il doit donc avoir deux électrons de moins que de protons soit 27 électrons.

Exemple 3. Que devient un atome de sodium Na qui perd un électron ?
Cet atome devient un ion monoatomique Na^+ de charge $+e$.

Nom de l'ion	Ion chlorure	Ion cuivre	Ion sodium
Symbole de l'ion	Cl^-	Cu^{2+}	Na^+
Charge de l'ion	$-e$	$+2e$	$+e$
Symbole du noyau de l'ion	$^{35}_{17}Cl$	$^{63}_{29}Cu$	$^{23}_{11}Na$
Nombre de protons (Z)	**17**	**29**	**11**
Nombre d'électrons	17 + 1 = **18**	29 – 2 = **27**	11 – 1 = **10**
Nombre de neutrons ($A - Z$)	35 – 17 = **18**	63 – 29 = **34**	23 – 11 = **12**

Doc. 7. Charges et constitution des ions chlorure, cuivre et sodium.

Anion (charge < 0) : plus d'électrons que de protons.
Cation (charge > 0) : plus de protons que d'électrons.

Les ions monoatomiques sont présents :
– dans les espèces chimiques ioniques comme le chlorure de sodium NaCl. L'espèce chimique chlorure de sodium est constituée d'ions sodium Na^+ et d'ions chlorure Cl^-, dont les constitutions sont données dans le **Doc. 7**. Pour assurer la neutralité électrique de la matière, il y a autant d'ions sodium que d'ions chlorure dans chaque grain de chlorure de sodium ;
– dans les solutions ioniques, comme une solution obtenue en dissolvant l'espèce chimique chlorure de sodium dans l'eau (voir chapitre 6) ;
– dans certains gaz chauffés à haute température (voir chapitre 13).

Remarque. Comme pour les atomes, on appelle ions isotopes des ions dont les noyaux ont le même nombre de protons mais des nombres de neutrons différents.

➤ **Voir exercice 22**

2.3. Élément chimique

Des atomes et des ions monoatomiques qui ont même nombre de protons sont constitués du même élément chimique.

Exemple

L'atome de lithium 7 possède 3 protons, 4 neutrons et 3 électrons.
L'atome de lithium 6 possède 3 protons, 3 neutrons et 3 électrons.
L'ion lithium 6, Li^+, possède 3 protons, 3 neutrons et 2 électrons.

Ces trois entités chimiques ont le même nombre de protons et sont donc constituées du même élément chimique, de numéro atomique $Z = 3$, appelé élément chimique lithium.

Un élément chimique est caractérisé par son numéro atomique *Z*. Il porte le même nom et a le même symbole que l'atome de même numéro atomique.

Il existe une centaine d'éléments chimiques différents.
Lorsque $Z = 1$, il s'agit de l'élément chimique hydrogène (**Doc. 8**).
Lorsque $Z = 2$, il s'agit de l'élément chimique hélium, etc.
L'élément chimique de plus grand numéro atomique présent dans la nature est l'élément chimique uranium pour lequel $Z = 92$.
Toutes les espèces chimiques sont constituées d'éléments chimiques. Par exemple, l'espèce chimique ionique chlorure de sodium NaCl est constituée de l'élément chimique chlore Cl et de l'élément chimique sodium Na. L'élément chimique sodium est aussi présent dans l'espèce chimique sodium métallique, de formule Na. On remarque que l'élément chimique sodium est présent sous forme d'ions dans le chlorure de sodium et sous forme d'atomes dans le sodium métallique.

Z	Élément chimique	Symbole
1	Hydrogène	H
2	Hélium	He
3	Lithium	Li
4	Béryllium	Be
5	Bore	B
6	Carbone	C
7	Azote	N
8	Oxygène	O
9	Fluor	F
10	Néon	Ne

Doc. 8. Liste des dix premiers éléments chimiques.

2.4. Élément chimique et transformation chimique

Depuis Lavoisier, on sait qu'il est intéressant de considérer les éléments chimiques qui constituent les espèces chimiques impliquées dans une transformation chimique.

Lors d'une transformation chimique, tous les éléments chimiques présents avant la transformation sont nécessairement aussi présents après, et réciproquement. On dit qu'il y a conservation des éléments chimiques lors des transformations chimiques.

Voir activité 5

L'introduction d'un morceau de cuivre dans de l'acide nitrique donne lieu à une transformation chimique au cours de laquelle le morceau de cuivre disparaît. La solution initialement incolore devient bleue (**Doc. 9**). Les atomes de cuivre Cu du métal se sont transformés en ions monoatomiques cuivre Cu^{2+}, responsables de la coloration bleue de la solution.
L'élément chimique cuivre est présent dans les atomes et dans les ions cuivre : il s'est conservé lors de la transformation chimique.
Les autres éléments chimiques qui étaient présents avant la transformation se sont également conservés. Il s'agit des éléments chimiques hydrogène H, azote N et oxygène O qui étaient présents dans l'acide nitrique HNO_3.

➤ Voir exercice 25

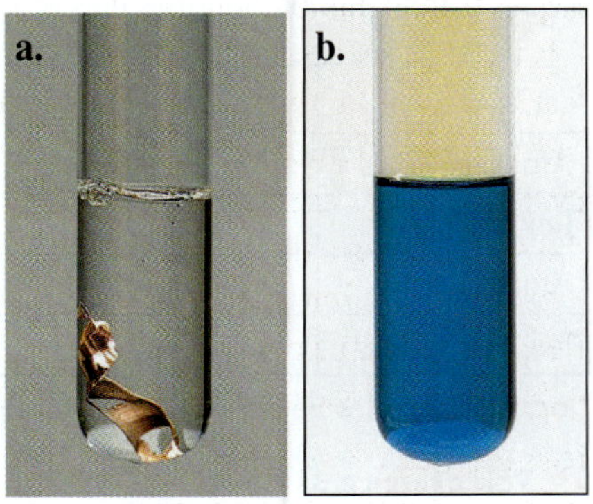

Doc. 9. a. Le morceau de cuivre est introduit dans l'acide nitrique.
b. Le morceau de cuivre a disparu et la solution est devenue bleue.

3 Un modèle du cortège électronique

3.1. Organisation des électrons d'un atome

Les électrons d'un atome ont une organisation particulière. Ils appartiennent à ce que l'on appelle des **couches électroniques**.

L'énoncé suivant donne les règles de répartition des électrons dans les couches électroniques, appelées couche K, couche L et couche M, pour tout atome de numéro atomique inférieur ou égal à 18.

On appelle structure électronique d'un atome la répartition de ses électrons sur les couches K, L et M.

- **Chaque couche électronique ne peut contenir qu'un nombre limité d'électrons : 2 électrons pour la couche K, 8 électrons pour la couche L et 8 électrons pour la couche M.**
- **Les électrons se répartissent dans les couches électroniques dans un ordre précis : d'abord la couche K, puis la couche L et enfin la couche M.**
- **Un électron ne peut être dans une couche que si les couches précédentes sont pleines.**

Exemple. L'atome d'aluminium a 13 électrons. Il a 2 électrons sur la couche K, 8 sur la couche L et 3 sur la couche M. La structure électronique de l'atome Al s'écrit : $(K)^2(L)^8(M)^3$.

Les structures électroniques des 18 premiers atomes sont données dans le **Doc. 10**.

La dernière couche occupée s'appelle la couche externe de l'atome. Les électrons qui l'occupent sont appelés les électrons périphériques de l'atome. Les autres couches sont les couches internes.

Voir activité 4

On ne peut jamais connaître la position précise d'un électron dans une couche. Par contre, on connaît les zones où il a le plus de chances de se trouver.

Le simulateur *e-couche* permet de générer des images de répartition électronique des atomes.

Atome	*Z*	Structure électronique
H	1	$(K)^1$
He	2	$(K)^2$
Li	3	$(K)^2(L)^1$
Be	4	$(K)^2(L)^2$
B	5	$(K)^2(L)^3$
C	6	$(K)^2(L)^4$
N	7	$(K)^2(L)^5$
O	8	$(K)^2(L)^6$
F	9	$(K)^2(L)^7$
Ne	10	$(K)^2(L)^8$
Na	11	$(K)^2(L)^8(M)^1$
Mg	12	$(K)^2(L)^8(M)^2$
Al	13	$(K)^2(L)^8(M)^3$
Si	14	$(K)^2(L)^8(M)^4$
P	15	$(K)^2(L)^8(M)^5$
S	16	$(K)^2(L)^8(M)^6$
Cl	17	$(K)^2(L)^8(M)^7$
Ar	18	$(K)^2(L)^8(M)^8$

Doc. 10. Structure électronique des 18 premiers atomes.

3.2. Ions monoatomiques

L'organisation des électrons d'un ion monoatomique est aussi une organisation en couches électroniques. Elle suit les mêmes règles que celles appliquées aux atomes.

Le tableau ci-dessous (**Doc. 11**) donne des exemples de structures électroniques d'ions monoatomiques et d'atomes.

	Nombre d'électrons	Structure électronique
Atome Li	3	$(K)^2(L)^1$
Ion Li^+	2	$(K)^2$
Atome Cl	17	$(K)^2(L)^8(M)^7$
Ion Cl^-	18	$(K)^2(L)^8(M)^8$

Doc. 11. Exemples de structures électroniques d'ions monoatomiques.

➤ Voir exercice 31

essentiel

symbole X

Un atome est constitué d'un noyau et d'électrons :

10^{-10} m

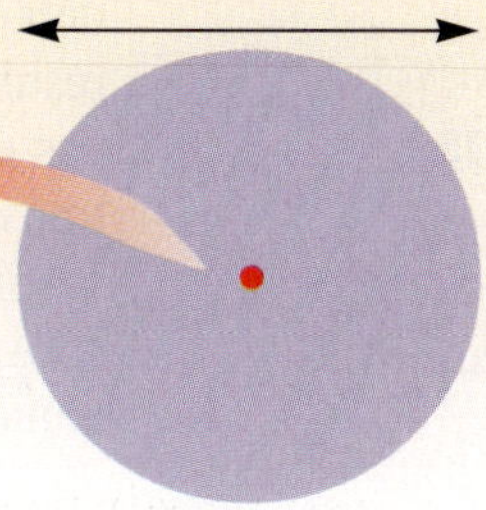

symbole $^{A}_{Z}X$

Le noyau d'un atome comporte *A* nucléons :
$A = Z + N$

10^{-15} m

Z protons | *N* neutrons

Les *Z* électrons se déplacent dans une sphère de diamètre 10^{-10} m.

symbole X

Élément chimique
Le nombre de protons du noyau s'appelle le numéro atomique et caractérise l'élément chimique de numéro atomique *Z*.

Masse
La masse d'un atome est pratiquement égale à la masse de son noyau :

$$m_{\text{atome}} \approx A \times m_{\text{nucléon}}$$

avec

$$m_{\text{nucléon}} \approx 1{,}67 \cdot 10^{-27}\ \text{kg}$$

Couches électroniques
Les électrons occupent :
– d'abord la couche K (2 électrons au maximum) ;
– puis L (8 au maximum) ;
– puis M (8 au maximum).

Isotopes
Des atomes ou des ions monoatomiques isotopes ont dans leur noyau :
– même nombre de protons ;
– des nombres de neutrons différents.

Neutralité électrique
Un atome est électriquement neutre. La charge $+Z \times e$ des protons compense exactement la charge $-Z \times e$ des électrons.

$$e = +1{,}6 \cdot 10^{-19}\ \text{C}$$

Ion monoatomique
• Un ion monoatomique est électriquement chargé.
• Un anion (charge < 0) a plus d'électrons que de protons.
• Un cation (charge > 0) a moins d'électrons que de protons.

5 TP Quelques expériences avec le cuivre

Objectifs
- Utiliser la notion d'élément chimique
- Mettre en jeu des espèces chimiques et des ions contenant l'élément chimique cuivre

Attention ! Cette activité nécessite le port de lunettes de protection. Lire les phrases de risque et de sécurité des étiquettes des bouteilles avant toute manipulation.

1. Étude de quelques transformations chimiques

a. Comment reconnaître un fil de cuivre parmi des fils de fer ou de plomb ?

■ *Transformation 1.* Introduire un petit morceau de cuivre (de 30 à 40 mg) dans un tube à essais nº 1. Ajouter environ 1 mL d'acide nitrique. Observer.

b. Décrire les observations. Quand peut-on dire que la transformation est terminée ?

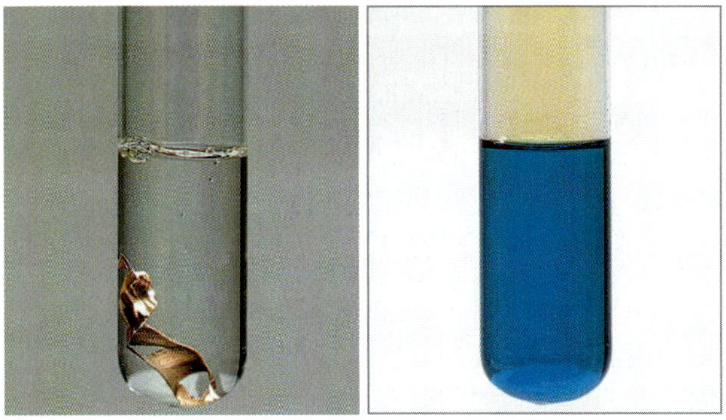

Doc. 1.

■ *Transformation 2.* Quand la transformation 1 est terminée, ajouter 1 à 2 mL d'eau dans le tube et agiter. Avec une pipette, prélever un peu de cette solution bleue et en déposer une goutte sur une lame de fer. Au bout de 10 secondes environ, rincer la lame.

c. Identifier la tache obtenue sur la lame de fer après la transformation 2.

d. Le **Doc. 1** représente le contenu du tube nº 1 au début et après la transformation 1. En utilisant les résultats des questions précédentes, dire « ce qui n'a pas été conservé » et « ce qui a été conservé » par la transformation.
Justifier la réponse.

e. Après chacune des transformations 3, 4 et 5 suivantes, noter les observations effectuées.

■ *Transformation 3.* Verser la moitié de la solution bleue dans un deuxième tube. Ce tube nº 2 constitue un tube témoin pour comparaison ultérieure. Ajouter au tube nº 1 quelques gouttes de solution d'hydroxyde de sodium (jusqu'à observer une modification importante).

■ *Transformation 4.* Ajouter goutte à goutte une solution d'ammoniac au tube nº 1. Agiter régulièrement. Arrêter lorsque le contenu du tube est homogène.

■ *Transformation 5.* Ajouter, toujours dans le tube nº 1, de l'acide nitrique jusqu'à disparition de la couleur bleue intense. Ajouter également de l'eau au tube nº 2 de façon à ce que les tubes nº 1 et nº 2 contiennent le même volume de liquide.

f. Que peut-on dire de la comparaison des couleurs des deux solutions ?

2. Tableau récapitulatif

Le tableau ci-dessous résume les formules chimiques et quelques propriétés des ions ou des espèces chimiques considérées dans cette activité. Compléter le tableau (il y a parfois plusieurs réponses par case).

Formule chimique	Aspect couleur	État physique	Préciser : métal, ion ou précipité	Moyen d'obtention
Cu^{2+}	bleu pâle	en solution		Cu^{2+} est obtenu par la réaction de... avec...
Cu	rouge-orangé	solide		
$Cu(OH)_2$	bleu	solide		
$Cu(NH_3)_4^{2+}$	bleu céleste	en solution		

6 DOCUMENT L'atome : des Grecs... au XXIe siècle

Objectif

• Comparer différents modèles de l'atome

L'atome dans l'Antiquité (460-370 av. J.-C.)

D'après les philosophes grecs Leucippe et Démocrite, tout est constitué d'atomes ou de vide, et ces deux notions suffisent à expliquer le monde.

Les atomes sont tous formés de la même substance, ils sont homogènes, inaltérables, indestructibles.

Il y a des atomes crochus dont l'enchevêtrement conduit aux solides, des atomes ronds qui constituent les liquides, des petits atomes qui constituent l'air et le feu...

La notion d'atome restera longtemps réduite à une pure intuition philosophique, comme en témoignent les écrits d'Épicure puis de Lucrèce, par exemple.

L'atome selon Dalton (1766-1844)

Pour le chimiste anglais John Dalton, l'atome est une ultime particule de matière. Il existe diverses sortes d'atomes ayant des masses différentes.

Ainsi, un morceau de cuivre peut être coupé en morceaux de plus en plus petits. À la limite, on peut atteindre la taille d'un atome de cuivre qui, lui, ne peut être coupé.

Tous les atomes de cuivre sont identiques et ont leur propre masse.

En revanche, les atomes de fer, par exemple, sont différents des atomes de cuivre et ont une masse différente.

L'atome de Thomson (1856-1940)

Le modèle proposé par l'Anglais J.J. Thomson considère l'atome comme une sphère pleine contenant une charge positive uniformément répartie, dans laquelle se déplacent des corpuscules chargés négativement. L'ensemble est électriquement neutre.

L'atome de Rutherford (1871-1937) et de Perrin (1870-1942)

En 1911, les expériences réalisées par l'Anglais Ernest Rutherford conduisent à la découverte du noyau atomique, « objet » chargé positivement et de petites dimensions par rapport à l'atome.

Ces travaux, ainsi que ceux du Français Jean Perrin qui participe à la découverte de l'électron en 1895, conduisent au modèle planétaire de l'atome : l'atome est constitué d'un noyau autour duquel tournent des électrons.

Le proton est mis en évidence par Rutherford en 1919.

L'atome de Bohr (1885-1962)

Le modèle planétaire est perfectionné par le Danois Niels Bohr qui propose en 1913 un modèle de l'atome d'hydrogène : l'unique électron tourne autour du noyau sur une orbite privilégiée. Ce modèle est ensuite étendu aux autres atomes, puis peu à peu perfectionné par de nombreux savants : Sommerfeld, Schrödinger, De Broglie, Pauli, Dirac... L'étude du noyau atomique se développe à partir de 1932, date de la découverte du neutron par Chadwick.

a. Pour les savants grecs, le bois était constitué d'atomes de bois, le feu d'atomes de feu... En quoi cette vision de la matière diffère-t-elle de la modélisation actuelle ?

b. Quelle est l'étymologie d'« atome » ? Pourquoi ce sens premier du mot « atome » n'est-il pas cohérent avec l'existence de cations monoatomiques ?

c. Comment appelle-t-on les corpuscules évoqués dans le modèle de Thomson ?

d. L'obtention d'ions monoatomiques négatifs est-elle interprétable à partir de la théorie de Dalton ? du modèle de Thomson ?

e. Pourquoi le modèle de l'atome décrit par Rutherford est-il qualifié de planétaire ?

f. L'expérience de Rutherford, décrite en page d'ouverture du chapitre (p. 45), aurait-elle été interprétable à partir du modèle de Thomson ?

g. À partir de quelle époque a-t-on pu parler de la notion d'atomes isotopes ?

h. Quelle différence y a-t-il entre le modèle de l'atome enseigné au lycée et le modèle de Bohr ?

Doc. 1. Architecture contemporaine inspirée des modèles modernes de constitution de la matière, Bruxelles.

Exercice résolu

Magnésium et chocolat

Énoncé

1. Soit un atome de magnésium Mg défini par les nombres $Z = 12$ et $A = 26$.
Donner le symbole de son noyau et préciser la constitution de l'atome.

2. a. Calculer la masse m_{noyau} du noyau, sachant que la masse d'un nucléon est $m_{nucléon} = 1{,}67 \cdot 10^{-27}$ kg.

b. Quelle est la masse de l'atome ? Justifier la réponse.

3. Quelle est la structure électronique de l'atome ?

4. On considère à présent deux autres atomes définis par les couples (Z, A) suivants : $(12, 24)$ et $(12, 25)$.

a. Que peut-on dire de ces deux atomes ?

b. La charge d'un ion magnésium est égale à $+2e$. Quel est le symbole de cet ion ? Donner sa structure électronique. Combien de neutrons peut-il y avoir dans son noyau sachant que le magnésium possède uniquement trois isotopes ?

5. Dans la nature, les proportions (en nombre d'ions) des trois isotopes considérés sont :

^{24}Mg	^{25}Mg	^{26}Mg
79 %	10 %	11 %

Sachant que, dans un carré de chocolat, on peut considérer qu'il y a $1{,}0 \cdot 10^{22}$ ions magnésium, calculer le nombre de chaque isotope que l'on consomme lorsqu'on mange un carré de chocolat.

Conseils

1. Donner les nombres de protons, neutrons et électrons.

2. a. La masse du noyau est égale à la somme des masses de ses constituants.

2. b. Comparer la masse des électrons à celle des nucléons.

3. Utiliser les règles de remplissage des couches électroniques.

4. a. Comparer les nombres *A* et *Z* des atomes.

4. b. La charge d'un ion ne dépend pas du nombre de neutrons de son noyau.

5. Appliquer les pourcentages donnés au nombre total d'ions.

Résolution

1. Le symbole du noyau est $^{26}_{12}Mg$. L'atome de magnésium est constitué d'un noyau, comportant 12 protons $(Z = 12)$ et 14 neutrons $(N = A - Z)$, et de 12 électrons.

2. a. La masse du noyau est égale à la somme des masses des nucléons qui le constituent :

$$m_{noyau} = A \times m_{nucléon}$$

$$m_{noyau} = 26 \times 1{,}67 \cdot 10^{-27} = 4{,}34 \cdot 10^{-26} \text{ kg}$$

b. La masse des électrons étant négligeable par rapport à celle des nucléons, on considère que la masse de l'atome est égale à celle de son noyau.

3. Les 12 électrons de l'atome se répartissent de la façon suivante : 2 sur la couche K, 8 sur la couche L et enfin les 2 restants sur la couche M. L'écriture de sa structure électronique est donc : $(K)^2(L)^8(M)^2$.

4. a. Il s'agit de deux isotopes du magnésium car leurs noyaux ont le même nombre de protons (12) et des nombres de neutrons différents (12 pour l'un et 13 pour l'autre).

b. La charge de l'ion magnésium étant de $+2e$, le symbole de l'ion est Mg^{2+}. Cet ion possède 2 électrons de moins que de protons, soit 10 électrons et sa structure électronique est : $(K)^2(L)^8$. Le nombre de neutrons du noyau dépend de l'isotope considéré et peut donc être égal à 12, 13 ou 14.

5. Dans un carré de chocolat il y a environ :

$0{,}79 \times 1{,}0 \cdot 10^{22} = 7{,}9 \cdot 10^{21}$ ions magnésium 24
$0{,}10 \times 1{,}0 \cdot 10^{22} = 1{,}0 \cdot 10^{21}$ ions magnésium 25
$0{,}11 \times 1{,}0 \cdot 10^{22} = 1{,}1 \cdot 10^{21}$ ions magnésium 26.

Exercices

Contrôler ses connaissances

1. De quoi est constitué un atome ?

2. Qu'est-ce qu'un nucléon ?

3. Que représentent les lettres A et Z qui caractérisent un atome de symbole X ? Quel est le symbole du noyau d'un tel atome ?

4. Qu'appelle-t-on « charge élémentaire » ? Donner, en charge élémentaire, la charge d'un proton, d'un neutron, d'un électron.

5. Un atome peut-il avoir :
– plus de neutrons que de protons ?
– plus de protons que d'électrons ?

6. Pourquoi peut-on dire que la masse d'un atome est pratiquement égale à celle de son noyau ?

7. Donner les ordres de grandeur des dimensions d'un atome et de son noyau.

8. Qu'appelle-t-on des atomes isotopes ?

9. Un anion monoatomique a-t-il moins d'électrons que de protons ? autant d'électrons que de protons ? plus d'électrons que de protons ?

10. Par quoi un élément chimique est-il caractérisé ?

11. Expliquer la phrase suivante : « Au cours d'une transformation chimique, il y a conservation des éléments chimiques. »

12. Donner les règles de répartition des électrons d'un atome dans les couches électroniques.

Appliquer ses connaissances

Les numéros atomiques, les noms et les symboles des atomes sont donnés dans le tableau « classification périodique des éléments chimiques » du rabat de couverture.

Structure de l'atome

13. ★ Un atome comporte 10 électrons. Combien y a-t-il de protons dans son noyau ? Quel est son numéro atomique ? Donner son nom et son symbole.

14. ★ Déterminer la composition en protons, neutrons et électrons des atomes de béryllium, chrome, fluor, sodium et phosphore.
Données. Symboles des noyaux respectifs :

$${}^{9}_{4}\mathrm{Be}\ ;\quad {}^{52}_{24}\mathrm{Cr}\ ;\quad {}^{19}_{9}\mathrm{F}\ ;\quad {}^{23}_{11}\mathrm{Na}\ ;\quad {}^{31}_{15}\mathrm{P}.$$

15. ★★ Le rayon d'un atome d'hydrogène est $R = 5{,}3 \cdot 10^{-11}$ m. Le rayon de son noyau est $r = 1{,}2 \cdot 10^{-15}$ m.
Si on représentait le noyau par une balle de tennis de rayon égal à 3,0 cm, quel serait le rayon de la sphère représentant l'atome ?

16. ★ **a.** Parmi les atomes définis par les couples (Z, A) suivants, lesquels correspondent à des isotopes ? Pourquoi ?
$(16, 32)$; $(6, 12)$; $(8, 16)$; $(11, 23)$; $(16, 34)$; $(8, 17)$; $(7, 14)$; $(6, 14)$; $(3, 7)$.
b. Donner le nom de chaque atome.

> **aide**
> **a.** Le numéro atomique Z correspond au nombre de protons d'un atome.
> Se reporter au paragraphe **2.1** du cours pour la définition des atomes isotopes.
> **b.** Voir le paragraphe **2.1** du cours pour nommer des isotopes.

17. ★★ On considère un atome dont le noyau a une charge totale de $+4{,}8 \cdot 10^{-18}$ C.
a. Combien de protons contient le noyau de cet atome ? En déduire le nom de l'atome.
b. Sachant que ce noyau contient 34 neutrons, donner son symbole.

18. ★★ Un atome de fer est défini par $Z = 26$ et $A = 56$.
a. Calculer la masse m_{atome} d'un atome de fer.
b. Quel est approximativement le nombre d'atomes de fer dans un clou de masse 5,0 g ?
Donnée
Masse d'un nucléon : $m_{\text{nucléon}} = 1{,}7 \cdot 10^{-27}$ kg.

Ions monoatomiques

19. ★ On considère un ion monoatomique constitué de 8 protons, 8 neutrons et 10 électrons.
a. Cet ion est-il un anion ou un cation ?
b. Quelle est la charge de cet ion ?
c. En déduire son symbole.
d. Reprendre les questions précédentes pour un ion constitué de 13 protons, 14 neutrons et 10 électrons.

20. ★★ On considère quatre entités (atomes ou ions) dont les constitutions sont données dans le tableau suivant.

	Entité 1	Entité 2	Entité 3	Entité 4
Protons	20	20	17	18
Neutrons	20	22	20	22
Électrons	18	20	18	18

a. Parmi ces entités, lesquelles sont des ions ?

b. Déterminer le symbole de chacune des entités.

aide

a. Considérer la charge électrique totale (nombre de protons moins nombre d'électrons) de chacune des entités.

b. Pour chaque entité, trouver le symbole de l'élément chimique de même numéro atomique et tenir compte de la charge de l'entité.

21. ★★ **a.** Exprimer la charge, en nombre de charge élémentaire *e*, des ions suivants :
- hydrogène H^+ ;
- F^- ;
- fer Fe^{3+} ;
- oxyde O^{2-}.

b. Exprimer ces charges en coulomb.

c. Préciser, pour chacun des ions, son nombre de protons, de neutrons et d'électrons.

Données. Symboles des noyaux des ions :

$$^{1}_{1}H\ ;\quad ^{19}_{9}F\ ;\quad ^{56}_{26}Fe\ ;\quad ^{16}_{8}O.$$

22. ★★ **a.** Donner la constitution (nombres de protons, de neutrons et d'électrons) des ions suivants.

Symbole du noyau	$^{65}_{29}Cu$	$^{37}_{17}Cl$	$^{27}_{13}Al$	$^{63}_{29}Cu$	$^{35}_{17}Cl$
Charge	$+2e$	$-e$	$+3e$	$+2e$	$-e$

b. Parmi ces ions, lesquels sont isotopes ?

23. ★★ On considère les symboles des noyaux et les charges d'ions monoatomiques suivants.

Symbole du noyau	$^{64}_{30}Zn$	$^{127}_{53}I$	$^{40}_{20}Ca$	$^{23}_{11}Na$
Charge	$+2e$	$-e$	$+2e$	$+e$

a. Exprimer les charges de ces ions en coulomb.

b. Donner le symbole de chaque ion.

c. Préciser la constitution (nombres de protons, de neutrons et d'électrons) de chacun des ions.

Éléments chimiques

24. ★ **a.** Donner le nom des éléments chimiques de symboles : Cl, Li, He et N.

b. Chercher l'étymologie de ces noms dans un dictionnaire.

25. ★ Pour chacune des espèces chimiques suivantes, donner le symbole et le nom des éléments chimiques qui la constituent :
dioxyde de carbone CO_2 ; eau H_2O ; dihydrogène H_2 ; hydroxyde de cuivre $Cu(OH)_2$; fer métallique Fe ; chlorure de sodium NaCl ; sulfate de baryum $BaSO_4$.

26. ★★ On considère quatre entités (noyau, atome ou ion) dont les constitutions sont données dans le tableau suivant.

	Entité 1	Entité 2	Entité 3	Entité 4
Protons	17	20	20	17
Neutrons	18	24	20	20
Électrons	17	18	0	18

a. Quelles sont les entités constituées du même élément chimique ?

b. Trouver le nom et le symbole des quatre entités.

c. Combien d'électrons possède un atome constitué du même élément chimique que l'entité 3 ? Combien de neutrons cet atome possède-t-il ?

27. ★★★ Un morceau de calcium métallique Ca est introduit dans l'eau.
Une transformation chimique a lieu.
De l'hydroxyde de calcium $Ca(OH)_2$ et du dihydrogène H_2 sont produits.

a. Quels sont les éléments chimiques présents dans les espèces chimiques initialement introduites ?
Donner leur nom, leur symbole et leur numéro atomique.

b. L'ion calcium possède 18 électrons. Quel est son symbole ?

c. L'hydroxyde de calcium est un solide ionique composé d'ions calcium et d'ions hydroxyde HO^-. Sachant que tout solide ionique est électriquement neutre, quelle est la proportion d'ions calcium par rapport aux ions hydroxyde dans l'hydroxyde de calcium ?

d. Quels sont les éléments chimiques présents dans les espèces chimiques produites par la transformation ?
Était-ce prévisible ?

● **28.** ★★ On chauffe un tube à essais contenant une poudre noire formée d'un mélange d'oxyde de cuivre CuO et de carbone C (①). Une transformation chimique a lieu. Après refroidissement, le solide dans le tube a une couleur rouge (②). Il s'agit d'un dépôt de cuivre métallique.

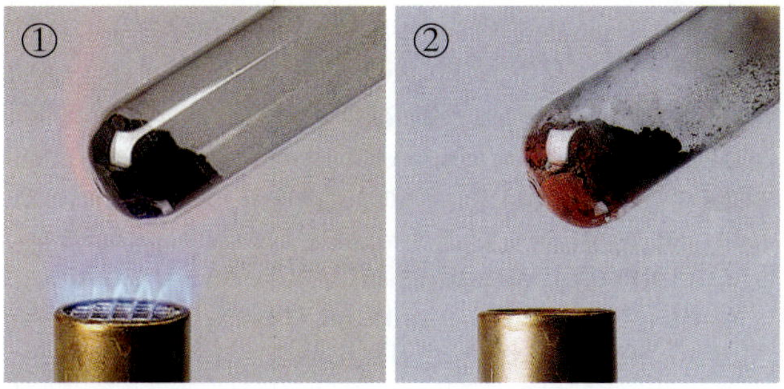

a. Quels sont les éléments chimiques présents dans les espèces chimiques initialement introduites ?

b. Pourquoi peut-on en déduire que, en plus du cuivre métallique, il s'est formé au moins une autre espèce chimique ?

c. Il s'est également formé du dioxyde de carbone CO_2. Comment aurait-on pu expérimentalement le mettre en évidence ?

> **aide**
> **a.** Déterminer ces éléments chimiques à partir des formules des espèces chimiques introduites.
> **b.** Utiliser la loi de conservation des éléments chimiques du paragraphe **2.4** du cours.
> **c.** Proposer un test chimique.

Structure électronique : atomes et ions

● **29.** ★ Donner la répartition des électrons sur les couches électroniques des atomes :
Si ($Z = 14$) ; B ($Z = 5$) ; He ($Z = 2$) ; Na ($Z = 11$).

● **30.** ★ Donner la répartition des électrons sur les couches électroniques des atomes et des ions :
C ($Z = 6$) ; Mg^{2+} ($Z = 12$) ; Cl^- ($Z = 17$) ; K^+ ($Z = 19$) ; Ar ($Z = 18$).

> **aide**
> Déterminer le nombre d'électrons de chaque entité à partir de son nombre de protons (Z) et de sa charge électrique.
> Utiliser ensuite les règles du paragraphe 3 du cours pour la répartition des électrons sur les couches électroniques.

● **31.** ★★ L'élément chimique de numéro atomique 19 est le potassium K.
Le noyau d'un atome de potassium contient vingt neutrons.

a. Quel est le nombre de nucléons de cet atome ?

b. Combien d'électrons possède-t-il ?

c. L'ion potassium possède dix-huit électrons. Quel est son symbole ?

d. Donner sa structure électronique.

● **32.** ★ **a.** Compléter le tableau ci-dessous.

Symbole de l'atome	Al	Be	P	S	S	F
Symbole du noyau	$^{27}_{13}Al$	$^{9}_{4}Be$	$^{31}_{15}P$	$^{32}_{16}S$	$^{34}_{16}S$	$^{19}_{9}F$
Nombre de protons						
Nombre de neutrons						
Nombre d'électrons						
Structure électronique						

b. Comment appelle-t-on les deux atomes de soufre S ?

● **33.** ★★ Compléter un tableau identique à celui de l'exercice précédent.

Atome ou ion	Li^+	H^+	O	O^{2-}	Ne	F^-
Symbole du noyau	$^{7}_{3}Li$	$^{2}_{1}H$	$^{17}_{8}O$	$^{16}_{8}O$	$^{20}_{10}Ne$	$^{19}_{9}F$

● **34.** ★★ Compléter le tableau ci-dessous.

Symbole de l'atome ou de l'ion	B		Mg^{2+}		
Symbole du noyau			$^{25}_{12}Mg$	$^{35}_{17}Cl$	
Charge				$-e$	$+3e$
Nombre de protons		14			
Nombre de neutrons	6	14			30
Nombre d'électrons	5	14			23

Exercices

Aller plus loin

35. ★★★ *Quel est cet atome ?*
Le noyau d'un atome porte une charge électrique $q = 20{,}8 \cdot 10^{-19}$ C. La masse de l'atome est $m = 45{,}9 \cdot 10^{-27}$ kg.

a. Quel est son numéro atomique ?

b. Combien de nucléons comporte-t-il ?

c. Déduire des questions **a** et **b** les nombres de protons, de neutrons et d'électrons de cet atome.

d. Donner son nom et son symbole.

36. ★★★ *Isotopes*
L'hydrogène a trois isotopes. Le premier a un noyau de symbole ${}^{1}_{1}H$, le deuxième possède 1 neutron et le troisième a une masse de $5{,}1 \cdot 10^{-27}$ kg. Déterminer la constitution de chacun des atomes isotopes de l'hydrogène.

37. ★★ *Atomes et ions monoatomiques*
On considère quatre entités (atomes ou ions) dont les constitutions sont données dans le tableau suivant.

	Entité A	Entité B	Entité C	Entité D
Nucléons	39	16	14	27
Électrons	18	10	7	13

a. Pourquoi les données du tableau sont-elles insuffisantes pour identifier les différentes entités ?

b. On dispose de renseignements supplémentaires : les entités A et B sont des ions monoatomiques ; l'entité A possède 20 neutrons ; les entités C et D sont des atomes.
Quelles entités peut-on identifier à présent ? En déduire leur nom et leur symbole.

c. Une seule entité n'a pas pu être identifiée. Sachant que sa charge est égale à $-2e$, trouver son nom et son symbole.

38. ★★★ *Nombre d'atomes*

a. Calculer la masse d'un atome de mercure ($Z = 80$, $A = 200$).

b. Combien d'atomes contient une goutte de mercure de 0,05 mL de masse volumique $13{,}6 \cdot 10^3$ kg $\cdot\, m^{-3}$?

39. ★★ *Éléments chimiques*
On introduit du sulfure de fer FeS dans une solution contenant des ions H^+. Une transformation chimique a lieu. Il se forme un gaz de formule H_2S et des ions monoatomiques de charge $+2e$.
Quelle est la formule de ces ions ? Justifier la réponse.

40. ★★ *Identification d'atome*

a. Un atome X a un électron sur sa couche externe. Son numéro atomique est inférieur ou égal à 18. Donner les structures électroniques possibles pour X.

b. La masse de cet atome est $m = 39{,}1 \cdot 10^{-27}$ kg. Combien de nucléons comporte-il ?

c. Quel peut être cet atome ? Donner son nom.

41. ★★ *Combien pèse cet atome ?*
L'aluminium métallique Al est formé d'atomes d'aluminium. Le symbole d'un noyau d'atome d'aluminium est ${}^{27}_{13}Al$.
Une feuille d'aluminium alimentaire de 3,0 g contient $6{,}5 \cdot 10^{22}$ atomes d'aluminium. Déterminer la masse d'un atome d'aluminium de deux façons différentes.

42. ★★ *Espèces chimiques ioniques et non ioniques*
On considère les espèces chimiques suivantes : calcium métallique Ca ; oxyde de calcium CaO ; potassium métallique K ; dioxygène O_2 ; chlorure de lithium LiCl (①) ; oxyde de potassium K_2O ; lithium métallique Li (②) ; dichlore Cl_2.

① Chlorure de lithium

② Lithium métallique

a. Quelles sont les espèces chimiques ioniques ? Préciser les ions qui les constituent.

b. La charge d'un ion oxyde ($Z = 8$) est $-2e$. Donner sa structure électronique.

c. Les ions potassium, calcium et chlorure ont chacun 18 électrons. En déduire leur charge respective, puis leur formule.

d. À votre avis, pourquoi y a-t-il un indice 2 dans la formule de l'oxyde de potassium ?

e. La charge d'un ion aluminium est $+3e$. La formule Al_2O_3 de l'oxyde d'aluminium est-elle cohérente avec la réponse à la question **d** précédente ?

aide

a. Les espèces chimiques ioniques portent des noms composés (chapitre 1, paragraphe **1.2**).

b. Déterminer le nombre d'électrons à partir du nombre de protons et de la charge de l'ion.

c. Déterminer la charge de chacun des ions à partir de ses nombres de protons et d'électrons.

DE L'ATOME AUX ÉDIFICES CHIMIQUES

4

Que l'odeur des framboises évoque celle de l'herbe fraîchement coupée n'est pas un hasard. Toutes deux contiennent la même espèce chimique odorante, l'ionone $C_{13}H_{20}O$.

Voir l'activité 5 « *Comment sentons-nous les odeurs ?* », page 74.

OBJECTIF

- Connaître la règle du duet et de l'octet et l'appliquer aux ions monoatomiques.
- Connaître le modèle de Lewis de la liaison covalente.
- Savoir prévoir la géométrie de molécules simples.

PLAN DU COURS

1 Chercher l'intrus

Doc. 1. Sur chaque photo, une boule blanche représente un atome d'hydrogène et une boule bleue, un atome d'azote.

a. Sur le **Doc. 1**, quelles photos représentent une molécule ?
b. Proposer une définition du mot molécule en accord avec la réponse précédente.
c. Dire si chacune des affirmations suivantes est correcte ou non. Justifier les réponses.
(1) Une molécule n'a pas de masse.
(2) Une molécule occupe un certain volume.
(3) Dans une molécule il y a un noyau et des électrons.
(4) Dans une molécule il y a plusieurs noyaux et des électrons.
(5) Une molécule est toujours constituée de beaucoup d'atomes.
(6) Une molécule est toujours constituée de peu d'atomes.
(7) Certaines molécules sont en matière plastique.
(8) Certaines molécules sont bicolores.
(9) Une molécule peut être électriquement chargée.

2 Être ou ne pas être

En phase gazeuse, on rencontre certains atomes isolés comme He et Ar mais jamais d'autres atomes comme N et O.
Dans les solides ioniques, on rencontre certains ions comme Na^+, Be^{2+}, O^{2-} et Cl^-.
En revanche, on ne rencontre jamais He^-, Be^+ et O^{2+}, par exemple.

a. Quelle propriété commune ont les couches électroniques externes des atomes que l'on rencontre isolés en phase gazeuse ? Cette propriété est-elle vérifiée pour les ions que l'on rencontre dans des solides ioniques ?
Et pour ceux que l'on n'y rencontre pas ?
b. À partir de la propriété précédente, proposer quelques entités susceptibles « d'exister » et d'autres qui probablement « n'existent pas », en phase gazeuse ou dans un solide ionique.

Les schémas du **Doc. 1** représentent des molécules que l'on rencontre en chimie. Chaque trait rouge représente deux électrons des couches électroniques externes des atomes.

c. Montrer que, pour chacune des molécules, tous les électrons des couches externes des atomes ont effectivement été représentés.
d. À quelle condition la propriété trouvée à la question **a** est-elle encore vraie ?

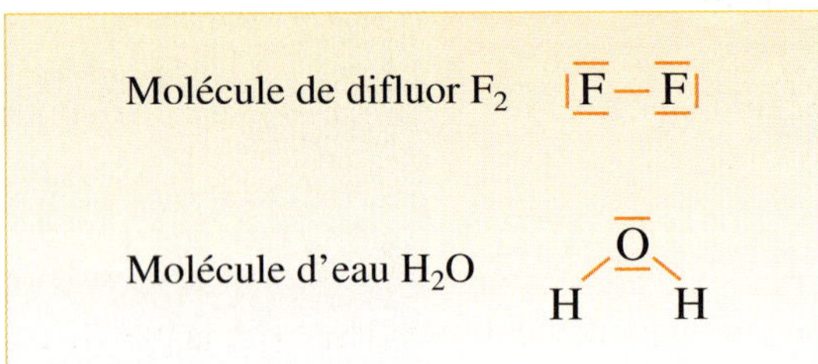

Doc. 1.

3 Modèle de Lewis de la liaison covalente

Objectif

- Introduire le modèle de Lewis de la liaison covalente

1. Modèle de Lewis

Une molécule est formée d'atomes liés par des liaisons chimiques, dites liaisons covalentes. Le modèle de Lewis permet de décrire ces liaisons. Il concerne les électrons des couches externes, aussi appelés électrons périphériques, des atomes de la molécule.
Les atomes H et Cl de la molécule de chlorure d'hydrogène HCl sont liés par une liaison covalente simple constituée de l'électron de l'atome H et d'un des électrons périphériques de l'atome Cl. Les deux électrons de la liaison sont localisés entre les atomes. On les représente par un trait joignant les symboles H et Cl : H—Cl .

a. Combien d'électrons périphériques un atome de chlore a-t-il ?
En déduire le nombre d'électrons (périphériques) de l'atome Cl non représentés dans l'écriture : H—Cl .
b. Même question pour l'atome d'hydrogène.

Dans une molécule, les électrons périphériques d'un atome qui n'appartiennent pas à une liaison chimique sont regroupés par paires. Ces paires, appelées « doublets non liants », sont représentées par un trait placé à côté du symbole de l'atome.

c. Montrer que la représentation ci-dessous est en accord avec le nombre de doublets non liants des atomes Cl et H de la molécule HCl : $H-\overline{\underline{Cl}}|$
d. Proposer une définition de ce qu'on appelle un « doublet liant » d'une molécule.

Dans une molécule, les électrons des doublets liants et des doublets non liants d'un atome constituent les électrons qui entourent cet atome.

e. Combien d'électrons entourent l'atome de chlore de la molécule HCl ? et l'atome d'hydrogène ?

La règle suivante, dite **règle de l'octet**, généralise ce résultat à toutes les molécules.

Règle de l'octet

En formant des liaisons covalentes, chaque atome d'une molécule s'entoure de 8 électrons, sauf l'atome H qui s'entoure de 2 électrons.

2. Représentation de Lewis

La représentation de Lewis d'une molécule est une représentation des atomes et des doublets d'électrons liants et non liants de cette molécule. Pour la molécule HCl, cette représentation a été donnée en **1.c**.

Molécule d'ammoniac NH_3

a. Combien d'électrons périphériques chacun des atomes de la molécule possède-t-il ?
b. En déduire le nombre total d'électrons périphériques, puis le nombre de doublets d'électrons devant être dessinés dans la représentation de Lewis.
c. Utiliser la règle de l'octet pour trouver le nombre de doublets liants de chaque atome. En déduire le nombre de doublets non liants de chaque atome.
d. Faire la représentation de Lewis de la molécule en accord avec les réponses **b** et **c**.
e. Comparer cette représentation à celles du **Doc. 1**.

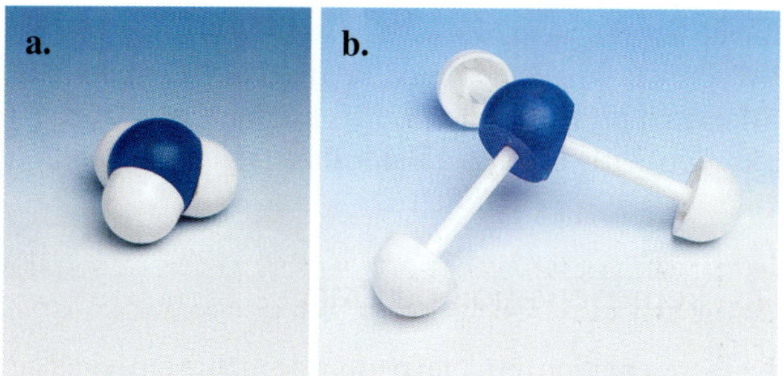

Doc. 1. Modèles moléculaires de la molécule NH_3.
a. Modèle compact. **b.** Modèle éclaté.

Molécule de diazote N_2

a. Comme pour la molécule NH_3, prévoir le nombre de doublets d'électrons de la molécule N_2.
b. Rappeler le nombre de doublets liants et non liants d'un atome N au sein de la molécule NH_3.
c. Sachant qu'il existe des liaisons covalentes doubles et des liaisons covalentes triples, en déduire la représentation de Lewis de la molécule N_2.
d. Combien d'électrons chaque atome a-t-il engagé dans la liaison covalente de la molécule N_2 ?

Voir exercices 16 et 19

4 Géométrie de quelques molécules simples

Objectifs

- Utiliser le simulateur *Lewis* pour étudier la géométrie de quelques molécules
- Introduire la représentation de Cram

1. Géométrie d'une molécule

■ Lancer le simulateur *Lewis* et construire la molécule de méthane CH_4.

■ Cliquer sur la case « géométrie » de la fenêtre animation. La molécule est tétraédrique, ce qui est en accord avec la règle suivante.

Règle

Dans une molécule, si un atome est entouré de quatre doublets d'électrons, ceux-ci se répartissent dans l'espace avec une structure tétraédrique.

a. Quel est l'atome situé au centre du tétraèdre ? Quels sont les atomes situés aux sommets ?

b. Prévoir, en accord avec la règle ci-dessus, la géométrie de la molécule de chlorométhane obtenue en remplaçant un atome H de la molécule de méthane par un atome Cl.

c. Vérifier cette prévision en construisant la molécule avec le simulateur.

d. Prévoir la géométrie de la molécule d'ammoniac dont la représentation de Lewis est donnée au **Doc. 1**.

e. Vérifier la réponse à l'aide du simulateur.

2. Représentation de Cram

La représentation de Cram permet de mettre en évidence, sur une feuille de papier, la géométrie dans l'espace d'une molécule. Elle utilise les conventions suivantes.

Conventions de Cram

H — C : les atomes H et C sont dans le plan de la feuille.

H ◀ C : l'atome C est dans le plan de la feuille et l'atome H est en avant de ce plan.

H ||||· C : l'atome C est dans le plan de la feuille et l'atome H est en arrière de ce plan.

Par exemple, la représentation de Cram de la molécule CH_4 est donnée dans le **Doc. 2**.

a. Représenter les molécules de chlorométhane et d'ammoniac avec les conventions de Cram.

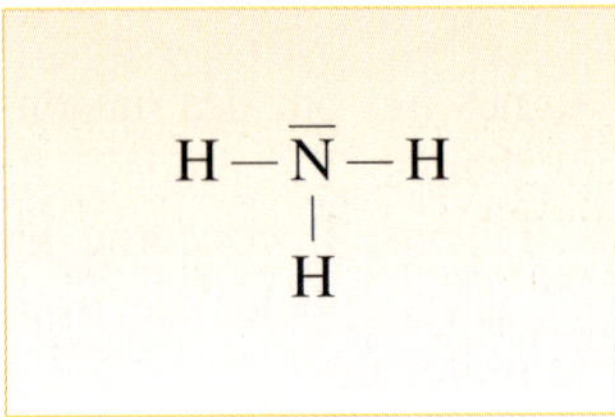

Doc. 1.

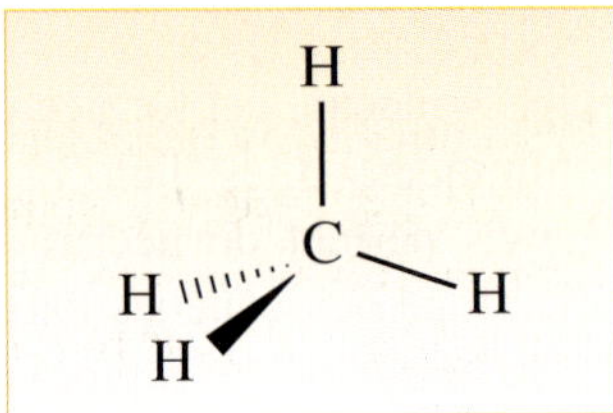

Doc. 2.

■ Construire la molécule d'éthane C_2H_6.

b. Dessiner sa représentation de Cram.

3. Règle des doublets d'électrons

a. Pour la molécule CH_4, que vaut l'angle $\widehat{HCH}$ entre deux liaisons « côte à côte » sur la représentation de Lewis, fenêtre de droite du simulateur ?

b. Sur le **Doc. 2**, mesurer la valeur de cet angle, entre les deux liaisons représentées dans le plan de la feuille.

c. Les deux valeurs ainsi déterminées sont différentes. Laquelle correspond à celle, supposée correcte, du modèle moléculaire de la même molécule ?

d. On s'intéresse à présent à la molécule d'eau. Proposer une justification simple au fait que les atomes de cette molécule sont dans un même plan.

e. À votre avis, quelle est la valeur de l'angle $\widehat{HOH}$ entre les deux liaisons dans la molécule d'eau ?

■ Construire la molécule d'eau avec le simulateur.

f. Justifier la géométrie proposée. En déduire une valeur de l'angle $\widehat{HOH}$.

g. D'après les exemples des molécules étudiées dans cette activité, indiquer quelle proposition, parmi celles données ci-dessous, permet d'interpréter leur géométrie. Dans une molécule, on peut considérer que les doublets d'électrons de l'atome central :

(1) se repoussent ;
(2) s'attirent ;
(3) ont une position quelconque.

Voir exercice 28

1 La règle du duet et de l'octet

Peu d'espèces chimiques connues sont constituées d'atomes isolés. En effet, les atomes gagnent ou perdent des électrons pour donner des ions, ou ils s'assemblent pour former des molécules.

Voir activité 2

1.1. Stabilité des atomes de gaz nobles

Les atomes constituant les gaz nobles, comme le gaz argon, sont les seuls atomes qui existent isolément. On dit que ces atomes sont stables : ils ne forment pas d'ions et ne sont impliqués dans aucune transformation chimique. Cette stabilité provient du fait que leur couche électronique externe est pleine.
La structure électronique des atomes de gaz nobles (**Doc. 1**) montre qu'ils ont soit 2 électrons, soit 8 électrons sur leur couche externe. Ces structures particulières portent les noms de structures en duet et en octet.

Les gaz nobles sont aussi appelés gaz rares car ils sont présents dans l'air dans de faibles proportions.

• Structure en duet : un atome (ou un ion) qui a deux électrons sur sa couche externe K a une structure en duet.
• Structure en octet : un atome (ou un ion) qui a huit électrons sur sa couche externe L ou M a une structure en octet.

Nom (symbole)	Z	Structure électronique externe
Hélium (He)	2	$(K)^2$
Néon (Ne)	10	$(L)^8$
Argon (Ar)	18	$(M)^8$

Doc. 1. Structure électronique externe des atomes de quelques gaz nobles.

1.2. Énoncé de la règle du duet et de l'octet

Les atomes, qui n'ont pas la structure stable en duet ou en octet, « s'échangent » ou « mettent en commun » des électrons pour l'acquérir. S'ils ont capté ou cédé des électrons, ils ne sont plus électriquement neutres : ce sont des ions monoatomiques.
S'ils ont mis des électrons en commun avec d'autres atomes, ils forment des molécules.

Règle du duet et de l'octet
Les atomes qui n'ont pas la structure stable en duet ou en octet captent, cèdent ou mettent en commun des électrons pour l'acquérir.

L'acquisition d'une structure en duet ne peut concerner que les atomes de numéro atomique inférieur ou égal à quatre.

1.3. Ions monoatomiques stables

Voir activité 2

Les ions monoatomiques de numéro atomique inférieur ou égal à quatre ont une structure en duet sauf l'ion hydrogène H^+ qui n'a pas d'électron. Les ions monoatomiques de numéro atomique compris entre cinq et dix-huit ont une structure en octet.

• Les ions monoatomiques correspondant aux atomes ayant 1, 2 ou 3 électrons sur leur couche externe sont des cations (**Doc. 2**). Ainsi, l'ion sodium Na^+ a une charge positive parce que l'atome Na a un électron sur sa couche externe. Il n'existe pas de cation monoatomique ayant plus de 3 charges positives.

• Les ions monoatomiques correspondant aux atomes ayant 6 ou 7 électrons sur leur couche externe sont des anions. Ainsi, l'ion oxygène O^{2-} a deux charges négatives parce qu'il manque deux électrons à l'atome O pour en avoir huit sur sa couche externe. Il n'existe pas d'anion monoatomique ayant plus de 2 charges négatives.

	Z	Ion	Structure électronique de l'ion	Structure électronique de l'atome	Atome
Cations	1	H^+	$(K)^0$: exception	$(K)^1$	H
Cations	3	Li^+	$(K)^2$: duet	$(K)^2(L)^1$	Li
Cations	4	Be^{2+}	$(K)^2$: duet	$(K)^2(L)^2$	Be
Cations	11	Na^+	$(K)^2(L)^8$: octet	$(K)^2(L)^8(M)^1$	Na
Cations	12	Mg^{2+}	$(K)^2(L)^8$: octet	$(K)^2(L)^8(M)^2$	Mg
Cations	13	Al^{3+}	$(K)^2(L)^8$: octet	$(K)^2(L)^8(M)^3$	Al
Anions	8	O^{2-}	$(K)^2(L)^8$: octet	$(K)^2(L)^6$	O
Anions	9	F^-	$(K)^2(L)^8$: octet	$(K)^2(L)^7$	F
Anions	16	S^{2-}	$(K)^2(L)^8(M)^8$: octet	$(K)^2(L)^8(M)^6$	S
Anions	17	Cl^-	$(K)^2(L)^8(M)^8$: octet	$(K)^2(L)^8(M)^7$	Cl

Doc. 2. Ions monoatomiques, de numéro atomique inférieur ou égal à dix-huit, et atomes correspondants.
Il n'existe pas d'ion monoatomique pour les éléments chimiques : He (Z = 2), B (Z = 5), C (Z = 6), N (Z = 7), Ne (Z = 10), Si (Z = 14) et P (Z = 15).

➤ Voir exercice 10

Un ion monoatomique a une structure en octet ou en duet.

2 Modèle de Lewis de la liaison covalente

Voir activité 1

2.1. Molécule : définition, formule brute

Une molécule est une association d'atomes.
La formule de la molécule, appelée formule brute, indique le symbole et le nombre de chacun des atomes qui la constituent.

Le nombre d'atomes qui s'associent peut varier entre deux, comme dans la molécule de chlorure d'hydrogène HCl, et plusieurs millions pour les molécules d'ADN, par exemple. Chaque atome étant électriquement neutre, une molécule est toujours électriquement neutre.
Une espèce chimique moléculaire est constituée d'un ensemble de molécules identiques. La formule de l'espèce chimique est la même que la formule de la molécule.

Exemple. La molécule de méthane (**Doc. 3.a**) est constituée d'un atome de carbone et de quatre atomes d'hydrogène. Ainsi, sa formule brute s'écrit CH_4 (**Doc. 3.b**).
L'espèce chimique correspondante est le méthane CH_4, gaz incolore et inodore, principal constituant du gaz naturel.

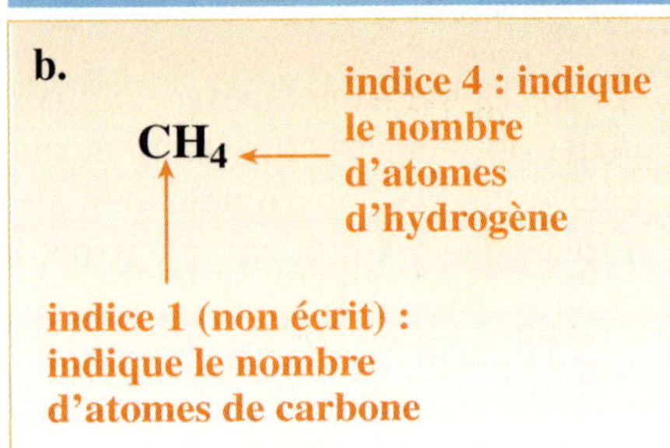

Doc. 3. Molécule de méthane CH_4.
a. Modèle moléculaire compact.
b. Formule brute.

2.2. La liaison covalente simple

Les liaisons chimiques entre les atomes d'une molécule sont appelées des **liaisons covalentes**. Elles lient certains atomes à d'autres. Chaque atome de la molécule est engagé dans au moins une liaison covalente.

Voir activité 3

Une liaison covalente simple entre deux atomes est constituée de deux électrons, chaque atome apportant l'un des deux électrons. Les deux électrons sont localisés entre les deux atomes et on considère qu'ils appartiennent à chaque atome de la liaison.
Dans une molécule, chaque atome a une structure en octet, sauf l'atome d'hydrogène H qui a une structure en duet.

Dans la molécule CH_4, il y a 4 liaisons covalentes (**Doc. 4**) : on considère que les 2 électrons de chaque liaison appartiennent à l'atome C et à l'un des atomes H. L'atome C « possède » donc 8 électrons sur sa couche externe et a une structure en octet. Chaque atome H en possède 2 et a une structure en duet.

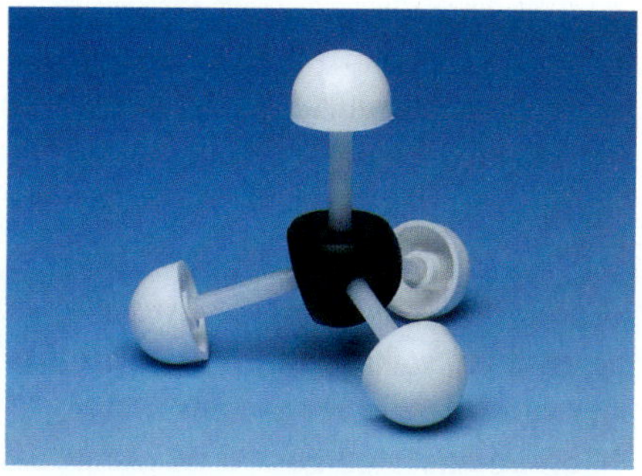

Doc. 4. Modèle moléculaire éclaté de la molécule de méthane CH_4. Chaque liaison covalente est matérialisée par une tige qui représente les deux électrons de la liaison.

2.3. Les liaisons multiples

Pour avoir une structure en octet, deux atomes sont parfois liés par une liaison multiple correspondant à deux ou trois liaisons simples.

Dans une molécule, chaque atome a une structure en octet ou en duet.

Une liaison covalente double entre deux atomes est constituée de quatre électrons. Deux de ces électrons sont apportés par l'un des atomes et les deux autres électrons par l'autre atome.
De même, on appelle liaison covalente triple une liaison constituée de six électrons.

Les deux atomes d'oxygène de la molécule de dioxygène O_2 sont reliés par une liaison double (**Doc. 5.a**). Les deux atomes d'azote de la molécule de diazote N_2 sont reliés par une liaison triple (**Doc. 5.b**).

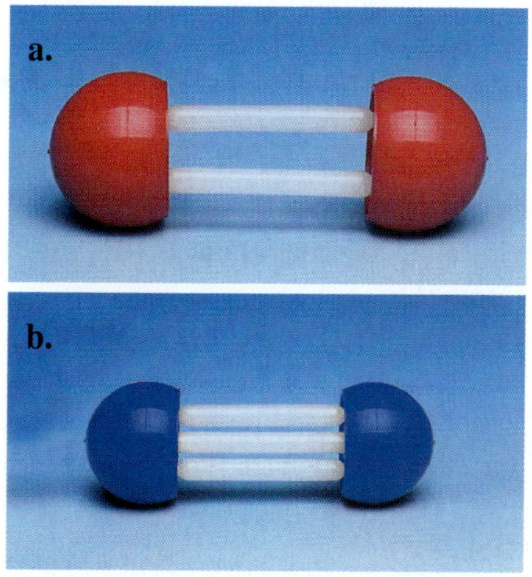

Doc. 5. Liaisons multiples.
a. Liaison double dans la molécule O_2.
b. Liaison triple dans la molécule N_2.

2.4. Doublets liants et non liants

Dans une molécule, tous les électrons périphériques des atomes sont groupés par paires, appelées doublets d'électrons.
• Certains doublets constituent les liaisons covalentes de la molécule. On les appelle les doublets liants. Chaque doublet liant est partagé par deux atomes.
• Les autres doublets sont appelés doublets non liants. Ils n'appartiennent qu'à un seul atome.

Dans la molécule d'eau H_2O, chaque atome H apporte 1 électron périphérique et l'atome O en apporte 6. Cela fait un total de 8 électrons qui forment 4 doublets.
Le modèle moléculaire de la molécule H_2O (**Doc. 6**) montre 2 liaisons covalentes simples correspondant à 2 doublets liants. Les 2 doublets restants constituent donc des doublets non liants et ne sont pas représentés.

Les modèles moléculaires ne mettent en évidence que les doublets liants des molécules. Pour visualiser également les doublets non liants, on utilise la représentation de Lewis.

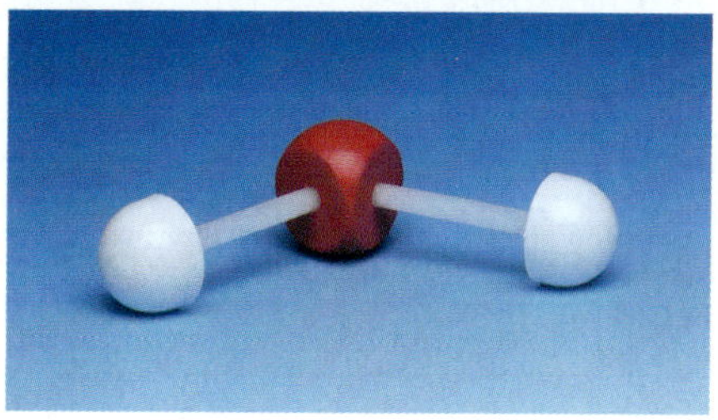

Doc. 6. Modèle moléculaire de la molécule d'eau H_2O.

3 Représentation de Lewis

Voir activité 3

Voir activité 5

3.1. Définition

La représentation de Lewis d'une molécule est une représentation des atomes et de tous les doublets d'électrons liants et non liants de cette molécule.

Par convention :
– un doublet liant entre deux atomes est représenté par un trait entre les symboles de ces atomes ;
– un doublet non liant d'un atome est représenté par un trait à côté du symbole de cet atome.

Dans la molécule H_2O, il y a 4 doublets d'électrons : un doublet liant entre chaque atome H et l'atome O, et deux doublets non liants appartenant à l'atome O (**Doc. 7.a**).
Dans la molécule O_2, chaque atome O engage une liaison double et possède 2 doublets non liants (**Doc. 7.b**).

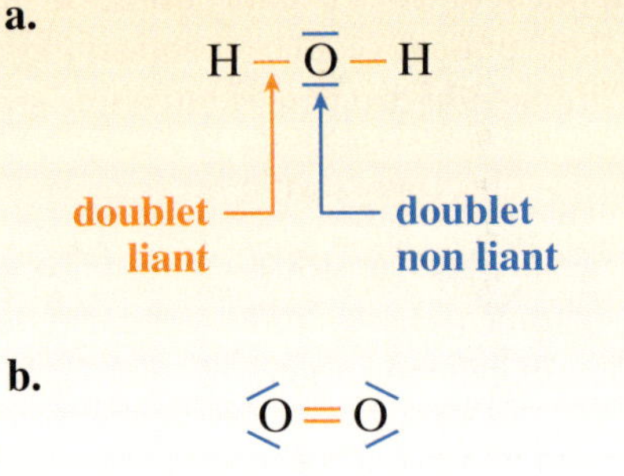

Doc. 7. a. Représentation de Lewis de la molécule d'eau H_2O.
b. Représentation de Lewis de la molécule de dioxygène O_2.

3.2. Détermination d'une représentation de Lewis

Dans la plupart des molécules, le nombre de liaisons qu'un atome engage ne dépend que de sa structure électronique externe. Ce nombre est égal au nombre d'électrons qu'il manque à l'atome pour avoir une structure en octet (ou en duet).

▌*Exemples*
• La molécule d'ammoniac NH_3 est constituée d'un atome N et de trois atomes H.
Chaque atome H engage une liaison pour avoir une structure en duet et n'a pas de doublet non liant.
L'atome d'azote N possède 5 électrons sur sa couche externe. Pour avoir une structure en octet, il doit engager 3 de ces électrons dans des liaisons ; les 2 électrons périphériques restants forment un doublet non liant (**Doc. 8.a**).
• Dans la molécule de diazote N_2, chaque atome N engage aussi 3 électrons (dans une liaison triple) et possède un doublet non liant (**Doc. 8.b**).

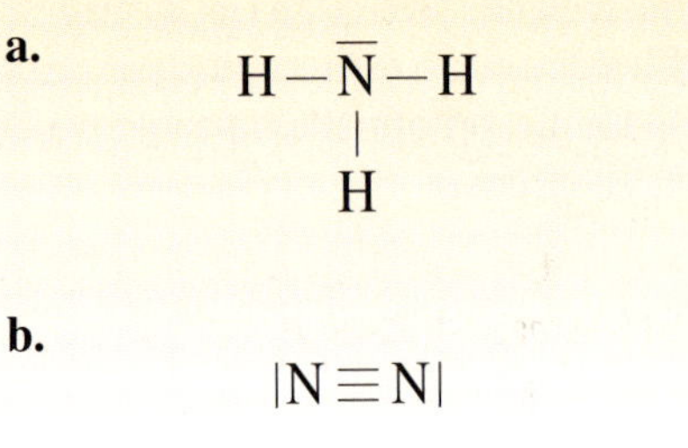

Doc. 8. Représentations de Lewis.
a. Molécule d'ammoniac NH_3.
b. Molécule de diazote N_2.

En général, pour un atome donné, le nombre d'électrons engagés dans des liaisons covalentes est toujours le même. Les nombres de doublets liants et non liants qu'il possède dans une molécule sont donc toujours les mêmes.

Atome	C	N	O	F	Cl	H
Nombre de doublets liants	4	3	2	1	1	1
Nombre de doublets non liants	0	1	2	3	3	0

➤ Voir exercice 16

4 Isomérie

4.1. Définition

Les deux modèles moléculaires du **Doc. 9** correspondent à deux molécules différentes : l'agencement des atomes de la première molécule n'est pas le même que celui de la seconde.
Chacune de ces molécules est constituée de deux atomes de carbone, d'un atome d'azote et de sept atomes d'hydrogène. Elles ont donc toutes les deux la même formule brute C_2H_7N, mais des structures différentes. On dit qu'elles sont **isomères**.
Les espèces chimiques correspondantes ont des propriétés physiques et chimiques différentes. Par exemple, l'espèce chimique diméthylamine dont la molécule est représentée au **Doc. 9.a**, possède une température d'ébullition de 6,9 °C. En revanche, la température d'ébullition de l'espèce chimique éthylamine, dont la molécule est représentée au **Doc. 9.b**, est de 16,6 °C.

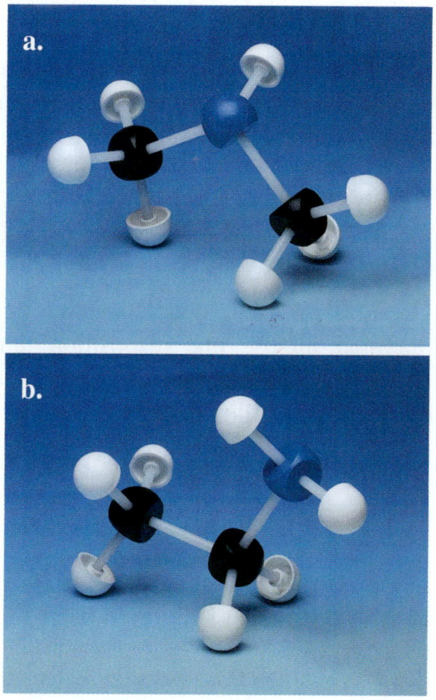

Doc. 9. Modèles moléculaires des deux molécules isomères C_2H_7N.

Deux molécules qui ont la même formule brute mais dont les atomes sont liés différemment sont appelées des molécules isomères.
Les espèces chimiques correspondantes ont des propriétés physiques et chimiques différentes.

Pour savoir si des molécules de même formule brute ont même structure, on utilise les modèles moléculaires de ces molécules.
Des molécules ont des structures identiques si on peut passer d'un modèle à l'autre :
– sans rompre de liaisons pour en former d'autres ;
– en tournant éventuellement certaines liaisons (**Doc. 10**).

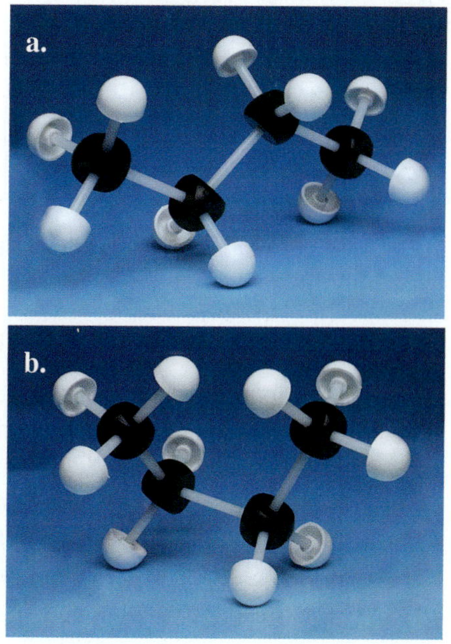

Doc. 10. Ces modèles moléculaires représentent la même molécule : celle de butane C_4H_{10}.

4.2. Formules développées et semi-développées

La formule **brute** étant insuffisante pour distinguer deux isomères, on utilise les formules dites **développées** et **semi-développées** pour les représenter.
Dans la formule développée d'une molécule, on représente tous les doublets liants de la molécule. Dans la formule semi-développée, on ne les représente pas tous. Dans les deux cas, on ne représente pas les doublets non liants (**Doc. 11**).

Formule brute	Formule semi-développée
C_2H_7N	$CH_3-NH-CH_3$
Représentation de Lewis	**Formule développée**
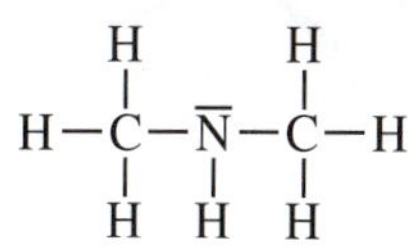	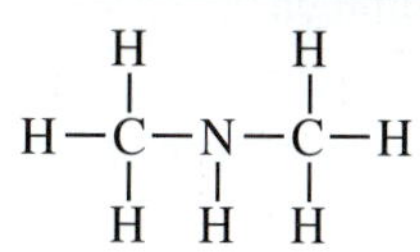

Doc. 11. Différents moyens de représenter une molécule.

➤ Voir exercice 21

5 Géométrie de quelques molécules

L'étude de la géométrie des molécules est limitée ici aux molécules CH_4, NH_3 et H_2O.

Voir activité 4

5.1. Répulsion des doublets d'électrons

Avant de trouver la forme d'une molécule, on détermine la position des doublets liants et non liants de l'atome central de la molécule. Tout se passe comme si ces doublets « se repoussaient ».

Autour de l'atome central, les doublets liants et non liants se repoussent et sont éloignés au maximum les uns des autres.

Quand il y a quatre doublets autour de l'atome central, leur éloignement maximal impose une disposition tétraédrique centrée sur cet atome (**Doc. 12**). La forme de la molécule se déduit à partir de cette disposition tétraédrique des doublets.

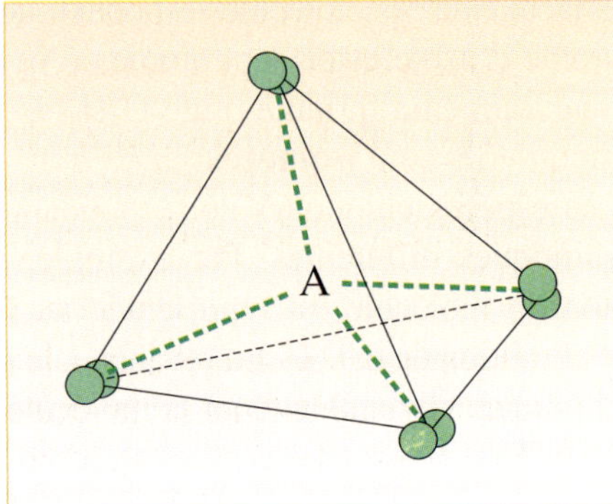

Doc. 12. Répartition des quatre doublets d'électrons autour d'un atome central A.

▌*Exemples* : les molécules CH_4, NH_3 et H_2O (**Doc. 13**).

CH_4	NH_3	H_2O
Les atomes H occupent les sommets d'un tétraèdre.	Les atomes H occupent 3 des 4 sommets d'un tétraèdre. L'atome N et les atomes H forment une pyramide.	Les atomes H occupent 2 des 4 sommets d'un tétraèdre. L'atome O et les atomes H forment un triangle.
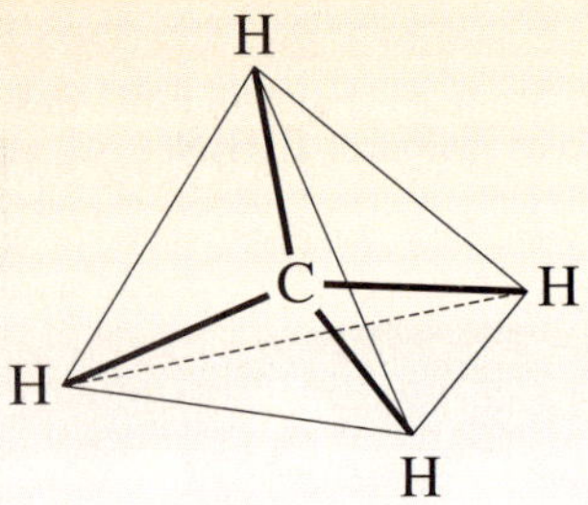	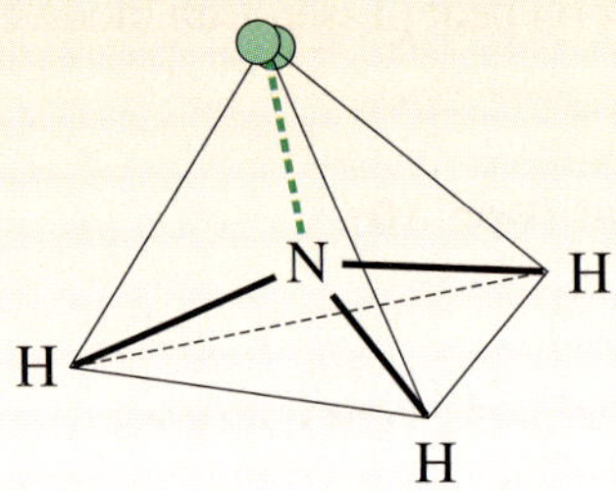	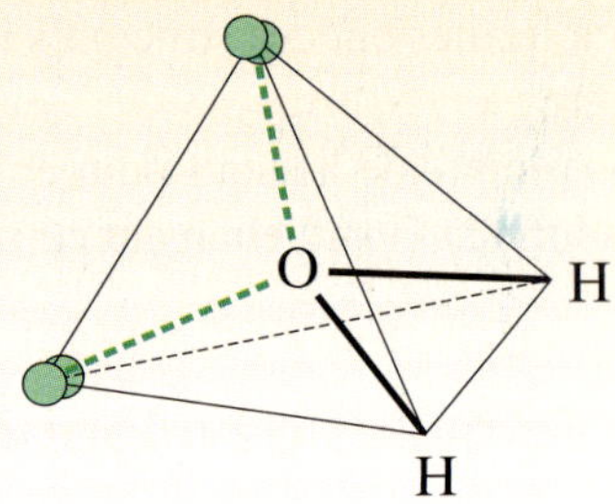
La molécule est tétraédrique	La molécule est pyramidale	La molécule est coudée

Doc. 13. Géométrie des molécules CH_4, NH_3 et H_2O.

5.2. Représentation de Cram

La représentation de Cram permet de représenter une molécule tridimensionnelle dans un plan comme la page d'un livre (**Doc. 14**).

Conventions de la représentation de Cram

H —— C : les atomes H et C sont dans le plan de la page.

H ◀ C : C est dans le plan de la page et H est en avant de ce plan.

H ⁞⁞⁞ C : C est dans le plan de la page et H est en arrière de ce plan.

➤ Voir exercice 28

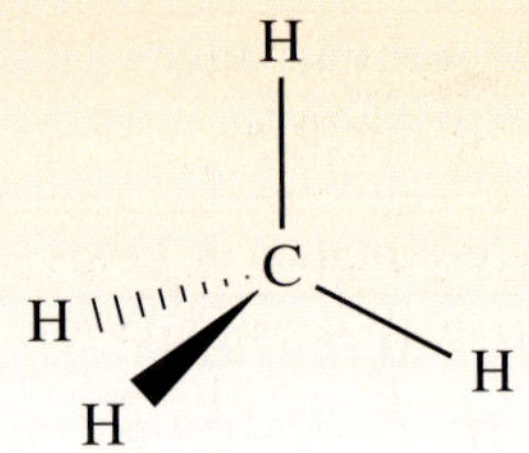

Doc. 14. Représentation de Cram de la molécule CH_4.

essentiel

Règle du duet et de l'octet
Les atomes et les ions ayant une structure en duet ou en octet ont une structure stable.

Modèle de Lewis
La mise en commun par 2 atomes d'une paire d'électrons constitue une liaison covalente.

Ions monoatomiques

- Les ions monoatomiques, correspondant aux atomes ayant 1, 2 ou 3 électrons sur leur couche externe, sont des cations comme H^+, Li^+, Na^+, Mg^{2+}.
- Les ions monoatomiques, correspondant aux atomes ayant 6 ou 7 électrons sur leur couche externe, sont des anions comme O^{2-}, S^{2-}, Cl^-.

Molécules

- Une molécule est constituée d'atomes liés entre eux par des liaisons covalentes (doublets liants).
- Tous les atomes d'une molécule vérifient la règle du duet et de l'octet.
- Les doublets d'électrons (liants et non liants) d'une molécule sont constitués des électrons des couches externes des atomes de la molécule.

Différentes représentations d'une molécule

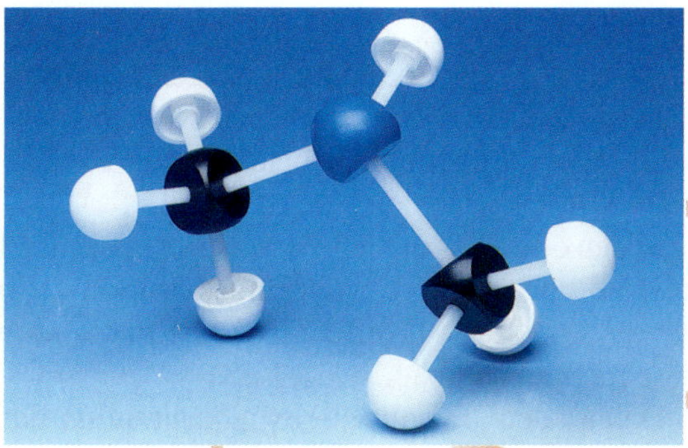

Représentation de Lewis

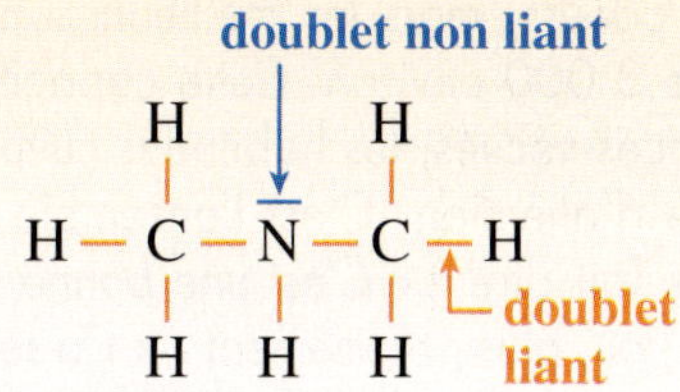

Formule développée

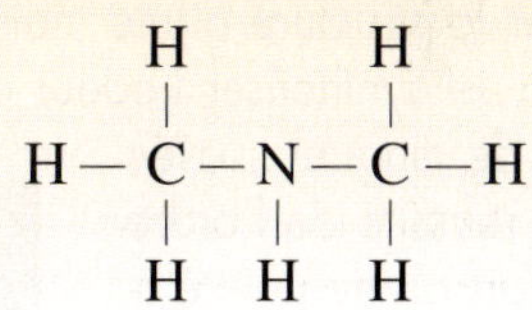

Formule brute

C_2H_7N

Formule semi-développée

$CH_3 - NH - CH_3$

Géométrie

Autour de l'atome central N, les doublets liants et non liants se repoussent et s'éloignent au maximum les uns des autres.

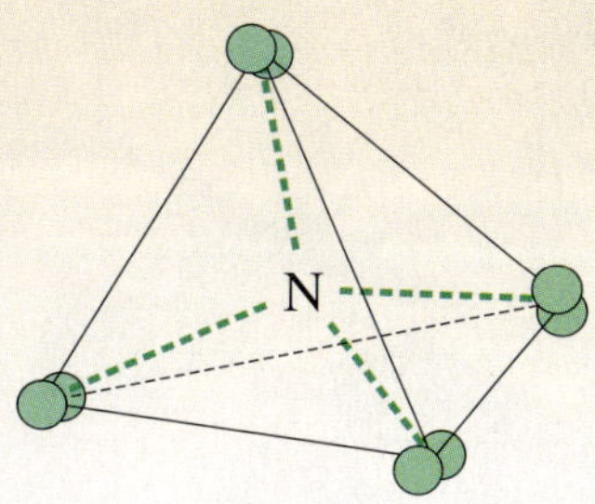

Représentation de Cram

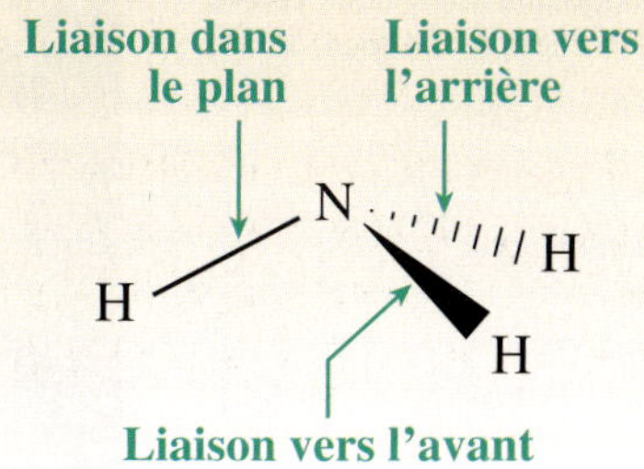

5 DOCUMENT Comment sentons-nous les odeurs ?

Réponse de Maurice Chastrette, chercheur en chimie organique au CNRS, professeur à l'université Claude Bernard de Lyon.
Dans ce texte, le terme substance signifie espèce chimique.

Pour qu'une substance soit odorante, il faut que les molécules qui s'en échappent puissent atteindre les récepteurs olfactifs situés dans notre nez.

Autrement dit, les substances très peu volatiles – qui n'atteignent pas les récepteurs olfactifs – n'ont pas d'odeur. Le système de détection est constitué par la muqueuse olfactive, localisée dans notre nez, qui comporte plusieurs millions de cellules.

Chacune de ces cellules porte un certain nombre de « cils » à la surface desquels certaines protéines jouent le rôle de véritables récepteurs.

Une protéine qui a « détecté » une molécule de substance odorante se modifie, de sorte que la cellule qui la porte va émettre un signal sous forme d'influx nerveux. Les signaux sont ensuite traités par le reste du système olfactif.

Les humains peuvent, théoriquement, détecter jusqu'à 10 000 odeurs, mais les meilleurs « nez » n'en identifient que 3 000 environ. Cette capacité varie selon les expériences vécues, les habitudes culturelles, ou encore le degré d'attention. C'est l'ensemble de ces données qui nous fait dire : « *C'est une bonne ou une mauvaise odeur* » ; ou, plus précisément : « *Ça sent le jasmin, ou la violette* ».

Les chimistes sont aujourd'hui capables, dans certains cas, de relier la structure d'une molécule à son odeur : ils peuvent ainsi synthétiser l'odeur de musc, de santal, d'ambre ou de muguet... avec des taux de réussite de l'ordre de 90 %. Mais on ne peut établir systématiquement la relation entre la structure d'une molécule et son odeur, si bien que la plupart d'entre elles gardent encore leur secret.

Extraits du magazine scientifique *Eurêka*, BAYARD PRESSE, n° 24 (août 1997).

Doc. 1. Molécule de menthol. L'espèce chimique menthol est responsable de l'odeur de menthe verte.
En noir : atomes de carbone. En blanc : atomes d'hydrogène.
En rouge : atome d'oxygène.

a. Écrire la formule brute de la molécule du **Doc. 1.**
b. Dessiner sa représentation de Lewis.
c. La règle du duet et de l'octet est-elle vérifiée par tous les atomes de la molécule ?
d. Si deux liquides ont le même aspect, mais que l'un présente une odeur et l'autre non, peut-on affirmer que ces liquides sont différents ? Justifier la réponse en se référant au texte.
e. Donner deux raisons qui expliquent qu'un liquide peut être inodore.

Doc. 2. Menthe fraîche.

Exercice résolu

Étude de deux molécules

Énoncé

1. a. On considère la molécule de formule brute PH_3. De quels atomes est-elle constituée ?

b. Combien d'électrons chaque atome doit-il engager dans des liaisons covalentes pour avoir une structure en octet ou en duet ?

c. En déduire le nombre de doublets non liants que possède chaque atome de la molécule.

d. Dessiner la représentation de Lewis de la molécule en accord avec les réponses aux questions **b** et **c**.

e. Que peut-on dire de la position des doublets électroniques qui entourent l'atome central de la molécule ?

f. En déduire la géométrie de la molécule que l'on représentera avec les conventions de Cram.

2. Reprendre les questions **1.a** à **1.d** pour la molécule de formule brute C_2H_3Cl.

Conseils

b. Le nombre de liaisons engagées par un atome est égal au nombre d'électrons qu'il lui manque pour avoir la structure en duet ou en octet.

c. Les doublets non liants sont constitués des électrons n'appartenant à aucune liaison.

d. Dans la représentation de Lewis, on représente tous les doublets.

e. Utiliser la répulsion électronique des doublets.

f. Dans la représentation de Cram, on représente en perspective les doublets liants.

Résolution

1. a. La molécule PH_3 est constituée d'un atome de phosphore P et de trois atomes d'hydrogène H.

b. La structure électronique d'un atome H ($Z = 1$) est $(K)^1$. Chaque atome H engage donc une liaison pour avoir une structure en duet.
La structure électronique de l'atome P ($Z = 15$) est $(K)^2(L)^8(M)^5$. Cet atome engage donc 3 liaisons pour avoir une structure en octet.

c. Chaque atome H engage son seul électron dans une liaison et n'a donc pas de doublet non liant. L'atome P a 5 électrons sur sa couche externe, dont 3 engagés dans une liaison. Il a donc 2 électrons n'appartenant à aucune liaison, soit 1 doublet non liant.

d. La représentation de Lewis de la molécule est donnée ci-contre.

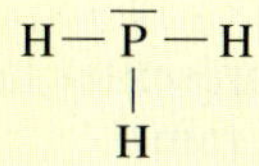

e. L'atome central est l'atome P. Les 4 doublets électroniques qui l'entourent sont éloignés au maximum les uns des autres et ont une disposition tétraédrique.

f. La forme de la molécule se déduit de la disposition tétraédrique des doublets : les 3 atomes H occupent 3 des 4 sommets du tétraèdre et la molécule est pyramidale. Sa représentation de Cram est donnée ci-contre.

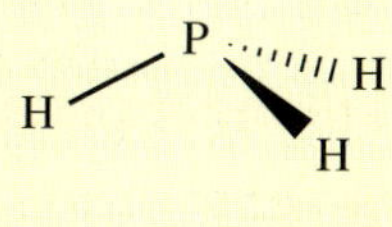

2. a. La molécule C_2H_3Cl est constituée de 2 atomes de carbone C, de 3 atomes d'hydrogène H et d'un atome de chlore Cl.

b. L'atome C, de structure électronique $(K)^2(L)^4$, engage 4 liaisons. L'atome Cl, de structure électronique $(K)^2(L)^8(M)^7$, en engage une.

c. L'atome C engage les 4 électrons de sa couche externe dans des liaisons et n'a pas de doublet non liant. L'atome Cl a 6 électrons n'appartenant à aucune liaison, soit 3 doublets non liants.

d. La seule solution possible, en accord avec les réponses **b** et **c** précédentes, impose l'existence d'une liaison double entre les deux atomes C et on obtient la représentation de Lewis ci-contre.

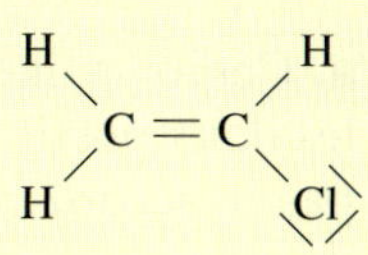

Exercices

Tester ses connaissances

● **1.** Quelle est la structure électronique des atomes des gaz nobles ?

● **2.** Énoncer la règle du duet et de l'octet.

● **3.** Combien d'électrons un ion monoatomique stable doit-il avoir sur sa couche électronique externe ?

● **4.** Comment appelle-t-on une liaison chimique entre deux atomes d'une molécule ? La définir. Dans une molécule, qu'appelle-t-on « doublet non liant »?

● **5.** Donner les représentations de Lewis des molécules de dihydrogène H_2, d'ammoniac NH_3 et de dioxyde de carbone CO_2.
Nommer les espèces chimiques correspondantes.

● **6.** Comment nomme-t-on des molécules qui ont même formule brute mais des structures différentes ?

● **7.** Quelle différence y a-t-il entre la représentation de Lewis et la formule développée d'une molécule ?

● **8.** Comment interprète-t-on la forme « coudée » de la molécule d'eau ?

● **9.** Représenter la molécule CH_4 avec les conventions de Cram.

Appliquer ses connaissances

Ions monoatomiques

● **10.** ★ Parmi les symboles suivants, quel est celui de l'ion sulfure ? Justifier la réponse.

S^{6+} ; S^{2+} ; S^{+} ; S^{-} ; S^{2-} ; S^{6-}.

● **11.** ★ **a.** Quelle est la charge de l'ion monoatomique de numéro atomique $Z = 8$?

b. Donner la formule de cet ion.

> **aide**
> **a.** Cet ion a une structure en octet. Considérer les deux possibilités et éliminer celle qui n'est pas en accord avec les règles du paragraphe **1.3** du cours.
> **b.** Chercher le symbole de l'élément chimique correspondant dans la classification périodique.

● **12.** ★ **a.** Donner les structures électroniques des atomes Li, Mg, He et O.

b. Donner les formules des ions monoatomiques correspondants lorsque ces ions existent.
Justifier les réponses.

● **13.** ★ **a.** Donner la structure électronique des ions monoatomiques obtenus à partir des atomes de soufre, de chlore, et de sodium.

b. Donner la formule chimique de ces ions. Dans chaque cas, dire quel atome de gaz noble possède la même structure électronique.

● **14.** ★★ L'ion calcium a la même structure électronique que l'atome d'argon.

a. Quelle est cette structure ?

b. En déduire la charge et la formule de cet ion.

Représentation de Lewis

● **15.** ★ On étudie la molécule d'eau oxygénée, de formule brute H_2O_2.

a. De combien d'atomes est-elle constituée, et quels sont ces atomes ?

b. Donner les structures électroniques de ces atomes.

c. En déduire le nombre de doublets d'électrons devant être dessinés dans la représentation de Lewis de la molécule.

d. Déterminer le nombre de doublets liants de chaque atome de la molécule.
En déduire le nombre de doublets non liants de chaque atome.

e. Faire la représentation de Lewis de la molécule.

> **aide**
> **a.** Le symbole et le nombre des atomes qui constituent une molécule figurent dans la formule brute de la molécule.
> **c.** Dans une représentation de Lewis, les électrons représentés sont les électrons des couches externes des atomes de la molécule. Ils sont regroupés par paires appelées doublets.
> **d.** Utiliser la règle du duet et de l'octet.
> **e.** La représentation est correcte si elle est en accord avec les réponses des questions **c** et **d**.

● **16.** ★ **a.** Déterminer le nombre d'électrons que les atomes de numéros atomiques 1, 6, 7, 8, 16 et 17 possèdent sur leur couche externe.

b. En déduire le nombre de doublets liants et de doublets non liants de chacun de ces atomes au sein d'une molécule.

c. Modifier les schémas ci-dessous pour obtenir les représentations de Lewis des molécules C_2H_7N, OCl_2, CH_2S et C_2H_4.

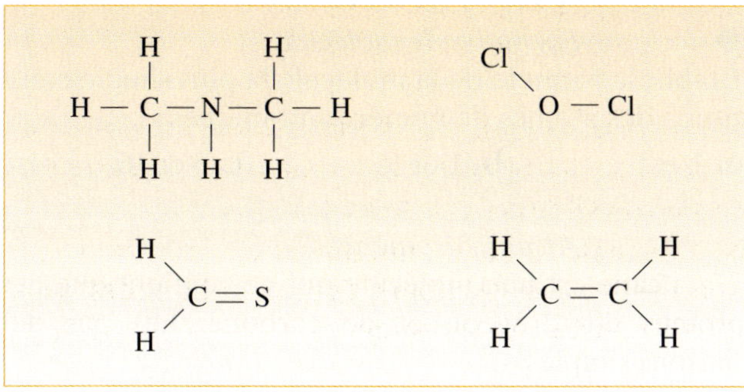

● **17.** ★ On considère la molécule de sulfure d'hydrogène H_2S.

a. Donner la structure électronique des atomes constituant la molécule.

b. En déduire les nombres de doublets d'électrons liants et non liants de la molécule.

c. Combien d'électrons chaque atome doit-il engager dans des liaisons covalentes pour satisfaire la règle du duet et de l'octet ?

d. Déduire de la question précédente le nombre de doublets non liants de chaque atome.

e. Faire la représentation de Lewis de la molécule.

● **18.** ★ Reprendre l'exercice précédent avec la molécule de monochlorométhane CH_3Cl.

● **19.** ★★ **a.** Donner les structures électroniques des atomes d'hydrogène et de phosphore.

b. Trouver la représentation de Lewis de la molécule obtenue à partir d'un atome de phosphore et d'atomes d'hydrogène.

c. Même question pour la molécule qui comporte deux atomes de phosphore, des atomes d'hydrogène et uniquement des liaisons simples.

d. Donner les formules brutes des deux molécules représentées aux questions **b** et **c**.

aide

a. La structure électronique d'un atome se détermine à partir de son numéro atomique.

b. et **c.** Appliquer la règle du duet et de l'octet à chaque atome pour déterminer son nombre de doublets liants et son nombre de doublets non liants. La représentation de Lewis doit comporter, pour chaque atome, exactement les nombres de doublets ainsi déterminés.

d. Voir la définition de la formule brute d'une molécule dans le paragraphe **2.1** du cours.

● **20.** ★★ **a.** Déterminer le nombre de doublets d'électrons de la molécule d'acétylène C_2H_2.

b. Combien de doublets liants chaque atome doit-il engager pour satisfaire la règle du duet et de l'octet ?

c. En déduire le nombre de doublets non liants de chaque atome.

d. Trouver la représentation de Lewis de la molécule en s'aidant des résultats des questions précédentes.

Isomères, formules développées et semi-développées

● **21.** ★ **a.** Donner les formules développées des molécules de formule semi-développée :

- $CH_2F—CH_2—CH_2—CH_2Cl$
- $CH_3—CHCl—CH_2—CH_2F$

b. Ces deux molécules sont-elles isomères ?

● **22.** ★ On considère deux molécules isomères de formule brute $C_2H_4Cl_2$.

a. Dessiner leur représentation de Lewis.

b. Écrire leur formule semi-développée.

aide

a. Les deux molécules isomères doivent avoir des structures différentes. Les nombres de doublets liants et non liants de chaque atome sont donnés dans le paragraphe **3.2** du cours.

b. Un exemple de formule semi-développée est donné dans le paragraphe **4.2** du cours.

● **23.** ★ Soit la molécule de formule brute C_3H_7F.

a. Trouver les représentations de Lewis des molécules isomères correspondant à cette formule.

b. Écrire leurs formules semi-développées.

● **24.** ★★ Soit la molécule de formule brute C_4H_{10}.

a. Trouver les représentations de Lewis des molécules isomères correspondant à cette formule.

b. Écrire leurs formules semi-développées.

● **25.** ★ **a.** Donner les formules brutes, développées et semi-développées des représentations ci-dessous.

b. Comment qualifie-t-on ces molécules ?

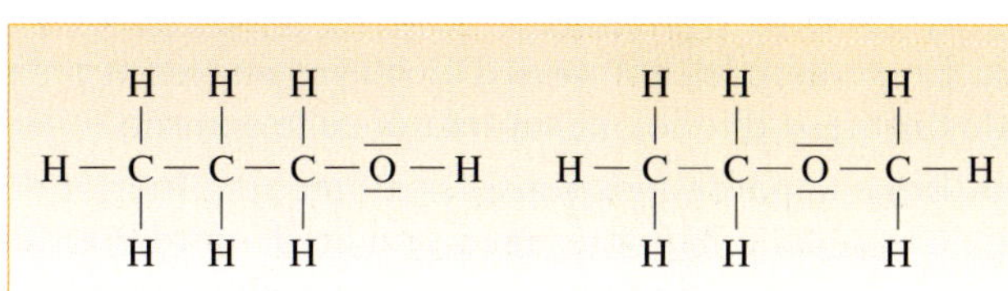

Exercices

Représentation de Cram

26. ★★ On considère la représentation de Cram ci-contre.

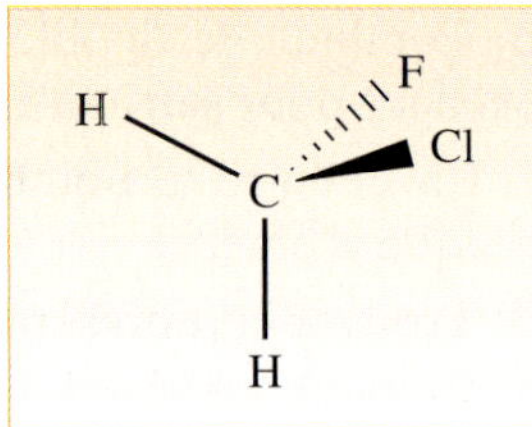

a. Indiquer, pour chaque atome de cette molécule, s'il est dans le plan, en avant ou en arrière de la page du livre.

b. Déterminer la formule brute et la représentation de Lewis de cette molécule.

27. ★★ **a.** À partir du modèle moléculaire donné ci-contre représenter la molécule d'éthane C_2H_6 avec les conventions de Cram.

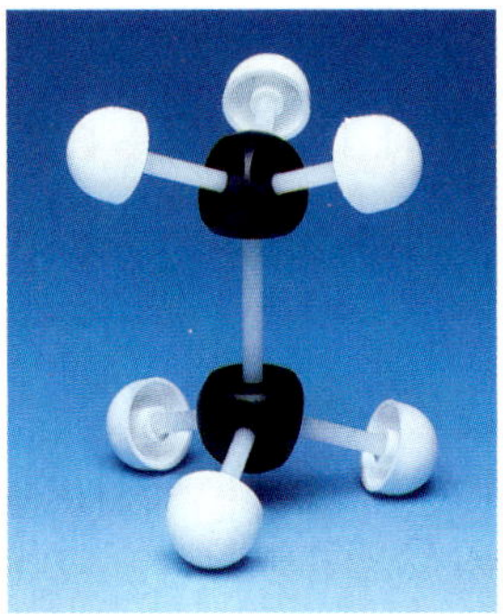

b. Écrire la formule semi-développée de la molécule.

c. Cette molécule possède-t-elle des isomères ?

Géométrie d'une molécule

28. ★ **a.** Déterminer la représentation de Lewis de la molécule CF_4.

b. Comment sont disposés les doublets d'électrons autour de l'atome central C ?

c. En déduire la forme de la molécule et dessiner sa représentation de Cram.

29. ★ **a.** Déterminer la représentation de Lewis de la molécule H_2S.

b. Comment sont disposés les doublets d'électrons autour de l'atome central S ?

c. En déduire la forme de la molécule et dessiner sa représentation de Cram.

Aller plus loin

30. ★★ *Propriétés communes d'ions et d'atomes*
Les ions bromure Br^- et les ions iodure I^- ont une structure en octet.

a. En déduire les nombres d'électrons que les atomes de brome et d'iode ont sur leur couche externe.

b. Les comparer avec ceux des atomes de fluor et de chlore. Quelle hypothèse peut-on en déduire pour la classification périodique des éléments chimiques ?

31. ★★ *Représentation de Lewis*
Déterminer les représentations de Lewis des molécules hydrazine N_2H_4 et cyanure d'hydrogène HCN.

32. ★★★ *Formules de molécules*
Établir la formule de la molécule la plus simple constituée des atomes de numéros atomiques :

a. 1 et 6 ; **b.** 1 et 15 ; **c.** 6 et 16.

33. ★★★ *Alcanes, isomères*
Un alcane est une molécule qui ne contient que des atomes d'hydrogène et de carbone, liés par des liaisons simples.

a. Donner la représentation de Lewis et la formule brute de la molécule d'alcane constituée d'un seul atome de carbone.

b. Même question pour les alcanes constitués de 2, 3 puis 4 atomes de carbone. Lorsqu'il y a plusieurs possibilités, représenter toutes les molécules isomères.

c. Trouver la formule brute d'un alcane qui comporte n atomes de carbone.

34. ★★★ *Comparaison d'espèces chimiques*
On considère trois espèces chimiques. Leurs températures d'ébullition sont : 36 °C, 25 °C et 9 °C.

a. Peut-il s'agir de la même espèce chimique ?

b. La formule brute C_5H_{12} peut-elle représenter les trois espèces chimiques ? Justifier la réponse.

35. ★★ *Représentation de Cram*

Dessiner la représentation de Cram de la molécule de propane C_3H_8 à partir du modèle moléculaire ci-contre.

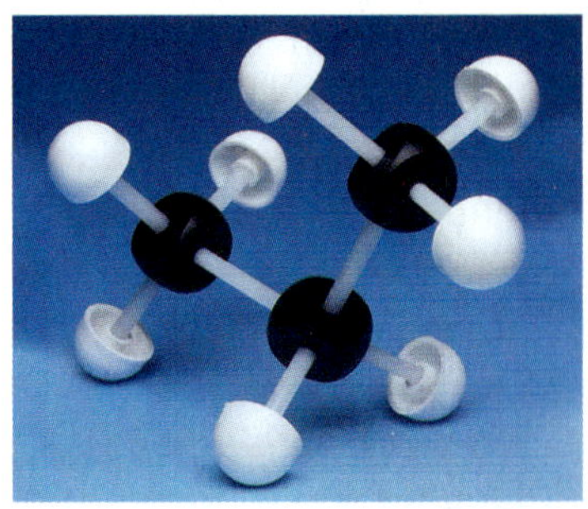

36. ★★★ *Géométrie d'une molécule*
En utilisant la photographie de l'exercice 27, justifier la géométrie de la molécule C_2H_6.

37. ★★★ *Fréons*
On considère les espèces chimiques formées à partir des atomes C, F, Cl ou H. On appelle fréon toutes celles qui contiennent au moins un atome C et un atome F.

a. Donner les formules brutes de tous les fréons contenant un unique atome C.

b. Pourquoi l'utilisation des fréons est-elle interdite depuis quelques années ?

LA CLASSIFICATION PÉRIODIQUE DES ÉLÉMENTS CHIMIQUES

5

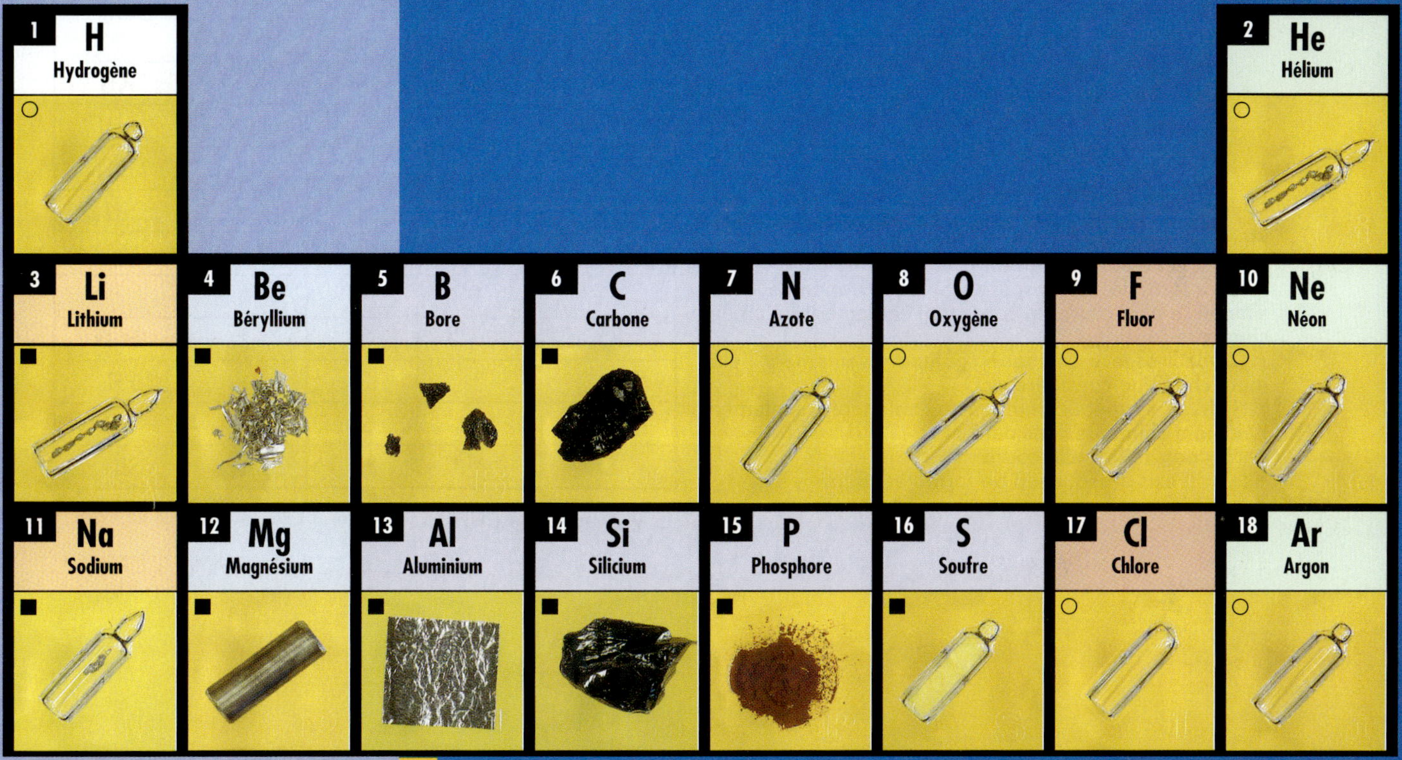

Décrire le monde chimique qui nous entoure avec la notion d'élément chimique fut l'œuvre de Lavoisier, et classer ces éléments chimiques fut, un siècle plus tard, celle de Mendéleïev (1869). L'illustration montre la classification périodique restreinte aux dix-huit premiers éléments chimiques. Dans chaque case, figure la photographie d'un échantillon du corps simple correspondant, en précisant s'il est gazeux ○ ou ■ solide dans les conditions habituelles.

OBJECTIFS

- Comprendre la structure de la classification périodique des éléments chimiques.
- Savoir utiliser la classification pour prévoir des analogies de propriétés chimiques entre corps simples ainsi que des formules d'ions et de molécules.

PLAN DU COURS

1 - Construction de la classification

2 - Les familles chimiques

1 Classer les éléments chimiques

Le **Doc. 1** donne des formules chimiques impliquant les 20 premiers éléments chimiques.
Seules les formules les plus fréquemment rencontrées sont mentionnées.

Sans consulter la classification périodique du rabat de couverture, proposer un regroupement des éléments chimiques en familles possédant le plus de points communs possibles.
Dans certaines familles, on pourra accepter quelques anomalies.

Élément	Ion	CS	Oxyde	Hydrure
Al	Al^{3+}	Al	Al_2O_3	AlH_3
Ar	*	Ar	*	*
B	*	B	B_2O_3	BH_3
Be	Be^{2+}	Be	BeO	BeH_2
C	*	C	CO_2	CH_4
Ca	Ca^{2+}	Ca	CaO	CaH_2
Cl	Cl^-	Cl_2	*	HCl
F	F^-	F_2	*	HF
H	H^+	H_2	H_2O	*
He	*	He	*	*
K	K^+	K	K_2O	KH
Li	Li^+	Li	Li_2O	LiH
Mg	Mg^{2+}	Mg	MgO	MgH_2
N	*	N_2	+	NH_3
Na	Na^+	Na	Na_2O	NaH
Ne	*	Ne	*	*
O	O^{2-}	O_2	*	H_2O
P	*	P_4	+	PH_3
S	S^{2-}	S_8	+	H_2S
Si	*	Si	SiO_2	SiH_4

Doc. 1. Quelques formules impliquant les 20 premiers éléments chimiques.
- Ion = ion monoatomique.
- CS = formule de l'espèce chimique (appelée corps simple) la plus courante contenant seulement l'élément chimique considéré.
- Oxyde = espèce chimique contenant seulement l'élément chimique considéré et O.
- Hydrure = espèce chimique contenant seulement l'élément chimique considéré et H.
- (*) = pas de formule courante.
- (+) = il existe beaucoup de formules courantes.

Voir exercice 10

2 Classer les atomes selon leur rayon

Le schéma ci-dessous représente les 18 premiers atomes. Ils sont ordonnés par numéro atomique croissant. L'échelle des rayons atomiques a été respectée.

a. Si les sphères représentées ci-dessous étaient disposées dans les cases correspondantes d'une classification périodique, que remarquerait-on ?
b. Si la série ci-dessous était prolongée, quelle taille pourrait-on prévoir pour la sphère suivante ?

On considère des espèces chimiques appelées corps simples, constituées d'un seul type d'atomes.

Pour celles que l'on trouve habituellement à l'état solide, comme le carbone C, les atomes sont au contact les uns des autres.

c. Prévoir comment évolue la densité de telles espèces chimiques dans la classification.
d. Pourquoi la question précédente ne concerne-t-elle pas les éléments chimiques situés à l'extrême droite de la classification périodique ?

Voir exercices 16 et 17

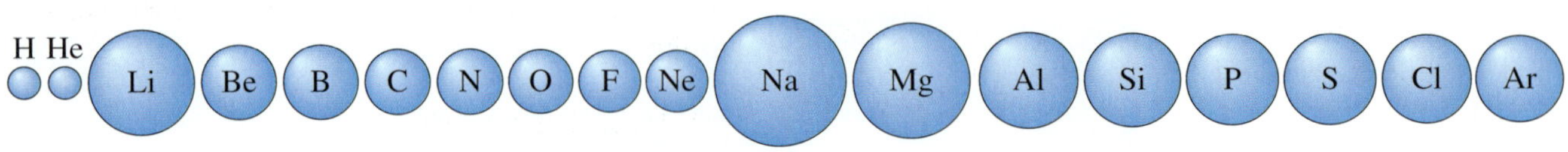

3 TP Quelques propriétés d'une famille chimique

Objectifs

- Montrer des analogies de propriétés chimiques au sein d'une même famille de la classification
- Établir les fiches d'identités des éléments chimiques de cette famille

Attention, les dihalogènes manipulés dans cette activité sont des espèces chimiques nocives.

Note. Le modèle de fiche d'identité d'un élément chimique se trouve dans le rabat de couverture.

1. Une famille chimique : les halogènes

a. Chercher, dans la classification périodique du rabat de couverture, la place des éléments chimiques : chlore, brome et iode.
b. Ces éléments chimiques, qui sont tous dans une même colonne, appartiennent à la même famille chimique : la famille des halogènes. Quel est l'élément chimique de plus petit numéro atomique de la famille ?
c. En utilisant la classification périodique, commencer à remplir les fiches d'identités des éléments fluor, chlore, brome et iode.

2. Ions halogénures

- Préparer trois tubes à essais.

Verser 2 mL de solution de chlorure de potassium dans le tube n° 1.
Verser 2 mL de solution de bromure de potassium dans le tube n° 2.
Verser 2 mL de solution d'iodure de potassium dans le tube n° 3.

- Ajouter, dans chaque tube, quelques gouttes d'une solution de nitrate d'argent ($Ag^+ + NO_3^-$).
- Observer, puis schématiser les expériences.

a. Dans le premier tube, le précipité qui s'est formé est du chlorure d'argent de formule AgCl. C'est un solide ionique constitué d'ions chlorure et d'ions argent. Rappeler la formule des ions chlorure.
b. Par analogie avec le tube n° 1, trouver les noms et formules des précipités obtenus dans les tubes n° 2 et n° 3.
c. En déduire les formules des ions bromure et iodure et les indiquer sur les fiches d'identités des éléments chimiques correspondants.

3. Réaction avec les ions Fe^{2+}

Test de caractérisation des ions Fe^{2+} et Fe^{3+}
Pour savoir si une solution contient des ions $\mathbf{Fe^{2+}}$ ou $\mathbf{Fe^{3+}}$, on y ajoute quelques gouttes d'une solution d'hydroxyde de sodium $Na^+ + HO^-$.
La formation d'un précipité vert indique la présence d'ions $\mathbf{Fe^{2+}}$ (**Doc. 1.a**).
La formation d'un précipité orangé indique la présence d'ions $\mathbf{Fe^{3+}}$ (**Doc. 1.b**).

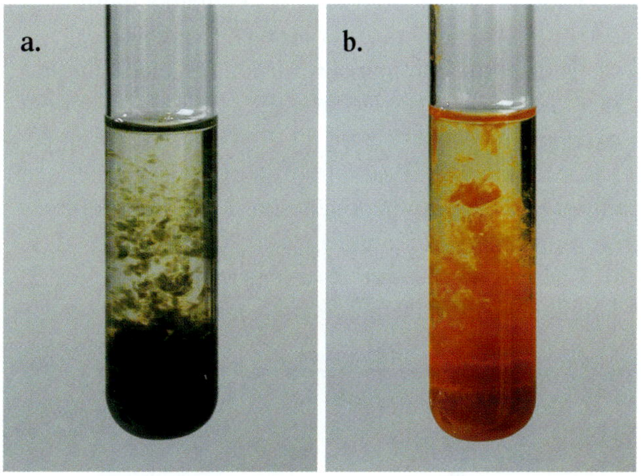

Doc. 1. Caractérisation des ions Fe^{2+} (**a**) et Fe^{3+} (**b**).

- Dans un tube à essais contenant 2 mL d'une solution de sulfate de fer ($Fe^{2+} + SO_4^{2-}$), ajouter 2 mL d'une solution de dichlore. Observer.

a. Caractériser les ions fer présents dans le mélange obtenu. Que peut-on en déduire ?
b. Proposer et réaliser deux expériences permettant de savoir si l'on peut établir une analogie entre les réactions des différents halogènes avec les ions Fe^{2+}.

4. Données complémentaires

Compléter les fiches d'identité des halogènes en cherchant les renseignements manquants dans le cédérom.

Voir exercices 15 et 29

4 Exploration du simulateur *classification périodique*

Objectif

- Utiliser un outil multimédia pour découvrir la classification périodique et son intérêt

1. Familles d'éléments chimiques

a. Ouvrir le simulateur *classification périodique* du cédérom. Cliquer sur le bouton « familles ». Certaines familles ont été colorées. En déduire une définition de la notion de famille d'éléments chimiques.
b. Cliquer dans la case He. Noter la structure électronique de l'atome d'hélium (en bas à gauche).
c. En cliquant sur ⬇ (**Doc. 1**), on affiche la carte de l'élément chimique placé en dessous dans la même colonne. C'est le néon. Relever la structure électronique de l'atome correspondant.
d. Faire de même pour tous les éléments chimiques de cette colonne appelée colonne des gaz nobles.
e. Quel point commun les structures électroniques des gaz nobles possèdent-elles, celle de l'hélium exceptée ?
f. La famille des alcalino-terreux contient l'élément chimique magnésium. Quels sont les autres éléments chimiques de cette famille ?
g. Chercher la structure électronique des atomes de la famille des alcalino-terreux et trouver leur point commun.

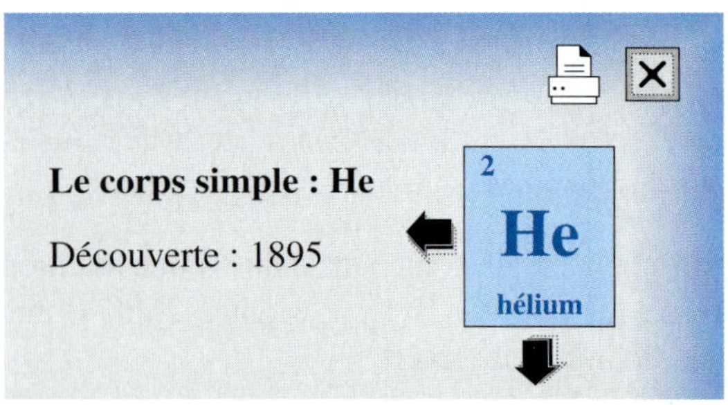

Doc. 1.

2. Évolution de la structure électronique dans une ligne

a. Trouver l'élément chimique sodium dans la classification périodique et noter la structure électronique de l'atome correspondant.
b. Trouver la structure électronique des atomes correspondant aux éléments chimiques qui figurent à droite du sodium.
c. Proposer une règle par l'évolution de la structure électronique dans une ligne de la classification périodique, puis la vérifier avec une autre ligne.

3. Les métaux

a. Parmi les noms des éléments chimiques, repérer ceux qui correspondent avec certitude à des métaux, compte tenu des connaissances apprises en chimie et dans la vie quotidienne.
b. Repérer de même ceux qui ne correspondent pas à des métaux.
c. Cliquer sur la case de l'élément chimique potassium. La carte affichée indique que c'est un métal.
En cliquant sur la flèche ➡, faire défiler les cartes des éléments chimiques placés à droite de l'élément potassium. Lesquels correspondent à des métaux ?
d. Faire de même à partir des éléments chimiques sodium et lithium.
e. En déduire une règle sur la position des métaux dans la classification périodique.
f. Cliquer sur le bouton « métaux » pour vérifier cette règle.

4. Masse et numéro atomique

Les valeurs des masses des atomes, de l'ordre de 10^{-26} kg, ne sont pas des nombres commodes à manipuler. La classification périodique fait intervenir, pour chaque élément chimique, un nombre appelée **masse molaire** (exprimée en $g \cdot mol^{-1}$). Celle-ci, définie au chapitre suivant, était connue sous le terme de « masse équivalente » par Mendeleïev.

a. Suivre l'évolution de la masse molaire et en déduire la règle – que nous appellerons « règle de la masse équivalente » – que Mendeleïev a respectée pour ordonner les éléments chimiques.
b. Bien que cette règle ait été utilisée par Mendeleïev en 1869 pour établir sa classification, elle n'est en fait pas correcte. Trouver trois exceptions à cette règle.
c. La notion de numéro atomique permet d'ordonner les éléments chimiques. Rappeler ce qu'on appelle numéro atomique.
Vérifier que même pour les exceptions à la « règle de la masse équivalente », le numéro atomique est bien croissant dans la ligne.

Voir exercice 31

1 Construction de la classification

1.1. Approche historique : origine de la classification périodique

À la fin du XVIIIe siècle, Lavoisier recensait une trentaine de corps simples, c'est-à-dire des espèces chimiques ne contenant qu'un seul élément chimique. Les nombreuses découvertes du XIXe siècle ont doublé le nombre d'éléments chimiques connus.
Le besoin d'une classification s'est alors manifesté. La difficulté était de trouver selon quel critère classer les éléments chimiques : par ordre alphabétique ? par ordre de découverte ?
Parmi les nombreuses propositions, celle de Mendeleïev s'est imposée dès 1869.
Il réalisa un tableau dans lequel il rangea les 63 éléments alors connus, par masse atomique croissante en regroupant, dans une même ligne, les corps simples ayant des propriétés chimiques voisines.
La photographie ci-dessous (**Doc. 1**) montre la classification périodique telle que Mendeleïev l'avait écrite en 1869.

Corps simple : espèce chimique contenant un seul élément chimique.
Exemple : dioxygène O_2.

Voir activité 1

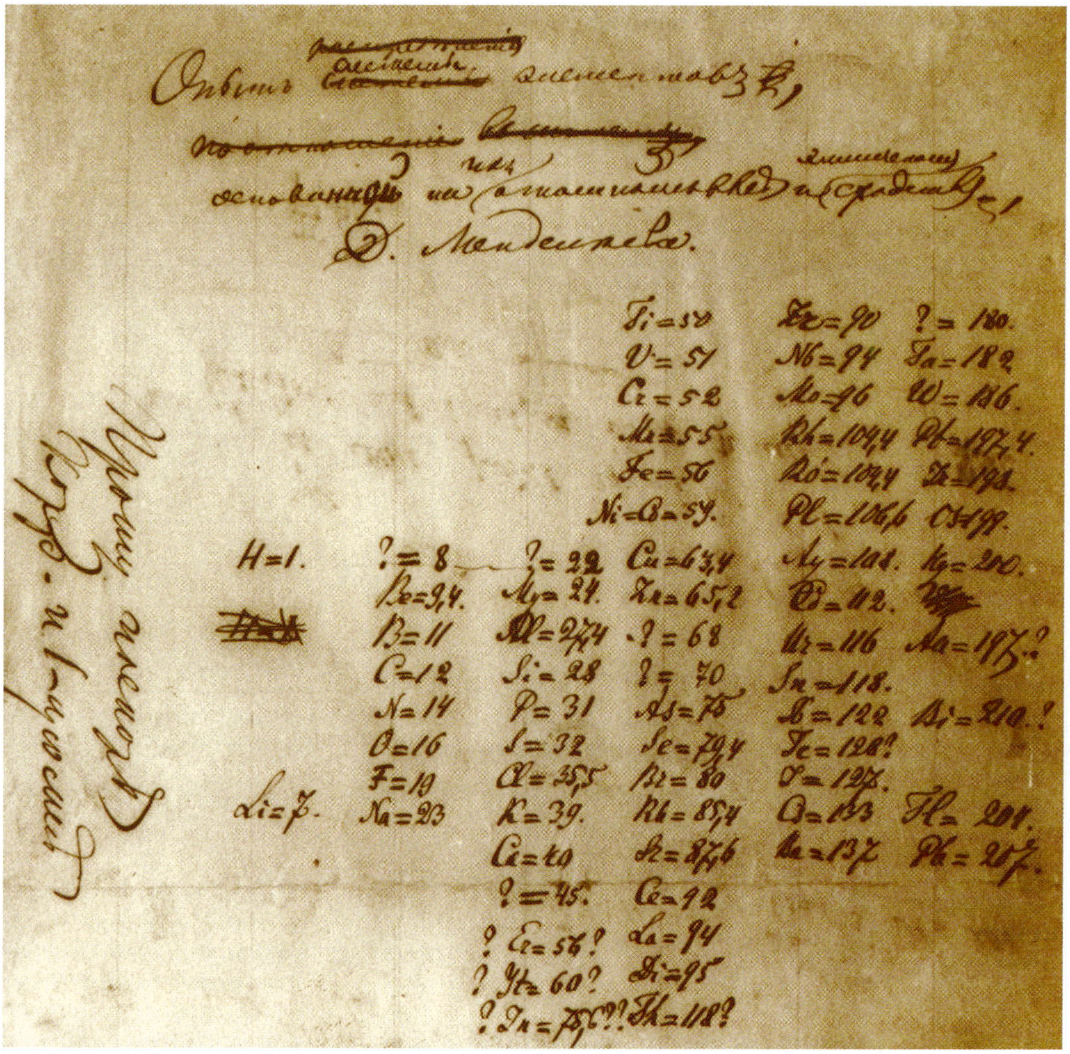

Doc. 1. Classification périodique de Mendeleïev (1869).

Le tableau obtenu comportait des cases vides, et Mendeleïev, dans son génie, prédit l'existence de corps simples non encore découverts à l'époque et qui devaient correspondre à ces cases. Il alla même jusqu'à leur donner un nom, une masse et à décrire quelques-unes de leurs propriétés physiques et chimiques.
Ses prévisions s'avérèrent exactes puisque, quelques années plus tard, trois corps simples (le gallium, le scandium et le germanium) furent successivement découverts ; ces corps simples avaient bien les propriétés correspondant à celles annoncées.
Le succès de la classification de Mendeleïev était donc lié au fait qu'elle prenait en compte les faits expérimentaux de l'époque tout en permettant des prédictions importantes.
Le tableau périodique que nous utilisons aujourd'hui ressemble beaucoup à celui de Mendeleïev. Cependant, la classification actuelle est présentée par numéro atomique (nombre de protons) croissant et non plus par masse atomique croissante.

En 1869, Mendeleïev ne connaissait des atomes que leurs masses. C'est en 1913 seulement que des numéros atomiques leur furent attribués.

1.2. Critères actuels de la classification

Il existe aujourd'hui une classification officielle dont le principe de construction est le suivant :

- **Les éléments sont classés par numéro atomique Z croissant.**
- **Les éléments dont les atomes ont le même nombre d'électrons sur leur couche externe sont regroupés dans une même colonne.**
- **Une nouvelle ligne est commencée chaque fois qu'intervient une nouvelle couche électronique.**

En appliquant ces règles de construction aux dix-huit premiers éléments chimiques, on obtient la classification restreinte du **Doc. 2**. Les premiers atomes et leurs structures électroniques sont rappelés dans le tableau du **Doc. 3**.

H $Z = 1$ $(K)^1$							**He** $Z = 2$ $(K)^2$
Li $Z = 3$ $(L)^1$	**Be** $Z = 4$ $(L)^2$	**B** $Z = 5$ $(L)^3$	**C** $Z = 6$ $(L)^4$	**N** $Z = 7$ $(L)^5$	**O** $Z = 8$ $(L)^6$	**F** $Z = 9$ $(L)^7$	**Ne** $Z = 10$ $(L)^8$
Na $Z = 11$ $(M)^1$	**Mg** $Z = 12$ $(M)^2$	**Al** $Z = 13$ $(M)^3$	**Si** $Z = 14$ $(M)^4$	**P** $Z = 15$ $(M)^5$	**S** $Z = 16$ $(M)^6$	**Cl** $Z = 17$ $(M)^7$	**Ar** $Z = 18$ $(M)^8$

Doc. 2. Classification périodique restreinte aux dix-huit premiers éléments chimiques. Pour chaque élément chimique, le numéro atomique Z et la structure électronique externe des atomes correspondants sont précisés.

Atome	Z	Structure électronique
H	1	$(K)^1$
He	2	$(K)^2$
Li	3	$(K)^2(L)^1$
Be	4	$(K)^2(L)^2$
B	5	$(K)^2(L)^3$
C	6	$(K)^2(L)^4$
N	7	$(K)^2(L)^5$
O	8	$(K)^2(L)^6$
F	9	$(K)^2(L)^7$
Ne	10	$(K)^2(L)^8$
Na	11	$(K)^2(L)^8(M)^1$
Mg	12	$(K)^2(L)^8(M)^2$
Al	13	$(K)^2(L)^8(M)^3$
Si	14	$(K)^2(L)^8(M)^4$
P	15	$(K)^2(L)^8(M)^5$
S	16	$(K)^2(L)^8(M)^6$
Cl	17	$(K)^2(L)^8(M)^7$
Ar	18	$(K)^2(L)^8(M)^8$

Doc. 3. Liste des premiers atomes avec leur structure électronique. La couche électronique externe est indiquée en rouge.

Voir activité 4

Remarques

- L'atome d'hélium He a le même nombre d'électrons périphériques que l'atome de béryllium Be. Il est cependant placé au-dessus du néon et de l'argon car, tout comme ces atomes de gaz nobles, il ne se trouve jamais au sein d'une molécule.
- Lorsque Z est supérieur à 18, le classement des éléments chimiques fait intervenir des critères en plus de ceux énoncés ci-dessus.

1.3. La classification complète des éléments chimiques

La classification complète des éléments chimiques se construit selon un principe analogue à celui de la classification restreinte (voir le rabat de couverture). Chaque case du tableau représente un élément chimique qui est caractérisé par son numéro atomique Z.

La différence principale est liée à la forme du tableau. Un **bloc** d'éléments chimiques est intercalé entre la 2e et la 3e colonne de la classification restreinte. La présence de ce bloc, appelé bloc des éléments chimiques de transition, ne peut pas se comprendre avec les connaissances de la classe de seconde. Cependant, les théories modernes sur l'atome en apportent l'explication. Ces théories permettent également d'expliquer la présence d'un autre bloc d'éléments chimiques : ceux de numéro atomique compris entre 58 et 71 et ceux de numéro atomique compris entre 90 et 103.

Par convention, la numérotation des colonnes se fait de 1 à 18. La 1re colonne est celle qui se trouve le plus à gauche (colonne de l'hydrogène) ; la 18e colonne est située complètement à droite (colonne des gaz nobles).

Chaque colonne de la classification est appelée *famille chimique*. Chaque ligne est appelée *période*.

Nous verrons l'intérêt de ces regroupements, par familles, dans la partie **2** et, par périodes, au paragraphe suivant.

1.4. Numéros des périodes

Chaque ligne de la classification périodique constitue une période. Les périodes sont numérotées de 1 à 7. Elles ne comportent pas toutes le même nombre d'éléments chimiques.

Exemples

- La 1re période comporte 2 éléments chimiques.
- Les 2e et 3e périodes comportent 8 éléments chimiques.
- Les 4e et 5e périodes comportent 18 éléments chimiques.

C'est pour cette raison que la présentation la plus courante de la classification utilise un tableau à 18 colonnes.

Le **Doc. 1**, présenté comme la première classification périodique, n'est en fait qu'une ébauche rapidement écrite par Mendeleïev (**Doc. 4**). Les éléments chimiques disposés verticalement correspondent à une période, c'est-à-dire à une ligne horizontale de la classification périodique moderne. La publication officielle qu'il proposa de la classification périodique, quelques années plus tard, est notablement différente ; par exemple, les périodes sont définitivement disposées sur les lignes horizontales. Bien que l'on constate que l'idée de période de longueur croissante semble déjà présente dans cette ébauche, Mendeleïev se ravise et, dans sa publication officielle, il propose les deux premières périodes (hormis l'hydrogène) de longueur 7, puis il alterne des périodes de longueur 7 et de longueur 10. L'adoption de périodes de longueur 18, que l'on trouve dans la classification périodique moderne, ne viendra qu'un siècle plus tard.

➤ **Voir exercices 9, 12, 17 et 18**

Doc. 4. Dimitri Ivanovitch Mendeleïev (1834-1907), chimiste russe.

2 Les familles chimiques

Chaque colonne de la classification périodique constitue une famille chimique. Ce regroupement est intéressant car il permet de prévoir des réactions chimiques, mais aussi la charge des ions monoatomiques ou le nombre de liaisons covalentes établies par un atome dans une molécule.

Voir activité 3

2.1. Noms des familles

Certaines familles ont un nom qu'il faut connaître :
– la première famille est la famille des **alcalins** ;
– la deuxième famille est celle des **alcalino-terreux** ;
– la 17e famille est celle des **halogènes** (**Doc. 5**) ;
– la 18e famille est celle des **gaz nobles** (ou des gaz rares).

Mendeleïev ne connaissait l'existence d'aucun des gaz nobles et n'a pas prédit leur existence.
Les familles qui n'ont pas de nom particulier portent le nom de l'élément chimique situé en tête de colonne (famille du fer, famille du carbone, etc.).

Le terme de *famille* s'applique soit aux éléments chimiques d'une colonne donnée, soit aux atomes qui correspondent à ces éléments, soit aux corps simples dans lesquels ces éléments sont présents.

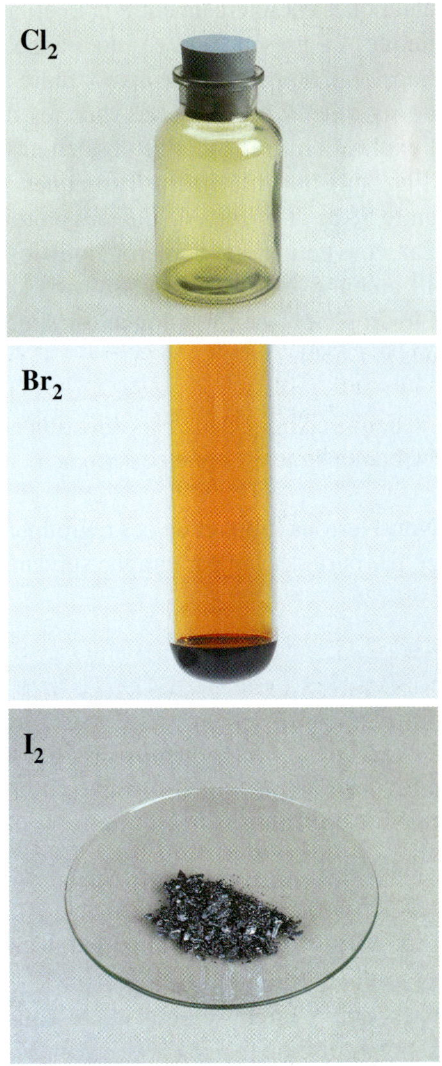

Doc. 5. Famille des halogènes : corps simples correspondant aux éléments chimiques Cl, Br, I.

2.2. Analogies de propriétés chimiques entre corps simples

Les corps simples d'une même famille réagissent chimiquement de manière analogue.
Par exemple, tous les corps simples de la première colonne réagissent avec l'eau. On dit que c'est une propriété des alcalins (**Doc. 6**).

Élément chimique	Li	Na	K
Formule du corps simple	Li	Na	K
Réaction avec H_2O	oui	oui	oui
Produits de la réaction	dihydrogène H_2 ions hydroxyde HO^- ions lithium Li^+	dihydrogène H_2 ions hydroxyde HO^- ions sodium Na^+	dihydrogène H_2 ions hydroxyde HO^- ions potassium K^+

Doc. 6. Analyse des points communs entre les alcalins, relativement à leur réaction avec l'eau.

Il existe des analogies de propriétés chimiques dans une même famille : les éléments chimiques d'une même colonne sont impliqués dans des réactions chimiques similaires.

Les molécules HF, HCl, HBr et HI sont impliquées dans des réactions chimiques similaires parce que les éléments chimiques F, Cl, Br et I sont dans la même colonne de la classification périodique.

Tous les alcalins réagissent avec l'eau (**Doc. 6**).
Les produits obtenus sont toujours du dihydrogène, des ions hydroxyde et le cation monoatomique alcalin : on parle alors de « réactions chimiques similaires ».

2.3. Charge des ions monoatomiques d'une même famille

Voir activité 5

Tous les atomes d'une même famille (dans la classification restreinte) ont la même structure électronique externe. Les ions monoatomiques correspondants ont donc tous la même charge électrique. En effet, la charge d'un ion monoatomique est déterminée par la structure électronique externe de l'atome correspondant puisque cet ion doit vérifier la règle de l'octet ou du duet (voir chapitre 4).

Dans la classification restreinte (Z :: 18), les ions monoatomiques correspondant à des éléments chimiques d'une même famille ont tous la même charge.
Ce résultat reste vrai pour les ions de numéro atomique plus élevé dont les éléments chimiques sont dans les colonnes 1, 2, 16 et 17.

Exemples (**Doc. 7**)

• Les ions monoatomiques provenant d'éléments chimiques de la première colonne ont tous une charge $+e$, comme H^+, Li^+ et Na^+.

• Les ions monoatomiques provenant d'éléments chimiques de la deuxième colonne ont tous une charge $+2e$, comme les cations Be^{2+}, Mg^{2+} et Ca^{2+}.

➤ Voir exercice 19

Éléments chimiques		Ions monoatomiques
	H	H^+
1re colonne	Li	Li^+
	Na	Na^+
	Be	Be^{2+}
2e colonne	Mg	Mg^{2+}
	Ca	Ca^{2+}
16e colonne	O	O^{2-}
	S	S^{2-}
	F	F^-
17e colonne	Cl	Cl^-
	Br	Br^-

Doc. 7. Formules des ions monoatomiques de certaines familles.

2.4. Les molécules

Au sein d'une molécule, les atomes de carbone établissent toujours quatre liaisons. Les atomes d'azote en établissent trois, les atomes d'oxygène, deux, et les atomes de chlore, une.
En fait, le nombre de liaisons qu'établit un atome donné dans une molécule quelconque ne dépend que de sa structure électronique externe. En effet, chaque atome d'une molécule doit vérifier la règle du duet ou de l'octet, et, pour cela, il engage donc toujours le même nombre de liaisons.

La structure électronique externe étant la même pour tous les atomes d'une famille, le nombre de liaisons établies dans une molécule sera également le même pour tous les atomes de la famille.

Comme les atomes d'une même famille engagent le même nombre de liaisons (**Doc. 8**), on les retrouve dans des molécules similaires. Les formules de ces molécules présentent alors de grandes ressemblances.

Exemples

• Les halogènes apparaissent dans les formules HF, HCl, HBr, etc.

• Les atomes de la famille de l'oxygène apparaissent dans les formules H_2O, H_2S.

• Pour la famille de l'azote, on a NH_3, PH_3, etc.

Famille	Nombre de liaisons
du carbone	4
de l'azote	3
de l'oxygène	2
des halogènes	1

Doc. 8. Nombre de liaisons établies dans une molécule par les atomes d'une famille. On convient ici qu'une double liaison compte pour deux liaisons.

Lorsqu'une molécule contient le premier atome d'une famille, la plupart des molécules, obtenues en remplaçant cet atome par un autre atome de la même famille, existent aussi.

➤ Voir exercices 24, 27, 33 et 34

essentiel

Classification périodique restreinte

- **Les travaux du savant russe Mendeleïev (1834-1907) sont à l'origine de la classification périodique moderne des éléments chimiques. La classification périodique restreinte concerne les 18 premiers éléments chimiques.**

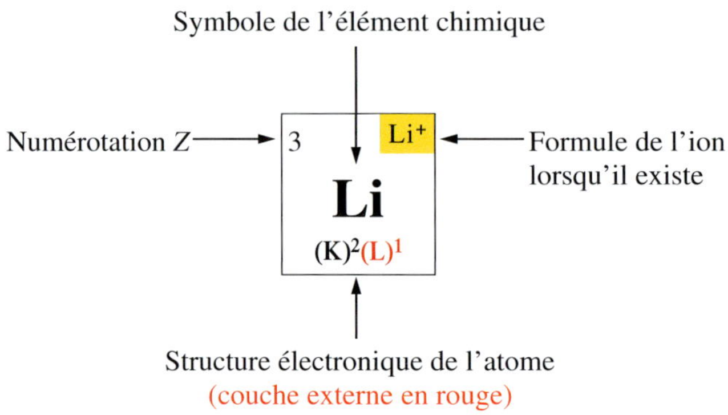

	Alcalins (excepté H)	Alcalino-terreux	Famille du bore	Famille du carbone	Famille de l'azote	Famille de l'oxygène	Famille des halogènes	Gaz nobles
1re période	1 **H** H^+ $(K)^1$							2 **He** $(K)^2$
2e période	3 **Li** Li^+ $(K)^2(L)^1$	4 **Be** Be^{2+} $(K)^2(L)^2$	5 **B** $(K)^2(L)^3$	6 **C** $(K)^2(L)^4$	7 **N** $(K)^2(L)^5$	8 **O** O^{2-} $(K)^2(L)^6$	9 **F** F^- $(K)^2(L)^7$	10 **Ne** $(K)^2(L)^8$
3e période	11 **Na** Na^+ $(K)^2(L)^8(M)^1$	12 **Mg** Mg^{2+} $(K)^2(L)^8(M)^2$	13 **Al** Al^{3+} $(K)^2(L)^8(M)^3$	14 **Si** $(K)^2(L)^8(M)^4$	15 **P** $(K)^2(L)^8(M)^5$	16 **S** S^{2-} $(K)^2(L)^8(M)^6$	17 **Cl** Cl^- $(K)^2(L)^8(M)^7$	18 **Ar** $(K)^2(L)^8(M)^8$

- **Les éléments chimiques sont classés par numéro atomique *Z* croissant.**
- **Une nouvelle ligne est commencée chaque fois qu'intervient une nouvelle couche électronique.**
- **Les éléments chimiques dont les atomes ont le même nombre d'électrons sur leur couche externe sont regroupés dans une même colonne. Ils forment une famille chimique et sont impliqués dans des réactions chimiques similaires.**

La classification complète est donnée dans le rabat de couverture.

5 TP Interprétation et prévision de données expérimentales

Objectifs

- Appliquer la loi de conservation des éléments chimiques
- Analyser ou prévoir des réactions chimiques en utilisant la classification périodique des éléments chimiques

Note. Pour savoir si une solution contient des ions hydroxyde HO^-, on y ajoute quelques gouttes de phénolphtaléine (incolore). Le test est positif si, dans le mélange, une coloration rose apparaît (**Doc. 1**).

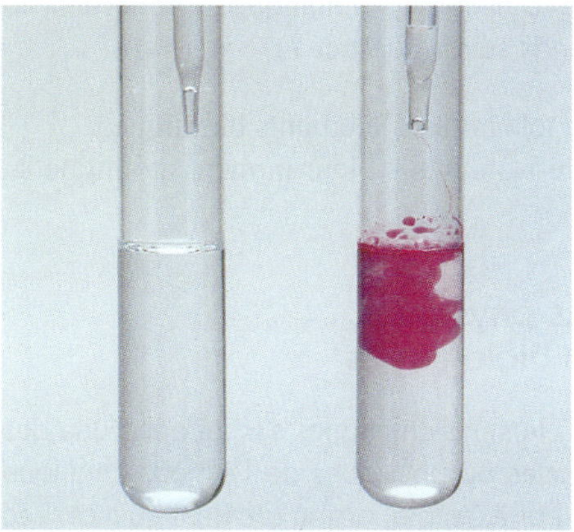

Doc. 1. Addition de quelques gouttes de phénolphtaléine à une solution contenant des ions HO^-.

1. Réaction du calcium métallique Ca avec l'eau H_2O

- Remplir aux trois quarts un tube à essais avec de l'eau du robinet.
- Introduire une quantité minuscule (environ 4 mg) de calcium métallique. Observer ce qui se passe. Noter les observations.
- Quand la réaction est terminée, boucher le tube et homogénéiser, puis rajouter quelques gouttes de phénolphtaléine.

a. Quels sont les réactifs de cette transformation chimique ?
b. Quels sont les éléments chimiques présents dans ces réactifs ?
c. En ce qui concerne les produits :
– que peut-on déduire du résultat du test à la phénolphtaléine ?
– si l'on fait l'hypothèse que le gaz produit est du dihydrogène H_2, proposer une expérience qui permette de confirmer cette hypothèse.

- Réaliser cette expérience et conclure.

d. Deux produits de la réaction viennent d'être caractérisés ; quels éléments chimiques sont présents dans ces produits ? La loi de conservation est-elle vérifiée si l'on considère seulement ces deux produits ? Justifier la réponse.
e. Dans la solution, après la réaction, il y a forcément des cations. De quel résultat précédent peut-on déduire cette affirmation ?
Justifier la réponse.
f. Dans ces cations, seul l'élément chimique manquant est présent. Déterminer leur formule à partir de la classification périodique des éléments chimiques.
g. Récapituler, dans le tableau ci-dessous, les réactifs et les produits de la réaction étudiée ainsi que les éléments chimiques correspondants.

	Réactifs	Produits
Nom et formule		
Éléments chimiques présents (nom et symbole)		

h. Traduire par une phrase la réaction chimique qui vient d'être étudiée.

2. Réaction du magnésium métallique Mg avec l'eau H_2O

a. Chercher la position de l'élément chimique magnésium dans le tableau périodique. Prédire ce qui se passe quand on met du magnésium métallique dans l'eau.

- Dans un tube à essais, mettre 3 mL d'eau et quelques gouttes de phénolphtaléine ; homogénéiser.
- Ajouter ensuite quelques petits morceaux de magnésium métallique.

Observer tout en agitant de temps en temps.

b. Que peut-on conclure ?

Voir cours 2.3 ; exercice 36

6 DOCUMENT Origine des noms des éléments chimiques

1. Les noms de l'Antiquité

L'origine de certains noms d'éléments chimiques remonte à l'Antiquité. Les espèces chimiques soufre, mercure, carbone, par exemple, étaient connues des civilisations anciennes.

a. Retrouver dans la classification périodique des éléments chimiques du rabat de couverture les symboles des éléments chimiques soufre et carbone.
b. Le symbole de l'élément chimique mercure est Hg. Ce sont les initiales de *hydro-agiros* ce qui signifie en grec « comme l'eau et comme l'argent ».
Justifier cette métaphore.

2. Symboles et noms chimiques

Les symboles de nombreux éléments chimiques sont constitués de la première lettre ou des deux premières lettres du nom de l'élément.

a. Pour les numéros atomiques Z inférieurs à 18, quels sont les éléments chimiques dont le symbole est constitué de la première lettre du nom ? et des deux premières lettres du nom ?
b. Chercher les symboles des éléments chimiques carbone, calcium, chlore et cuivre qui commencent par la même lettre.
Comment les symboles les distinguent-ils ?
c. Chercher le nom que les Romains utilisaient pour désigner l'or et comparer avec le symbole de l'élément chimique correspondant.

3. Origine géographique

Le nom de certains éléments chimiques dérive parfois de noms géographiques.

a. Trouver deux noms d'éléments chimiques qui dérivent de noms de continents.
b. Trouver au moins trois noms d'éléments chimiques qui dérivent de noms de pays.
c. Trouver des noms d'éléments chimiques qui dérivent d'autres types de noms géographiques.

Les corps célestes qui portent souvent le nom de divinités n'ont pas été oubliés dans la dénomination des éléments chimiques. Certains éléments chimiques évoquent notre étoile, des planètes, voire des satellites. La relation est parfois évidente, comme pour l'uranium, et parfois ne l'est pas, comme pour le sélénium.

d. D'où provient le nom de l'élément chimique hélium ?
e. Quelle est la relation entre les noms sélénium et tellure et des astres qui nous sont proches ?

4. Nom de grands savants

Certains noms d'éléments chimiques honorent la mémoire de grands savants (**Doc. 1**).

a. Chercher de tels noms d'éléments chimiques.
b. Que constate-t-on quant à leur numéro atomique ?

5. Propriétés physiques, chimiques ou biologiques

Certains noms d'éléments chimiques s'inspirent d'une des propriétés chimiques ou physiques de l'espèce chimique correspondante. Par exemple, argon provient du mot grec *argos* signifiant « inactif ». L'argon est en effet une espèce chimique qui ne donne pas de réaction chimique.

a. Les espèces chimiques contenant l'élément chimique chrome sont souvent colorées. Quelle relation y a-t-il avec le nom de l'élément chimique ?
b. L'étymologie du nom azote est : *a* = préfixe privatif et *zoe* = vie. Cette étymologie est en lien avec l'espèce chimique diazote N_2. À votre avis, pourquoi ?
c. Le nom chlore provient du mot grec *chloros* qui veut dire vert. Quel est le rapport avec cet élément chimique ?

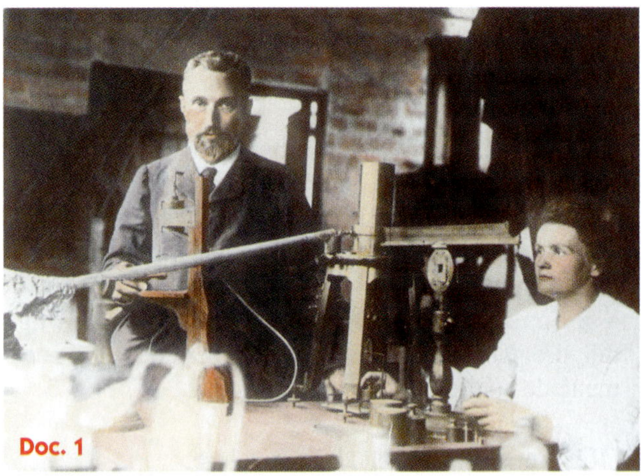

Doc. 1

Exercice résolu

Formules de molécules issues d'une même famille

Énoncé

a. Quelle est la position de l'élément chimique fluor dans la classification périodique ? En déduire la charge et la formule de l'ion monoatomique fluorure.

b. Comment appelle-t-on la famille du fluor ? Donner les noms, symboles et numéros atomiques de tous les éléments chimiques de cette famille.

c. En déduire la charge et la formule de l'ion monoatomique iodure.

d. L'élément chimique fluor est présent dans des molécules appelées fréons, comme CF_3H, CF_2H_2, CF_4. À partir de ces trois exemples de molécules, indiquer, parmi les molécules CI_3H, CI_5, CI_2H contenant l'élément chimique iode, celles qui sont susceptibles d'exister.

e. Même question pour la molécule CF_2IH.

f. Représenter la molécule CF_3H en précisant l'organisation dans l'espace des atomes qui la constituent.

Conseils

a. Préciser la période et la colonne.
La charge d'un ion monoatomique dépend de la colonne dans laquelle est situé l'élément chimique.

c. L'ion iodure correspond à l'élément chimique iode.

d. Utiliser la règle du paragraphe 2.4 du cours.

e. Utiliser la même règle que pour la question d en ne remplaçant que certains atomes de fluor.

f. Faire la représentation de Cram de la molécule qui a la même structure que la molécule CH_4.

Résolution

a. L'élément chimique fluor F se trouve dans la 2e période et la 17e colonne. Les ions monoatomiques correspondant à des éléments chimiques de la 17e colonne possèdent une charge $-e$. L'ion fluorure possède donc une charge $-e$. Sa formule est F^-.

b. Il s'agit de la famille des halogènes. Elle comporte le fluor (F, $Z = 9$), le chlore (Cl, $Z = 17$), le brome (Br, $Z = 35$), l'iode (I, $Z = 35$) et l'astate (At, $Z = 85$).

Attention. Les éléments chimiques ytterbium (Yb) et nobélium (No) ne font pas partie de cette famille.

c. L'iode appartenant à la famille des halogènes, l'ion iodure, comme l'ion fluorure, porte une charge $-e$ et sa formule est I^-.

d. On sait que la plupart des molécules obtenues à partir des formules CF_3H, CF_2H_2, CF_4 existent aussi lorsqu'on remplace F par un autre atome de la famille des halogènes. Avec I, on obtient : CI_3H, CI_2H_2, CI_4.
La molécule CI_3H est donc susceptible d'exister, alors que CI_5 et CI_2H n'existent probablement pas.

e. La molécule CF_2IH s'obtient à partir de la molécule CF_3H dans laquelle on a remplacé un seul atome de fluor (sur les trois présents) par un atome d'iode. La règle utilisée en **d** n'exclut pas cette possibilité et donc la molécule existe probablement aussi.

f. La représentation de Cram de la molécule CF_3H est la suivante :

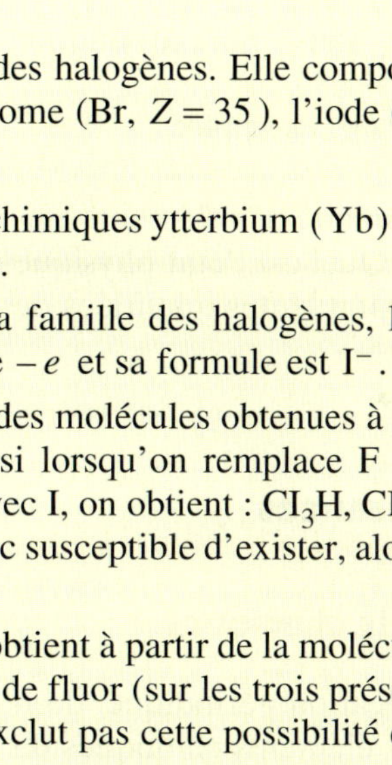

Exercices

De nombreux exercices de ce chapitre doivent être faits en utilisant la classification périodique des éléments chimiques située dans le rabat de couverture.

Tester ses connaissances

● **1.** Quel est le savant qui est à l'origine de la classification périodique ?

● **2.** Quelles sont les règles de construction de la classification périodique ?

● **3.** Comment appelle-t-on une colonne du tableau périodique ? une ligne ?

● **4.** Combien de colonnes comporte la classification complète ?

● **5.** Donner les noms des 1re, 2e, 17e et 18e colonnes de la classification périodique.

● **6.** Que peut-on dire des ions monoatomiques d'une même famille (pour $Z \leqslant 18$) ?
Justifier la réponse et donner des exemples.

● **7.** Quel est le numéro atomique des éléments chimiques azote, brome et fer ? Quel est l'état physique des espèces chimiques correspondantes qualifiées de corps simples ?

Appliquer ses connaissances

Classification des éléments chimiques

● **8.** ✶ À l'aide de la classification périodique, donner le symbole et le nom des éléments chimiques de numéros atomiques suivants :
- $Z = 33$
- $Z = 63$
- $Z = 79$
- $Z = 86$
- $Z = 92$.

● **9.** ✶ **a.** Quel est l'élément chimique situé dans la 12e colonne et la 6e ligne de la classification périodique ? Donner son symbole, son nom et son numéro atomique.

b. Quel est l'état physique du corps simple correspondant (dans les conditions normales de température et de pression) ?

● **10.** ✶ **a.** Rappeler les règles de construction de la classification périodique.

b. En appliquant ces règles, retrouver la classification restreinte aux 18 premiers éléments chimiques dont les numéros atomiques et symboles sont indiqués ci-dessous.
On commencera par écrire les structures électroniques des atomes correspondants.

$Z = 1$: H	$Z = 7$: N	$Z = 13$: Al
$Z = 2$: He	$Z = 8$: O	$Z = 14$: Si
$Z = 3$: Li	$Z = 9$: F	$Z = 15$: P
$Z = 4$: Be	$Z = 10$: Ne	$Z = 16$: S
$Z = 5$: B	$Z = 11$: Na	$Z = 17$: Cl
$Z = 6$: C	$Z = 12$: Mg	$Z = 18$: Ar

c. Comparer ce tableau à celui du **Doc. 2** page 84.

Familles chimiques

● **11.** ✶ En consultant la classification périodique dans le rabat de la couverture, regrouper, parmi les six corps simples suivants, ceux qui ont des propriétés chimiques analogues : le difluor F_2, le calcium métallique Ca, l'aluminium métallique Al, le dichlore Cl_2, le dioxygène O_2, le baryum métallique Ba.

● **12.** ✶ On considère l'atome dont le noyau est caractérisé par $Z = 15$ et $A = 31$.

a. Quelle est la composition du noyau ?

b. Combien l'atome possède-t-il d'électrons ? Donner sa structure électronique.

c. Identifier l'élément chimique correspondant.

d. Quel est l'élément chimique de plus petit numéro atomique appartenant à la même famille ?

aide

a. Il faut donner le nombre de protons et le nombre de neutrons en utilisant la définition de Z et celle de A.

b. Utiliser le fait que la charge électrique globale d'un atome est nulle.

c. Se rappeler qu'un élément chimique est défini par son numéro atomique Z.

d. Une famille, c'est une colonne de la classification périodique.

● **13.** ✶ **a.** À quelles familles appartiennent les éléments chimiques potassium ($Z = 19$), plomb ($Z = 82$) et xénon ($Z = 54$) ?

b. À quelles périodes appartiennent-ils ?

● **14.** ★ Quel est l'élément chimique de la famille des alcalino-terreux dont la couche électronique externe est la couche M ?

● **15.** ★★ **a.** On peut caractériser la présence d'ions chlorure dans une solution en ajoutant quelques gouttes d'une solution de nitrate d'argent $Ag^+ + NO_3^-$. Quelle est la formule de l'espèce chimique qui précipite ?

b. Pourquoi les ions bromure et iodure peuvent-ils être caractérisés par le même test ?

c. Quelles sont les formules des précipités obtenus lors du test de ces ions ?

d. Le chlorure d'aluminium a pour formule $AlCl_3$. En déduire, par analogie, la formule de l'iodure d'aluminium et celle du bromure de bore.

● **16.** ★★ **a.** Qu'appelle-t-on famille d'éléments chimiques ?

b. Donner des noms de familles d'éléments chimiques.

c. Quels sont les noms des éléments chimiques de la famille des alcalins ?

d. Les rayons des atomes de la famille des alcalins sont $r(\text{Li}) = 123$ pm ; $r(\text{Na}) = 154$ pm ; $r(\text{K}) = 203$ pm. Proposer une explication à l'évolution croissante de ces valeurs.

● **17.** ★★★ Le schéma de l'activité 2 à la page 80 montre que les rayons atomiques diminuent au fur et à mesure qu'on avance dans une ligne de la classification périodique. Cet exercice se propose d'expliquer cette constatation.

a. Comment évolue le nombre de protons et la charge des noyaux des atomes d'une ligne de la classification périodique ?

b. Comparer les remplissages de la dernière couche électronique des atomes d'une même ligne de la classification périodique.

c. L'interaction entre protons du noyau et électrons de l'atome est-elle attractive ou répulsive ?

d. En utilisant les réponses aux questions précédentes, proposer une justification à l'évolution des rayons atomiques le long d'une ligne de la classification périodique.

> **aide**
> **a.** Le nombre de protons est égal à Z.
> **b.** Écrire la structure électronique de quelques atomes d'une même ligne.
> **d.** Utiliser le fait que plus les électrons de la dernière couche électronique sont attirés par le noyau, plus le rayon de cette couche est petit.

Ions monoatomiques

● **18.** ★ La structure électronique d'un atome est $(K)^2(L)^6$.

a. Quelle est la position de l'élément chimique correspondant dans la classification périodique ? Donner son symbole chimique et son nom.

b. Quel est son numéro atomique ?

c. Combien l'atome possède-t-il d'électrons ? Quel ion monoatomique est-il susceptible de donner ?

● **19.** ★ Trouver la formule de l'ion monoatomique baryum par analogie avec un ion de la même famille. Justifier la réponse.

● **20.** ★ On considère l'élément chimique de numéro atomique $Z = 12$.

a. Donner son nom et son symbole chimique.

b. Dans quelle ligne et quelle colonne de la classification périodique se trouve-t-il ?

c. Quelle est la structure électronique de l'atome correspondant ?

d. Quel est l'ion monoatomique correspondant ?

> **aide**
> **a.** Utiliser la classification périodique et la définition du numéro atomique.
> **c.** La structure électronique indique le nombre d'électrons sur les couches K, L, M, etc.
> **d.** Les ions monoatomiques doivent avoir leur couche externe saturée.

● **21.** ★★ La dernière couche électronique d'un atome est la couche M. Elle comporte 3 électrons.

a. Dans quelle ligne et quelle colonne de la classification périodique se trouve l'élément chimique correspondant ?

b. Donner son numéro atomique et l'identifier.

c. Quel est l'ion monoatomique ecorrespondant ?

d. Citer deux éléments chimiques appartenant à cette même famille.

● **22.** ★★ Les atomes X_1, X_2 et X_3 ont respectivement 1, 6 et 2 électrons sur leur couche périphérique externe.
Les éléments chimiques X_1 et X_2 appartiennent à la deuxième ligne de la classification périodique ; X_3 appartient à la troisième ligne.

a. Identifier les trois éléments chimiques et donner leur numéro atomique.

b. Quels ions monoatomiques sont susceptibles d'être obtenus à partir des atomes correspondants ?

● **23.** ★★ On considère l'élément chimique de numéro atomique $Z = 53$. L'ion monoatomique correspondant peut-il avoir une charge égale à $+2e$? Justifier la réponse.

Molécules

● **24.** ★ **a.** Justifier pourquoi la molécule PH_3 existe. On utilisera la position de l'élément chimique P dans la classification périodique.

b. Prévoir la formule de la molécule correspondante faisant intervenir l'élément chimique arsenic.

aide

a. Trouver à quelle famille appartient l'élément chimique phosphore. Comparer avec la molécule constituée avec l'élément chimique le plus simple de la même famille.

b. Les éléments chimiques d'une même colonne interviennent dans des molécules de formule similaire.

● **25.** ★ **a.** Parmi les atomes suivants, regrouper ceux qui engagent le même nombre de doublets lorsqu'ils forment des molécules : C, P, Cl, N, F, Si.

b. Indiquer, dans chacun des cas, le nombre de doublets engagés.

● **26.** ★ **a.** Dans quelle famille se situe l'élément chimique soufre ?

b. Par analogie avec la formule de la molécule d'eau, trouver la formule de la molécule de sulfure d'hydrogène.

● **27.** ★★ Un atome X engage deux liaisons simples lorsqu'il forme des molécules.

a. Combien d'électrons possède-t-il sur sa couche électronique externe ?

b. Dans quelle colonne du tableau périodique se trouve l'élément chimique correspondant ?

c. Sachant que sa couche électronique externe est la couche M, trouver quel est cet atome.

d. Donner un exemple de molécule qui comporte un ou plusieurs de ces atomes.

● **28.** ★★ **a.** Chercher la position de l'élément silicium ($Z = 14$) dans la classification périodique.
Citer un élément chimique qui appartient à la même famille.

b. Donner les représentations de Lewis et de Cram de la molécule SiH_4 en établissant une analogie avec une molécule plus connue.

● **29.** ★ Le corps simple formé à partir de l'élément chimique chlore s'appelle le dichlore : il est constitué de molécules Cl_2.
Donner la formule et le nom des corps simples formés à partir des éléments F, Br et I.

● **30.** ★★ **a.** Mendeleïev ne connaissait pas l'élément chimique germanium, mais il a pu prévoir son existence. À votre avis comment a-t-il fait ?

b. Il avait appelé eka-silicium cet élément chimique. Il avait prévu la formule du chlorure d'eka-silicium. Trouver la formule du chlorure de carbone CCl_n et en déduire celle du chlorure de germanium.

c. Mendeleïev avait également prévu que le chlorure d'etra-silicium aurait une température d'ébullition faible. Comment a-t-il pu effectuer cette prévision ?

● **31.** ★★★ **a.** Certains éléments chimiques se rencontrent dans des métaux, d'autres non. À l'aide de la classification périodique du rabat de couverture, proposer quelques exemples de chaque catégorie.

b. Les métaux donnent tous des ions monoatomiques. Quels sont les ions correspondant aux éléments chimiques magnésium, calcium et baryum ?

c. Les éléments chimiques qui ne se rencontrent pas sous forme de métaux se retrouvent souvent au sein de molécules. Proposer des molécules au sein desquelles on rencontre les éléments oxygène ou soufre.

d. En prenant l'exemple de la colonne du carbone, et en considérant que certains éléments chimiques se rencontrent dans des métaux et d'autres jamais, justifier le fait que la règle de similitude des propriétés chimiques puisse souffrir des exceptions.

Aller plus loin

● **32.** ★★ *Famille chimique*

a. Comment s'appelle la famille de la première colonne de la classification périodique ?

b. Interpréter les ressemblances et différences entre les formules NaCl, KCl, CsCl et $CaCl_2$.

c. L'élément chimique H n'appartient pas à cette famille. Parmi les énoncés suivants, indiquer ceux qui confirment cette phrase, en justifiant les réponses.
• La formule du chlorure d'hydrogène est HCl.
• Dans les conditions habituelles de température et de pression, les espèces chimiques de formule NaCl, KCl et CsCl sont des solides, et HCl est un gaz.
• Les formules de quelques corps simples de la première colonne sont H_2, Li, Na et K.
• Les espèces chimiques CLi_4 et CNa_4 n'existent pas.

33. ★★ *Caractérisation d'un élément chimique*

Un ion monoatomique a une charge égale à $-e$.

a. À quelle famille chimique appartient-il ?

b. La réponse à la question **a** ainsi que les données ci-dessous permettent-elles d'identifier un unique élément chimique ?

c. Le noyau de cet ion comporte 10 neutrons. Cette information supplémentaire permet de préciser de quel ion il s'agit. Identifier l'ion et donner sa formule.

Données

Atome	F	Cl	Br	I	At
Z	9	17	35	53	85
A	19	35	80	127	210

34. ★★★ *Découverte des gaz nobles*

Mendeleïev ne connaissait pas certains éléments chimiques dont il a prédit l'existence (Ga, Ge, etc.) mais il n'a pu prévoir l'existence d'aucun des gaz nobles.

a. Rappeler comment Mendeleïev a pu prévoir l'existence d'éléments chimiques inconnus à son époque.

b. Proposer une explication au fait qu'il n'a pas pu prévoir l'existence des gaz nobles.

c. L'argon est le premier gaz noble à avoir été découvert, et les chimistes de l'époque (fin du XIXe) n'ont pas su le placer dans la classification périodique. Quelles sont les propriétés chimiques d'un tel gaz ? En déduire pourquoi les chimistes n'ont pas su lui trouver une place dans la classification périodique.

d. En distillant de l'air liquide, Rayleigh a isolé le néon, l'argon et le krypton. Quels points communs Rayleigh a-t-il pu trouver à ces gaz ?

e. Pourquoi a-t-il été alors plus facile de placer les éléments chimiques constituant ces gaz dans la classification périodique ?

f. À quel autre endroit de la classification périodique aurait-on pu placer la colonne des gaz nobles ?

aide

a. Répondre en considérant le numéro atomique et les propriétés chimiques.

b. Expliquer pourquoi les conditions de la question précédente ne pouvaient être réunies dans le cas des gaz nobles.

c. Utiliser la notion de famille d'éléments chimiques.

d. Dans une même famille, les propriétés chimiques sont similaires.

e. Utiliser la notion de famille et réfléchir aux modifications que cela a représenté par rapport à la question **c**.

35. ★★ *Magnésium et calcium*

Le magnésium et le calcium métalliques réagissent chacun avec le dioxygène. Ils forment respectivement les espèces chimiques oxyde de magnésium MgO et oxyde de calcium.

a. Quelle est la formule de l'oxyde de calcium ?

b. Quelle est la formule de l'ion oxygène ?

c. En déduire la formule de l'ion calcium.

36. ★★ *Analogies de propriétés chimiques*

Le sodium métallique Na réagit avec l'eau pour donner des ions sodium Na^+, des ions hydroxyde HO^- et du dihydrogène H_2.

a. Proposer un métal qui réagit de façon analogue avec l'eau. Justifier le choix.

b. Préciser les noms et les formules des réactifs et des produits de cette seconde réaction chimique.

37. ★★★ *Molécules*

a. Déterminer la structure électronique de l'atome de soufre. Combien de liaisons covalentes peut-il établir avec d'autres atomes ?

b. Le soufre solide est formé de molécules S_8. Proposer une représentation de Lewis de cette molécule qui respecte la règle de l'octet.

38. ★★★ *Loi des octaves*

Le chimiste anglais Newland avait proposé la « loi des octaves », quelques années avant que Mendeleïev ne propose sa classification périodique. Il avait remarqué qu'en ordonnant par masse atomique croissante les éléments chimiques connus à l'époque, on retrouvait des propriétés chimiques similaires tous les 7 éléments chimiques.

a. Pourquoi Newland a-t-il trouvé une périodicité de 7 alors que la périodicité est de 8 ?

b. Pourquoi a-t-il appelé une telle loi « loi des octaves » ?

c. Ses contemporains de la *Royal Chemical Society* n'ont pas accepté sa proposition de classification périodique. Quelles raisons ont-ils pu invoquer, en considérant les hypothèses formulées par Newland pour énoncer sa loi ?

39. ★★★ *Composé ionique*

a. Déterminer la formule des ions monoatomiques calcium et fluorure. Écrire leur structure électronique.

b. Le fluorure de calcium est une espèce chimique constituée d'ions calcium et d'ions fluorure. Que peut-on dire de sa charge électrique globale ?

c. Pourquoi la formule CaF_2 est-elle acceptable pour cette espèce chimique ?

Découpe au chalumeau. Il est pratique de découper le fer, quand il est épais, en le faisant réagir avec du dioxygène. À l'endroit de la réaction chimique, il reste un trou puisque le réactif (le fer) s'est transformé en produit (l'oxyde de fer) qui est partie sous forme de petits morceaux incandescents constituant les étincelles.

Bobines de Nylon®. Le Nylon® est une espèce chimique d'origine synthétique préparée lors d'une réaction chimique.

Des réactions chimiques de combustion sont à l'origine des feux d'artifice.

Le container brillant contient un aimant qui permet une analyse de spectroscopie appelée résonance magnétique nucléaire. Les spectres obtenus, comme ceux donnés ci-contre, permettent d'étudier les réactions chimiques.

PARTIE III

TRANSFORMATIONS DE LA MATIÈRE

Des réactions chimiques interviennent dans le découpage des tôles au chalumeau, dans la fabrication du fil de nylon, lors de la réalisation de feux d'artifice, etc. Elles sont étudiées au laboratoire au moyen de diverses techniques : la RMN (identique à l'IRM ou imagerie de résonance médicale) en est une, la chromatographie en est une autre.

Chacun des dispositifs présentés ci-dessus est un appareil de chromatographie. Cette technique d'analyse se révèle précieuse pour l'étude des transformations de la matière.

« En découvrant les premières lois générales de la chimie, Lavoisier créa la véritable méthode expérimentale propre à cette science et dont elle ne s'est plus départie. »

Louis PASTEUR (1822-1895)

Prérequis du collège

- Dissolution, solution, solution saturée, soluté, solvant.
- Mesure d'une masse et d'un volume.
- Caractérisation du dihydrogène.
- Écriture de quelques équations chimiques. Réactifs et produits.
- Conservation de la masse et de la charge électrique lors d'une réaction chimique.

Prérequis de mathématiques

- Puissances de 10.

Contenu de la partie

Cette dernière partie du programme de chimie permet de répondre aux questions relatives aux transformations de la matière. Comment peut-on décrire la transformation du jus de raisin en vin ou la formation de la rouille à la surface du fer ?

Les connaissances sur la structure de la matière vont être fort utiles pour cela. Elles seront complétées par l'introduction de deux nouvelles grandeurs : la quantité de matière et la concentration, dans un premier temps, puis celle d'avancement d'une réaction chimique ensuite. Les connaissances introduites dans cette partie seront essentielles pour les élèves qui poursuivront des études scientifiques.

Référence au programme

Le passage de l'échelle microscopique à l'échelle macroscopique fait intervenir une nouvelle grandeur, la quantité de matière, et une nouvelle unité, la mole.

Les solutions aqueuses sont caractérisées quantitativement par leur concentration molaire.

La transformation d'un système chimique est modélisée par une réaction chimique, qui rend compte macroscopiquement de l'évolution du système chimique et dont l'écriture symbolique est l'équation chimique.

Le tableau d'avancement, outil descriptif de l'évolution du système chimique, permet d'analyser la transformation chimique en introduisant la notion d'avancement et d'établir un bilan de matière.

LA MOLE

6

Les échantillons de gaz, de liquides et de solides photographiés représentent tous une mole de chacune des espèces chimiques envisagées mais les masses de ces échantillons sont différentes, de même que leurs volumes (voir exercices 11 et 25). Qu'est-ce qu'**une mole** ?

OBJECTIFS

- Décrire un échantillon de matière à l'échelle macroscopique à l'aide de sa quantité de matière en introduisant la notion de mole.
- Établir le lien entre quantité de matière et masse, et entre quantité de matière et volume pour un gaz.
- Faire intervenir les paramètres température et pression d'un gaz, en liaison avec le cours de physique.

PLAN DU COURS

1 - La mole, unité de quantité de matière

2 - Masse molaire

3 - Volume molaire

1 Comptage des petits objets

On souhaite trouver une réponse approximative mais rapide à la question :
« Combien y a-t-il de lentilles dans un sac de lentilles de 500 g du commerce ? »

On dispose d'une balance, d'éprouvettes graduées de 10 mL et 250 mL, d'un petit récipient (pilulier par exemple).

a. Proposer plusieurs méthodes permettant de résoudre le problème posé.
b. Utiliser une des méthodes proposées pour répondre à la question. Confronter les nombres de lentilles obtenus par les différents binômes d'élèves et commenter ces nombres.
c. Quel est le point commun entre les différentes méthodes utilisées ?

Doc. 1. Mesures encore utilisées pour le commerce de grains, dans certaines régions du monde.

Pour le commerce des denrées en grains (**Doc. 1**) telles que lentilles, café, riz, blé, ou liquides telles que lait, huile, vin, on utilisait autrefois des récipients appelés mesures.

Parmi ces mesures anciennes, une pinte correspondait à 0,93 L.

d. Une pinte de grains correspond-elle toujours au même nombre de grains, quelle que soit la nature des grains ? à la même masse de grains, quelle que soit la nature des grains ? Justifier les réponses.

2 « Paquets » d'atomes

Un atome d'aluminium est constitué :
– d'un noyau contenant 13 protons et 14 neutrons ;
– de 13 électrons.

a. Déterminer la masse d'un atome d'aluminium. On cherchera la masse de chacun de ses constituants dans le chapitre 3.
b. Combien y a-t-il d'atomes d'aluminium dans une règle en aluminium de masse 80 g ?

Lorsqu'une espèce chimique, comme le métal aluminium, est constituée d'atomes identiques (**Doc. 1**), les chimistes ont convenu de dénombrer ces atomes par « paquets » de $6{,}0 \cdot 10^{23}$ atomes. Un tel « paquet » d'atomes identiques constitue une **mole d'atomes**.

c. Combien y a-t-il de « paquets » ou moles d'atomes d'aluminium dans la règle en aluminium ?
d. Déterminer par deux méthodes différentes la masse d'un « paquet » ou mole d'atomes d'aluminium.

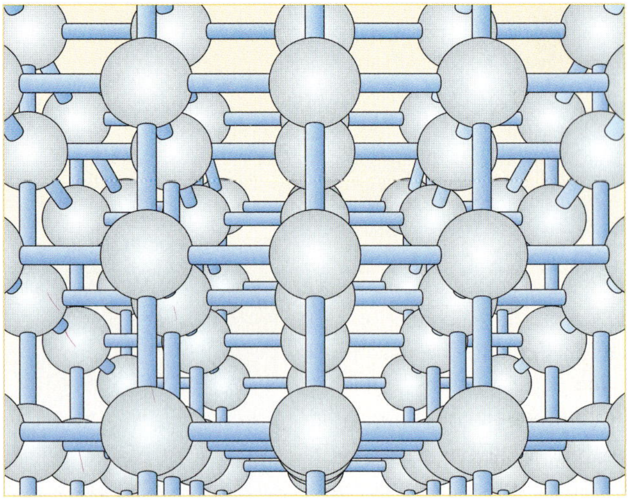

Doc. 1. Structure atomique de l'aluminium.

Voir exercice 8

3 Quantité de matière, masse molaire

Objectifs
- Introduire une nouvelle grandeur, la quantité de matière, et son unité, la mole
- Définir et déterminer des masses molaires

1. Quantité de matière

a. Rechercher dans un dictionnaire la signification du terme « quantité ».

Dans la vie quotidienne, on parle de la quantité de sucre nécessaire pour faire un gâteau, de la quantité d'essence dans un réservoir, de la quantité de billes dans un sac.

b. Dans ces exemples, quelle unité associe-t-on à chacune des quantités évoquées ?

En chimie, on définit la **quantité de matière** d'une espèce chimique moléculaire à partir du nombre de molécules présentes dans un échantillon.

- **Une quantité de matière est une grandeur dont l'unité est la mole (symbole : mol).**
- **Une mole de molécules est un « paquet » de $6{,}0 \cdot 10^{23}$ molécules identiques.**

Par exemple, un échantillon d'eau représente une quantité de matière d'une mole d'eau s'il contient $6{,}0 \cdot 10^{23}$ molécules d'eau.

c. Combien y a-t-il de molécules d'eau dans 3,0 mol d'eau ? Et dans 0,23 mol d'eau ?
Même question pour 3,0 mol puis 0,23 mol d'acétone C_3H_6O.
d. Quelle quantité de matière d'eau correspond à $5{,}0 \cdot 10^{22}$ molécules d'eau ?
Même question pour $5{,}0 \cdot 10^{22}$ molécules d'acétone.

2. Mole d'atomes et masse molaire

Un nombre d'atomes identiques, dans une espèce chimique atomique, représente aussi une quantité de matière. Comme pour les molécules, les atomes sont dénombrés par « paquets ».

- **Une mole d'atomes est un « paquet » de $6{,}0 \cdot 10^{23}$ atomes identiques.**
- **La masse molaire d'une espèce chimique atomique est la masse d'une mole d'atomes de cette espèce chimique.**
- **La masse d'une mole d'atomes est aussi la masse molaire attribuée à l'élément chimique correspondant.**

La valeur de la masse molaire s'exprime en $g \cdot mol^{-1}$. Elle figure, pour chaque élément chimique, dans la classification périodique (voir le rabat de couverture).

a. La masse d'un atome de carbone est de $2{,}0 \cdot 10^{-23}$ g. En déduire la valeur de la masse molaire de l'élément chimique carbone.
b. Comparer la valeur trouvée à celle donnée par la classification périodique.
c. Une mine de crayon en graphite, matériau constitué d'atomes de carbone, a pour masse 1,2 g. Quelle est la quantité de matière de carbone qui la constitue ?

3. Masse molaire d'une espèce chimique moléculaire

- **La masse molaire d'une espèce chimique moléculaire est la masse d'une mole de molécules de cette espèce chimique.**
- **La masse molaire d'une espèce chimique moléculaire se calcule en ajoutant les masses molaires des atomes constituant la molécule.**

a. Quelle est la masse molaire du dioxygène O_2 ? de l'eau H_2O ? de l'acétone C_3H_6O ?
b. Quelle est la quantité de matière d'eau présente dans 50 g d'eau ou de glace (**Doc. 1**) ?
c. Quelle est la quantité de matière d'acétone présente dans 50 g d'acétone ?

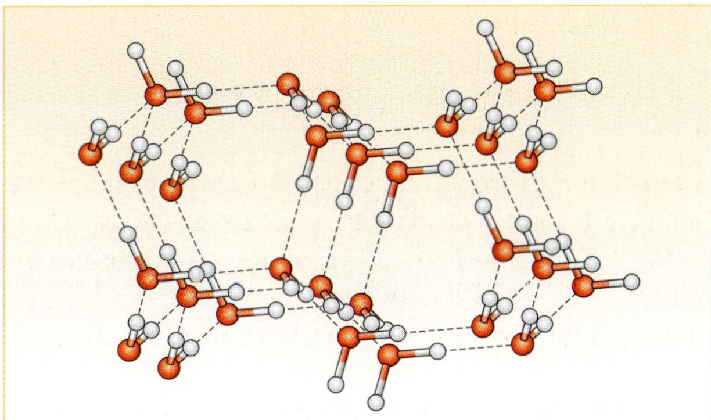

Doc. 1. Molécules d'eau dans un cristal de glace.

Voir exercices 8, 10 et 13

4 TP Détermination de quantités de matière

Objectif
- Déterminer des quantités de matière par mesure de masses et de volumes

1. Cas de solides

a. Quelle est la masse molaire du métal fer constitué d'atomes Fe ? (On se reportera à la classification périodique.)
Quelle est la masse molaire du saccharose (sucre ordinaire) constitué de molécules $C_{12}H_{22}O_{11}$?
b. Déterminer les masses de fer et de saccharose correspondant à une quantité de matière de 0,20 mol.

■ Peser, au moyen d'une balance, une masse correspondant à 0,20 mol de fer en poudre puis à 0,20 mol de sucre en poudre.

c. Bien qu'il y ait la même quantité de matière dans les deux échantillons, les masses de fer et de sucre pesées sont différentes. Proposer une interprétation à l'échelle microscopique.

■ Déterminer, au moyen d'une balance, la masse d'un morceau de soufre.

d. Quelle est la masse molaire de l'espèce chimique soufre sachant qu'elle est constituée de molécules de formule S_8 ? Calculer la quantité de matière constituant l'échantillon de soufre pesé.

■ On se propose maintenant de déterminer approximativement le volume d'une molécule de soufre. Pour cela :
– introduire exactement 50,0 mL d'eau dans une éprouvette graduée ;
– immerger avec précaution le morceau de soufre dans l'eau.

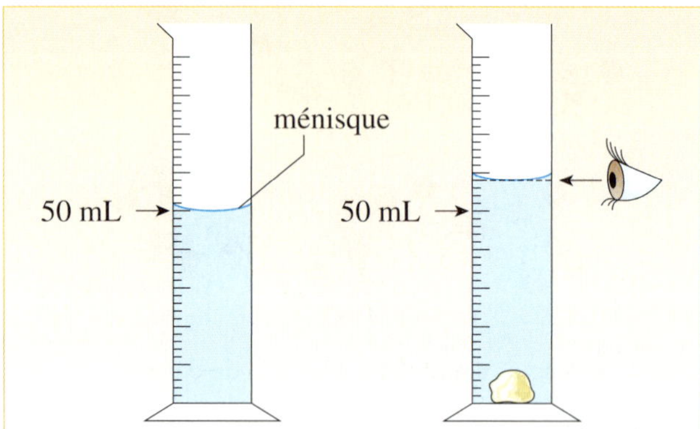

Doc. 1. Détermination du volume d'un morceau de soufre.

e. En déduire le volume du morceau de soufre puis le volume approximatif occupé par une molécule de soufre S_8.
f. Quelle hypothèse a-t-on implicitement faite dans le calcul précédent ?

2. Cas de liquides

a. Quelles sont les masses molaires des espèces chimiques eau et éthanol (alcool ordinaire) C_2H_6O ?
b. Calculer les masses et volumes de 0,20 mol d'eau, de masse volumique $1{,}0\ g \cdot cm^{-3}$ et de 0,20 mol d'éthanol, de masse volumique $0{,}78\ g \cdot cm^{-3}$.

■ Au moyen d'éprouvettes graduées, mesurer le volume correspondant à 0,20 mol d'eau et à 0,20 mol d'éthanol. Adapter le choix des éprouvettes aux volumes à mesurer.

c. Déterminer le volume (approximatif) occupé par une molécule d'eau puis par une molécule d'éthanol.
d. Comparer les volumes occupés par les deux molécules. Le résultat est-il conforme à ce que l'on pouvait prévoir en comparant les constitutions des molécules d'eau et d'éthanol ?

3. Travail de réflexion

a. Dans les parties **1** et **2**, on a cherché à déterminer des quantités de matière, mais quelles grandeurs a-t-on mesurées expérimentalement ?
b. On pourrait imaginer un appareil mesurant des quantités de matière, par exemple un appareil capable de compter les molécules. Si cet appareil pouvait compter une molécule toutes les microsecondes, combien lui faudrait-il de temps pour compter les molécules d'une mole ?
c. Un tel appareil pourrait fonctionner comme une balance associée à une calculatrice divisant la masse mesurée par la masse molaire qui lui serait fournie. Cet appareil permettrait-il de déterminer la quantité de matière d'une espèce chimique inconnue ?

Voir exercices 10, 13 et 20

1 La mole, unité de quantité de matière

La matière peut être décrite :

– d'un point de vue macroscopique, à l'aide de la notion d'espèce chimique ;

– d'un point de vue microscopique, à l'aide de molécules, d'atomes ou d'ions.

Il est important de pouvoir relier ces deux aspects de la matière. On y parvient grâce à la notion de quantité de matière.

1.1. Quantité de matière et mole

Voir activités 1 et 2

Au niveau macroscopique, un échantillon de cuivre peut être pesé à l'aide d'une balance (**Doc. 1**). Au niveau microscopique, il importe de connaître le nombre d'entités chimiques d'un tel échantillon. Ce nombre est considérable. Par exemple, l'échantillon de cuivre du **Doc. 1**, de masse 1 g, correspond approximativement à 10^{22} atomes de cuivre.

Afin d'éviter la manipulation de si grands nombres, les entités chimiques constituant la matière sont comptabilisées par « paquets » d'entités identiques. Il a été convenu que le nombre d'entités par « paquet » serait toujours le même. Ce nombre, noté N_A, vaut approximativement $6 \cdot 10^{23}$. Un tel paquet d'entités chimiques constitue **une mole d'entités chimiques**.

Doc. 1. Copeau de cuivre de masse 1 g, constitué de 10^{22} atomes de cuivre.

En chimie, une quantité de matière représente un nombre de « paquets » d'entités chimiques identiques. Elle s'exprime en mole (symbole : mol).

Quantité de matière : n
Unité : la mole (mol)

▌*Exemple.* Les échantillons des espèces chimiques photographiées à la page d'entrée du chapitre (p. 99) représentent tous des quantités de matière égales à une mole. On constate que les volumes occupés sont différents. De même, les masses sont différentes :

– 12 g pour une mole d'atomes de carbone soit N_A atomes de carbone ;
– 63,5 g pour une mole d'atomes de cuivre soit N_A atomes de cuivre ;
– 18 g pour une mole de molécules d'eau soit N_A molécules d'eau ; etc.

La grandeur quantité de matière concerne toutes les espèces chimiques : atomiques (carbone C, cuivre Cu), moléculaires (eau H_2O, butane C_4H_{10}), ioniques (chlorure de sodium NaCl). Cependant :

– dans le cas d'une espèce chimique atomique, la quantité de matière correspond à un nombre de « paquets » d'atomes ;
– dans le cas d'une espèce chimique moléculaire, elle correspond à un nombre de « paquets » de molécules ;
– dans le cas d'une espèce chimique ionique, elle correspond à un nombre de « paquets » d'associations anions-cations correspondant à la formule chimique.

Bien qu'il n'y ait pas de matière constituée exclusivement d'ions Cl^- ou d'électrons on peut aussi parler :

– d'une quantité de matière pour un ion : une mole d'ions Cl^- représente N_A ions Cl^- ;
– d'une quantité de matière pour des électrons : une mole d'électrons représente N_A électrons.

Par convention, la mole est la quantité de matière d'un échantillon contenant autant d'entités chimiques qu'il y a d'atomes de carbone dans 12,000 g de carbone 12.

1.2. La constante d'Avogadro

La constante d'Avogadro, notée N_A, est le nombre qui permet de relier une quantité de matière n d'un échantillon au nombre N d'entités identiques constituant cet échantillon :

$$N \text{ (sans unité)} = N_A \times n \text{ (en mol)}$$

N_A s'exprime donc en mol^{-1} :

$$\mathbf{N_A = 6{,}022 \cdot 10^{23}\ mol^{-1}}$$

Précisément :

$$N_A = \frac{\text{masse d'une mole d'atomes de carbone 12}}{\text{masse d'un atome de carbone 12}}$$

Ce nombre a été déterminé pour la première fois en 1923 par le Français Jean Perrin (**Doc. 2**). Il a été appelé constante d'Avogadro en hommage à ce savant italien (1776-1856) qui contribua aux progrès de la chimie. La constante d'Avogadro permet de donner une définition simple de la mole.

Une mole est un paquet de $6{,}022 \cdot 10^{23}$ entités chimiques identiques.

▌*Exemple.* Une mole de cuivre, d'eau, d'ions Cl^-, etc. contient respectivement : $6{,}022 \cdot 10^{23}$ atomes de cuivre ; $6{,}022 \cdot 10^{23}$ molécules d'eau ; $6{,}022 \cdot 10^{23}$ ions Cl^- ; etc.

➤ **Voir exercice 8**

Doc. 2. Jean Perrin (1870-1942).

2 Masse molaire

2.1. Masse molaire et élément chimique

À chaque élément chimique correspond une masse molaire. Cette masse molaire résulte d'une démarche expérimentale et figure dans la classification périodique (**Doc. 3**).

Voir activité 3

La masse molaire attribuée à un élément chimique est la masse d'une mole d'atomes de cet élément chimique. Elle s'exprime en gramme par mole ($g \cdot mol^{-1}$).

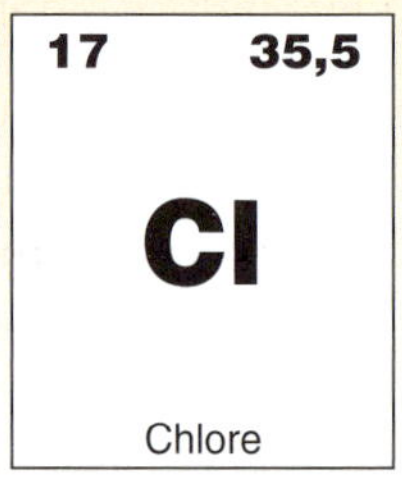

Doc. 3. Case de la classification périodique. La masse molaire du chlore est indiquée : $35{,}5\ g \cdot mol^{-1}$.

Les masses molaires attribuées aux éléments chimiques tiennent compte des proportions isotopiques naturelles.

▌*Exemples*

- $M_O = 16{,}0\ g \cdot mol^{-1}$ pour l'élément chimique oxygène.
- $M_{Cl} = 35{,}5\ g \cdot mol^{-1}$ pour l'élément chimique chlore.

Les **ions monoatomiques** présentent, comparativement aux atomes, un excès ou un défaut d'électrons. La masse des électrons en excès ou en défaut est négligeable devant celle de l'atome. On attribue donc à une mole d'ions monoatomiques une masse molaire égale à la masse molaire de l'élément chimique correspondant.

▌*Exemples*

$M_{Na^+} \approx M_{Na} = 23{,}0\ g \cdot mol^{-1}$; $M_{Cl^-} \approx M_{Cl} = 35{,}5\ g \cdot mol^{-1}$.

2.2. Masse molaire d'une espèce chimique

La masse molaire d'une espèce chimique est la masse d'une mole de cette espèce chimique. Elle se calcule à partir des masses molaires attribuées à chaque élément chimique présent dans sa formule.

Exemples

• Calcul de la masse molaire de l'eau H_2O :

$$M_{H_2O} = 2 \times M_H + M_O = 2 \times 1{,}0 + 16{,}0 = 18{,}0 \text{ g} \cdot \text{mol}^{-1}$$

• Calcul de la masse molaire du chlorure de sodium NaCl :

$$M_{NaCl} = M_{Na^+} + M_{Cl^-} \approx M_{Na} + M_{Cl} = 23{,}0 + 35{,}5 = 58{,}5 \text{ g} \cdot \text{mol}^{-1}$$

La masse d'une mole d'ions polyatomiques se calcule comme la masse molaire d'une espèce chimique, à partir de sa formule et sans tenir compte de la charge de l'ion.

Exemple. Masse d'une mole d'ions sulfate SO_4^{2-} :

$$M_{SO_4^{2-}} \approx M_S + 4 \times M_O = 32{,}1 + 4 \times 16{,}0 = 96{,}1 \text{ g} \cdot \text{mol}^{-1}$$

Les masses molaires attribués aux éléments sont données dans ce manuel avec une décimale.

2.3. Masse molaire et quantité de matière

La quantité de matière n d'un échantillon de masse m, constitué d'une seule espèce chimique de masse molaire M, est donnée par la relation :

$$n = \frac{m}{M}$$

n en mol
m en g
M en $\text{g} \cdot \text{mol}^{-1}$

$n = \frac{m}{M}$ ou $m = n \times M$

Exemple. Calcul de la quantité de matière dans un litre d'éthanol C_2H_6O, de masse $m = 780$ g.

La masse molaire de l'éthanol est $M = 46{,}0 \text{ g} \cdot \text{mol}^{-1}$.

La quantité de matière d'éthanol est $n = \frac{m}{M} = \frac{780}{46{,}0} = 17{,}0$ mol.

Voir activité 4

➤ Voir exercices 10, 13 et 17

3 Volume molaire

3.1. Définition générale

Le volume molaire V_m d'une espèce chimique est le volume occupé par une mole de cette espèce chimique.

Il s'exprime en $\text{m}^3 \cdot \text{mol}^{-1}$ ou plus souvent en $\text{L} \cdot \text{mol}^{-1}$.

On peut le déterminer si l'on connaît le volume V d'une quantité de matière n connue. Si M est la masse molaire de l'espèce chimique, ρ, sa masse volumique, et m, la masse de l'échantillon considéré :

$$V_m = \frac{V}{n} = \frac{m}{\rho n} = \frac{M}{\rho}$$

Rappel :
$1 \text{ L} = 1 \text{ dm}^3 = 10^{-3} \text{ m}^3$

3.2. Cas des solides et des liquides

À l'état solide ou liquide, des espèces chimiques différentes ont des volumes molaires différents comme le montre la photo d'entrée de ce chapitre à la page 99.

Exemples
- $V_m = 1{,}8 \cdot 10^{-2}$ L · mol^{-1} pour l'eau.
- $V_m = 5{,}3 \cdot 10^{-3}$ L · mol^{-1} pour le graphite.

Voir activité 5

3.3. Cas des gaz

L'étude de différents gaz réalisée par Gay-Lussac et Dalton puis par Avogadro et Ampère (1814) conduit à l'énoncé suivant.

Loi d'Avogadro-Ampère
Toutes les espèces chimiques à l'état gazeux, à la même température et à la même pression, ont le même volume molaire.

Conditions normales de température et de pression (CNTP) : température de 0 °C et pression atmosphérique normale.

Ce volume dépend des conditions de température et de pression.

$V_m \approx 22{,}4$ L · mol^{-1} à 0 °C et à la pression atmosphérique normale.
$V_m \approx 24$ L · mol^{-1} à 20 °C et à la pression atmosphérique normale.

La pression atmosphérique normale est la pression moyenne au niveau de la mer (altitude zéro). Elle vaut $1{,}013 \cdot 10^5$ Pa.

Exemple. Une mole de gaz hélium He (soit un paquet de N_A atomes He) et une mole de gaz butane C_4H_{10} (soit un paquet de N_A molécules C_4H_{10}), à la même température et à la même pression, occupent le même volume (**Doc. 4**) bien que les entités et donc les masses molaires soient différentes (4,0 g · mol^{-1} pour l'hélium, 58,0 g · mol^{-1} pour le butane).

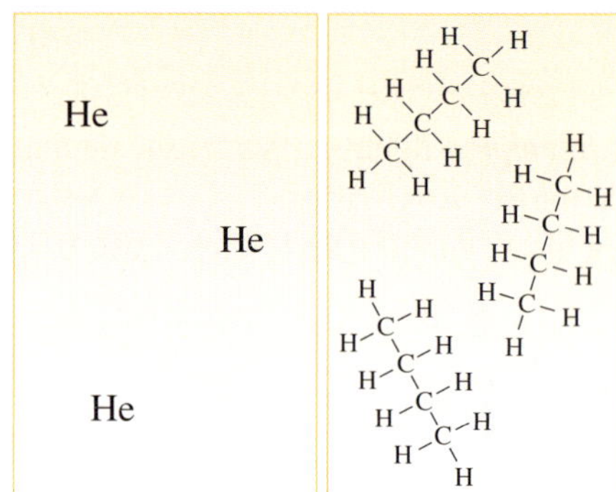

Doc. 4. Représentation d'un même nombre d'entités d'hélium (He) et de butane (C_4H_{10}).

3.4. Volume molaire et quantité de matière

Dans le cas des gaz, il est plus commode de mesurer le volume d'un échantillon que sa masse. On détermine donc souvent la quantité de matière n d'un gaz à partir de son volume V par la relation :

$$n = \frac{V}{V_m}$$

- n en mol
- V en L
- V_m en L · mol^{-1}

Exemple. Calcul de la quantité de matière de dichlore Cl_2 dans un flacon de volume $V = 1{,}0$ L, dans des conditions telles que $V_m = 24$ L · mol^{-1}.
La quantité de matière de dichlore est :

$$n = \frac{V}{V_m} = \frac{1{,}0}{24} = 4{,}2 \cdot 10^{-2} \text{ mol}$$

$n = \frac{V}{V_m}$ ou $V = n \times V_m$

On obtiendrait la même valeur pour tout autre gaz dans les mêmes conditions de température et de pression.

➤ Voir exercice 26

Voir activité 5

essentiel

À une mole correspond

- une quantité de matière n
- un nombre d'entités chimiques
- une masse : la masse molaire M
- un volume : le volume molaire V_m

Quantité de matière n (en mol)

$$n = \frac{m}{M}$$

m : masse d'un échantillon d'une espèce chimique de masse molaire M

$$n = \frac{V}{V_m}$$

(intéressant surtout pour les gaz)

Nombre d'entités chimiques

$$N_A = 6 \cdot 10^{23}\ \text{mol}^{-1}$$

Autant d'entités que d'atomes de carbone dans 12 g de carbone 12.

$$\text{nombre d'entités} = n \times N_A$$

Masse molaire M (en $g \cdot mol^{-1}$)

$$M = \frac{m}{n}$$

Pour un atome, la masse molaire se trouve dans la classification périodique.

Pour un ion monoatomique, la masse molaire est égale à celle de l'élément chimique correspondant et se trouve dans la classification périodique.

Pour une molécule, la masse molaire se calcule à partir des masses molaires atomiques attribuées aux éléments chimiques qui la constituent.

Volume molaire V_m (en $L \cdot mol^{-1}$)

$$V_m = \frac{V}{n}$$

Pour les gaz :

$V_m \approx 22{,}4\ L \cdot mol^{-1}$ (0 °C, $1{,}013 \cdot 10^5$ Pa)

$V_m \approx 24\ L \cdot mol^{-1}$ (20 °C, $1{,}013 \cdot 10^5$ Pa)

Pour toutes les relations considérées :

- n en mol
- m en g
- M en $g \cdot mol^{-1}$
- V en L
- V_m en $L \cdot mol^{-1}$

5 TP Volume molaire

Objectifs
- Déterminer quelques volumes molaires de solides et de liquides
- Déterminer le volume molaire d'un gaz

1. Introduction à l'activité

a. Rappeler la définition du volume molaire d'une espèce chimique.
b. Sous quel état – solide, liquide ou gazeux – l'eau a-t-elle le plus grand volume molaire ? On justifiera la réponse à l'aide d'une description microscopique.

2. Cas des solides et des liquides

On souhaite déterminer les volumes molaires V_m de différentes espèces chimiques solides et liquides : carbone (graphite), chlorure de sodium, eau, éthanol (alcool).
Les indices (s) comme solide et (ℓ) comme liquide indiquent l'état physique de l'espèce chimique à la température considérée (20 °C). On note ρ la masse volumique et M la masse molaire de l'espèce chimique.

a. Quelle est la relation entre masse volumique, masse molaire et volume molaire ?
b. Compléter le tableau en se référant à la classification périodique pour la détermination des masses molaires, en utilisant une balance et une éprouvette graduée pour déterminer la masse volumique de l'éthanol.

	ρ (g · cm^{-3})	M (g · mol^{-1})	V_m (L · mol^{-1})
$C_{(s)}$	2,3		
$NaCl_{(s)}$	2,2		
$H_2O_{(\ell)}$	1,0		
$C_2H_6O_{(\ell)}$			

c. Pour deux solides ou deux liquides de masses volumiques voisines, quelle information permet de prévoir celui qui aura le plus grand volume molaire ? On s'aidera des résultats des calculs précédemment effectués.

3. Cas des gaz

Attention ! La manipulation de l'acide chlorhydrique nécessite le port des gants et des lunettes.

- Préparer une éprouvette graduée de 100 mL, un bouchon percé d'un trou adaptable à l'éprouvette et un cristallisoir rempli d'eau aux trois quarts.
- Découper 5 cm du ruban de magnésium.
- Peser le morceau de magnésium à 0,01 g près.
- Mettre les gants et remplir complètement l'éprouvette d'acide chlorhydrique en tenant compte de la place qu'occupera le bouchon.
- Introduire le morceau de magnésium dans l'éprouvette et la boucher rapidement en fermant le trou avec un doigt ganté. Retourner aussitôt l'éprouvette dans l'eau du cristallisoir.
- Ôter le doigt, fixer l'éprouvette à un support et observer ce qui se passe (**Doc. 1**).
- Noter le volume de gaz (dihydrogène) recueilli dans l'éprouvette après disparition complète du morceau de magnésium.

a. Pourquoi le bouchon doit-il avoir un trou ?
b. Quelle est la quantité de matière de magnésium utilisée dans cette expérience ?
c. On admettra qu'en fin d'expérience il s'est formé la même quantité de matière de dihydrogène que celle de magnésium initialement introduite. Quelle est la quantité de matière de dihydrogène formée ?
d. Déterminer le volume molaire V_m du dihydrogène dans les conditions de l'expérience.
e. Rassembler les valeurs trouvées par tous les binômes d'élèves. Déterminer une valeur moyenne après avoir éliminé les valeurs aberrantes, s'il y en a.
f. Comparer la valeur trouvée aux valeurs des volumes molaires de la partie **2**. Le résultat est-il en accord avec la réponse à la question **1.b** ?

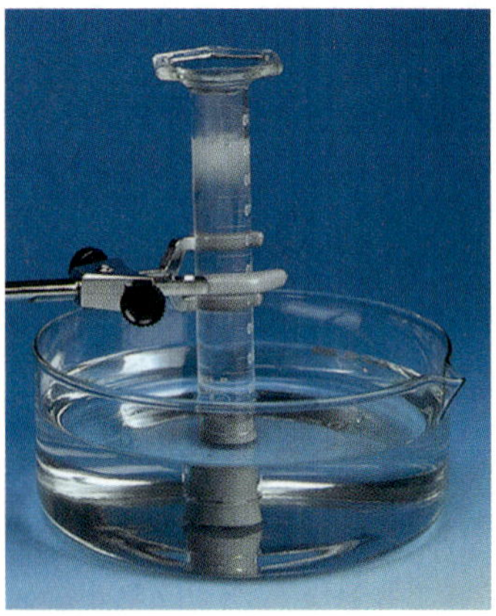

Doc. 1. Gaz recueilli sur une cuve à eau

Voir cours 3 et exercice 26

Exercice résolu 1

Quantité de matière

Énoncé

1. Une coupelle contient une masse $m_S = 5{,}35$ g de l'espèce chimique soufre de formule S sous forme de poudre jaune, la fleur de soufre.

a. Quelle est la quantité de matière n_S de soufre dans la coupelle ?

b. Quel est le nombre N_S d'atomes de soufre dans la coupelle ?

2. La combustion dans le dioxygène de l'échantillon de soufre précédent produit un volume $V_{SO_2} = 4{,}00$ L de dioxyde de soufre, gaz de formule SO_2.

a. Quelle est la quantité de matière n_{SO_2} de dioxyde de soufre produite dans les conditions où le volume molaire d'un gaz est $V_m = 24{,}0 \text{ L} \cdot \text{mol}^{-1}$?

b. Quelle est la masse m_{SO_2} de dioxyde de soufre obtenue ?

c. Combien de molécules de dioxyde de soufre se sont formées ? Comparer ce résultat à celui de **1.b**. Pourquoi le résultat de la comparaison était-il prévisible ?

Données

$N_A = 6{,}02 \cdot 10^{23} \text{ mol}^{-1}$.

Masses molaires : $M_S = 32{,}1 \text{ g} \cdot \text{mol}^{-1}$; $M_O = 16{,}0 \text{ g} \cdot \text{mol}^{-1}$.

Conseils

1.a. Utiliser la relation entre quantité de matière *n*, masse *m* et masse molaire *M*.

1.b. Dans une mole d'atomes, il y a N_A atomes.

2.a. Utiliser la relation entre quantité de matière *n*, volume *V* et volume molaire V_M.

2.b. Calculer la masse molaire du dioxyde de soufre.

2.c. Il y a toujours N_A entités identiques dans une mole.

Résolution

1. a. La quantité de matière de soufre dans la coupelle est :

$$n_S = \frac{m_S}{M_S} = \frac{5{,}35}{32{,}1} = 0{,}167 \text{ mol}$$

b. Le nombre d'atomes de soufre est $N_S = n_S \times N_A$ soit :

$$N_S = 0{,}167 \times 6{,}02 \cdot 10^{23} = 1{,}01 \cdot 10^{23} \text{ atomes}$$

2. a. La quantité de matière n_{SO_2} de dioxyde de soufre obtenu est donnée par :

$$n_{SO_2} = \frac{V_{SO_2}}{V_m} = \frac{4{,}00}{24{,}0} = 0{,}167 \text{ mol}$$

b. La masse de dioxyde de soufre obtenue est donnée par :

$$m_{SO_2} = n_{SO_2} \times M_{SO_2}$$

La masse molaire du dioxyde de soufre est :

$$M_{SO_2} = M_S + 2 \times M_O = 32{,}1 + 2 \times 16{,}0 = 64{,}1 \text{ g} \cdot \text{mol}^{-1}$$

Donc $m_{SO_2} = 0{,}167 \times 64{,}1 = 10{,}7 \text{ g}$.

c. Il s'est formé $n_{SO_2} = 0{,}167$ mol de dioxyde de soufre. Le nombre de molécules de dioxyde de soufre formé est $N_{SO_2} = n_{SO_2} \times N_A$ soit :

$$N_{SO_2} = 0{,}167 \times 6{,}02 \cdot 10^{23} = 1{,}01 \cdot 10^{23} \text{ molécules de dioxyde de soufre}$$

Le nombre de molécules de dioxyde de soufre formées est égal au nombre d'atomes de soufre initialement présents, ce qui était prévisible puisque les quantités de matière de soufre et de dioxyde de soufre déterminées respectivement aux questions **1.a** et **2.a** sont égales et qu'il y a toujours N_A entités identiques dans une mole.

Chacun des atomes de soufre initialement présents dans la poudre jaune se retrouve dans une molécule de dioxyde de soufre SO_2.

Exercice résolu 2

Isotopes et masse molaire

Énoncé

À l'état naturel, l'élément chimique chlore présente deux isotopes, dont les pourcentages sont donnés, en nombre d'atomes, dans le tableau ci-contre.

Isotope	Pourcentage
$^{35}_{17}Cl$	75,0 %
$^{37}_{17}Cl$	25,0 %

a. Rappeler la définition de la masse molaire et en déduire la masse d'un atome de chlore 35, puis celle d'un atome de chlore 37, sachant que leurs masses molaires respectives sont $M_1 = 35{,}0 \text{ g} \cdot \text{mol}^{-1}$ et $M_2 = 37{,}0 \text{ g} \cdot \text{mol}^{-1}$.

b. Déterminer la masse molaire attribuée à l'élément chimique chlore, en prenant en compte la répartition naturelle des isotopes. La comparer à celle donnée par la classification périodique des éléments chimiques.

c. Dans les conditions normales de température et de pression (CNTP), le dichlore Cl_2 est un gaz.
Quel est le volume d'une mole de dichlore dans ces conditions ? Quelle est la masse molaire du dichlore ?

d. Quels sont, dans les mêmes conditions, la masse et le volume de $2{,}00 \cdot 10^{-2}$ mol de dichlore ?

e. Quelle est, dans ces conditions, la masse volumique du dichlore ?

Conseils

a. Une mole d'atomes contient $6{,}02 \cdot 10^{23}$ atomes.

b. Dans 100 mol d'atomes de chlore, 75,0 mol ont une masse de 35,0 g et 25,0 mol ont une masse de 37,0 g.

e. La masse volumique d'une espèce chimique est égale au quotient de la masse d'un échantillon de cette espèce chimique par son volume.

Résolution

a. La masse molaire est la masse de $6{,}02 \cdot 10^{23}$ atomes du même élément chimique. La masse de $6{,}02 \cdot 10^{23}$ atomes de chlore 35 est 35,0 g, donc la masse d'un atome est :

$$\frac{M_1}{N_A} = \frac{35{,}0}{6{,}02 \cdot 10^{23}} = 5{,}81 \cdot 10^{-23} \text{ g}$$

De même, on trouve que la masse d'un atome de chlore 37 est $6{,}15 \cdot 10^{-23}$ g.

b. La masse molaire de l'élément chimique chlore est la masse de N_A atomes, parmi lesquels 75,0 % ont pour masse $5{,}81 \cdot 10^{-23}$ g et 25,0 % ont pour masse $6{,}15 \cdot 10^{-23}$ g. Cette masse molaire est donc :

$$M_{Cl} = \left(\frac{75{,}0}{100} N_A \times \frac{M_1}{N_A}\right) + \left(\frac{25{,}0}{100} N_A \times \frac{M_2}{N_A}\right)$$

$$M_{Cl} = \frac{75{,}0}{100} M_1 + \frac{25{,}0}{100} M_2 = \left(\frac{75{,}0}{100} \times 35{,}0\right) + \left(\frac{25{,}0}{100} \times 37{,}0\right) = 35{,}5 \text{ g} \cdot \text{mol}^{-1}$$

C'est bien la valeur trouvée dans la classification périodique.
En effet, les masses molaires qu'elle donne ne correspondent pas à certains isotopes en particulier, mais à la répartition isotopique naturelle.

c. Dans les conditions normales de température et de pression, le volume molaire est :

$$V_m = 22{,}4 \text{ L} \cdot \text{mol}^{-1}$$

La masse molaire du dichlore est $M_{Cl_2} = 2 \times 35{,}5 = 71{,}0 \text{ g} \cdot \text{mol}^{-1}$.

d. La masse de dichlore est $m = n \times M_{Cl_2} = 2{,}00 \cdot 10^{-2} \times 71{,}0 = 1{,}42 \text{ g}$.

Le volume de dichlore est $V = n \times V_m = 2{,}00 \cdot 10^{-2} \times 22{,}4 = 0{,}448 \text{ L}$.

e. La masse volumique (notée ρ), en $\text{g} \cdot \text{L}^{-1}$, du dichlore est la masse, en g, d'un litre de ce gaz. Deux calculs sont possibles :

$$\rho = \frac{M_{Cl_2}}{V_m} = \frac{71{,}0}{22{,}4} = 3{,}17 \text{ g} \cdot \text{L}^{-1} \quad \text{et} \quad \rho = \frac{m}{V} = \frac{1{,}42}{0{,}448} = 3{,}17 \text{ g} \cdot \text{L}^{-1}$$

Exercices

Les masses molaires attribuées aux éléments chimiques sont à chercher dans la classification périodique.
Le volume molaire des gaz est de 22,4 $L \cdot mol^{-1}$ dans les conditions normales de température et de pression (CNTP) et de 24 $L \cdot mol^{-1}$ à 20 °C et à la pression atmosphérique normale.
$N_A = 6,022 \cdot 10^{23}\ mol^{-1}$.

Tester ses connaissances

1. Donner la définition et le symbole de l'unité de quantité de matière.

2. Qu'appelle-t-on constante d'Avogadro ? Quelle est sa valeur et son unité ?

3. Définir la masse molaire pour un atome. Quelle est son unité ? Où peut-on trouver sa valeur ? Que vaut-elle pour l'élément chimique sodium ?

4. Comment détermine-t-on la masse molaire d'une molécule ? Calculer la masse molaire de l'eau et celle du dioxyde de carbone.

5. Énoncer la loi d'Avogadro-Ampère.

6. Le volume molaire d'un gaz dépend-il :

a. de sa nature ?

b. de sa température et de sa pression ?

c. de sa masse molaire ?

7. Comment détermine-t-on la quantité de matière d'une espèce chimique connaissant sa formule chimique et sa masse ? d'un gaz connaissant son volume ?

Appliquer ses connaissances

Quantité de matière, entités

8. ✶ **a.** Combien y a-t-il d'atomes de fer dans une mole d'atomes de fer ? dans 0,010 mole d'atomes de fer ?

b. Quelle quantité de matière correspond à $2,4 \cdot 10^{24}$ atomes de fer ?

c. Combien y a-t-il d'atomes dans une mole de dioxygène O_2 ? dans une mole d'eau H_2O ?

d. Quelle quantité de matière correspond à $2,4 \cdot 10^{24}$ molécules de dioxygène ? à $2,4 \cdot 10^{24}$ molécules d'eau ?

9. ✶ Compléter le tableau suivant.

Espèce chimique	Nombre d'atomes	Nombre de molécules	Quantité de matière (mol)
Dihydrogène H_2			1,0
Eau H_2O			0,030
		$5,2 \cdot 10^{25}$	
Alcool C_2H_6O			0,030
		$5,2 \cdot 10^{25}$	

Masse molaire

10. ✶ Déterminer la masse molaire :

a. du propane C_3H_8 ;

b. du saccharose $C_{12}H_{22}O_{11}$;

c. de l'aspirine (acide acétylsalicylique) $C_9H_8O_4$;

d. du sulfate de cuivre pentahydraté $CuSO_4, 5H_2O$;

e. de l'ion nitrate NO_3^- ;

f. de l'ion ammonium NH_4^+.

11. ✶ Déterminer la masse de chacun des échantillons des espèces chimiques photographiées p. 99 :
- dioxyde d'azote NO_2 (gaz roux)
- carbone C (poudre noire)
- soufre S (poudre jaune)
- sulfate de cuivre $CuSO_4, 5H_2O$ (poudre bleue)
- ferricyanure de potassium $K_3Fe(CN)_6$ (poudre rouge)
- plomb Pb (grains)
- cuivre Cu (tournure)
- eau H_2O
- éthanol C_2H_6O.

Quantité de matière, masse

12. ✶ Quelle est la masse de :

a. $1,0 \cdot 10^{-2}$ mol de dioxyde de carbone CO_2 ?

b. 2,5 mol de cuivre Cu ?

c. $2,0 \cdot 10^{-1}$ mol d'ammoniac NH_3 ?

d. $2,0 \cdot 10^{-2}$ mol d'ions sulfate SO_4^{2-} ?

13. ✶ Quelle quantité de matière est contenue :

a. dans 24 g de carbone ? **b.** dans 24 g d'eau ?

c. dans 24 g de chlorure de sodium NaCl ?

14. ✶ La masse d'une mole d'atomes de sodium est de 23,0 g.

a. Quelle est la masse d'un atome de sodium ?

b. Combien y a-t-il d'atomes de sodium dans un échantillon de sodium métallique de masse 1,0 g ?

● **15.** ★ Sachant que 135 g d'aluminium Al représentent 5,00 moles d'aluminium, déterminer :

a. la masse molaire de l'aluminium ;

b. la masse d'un atome d'aluminium ;

c. la masse d'un ion aluminium Al^{3+}.

● **16.** ★★ Le chlorure de sodium NaCl (sel de cuisine) est constitué d'ions Na^+ et Cl^- en nombres égaux.

a. Quelle est la masse d'une mole d'ions Na^+ ? Quelle est la masse d'une mole d'ions Cl^- ?

b. Quelle est la masse molaire du chlorure de sodium ?

c. Quelle masse de chlorure de sodium doit-on peser pour en obtenir $3{,}20 \cdot 10^{-2}$ mol ?

d. Quelles sont les quantités de matière d'ions Na^+ et d'ions Cl^- dans l'échantillon de chlorure de sodium considéré à la question **c** ?

aide

a. La masse d'une mole d'ions monoatomiques est égale à la masse molaire attribuée à l'élément chimique correspondant.

b. Procéder comme pour le calcul de la masse molaire d'une espèce chimique moléculaire.

c. Utiliser la relation entre n, M et m.

d. Relire la première phrase de l'énoncé. Une mole, c'est toujours N_A entités identiques.

● **17.** ★★ **a.** Quelle est la masse d'une mole d'acide sulfurique H_2SO_4 ?

b. Quelle est la masse d'une molécule H_2SO_4 ?

c. Déterminer, à partir des masses molaires, la masse d'un atome H, d'un atome S et d'un atome O.

d. Déduire de **c** la masse d'une molécule H_2SO_4. Comparer au résultat de **b** et conclure.

● **18.** ★★ Compléter le tableau suivant.

Formule	Nom	Masse molaire ($g \cdot mol^{-1}$)	Masse (g)	Quantité de matière (mol)
HCl			7,3	
SO_4^{2-}				1,25
	diazote		28,0	
SO_2				$1{,}0 \cdot 10^{-2}$
$CaCO_3$	calcaire			0,50
H_2		2,0	1,0	

● **19.** ★★ Une pièce d'or de masse 15 g est constituée d'atomes d'or de masse $3{,}3 \cdot 10^{-25}$ kg.

a. Quel est le nombre d'atomes d'or de la pièce ?

b. Sachant qu'un atome d'or comporte 197 nucléons de masse $1{,}67 \cdot 10^{-27}$ kg et 79 électrons de masse négligeable, retrouver la valeur de la masse d'un atome d'or.

c. Déterminer la masse molaire de l'or et vérifier sa valeur dans la classification périodique.

● **20.** ★★ Un comprimé de vitamine C contient 500 mg d'acide ascorbique $C_6H_8O_6$.

a. Quelle est la masse molaire de l'acide ascorbique ?

b. Quelle est la quantité de matière d'acide ascorbique dans un comprimé ?

c. Combien y a-t-il de molécules d'acide ascorbique dans un comprimé ?

d. Dans une molécule d'acide ascorbique, quels sont les pourcentages, en nombre d'atomes, des éléments chimiques carbone, hydrogène et oxygène ?

e. Quels sont les pourcentages massiques des différents éléments chimiques constituant l'acide ascorbique ?

● **21.** ★★ La caféine, présente dans le café, le thé, le chocolat, les boissons au cola, est un stimulant pouvant être toxique à forte dose (plus de 600 mg par jour).
Sa formule chimique est $C_8H_{10}N_4O_2$.

a. Quelle est la masse molaire de la caféine ?

b. Quels sont les pourcentages massiques des différents éléments chimiques constituant la caféine ?

c. Quelle quantité de matière de caféine y a-t-il dans une tasse de café contenant 80 mg de caféine ? Combien y a-t-il de molécules de caféine dans la tasse ?

d. Combien de tasses de café peut-on boire par jour sans risque d'intoxication ?

e. Un café décaféiné en grains (ou moulu) ne doit pas contenir plus de 0,1 % en masse de caféine. Quelle quantité de matière maximale de caféine y a-t-il dans un paquet de café décaféiné de masse 250 g ?

● **22.** ★★ **a.** Sachant que 50 grains de riz ont une masse d'environ 1 g, calculer la masse d'un grain de riz.

b. En définissant une mole de grains de riz comme on a défini une mole d'atomes, calculer la masse d'une mole de grains de riz.

c. La Chine comporte 1,24 milliard d'habitants. Si chacun mange 250 g de riz par jour, combien faudrait-il d'années aux habitants de la Chine pour consommer une mole de grains de riz ?

Isotopes

● **23.** ★★ À l'état naturel, l'élément chimique bore comporte deux isotopes :

Symbole du noyau	Pourcentage (en nombre d'atomes)	Masse molaire (en $g \cdot mol^{-1}$)
$^{10}_{5}B$	19,6	10,0
$^{11}_{5}B$	80,4	11,0

On considère 100 moles d'atomes de bore.

a. Combien y a-t-il de moles d'atomes de chaque variété ?

b. Quelle est la masse correspondant à chaque variété ?

c. Déterminer la masse molaire du bore naturel. La comparer à la valeur donnée dans la classification périodique.

● **24.** ★★ À l'état naturel, l'élément chimique lithium comporte deux isotopes dont les pourcentages en nombre d'atomes sont les suivants :

lithium 7 : 92,6 % et lithium 6 : 7,4 %

Sachant qu'une mole d'atomes de lithium 7 a pour masse 7,0 g et qu'une mole d'atomes de lithium 6 a pour masse 6,0 g, déterminer la masse molaire du lithium naturel.

État gazeux

● **25.** ★ **a.** Quel est le volume du flacon de dioxyde d'azote photographié à la page 99, qui est la page d'entrée de chapitre, si la température est 20 °C et si la pression du gaz est égale à la pression atmosphérique normale ?

b. Le même flacon est rempli, dans les mêmes conditions, de dioxygène. Quelle quantité de matière de dioxygène renferme-t-il ?

● **26.** ★ On considère le gaz butane C_4H_{10} dans les conditions où le volume molaire est de $24\ L \cdot mol^{-1}$.

1. a. Combien y a-t-il de molécules de butane et quelle est la quantité de matière de butane dans 24 L de butane ? dans 1,0 L ? dans 25 mL ?

b. Combien y a-t-il d'atomes dans 24 L de butane ?

c. Quel est le volume occupé par $1{,}5 \cdot 10^{-2}$ mol de butane ?

2. Répondre aux mêmes questions pour le dihydrogène H_2.

3. Répondre aux mêmes questions pour l'ammoniac NH_3.

● **27.** ★ Un flacon de volume 1,5 L est rempli de gaz dihydrogène dans les conditions normales de température et de pression.

a. Quelle quantité de matière de dihydrogène le flacon contient-il ?

b. Quelle masse de dihydrogène contient le flacon ?

c. On considère un autre flacon de 2,4 L rempli de gaz dihydrogène, mais à 150 °C.
Sachant que le volume molaire dans ces conditions est de $35\ L \cdot mol^{-1}$, quelle est la quantité de matière de dihydrogène ?

d. Comparer la quantité de matière présente dans 1,5 L de gaz à 0 °C et celle présente dans 2,4 L à 150 °C. Proposer une explication.

Mélange de gaz

● **28.** ★★ L'air est composé d'environ 80 % de diazote et de 20 % de dioxygène en volume.

a. Si l'on pouvait séparer le dioxygène et le diazote contenus dans l'air d'une salle de 50 m^3, quel volume de chaque gaz obtiendrait-on ?

b. Quelles sont les quantités de matière de chacun des gaz dans les conditions où le volume molaire est de $24\ L \cdot mol^{-1}$?
(Rappel : $1\ dm^3 = 1\ L$.)

c. Quelle est la masse de chaque gaz ?

d. Quelle est la masse de l'air de la salle ?

● **29.** ★★ On dispose de 100 g de dioxygène et de 100 g de dioxyde de carbone dans les conditions où le volume molaire est de $24\ L \cdot mol^{-1}$.

a. Quelle est la masse molaire de chacun des deux gaz ?

b. Quelle est la quantité de matière de chacun des gaz ?

c. Quel est le volume occupé par chacun des gaz pris séparément ?

d. On mélange les deux gaz. Quel est le volume occupé par le mélange dans les mêmes conditions ? Justifier la réponse.

Masse volumique

● **30.** ★★ La masse volumique de l'éthanol C_2H_6O (alcool ordinaire) à l'état liquide est de $0{,}78\ g \cdot cm^{-3}$.

a. Quelle est la masse de 50 mL d'éthanol ?

b. Quelle quantité de matière d'éthanol y a-t-il dans 50 mL d'éthanol ?

c. Quelle est le volume occupé par une mole d'éthanol liquide ?

● **31.** ★★ On considère les gaz dichlore Cl_2 et chlorure d'hydrogène HCl.

a. Quel est la masse d'une mole de chaque gaz ?

b. Quelle est, en $g \cdot L^{-1}$, la masse volumique de chacun de ces gaz si $V_m = 24\ L \cdot mol^{-1}$?

c. Quel est le volume molaire du dichlore dans les conditions où sa masse volumique est de $3{,}2\ g \cdot L^{-1}$?

d. Quelle est, dans les conditions de la question **c**, la masse volumique du chlorure d'hydrogène ?

e. D'après les résultats des questions **b**, **c** et **d**, les variations de la masse volumique et du volume molaire d'un gaz donné ont-elles lieu dans le même sens ou en sens contraire ?
Montrer que la relation entre masse volumique, masse molaire et volume molaire d'un gaz confirme la réponse.

● **32.** ★★ Un flacon contient 0,25 L de gaz propane C_3H_8 dans des conditions telles que la masse volumique du propane est $1{,}8\ g \cdot L^{-1}$.

a. Quelle masse de propane le flacon contient-il ?

b. Calculer la masse molaire du propane.

c. Déduire des résultats précédents la quantité de matière de propane dans le flacon.

d. Calculer le volume molaire du gaz dans les conditions envisagées.

e. Un flacon contient 0,25 L de gaz méthane CH_4 de masse volumique $0{,}67\ g \cdot L^{-1}$ dans les mêmes conditions que précédemment. Quel est le volume molaire du méthane dans ces conditions ?

aide

a. L'énoncé ne dit pas que l'on est dans des conditions où le volume molaire est connu. Utiliser la définition de la masse volumique.

c. Utiliser la relation entre n, m et M.

d. Utiliser la relation entre n, V et V_m.

e. Utiliser la loi d'Avogadro-Ampère.

Aller plus loin

● **33.** ★★ *Isotopes du magnésium*

a. Rechercher, dans le chapitre 4, les valeurs des masses d'un proton, d'un neutron et d'un électron.

b. Quelles sont les masses d'une mole de protons ? de neutrons ? d'électrons ?
Comparer les valeurs trouvées et conclure.

c. En déduire la masse d'une mole d'atomes de magnésium 24, sachant qu'un atome de magnésium 24 comporte 12 protons, 12 neutrons et 12 électrons.

d. Donner la masse d'une mole d'atomes de magnésium 25 et la masse d'une mole d'atomes de magnésium 26.

e. Le magnésium naturel est formé de 79 % de magnésium 24, 10 % de magnésium 25 et 11 % de magnésium 26. Déterminer sa masse molaire.

f. Comparer la valeur de la masse molaire précédente à celle que donne la classification périodique.

● **34.** ★★★ *État liquide, état gazeux*
L'éthanol est un alcool de formule chimique C_2H_6O, liquide à température ambiante et sous la pression atmosphérique normale.

a. Quelle est sa masse molaire ?

b. Dans les conditions envisagées, la masse volumique de l'éthanol est de $0{,}78\ g \cdot cm^{-3}$. Déterminer le volume occupé par une mole d'éthanol liquide dans ces conditions. (Rappel : $1\ cm^3 = 1\ mL$.)

c. L'éthanol est volatil : il passe facilement à l'état de vapeur. Sa température d'ébullition est de 78,3 °C sous la pression atmosphérique normale.
Le volume molaire est alors de $29\ L \cdot mol^{-1}$.
Quelle est la masse volumique de la vapeur d'éthanol ?

d. Comparer les volumes occupés par une mole, puis les masses volumiques, pour les deux états (liquide et vapeur) de l'éthanol. Conclure

● **35.** ★★★ *Mole d'ions*
L'étiquette d'une bouteille d'eau minérale d'un litre donne la minéralisation de l'eau en $mg \cdot L^{-1}$.

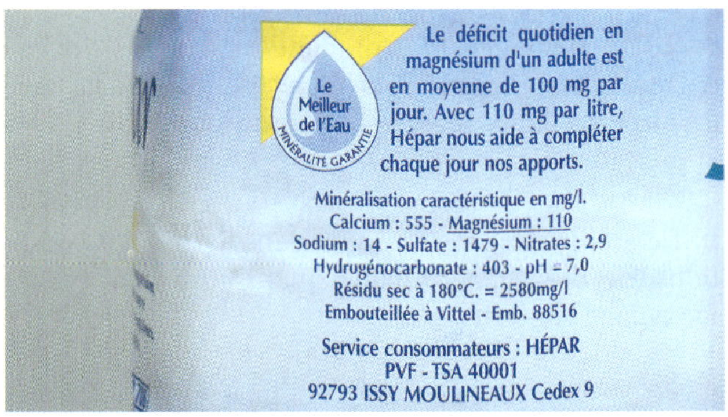

1. Quelles sont les formules chimiques des ions mentionnés sur l'étiquette de l'eau minérale ?

2. Déterminer la quantité de matière correspondant à chaque sorte d'ion dans un litre d'eau minérale.

3. a. Quelle est la quantité (en mole) de charges positives (+) apportées par les cations ?

b. Quelle est la quantité (en mole) de charges négatives (–) apportées par les anions ?

c. Comparer les quantités de charges positives et négatives puis conclure.

CONCENTRATION MOLAIRE

7

OBJECTIFS

- Savoir définir et calculer la concentration molaire d'une solution.
- Savoir maîtriser les opérations de dissolution, prélèvement et dilution.

Les marais salants sont des bassins d'eau de mer permettant d'obtenir le sel (chlorure de sodium) par évaporation. Lorsque l'eau s'évapore, la concentration en sel augmente jusqu'à une certaine limite au-delà de laquelle le sel se dépose. (Voir exercice 19.)

PLAN DU COURS

1 Sirop de menthe

Dans 5 tubes à essais numérotés de 1 à 5, on introduit 10 mL d'eau mesurés avec une éprouvette graduée.
On ajoute, au moyen d'un compte-gouttes, 5 gouttes de sirop de menthe verte dans le tube 1 ; 10 gouttes dans le tube 2 ; 15 dans le tube 3 ; 20 dans le tube 4 ; 25 dans le tube 5. On agite chaque tube (**Doc. 1**).

a. Peut-on dire que tous les tubes contiennent le même volume de boisson à la menthe précisément ? approximativement ?
b. La boisson du tube 1 est la moins concentrée en sirop de menthe, celle du tube 5 la plus concentrée. Que signifient ces expressions ?
c. Pourquoi peut-on dire que l'ensemble des tubes constitue une **échelle de teintes** ?
d. Comment faudrait-il procéder pour obtenir, après agitation, un litre d'une boisson analogue à celle du tube 1 ? du tube 5 ?

Dans un bécher, on introduit 30 mL d'eau et 21 gouttes de sirop de menthe. On souhaite comparer visuellement la boisson obtenue à celles des 5 tubes.

e. Prévoir où se situerait, dans l'échelle de teintes, un tube contenant 10 mL de la nouvelle boisson.
f. Pourquoi n'aurait-il pas été judicieux de comparer directement la couleur du contenu du bécher à celles de l'échelle de teintes ?

Doc. 1. Série de boissons à la menthe de plus en plus concentrées.

2 Sucre et eau sucrée

On prépare 200 mL d'eau sucrée en dissolvant dans de l'eau 50 g de saccharose $C_{12}H_{22}O_{11}$ (sucre ordinaire) de masse molaire 342 g · mol^{-1}. L'eau sucrée ainsi préparée est une **solution aqueuse** que l'on notera (S_1).

a. Quelle est la quantité de matière de saccharose utilisée pour préparer (S_1) ?

On appelle **concentration molaire** en saccharose de la solution considérée la quantité de matière de saccharose présente par litre de solution. La concentration molaire s'exprime en mole par litre (mol · L^{-1}).

b. Quelle est la concentration molaire en saccharose de (S_1) ?

On ajoute de l'eau à (S_1) pour obtenir 500 mL d'une solution (S_2). L'opération réalisée est une **dilution**.

c. Quelle est la quantité de matière de saccharose présente dans (S_2) ? Quelle est la concentration molaire en saccharose de (S_2) ?

À partir de (S_2), on réalise une **évaporation** de solvant (l'eau) par chauffage (**Doc. 1**). Le volume final de la solution notée (S_3) est 360 mL.

d. Quelle est la quantité de matière de saccharose présente dans (S_3) ? Quelle est la concentration molaire en saccharose de (S_3) ?

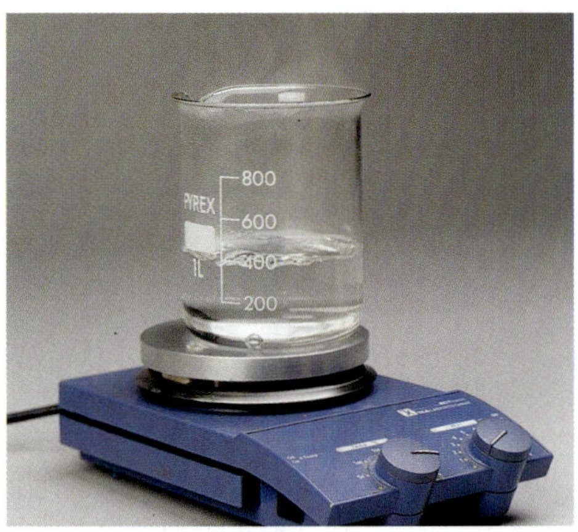

Doc. 1. Évaporation d'eau par chauffage de la solution (S_2) au moyen d'un agitateur chauffant.

3 TP Préparation de solutions aqueuses

Objectif

• Préparer des solutions de concentrations données par dissolution d'un solide et par dilution

Pour les mesures précises de volumes de liquides, on dispose du matériel suivant :
– fioles jaugées de 50 mL, 100 mL, 1 L ;
– pipettes jaugées de 5 mL, 10 mL et 20 mL.

1. Préparation d'une solution par dissolution d'un solide

À partir de glucose $C_6H_{12}O_6$ en poudre, on veut préparer $V = 0,100$ L d'une solution aqueuse (S_1) de glucose de concentration molaire $c_G = 0,100$ mol · L^{-1}.

$c_G = \frac{n_G}{V}$ où n_G est la quantité de matière de glucose (en mol) contenue dans le volume V (en L) de la solution.

a. Calculer la masse de glucose à peser.
b. Compte tenu de la précision souhaitée, utilisera-t-on une balance au g ? au dg ? au cg ?
c. Quelle fiole jaugée choisira-t-on pour préparer la solution (S_1) ?

F.M. 3 ▪ Préparer la solution en respectant le protocole expérimental suivant :
– peser le glucose dans une coupelle ;
– introduire le glucose dans la fiole jaugée en s'aidant d'un entonnoir ;
– rincer la coupelle et l'entonnoir en introduisant l'eau de rinçage dans la fiole ;
– remplir aux trois quarts la fiole avec de l'eau, boucher ;
– agiter pour dissoudre le glucose ;
– compléter la fiole avec de l'eau jusqu'au trait de jauge, boucher et agiter par renversement.

2. Préparation d'une solution par dilution

À partir de la solution (S_1), on veut préparer 50,0 mL d'une solution (S_2) de glucose, de concentration molaire $1,00 \cdot 10^{-2}$ mol · L^{-1}.

a. Quelle quantité de matière de glucose y aura-t-il dans 50,0 mL de solution (S_2) ?
b. Quel est le volume V_1 de solution (S_1) susceptible d'apporter cette quantité de matière ?
c. Choisir, dans le matériel dont on dispose, la verrerie nécessaire à la préparation de la solution (S_2).

F.M. 3 ▪ Préparer la solution (S_2) en respectant le protocole expérimental suivant :
– introduire un peu de solution (S_1) dans un bécher car on n'effectue jamais un prélèvement directement dans une fiole jaugée ;
– prélever le volume de solution (S_1) déterminé en **2.b** au moyen de la pipette jaugée appropriée, munie d'un dispositif d'aspiration ;
– verser le prélèvement dans la fiole jaugée appropriée ;
– remplir aux trois quarts la fiole avec de l'eau et agiter ;
– compléter la fiole avec de l'eau jusqu'au trait de jauge, boucher et agiter par renversement.

3. Comparaison des solutions

▪ Verser dans deux tubes à essais des volumes égaux de chacune des solutions (S_1) et (S_2). Ajouter au contenu de chaque tube quelques millilitres de réactif de Fehling et chauffer modérément (**Doc. 1**).

a. Noter les observations.
b. Rappeler l'intérêt d'un test au réactif de Fehling.
c. Comparer les quantités de matière de glucose présentes dans chacun des deux tubes. En déduire une explication aux différences observées lors de la réalisation des deux tests.

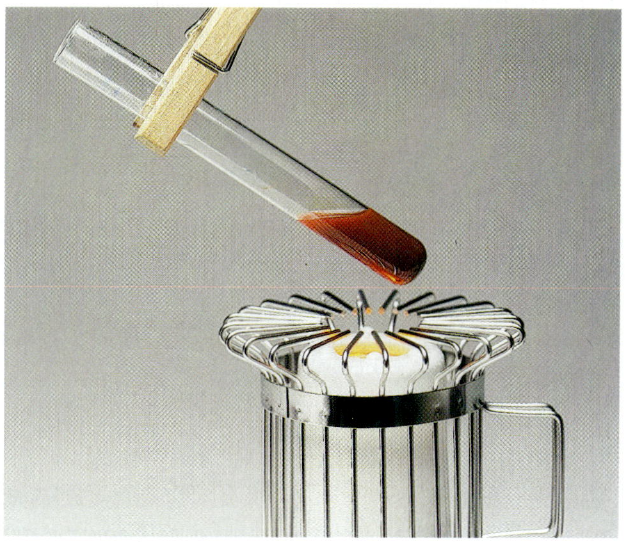

Doc. 1. Test au réactif de Fehling.

Voir exercice 22

4 Concentration et parfumerie

Objectif

- Mettre en œuvre la relation entre concentration molaire, quantité de matière de soluté dissous et volume d'une solution dans le cas d'une dilution ou d'un prélèvement

1. Eau alcoolisée et dilution

On prépare un volume $V = 0{,}200$ L d'une eau alcoolisée à partir d'eau et de $V_A = 14{,}4$ mL soit $n_A = 0{,}250$ mol d'éthanol.
La concentration molaire c_A en éthanol de la solution préparée est (en $\text{mol} \cdot \text{L}^{-1}$) $c_A = \dfrac{n_A}{V}$.

a. Déterminer cette concentration molaire.
b. En ajoutant de l'eau à la solution précédente, on double son volume.
Quel est le volume V' de la nouvelle solution ?
c. Quelle est la quantité de matière n'_A d'éthanol dans la nouvelle solution ?
d. Quelle est la concentration c'_A en éthanol de la nouvelle solution ?

2. Solutions odorantes et prélèvement

Dans un erlenmeyer, on laisse macérer pendant plusieurs heures 80 g de pétales de rose dans 200 mL d'hexane. Cette opération a pour but d'extraire les espèces chimiques odorantes des roses, comme le nérol, le géraniol et surtout le phényléthanol $C_8H_{10}O$. Elle est réalisée en parfumerie avec des tonnes de pétales de fleurs (**Doc. 1**).

Doc. 1. Utilisation de pétales de roses dans l'industrie des parfums.

a. Quelle est l'opération la plus simple à réaliser après la macération pour obtenir une solution homogène (S) des espèces chimiques odorantes ?
b. Quel est le solvant de la solution (S) ?
c. Pourquoi les données dont on dispose ne sont-elles pas suffisantes pour déterminer la concentration molaire en phényléthanol de la solution (S) ? Justifier la réponse.

On souhaite séparer les espèces chimiques odorantes du solvant, qui a la propriété d'être volatil.

d. Rappeler la définition du terme « volatil ».
e. Proposer une méthode permettant la séparation.

Après avoir réalisé la séparation, on obtient 0,20 g d'un résidu solide, la concrète, qui contient 70 % en masse de phényléthanol.

f. Quelle était la concentration molaire en phényléthanol de la solution (S), de volume 150 mL ?

On dissout la concrète dans de l'éthanol de façon à obtenir 100 mL d'une solution (S′).

g. Quelle est la concentration molaire en phényléthanol de la solution (S′) ?

La solution (S′) subit des traitements conduisant à l'absolue, nouvelle solution concentrée d'espèces chimiques odorantes qui sert à fabriquer des parfums. Pour réaliser un test, on verse dans un bécher une dizaine de millilitres de la solution (S′).

h. La quantité de matière de phényléthanol du prélèvement introduit dans le bécher est-elle inférieure, supérieure ou égale à la quantité de matière de phényléthanol dans la solution (S′) ?
i. La concentration en phényléthanol du prélèvement est-elle inférieure, supérieure ou égale à celle de la solution (S′) ?

1 Dissolution d'une espèce chimique

1.1. Définitions

Lorsqu'une espèce chimique est dissoute dans l'eau, on obtient une *solution aqueuse*. L'espèce chimique, une fois dissoute, est le *soluté*. L'eau est le *solvant*.

Dans une solution, la quantité de matière de soluté est toujours très inférieure à celle de solvant.
On peut dissoudre dans l'eau des espèces chimiques solides (sucre), liquides (alcool) ou gazeuses (gaz ammoniac).

Une solution est *homogène* si le soluté est uniformément réparti dans toute la solution. Pour être homogène, une solution doit avoir été agitée.

Des échantillons de solution, qu'ils soient prélevés en surface ou au fond, ont la même composition (**Doc. 1.b**).

1.2. Solution saturée

Une solution dans laquelle, après agitation, tout le solide introduit n'est pas dissous, est une solution saturée.

Exemples

- L'eau de chaux est préparée en ajoutant de la chaux en poudre à de l'eau. Après agitation, s'il reste de la chaux visible, donc non dissoute, la solution est **saturée** en chaux. L'eau de chaux limpide, utilisée lors du test de reconnaissance du dioxyde de carbone, est obtenue par filtration du mélange.
- Une solution saturée peut aussi être obtenue à partir d'une solution non saturée par évaporation d'une partie suffisante du solvant (**Doc. 2**).

Une espèce chimique qui ne se dissout pratiquement pas dans l'eau est dite insoluble dans l'eau. On peut considérer que la saturation de la solution est atteinte alors que la quantité dissoute est infime.

1.3. Séparation du soluté et du solvant

La séparation du soluté et du solvant n'est pas réalisable par filtration. Ainsi, la filtration d'eau de mer conduit à une eau toujours aussi salée. Le filtre peut retenir des particules solides, des poussières en suspension, des bactéries, etc., mais pas le soluté.

Pour séparer le soluté du solvant, il faut effectuer une distillation ou une simple évaporation. Si le solvant est plus volatil que le soluté, le solvant est alors éliminé.

Exemple. Dans les marais salants (page 115), l'eau de mer est entreposée à l'air. L'eau s'évapore et le sel solide se dépose, séparé ainsi du solvant.

Attention à l'orthographe :
- le sucre se dissout,
- le sucre est dissous,
- l'urée est dissoute.

Doc 1. a. Dissolution dans l'eau d'un solide coloré.
b. Après agitation la coloration est uniforme. La solution est homogène.

Doc. 2. Solution saturée de sucre obtenue par évaporation d'une partie de l'eau.

1.4. Aspect microscopique des solutions

Une solution peut contenir des molécules ou des ions.

Une solution aqueuse **moléculaire** renferme des molécules d'eau et des molécules de soluté.

▌*Exemple.* Une solution aqueuse de saccharose renferme des molécules de saccharose (sucre ordinaire de formule $C_{12}H_{22}O_{11}$) dispersées parmi des molécules d'eau.
Une solution aqueuse **ionique** renferme des ions (anions et cations en quantités telles que l'électroneutralité de la solution soit respectée) dispersés parmi des molécules d'eau.

▌*Exemple.* L'eau salée renferme des ions sodium Na^+ et des ions chlorure Cl^- (en nombres égaux) dispersés parmi des molécules d'eau.
Le **Doc. 3** donne une représentation microscopique des divers cas rencontrés lors de l'introduction d'un solide moléculaire dans un liquide.

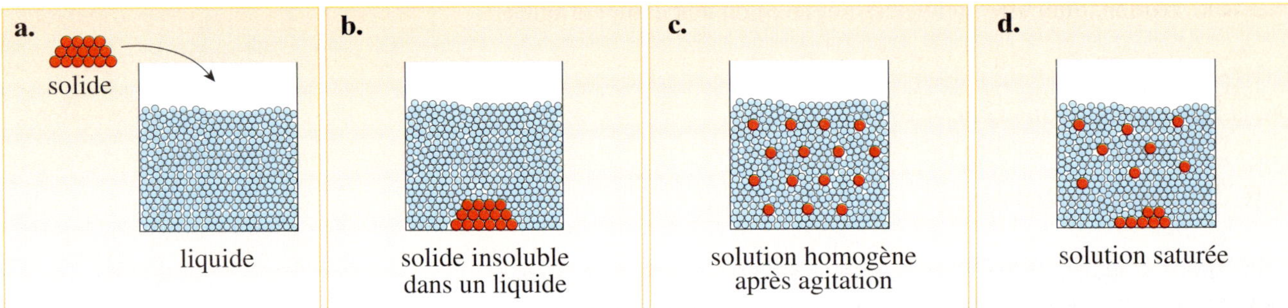

Doc. 3. Divers cas rencontrés lors de l'introduction d'un solide moléculaire dans un liquide.
Chaque boule bleue représente une molécule de solvant et chaque boule rouge une molécule de solide (cas **a**, **b**, **d**) ou de soluté (cas **c**, **d**).

2 Concentration molaire

Pour étudier et comparer des solutions, la grandeur « quantité de matière » (en mole) est insuffisante. Par exemple, lorsqu'on introduit un morceau de sucre dans un verre d'eau ou dans une carafe d'eau, on obtient après agitation deux boissons de goûts différents. Il y a pourtant la même quantité de matière dissoute dans les deux cas.

Lors d'une dissolution, la masse de la solution est égale à la somme des masses de l'espèce chimique dissoute et du solvant mais le volume de la solution n'est pas égal à la somme des volumes de l'espèce chimique dissoute et du solvant.

2.1. Définition

La concentration molaire d'une espèce chimique en solution est la quantité de matière de soluté présente par litre de *solution*.

Attention ! La définition de la concentration molaire fait intervenir un litre de solution et non pas de solvant car la dissolution d'une espèce chimique dans un solvant s'accompagne généralement d'une variation de volume.

Si n est la quantité de matière de soluté et si V est le volume de solution, la concentration molaire en soluté de la solution est définie par la relation :

$$c = \frac{n}{V} \quad \begin{array}{l} n \text{ en mol} \\ V \text{ en L} \\ c \text{ en mol} \cdot \text{L}^{-1} \end{array}$$

$c = \frac{n}{V}$ ou $n = c \times V$

Il y a deux façons de noter la concentration molaire d'une espèce chimique, de formule chimique X, en solution : c_X ou $[X]$.

Voir activités 1, 2, 3 et 4

Exemple. $[I_2] = 0{,}020 \text{ mol} \cdot \text{L}^{-1}$ signifie que la concentration molaire de l'espèce chimique moléculaire diiode en solution vaut $0{,}020 \text{ mol} \cdot \text{L}^{-1}$ donc qu'il y a 0,020 mol de molécules de diiode dans un litre de solution.

La notion de concentration molaire s'applique également aux ions en solution.

Exemple : concentration molaire en ions cuivre $[Cu^{2+}]$; concentration molaire en ions permanganate $[MnO_4^-]$; etc.

On utilise parfois la **concentration massique** (en $\text{g} \cdot \text{L}^{-1}$) d'une entité chimique en solution. Elle est égale à la masse de soluté présente par litre de solution.

2.2. Calcul d'une concentration molaire

Le calcul d'une concentration molaire nécessite la connaissance de la **quantité de matière dissoute** et du **volume de la solution**.

Exemple. On prépare une solution aqueuse d'éthanol (alcool ordinaire) de volume $V = 0{,}125$ L par dissolution dans de l'eau de 0,020 mol d'éthanol.
La concentration molaire en éthanol de la solution est donc :

$$c = \frac{n}{V} = \frac{0{,}020}{0{,}125} = 0{,}16 \text{ mol} \cdot \text{L}^{-1}$$

Si l'on connaît la **masse m de soluté** et pas sa quantité de matière, il faut calculer cette dernière en faisant intervenir la masse molaire M.

Exemple. On dissout $m = 5{,}4$ g de glucose $C_6H_{12}O_6$ dans de l'eau. Le volume de la solution obtenue est $V = 50$ mL.
Il faut déterminer la quantité de matière n de glucose correspondant à la masse $m = 5{,}4$ g.
La masse molaire M du glucose est $180 \text{ g} \cdot \text{mol}^{-1}$. La quantité de matière de glucose est donc :

$$n = \frac{m}{M} = \frac{5{,}4}{180} = 0{,}030 \text{ mol}$$

On peut alors calculer la concentration molaire en glucose de la solution :

$$c = \frac{n}{V} = \frac{0{,}030}{0{,}050} = 0{,}60 \text{ mol} \cdot \text{L}^{-1}$$

Remarque. On peut aussi déterminer la concentration massique C_m de la solution :

$$C_m = \frac{m}{V} = \frac{5{,}4}{0{,}050} = 1{,}1 \cdot 10^2 \text{ g} \cdot \text{L}^{-1}$$

➤ Voir exercices 9, 15 et 18

3 Préparation de solutions

La préparation d'une solution fait intervenir diverses opérations, telles que prélèvement ou dilution.

F.M. 2 F.M. 3 On se reportera aux fiches méthode 2 et 3 pour la verrerie de laboratoire nécessaire à la préparation des solutions et pour la mise en œuvre des protocoles expérimentaux.

3.1. Prélèvement de solution

Si l'on souhaite utiliser une partie seulement d'une solution, on doit effectuer un prélèvement (**Doc. 4**).

La concentration en soluté est la même dans un prélèvement et dans la solution initiale, si celle-ci est homogène.

Exemple. On dispose de 500 mL d'une solution homogène contenant $0{,}010 \text{ mol} \cdot \text{L}^{-1}$ de diiode.
Un prélèvement de 20 mL de cette solution est une solution dont la concentration est également $0{,}010 \text{ mol} \cdot \text{L}^{-1}$. La quantité de matière (en mole) de diiode est bien sûr plus petite dans les 20 mL prélevés que dans les 500 mL.

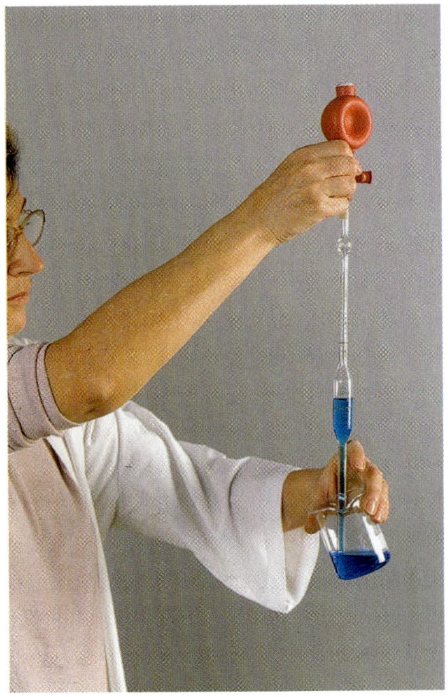

Doc. 4. Prélèvement réalisé au moyen d'une pipette jaugée.

3.2. Dilution d'une solution

Lorsqu'on ajoute du solvant à une solution, on dit qu'on la dilue.

Lors d'une dilution, la concentration molaire du soluté diminue, mais sa quantité de matière ne change pas.

Exemple. On dilue $V_0 = 25$ mL d'une solution d'ammoniac NH_3 de concentration $c_0 = 0{,}20 \text{ mol} \cdot \text{L}^{-1}$ en ajoutant de l'eau pour obtenir $V_1 = 100$ mL de solution diluée (S_1) de concentration c_1.
On souhaite déterminer c_1.
La quantité de matière d'ammoniac n_{NH_3} est la même dans les 25 mL de solution (S_0) et dans les 100 mL de la solution diluée (S_1) :

$$n_{NH_3} = c_0 \times V_0 = c_1 \times V_1$$

La concentration molaire de la solution (S_1) est :

$$c_1 = \frac{c_0 \times V_0}{V_1} = \frac{0{,}20 \times 0{,}025}{0{,}100} = 5{,}0 \cdot 10^{-2} \text{ mol} \cdot \text{L}^{-1}$$

Le **Doc. 5** illustre une dilution d'un point de vue microscopique. Le nombre de molécules de soluté est le même avant et après dilution.

Remarque. L'opération inverse de la dilution consiste à « concentrer » une solution. La quantité de matière reste constante. On procède par évaporation du solvant ; le solvant doit alors être plus volatil que le soluté. La solution se sature généralement en cours d'opération.

➤ **Voir exercice 22**

Obtention d'une solution (S_1) par dilution d'une solution (S_0) :
$c_1 V_1 = c_0 V_0$ et $c_1 < c_0$

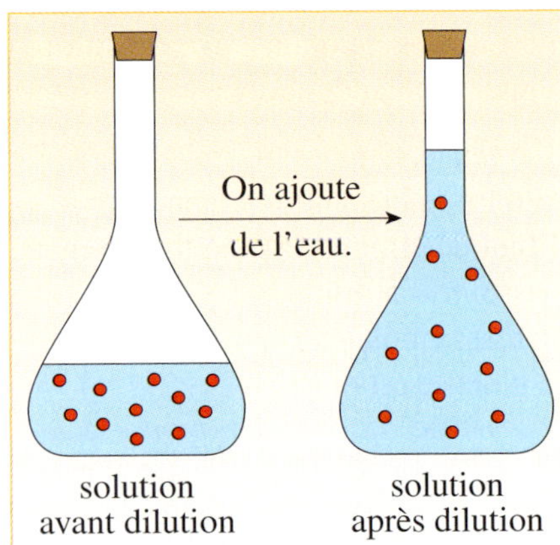

Doc. 5. Dilution d'une solution. Les points rouges représentent les molécules de soluté. Leur nombre est le même avant et après dilution.

Voir activités 2 et 3

Voir activité 5

essentiel

Soluté, solvant, solution

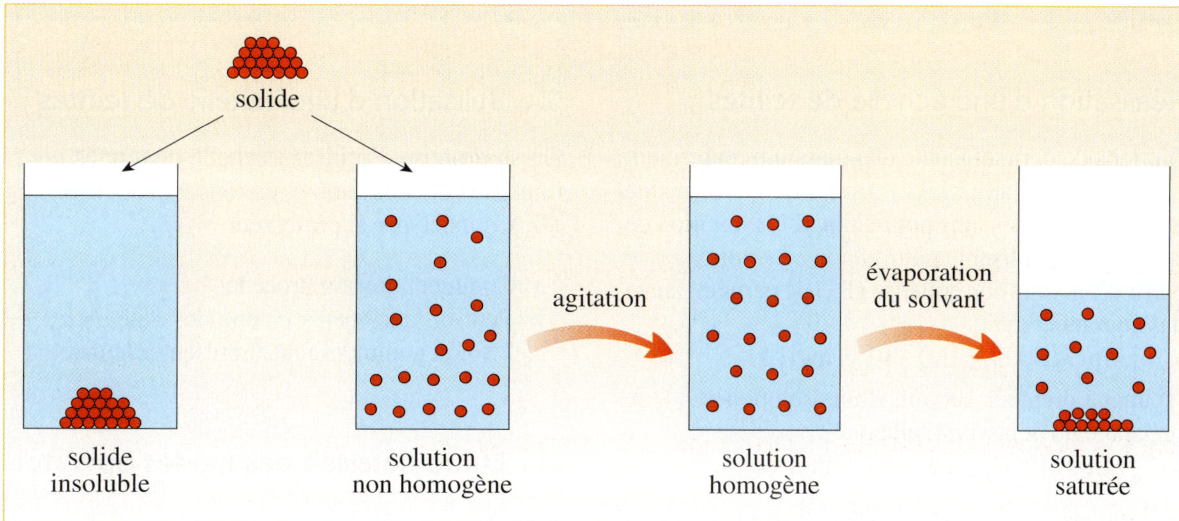

Concentration molaire

Une solution est caractérisée par son volume V, par la quantité de matière n de soluté qu'elle renferme et par sa concentration molaire c. Ces trois grandeurs sont liées par la relation :

$$c = \frac{n}{V}$$

c en mol · L^{-1}
n en mol
V en L

Prélèvement et dilution

Prélèvement

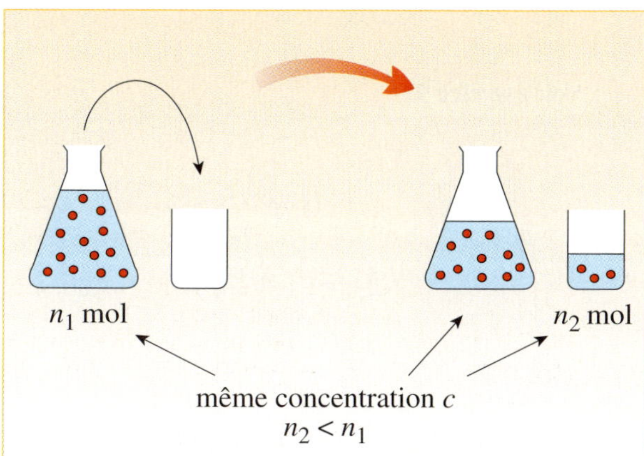

Dilution

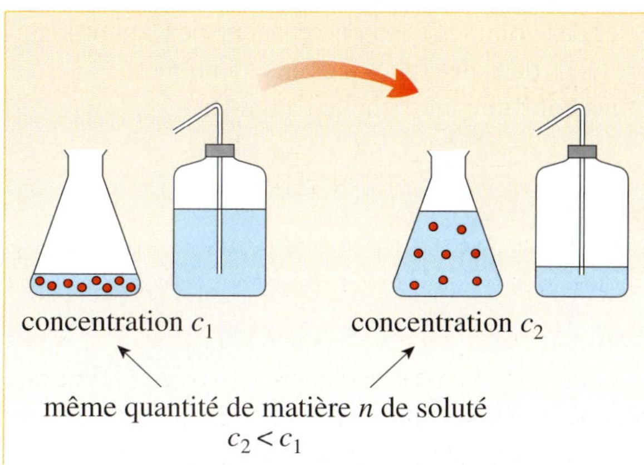

5 TP Échelle de teintes

Objectif
- Réaliser et utiliser une échelle de teintes

1. Réalisation d'une échelle de teintes

Les solutions de permanganate de potassium renferment des ions permanganate MnO_4^- (qui leur donnent une couleur violette) et des ions potassium K^+. La notion de concentration est utilisable pour un ion en solution.

- À partir d'une solution aqueuse (S_0) de permanganate de potassium telle que :

$$[MnO_4^-] = c_0 = 2{,}0 \cdot 10^{-1}\ mol \cdot L^{-1}$$

- on souhaite préparer 100 mL d'une solution (S_1) de permanganate de potassium telle que :

$$[MnO_4^-] = c_1 = 2{,}0 \cdot 10^{-3}\ mol \cdot L^{-1}$$

a. Indiquer par écrit le mode opératoire de la préparation de la solution (S_1), en suivant les étapes correspondant aux schémas non légendés du **Doc. 1**.

- À partir de la solution (S_1), on veut préparer une série de solutions (S_2) à (S_5) dont les concentrations sont données dans le tableau ci-dessous. On dispose d'une burette graduée et de fioles jaugées de 100 mL.

(S_2)	$c_2 = [MnO_4^-] = 1{,}0 \cdot 10^{-3}\ mol \cdot L^{-1}$
(S_3)	$c_3 = [MnO_4^-] = 7{,}0 \cdot 10^{-4}\ mol \cdot L^{-1}$
(S_4)	$c_4 = [MnO_4^-] = 4{,}0 \cdot 10^{-4}\ mol \cdot L^{-1}$
(S_5)	$c_5 = [MnO_4^-] = 1{,}0 \cdot 10^{-4}\ mol \cdot L^{-1}$

b. Pour chacune des solutions à préparer, déterminer le volume de solution (S_1) à prélever.

- Préparer les solutions. Étiqueter les récipients.
- Verser des volumes égaux de chacune des 6 solutions (S_0) à (S_5) dans des tubes à essais identiques.

On a ainsi constitué une échelle de teintes.

2. Utilisation d'une échelle de teintes

On se propose d'utiliser l'échelle de teintes pour déterminer la concentration c_x en ions MnO_4^- d'une solution (S_x) donnée par le professeur.

a. Comment doit-on procéder ?
b. Peut-on attribuer à c_x une des valeurs c_0, c_1, …, c_5 ? Sinon comment faut-il présenter le résultat ?

3. Étude détaillée des modes opératoires

a. Pour le mode opératoire indiqué à la question **a** de la partie **1**, préciser la (ou les) opération(s) qui correspond(ent) à un prélèvement et celle(s) qui correspond(ent) à une dilution.
b. Pour fabriquer et utiliser l'échelle de teintes, on a utilisé des tubes à essais identiques, donc de même diamètre, et des volumes égaux de solutions. Aurait-on pu utiliser des tubes ou récipients de tailles différentes ? des volumes inégaux de solutions ? Comment pourrait-on vérifier expérimentalement la réponse ?
c. L'échelle de teintes fabriquée précédemment permet-elle de déterminer la concentration en éosine d'une solution rose d'éosine ? Que faudrait-il faire pour déterminer par cette technique la concentration inconnue d'une solution d'éosine ?
d. Pourrait-on utiliser la technique de l'échelle de teintes pour déterminer la concentration en sel de l'eau de mer ? Justifier la réponse.

Voir exercice 25

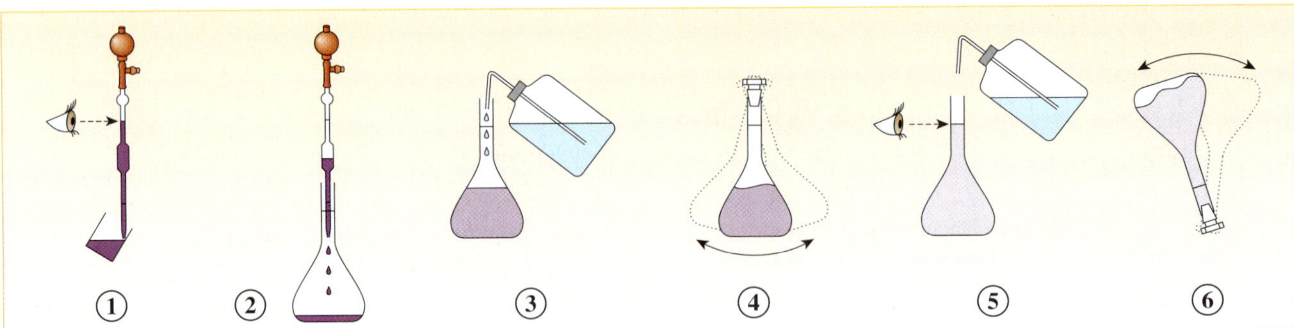

Doc. 1. Diverses étapes de la préparation d'une solution par dilution.

6 DOCUMENT Solutions et concentrations

Objectif

- Connaître et utiliser les valeurs des concentrations molaires de quelques solutions courantes de la vie quotidienne

Les concentrations interviennent quotidiennement dans notre vie dans des domaines très variés : boissons, diététique, analyses médicales, pollution des eaux...

Les faibles concentrations peuvent s'exprimer en millimole par litre (mmol · L^{-1}). Le tableau du **Doc. 1** donne quelques valeurs de concentrations molaires.

Solution	Soluté	Concentration en soluté	Commentaire
Sirop de sucre	Saccharose	$[C_{12}H_{22}O_{11}] = 6$ mol · L^{-1}	La forte concentration est responsable de l'aspect sirupeux.
Vin	Éthanol	$[C_2H_6O] = 2$ à 4 mol · L^{-1}	La concentration dépend du degré du vin. Le vin contient d'autres espèces chimiques.
Sang	Glucose Cholestérol Urée Éthanol	$[C_6H_{12}O_6] = 3,9$ à 6,1 mmol · L^{-1} $[C_{27}H_{46}O] = 3,6$ à 6,5 mmol · L^{-1} $[C_4H_7N_3O] = 1,8$ à 4,4 mmol · L^{-1} $[C_2H_6O] = 0$ mol · L^{-1}	Le sang renferme de nombreuses espèces chimiques dissoutes. Sauf après absorption d'une boisson alcoolisée.
Eaux minérales • St-Yorre • Hépar	Ions	• $[Na^+] = 7,4 \cdot 10^{-2}$ mol · L^{-1} • $[Na^+] = 6,1 \cdot 10^{-4}$ mol · L^{-1}	La concentration d'une sorte d'ions varie beaucoup d'une eau minérale à l'autre.
Eau potable (maximum toléré)	Ions nitrate Ions cyanure Mercure	$[NO_3^-] = 8 \cdot 10^{-4}$ mol · L^{-1} $[CN^-] = 2 \cdot 10^{-6}$ mol · L^{-1} $5 \cdot 10^{-9}$ mol · L^{-1}	Les nitrates proviennent entre autres de l'usage abusif des engrais.

Doc. 1. Quelques valeurs de concentrations molaires.

De nombreux tests biologiques utilisent la technique des échelles de teintes. Une bandelette-test, plongée dans la solution étudiée puis comparée à une référence fournie par le fabricant, permet de déterminer rapidement (mais approximativement) la concentration d'une espèce chimique ou d'un ion en solution (**Doc. 2**).

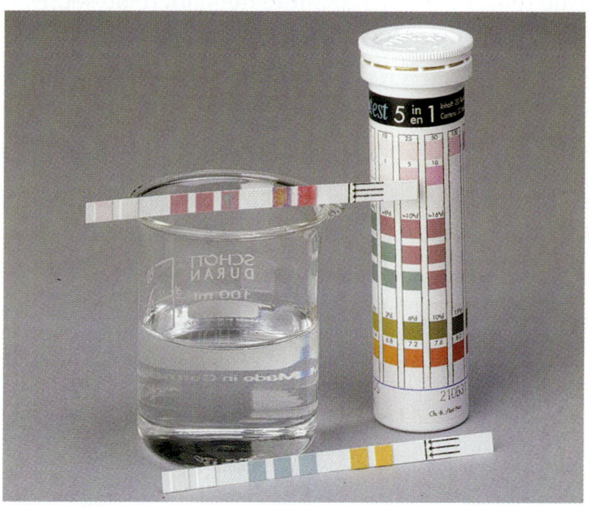

Doc. 2. Vérification de la qualité de l'eau d'un aquarium à partir d'un prélèvement (concentration en ions nitrate NO_3^-, nitrite NO_2^-, etc.).

a. À température ambiante, la solubilité maximale du saccharose dans l'eau est d'environ 2 kg par litre de solution. Quelle est la concentration molaire maximale d'une solution de saccharose ? Comparer cette concentration à celle du sirop de sucre du **Doc. 1**.

b. Le degré d'un vin représente le pourcentage en masse d'alcool : dans un vin à 12°, il y a 12 g d'éthanol dans 100 g de vin. La masse volumique du vin étant de 0,99 g · cm^{-3}, quelle est la concentration molaire en éthanol d'un vin à 12° ? La valeur trouvée est-elle conforme aux renseignements fournis par le **Doc. 1** ?

c. Les résultats d'une analyse de sang sont souvent exprimés en g · L^{-1}. En utilisant les données du **Doc. 1**, déterminer la concentration massique maximale du sang en glucose, en cholestérol et en urée pour un sujet en bonne santé.

d. L'eau minérale Hépar contient 2,9 mg par litre d'ions nitrate NO_3^-. Quelle est la concentration molaire en ions nitrate de cette eau ? Vérifier en utilisant le **Doc. 1** qu'il s'agit bien d'une eau potable.

e. Utilisera-t-on les mêmes bandelettes que celles du **Doc. 2** pour déterminer la concentration en glucose de l'urine ?

Exercice résolu

L'eau sucrée

Énoncé

On prépare 200 mL d'eau sucrée en dissolvant, dans l'eau, deux morceaux de sucre (saccharose $C_{12}H_{22}O_{11}$).

a. Une boîte de sucre d'un kilogramme renferme trois couches de morceaux de sucre. Chaque couche comporte quatre rangées de quinze morceaux de sucre. En déduire la masse d'un morceau de sucre.

b. Quelle est la concentration molaire en sucre de la solution obtenue ?

c. Quel volume de la solution précédente faut-il utiliser pour préparer 200 mL d'eau sucrée de concentration molaire en sucre égale à $0{,}020\ \text{mol} \cdot \text{L}^{-1}$?

d. On prépare maintenant 200 mL de solution au même goût sucré que la solution de la question **b** en introduisant dans l'eau de l'aspartame $C_{14}H_{18}O_5N_2$. La solution d'aspartame est alors 220 fois moins concentrée que celle de sucre. Quelle masse d'aspartame faut-il utiliser pour préparer une telle solution ?

Conseils

b. Il est d'abord nécessaire de calculer la quantité de matière de sucre apportée par les deux morceaux.

c. Il s'agit d'une dilution. La quantité de matière apportée par le prélèvement de solution initiale se retrouve dans la nouvelle solution : la quantité de matière se conserve lors d'une dilution.

d. La concentration molaire de la solution d'aspartame est 220 fois plus faible que la concentration molaire de la solution de sucre préparée à la question b. Dans un même volume, la quantité de matière d'aspartame est 220 fois plus faible que la quantité de matière de sucre.

Résolution

a. La boîte de sucre contient $3 \times 4 \times 15 = 180$ morceaux de sucre.

Chaque morceau de sucre a pour masse $\dfrac{1\ 000}{180} = 5{,}56\ \text{g}$.

b. La masse de sucre utilisée est $m = 2 \times 5{,}56 = 11{,}1\ \text{g}$.
La masse molaire du saccharose est :

$$M = (12 \times 12{,}0) + (22 \times 1{,}0) + (11 \times 16{,}0) = 342\ \text{g} \cdot \text{mol}^{-1}$$

La quantité de matière de saccharose introduite est :

$$n = \frac{m}{M} = \frac{11{,}1}{342} = 3{,}25 \cdot 10^{-2}\ \text{mol}$$

Le volume de la solution est $V_0 = 200\ \text{mL}$ soit 0,200 L.
La concentration molaire en sucre de la solution est donc :

$$c = \frac{n}{V_0} = \frac{3{,}25 \cdot 10^{-2}}{0{,}200} = 0{,}163\ \text{mol} \cdot \text{L}^{-1}$$

c. Soit V le volume à prélever de solution de concentration c. La solution à préparer a pour volume $V' = 200\ \text{mL} = 0{,}200\ \text{L}$ et pour concentration $c' = 0{,}020\ 0\ \text{mol} \cdot \text{L}^{-1}$. Elle renfermera une quantité de matière de sucre :

$$n' = c' \times V' = 0{,}020\ 0 \times 0{,}200 = 4{,}00 \cdot 10^{-3}\ \text{mol}$$

Cette quantité de matière n' est apportée par un volume V de solution initiale de concentration c. Donc :

$$n' = c \times V \quad \text{et} \quad V = \frac{n'}{c} = \frac{4{,}00 \cdot 10^{-3}}{0{,}163} = 2{,}45 \cdot 10^{-2}\ \text{L} \quad \text{soit} \quad V = 24{,}5\ \text{mL}$$

d. La quantité de matière de sucre dans 200 mL d'eau sucrée est $3{,}25 \cdot 10^{-2}\ \text{mol}$. Dans 200 mL de solution d'aspartame, la quantité de matière d'aspartame est 220 fois plus faible :

$$n_A = \frac{3{,}25 \cdot 10^{-2}}{220} = 1{,}48 \cdot 10^{-4}\ \text{mol}$$

La masse molaire de l'aspartame est :

$$M_A = (14 \times 12{,}0) + (18 \times 1{,}0) + (5 \times 16{,}0) + (2 \times 14{,}0) = 294\ \text{g} \cdot \text{mol}^{-1}$$

La masse d'aspartame à dissoudre est :

$$m_A = n_A \times M_A = 1{,}48 \cdot 10^{-4} \times 294 = 4{,}35 \cdot 10^{-2}\ \text{g} \quad \text{soit} \quad m_A = 43{,}5\ \text{mg}.$$

Exercices

Les masses molaires attribuées aux éléments chimiques, nécessaires pour résoudre certains exercices, sont à chercher dans la classification périodique.

Tester ses connaissances

1. Dans une solution aqueuse de glucose, quel est le soluté ? quel est le solvant ?

2. Qu'appelle-t-on solution homogène ?

3. Définir la concentration molaire d'une espèce chimique moléculaire en solution.
Préciser l'unité.

4. Schématiser une pipette jaugée à un trait et une fiole jaugée.

5. Quelle relation existe-t-il entre la concentration molaire en soluté d'une solution, le volume de la solution et la quantité de matière de soluté ?

6. Comment calcule-t-on la concentration molaire d'une espèce chimique en solution connaissant sa masse, sa masse molaire et le volume de la solution ?

7. Faire la liste du matériel nécessaire pour préparer un litre d'une solution aqueuse de concentration molaire c par dissolution d'un solide dans l'eau. Indiquer le mode opératoire.

8. Faire la liste du matériel nécessaire pour préparer un litre de solution diluée de concentration c_1 à partir d'une solution de concentration $c_0 > c_1$. Peut-on réaliser la préparation si $c_0 < c_1$?

Appliquer ses connaissances

Concentration molaire

9. ✶ Déterminer la concentration molaire de chacune des solutions suivantes :

a. 100 mL de solution d'acétone contenant 0,050 mol d'acétone C_3H_6O ;

b. 2,0 L de solution de glucose contenant 1,5 mol de glucose $C_6H_{12}O_6$;

c. 2,0 L de solution de saccharose contenant 1,5 mol de saccharose $C_{12}H_{22}O_{11}$;

d. 200 mL de solution de diiode préparée à partir de 5,0 g de cristaux de diiode I_2.

10. ✶ La notice d'une boîte d'aspirine 500 vitaminée indique qu'un comprimé contient 500 mg d'aspirine (acide acétylsalicylique $C_9H_8O_4$) et 200 mg de vitamine C (acide ascorbique $C_6H_8O_6$).

a. Déterminer les masses molaires de l'aspirine et de la vitamine C.

b. Déterminer les quantités de matière d'aspirine et de vitamine C présentes dans 150 mL de solution obtenue par dissolution d'un comprimé dans un verre d'eau.

c. Déterminer les concentrations molaires en aspirine et en vitamine C dans la solution envisagée précédemment.

11. ✶ Le vin est une solution dont le solvant est l'eau et qui renferme de nombreux solutés dont l'éthanol C_2H_6O (alcool ordinaire).
Un vin contient 2,6 moles d'éthanol par litre.

a. Quelle masse d'éthanol y a-t-il dans une bouteille de 0,75 L d'un tel vin ?

b. Quelle est la concentration molaire de l'éthanol dans un verre de ce vin (0,10 L) ?

c. Quelle est la concentration molaire de l'éthanol si l'on met moitié vin et moitié eau, le volume total étant de 0,10 L ?

12. ✶ L'urée CH_4N_2O est une matière organique azotée présente dans l'urine.
C'est la première espèce chimique organique qui fut synthétisée (en 1828).

a. Quelle est la masse molaire de l'urée ?

b. Quelles sont la quantité de matière et la masse d'urée nécessaires pour préparer 200 mL de solution d'urée de concentration molaire $0{,}50\ \text{mol} \cdot \text{L}^{-1}$?

c. Quelle est la concentration massique de la solution considérée à la question **b** ?

13. ✶✶ On dissout, dans du cyclohexane, $2{,}00 \cdot 10^{-2}$ mol de diiode I_2 afin d'obtenir 250 mL de solution.

a. Quelle est la masse molaire du diiode ?

b. Quelle masse de diiode a-t-il fallu peser pour préparer la solution ?

c. Quelle quantité de matière de diiode aurait-il fallu utiliser pour préparer un litre de solution de même concentration ?

d. Quelle masse de diiode aurait-il fallu peser pour préparer un litre de solution de même concentration ?

e. Quelle est la concentration molaire de la solution ?

f. Quelle est la concentration massique de la solution ?

● **14.** ★★ La préparation d'un litre de limonade fait intervenir en particulier 10,0 g de saccharose $C_{12}H_{22}O_{11}$, 22,0 g de glucose $C_6H_{12}O_6$ et 3,50 g d'un acidifiant, l'acide citrique $C_6H_8O_7$ (désigné par le code alimentaire E 330).

a. Quelles sont les quantités de matière de saccharose, de glucose et d'acide citrique dans un litre de limonade ?

b. Quelles sont les concentrations molaires des espèces chimiques considérées dans la limonade ?

c. Quelles sont les quantités de matière de saccharose, de glucose et d'acide citrique dans un verre contenant 180 mL de limonade ?

d. On dissout un morceau de sucre (saccharose) de masse 5,00 g dans 180 mL de limonade. Il n'y a pas de variation notable de volume.
Quelles sont les concentrations en saccharose, en glucose et en acide citrique de la boisson contenue dans le verre ?

aide

a. Commencer par calculer les masses molaires de chacune des espèces chimiques.

b. Revoir la définition de la concentration molaire page 120.

c. Pour une solution de concentration donnée en soluté, la quantité de matière de soluté est proportionnelle au volume de la solution.

d. Seule la concentration molaire en saccharose change. Calculer la quantité de matière totale de saccharose dans la nouvelle boisson.

● **15.** ★★ Le vinaigre à 8° est une solution aqueuse contenant essentiellement, en plus du solvant, de l'acide éthanoïque $C_2H_4O_2$. L'appellation « vinaigre à 8° » signifie que dans 100 mL de solution, il y a 8,0 mL de cet acide.

a. Quelle est la masse molaire de l'acide éthanoïque ?

b. Quelle est la masse d'acide éthanoïque dans un litre de vinaigre sachant que la masse volumique de l'acide éthanoïque est de $1{,}05\ g \cdot cm^{-3}$?

c. Quelle est la quantité de matière d'acide éthanoïque dans un litre de vinaigre ? Quelle est la concentration molaire en acide éthanoïque du vinaigre ?

● **16.** ★★ L'ammoniac NH_3 est un gaz très soluble dans l'eau. On se place dans les conditions où le volume molaire est de $24\ L \cdot mol^{-1}$.

a. On prépare 5,0 L de solution d'ammoniac par dissolution dans l'eau de 1,2 L d'ammoniac.
Quelle est la concentration molaire de la solution ?

b. Quelle est la masse de gaz ammoniac dissous par litre de la solution précédente ?

c. Quel volume d'ammoniac faut-il pour fabriquer 500 mL de solution de concentration $0{,}20\ mol \cdot L^{-1}$?

● **17.** ★★ On prépare 200 mL d'une solution de chlorure de cuivre en dissolvant dans de l'eau 0,27 g de chlorure de cuivre $CuCl_2$ en poudre.

a. Calculer la masse molaire du chlorure de cuivre.

b. Quelle quantité de matière de chlorure de cuivre a-t-on utilisé ?

c. Lors de la dissolution dans l'eau d'une mole de chlorure de cuivre, une mole d'ions Cu^{2+} et deux moles d'ions Cl^- sont présentes dans la solution. Quelles sont les quantités de matière d'ions Cu^{2+} et d'ions Cl^- dans la solution préparée ?

d. Déterminer les concentrations molaires des ions Cu^{2+} et Cl^- dans la solution considérée.

e. Justifier les proportions d'ions Cu^{2+} et Cl^- évoquées à la question **c**.

Solution saturée

● **18.** ★ À 25 °C, on ne peut pas dissoudre dans l'eau plus de 1,00 g d'aspirine $C_9H_8O_4$ pour obtenir 300 mL de solution. Pour une masse supérieure d'aspirine, la solution de volume 300 mL est saturée.

1. Quelle est la concentration molaire maximale d'une solution d'aspirine à 25 °C ?

2. On prépare, à 25 °C, 400 mL de solution d'aspirine à partir de 1,20 g de cristaux d'aspirine pure.

a. La solution est-elle ou non saturée ? Justifier la réponse par un calcul.

b. Quelle est la concentration molaire de la solution ?

● **19.** ★★ À 20 °C la solubilité dans l'eau du chlorure de sodium est de 360 g par litre : si un litre de solution à 20 °C contient plus de 360 g de chlorure de sodium, la solution est saturée et du sel se dépose.
L'eau de mer contient en moyenne 30 g de chlorure de sodium par litre.
Dans les marais salants, l'eau de mer est répartie dans des bassins (voir l'entrée de chapitre à la page 115). L'évaporation de l'eau permet de recueillir le sel.

a. Quelle quantité de matière de chlorure de sodium peut-on récupérer à partir d'un litre d'eau de mer ?

b. Un bassin dont la superficie est d'un hectare ($1{,}0 \cdot 10^4\ m^2$) contient de l'eau de mer sur une hauteur de 20 cm.
Déterminer le volume d'eau de mer du bassin, puis la masse de chlorure de sodium recueillie après évaporation totale de l'eau.

c. Quelle était la hauteur d'eau salée dans le bassin lorsque le sel a commencé à se déposer ?

20. ★★ On dispose de 500 mL d'eau sucrée de concentration molaire égale à 0,050 mol · L^{-1}.

a. Par évaporation partielle d'eau, le volume de la solution est réduit à 450 mL. Quelle est la concentration molaire en sucre de la nouvelle solution ?

b. Quelle masse de sucre ($C_{12}H_{22}O_{11}$) récupérera-t-on après évaporation totale de l'eau ?

c. À la température ambiante, la solubilité du saccharose est d'environ 2 kg par litre : un litre de solution de saccharose ne peut contenir plus de 2 kg de saccharose dissous.
Quelle est la concentration molaire d'une solution saturée de sucre ?

d. Quel est le volume de la solution initiale lorsqu'on atteint la saturation par évaporation d'eau ?

Dilution

21. ★ **1.** Un aquarium contient 1 L d'eau dans laquelle nagent 10 poissons rouges. On peut dire que la **concentration en poissons** est de 10 poissons · L^{-1}. Le contenu de l'aquarium est versé dans un seau. On ajoute de l'eau. Le volume total est de 5 L.

a. Combien y a-t-il de poissons dans le seau ?

b. Quelle est la **concentration en poissons** de l'eau du seau ?

2. Un litre d'une solution aqueuse renferme 10 moles de soluté. On complète à 5 L avec de l'eau.

a. Combien y a-t-il de moles de soluté dans la solution diluée ?

b. Quelle est la concentration molaire en soluté de la solution diluée ?

3. Comparer les deux cas en précisant ce qui se conserve lors d'une dilution.

22. ★ Une solution (S_1) de glucose $C_6H_{12}O_6$ a pour concentration molaire 0,050 mol · L^{-1}.

a. Quelle est la masse de glucose nécessaire pour préparer un litre de solution (S_1) ? et pour 200 mL ?

b. Quel volume de la solution (S_1) doit-on prélever pour obtenir 100 mL de solution (S_2) de glucose de concentration molaire 0,010 mol · L^{-1} ?

c. Quel matériel (que l'on schématisera) doit-on utiliser et comment doit-on procéder pour préparer un litre de solution (S_2) ?

23. ★ À 20 °C, on ne peut dissoudre dans l'eau plus de 22,0 g de caféine $C_8H_{10}N_4O_2$ afin d'obtenir un litre de solution. On fabrique 500 mL d'une solution saturée en utilisant 16,5 g de caféine.

a. Quel volume minimal d'eau faut-il ajouter pour dissoudre toute la caféine ? Est-ce une dilution ?

b. On ajoute à la solution précédente 250 mL d'eau. Quelle est la concentration molaire de la solution obtenue ? Est-ce une dilution ?

24. ★★ L'eau oxygénée est une solution aqueuse de peroxyde d'hydrogène H_2O_2. Une eau oxygénée « à 110 volumes » a une concentration molaire de 11,0 mol · L^{-1}. Le nombre de « volumes » et la concentration sont proportionnels.

a. Quelle est la masse de peroxyde d'hydrogène dans un litre d'eau oxygénée « à 110 volumes » ?

b. Un flacon de 150 mL contient de l'eau oxygénée « à 11 volumes ».
Quelle est la concentration molaire en peroxyde d'hydrogène de cette eau oxygénée ?

c. Quel volume d'eau oxygénée « à 110 volumes » faut-il utiliser pour préparer 150 mL d'eau oxygénée « à 11 volumes » ?

d. Quel volume d'eau oxygénée « à 11 volumes » faut-il utiliser pour préparer 150 mL d'eau oxygénée « à 3 volumes » utilisée comme antiseptique léger ?

aide

a. Calculer la masse molaire du peroxyde d'hydrogène et appliquer la définition de la concentration.

b. La concentration d'une solution homogène est la même dans tout prélèvement de cette solution.

c. et **d.** Revoir le cours concernant l'opération de dilution.

25. ★★ On souhaite fabriquer une échelle de teintes à partir d'une solution de permanganate de potassium de concentration molaire en ions permanganate $c_0 = 5{,}00 \cdot 10^{-4}$ mol · L^{-1}.
Cette solution a été obtenue par dissolution dans l'eau de cristaux violets de permanganate de potassium $KMnO_4$. On prépare des solutions de concentrations c_1, c_2, ..., c_5 en prélevant respectivement 200 mL ; 100 mL ; 40,0 mL ; 20,0 mL ; 10,0 mL de solution initiale et en complétant à 1,00 L avec de l'eau distillée dans des fioles jaugées.

a. Quelles sont les concentrations molaires en ions permanganate des cinq solutions obtenues ?

b. Une solution inconnue de permanganate de potassium présente une teinte intermédiaire entre celles des solutions de concentrations c_2 et c_3. Donner l'ordre de grandeur de sa concentration en ions permanganate.

c. Quelle condition expérimentale concernant la verrerie doit-on respecter pour l'utilisation d'une échelle de teintes ?

Exercices

● **26.** ★★ Dans 200 mL d'une solution (S_1) de diiode dont la concentration molaire est de $5{,}00 \cdot 10^{-2}$ mol · L^{-1}, on dissout 12,7 g de cristaux de diiode I_2.

a. Quelle est la quantité de matière de diiode ajoutée ?

b. Quelle est la concentration molaire de la solution (S_2) obtenue, la dissolution ayant lieu sans variation de volume ?

c. Quel volume de solvant faut-il ajouter à la solution (S_2) pour obtenir une solution (S_3) de même concentration molaire en diiode que (S_1) ?

Aller plus loin

● **27.** ★★★ *Mélange de solutions*

a. On mélange 250 mL d'une solution d'acétone de concentration molaire 0,500 mol · L^{-1} et 250 mL d'une solution d'acétone fabriquée à partir de 23,3 g d'acétone C_3H_6O. Quelle est la concentration molaire de la solution obtenue ?

b. On introduit 23,3 g d'acétone dans un litre de solution d'acétone de concentration molaire 0,500 mol · L^{-1}. Quelle est la concentration molaire de la solution obtenue après agitation ? On suppose que la dissolution a lieu sans variation de volume.

● **28.** ★★★ *Degré alcoolique*

Le degré alcoolique d'une boisson alcoolisée représente le volume d'alcool (éthanol) dans 100 mL de boisson. Par exemple, un vin est à 12° (ou 12 %) si 100 mL de ce vin contiennent 12 mL d'alcool.

a. Quel volume d'alcool y a-t-il dans une dose de pastis (2,0 cL) à 45° ?

b. Quel est le degré alcoolique d'un vin contenant 1,8 mL d'alcool dans 20 mL ?

c. La masse volumique de l'éthanol est de 0,78 g · cm^{-3} dans les conditions envisagées. Quelle masse d'éthanol renferment 100 mL d'un vin à 12° ?

d. Quelle est la concentration molaire en éthanol C_2H_6O du vin à 12° ?

● **29.** ★★★ *Densité*

L'étiquette d'un flacon contenant une solution commerciale d'ammoniac NH_3 porte les indications suivantes : densité 0,95 ; pourcentage massique en ammoniac : 28 %.

a. Déterminer la concentration molaire de la solution.

b. Faire la liste du matériel et décrire le mode opératoire permettant de préparer, à partir de la solution précédente, 500 mL de solution 100 fois moins concentrée.

● **30.** ★★★ *Évaporation du solvant*

On prélève 10,0 mL d'une solution (S_1) de soude (hydroxyde de sodium) de concentration en ions sodium 0,500 mol · L^{-1} que l'on introduit dans une fiole jaugée de 250 mL.

On complète avec de l'eau distillée en prenant les précautions d'usage.

a. Quelle est la concentration molaire en ions sodium de la solution (S_2) obtenue ?

b. On verse la solution (S_2) dans un bécher et on chauffe. La solution se met à bouillir. Pourquoi, et comment, le volume de la solution varie-t-il ?

c. On arrête le chauffage. Le volume de la solution obtenue (S_3) est alors de 110 mL.

Quelle est la concentration en ions sodium de cette solution ?

d. On laisse refroidir en fermant le récipient afin d'éviter toute évaporation. Pourquoi, et comment, le volume évolue-t-il ?

Comment évolue la concentration en ions sodium de la solution ?

● **31.** ★★★ *Concentration et indice de réfraction*

Une cuve transparente hémicylindrique est successivement remplie avec des solutions aqueuses de saccharose $C_{12}H_{22}O_{11}$ de différentes concentrations. On souhaite déterminer l'indice de réfraction de chacune des solutions.

On utilise pour cela une lumière monochromatique sous une incidence $i_1 = 60{,}0°$ et on mesure l'angle de réfraction i_2. On en déduit l'indice de réfraction n_2 de la solution. L'indice de réfraction de l'air est $n_1 = 1{,}00$.

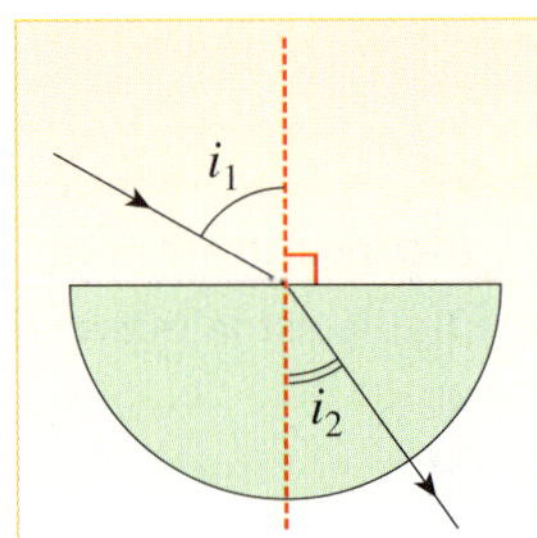

a. Rappeler la deuxième loi de Descartes pour la réfraction.

b. Compléter le tableau ci-dessous.

c. Tracer la courbe d'étalonnage constituée par le graphe représentant les variations de n_2 en fonction de c.

d. Utiliser la courbe d'étalonnage pour déterminer graphiquement la concentration molaire en saccharose d'un sirop d'indice de réfraction $n_2 = 1{,}44$.

c(mol · L^{-1})	i_2 (°)	sin i_2	n_2
0,300	38,9		
0,600	37,6		
0,900	36,4		
1,20	35,2		

LA RÉACTION CHIMIQUE

8

Le feu résulte d'une transformation chimique au cours de laquelle certaines espèces chimiques disparaissent et d'autres sont formées. Le chimiste modélise une telle transformation à l'aide de réactions chimiques.

OBJECTIFS

- Comprendre ce qu'est une transformation chimique.
- Décrire un système chimique.
- Écrire une équation chimique avec des nombres stœchiométriques corrects.

PLAN DU COURS

1 - Transformations chimiques

2 - Équation chimique et lois de conservation

1 Transformations de la matière

Le ferrocyanure de potassium est une poudre orangée cristallisée. Broyés dans un mortier, les cristaux deviennent plus fins mais ne changent pas de couleur.
De même, les cristaux jaunes de trichlorure de fer ne changent pas de couleur quand ils sont broyés.
En revanche, si les deux poudres sont mélangées et broyées, l'ensemble devient bleu foncé (**Doc. 1.b**).

a. Quelle explication peut-on donner à une telle observation ?
b. Citer des transformations de la vie courante qui ne sont pas des transformations chimiques.
c. Citer des transformations de la vie courante qui sont des transformations chimiques.

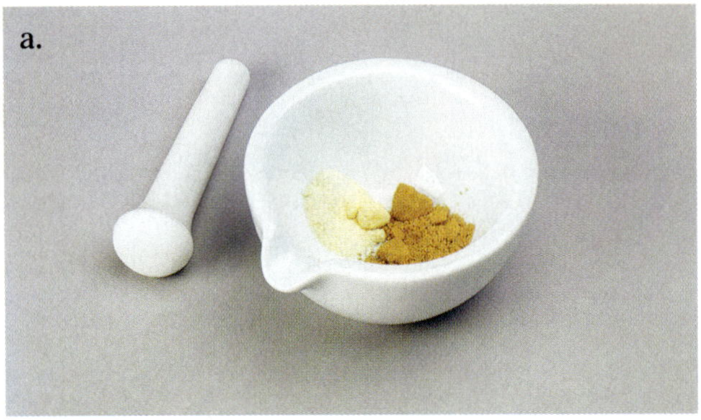

Doc. 1. **a.** Mortier contenant des cristaux de ferrocyanure de potassium et de trichlorure de fer avant broyage.

Doc. 1. **b.** Cristaux de ferrocyanure de potassium et de trichlorure de fer après broyage.

Voir exercice 8

2 Transformations chimiques

a. Quelles hypothèses peut-on formuler pour expliquer le « vieillissement » de la statue du **Doc. 1** ?
b. De quelle(s) information(s) a-t-on besoin pour dire qu'un tel vieillissement résulte d'une transformation chimique ?
c. Quelles expériences permettraient de valider cette ou ces informations ?
d. Pourquoi certaines statues se sont-elles beaucoup plus détériorées au XXe siècle qu'au cours des siècles passés ?

Voir exercice 19

Doc. 1. Statue constituée d'une roche calcaire. Son aspect a changé avec le temps à cause des pluies acides.

3 Transformations, réactions et équations chimiques

Objectif
- Montrer qu'une transformation peut être décrite par plusieurs réactions chimiques

1. Transformation chimique

Un comprimé d'Upsa® (aspirine vitaminée effervescente) contient en particulier les espèces chimiques :
– acide acétylsalicylique $C_9H_8O_4$;
– acide ascorbique (ou vitamine C) $C_6H_8O_6$;
– acide citrique $C_6H_8O_7$;
– hydrogénocarbonate de sodium $NaHCO_3$;
– benzoate de sodium $C_7H_5O_2Na$.

a. Qu'observe-t-on quand on introduit un tel comprimé dans l'eau ?

On peut dire qu'une transformation chimique a lieu chaque fois qu'une nouvelle espèce chimique est produite ou qu'une espèce chimique disparaît.

b. Qu'est-ce qui permet de penser que l'introduction d'un comprimé d'aspirine dans l'eau donne lieu à une transformation chimique ?

Doc. 1

2. Réaction et équation chimiques dans un cas de laboratoire

L'hydrogénocarbonate de sodium est une espèce chimique de formule $NaHCO_3$. Sa dissolution dans l'eau est une réaction chimique représentée par l'équation chimique : $NaHCO_3 \rightarrow Na^+ + HCO_3^-$.

Cette écriture signifie que l'espèce chimique $NaHCO_3$ se transforme en ions Na^+ et ions HCO_3^-. Ces ions sont alors en solution.

a. Montrer qu'il y a ajustement de la stœchiométrie, c'est-à-dire qu'il y a autant de chaque élément chimique à gauche et à droite de la flèche dans cette équation chimique.
b. Montrer qu'il y a globalement conservation de la charge électrique de part et d'autre de la flèche.
c. Proposer une équation chimique similaire à la précédente, représentant la réaction de dissolution du benzoate de sodium $C_7H_5O_2Na$ dans l'eau.

3. Réactions et équations chimiques dans un cas de la vie quotidienne

La transformation chimique observée (**Doc. 1**) quand on introduit un comprimé effervescent dans l'eau fait intervenir de nombreuses réactions chimiques. L'une d'elles se représente par l'équation chimique :

$$C_9H_8O_4 + HCO_3^- \rightarrow C_9H_7O_4^- + CO_2 + H_2O \quad (1)$$

Une autre réaction chimique se représente par :

$$C_9H_8O_4 + C_7H_5O_2^- \rightarrow C_9H_7O_4^- + C_7H_6O_2 \quad (2)$$

a. Vérifier que chaque équation respecte l'ajustement des éléments chimiques et des charges.
b. L'ion HCO_3^- provenant de la dissolution du comprimé d'aspirine réagit aussi avec l'acide ascorbique $C_6H_8O_6$. Proposer une équation chimique qui représente cette réaction, semblable à l'équation (1), sachant que, parmi les produits de la réaction, il y a CO_2 et H_2O.
c. Proposer de même une équation chimique similaire à l'équation (2) mettant en jeu l'acide ascorbique $C_6H_8O_6$ et l'ion benzoate $C_7H_5O_2^-$.
d. L'acide citrique est également le réactif de plusieurs réactions chimiques.
L'une d'elles se représente par :

$$C_6H_8O_7 + 3C_7H_5O_2^- \rightarrow C_6H_5O_7^{3-} + 3C_7H_6O_2$$

Des nombres, appelés nombres stœchiométriques, ont dû être ajoutés pour ajuster la stœchiométrie des éléments chimiques et les charges. Vérifier cet ajustement.
e. Proposer une équation chimique analogue pour la réaction entre l'acide citrique et l'ion HCO_3^-.

Voir exercices 14 et 15

4 TP Modélisation d'une transformation chimique

Objectif

- Mettre en jeu une transformation chimique et la modéliser

Lors de cette activité expérimentale, on utilisera du vinaigre et de la levure dite chimique. Cette dernière est une poudre utilisée en pâtisserie. Elle est essentiellement constituée des espèces chimiques suivantes : hydrogénocarbonate de sodium $NaHCO_3$ et pyrophosphate de sodium $Na_4P_2O_7$.
En se dissolvant, la levure libère en solution des ions Na^+, HCO_3^- et $P_2O_7^{4-}$.

1. Réalisation d'une transformation chimique

- À l'aide d'une éprouvette graduée, introduire 70 mL de vinaigre dans un erlenmeyer. Ce vinaigre contient de l'acide éthanoïque $C_2H_4O_2$ ainsi que de l'eau, des colorants, etc.
- Introduire 1,0 g de levure chimique dans un ballon de baudruche.
- Adapter l'ouverture du ballon sur celle de l'erlenmeyer et maintenir le ballon en place sur l'erlenmeyer à l'aide d'un élastique. Faire ensuite tomber la levure dans l'erlenmeyer.

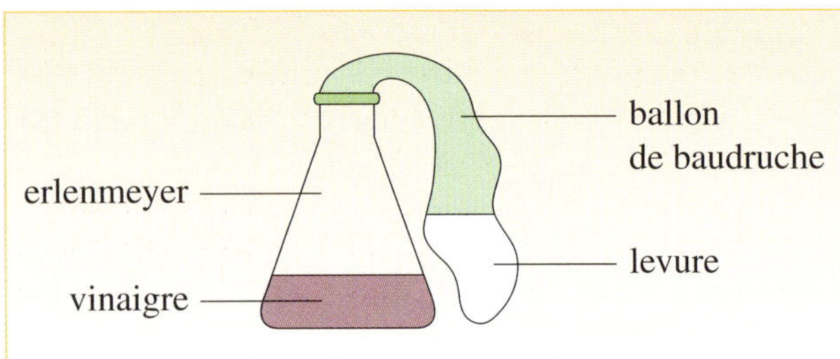

Doc. 1. Schéma de l'expérience, avant le mélange.

a. Pendant l'expérience, qu'observe-t-on ? Que peut-on en déduire ?

On appelle système chimique l'ensemble des espèces chimiques présentes au cours de la transformation chimique.

b. Quelle est la composition du système chimique au début de l'expérience ?
c. Proposer un test permettant de prouver que la transformation observée est une transformation chimique. On utilisera la définition de la transformation chimique donnée dans la partie **1** de l'activité 3. On appellera le professeur avant de réaliser le test.

2. Modélisation d'une transformation chimique

Modéliser une transformation chimique c'est considérer :
– **l'état initial** du système chimique pour lequel on ne prend en compte que les entités chimiques qui vont réagir ;
– **le déroulement de la transformation**, au cours de laquelle certaines entités (les réactifs) disparaissent et d'autres (les produits) apparaissent ;
– **l'état final** du système chimique qui intervient dès qu'une des entités initialement présentes a totalement disparu.
Un tel modèle de la transformation chimique s'appelle une réaction chimique.

a. Décrire l'état initial du système chimique de la réaction chimique étudiée ci-dessus.
b. Quelles entités chimiques sont présentes à l'état final (voir test de **1. c**) ?

La réaction chimique étudiée ici peut se représenter par l'équation chimique :

$$C_2H_4O_2 + HCO_3^- \rightarrow C_2H_3O_2^- + H_2O + CO_2$$

Les ions HCO_3^- proviennent de la dissolution de l'espèce chimique $NaHCO_3$ présente dans la levure.

c. Vérifier que la stœchiométrie de cette équation est ajustée, c'est-à-dire qu'il y a autant de chaque élément chimique et même charge globale de part et d'autre de la flèche.
d. Donner des exemples d'entités chimiques présentes dans l'état initial du système chimique, et qui ne sont pas prises en compte lors de cette modélisation.
e. Les ions $P_2O_7^{4-}$ apportés par la levure réagissent aussi avec l'acide éthanoïque. Cette réaction peut être décrite par l'équation :

$$P_2O_7^{4-} + C_2H_4O_2 \rightarrow H_3P_2O_7^- + C_2H_3O_2^-$$

Ajuster la stœchiométrie de cette équation en faisant précéder chaque formule d'un nombre permettant qu'il y ait autant de chaque élément chimique et de charges négatives de part et d'autre de la flèche.
f. Pourquoi cette dernière réaction ne permet pas d'interpréter à elle seule la transformation chimique faisant intervenir le vinaigre et la levure ?

Voir exercices 10, 12 et 13

1 Transformations chimiques

Parmi les transformations qui se manifestent dans notre environnement, certaines s'accompagnent de modifications d'espèces chimiques.
Cette première partie introduit des notions qui permettent d'étudier et de représenter de telles transformations.

1.1. Réactifs et produits

Une transformation chimique a lieu chaque fois qu'une nouvelle espèce chimique apparaît ou chaque fois qu'une espèce chimique disparaît. Une espèce chimique qui apparaît s'appelle un produit et une espèce chimique qui disparaît, totalement ou partiellement, s'appelle un réactif.

Les changements d'état sont des transformations physiques. Il n'y a ni apparition ni disparition d'une nouvelle espèce chimique. Ce ne sont donc pas des transformations chimiques.

Dans la vie quotidienne comme au laboratoire, on reconnaît qu'une transformation chimique a lieu par certaines modifications perceptibles du système qui se transforme. Par exemple, un changement de couleur, d'aspect, d'odeur, l'apparition d'un gaz, etc. sont autant d'indices qui laissent supposer qu'une transformation chimique a eu lieu. Ces indices ne constituent pas une règle absolue comme le montre le **Doc. 1**.

Transformations chimiques	Transformations qui ne sont pas des transformations chimiques
La cuisson de la viande provoque un changement de couleur parce que des espèces chimiques colorées se sont formées. Ces espèces chimiques sont des produits de la cuisson.	La peinture permet de modifier la couleur d'un objet sans mettre en jeu de transformation chimique.
L'effervescence provoquée par la dissolution dans l'eau d'un comprimé d'aspirine 500® indique qu'un gaz s'est formé. Ce gaz n'était pas présent dans le comprimé, c'est un produit de la transformation.	Une boisson gazeuse agitée libère du gaz. Ce gaz était déjà présent, sous forme dissoute, dans la boisson. Il n'est pas apparu de nouvelle espèce chimique.
La fermentation produit une odeur qui est due à la présence de nouvelles espèces chimiques. Celles-ci sont les produits de la fermentation.	Quand on extrait de l'essence de lavande, on obtient un produit odorant qui était déjà présent dans la plante. Il ne s'agit pas d'une transformation chimique.
La précipitation est la formation d'un solide au sein d'une solution. Ce solide est une nouvelle espèce chimique, produit de la réaction.	Quand l'eau liquide gèle, il apparaît un solide, mais ce n'est pas une nouvelle espèce chimique. Il s'agit d'une transformation physique.

Doc. 1. Exemples de transformations chimiques et contre-exemples. Attention, certaines transformations chimiques peuvent avoir lieu sans manifestation perceptible.

1.2. Système chimique, réaction chimique

On appelle système chimique l'ensemble des espèces chimiques présentes lors d'une transformation chimique.

Lors du broyage des deux solides cristallisés de l'activité 1, le système chimique est constitué des espèces chimiques « trichlorure de fer » et « ferrocyanure de potassium » ainsi que des espèces chimiques qui se forment lors du broyage. Dans ce cas, le système chimique est identifié très simplement.

Voir activité 1

Le système chimique est plus difficilement identifiable lorsqu'on considère l'attaque de la statue par les pluies acides de l'activité 2. Il faut alors considérer que le système chimique est constitué de l'eau (pluie), des espèces chimiques acides apportées par la pluie, de l'espèce chimique « carbonate de calcium » présente dans la pierre constituant la statue et des espèces chimiques qui se forment lentement : du dioxyde de carbone et des espèces chimiques en solution dans l'eau de ruissellement.

Voir activité 2

L'essence contient des dizaines d'espèces chimiques. Si l'on voulait étudier sa combustion, il faudrait donc étudier simultanément des dizaines de réactions chimiques. On ne fera pas d'étude aussi complexe en classe de seconde.

Une réaction chimique est l'événement au cours duquel des réactifs se transforment en produits. Lorsqu'on étudie une réaction chimique, on ignore les espèces chimiques et les ions du système chimique qui ne sont ni les réactifs ni les produits de la réaction.

L'étude de la réaction chimique qui a lieu lorsqu'on mélange du vinaigre et de la levure chimique ne nécessite pas de considérer toutes les espèces chimiques présentes dans le vinaigre et dans la levure. On se limite à considérer les réactifs « acide éthanoïque » (présent dans le vinaigre) et « hydrogénocarbonate de sodium » (présent dans la levure). Ce sont les réactifs de la réaction chimique. Le dioxyde de carbone qui se forme est un des produits de la réaction.

Voir activité 3

1.3. État initial, état final

Il est commode de considérer trois étapes, communes à toutes les réactions chimiques.

Le déroulement d'une réaction chimique peut se modéliser par trois étapes.
• L'état initial, pour lequel on considère que les réactifs sont en présence mais ne réagissent pas encore.
• La réaction proprement dite, pendant laquelle les réactifs disparaissent et les produits apparaissent.
• L'état final, pour lequel il n'y a plus de transformation des réactifs parce que l'un au moins des réactifs a totalement disparu.

Dans le cas de la réaction entre la levure et le vinaigre, on considère qu'à l'**état initial** l'acide $C_2H_4O_2$, apporté par le vinaigre, et les ions HCO_3^-, apportés par la levure, sont en présence mais ne réagissent pas, comme dans la représentation du **Doc. 2**.
C'est un état fictif qui sera cependant utile pour effectuer un bilan de matière au chapitre suivant.

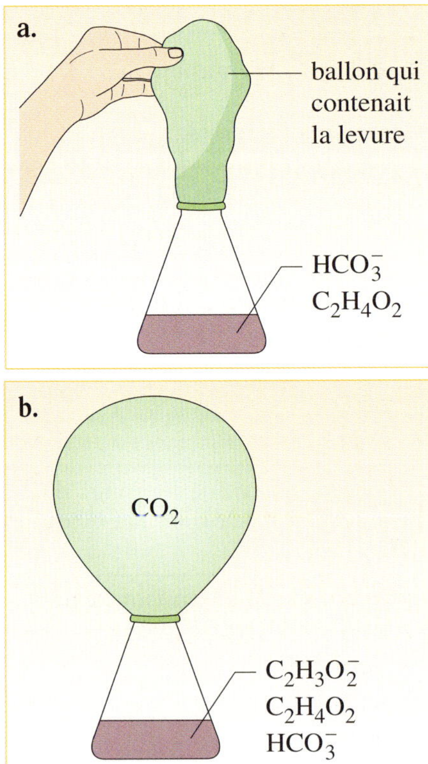

Doc. 2. Représentation de l'état initial (**a**) et pendant la réaction (**b**).

Dans l'**état final**, il n'y a plus de transformation.

• Si l'on a mis « beaucoup » de vinaigre et « peu » de levure, il n'y a plus d'ions HCO_3^- dans l'état final mais il reste de l'acide $C_2H_4O_2$.

• Si on a mis « peu » de vinaigre et « beaucoup » de levure, l'acide $C_2H_4O_2$ a totalement disparu dans l'état final et il reste des ions HCO_3^-.

• Il existe des quantités de vinaigre et de levure pour lesquelles, dans l'état final, il ne reste ni acide $C_2H_4O_2$ ni ions HCO_3^-. Dans de tels cas, on dit que les réactifs sont dans les **proportions stœchiométriques**.
La notion de stœchiométrie va être utilisée ci-après et dans le chapitre suivant.

➤ Voir exercices 8 à 12

Voir activité 4

2 Équation chimique et lois de conservation

Dans les exemples évoqués ci-dessus, les réactions chimiques ont été décrites par une phrase. Cependant, il est intéressant d'utiliser une représentation symbolique.

2.1. L'équation chimique

Une équation chimique traduit une réaction chimique à l'aide de symboles chimiques. Par convention, on écrit les formules des réactifs dans le membre de gauche de l'équation chimique et celles des produits dans le membre de droite.
Une flèche sépare les deux membres de l'équation. Elle rappelle que les réactifs se transforment en produits.

Voir activité 3

Dans une équation chimique, des nombres précèdent chaque formule pour ajuster la stœchiométrie de l'équation, c'est-à-dire faire en sorte :
– qu'il y ait autant de chaque élément chimique parmi les réactifs que parmi les produits ;
– que la somme des charges électriques des ions qui interviennent soit la même dans chaque membre de l'équation chimique.
Ces nombres sont appelés nombres stœchiométriques. On s'arrange pour que ces nombres soient entiers et les plus petits possibles.

Étymologiquement : *stœchio* signifie « élément » et *métrie* « mesure ». La stœchiométrie est l'ajustement du nombre de fois où intervient chaque élément chimique.

Exemple 1. Le dihydrogène H_2 brûle en présence de dioxygène O_2 pour donner de l'eau H_2O. Cette réaction chimique est représentée par l'équation :

$$2H_2 + O_2 \rightarrow 2H_2O$$

Cet exemple permet d'illustrer les principales règles relatives aux nombres stœchiométriques.
• Quand le nombre stœchiométrique vaut 1, on est dispensé de l'écrire. C'est le cas ici du nombre stœchiométrique qui précède O_2.
• Le nombre stœchiométrique placé devant la formule d'une espèce chimique multiplie le nombre de chaque élément chimique de la formule. Quand on écrit $2H_2O$, il faut compter 4 fois l'élément chimique H et 2 fois l'élément chimique O.

Pour déterminer les nombres stœchiométriques, on ajuste souvent en premier le nombre stœchiométrique des éléments chimiques qui ne figurent qu'une seule fois par membre de l'équation.

Exemple 2. Une solution contenant des ions fer Fe^{2+} peut réagir avec une solution contenant des ions permanganate MnO_4^- (**Doc. 3**). Cet exemple illustre le cas où des ions figurent dans une équation chimique. La somme des charges électriques qui interviennent doit être la même dans chaque membre :

$$MnO_4^- + 5Fe^{2+} + 8H^+ \rightarrow Mn^{2+} + 5Fe^{3+} + 4H_2O$$

Il y a en effet, dans chaque membre, 1 Mn, 4 O, 5 Fe et 8 H.
Du point de vue des charges électriques :
– dans le membre de gauche :

$$(1-) + 5 \times (2+) + 8 \times (1+) = 17 \text{ charges } (+) \;;$$

– dans le membre de droite :

$$(2+) + 5 \times (3+) = 17 \text{ charges } (+).$$

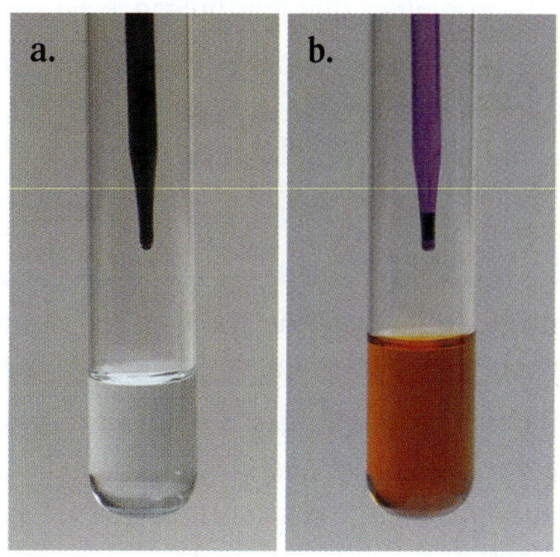

Doc. 3. Réaction d'une solution contenant des ions MnO_4^- (solution versée) avec une solution contenant des ions Fe^{2+} (dans le tube).
a. Avant addition.
b. Après réaction chimique.

2.2. Lois de conservation

Les travaux du chimiste français Lavoisier (**Doc. 4**) ont permis d'énoncer deux lois de conservation auxquelles obéit toute réaction chimique.

Première loi de conservation
Si un élément chimique est présent parmi les réactifs, il est présent parmi les produits et réciproquement.

Cette première loi de conservation est traduite dans chaque équation chimique par le fait que tous les éléments chimiques présents dans le membre des réactifs le sont également dans le membre des produits et réciproquement. Expérimentalement, cela signifie que, si un élément chimique est mis en évidence parmi les produits d'une réaction, il était obligatoirement présent parmi les réactifs. Cette remarque est à la base des tests chimiques.

Exemple. Si l'ajout d'une solution de nitrate d'argent à une solution de composition inconnue provoque la formation d'un précipité de chlorure d'argent AgCl, c'est que les ions chlorure étaient initialement présents dans la solution de composition inconnue (**Doc. 5**). L'équation chimique qui représente ce test est :

$$Ag^+ + Cl^- \rightarrow AgCl$$

Cette première loi de conservation permet également de comprendre certains des problèmes liés à l'élimination des déchets. Si l'on brûle (ou si l'on enfouit) des détritus, les espèces chimiques qui les constituent disparaissent, mais les éléments chimiques présents au sein de ces espèces chimiques ne disparaissent pas. Ils se retrouvent au sein d'autres espèces chimiques et ne sont donc pas éliminés.

Exemple. Si l'on brûle un tissu, les espèces chimiques qui le constituent, par exemple, le Nylon® et les colorants, disparaissent. En revanche, les éléments chimiques C, H, N, O, etc. qui constituent ces espèces chimiques sont dispersés dans la nature au sein d'autres espèces chimiques comme CO_2, H_2O, N_2, etc. Si le colorant du tissu contient l'élément chimique plomb potentiellement responsable d'une maladie grave, le saturnisme, cet élément chimique se retrouvera parmi d'autres espèces chimiques que le colorant. En brûlant un objet, on se débarrasse d'espèces chimiques mais on ne se débarrasse ni des éléments chimiques qui les constituent, ni des problèmes que leur présence est susceptible d'engendrer.

Deuxième loi de conservation
La masse de la partie des réactifs qui disparaît est égale à la masse des produits qui apparaissent.

Le respect de cette deuxième loi de conservation est représenté par l'ajustement de la stœchiométrie des équations chimiques. Le chapitre suivant exploitera la relation entre cette loi de conservation et l'équation chimique.

Exemple. Appliquée à la réaction du dihydrogène avec le dioxygène, cette loi signifie que si 8 g de dihydrogène disparaissent en même temps que 64 g de dioxygène, il se forme 8 + 64 = 72 g d'eau au cours de la réaction.

➤ **Voir exercices 14, 16 et 26**

Doc. 4. Antoine Laurent de Lavoisier (1743-1794). Il fut le créateur de la chimie moderne.

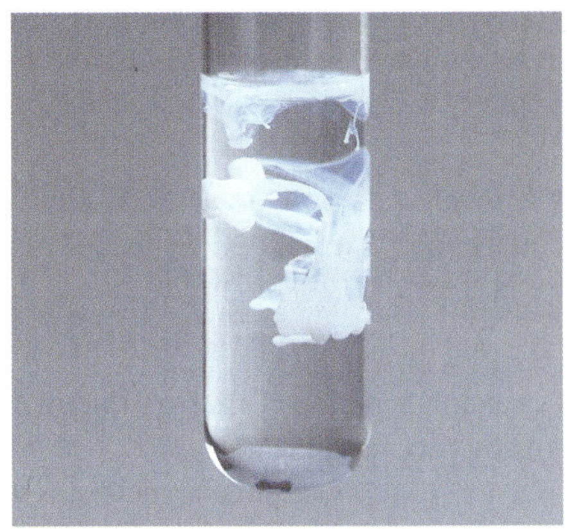

Doc. 5. La formation du précipité blanc de chlorure d'argent prouve que des ions chlorure étaient présents dans la solution de composition inconnue.

Voir activité 6

essentiel

Transformation chimique

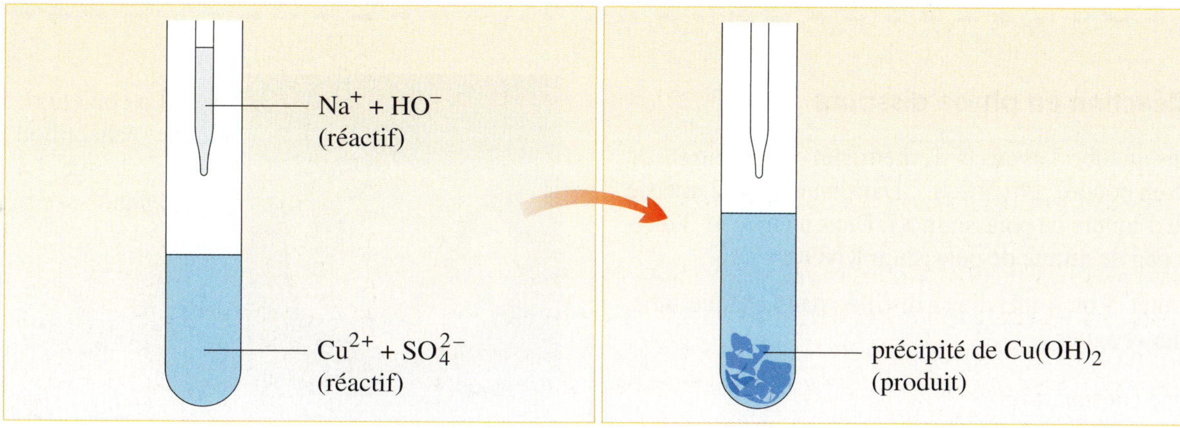

Le système chimique à l'état initial contient :
- le ou les réactifs ;
- le solvant (éventuellement) ;
- autres.

Le système chimique à l'état final contient :
- ce qui reste des réactifs ;
- le ou les produits ;
- le solvant (éventuellement) ;
- autres.

- Il y a transformation chimique si au moins un réactif disparaît ou si au moins un produit apparaît.

Réaction chimique

Les réactifs sont convertis en produits de la réaction chimique.

Exemple. Les ions cuivre (II) réagissent avec les ions hydroxyde pour donner l'hydroxyde de cuivre.

Équation chimique

$$Cu^{2+} + 2\ HO^- \rightarrow Cu(OH)_2$$

nombre stœchiométrique (le 2)

- Les éléments chimiques Cu, O et H figurent autant de fois dans chaque membre.
- Des nombres permettent d'ajuster la stœchiométrie de l'équation chimique.
- La somme des charges des ions est la même dans chaque membre de l'équation chimique.

5 TP Transformations chimiques

Objectif
- Décrire la transformation chimique subie par un système chimique

1. Réaction en phase dissoute

■ Dans un tube à essais n° 1, mettre un peu de nitrate de plomb en poudre, $Pb(NO_3)_2$. Dans un tube n° 2, mettre un peu d'iodure de potassium KI. Dans un tube n° 3 mettre un peu de nitrate de potassium KNO_3.

■ Ajouter 3 ou 4 mL d'eau distillée dans chaque tube, boucher et agiter.

a. Que constate-t-on ?

■ Dans un quatrième tube, mélanger la solution de nitrate de plomb et celle d'iodure de potassium.

b. Décrire l'observation. Pourquoi peut-on en déduire qu'une transformation chimique a eu lieu ?
c. Décrire le système chimique à l'état initial.

La dissolution dans l'eau de l'iodure de potassium se représente par l'équation chimique :

$$KI \rightarrow K^+ + I^-$$

d. Sachant que la formule de l'ion nitrate est NO_3^-, proposer une équation chimique traduisant la dissolution du nitrate de plomb dans l'eau.

Lorsque des ions sont mélangés en solution, des cations ne peuvent s'associer qu'à des anions.

e. En déduire les deux possibilités d'association d'ions pouvant conduire à la formation d'un précipité lors du mélange des solutions des tubes n° 1 et n° 2.
f. Pourquoi peut-on exclure la formation d'un précipité de nitrate de potassium ?
On rappelle qu'un précipité est un solide.
g. En déduire l'équation chimique de la précipitation sachant que la formule du précipité est PbI_2.

2. Réaction en phase solide

■ Placer dans un mortier un peu de nitrate de plomb.
■ Broyer cet échantillon.
■ Placer dans un autre mortier un peu d'iodure de potassium.
■ Broyer cet échantillon.

a. La couleur de chaque échantillon a-t-elle changé lors du broyage ?

■ Réunir les deux poudres dans un même mortier et broyer le mélange.

b. Qu'observe-t-on ?
c. Pourquoi peut-on affirmer qu'une transformation chimique a eu lieu ?
d. L'espèce chimique de couleur jaune qui s'est formée est de l'iodure de plomb PbI_2. Donner l'équation chimique qui représente la réaction modélisant la transformation observée.
e. Quels sont les points communs et les différences entre les transformations chimiques des parties **1** et **2** ?

3. Formation d'une entité colorée

■ Dans un tube à essais, mélanger une solution de thiocyanate d'ammonium, notée $NH_4^+ + SCN^-$, avec une solution de chlorure de fer notée $Fe^{3+} + 3Cl^-$.

a. Que constate-t-on ?
b. Quelle association d'ions peut-on envisager dans la réaction considérée ?
c. Quelle expérience pourrait-on faire pour déterminer laquelle des deux associations a eu lieu ? Soumettre cette expérience au professeur et la réaliser.

■ Verser le contenu de la solution rouge dans un erlenmeyer et ajouter beaucoup d'eau distillée.

d. Qu'observe-t-on ? En déduire que le produit de la réaction entre la solution de thiocyanate d'ammonium et la solution de chlorure de fer n'est pas un précipité.

Voir exercices 17, 23 et 25

6 Réactions chimiques et lois de conservation

Objectifs
- Décrire un système chimique
- Écrire l'équation d'une réaction chimique

Doc. 1. Georg Ernst Stahl (1660-1734), médecin du roi de Prusse et chimiste.

Pour Stahl, la corrosion des métaux et la combustion du charbon correspondaient au même phénomène chimique. Pourtant, la disparition du charbon dans le feu et la formation de la rouille sur un objet en fer semblaient des transformations chimiques bien différentes. Comment Stahl a-t-il pu associer ces deux transformations ?

1. La combustion du carbone

On porte à incandescence 2,3 g de charbon dans un têt à combustion. L'ensemble têt et charbon pèse 48,2 g. On place ensuite le têt contenant le charbon incandescent dans un flacon plein de dioxygène. On bouche le flacon. L'ensemble pèse 244,7 g.

a. Qu'observe-t-on ?
b. Une fois la combustion terminée, le flacon est à nouveau pesé. S'attend-on à trouver une masse supérieure, égale ou inférieure à 244,7 g ? Justifier.
c. On pèse ensuite le têt à combustion et son contenu. S'attend-on à trouver une masse supérieure, égale ou inférieure à 48,2 g ?
d. Quelle équation chimique permet de représenter la transformation réalisée ?
e. Quel produit de la réaction peut-on mettre en évidence par un test chimique ? Décrire le test.

2. La formation de la rouille

On prépare quatre ballons de 1 L de la façon suivante.
- ***Ballon 1.*** Un clou en fer et on bouche le ballon.
- ***Ballon 2.*** Un clou en fer, un peu d'eau et on bouche le ballon.
- ***Ballon 3.*** Un clou en fer trempé dans de l'huile, un peu d'eau et on bouche le ballon.
- ***Ballon 4.*** Un clou en fer, un peu d'eau portée à ébullition dans le ballon. Lorsque l'eau bout, il n'y a plus d'air dans le ballon. Il reste seulement le clou, de l'eau liquide et de la vapeur d'eau. On bouche le ballon et on le refroidit.

Au bout de 15 jours, seul le clou du ballon 2 a rouillé.

a. Déduire de cette observation quels sont les réactifs nécessaires à la réaction de corrosion du clou.
b. Donner le nom des réactifs et du produit identifié.
c. La rouille est le seul produit de cette réaction. Sa formule chimique est FeO_2H. Écrire l'équation chimique de la réaction.
d. Proposer une interprétation au fait qu'un objet rouillé est un peu plus lourd que l'objet initial.
e. Pour chacun des ballons, y aura-t-il une différence de masse entre le premier et le quinzième jour ? Justifier la réponse.

3. La théorie de Stahl

a. Quelles différences peut-on énumérer entre les transformations chimiques : combustion du charbon et corrosion du fer ?
b. Quels points communs peut-on énumérer entre les réactions chimiques utilisées pour modéliser chacune de ces transformations ?
c. Proposer une raison justifiant qu'avant Stahl combustion et corrosion étaient perçues comme des phénomènes différents alors que, pour Stahl, il s'agissait bien de phénomènes semblables.
d. À votre avis, Stahl a-t-il utilisé les résultats de Lavoisier ou est-ce le contraire ?

Voir exercice 26

Exercice résolu

Respiration et photosynthèse

Énoncé

La nuit, en présence d'air constitué essentiellement de dioxygène O_2 et de diazote N_2, les végétaux verts transforment le glucose $C_6H_{12}O_6$ de leurs cellules : ils respirent. Lorsqu'on place une plante verte dans un bocal fermé, il se forme des gouttes d'eau sur les parois ainsi qu'un gaz qui trouble l'eau de chaux.

a. Pourquoi peut-on dire que cette expérience met en jeu une transformation chimique ?

b. Quelle est la nature du gaz formé ?

c. En admettant qu'il ne se forme aucune autre espèce chimique que celles considérées précédemment, dire quel est le gaz de l'air impliqué dans la transformation étudiée. Justifier la réponse.

d. Nommer les réactifs et les produits de la réaction correspondant à la transformation chimique considérée.

Conseils

a. Pour prouver qu'une transformation chimique a eu lieu, montrer qu'un réactif a disparu ou qu'un produit est apparu.

c. Considérer les éléments chimiques présents dans les produits formés.

e. Penser à ajuster la stœchiométrie.

Résolution

a. Il s'agit d'une transformation chimique car il apparaît au moins une nouvelle espèce chimique (le gaz qui trouble l'eau de chaux).

b. Le trouble de l'eau de chaux caractérise le dioxyde de carbone.

c. Les produits formés ne contiennent que les éléments chimiques C, H et O. Le gaz impliqué dans la transformation ne peut donc faire intervenir un autre élément chimique. Ce gaz est donc du dioxygène et non du diazote.

d. Les réactifs sont le dioxygène et le glucose.
Les produits sont l'eau et le dioxyde de carbone.

e. L'équation chimique est : $C_6H_{12}O_6 + 6O_2 \rightarrow 6CO_2 + 6H_2O$.

f. L'équation est alors : $6CO_2 + 6H_2O \rightarrow C_6H_{12}O_6 + 6O_2$.
On remarque que cette équation est écrite en sens inverse de la précédente.

Exercices

Tester ses connaissances

● **1.** Donner la définition des termes suivants : réactif, produit de la réaction, système chimique.

● **2.** Décrire le déroulement d'une transformation chimique. Qu'appelle-t-on état initial et état final ?

● **3.** À quoi servent les nombres stœchiométriques ?

● **4.** Donner un exemple de transformation chimique dans laquelle le carbone est un réactif.

● **5.** Donner un exemple de transformation chimique dans laquelle l'eau est un produit.

● **6.** Donner un exemple de transformation physique.

● **7.** Quelle est la différence entre un réactif et un produit d'une transformation chimique ?

Appliquer ses connaissances

Transformations chimiques

● **8.** ★ Dans chacun des cas suivants, dire s'il s'agit d'une transformation chimique.
Justifier les réponses.
• La combustion d'une allumette.
• Un glaçon qui fond.
• Un miroir qui se brise.
• Une pomme qui pourrit.
• Du papier que l'on déchire.
• De l'huile que l'on chauffe modérément.
• Du gaz qui brûle.

● **9.** ★ Pourquoi peut-on dire qu'une feuille d'arbre ou qu'un verre de lait sont des systèmes chimiques alors qu'une guirlande qui clignote ne l'est pas ?

État initial, état final

● **10.** ★ Dans les exemples suivants, préciser s'il s'agit d'une transformation chimique et, dans l'affirmative, donner l'état initial et l'état final.
• Un radiateur électrique qui chauffe.
• Une lampe électrique qui éclaire.
• L'extraction de l'essence de lavande.
• Un moteur diesel qui fonctionne.
• Un moteur à essence qui fonctionne.

aide

Dans chacun des exemples, se poser la question de savoir si des espèces chimiques disparaissent ou apparaissent.
L'état initial est défini par les espèces chimiques qui vont réagir. L'état final est défini par les espèces chimiques qui sont apparues et par les espèces chimiques initialement présentes qui n'ont pas disparu.

● **11.** ★ Un système chimique est constitué, dans son état initial, des espèces chimiques éthanol et chlorure d'éthanoyle.
À l'état final, il est constitué de chlorure d'hydrogène, d'éthanoate d'éthyle et d'éthanol.

a. Quels sont les produits de la réaction ?

b. Le chlorure d'éthanoyle est-il un réactif ?

● **12.** ★ L'ammoniac et le chlorure d'hydrogène sont des gaz. Le mélange de ces deux gaz produit du chlorure d'ammonium qui est un solide. Dans l'état final, les espèces chimiques en présence sont le chlorure d'ammonium et le chlorure d'hydrogène.

a. Préciser l'état initial du système chimique.

b. Quels sont les réactifs ?

c. Quel est le produit ?

d. Quel est l'état final ?

● **13.** ★★ On enflamme une bûchette de bois.

a. Quels sont les réactifs de cette combustion ?

b. Quels sont les principaux produits de cette combustion, supposée complète, sachant que les éléments chimiques présents dans le bois sont C, H et O ?

c. Quel est l'état initial du système chimique ?

d. Donner un exemple d'état final.

e. On introduit la bûchette enflammée dans un tube à essais vide et sec. La bûchette s'éteint presque immédiatement.
Proposer une raison pour laquelle la bûchette s'est éteinte.

Stœchiométrie des équations chimiques

● **14.** ★ Ajuster la stœchiométrie des équations chimiques suivantes.

a. $CH_4 + O_2 \rightarrow CO_2 + H_2O$

b. $C_6H_{12}O_6 + O_2 \rightarrow CO_2 + H_2O$

c. $Al + O_2 \rightarrow Al_2O_3$

d. $C_4H_6 + Cl_2 \rightarrow C_4H_6Cl_4$

e. $C_6H_6 + HNO_3 \rightarrow C_6H_3N_3O_6 + H_2O$

f. $FeCl_3 + MgO \rightarrow Fe_2O_3 + MgCl_2$.

aide Pour ajuster la stœchiométrie d'une équation chimique, il faut introduire des nombres stœchiométriques pour que le nombre de fois où chaque élément figure dans le membre de gauche soit égal à celui du membre de droite.

15. ★★ On se propose d'ajuster la stœchiométrie de quelques équations chimiques mises en jeu dans la fabrication d'une espèce chimique importante en agriculture, le sulfate d'ammonium, de formule $(NH_4)_2SO_4$.

a. Combien de fois l'élément H figure-t-il dans chaque membre de l'équation chimique ci-dessous ? Que peut-on en déduire quant à la stœchiométrie de l'équation chimique ?

$$H_2SO_4 + NH_3 \rightarrow (NH_4)_2SO_4$$

b. Quel est l'élément chimique ne figurant que dans une seule formule de chaque membre de l'équation ci-dessus, et dont la stœchiométrie n'est pas ajustée ?

c. Ajuster la stœchiométrie de l'élément chimique N en faisant intervenir un seul nombre stœchiométrique.

d. Pour quelle raison l'équation chimique suivante ne peut-elle pas être ajustée, comme précédemment, par modification des nombres stœchiométriques ?

$$HSO_4^- + 2NH_3 \rightarrow (NH_4)_2SO_4$$

e. Dans quel membre de l'équation chimique précédente faut-il ajouter l'ion H^+ pour que la stœchiométrie de cette équation chimique soit ajustée ?

f. Si la préparation du sulfate d'ammonium était effectuée en solution, on aurait l'équation chimique suivante dont on demande d'ajuster la stœchiométrie.

$$H_2SO_4 + NH_3 \rightarrow NH_4^+ + SO_4^{2-}$$

16. ★ La stœchiométrie des équations chimiques ci-dessous est-elle ajustée ? Justifier chaque réponse et réaliser l'ajustement si nécessaire.

a. $Zn + Cu^{2+} \rightarrow Zn^{2+} + Cu$

b. $2CO \rightarrow CO_2 + C$

c. $H_2CO_3 + 2H_2O \rightarrow HCO_3^- + H_3O^+$

d. $Pb^{2+} + I^- \rightarrow PbI_4^{2-}$.

17. ★★ Ajuster la stœchiométrie des équations chimiques suivantes.

a. $NH_3 + H_2S \rightarrow (NH_4)_2S$

b. $Ag^+ + NH_3 \rightarrow Ag(NH_3)_2^+$

c. $Ag^+ + CN^- \rightarrow Ag(CN)_2^-$

d. $Na + H^+ \rightarrow Na^+ + H_2$

e. $H_2SO_4 + HO^- \rightarrow SO_4^{2-} + H_2O$.

f. $H_3PO_4 + HO^- \rightarrow PO_4^{3-} + H_2O$

g. $Al + H^+ \rightarrow Al^{3+} + H_2$

h. $I_2 + S_2O_3^{2-} \rightarrow I^- + S_4O_6^{2-}$

i. $Fe^{3+} + Zn \rightarrow Fe + Zn^{2+}$

j. $Au^{3+} + Cu \rightarrow Au + Cu^{2+}$

k. $Fe^{2+} + HO^- \rightarrow Fe(OH)_2$

l. $Fe^{3+} + HO^- \rightarrow Fe(OH)_3$

m. $Zn(OH)_2 + HO^- \rightarrow ZnO_2^{2-} + H_2O$.

18. ★★ Lorsqu'on verse quelques gouttes d'une solution d'acide nitrique sur un morceau de cuivre placé dans un tube à essais, on constate que le morceau de cuivre disparaît progressivement et qu'il apparaît simultanément une couleur bleue dans le tube.
Si l'on verse quelques gouttes de solution d'hydroxyde de sodium $Na^+ + HO^-$ dans la solution bleue, il se forme un précipité bleu d'hydroxyde de cuivre $Cu(OH)_2$.

a. Sachant que les réactifs de la réaction de précipitation sont les ions hydroxyde HO^- et les ions cuivre Cu^{2+}, et que l'hydroxyde de cuivre est le seul produit de la réaction, écrire l'équation chimique de la réaction de précipitation.

b. La formation de la solution bleue peut se représenter par l'équation chimique suivante dont on demande d'ajuster la stœchiométrie, sachant que le nombre stœchiométrique de NO_3^- est 2.

$$Cu + NO_3^- + H^+ \rightarrow Cu^{2+} + NO + H_2O$$

c. Le monoxyde d'azote NO réagit avec le dioxygène de l'air pour former du dioxyde d'azote NO_2. Écrire l'équation chimique de cette réaction.

19. ★★ La caractérisation du dioxyde de carbone par l'eau de chaux donne lieu à une suite de transformations chimiques qui s'achèvent par l'apparition d'un trouble. L'eau de chaux est une solution contenant des ions calcium et des ions hydroxyde.

a. Rappeler la formule chimique de ces deux ions.

b. Montrer, en écrivant une équation chimique, que la réaction du dioxyde de carbone avec l'eau s'accompagne de la formation des ions HCO_3^- et H^+.

c. L'ion HCO_3^- réagit avec les ions HO^-. L'un des produits de la réaction est l'ion CO_3^{2-}, l'autre est l'eau. Proposer une équation chimique qui rende compte de cette réaction.

d. Le trouble de l'eau de chaux est un précipité de carbonate de calcium $CaCO_3$. Quels sont les réactifs et les produits de la réaction responsable de l'apparition de ce précipité ?

Réactions chimiques

● **20.** ★ Traduire par une phrase chaque équation chimique de l'exercice 14. On précise le nom des espèces chimiques mises en jeu :
CH_4 méthane ; $C_6H_{12}O_6$ glucose ; Al_2O_3 alumine ; C_4H_6 butadiène ; $C_4H_6Cl_4$ tétrachlorobutane ; C_6H_6 benzène ; HNO_3 acide nitrique ; $C_6H_3N_3O_6$ trinitrobenzène ; $FeCl_3$ trichlorure de fer ; MgO oxyde de magnésium ; Fe_2O_3 oxyde de fer ; $MgCl_2$ chlorure de magnésium.

● **21.** ★★ Dans un chauffe-plat à alcool, la combustion dans l'air de l'espèce chimique éthanol C_2H_6O conduit à la formation de dioxyde de carbone CO_2 et d'eau H_2O.

a. Écrire l'équation chimique de cette combustion.

b. Si l'on place une coupelle froide au-dessus de la lampe à alcool du chauffe-plat, on y recueille quelques gouttes de liquide constitué d'un des produits de la réaction. S'agit-il de l'espèce chimique éthanol, eau ou dioxyde de carbone ?

c. Par quelle expérience pourrait-on confirmer cette réponse ?

d. Le dioxyde de carbone produit par la combustion est mis en évidence par le test à l'eau de chaux. On peut modéliser la réaction chimique ayant lieu lors de ce test par l'équation chimique suivante dont on demande d'ajuster la stœchiométrie.

$$CO_2 + H_2O + Ca^{2+} \rightarrow CaCO_3 + H^+$$

aide

a. Identifier les réactifs et les produits de la réaction chimique. Établir ensuite l'équation chimique.

b. Il faut s'interroger sur l'état physique de chaque espèce chimique.

c. Penser aux tests chimiques connus.

d. Utiliser la technique habituelle.

● **22.** ★ Écrire les équations chimiques correspondant aux réactions ci-dessous. On pensera à ajuster les nombres stœchiométriques.

a. Le chlorure d'hydrogène HCl réagit avec l'ammoniac NH_3 pour donner du chlorure d'ammonium NH_4Cl.

b. Le chlorure d'hydrogène réagit avec l'oxyde de calcium CaO pour donner du chlorure de calcium $CaCl_2$ et de l'eau.

c. Le butane C_4H_{10} brûle en présence de dioxygène en donnant du dioxyde de carbone et de l'eau.

d. Dans les hauts-fourneaux, le fer est produit par réaction du monoxyde de carbone CO avec l'oxyde de fer Fe_2O_3. Il se forme un gaz lors de cette transformation : le dioxyde de carbone.

e. On obtient de la chaux éteinte $Ca(OH)_2$ et du dihydrogène quand on laisse tomber un morceau de calcium dans l'eau.

● **23.** ★★ L'eau de Javel utilisée pour le ménage ne doit pas être mélangée avec un détartrant acide. Lors d'un tel mélange, il se formerait un gaz toxique, le dichlore Cl_2.
Un détartrant acide contient essentiellement des ions hydrogène H^+ et des ions chlorure Cl^-. L'eau de Javel est une solution aqueuse contenant des ions hypochlorite ClO^-, des ions sodium Na^+ et des ions chlorure Cl^-. Le mélange évoqué produit du dichlore et de l'eau.

a. Justifier pourquoi le mélange d'eau salée et d'eau de Javel ne peut pas donner lieu à une réaction chimique, et ne produit donc pas de gaz toxique.

b. En déduire que l'ion H^+ est un des réactifs de la réaction entre le détartrant et l'eau de Javel.

c. Ajuster la stœchiométrie de l'équation chimique :

$$H^+ + Cl^- + ClO^- \rightarrow Cl_2 + H_2O$$

d. Pourquoi une telle équation chimique peut-elle rendre compte de la transformation chimique qui a lieu entre l'acide chlorhydrique et l'eau de Javel ?

● **24.** ★★ On souhaite caractériser les ions Fe^{3+} présents dans une solution de chlorure de fer $Fe^{3+} + 3Cl^-$. Pour cela, on verse dans un tube à essais, contenant la solution de chlorure de fer, quelques gouttes de solution d'hydroxyde de sodium $Na^+ + HO^-$. Il se forme un précipité de couleur orangée.

a. Quelles sont les possibilités d'association d'ions en solution ?

b. Sachant que le chlorure de sodium NaCl est soluble dans l'eau, en déduire les ions qui s'associent pour constituer le précipité.

c. Proposer une équation chimique rendant compte de la réaction de précipitation, sachant que la formule du précipité est $Fe(OH)_3$.

aide

a. On ne peut associer que des ions de charge électrique de signes contraires.

b. Quand une espèce chimique est soluble, elle n'a pas tendance à précipiter.

c. Écrire les réactifs puis les produits et ajuster la stœchiométrie de l'équation.

● **25.** ★★ On mélange de l'acide propanoïque $C_3H_6O_2$ qui contient un peu d'eau, de l'éthanol C_2H_6O et de l'acide sulfurique H_2SO_4. Il apparaît de l'eau et du propanoate d'éthyle $C_5H_{10}O_2$. On constate que l'acide propanoïque et l'éthanol sont consommés alors que l'acide sulfurique ne l'est pas.

a. Pourquoi parle-t-on de transformation chimique ?

b. Définir le système chimique à l'état initial.

c. L'énoncé indique qu'une espèce chimique présente à l'état initial n'est pas consommée, laquelle ?

d. Donner la liste des réactifs et des produits.

e. Écrire l'équation chimique représentant la réaction.

aide

a. Utiliser la définition de la transformation chimique du cours au paragraphe **1.1**.

b. Utiliser la définition de l'état initial et celle du système chimique.

c. Seuls les réactifs et les produits doivent figurer dans l'équation chimique.

Aller plus loin

Aller plus loin

● **26.** ★★ *Cacao et caféine*

La théobromine de formule $C_7H_8N_4O_2$ constitue 2 % en masse du cacao. Elle peut se transformer en caféine $C_8H_{10}N_4O_2$ en présence de sulfate de diméthyle $C_2H_6SO_4$ selon la réaction d'équation :

$$C_7H_8N_4O_2 + C_2H_6SO_4 \rightarrow C_8H_{10}N_4O_2 + CH_4SO_4$$

Quand 1,80 g de théobromine disparaît au cours de cette réaction, il disparaît aussi 1,26 g de sulfate de diméthyle. À l'état final, on trouve 1,12 g de CH_4SO_4.

a. Vérifier que la stœchiométrie de cette équation chimique est ajustée.

b. Prévoir la masse de caféine obtenue à l'état final.

c. Quelle quantité de cacao faut-il pour produire, par ce procédé, une telle masse de caféine ?

d. On peut aussi extraire la caféine à partir de certaines plantes à l'aide d'un solvant : le dichlorométhane. Réalise-t-on ainsi une transformation chimique ?

aide

b. Utiliser la loi de Lavoisier relative à la conservation de la masse.

c. Utiliser le pourcentage massique de la théobromine dans le cacao.

d. Évoquer la différence entre la synthèse et l'extraction, vue au chapitre 2.

● **27.** ★★★ *Le fonctionnement d'une moto*

a. Au moyen d'une phrase, décrire la réaction chimique qui se déroule dans le cylindre du moteur d'une moto, sachant que l'essence est constituée essentiellement des éléments chimiques C et H.

b. Les gaz d'échappement contiennent surtout du dioxyde de carbone CO_2 et de l'eau H_2O. En considérant que la formule de l'essence est C_7H_{16}, proposer une équation chimique qui rende compte de la réaction énoncée en **a**.

c. Dans le pot d'échappement, il apparaît un polluant : le dioxyde d'azote NO_2. Expliquer son origine.

d. Proposer une équation chimique de la formation de ce polluant.

e. Lors du cycle du piston de la moto, le mélange gazeux contenant des vapeurs d'essence est admis dans le cylindre, et une explosion est déclenchée par l'étincelle de la bougie. Préciser l'état initial et l'état final de ce système chimique.

● **28.** ★★★ *Les pluies acides*

Les pluies acides sont liées à la pollution industrielle et automobile. Une pluie acide peut être modélisée par un mélange d'eau et d'acide sulfurique H_2SO_4.

a. Pour qu'une solution soit acide, il faut qu'elle contienne des ions H_3O^+. Proposer une équation chimique qui mette en évidence la formation de l'ion H_3O^+ lors de la réaction de l'acide sulfurique avec l'eau.

b. L'origine de l'acide sulfurique dans l'atmosphère est due à la présence de trioxyde de soufre SO_3. Proposer une réaction chimique rendant compte de la production de l'acide sulfurique, et qui mette en jeu le trioxyde de soufre et une espèce chimique présente dans les nuages.

c. Le trioxyde de soufre dans l'atmosphère provient pour grande partie de la combustion de certains dérivés du pétrole, par exemple de formule C_2H_6S (le thioéthanol). Proposer une équation chimique qui rende compte de la présence du trioxyde de soufre dans l'atmosphère.

BILAN DE MATIÈRE

9

OBJECTIFS

- Savoir faire un bilan de matière à partir d'une équation chimique.
- Savoir utiliser la variable avancement d'une réaction chimique.
- Savoir trouver un réactif limitant et en déduire l'état final d'une transformation chimique.

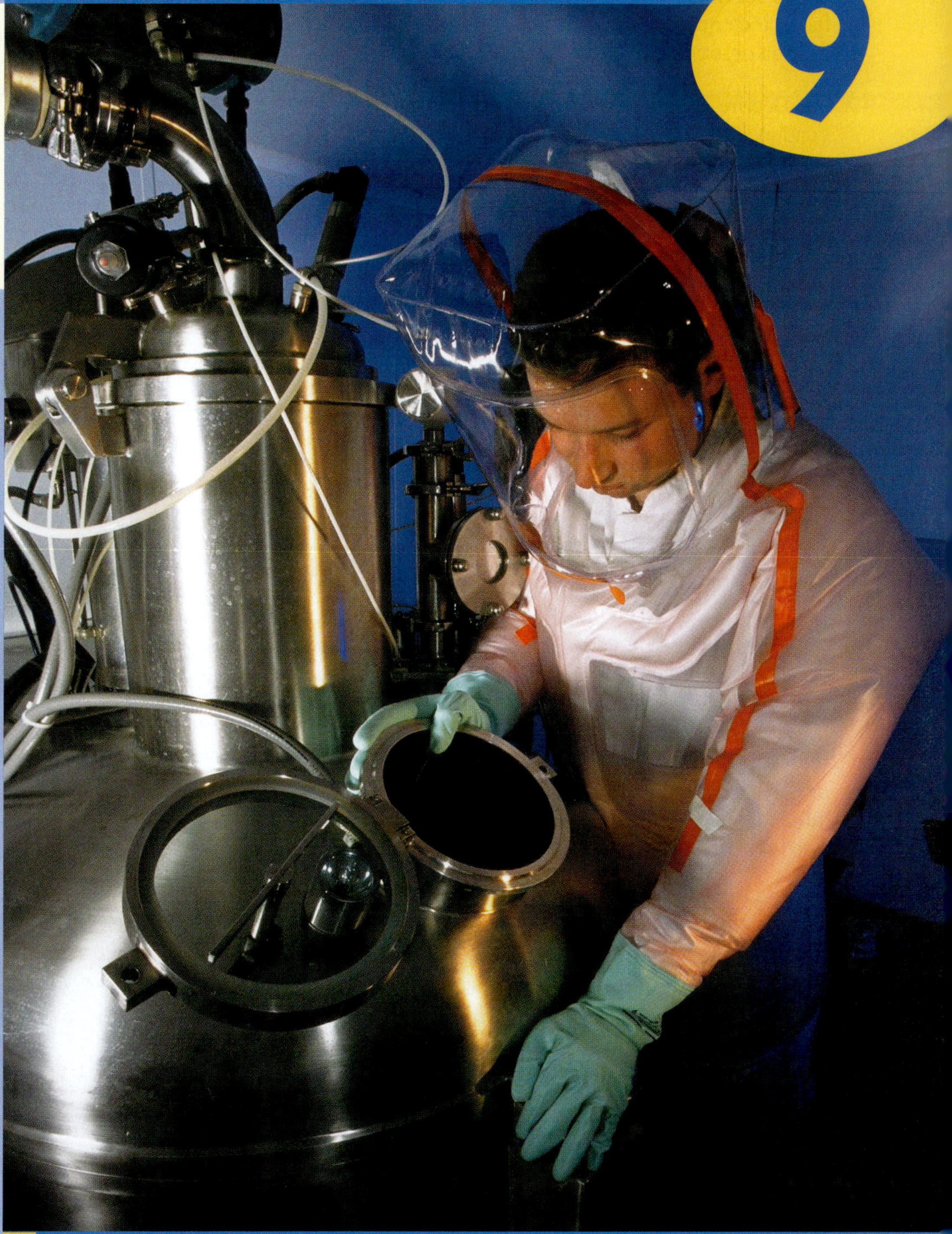

PLAN DU COURS

1 - Stœchiométrie et avancement

2 - Utilisation d'un tableau d'avancement

3 - Bilan de matière

Dans ce réacteur chimique, aux parois métalliques, quelles quantités de réactifs faut-il introduire, et quelles quantités de produits de la réaction sont obtenues ? Ces informations, constituant le bilan de matière de la transformation, sont essentielles pour la réussite économique de toute entreprise industrielle qui synthétise des espèces chimiques.
Ce chapitre permet de répondre à cette question.

1 Réaction chimique dans la cuisine

Dans une première bouteille d'un litre, on verse 100 mL de vinaigre. Par ailleurs, on introduit dans un ballon de baudruche une spatule de levure chimique. On adapte le ballon sur le col de la bouteille et on soulève le ballon de façon à ce que toute la levure tombe dans le vinaigre. Puis on observe pendant une minute.

a. Décrire l'évolution observée. Proposer une explication au gonflement du ballon.

On recommence l'expérience dans une deuxième bouteille, identique à la première, en triplant le volume de vinaigre pour une même spatule de levure.
On recommence l'expérience une troisième fois avec 100 mL de vinaigre et trois spatules de levure.

b. Comparer le volume du ballon à la fin des trois expériences.

c. Quel lien peut-on qualitativement établir entre le volume du ballon et la quantité de gaz formée ?

Le vinaigre contient une espèce chimique appelé acide éthanoïque et la levure contient une espèce chimique appelée hydrogénocarbonate de sodium.
Ces deux espèces chimiques, quand elles sont mélangées, produisent en particulier du dioxyde de carbone qui gonfle le ballon.

d. Proposer une interprétation au fait que le triplement du volume de vinaigre est resté sans effet sur le volume final du ballon alors que le triplement de la quantité de levure a conduit à augmenter le volume du ballon.

Voir exercice 8

2 Réactif en excès et réactif limitant

Pour étudier la réaction des ions fer avec les ions thiocyanate, on introduit dans cinq tubes à essais identiques le même volume (10 mL) d'une solution de trichlorure de fer. On ajoute ensuite 0,5 mL d'une solution de thiocyanate d'ammonium au premier tube, 1 mL au deuxième, 1,5 mL au troisième, etc., jusqu'à 2,5 mL au cinquième tube.
Les tubes sont alors agités.

a. Comparer les couleurs des contenus des tubes (**Doc. 1**).
b. Dans le cas des tubes ④ et ⑤, on dit que les ions thiocyanate constituent un réactif en excès pour la réaction chimique qui a lieu lors du mélange. Quel est, dans le vocabulaire courant, le sens du terme « excès » ?
c. Justifier l'utilisation de ce terme en s'appuyant sur la comparaison des couleurs des contenus des tubes.
d. Dans le cas des deux premiers tubes, on dit que les ions thiocyanate sont le réactif limitant de la réaction chimique.
Quel est, dans le vocabulaire courant, le sens du verbe « limiter » ?
En déduire le sens de l'adjectif « limitant » dans le contexte de la réaction chimique.

e. Proposer une justification à l'utilisation du qualificatif « limitant ». Se référer à la couleur des contenus des tubes (**Doc. 1**).

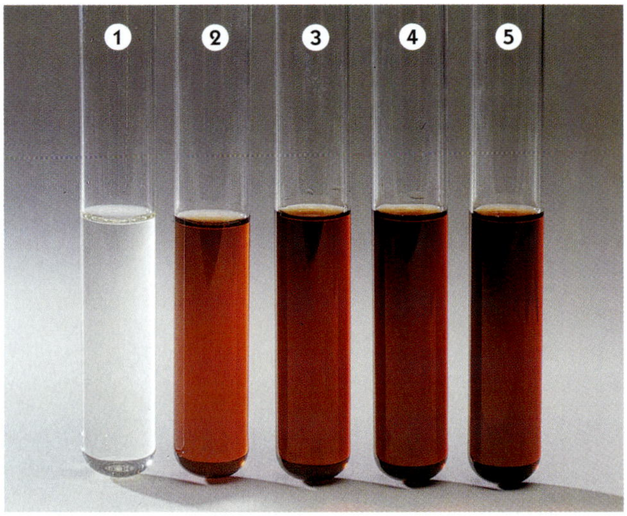

Doc. 1. Mélange de solutions de trichlorure de fer avec des volumes croissants de solutions de thiocyanate d'ammonium.

3 Introduction à la notion d'avancement

Objectifs

- Introduire la notion d'avancement d'une réaction
- Initier à la « manipulation » d'un tableau d'avancement

1. Avancement d'une réaction chimique

Le mélange d'une solution de nitrate de plomb et d'une solution d'iodure de potassium conduit à la formation d'iodure de plomb (**Doc. 1**).

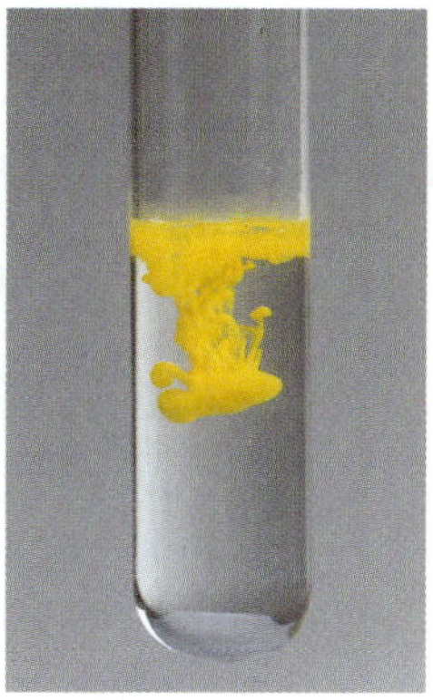

Doc. 1. Précipitation de l'iodure de plomb.

a. Écrire l'équation de la réaction sachant que les réactifs sont les ions Pb^{2+} et I^- et que le seul produit formé est le précipité de formule PbI_2.
b. Calculer la masse molaire de l'iodure de plomb.

On appelle **avancement maximal** de cette réaction, noté x_{max}, la quantité de matière d'iodure de plomb formé.

c. Calculer l'avancement maximal de la réaction s'il se forme 0,14 g d'iodure de plomb.

On réalise plusieurs expériences en mélangeant des quantités de matière connues des réactifs. On pèse à chaque fois le précipité obtenu pour en déduire la valeur de l'avancement maximal de la réaction. Les résultats, en mole, sont reportés dans le tableau ci-dessous.

Expérience	$n(Pb^{2+})$	$n(I^-)$	$n(PbI_2)_{final} = x_{max}$
1	0,1	0,1	0,05
2	0,1	0,2	0,1
3	0,1	0,3	0,1
4	0,2	0,1	0,1
5	0,3	0,1	0,1

d. Pourquoi peut-on dire que dans les expériences 2 et 3, l'avancement maximal ne dépend pas de la quantité initiale d'ions iodure ?
e. Montrer que, pour certaines expériences, l'avancement maximal x_{max} dépend de la quantité de matière initiale d'ions Pb^{2+}.

2. Tableau d'avancement

Tableau d'avancement

La première ligne d'un tableau d'avancement est constituée de la réaction chimique.
La deuxième ligne présente l'état initial du système.
La troisième ligne donne les quantités de matière pour un avancement quelconque x.
La quatrième ligne présente l'état final du système, c'est-à-dire les quantités de matière pour lesquelles l'avancement est maximal.
Dans un tableau d'avancement les quantités de matière et les avancements sont exprimés en mole.

Le tableau d'avancement de l'expérience 5 est :

	Avancement	Pb^{2+} +	$2I^-$ →	PbI_2
État initial	$x = 0$	0,3	0,1	0
État intermédiaire	x	$0,3 - x$	$0,1 - 2x$	x
État final	x_{max}	$0,3 - x_{max}$	$0,1 - 2x_{max}$	x_{max}

a. Justifier la présence du nombre 0 sous PbI_2.
b. Justifier la présence de x juste en dessous de ce 0.
c. Calculer les quantités de matière d'ions Pb^{2+} et I^- à l'état final en utilisant la valeur de x_{max} donnée en partie **1**.

3. Utilisation de tableaux d'avancement

a. Établir un tableau d'avancement dans le cas de l'expérience 3 et en déduire les quantités de matière d'ions Pb^{2+} et I^- à l'état final.
b. On appelle réactif limitant un réactif dont la quantité de matière est nulle à l'état final. Déterminer le réactif limitant de l'expérience 3.
c. Établir un tableau d'avancement pour l'expérience 1 et en déduire le réactif limitant.
d. Même question pour l'expérience 2. Quelle particularité cette expérience présente-t-elle ?

Voir exercices 9, 10 et 14

4 Stœchiométrie et avancement

Objectif

- Mettre en évidence les relations entre les quantités de matière initiales, finales, les nombres stœchiométriques et l'avancement d'une réaction chimique

1. Stœchiométrie des réactifs

On s'intéresse à la réaction du diiode I_2 avec les ions thiosulfate $S_2O_3^{2-}$. On réalise une série d'expériences pour lesquelles les quantités de matière des deux réactifs à l'état initial (n_i) et à l'état final (n_f) sont connues. Les résultats des expériences sont réunis dans le tableau suivant. Toutes les valeurs sont exprimées en mole.

Expérience	$n_i(I_2)$	$n_i(S_2O_3^{2-})$	$n_f(I_2)$	$n_f(S_2O_3^{2-})$
1	0,32	0,32	0,16	0
2	0,20	1,00	0	0,60
3	0,12	0,18	0,03	0

a. Pour chacune des trois expériences, déterminer la quantité de matière de diiode consommée ainsi que celle des ions thiosulfate.
Que constate-t-on ?
Quelle relation y a-t-il entre les deux quantités de matière calculées ?
b. Pour chaque expérience, quelle devrait être la valeur de $n_i(I_2)$ pour que les réactifs soient dans les proportions stœchiométriques, c'est-à-dire pour qu'il ne reste aucun des réactifs dans l'état final ?
c. Prévoir la quantité de matière de diiode restante si l'on avait doublé la quantité de matière initiale de diiode de la première expérience sans modifier la quantité de matière d'ions thiosulfate.

2. Stœchiométrie de l'équation chimique

Les produits de la réaction entre le diiode et les ions thiosulfate sont les ions iodure I^- et tétrathionate $S_4O_6^{2-}$. Les quantités de matière initiales et finales de ces ions iodure et tétrathionate mises en jeu lors des trois expériences précédentes sont données en mole dans le tableau suivant.

Expérience	$n_i(I^-)$	$n_i(S_4O_6^{2-})$	$n_f(I^-)$	$n_f(S_4O_6^{2-})$
1	0	0	0,32	0,16
2	0	0	0,40	0,20
3	0	0	0,18	0,09

a. Comparer les quantités de matière des produits formés dans chaque expérience. Que constate-t-on ?
b. Comparer, pour chaque expérience, les quantités de matière de diiode disparue et d'ions iodure apparue.
c. Comparer, pour chaque expérience, la quantité de matière d'ions thiosulfate disparue et celle d'ions tétrathionate apparue. Que constate-t-on ?
d. Comparer les nombres stœchiométriques de l'équation de la réaction étudiée :

$$I_2 + 2S_2O_3^{2-} \rightarrow 2I^- + S_4O_6^{2-}$$

avec les proportions de produits et de réactifs déterminées pour chaque expérience. Que constate-t-on ?

3. Avancement d'une réaction

On appelle avancement d'une réaction chimique la quantité de matière (en mole) qui s'est formée pour un produit de la réaction dont le nombre stœchiométrique vaut 1.

a. Déterminer grâce à l'équation chimique quel est le produit dont le nombre stœchiométrique vaut 1.
b. Déterminer l'avancement maximal (noté x_m) dans l'état final pour l'expérience 3.
c. Exprimer la quantité de matière d'ions iodure en fonction de l'avancement.
d. Établir, pour chaque réactif, une relation entre l'avancement et les quantités de matière initiale et finale.
e. Si l'on représente l'état initial de l'expérience 3 par le **Doc. 1**, comment peut-on représenter l'état final ?

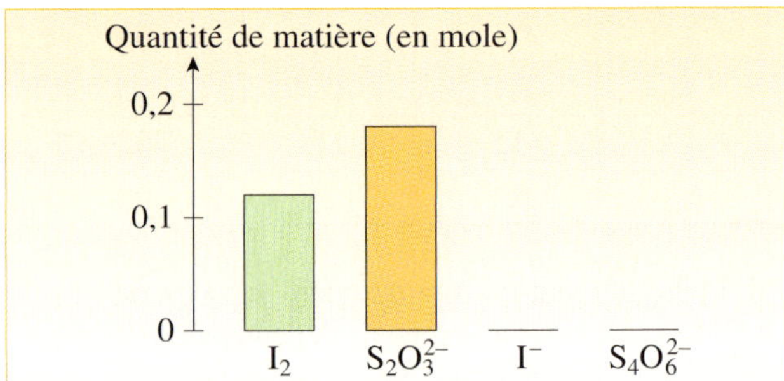

Doc. 1. Histogramme représentant les quantités de matière présentes à l'état initial.

Voir exercices du simulateur *Lavoisier*

1 Stœchiométrie et avancement

Nous avons vu au chapitre précédent que lors d'une réaction chimique les réactifs disparaissent et les produits apparaissent. Ce chapitre va montrer que les quantités de matière de ces réactifs et de ces produits sont liées par une relation appelée stœchiométrie.

1.1. Stœchiométrie d'une réaction chimique

Voir activité 4

Lors d'une réaction chimique, les quantités de matière de réactifs disparus sont proportionnels aux nombres stœchiométriques figurant dans l'équation chimique. Il en est de même pour les quantités de matière des produits apparus. Par exemple, la réaction représentée par l'équation

$$I_2 + 2S_2O_3^{2-} \rightarrow 2I^- + S_4O_6^{2-}$$

se déroule de telle sorte que lorsque 0,10 mol de diiode I_2 disparaît, 0,20 mol d'ions thiosulfate $S_2O_3^{2-}$ disparaît. Dans le même temps, il se forme 0,20 mol d'ion iodure I^- et 0,10 mol d'ions tétrathionate $S_4O_6^{2-}$ (**Doc. 1**).
Ces proportions exactes dans lesquelles les entités chimiques disparaissent et apparaissent traduisent la stœchiométrie de la réaction chimique.

La stœchiométrie d'une réaction chimique permet de prévoir les quantités précises de réactifs qu'il faut mélanger pour obtenir la quantité espérée d'un produit.

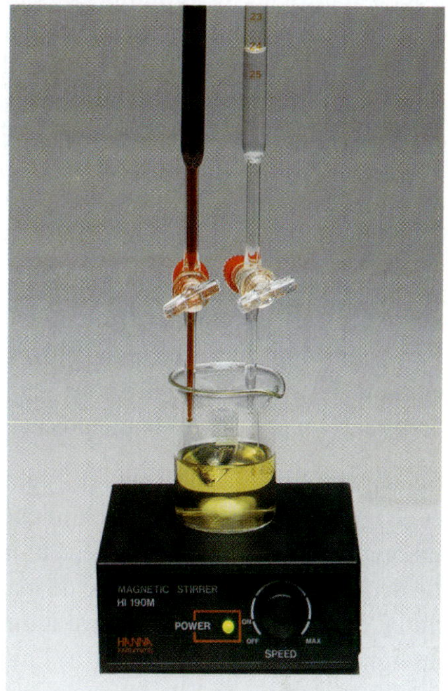

Doc. 1. Expérience permettant de réaliser la réaction du diiode avec les ions thiosulfate. La burette de gauche permet d'ajouter une quantité connue de diiode et celle de droite une quantité connue d'ions thiosulfate.

La stœchiométrie d'une réaction chimique permet aux industriels producteurs d'espèces chimiques de gérer les quantités qu'ils doivent faire réagir pour ne pas avoir d'excès de l'un ou l'autre des réactifs en fonction des quantités de produits à fabriquer.

1.2. Avancement d'une réaction chimique

Voir activité 3

Les calculs liés à la stœchiométrie sont simplifiés par l'utilisation d'une grandeur appelée avancement de la réaction chimique, notée x. Cette grandeur s'exprime en mole ; elle vaut 0 au début de la réaction et ne fait qu'augmenter jusqu'à la fin de la réaction. Elle atteint alors sa valeur maximale notée x_{max}.

Par définition, l'avancement d'une réaction chimique est égal à la quantité de matière d'un produit formé, si le nombre stœchiométrique de ce produit est égal à 1 dans l'équation chimique.

Dans la réaction chimique étudiée au paragraphe **1.1**, l'avancement de la réaction est égal à chaque instant à la quantité de matière d'ions $S_4O_6^{2-}$ formée puisque son nombre stœchiométrique est 1. Par exemple lorsqu'il s'est formé 0,10 mol d'ions $S_4O_6^{2-}$, on dit que l'avancement est $x = 0{,}10$ mol, ou encore que la réaction a avancé de 0,10 mol.
Dans ce même exemple, la stœchiométrie de la réaction impose qu'il se forme deux fois plus d'ions I^- que d'ions $S_4O_6^{2-}$. On peut donc écrire :

$$n(S_4O_6^{2-})_{formé} = x \quad \text{et} \quad n(I^-)_{formé} = 2x$$

L'avancement s'exprime toujours en mole.

Ces relations sont vérifiées à tout instant au cours de la réaction, en particulier à l'état final. Le **Doc. 2** représente graphiquement les variations des quantités de matière des produits I^- et $S_4O_6^{2-}$ en fonction de l'avancement de la réaction. Il montre que ces quantités augmentent et que les ions I^- (droite rouge) se forment en quantité double de celle des ions $S_4O_6^{2-}$ (droite bleue) quel que soit l'avancement x.
L'avancement permet aussi de calculer les quantités de matière de réactifs pendant le déroulement de la réaction. Si initialement il y a 0,24 mol de I_2 et 0,30 mol d'ions $S_2O_3^{2-}$, la stœchiométrie permet d'écrire les quantités de matière restantes quand l'avancement est x :

$$n(I_2) = 0{,}24 - x \quad \text{et} \quad n(S_2O_3^{2-}) = 0{,}30 - 2x$$

Le signe « moins » traduit le fait que les réactifs disparaissent, et le nombre 2 traduit le fait que $S_2O_3^{2-}$ disparaît en quantité double de I_2. Le **Doc. 3** représente la variation des quantités de matière de réactifs qui disparaissent en fonction de l'avancement. Sur le graphe, la droite bleue commence à l'ordonnée 0,24 mol et la droite rouge commence à 0,30 mol. Ces droites traduisent la décroissance des quantités de matière des réactifs et montrent que, pour un avancement x donné, il disparaît deux fois plus d'ions $S_2O_3^{2-}$ (droite rouge) que de diiode I_2 (droite bleue).

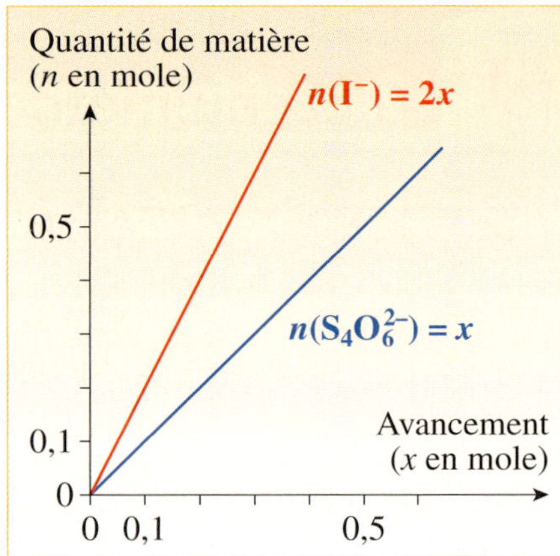

Doc. 2. Représentation des quantités de matière de produits formés en fonction de l'avancement de la réaction chimique.

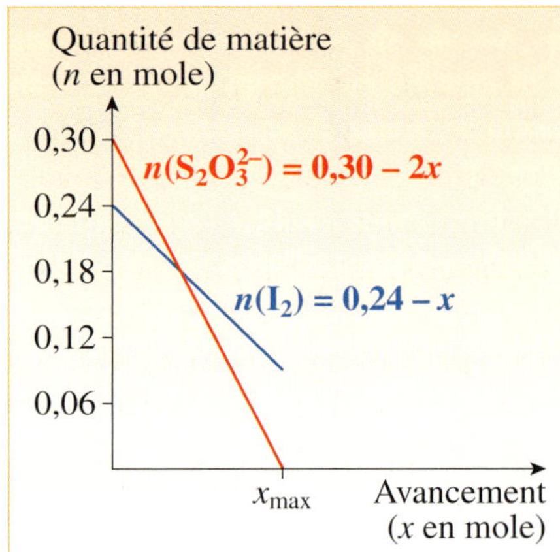

Doc. 3. Représentation des quantités de matière des réactifs en fonction de l'avancement de la réaction chimique.

Voir activité 3

1.3. Tableau d'avancement

Les calculs et les graphes (**Doc. 2 et 3**) impliquant la stœchiométrie et l'avancement sont pris en compte par un tableau appelé **tableau d'avancement**. La méthode requise pour établir un tableau d'avancement va être présentée à partir de l'exemple précédent.

Le tableau a toujours 4 lignes, et 2 colonnes de plus qu'il n'y a de réactifs et de produits dans l'équation chimique (soit 6 dans l'exemple étudié).
La première ligne mentionne l'équation chimique.
La deuxième indique la quantité de matière de chacun des réactifs à l'état initial du système chimique, c'est-à-dire pour l'avancement $x = 0$ mol.
La ligne suivante s'écrit à l'aide de l'avancement x et de la ligne traduisant l'état initial (**Doc. 4**). Elle donne les quantités de matière pour un état intermédiaire du système chimique.
La dernière ligne donne les quantités de matière à l'état final. C'est une réécriture de la ligne précédente en remplaçant x par x_{max}.

		I_2 +	$2S_2O_3^{2-}$ →	$2I^-$	$+ S_4O_6^{2-}$
À l'état initial	$x = 0$	0,24	0,30	0	0
État intermédiaire	x	$0{,}24 - x$	$0{,}30 - 2x$	$2x$	x
À l'état final	x_{max}	$0{,}24 - x_{max}$	$0{,}30 - 2x_{max}$	$2x_{max}$	x_{max}

Doc. 4. Tableau d'avancement de la réaction du diiode I_2 avec les ions thiosulfate $S_2O_3^{2-}$.

Dans ce tableau, il ne faut pas oublier :
– de rappeler les nombres stœchiométriques dans la première ligne ;
– de traduire la disparition des réactifs par une soustraction dans la deuxième ligne ;
– de placer les nombres stœchiométriques adéquats devant x lorsqu'ils sont différents de 1.

Les calculs réalisés à l'aide du tableau d'avancement sont en accord avec la loi de Lavoisier relative à la conservation de la masse au cours de la réaction chimique.

➤ Voir exercices 10 et 13

2 Utilisation d'un tableau d'avancement

Nous allons étudier les principales façons d'utiliser un tableau d'avancement lors des exercices.

2.1. Cas où les quantités de matière initiales sont connues

Quand les quantités de matière à l'état initial sont connues, on établit le tableau d'avancement en reportant les valeurs numériques correspondantes (en mole) dans la ligne attribuée à l'état initial.

Nous reprenons la réaction entre les ions thiosulfate et le diiode (**Doc. 5**) étudiée en première partie, dont l'équation chimique est :

$$I_2 + 2S_2O_3^{2-} \rightarrow 2I^- + S_4O_6^{2-}$$

La ligne de l'état initial s'écrit sans calcul si les quantités de matière figurent dans l'énoncé. Ce dernier demande parfois de calculer certaines quantités de matière pour une valeur donnée de l'avancement. Il suffit alors de remplacer x par cette valeur dans la ligne « état intermédiaire » du tableau d'avancement (**Doc. 4**).

Par exemple, si $x = 0{,}10$ mol, on trouve :

- $n(I_2) = 0{,}24 - 0{,}10 = 0{,}14$ mol ;
- $n(S_2O_3^{2-}) = 0{,}30 - 2 \times 0{,}10 = 0{,}10$ mol.

Souvent l'énoncé demande x_{max}. Dans ce cas, on se sert de la propriété ci-dessous.

Une réaction chimique se déroule jusqu'à ce qu'un des réactifs ait totalement disparu.

Cela revient à dire qu'une des équations

$$0{,}24 - x_{max} = 0 \quad \text{ou} \quad 0{,}30 - 2x_{max} = 0$$

est vérifiée. Celle qui donne la plus petite valeur de x_{max} est la bonne.
Dans ce cas, c'est la deuxième équation et $x_{max} = 0{,}15$ mol. Cette valeur apparaît graphiquement sur le **Doc. 3** quand la droite rouge coupe l'axe des abscisses.

Les quantités de matière ne pouvant être négatives, le graphique ne peut être continué au-delà de la valeur x_{max}.

En reportant x_{max} dans la dernière ligne du tableau d'avancement, on trouve la composition du système chimique dans son étal final :

- $n(I_2)_{final} = 0{,}09$ mol
- $n(S_2O_3^{2-})_{final} = 0$ mol
- $n(I^-)_{final} = 0{,}30$ mol
- $n(S_4O_6^{2-})_{final} = 0{,}15$ mol

Remarque. Obtenir une valeur négative pour une quantité de matière à l'état final résulte soit d'une erreur de calcul, soit d'une erreur sur le choix du réactif limitant (voir paragraphe **3.2**).

➤ **Voir exercices 14 et 16**

On pourra se reporter au simulateur *Lavoisier* du cédérom pour visualiser l'évolution des quantités de matière des réactifs et des produits lors d'une réaction chimique.

Doc. 5. Réaction d'une solution de diiode avec une solution de thiosulfate de sodium.

2.2. Cas où les quantités de matières initiales sont indirectement connues

Certains exercices ne donnent pas les quantités de matière à l'état initial, mais les masses, les volumes ou les concentrations des réactifs. Il faut d'abord calculer, à partir de ces données, les quantités de matière correspondantes.

On doit toujours utiliser des quantités de matière dans les tableaux d'avancement. Pour cela, on fait précéder l'établissement du tableau d'avancement par des calculs utilisant les relations habituelles donnant la quantité de matière à partir de la masse, du volume ou de la concentration.

• Si l'on donne une masse m d'espèce chimique, il faut déterminer sa masse molaire M pour obtenir la quantité de matière n avec $n = m/M$.

• Si l'on donne le volume V d'une espèce chimique gazeuse, on utilise le volume molaire V_m et $n = V/V_m$.

• Si l'on donne le volume V d'une solution de concentration connue c, la quantité de matière cherchée est $n = cV$.

La suite de l'utilisation du tableau d'avancement est identique à ce qui a été décrit au paragraphe **2.1**.

➤ **Voir exercices 16 et 19**

Pour déterminer une quantité de matière, utiliser, selon les cas, les relations :

• $n = \frac{m}{M}$

• $n = \frac{V}{V_m}$

• $n = cV$

2.3. Cas où une quantité de matière initiale est inconnue

Il arrive que la détermination d'une quantité de matière à l'état initial soit l'objectif de l'utilisation du tableau d'avancement. Dans ce cas, il faut poser que la quantité de matière inconnue est n et gérer le tableau d'avancement comme si elle était connue.

Dans un tableau d'avancement, certaines quantités de matière initiales peuvent être représentées par des inconnues.

Soit à déterminer la quantité d'hydrogénocarbonate de sodium qu'il faut chauffer pour produire 0,2 mol de dioxyde de carbone sachant que l'équation de la réaction est :

$$2NaHCO_3 \rightarrow Na_2O + 2CO_2 + H_2O$$

La quantité de matière inconnue d'hydrogénocarbonate de sodium, notée n, peut être déterminée grâce au tableau d'avancement.

		$2NaHCO_3$ $\rightarrow$	Na_2O +	$2CO_2$ +	H_2O
État initial (E.I.)	$x = 0$	n	0	0	0
État intermédiaire	x	$n - 2x$	x	$2x$	x
État final (E.F.)	x_{max}	$n - 2x_{max}$	x_{max}	$2x_{max}$	x_{max}

Quand l'eau n'est pas le solvant, il faut la prendre en compte dans le tableau d'avancement.

Puisque $2x_{max} = 0{,}2$ mol et $n - 2x_{max} = 0$, alors on en déduit la valeur cherchée : $n = 2x_{max} = 0{,}2$ mol.

➤ **Voir exercice 23**

2.4. Cas où le solvant apparaît dans l'équation chimique

De nombreuses réactions ont lieu en solution aqueuse. C'est le cas de la réaction entre le diiode et les ions thiosulfate étudiée ci-dessus. L'eau n'apparaissant pas dans l'équation chimique, elle n'a pas été prise en compte dans le tableau d'avancement.

Dans certains cas, le solvant est en même temps un réactif ou un produit. Par exemple, l'équation chimique représentant la transformation mettant en jeu du vinaigre et de la levure fait apparaître l'eau :

$$C_2H_4O_2 + HCO_3^- \rightarrow C_2H_3O_2^- + H_2O + CO_2$$

Voir activité 1

Dans le tableau d'avancement correspondant, on conservera une colonne pour l'eau, mais aucun calcul de quantité de matière ne sera effectué à son égard.

On mettra seulement « solvant » dans la colonne « H_2O ». La quantité de solvant varie un peu, mais on ne s'y intéresse généralement pas.

		$C_2H_4O_2$ +	HCO_3^- →	$C_2H_3O_2^-$ +	H_2O +	CO_2
E.I.	$x = 0$	0,13	0,04	0	solvant	0
E.F.	x_{max}	$0{,}13 - x_{max}$	$0{,}04 - x_{max}$	x_{max}	solvant	x_{max}

Voir activité 5

3 Bilan de matière

3.1. Définition

Un bilan de matière précise la composition du système chimique dans son état initial et dans son état final.
Le bilan de matière est toujours effectué en quantité de matière (en mole). Il est ensuite possible de déterminer des masses, des volumes, etc.

Un bilan de matière permet de préciser la composition du système chimique dans son état initial et dans son état final. On peut le représenter sous la forme symbolique du **Doc. 6** (utilisant ici les valeurs numériques des paragraphes **1.2** et **2.1**).

État initial		**État final**
I_2 : 0,24 mol $S_2O_3^{2-}$: 0,30 mol I^- : 0 mol $S_4O_6^{2-}$: 0 mol	**transformation** → **chimique**	I_2 : 0,09 mol $S_2O_3^{2-}$: 0 mol I^- : 0,30 mol $S_4O_6^{2-}$: 0,15 mol

Doc. 6. Représentation d'un bilan de matière.

3.2. Réactif limitant, réactif en excès

Un réactif qui a totalement disparu à l'état final est appelé réactif limitant. Un réactif qui n'a pas totalement disparu à l'état final est appelé réactif en excès.

Voir activité 2

Quand un réactif est utilisé en grand excès, on ne s'intéresse pas à sa quantité de matière. On indique seulement « excès » dans le tableau d'avancement.

Dans le bilan de matière précédent (**Doc. 6**), le réactif limitant est $S_2O_3^{2-}$ et le réactif en excès est I_2. On constate sur cet exemple que bien que I_2 n'ait pas été le plus abondant à l'état initial, il en reste à l'état final. Il ne faut donc pas se fier aux seules conditions initiales pour décider du réactif limitant, mais déterminer x_{max} (voir paragraphe **2.1**).
Le **Doc. 7** illustre une situation où l'ion permanganate, responsable de la couleur violette, est le réactif limitant de la réaction.

Doc. 7. Réaction de l'ion permanganate (violet) avec le dioxyde de soufre (incolore) en solution.
a. État initial. **b.** Mélange des réactifs. **c.** État final.

3.3. Proportions stœchiométriques

Quand tous les réactifs ont disparu à l'état final, on dit qu'à l'état initial, les réactifs étaient dans les proportions stœchiométriques.

Voir activité 4

Il ne faut pas confondre le fait que les réactifs puissent être dans les proportions stœchiométriques à l'état initial avec le fait que les réactifs sont toujours consommés dans les proportions stœchiométriques.
L'exemple développé en partie **1** n'utilisait pas un état initial faisant intervenir des proportions stœchiométriques (puisqu'il est resté du diiode I_2 à l'état final). Cependant, I_2 et $S_2O_3^{2-}$ ont bien sûr disparu dans les proportions stœchiométriques.
À l'échelle industrielle, l'utilisation des proportions stœchiométriques permet d'économiser des réactifs chimiques et d'œuvrer dans le sens de la protection de l'environnement.

➤ **Voir exercices 17, 24 et 28**

essentiel

Construire un tableau d'avancement d'une réaction chimique

L'avancement et les quantités de matière s'expriment en mole.

L'avancement est nul à l'état initial.

		Réactifs A	+ 2 B	→ Produits C	+ 3 D
	Avancement	moles de A	moles de B	moles de C	moles de D
État initial	$x = 0$	a	b	0	0
État intermédiaire	x	$a - x$	$b - 2x$	x	$3x$
État final	x_{max}	$a - x_{max}$	$b - 2x_{max}$	x_{max}	$3x_{max}$

Signes négatifs car les réactifs disparaissent.

L'avancement est égal à la quantité de matière formée pour un produit dont le nombre stœchiométrique vaut 1.

Réactif limitant

- C'est le réactif qui disparaît totalement.
- La quantité de matière du réactif limitant est nulle à l'état final.

Proportions stœchiométriques

- Si, dans l'état initial, les réactifs sont dans les proportions stœchiométriques, leur quantité de matière est nulle à l'état final.
- Réciproquement, si la quantité de matière est nulle à l'état final, alors les réactifs étaient dans les proportions stœchiométriques à l'état initial.
- Dans les proportions stœchiométriques, aucun réactif n'est en excès.

5 TP Avancement et bilan de matière

Objectif

- Mettre en évidence la stœchiométrie d'une réaction chimique

1. Préparation de l'expérience

On dispose du montage ci-dessous (**Doc. 1**). L'expérience consiste à ajouter plusieurs fois un volume connu d'acide chlorhydrique de concentration c_A voisine de $2{,}0 \text{ mol} \cdot \text{L}^{-1}$ dans un erlenmeyer qui contient une masse également connue d'hydrogénocarbonate de sodium.
Le volume de l'éprouvette retournée doit être au moins de 250 mL.

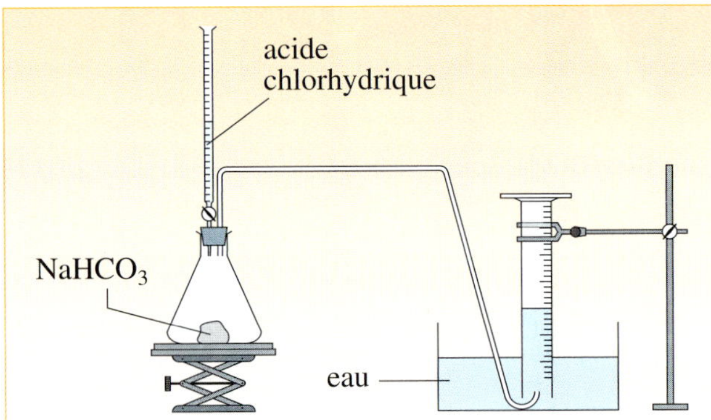

Doc. 1. Schéma du montage.

- Peser précisément dans l'erlenmeyer une masse m_0 comprise entre 0,6 g et 0,8 g d'hydrogénocarbonate de sodium $NaHCO_3$. Noter la valeur de m_0.
- Assembler à nouveau le montage avec précaution. Faire vérifier par le professeur qu'il n'y a pas de fuite.

2. Première mesure : défaut d'acide

- Verser exactement $V_1 = 2{,}0$ mL d'acide.
- Décrire ce qui se passe dans l'erlenmeyer.
- Noter le volume de gaz V_{gaz} dégagé lorsque le système chimique n'évolue plus.

a. Calculer la quantité de matière initiale n_s d'hydrogénocarbonate de sodium et celle n_{H^+} d'ions H^+.

b. L'équation de la réaction est :

$$NaHCO_3 + H^+ \rightarrow Na^+ + H_2O + CO_2$$

Déduire de cette équation la nature du gaz formé.

c. Dans le tableau d'avancement ci-dessous, remplir la ligne décrivant l'état initial puis la ligne « état intermédiaire » et la ligne « état final ».

d. Sachant qu'à l'état final il ne reste plus d'ions H^+, déterminer l'avancement final x_{max} et en déduire la quantité de matière de $NaHCO_3$ restante et celle de CO_2 gazeux formée.
Le volume de CO_2 mesuré est-il en accord avec la quantité de matière de CO_2 déduite du tableau ?

3. Deuxième mesure : excès d'acide

- Ajouter encore 6,0 mL d'acide.

a. On considère que le nouvel état initial est le suivant :
– masse m_0 (inchangée) d'hydrogénocarbonate de sodium ;
– volume $V_2 = 8{,}0$ mL d'acide chlorhydrique.
Déterminer la quantité de matière d'ions H^+ introduite (depuis le début de l'expérience).

b. Établir un nouveau tableau d'avancement.

c. Quelle serait la valeur de x_{max} si les ions H^+ constituaient le réactif limitant ?
En déduire la valeur que devrait avoir la quantité de matière de $NaHCO_3$ à l'état final dans ces conditions.

d. Que peut-on dire de cette valeur et de l'hypothèse concernant les ions H^+ ?
En déduire la valeur correcte de x_{max}.

e. En déduire le volume de dioxyde de carbone attendu et vérifier expérimentalement cette valeur.

Voir exercice 28

		$NaHCO_3$ +	H^+ →	Na^+ +	H_2O +	CO_2
État initial	$x = 0$				solvant	
État intermédiaire	x				solvant	
État final	x_{max}				solvant	

L'avancement et les quantités de matière doivent être exprimés en mole.

Exercice résolu

Construire et utiliser un tableau d'avancement

Énoncé

On réalise la réaction du sodium avec le dioxygène O_2 qui conduit à la formation de l'oxyde de sodium Na_2O dans des conditions où le volume molaire est $V_m = 24\ L \cdot mol^{-1}$.

a. Écrire l'équation représentant cette réaction chimique.

b. Établir un tableau d'avancement en ne remplissant que la première ligne.

c. Compléter ce tableau dans le cas où l'on introduit 0,20 mol de sodium et 0,12 mol de dioxygène.

d. Quelle quantité de matière d'oxyde de sodium Na_2O s'est formée quand l'avancement x est 0,070 mol ?

e. Quel serait l'avancement maximal x_{max} en supposant que le réactif limitant est le sodium Na ? Et si c'était le dioxygène O_2 ?
Quel est effectivement le réactif limitant et quel est l'avancement maximal ?

f. En déduire la quantité de matière $n(Na_2O)$ puis la masse m d'oxyde de sodium formée à l'état final.

g. Qu'est-ce qui aurait changé dans cet exercice si l'état initial avait mis en jeu 4,6 g de sodium et 2,88 L de gaz O_2 ?

Conseils

a. Attention aux nombres stœchiométriques.

b. et c. Se reporter au cours pour la méthode de construction du tableau d'avancement.

d. Reporter la valeur de x dans la ligne « état intermédiaire ».

e. Établir des équations dont l'inconnue est x_{max} à partir des cases des réactifs de la ligne « état final ».

f. Reporter la valeur de x_{max} dans la case du produit de la ligne « état final ».

g. Déterminer les quantités de matière correspondant à ces données.

Résolution

a. $4Na + O_2 \rightarrow 2Na_2O$

b. et **c.**

		$4Na$ +	O_2 →	$2Na_2O$
État initial	$x = 0$	0,20	0,12	0
État intermédiaire	x	$0,20 - 4x$	$0,12 - x$	$2x$
État final	x_{max}	$0,20 - 4x_{max}$	$0,12 - x_{max}$	$2x_{max}$

d. Quand l'avancement est $x = 0,070$ mol, la ligne « état intermédiaire » indique qu'il s'est formé $n(Na_2O) = 2x = 2 \times 0,070 = 0,14$ mol.

e. Si le réactif limitant est Na :

$$0,20 - 4x_{max} = 0 \text{ soit } x_{max} = 0,050 \text{ mol}$$

Si le réactif limitant est O_2 :

$$0,12 - x_{max} = 0 \text{ soit } x_{max} = 0,12 \text{ mol}$$

Il faut prendre la plus petite valeur de x_{max} soit 0,050 mol. Le réactif limitant est donc le sodium.

f. À l'état final, il s'est formé $n(Na_2O) = 2x_{max} = 2 \times 0,050 = 0,10$ mol.

La masse d'oxyde de sodium formée est donc :

$$m = n(Na_2O) \times M(Na_2O) = 0,10 \times 62 = 6,2 \text{ g}$$

g. Il faut déterminer les nouvelles quantités de matière.

Dans 4,6 g de sodium, il y a : $n(Na) = \frac{m}{M} = \frac{4,6}{23} = 0,20$ mol.

Dans 2,88 L de O_2 il y a : $n(O_2) = \frac{V}{V_m} = \frac{2,88}{24} = 0,12$ mol.

On est dans les mêmes conditions que celles précédemment considérées.

Exercices

En l'absence d'indication, le volume molaire des gaz sera pris égal à 24 L · mol^{-1}.

Tester ses connaissances

1. Quelle est l'unité de l'avancement d'une réaction chimique ?

2. Que vaut l'avancement d'une réaction chimique dans l'état initial ?

3. Qu'appelle-t-on réactif limitant ?

4. Comment appelle-t-on un réactif qui n'est pas limitant ?

5. Que peut-on dire des quantités de matière des réactifs d'une réaction chimique lorsque l'on est dans les proportions stœchiométriques ?

6. L'expression, en fonction de l'avancement x, de la quantité de matière d'un réactif peut-elle être égale à $2 - 3x$? Peut-elle être égale à $2 + 3x$?

7. Qu'appelle-t-on bilan de matière ? En quelle unité doit être effectué un bilan de matière ?

Appliquer ses connaissances

Avancement d'une réaction chimique

8. ✶ Cet exercice s'intéresse à l'effervescence que l'on observe quand on introduit de la craie dans un acide.
On dispose de morceaux de craie identiques et de deux tubes à essais contenant chacun 15 mL d'acide chlorhydrique.
Dans le premier tube, on introduit un morceau de craie et l'on recouvre aussitôt le tube par un petit ballon qui se gonfle. On fait de même avec le deuxième tube, mais en introduisant deux morceaux de craie. Le deuxième ballon se gonfle un peu plus.

a. Que peut-on déduire du fait que les ballons se soient gonflés ?

b. Que peut-on déduire du fait que le second ballon se gonfle davantage que le premier ?

c. Si l'on avait eu plus d'acide chlorhydrique dans ces deux tubes, pourquoi les ballons ne se seraient-ils pas gonflés davantage ?

9. ✶ La réaction chimique de combustion du carbone s'écrit :

$$C + O_2 \rightarrow CO_2$$

On fait brûler 1,3 mol de carbone en présence de 4,0 mol de dioxygène.

a. Remplir le tableau d'avancement ci-dessous

État initial	$x = 0$			
État intermédiaire	x			
État final	x_{max}			

b. Calculer les quantités de matière de C, de O_2 et de CO_2 quand l'avancement est 0,20 mol.

c. L'avancement final x_{max} est 1,3 mol. Calculer les quantités de matière de chaque réactif restant à l'état final et en déduire quel est le réactif limitant.

10. ✶ La réaction entre le dihydrogène et le dioxygène produit de l'eau.

a. Écrire l'équation chimique de la réaction.

b. Compléter au mieux le tableau d'avancement.

État initial	$x = 0$			
État intermédiaire	x			
État final	x_{max}			

c. La réaction peut-elle avoir lieu si l'on mélange 1 mol de dihydrogène avec 2 mol d'eau ? Justifier la réponse.

d. Compléter le tableau d'avancement dans le cas où l'on fait réagir 1 mol de H_2 et 1 mol de O_2.

e. Pourquoi ces conditions initiales ne permettent-elles pas que l'avancement puisse être égal à 1 mol ?

f. Déterminer les quantités de matière de H_2, O_2 et H_2O pour la valeur $x_{max} = 0{,}5$ mol.

aide

b. On ne peut compléter que la première ligne car on ne dispose pas d'information sur les quantités initiales.

c. Quels sont les réactifs de cette réaction chimique ?

d. Utiliser la technique habituelle pour les tableaux d'avancement ; voir le paragraphe **1.3** du cours.

e. Calculer la quantité de matière de O_2 restante pour un avancement de 1 mol.

f. Utiliser la troisième ligne du tableau d'avancement.

● **11.** Dresser un tableau d'avancement pour les transformations représentées par les équations chimiques suivantes. On supposera, qu'à l'état initial, il y a toujours 0,3 mol de chaque réactif et aucun produit. On ne calculera pas x_{max}.

$$Zn + Cu^{2+} \rightarrow Zn^{2+} + Cu$$
$$2CO \rightarrow CO_2 + C$$
$$4Al + 3O_2 \rightarrow 2Al_2O_3$$

● **12.** ✶✶ **a.** Écrire l'équation de combustion du glucose $C_6H_{12}O_6$ dans le dioxygène sachant que les seuls produits de la réaction sont l'eau et le dioxyde de carbone.

b. À l'aide des masses molaires des éléments chimiques présentes dans la classification périodique, déterminer la quantité de matière de glucose dans un échantillon de 1,0 g.

c. Quelle quantité de matière y a-t-il dans 1,0 L de dioxygène ?

d. Dresser un tableau d'avancement de la réaction de combustion de 1,0 g de glucose en présence de 1,0 L de dioxygène.

● **13.** ✶✶ **a.** Écrire l'équation de combustion du méthane dans le dioxygène.

b. Le méthane et le dioxygène sont deux gaz dans les conditions de l'expérience. Dresser un tableau d'avancement de cette réaction chimique pour chacun des trois états initiaux suivants.

- On mélange 1,0 mol de chaque gaz.
- On mélange 1,0 L de chaque gaz.
- On mélange 1,0 g de chaque gaz.

Recherche de l'état final

● **14.** ✶ Les ions chlorure réagissent avec les ions plomb selon l'équation chimique suivante :

$$Pb^{2+} + 2Cl^- \rightarrow PbCl_2$$

On fait réagir 0,015 mol d'ions Pb^{2+} avec 0,020 mol d'ions Cl^-.

a. Dresser un tableau d'avancement.

b. Rappeler ce que l'on appelle réactif limitant.

c. Déduire du tableau la quantité de matière d'ions Cl^- restante dans l'état final si l'on considère que l'ion Pb^{2+} est le réactif limitant de cette transformation.

Que peut-on déduire du résultat numérique obtenu ?

d. En déduire la quantité de matière de chacun des réactifs et des produits dans l'état final.

e. À l'aide des masses molaires, déduire la masse de chlorure de plomb obtenue.

● **15.** ✶ L'éthylène et le dichlore sont des gaz dans les conditions normales de température et de pression. Leur mélange produit du dichloroéthane. Cette réaction se traduit par l'équation chimique :

$$C_2H_4 + Cl_2 \rightarrow C_2H_4Cl_2$$

On fait réagir 0,50 L d'éthylène avec 0,30 L de dichlore.

a. Déterminer les quantités de matière à l'état initial.

b. Dresser un tableau d'avancement.

c. Déduire du tableau le réactif limitant.

d. Préciser l'état final du système en termes de quantités de matière.

e. Sachant que le produit de la réaction est un liquide de densité 1,24, quel volume en obtient-on ?

f. Comparer le volume des réactifs dans l'état initial à celui du produit dans l'état final. Est-ce surprenant ?

● **16.** ✶✶ Le sodium réagit avec l'eau. Il se forme des ions Na^+ et HO^- ainsi que du dihydrogène.

a. Écrire l'équation chimique correspondant à cette réaction et vérifier que les nombres stœchiométriques soient ajustés (attention aux charges des ions).

b. Cette réaction dangereuse est effectuée avec 0,23 g de sodium seulement, que l'on introduit dans 1,0 L d'eau. Quelles sont les quantités de matière (en mole) de sodium et d'eau mises en jeu ?

c. Dresser un tableau d'avancement pour cette réaction et en déduire le réactif limitant.

d. Quelle est la quantité de matière d'eau restante à l'état final ? Que peut-on dire du volume final de la solution aqueuse obtenue ?

e. Caractériser complètement l'état final (en volume pour le gaz et en concentration pour les ions).

aide

b. Pour déterminer la quantité de matière de sodium, utiliser la relation $n = m/M$ (partie **2.2** du cours). Pour l'eau, il faut déterminer la masse d'un litre d'eau, et déterminer la quantité de matière correspondante.

c. Pour déterminer le réactif limitant, il faut supposer que c'est le sodium et calculer x_{max} puis il faut supposer que c'est l'eau et calculer une autre valeur de x_{max}. La valeur correcte est la plus petite des deux x_{max} (voir cours **2.1**).

d. La quantité de matière d'eau restante dans l'état final se détermine en remplaçant la valeur de x_{max} déterminée à la question précédente, dans la ligne « état final » du tableau d'avancement.

e. Pour les gaz, utiliser la relation $n = V/V_m$ et pour les ions utiliser la relation $n = cV$.

Exercices

● **17.** ★ Le carbone brûle en présence de dioxygène pour former du dioxyde de carbone.

a. Rappeler l'équation chimique correspondant à cette transformation.

b. On brûle 0,50 mol de carbone en présence de 1,2 mol de dioxygène. Établir un tableau d'avancement de cette réaction.

c. Quel est l'état final attendu ?

d. Quel réactif est en excès ?

e. Représenter schématiquement le bilan de matière.

● **18.** ★★ On réalise le broyage, dans un mortier, de 1,0 g de nitrate de plomb, $Pb(NO_3)_2$, avec 1,0 g d'iodure de potassium KI.

a. Quelle est l'équation chimique qui traduit cette transformation ? (On pourra se reporter à l'activité 3, page 149.)

b. Déterminer les masses molaires des réactifs.

c. Établir un tableau d'avancement de la réaction chimique.

d. En déduire le réactif limitant pour cette réaction chimique.

e. Calculer la masse de chaque produit formé.

f. On recommence l'expérience en remplaçant l'iodure de potassium par de l'iodure de sodium NaI. On utilise toujours 1 g de chaque réactif. Répondre à nouveau aux questions **a**, **d** et **e**.
Pourquoi le changement de réactif est-il à l'origine d'une telle modification dans le bilan ?

Avancement et concentration

● **19.** ★ Le mélange d'une solution d'iodure de sodium avec une solution de nitrate de plomb conduit à la formation d'un précipité jaune.
Cette réaction se représente par l'équation chimique suivante :

$$Pb^{2+} + 2I^- \rightarrow PbI_2$$

Les concentrations molaires des ions iodure et des ions plomb sont toutes deux de 0,20 mol · L^{-1} avant le mélange.

a. Quelles sont les quantités de matière initiales des ions plomb et iodure si l'on a mélangé 10 mL de chaque solution ?

b. Établir un tableau d'avancement de cette réaction chimique.

c. Déterminer l'avancement maximal.

d. En déduire les quantités de matière d'ions iodure et d'ions plomb restantes en solution à l'état final, ainsi que la quantité de matière de précipité formée.

e. Quelle est la masse de ce précipité ?

aide

a. Revoir la partie **2.2** du cours.

b. Faire comme il est indiqué dans la partie **2.1** du cours.

c. Reporter la valeur de x_{max} dans la ligne « état final » du tableau d'avancement.

e. Déterminer la masse molaire M du précipité et utiliser la relation $n = \dfrac{m}{M}$.

● **20.** ★★ L'ajout de quelques gouttes d'une solution de soude $Na^+ + OH^-$ à une solution de sulfate de cuivre $Cu^{2+} + SO_4^{2-}$ conduit à l'apparition d'un précipité d'hydroxyde de cuivre, $Cu(OH)_2$.

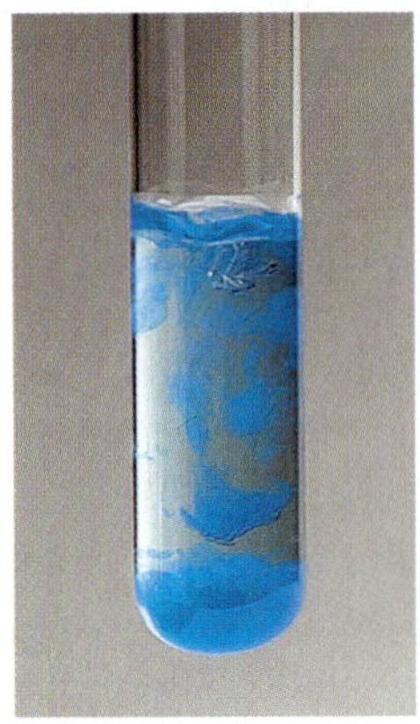

a. Écrire l'équation chimique, les réactifs étant les ions cuivre Cu^{2+} et les ions hydroxyde HO^-.

b. La réaction chimique est effectuée à partir de 20 mL d'une solution contenant 0,12 mol · L^{-1} d'ions Cu^{2+}. Quelle était la quantité de matière (en mole) d'ions cuivre à l'état initial ?

c. Établir un tableau d'avancement de la réaction chimique considérée en supposant que l'on introduit n moles d'ions hydroxyde.

d. Quelle condition respecter sur la valeur de n pour que les ions HO^- soient en excès ?

e. Si la solution de soude utilisée contient 2,0 mol · L^{-1} d'ions HO^-, quel volume de solution de soude faut-il ajouter pour être dans les proportions stœchiométriques ?

● **21.** ★★ Les ions argent Ag^+ donnent, avec les ions phosphate PO_4^{3-}, un précipité jaune.

a. Compte tenu de la neutralité électrique du phosphate d'argent, quelle est la formule de ce précipité ?

b. En déduire l'équation chimique de la réaction de précipitation.

c. On prépare 0,10 L d'une solution de concentration 0,10 mol · L^{-1} en ions argent à partir de nitrate d'argent $AgNO_3$ solide.
Établir un tableau d'avancement de la réaction considérée. À partir de ce tableau, déterminer la quantité de matière d'ions phosphate nécessaire pour précipiter la totalité des ions Ag^+ d'un prélèvement de 10 mL de la solution préparée.

d. Quelle masse de précipité jaune peut-on espérer obtenir ?

● **22.** ★★ On trempe une lame de zinc Zn de masse 12 g dans 20 mL d'une solution de sulfate de cuivre $Cu^{2+} + SO_4^{2-}$.

a. Sachant qu'il se forme un dépôt de cuivre métallique Cu et des ions Zn^{2+} comme seuls produits de la réaction chimique, écrire l'équation chimique.

b. Si la concentration en ions Cu^{2+} dans l'état initial est de $0{,}050 \text{ mol} \cdot L^{-1}$, trouver le réactif limitant à l'aide d'un tableau d'avancement de la réaction chimique.

c. Quelle devrait être la masse de la lame de zinc pour que les réactifs soient dans les proportions stœchiométriques ?

d. On se place dans ces conditions stœchiométriques. Après évaporation de l'eau de la solution, on obtient deux solides, l'un métallique et l'autre ionique. Quelles sont les formules chimiques de ces deux solides ?

e. Quelles sont leurs masses respectives ?

Proportions stœchiométriques

● **23.** ★ La séparation isotopique de l'uranium nécessite que cet élément chimique soit présent dans une espèce chimique volatile.
La seule espèce chimique possible est l'hexafluorure d'uranium UF_6 préparée par la réaction d'équation suivante :

$$UF_4 + F_2 \rightarrow UF_6$$

a. On veut faire réagir 0,20 mol de UF_4. Établir un tableau d'avancement en notant n (inconnue) la quantité de matière de F_2.

b. Déterminer n pour que le mélange initial soit dans les proportions stœchiométriques.

c. En déduire la quantité de matière et la masse de UF_6 formé.

d. Si on avait voulu préparer la même quantité de UF_6 par la réaction d'équation

$$U + 3F_2 \rightarrow UF_6$$

avec un mélange qui soit encore dans les proportions stœchiométriques, il aurait fallu d'autres conditions initiales qui peuvent être déterminées à l'aide d'un nouveau tableau d'avancement.
Établir un tableau d'avancement pour la nouvelle réaction chimique en notant n_1 et n_2 les quantités de matière initiales de U et F_2 respectivement.

e. À l'aide de l'expression de la quantité de matière UF_6 dans l'état final, déterminer la valeur de l'avancement maximal x_{max}.

f. Déduire de cette valeur les quantités de matière de U et de F_2, dans l'état initial, pour que les réactifs soient dans les proportions stœchiométriques.

aide

b. Utiliser les deux équations dont l'inconnue est x_{max} et le fait que, pour des proportions stœchiométriques, à l'état final, il ne reste aucun des réactifs.

c. Reporter la valeur de x_{max} dans la quantité de matière de UF_6 à l'état final.

d. Revoir la partie **2.3** du cours.

e. Utiliser le même type d'équation qu'à la question **b**, mais cette fois, x_{max} étant connue.

● **24.** ★★ L'aluminium réagit avec le dichlore suivant l'équation chimique :

$$2Al + 3Cl_2 \rightarrow 2AlCl_3$$

a. On fait réagir 0,15 mol d'aluminium. Quelle quantité de matière de dichlore permet d'opérer dans les proportions stœchiométriques ?

b. On veut produire $2{,}0 \cdot 10^{-4}$ mol de chlorure d'aluminium. Quelles conditions permettent d'opérer dans les proportions stœchiométriques ?

c. Quels sont les volumes de dichlore et d'aluminium correspondants, mesurés dans les conditions normales de température et de pression, sachant que la masse volumique de l'aluminium est $\rho = 2{,}7 \text{ g} \cdot \text{cm}^{-3}$?

● **25.** ★ La réaction du dioxyde de soufre avec les ions permanganate (voir page 156) peut être représentée par l'équation chimique suivante :

$$5SO_2 + 2MnO_4^- + 2H_2O \rightarrow 5SO_4^{2-} + 2Mn^{2+} + 4H^+$$

a. Quelle quantité de matière d'ions permanganate réagit, dans les proportions stœchiométriques, avec 1 mol de dioxyde de soufre ?

b. Dans ces conditions, quelle quantité de matière d'ions H^+ est produite ?

● **26.** ★★ On dispose de $V_0 = 10{,}0$ mL d'une solution de nitrate d'argent dont la concentration en ions Ag^+ est $0{,}05 \text{ mol} \cdot L^{-1}$. On ajoute un volume V d'une solution de carbonate de sodium dont la concentration en ions carbonate CO_3^{2-} est $0{,}2 \text{ mol} \cdot L^{-1}$.

a. Il se forme un précipité de carbonate d'argent. Sachant que cette espèce chimique est électriquement neutre, quelle est sa formule ?

b. Écrire la réaction de précipitation.

c. Les proportions initiales sont-elles stœchiométriques si le volume V est de 2 mL ?

d. Dans ces conditions, à l'aide d'un tableau d'avancement de cette réaction chimique, déterminer les ions présents dans la solution à l'état final.

e. Quel devrait être le volume V pour être dans les proportions stœchiométriques ?

Exercices

Aller plus loin

27. ** *Avancement et gaz parfait*

Le dihydrogène devient explosif, dans l'air, s'il est présent à plus de 4 % en volume. On considère l'air comme un gaz parfait contenant, en volume, 20 % de dioxygène et 80 % de diazote.

a. Quelle équation chimique rend compte d'une telle explosion ?

b. Une fuite de dihydrogène conduit au remplacement de 4 % de l'air d'un laboratoire, de volume 120 m^3, par du dihydrogène.
Quelle est la composition molaire de l'atmosphère du laboratoire ?

c. En cas d'explosion, déterminer le réactif limitant et la masse d'eau qui serait produite.

d. Lors d'une telle explosion, la température de l'air du laboratoire augmente de 900 °C. Estimer la pression dans le laboratoire et conclure.

28. *** *Détermination d'une quantité de matière*

Un morceau de fer de masse $m = 2{,}56$ g est introduit dans un volume $V_1 = 100$ mL d'une solution aqueuse contenant 0,500 mol d'ions H^+. Du dihydrogène est produit et le morceau de fer disparaît.
Cela se traduit par l'équation chimique :

$$Fe + 2H^+ \rightarrow Fe^{2+} + H_2$$

a. D'après les observations, justifier que le fer n'est pas un réactif en excès.

b. Quelle est la quantité de matière de fer présente à l'état initial dans le système chimique ?

c. Vérifier à l'aide d'un tableau d'avancement que le fer n'est effectivement pas un réactif en excès.

d. À partir de quelle masse de fer ce réactif deviendrait en excès ?

e. Déterminer le volume de dihydrogène V produit pendant la transformation réalisée à partir de 2,56 g de fer.

f. On prélève exactement $V_2 = 10{,}0$ mL de la solution obtenue, que l'on introduit dans un erlenmeyer. On y ajoute un volume V_3 d'une solution de permanganate de potassium. Une réaction chimique a lieu, représentée par l'équation chimique :

$$MnO_4^- + 5Fe^{2+} + 8H^+ \rightarrow Mn^{2+} + 5Fe^{3+} + 4H_2O$$

Quelle quantité de matière d'ions permanganate faut-il verser pour que les ions MnO_4^- et Fe^{2+} soient dans les proportions stœchiométriques ? On supposera que les ions H^+ sont alors en grand excès.

g. Quelle doit être la concentration c en ions permanganate pour que l'ajout corresponde exactement à $V_3 = 10$ mL ?

29. *** *Détermination d'une formule brute*

On cherche à déterminer la formule brute d'un hydrocarbure que l'on écrit pour l'instant C_yH_z. On fait brûler environ 0,14 g de cet hydrocarbure en présence d'un excès de dioxygène pur. Les seuls produits de la combustion sont le dioxyde de carbone et l'eau.

a. Écrire l'équation chimique en exprimant les nombres stœchiométriques en fonction de y et de z.

b. On obtient 232 mL de dioxyde de carbone gazeux et 0,217 g d'eau. À quelles quantités de matière ces valeurs correspondent-elles ?

c. Établir un tableau d'avancement de la réaction .

d. À partir du tableau, calculer le rapport $\frac{z}{y}$.

e. En admettant que z est un nombre pair inférieur à 12, indiquer les valeurs possibles des deux nombres entiers y et z, et en déduire la formule brute de l'hydrocarbure.

30. *** *Sucre et réactif de Fehling*

On cherche à déterminer la quantité de glucose $C_6H_{12}O_6$ présente dans un jus de fruit.

1. a. Décrire un test chimique permettant de mettre en évidence la présence du glucose dans une boisson.

b. On prépare une solution de glucose en dissolvant 360 mg de glucose dans 20 mL d'eau. Quelle quantité de matière de ce sucre est présente dans cette solution ?

c. On fait réagir à chaud cette solution de glucose avec du réactif de Fehling contenant des ions Cu^{2+}.
Le réactif initialement bleu se décolore et il apparaît un précipité rouge d'oxyde de cuivre Cu_2O. Il se forme un dérivé du glucose de formule $C_6H_{12}O_7$.
Proposer une équation chimique sachant que, parmi les réactifs, il y a également des ions hydroxyde HO^-, et que, parmi les produits, il y a de l'eau.

d. Pour 8,3 mL de réactif de Fehling, on est dans les proportions stœchiométriques. Déterminer la concentration des ions Cu^{2+} dans le réactif de Fehling.

2. On réalise maintenant l'expérience suivante : on prélève exactement 10,0 mL de réactif de Fehling (identique à celui de la question précédente) que l'on verse dans un erlenmeyer, et on ajoute, à chaud, du jus d'orange jusqu'à ce que le réactif de Fehling soit décoloré. On admet que l'on se trouve alors dans les proportions stœchiométriques de la réaction décrite ci-dessus.

a. Avec quel instrument le prélèvement doit-il être effectué ?

b. Le volume de jus d'orange était de 14,7 mL. En déduire la concentration en glucose dans le jus de fruit.

DE L'ESPÈCE CHIMIQUE À LA RÉACTION CHIMIQUE

10

OBJECTIF

- Considérer ou reconsidérer la notion d'espèce chimique en relation avec la notion de réaction chimique.

Lors de la transformation du lait en fromage, certaines espèces chimiques du lait disparaissent et d'autres espèces chimiques apparaissent. Les changements d'aspect, de couleur, de goût, d'odeur, etc. s'interprètent par la modification des espèces chimiques présentes dans le système chimique constitué, à l'état initial, du lait et, à l'état final, du fromage.

PLAN DU COURS

1 - Aspects macroscopique et microscopique de la notion d'espèce chimique

2 - Caractérisation d'une espèce chimique

3 - Obtention d'espèces chimiques

1 De la pomme au cidre

a. Indiquer quelques observations permettant d'affirmer qu'une pomme est constituée d'un grand nombre d'espèces chimiques.
b. Comment peut-on tester la présence de certaines de ces espèces chimiques ?
c. L'espèce chimique éthanol (constituant l'alcool ordinaire) n'est pas présente dans la pomme. En revanche, après broyage de la pomme, le jus de pomme se transforme au bout de quelque temps en cidre qui, lui, contient l'espèce chimique éthanol. Comment peut-on expliquer la formation d'éthanol ?
d. La concentration en éthanol dans le cidre est voisine de $0{,}6 \text{ mol} \cdot \text{L}^{-1}$. Après distillation, on obtient une eau de vie dont la concentration en éthanol est d'environ $12 \text{ mol} \cdot \text{L}^{-1}$.
Pourquoi dit-on qu'une telle distillation n'est pas une synthèse de l'éthanol ?

Doc. 1. Fabrication du cidre. Test de la concentration en sucre qui se transformera en alcool lors de la fermentation.

Voir exercice 5

2 Tests chimiques

a. Rappeler comment on peut tester la présence de l'espèce chimique dioxyde de carbone.
b. On souhaite trouver la raison pour laquelle l'eau de chaux « vieillit ». Préciser dans un premier temps ce qu'on entend par « vieillir » quand on évoque une espèce chimique.
c. Pour préparer de l'eau de chaux, on introduit quelques spatules d'oxyde de calcium CaO dans de l'eau, on agite et on filtre.
Le résidu présent dans le filtre est toujours de l'oxyde de calcium ; en revanche, il n'y a pas d'ions oxyde O^{2-} dans le filtrat, alors qu'il y a des ions calcium Ca^{2+}.
Quelle explication peut-on proposer ?
d. L'eau de chaux contient des ions hydroxyde HO^{-}. Lors d'un test du dioxyde de carbone, ces ions participent à la réaction et on observe un trouble dû à la présence de l'espèce chimique carbonate de calcium $CaCO_3$. Proposer une équation chimique montrant que le dioxyde de carbone peut réagir avec les ions hydroxyde pour donner les ions carbonate CO_3^{2-}. Expliquer ensuite la formation du carbonate de calcium.

e. Au repos, une eau de chaux qui a vieilli apparaît limpide comme une eau de chaux fraîchement préparée (**Doc. 1.a**). En revanche, l'eau de chaux vieillie se trouble quand on agite le flacon (**Doc. 1.b**). Proposer une interprétation au vieillissement de l'eau de chaux.

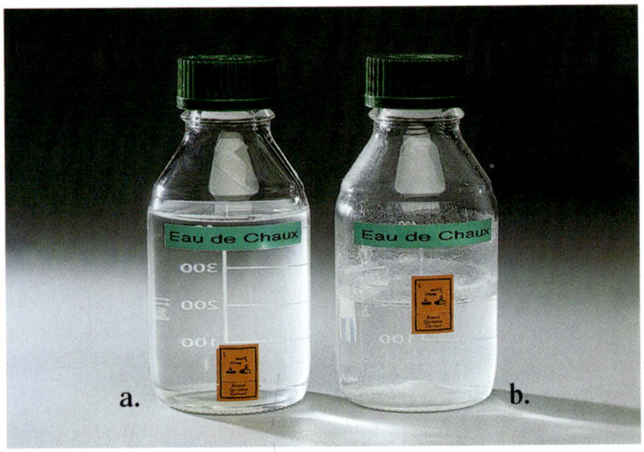

Doc. 1. a. Eau de chaux fraîchement préparée.
b. Eau de chaux vieillie.

3 L'espèce chimique eau

Objectif

- Distinguer les notions d'espèce chimique, d'atome et d'élément chimique lors de l'étude d'une réaction chimique aux niveaux microscopique et macroscopique

1. L'eau et la vie

a. Comment appelle-t-on la succession des événements suivants : évaporation de l'eau de mer, formation de vapeur d'eau atmosphérique, déplacement de cette vapeur avec le vent, formation de nuages et de pluie, écoulement de l'eau de ruissellement dans les rivières jusqu'à la mer ?
b. Quelle espèce chimique se conserve au cours de ce perpétuel voyage ?
c. Une partie de l'eau de pluie est fixée par les plantes et, en présence de dioxyde de carbone, produit du glucose $C_6H_{12}O_6$ et du dioxygène. Écrire l'équation chimique de formation du glucose.
d. Pourquoi, dans ces conditions, dit-on que l'espèce chimique eau ne s'est pas conservée ?
e. Pourquoi peut-on dire cependant que les atomes H et O constituant les molécules d'eau se sont conservés ?
f. En présence de dioxyde de carbone, l'eau peut aussi donner la réaction d'équation :

$$H_2O + CO_2 \rightarrow H^+ + HCO_3^-$$

Peut-on dire que les atomes des molécules d'eau se conservent lors de cette réaction chimique ? Qu'est-ce qui se conserve alors ?

2. Formation de l'eau

On considère, selon plusieurs points de vue, la réaction :

$$2H_2 + O_2 \rightarrow 2H_2O$$

Bilan atomique

a. En s'aidant du **Doc. 1**, représenter deux molécules H_2 et une molécule O_2 à l'aide du modèle de Lewis.
b. On considère que les différentes liaisons covalentes sont rompues, que les atomes se réarrangent puis se lient par de nouvelles liaisons chimiques pour former deux molécules d'eau. Représenter l'état intermédiaire (avec les atomes séparés) puis deux molécules d'eau dans l'état final.
c. Pourquoi ces représentations montrent-elles que, lors d'une réaction chimique, il y a conservation de la masse (loi de Lavoisier) ?

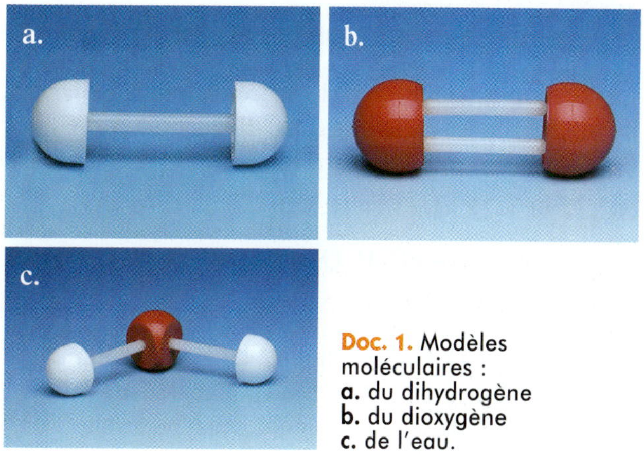

Doc. 1. Modèles moléculaires :
a. du dihydrogène
b. du dioxygène
c. de l'eau.

Bilan molaire

d. Exprimer, en fonction du nombre d'Avogadro N_A, le nombre d'atomes H dans 3 mol de H_2, puis le nombre d'atomes O dans 1 mol de O_2.
e. En dénombrant les atomes, montrer que le réarrangement de 3 mol de H_2 et de 1 mol de O_2 permet de produire 2 mol de H_2O (et pas plus).
Combien d'atomes H ne se retrouvent pas au sein de molécules H_2O ? À combien de molécules H_2 cela correspond-il ?

Bilan de matière

f. Retrouver ces résultats (quantité de matière de H_2 n'ayant pas réagi et quantité de matière de H_2O formée) à l'aide d'un tableau d'avancement.
g. Rechercher, par exemple sur internet, la masse d'eau présente sur Terre et en déduire la quantité de matière correspondante.
h. À l'aide d'un tableau d'avancement, déterminer les quantités de matière n_H et n_O, puis le volume total de gaz correspondant (calculé dans les conditions normales de température et de pression) dont il faudrait disposer pour obtenir, dans les proportions stœchiométriques, une telle masse d'eau.
i. Comparer ce volume calculé dans les conditions normales de température et de pression (CNTP), à celui de l'atmosphère, $4 \cdot 10^{18}$ m^3.

Voir exercice 6

4 TP Synthèse d'une espèce chimique

Objectifs
- Réaliser une synthèse d'espèce chimique
- Utiliser la chromatographie pour identifier une espèce chimique synthétisée

1. Travail théorique préparatoire

La réaction de synthèse de l'espèce chimique benzaldéhyde C_7H_6O est représentée par l'équation ci-dessous. On demande d'ajuster sa stœchiométrie.

$$3C_7H_8O + 2KMnO_4 + H_2SO_4 \rightarrow C_7H_6O + MnO_2 + K_2SO_4 + H_2O$$

a. On souhaite utiliser $V_A = 2{,}00$ mL d'alcool benzylique C_7H_8O. C'est un liquide de masse volumique $\rho_A = 1{,}04\ g \cdot cm^{-3}$. Déterminer la masse m_A puis la quantité de matière n_A d'alcool benzylique que l'on va ainsi faire réagir.
b. À l'aide d'un tableau d'avancement, limité aux réactifs, déterminer la quantité de matière n_K de permanganate de potassium $KMnO_4$ à introduire pour que les réactifs soient dans les proportions stœchiométriques. À quelle masse m_K cela correspond-il ?
c. De l'acide sulfurique H_2SO_4 doit aussi être ajouté. Déterminer la quantité de matière n_S d'acide qu'il faut introduire pour être dans les proportions stœchiométriques. La concentration de la solution d'acide sulfurique ajoutée étant $c_S = 0{,}500\ mol \cdot L^{-1}$, à quel volume V_S cela va-t-il correspondre ?
d. On dispose d'une pipette jaugée de 5 mL, d'une pipette graduée de 5 mL, d'une éprouvette graduée de 100 mL et d'une éprouvette graduée de 25 mL, ainsi que du matériel habituel présent dans un laboratoire de chimie. Quelle verrerie ou appareil doit-on utiliser pour prélever les quantités de matière ainsi calculées ?

2. Réalisation expérimentale

- Introduire dans un petit erlenmeyer les quantités de permanganate de potassium et de solution d'acide sulfurique déterminées en première partie.

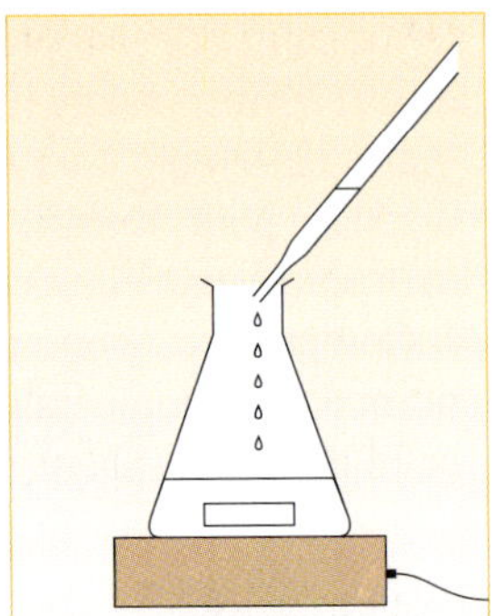

Doc. 1. Ajout de liquide dans l'erlenmeyer.

- Introduire avec précaution un barreau magnétique et agiter le mélange.
- Prélever une goutte de ce mélange avec une baguette de verre et déposer la goutte sur un papier filtre (**Doc. 1**). Observer et reporter l'observation sur le compte rendu.
- À l'aide d'une pipette, ajouter 5 gouttes (soit 0,2 mL) d'alcool. Laisser agiter quelques instants et renouveler le dépôt d'une goutte du mélange sur papier filtre.
- À l'aide d'une pipette graduée, ajouter le reste de l'alcool (1,8 mL). Agiter pendant deux minutes et renouveler le dépôt d'une goutte du mélange.
- Déposer quelques gouttes du mélange sur un papier filtre et le sentir ; quelle odeur cela rappelle-t-il ?

Espèce chimique	État physique	Couleur	Solubilité dans l'eau	Solubilité dans l'éther
Alcool benzylique	liquide	incolore	faible	grande
Benzaldéhyde	liquide	incolore	très faible	grande
Acide sulfurique	liquide	incolore	grande	grande
Permanganate de potassium	solide	violet	grande	très faible
Sulfate de potassium	solide	blanc	grande	très faible
Dioxyde de manganèse	solide	noire	nulle	nulle

Doc. 2. Caractéristiques des espèces chimiques mises en jeu lors de la synthèse.

Pour répondre aux questions ci-dessous, on pourra utiliser le **Doc. 2**.

a. Nommer les réactifs utilisés pour cette réaction de synthèse.
b. Pourquoi les tests successifs au papier filtre permettent-ils d'affirmer qu'une synthèse a eu lieu ?
c. Pourquoi ces tests ne garantissent-ils pas que la transformation chimique réalisée dans l'erlenmeyer correspond à la réaction chimique mentionnée en première partie ?
d. Quelle autre information permet de dire que la synthèse d'une espèce chimique a eu lieu ?

3. Extraction du benzaldéhyde

F.M. 1 ▪ Introduire un peu d'eau dans une petite ampoule à décanter et vérifier qu'elle ne fuit pas.

▪ En s'aidant d'un entonnoir, introduire le contenu de l'erlenmeyer dans l'ampoule à décanter.

▪ Ajouter 30 mL d'éther. Boucher l'ampoule et agiter énergiquement en dégazant plusieurs fois. Laisser décanter.

▪ Éliminer la phase inférieure (**Doc. 3**).

▪ Ajouter 20 mL d'eau et agiter énergiquement. Dégazer l'ampoule. Laisser décanter.

▪ Éliminer la phase inférieure et recueillir à part la phase éthérée.

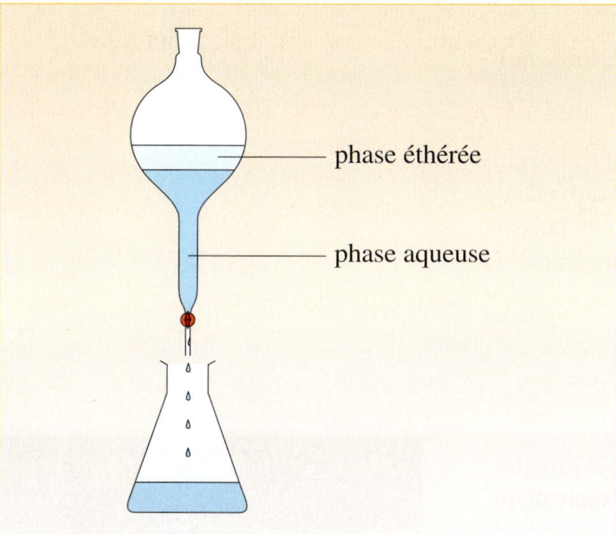

Doc. 3. Récupération de la phase inférieure.

a. Pourquoi faut-il éliminer la phase inférieure à chaque fois ?

b. Quelles espèces chimiques sont susceptibles d'avoir été recueillies dans la phase éthérée ? Justifier la réponse.

c. L'opération effectuée est appelée « extraction par solvants ». Proposer une définition de l'extraction d'une espèce chimique en utilisant le terme « soluté ».

d. La solubilité de l'espèce chimique « éther » dans l'eau et celle de l'espèce chimique « eau » dans l'éther ne sont pas indiquées dans le tableau du **Doc. 2**.
Que peut-on dire de ces solubilités respectives ?

e. Justifier, à l'aide des solubilités données dans ce tableau, que le mode opératoire proposé permet l'extraction du benzaldéhyde.

f. Pourquoi ne peut-on pas dire que la phase éthérée est du benzaldéhyde ? Par quelle technique peut-on séparer les principaux constituants de cette phase ?

4. Caractérisation par chromatographie

La chromatographie est une technique qui permet de séparer et d'identifier les espèces chimiques. Dans ce cas, F.M. 1 on dispose d'une plaque de chromatographie nécessitant une lampe à rayonnement ultraviolet pour faire apparaître les taches en fin de manipulation.

▪ À 1 cm du bas de la plaque, tracer un trait léger au crayon à papier (**Doc. 4**).

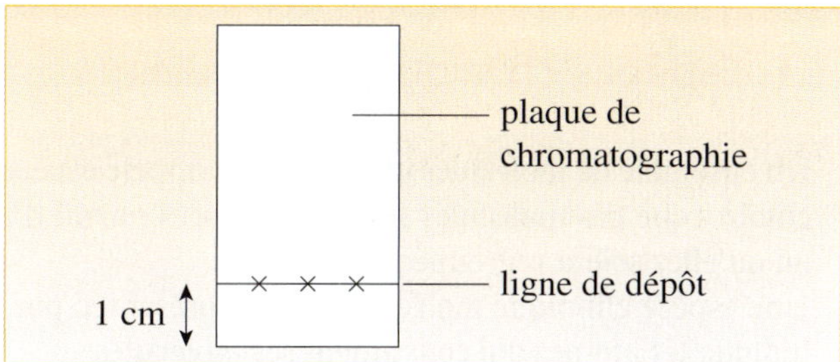

Doc. 4. Positions du dépôt des échantillons sur la plaque de chromatographie.

▪ Au centre de ce trait, déposer à l'aide d'une pipette capillaire une goutte de l'extrait éthéré récupéré.

▪ À gauche du premier dépôt, déposer une goutte d'une solution d'alcool benzylique à 5 % dans l'éther.

▪ À droite du dépôt central, déposer une goutte d'une solution de benzaldéhyde à 5 % dans l'éther.

▪ Vérifier sous la lampe UV que les dépôts sont visibles.

▪ Plonger verticalement la plaque dans une cuve à chromatographie contenant un mélange cyclohexane/acétone dans les proportions 2/1 en volume. La ligne de dépôt doit être à 0,5 cm au-dessus du niveau du liquide.

▪ Observer ce qui se passe et décrire ces observations.

▪ Quand le solvant a atteint 90 % de la hauteur de la plaque, retirer la plaque et noter au crayon la hauteur atteinte (c'est le front du solvant).

▪ Laisser évaporer le solvant et mettre la plaque sous la lampe UV. Entourer au crayon la position des taches ainsi révélées.

▪ On appelle rapport frontal (noté R_f) de chaque tache le rapport entre la distance parcourue par une tache (depuis le dépôt) et la distance parcourue par le solvant (depuis la ligne de dépôt). Le R_f d'une espèce chimique est une valeur reproductible, si la chromatographie est réalisée dans les mêmes conditions.

a. À l'aide des observations relevées lors de la chromatographie, définir ce qu'on appelle « phase fixe » et « phase mobile » d'une chromatographie.

b. Le rapport frontal R_f étant une caractéristique d'une espèce chimique, en déduire que la synthèse du benzaldéhyde a effectivement eu lieu.

Voir exercice 12

1 Aspects macro- et microscopique de la notion d'espèce chimique

Dans le premier chapitre de ce livre, quelques propriétés des espèces chimiques ont été présentées. Ces propriétés ne faisaient pas appel à la structure microscopique de la matière. Il est possible, maintenant que des connaissances sur les atomes, les molécules et les ions ont été introduites, d'approfondir cette notion importante d'espèce chimique.

1.1. Espèces chimiques moléculaires

Un ensemble de molécules identiques est appelé espèce chimique moléculaire, que ces molécules soient dispersées parmi d'autres molécules ou qu'elles soient regroupées.
Une espèce chimique moléculaire est représentée par une formule qui indique les atomes qui constituent ses molécules.

Le dioxyde de carbone CO_2, l'eau H_2O, le méthane CH_4 sont des exemples d'espèces chimiques moléculaires. Que les molécules de dioxyde de carbone considérées fassent partie de l'atmosphère ou d'une boisson gazeuse, il s'agit de molécules identiques qui appartiennent donc à la même espèce chimique.

1.2. Espèces chimiques ioniques

Une espèce chimique ionique est constituée de cations et d'anions. L'ensemble des charges positives des cations compense exactement l'ensemble des charges négatives des anions.

Les espèces chimiques ioniques peuvent être constituées d'un type de cations et d'un type d'anions soit en quantités identiques, soit en quantités différentes. Il arrive que plus de deux types d'ions soient présents dans la formule chimique. C'est, par exemple, le cas du minéral $Pb_5Cl(PO_4)_3$ du **Doc. 1**.
Dans tous les cas la compensation des charges des ions se traduit dans la formule de l'espèce chimique.

Doc. 1. Pyromorphite $Pb_5Cl(PO_4)_3$.

Exemples

- Dans le chlorure de sodium NaCl, il y a autant de cations Na^+ que d'anions Cl^-.
- Dans le chlorure de fer $FeCl_3$, il y a trois fois plus de cations Cl^- que d'anions Fe^{3+}.

Les espèces chimiques ioniques peuvent être constitués d'ions monoatomiques – Na^+, Fe^{3+}, Cl^-, etc. – ou d'ions polyatomiques. C'est le cas de l'ion phosphate PO_4^{3-}, de l'ion nitrate NO_3^-, de l'ion sulfate SO_4^{2-}, etc. La charge électrique d'un ion polyatomique doit être considérée comme globale.
Par exemple, l'ion phosphate est constitué d'un atome de phosphore et de quatres atomes d'oxygène, l'ensemble portant trois charges négatives.

➤ Voir exercice 7

2 Caractérisation d'une espèce chimique

Caractériser une espèce chimique permet de la reconnaître quand elle est présente dans un échantillon. Pour cela, on dispose de caractéristiques physiques ou chimiques, et de techniques analytiques comme la chromatographie.

2.1. Caractéristiques physiques et chimiques

Chaque espèce chimique (moléculaire ou ionique) possède un ensemble de propriétés physiques et de propriétés chimiques qui la caractérisent.

- **Propriétés physiques.** Il s'agit de grandeurs caractéristiques telles que la température d'ébullition, l'indice de réfraction, etc. Par exemple, l'eau bout à 100 °C (sous la pression atmosphérique normale), son indice de réfraction est 1,33 (pour une longueur d'onde de 540 nm), etc.
Ces valeurs sont caractéristiques de l'espèce chimique eau car, quelle que soit l'origine de l'échantillon d'eau analysé, celui-ci est essentiellement constitué des mêmes molécules.

- **Propriétés chimiques.** Les réactions chimiques dans lesquelles une espèce chimique est impliquée sont également caractéristiques de cette espèce chimique. Certaines de ces réactions peuvent ainsi servir de tests de cette espèce chimique. C'est ainsi que la présence de dioxyde de carbone CO_2 dans un gaz peut être révélée par sa réaction avec l'eau de chaux, notée $Ca^{2+} + 2HO^-$. Cette réaction se représente par :

$$CO_2 + Ca^{2+} + 2HO^- \rightarrow CaCO_3 + H_2O$$

L'espèce chimique carbonate de calcium $CaCO_3$ apparaît sous forme d'un précipité ; c'est le trouble caractéristique indiquant que le gaz étudié contient l'espèce chimique dioxyde de carbone (**Doc. 2**).

Doc. 2. Test à l'eau de chaux.

Voir activité 4

2.2. Chromatographie

La chromatographie est une technique qui permet de séparer et d'identifier les différentes espèces chimiques d'un mélange. Elle nécessite deux phases, une phase mobile constituée d'un solvant et une phase fixe, par exemple de la silice, déposée sur la plaque chromatographique (**Doc. 3**).
Les molécules contenues dans le mélange sont entraînées par la phase mobile. Chaque molécule entraînée par la phase mobile est attirée par les entités constituant la phase fixe. Certaines molécules interagissent d'une certaine façon avec la phase fixe, d'autres interagissent d'une autre façon. Il en résulte donc une migration différente des molécules à séparer.

Lors d'une chromatographie, les molécules identiques d'un mélange restent groupées et sont généralement séparées des autres molécules du mélange. La chromatographie est donc une technique de séparation. C'est également une méthode d'identification lorsqu'on peut comparer le mélange avec un échantillon de référence.

Voir exercice 10

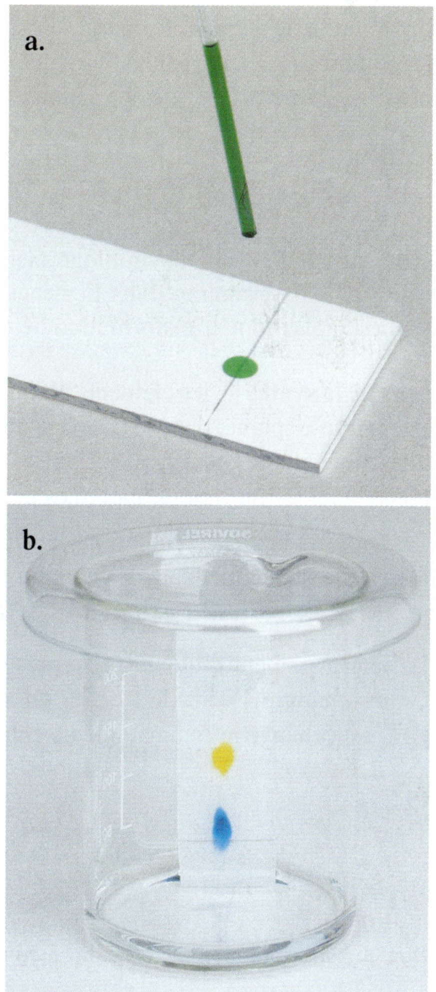

Doc. 3. Chromatographie.

3 Obtention d'espèces chimiques

3.1. Extraction d'espèces chimiques

Voir activité 1

Extraire une espèce chimique, c'est rassembler les molécules – initialement disséminées – d'une espèce chimique. Dans le cas d'une plante, les molécules d'une espèce chimique que l'on cherche à extraire peuvent être disséminées dans les cellules de différentes parties de la plante, dans des vésicules, etc. Lors de l'extraction, les molécules ne sont pas transformées. Elles changent simplement d'environnement.

L'extraction d'une espèce chimique correspond à un déplacement sélectif de molécules d'un milieu complexe vers un milieu simple, comme une solution, sous le contrôle du chimiste. Ce déplacement s'accompagne le plus souvent d'une augmentation de la concentration de ces molécules.

Doc. 4. Extraction d'essence de lavande.

On peut distinguer les extractions d'espèces chimiques contenues dans un milieu naturel (plantes, extraits animaux, **Doc. 4**) et les extractions permettant d'isoler une espèce chimique à la suite d'une synthèse. Dans chaque cas, le chimiste met en jeu un ou deux solvants.
L'extraction d'espèces chimiques ioniques est également possible. Lors de l'extraction, le nombre de charges positives des cations extraits compense le nombre de charges négatives des anions extraits. Il n'est ainsi pas possible de n'extraire que des cations.

3.2. Synthèse d'espèces chimiques

Voir activités 3 et 4

Une synthèse d'espèce chimique met en jeu une réaction chimique. Il ne s'agit pas, comme dans l'extraction, d'un déplacement de molécules, mais d'une transformation de molécules.

Lors de la synthèse, les éléments chimiques sont conservés. D'un point de vue microscopique, dans le cas où n'interviennent que des espèces chimiques moléculaires, une synthèse consiste en une réorganisation des atomes constituant les molécules apportées par les réactifs de la réaction.

Exemple. On peut synthétiser le chlorométhane en faisant réagir du dichlore avec du méthane. L'équation de la réaction s'écrit :

$$CH_4 + Cl_2 \rightarrow CH_3Cl + HCl$$

Le réarrangement d'atomes se représente aussi avec les conventions de Cram (chapitre 4). Sur le **Doc. 5**, un atome d'hydrogène de la molécule CH_4 est échangé avec un atome de chlore de la molécule Cl_2.

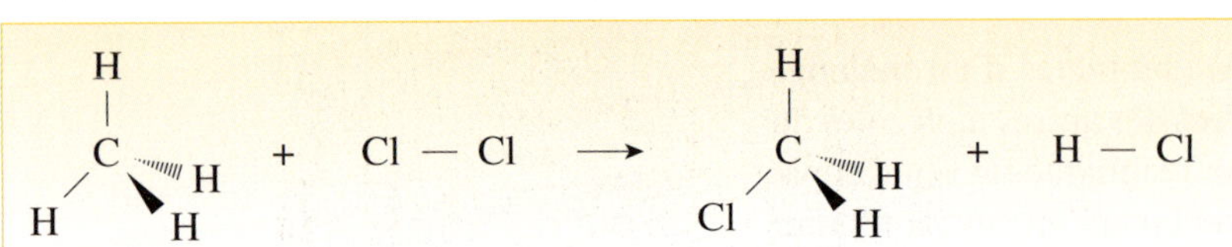

Doc. 5. Représentation de la synthèse du chlorométhane.

Voir activité 5

➤ Voir exercice 12

5 DOCUMENT Atomes, molécules et espèces chimiques

Objectif

- Utiliser la loi d'Avogadro et la notion de réaction chimique pour trouver si une espèce chimique est monoatomique ou diatomique

Au XVIIIe siècle et au début du XIXe siècle, la chimie s'est intéressée essentiellement aux espèces chimiques ioniques et aux espèces chimiques gazeuses. L'étude de ces dernières a contribué à l'élaboration de la loi d'Avogadro sur les gaz.

a. Rappeler la loi d'Avogadro.
b. Comment reconnaît-on, à son nom, qu'une espèce chimique est ionique ?

Au XIXe siècle on sait que les espèces chimiques ioniques sont constituées d'entités positives et d'entités négatives. Il n'y avait donc pas besoin de grandes théories pour expliquer leur formation, lors de réactions chimiques, car on savait depuis longtemps que les entités positives et les entités négatives s'attirent. Imprégné de cette façon de penser, on ne concevait pas facilement qu'une molécule puisse être constituée de deux atomes identiques, comme on le sait maintenant, par exemple Cl_2, H_2, etc.

c. Proposer une interprétation au fait que l'on avait du mal à imaginer qu'une molécule puisse être constituée de deux atomes identiques.
d. Donner le nom d'autres espèces chimiques dont les molécules sont constituées de deux atomes identiques.

Une des premières preuves expérimentales de l'existence de molécules constituées de deux atomes identiques provient de la réaction de formation du chlorure d'hydrogène HCl. Si l'on pense impossible qu'il existe des molécules constituées de deux atomes identiques, on doit représenter ce qu'on appelle maintenant le dihydrogène par la formule H et le dichlore par la formule Cl. L'équation (fausse) de formation du chlorure d'hydrogène s'écrirait donc :

$$« \ H_{gaz} + Cl_{gaz} \rightarrow HCl_{gaz} \ »$$

e. Avec cette hypothèse, déterminer, à l'aide d'un tableau d'avancement, la quantité de matière de gaz HCl qui résulterait de la réaction (fausse) d'une mole de gaz H avec une mole de gaz Cl.
f. Comparer le volume du système chimique à l'état initial et à l'état final dans cette hypothèse.
g. Comment doit-on écrire en fait l'équation correcte de la réaction du dihydrogène avec le dichlore ?

h. À l'aide d'un tableau d'avancement, déterminer la quantité de matière de gaz HCl résultant de la réaction entre une mole de gaz H_2 et une mole de gaz Cl_2.
i. Comparer le volume du système chimique à l'état initial et à l'état final.
j. Pourquoi l'expérience de formation du gaz HCl permet-elle d'éliminer l'une des deux hypothèses suivantes ?
(1) Les gaz « hydrogène » et « chlore » sont monoatomiques.
(2) Les gaz « hydrogène » et « chlore » sont diatomiques.

Reconnaître la différence entre H et H_2 a constitué une étape importante pour distinguer atomes et molécules. La distinction entre ces deux notions a mis plus d'un demi-siècle à s'établir, entre l'hypothèse de Dalton dans son ouvrage de 1808, *A New System of Chemical Philosophy*, et son acceptation par une partie importante de la communauté des chimistes. On peut affirmer qu'au congrès international de Karlsruhe, en 1860, la distinction entre atome et molécule était loin d'être faite. Tous les efforts du chimiste italien Canizzaro ne furent pas suffisants pour convaincre la communauté des chimistes, mais le problème avait le mérite d'être posé. Il ne pourra être définitivement résolu que lorsque la nature de la liaison covalente sera établie en 1916.

k. Quel est le nom du chimiste qui établit un modèle de la liaison chimique ?
l. Quel modèle proposa-t-il ?

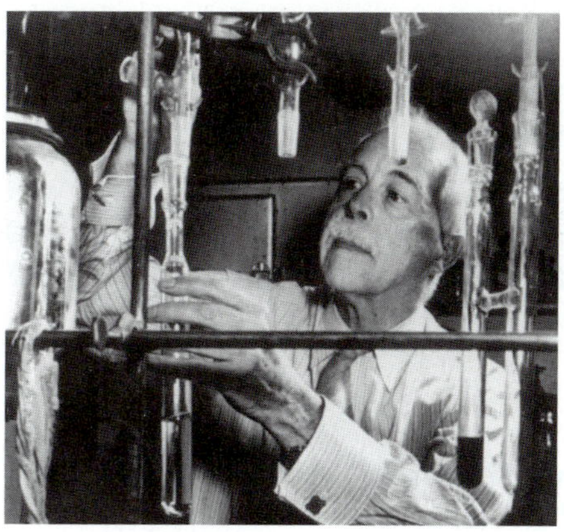

Doc. 1. Physicien et chimiste américain ayant proposé le premier modèle de la liaison chimique.

Exercice résolu

Extraction et hydrolyse du saccharose

Énoncé

Le sucre ordinaire est presque exclusivement constitué de l'espèce chimique saccharose $C_{12}H_{22}O_{11}$.

a. Proposer deux raisons pour lesquelles le solvant eau est utilisé pour extraire cette espèce chimique.

b. L'hydrolyse du saccharose est une réaction chimique pour laquelle l'eau est un réactif. L'eau transforme le saccharose en deux espèces chimiques isomères : le glucose et le fructose. Proposer une équation chimique qui rende compte de cette hydrolyse, sachant qu'il y a deux réactifs, deux produits et que tous les nombres stœchiométriques sont égaux à un.

c. Quelle quantité de matière n_S et quelle masse m_S de saccharose est-il nécessaire d'hydrolyser (dans l'eau) pour obtenir $m_G = 9{,}00$ g de glucose ? Quelle masse m_F de fructose est produite dans ces conditions ?

d. Le volume de la solution mis en jeu lors de cette hydrolyse est $V = 100$ mL.
Déterminer la relation mathématique entre la concentration c_S en saccharose et l'avancement x de la réaction.

e. Représenter graphiquement la concentration c_S en fonction de l'avancement x de la réaction.

Conseils

a. Penser à la solubilité et au coût.

b. Écrire les formules brutes des réactifs et utiliser la notion d'isomérie.

c. Poser n_S la quantité de matière inconnue de saccharose ; considérer que le solvant eau est en excès.

d. Partir du tableau d'avancement, colonne du saccharose, et utiliser la relation entre c_s et x.

e. La concentration est en ordonnée et l'avancement en abscisse.

Résolution

a. Le sucre (donc l'espèce chimique saccharose) est très soluble dans l'eau, ce qui est une condition essentielle pour l'extraction. Par ailleurs, l'eau est un solvant bon marché, ce qui est une condition industriellement intéressante.

b. Comme les deux isomères qui se forment ont même formule brute, celle-ci est nécessairement $C_6H_{12}O_6$ et l'équation demandée est :

$$C_{12}H_{22}O_{11} + H_2O \rightarrow C_6H_{12}O_6 + C_6H_{12}O_6$$

c. Il faut établir un tableau d'avancement.

		$C_{12}H_{22}O_6$ (saccharose)	+ H_2O	→ $C_6H_{12}O_6$ (fructose)	+ $C_6H_{12}O_6$ (glucose)
État initial	$x = 0$	n_S	solvant	0	0
État final	x_{max}	$n_S - x_{max}$	solvant	x_{max}	x_{max}

La quantité de matière de glucose formée à l'état final est :

$$n_G = \frac{9{,}00}{180} = 5{,}00 \cdot 10^{-2} \text{ mol} \quad \text{et} \quad n_G = x_{max} = n_S$$

La masse de saccharose à utiliser est donc $m_S = 5{,}00 \cdot 10^{-2} \times 342 = 17{,}1$ g.
La quantité de matière de fructose formée est également :

$$x_{max} = 5{,}00 \cdot 10^{-2} \text{ mol}$$

La masse de fructose formée est $m_F = 5{,}00 \cdot 10^{-2} \times 180 = 9{,}00$ g.

d. La quantité de matière de saccharose, noté $n_S(x)$ est :

$$n_S(x) = n_S - x = 5{,}00 \cdot 10^{-2} - x$$

La concentration en saccharose pour un avancement donné est :

$$c_S(x) = \frac{n_S(x)}{V} = \frac{5{,}00 \cdot 10^{-2} - x}{0{,}100}$$

e. Voir le graphe ci-contre.

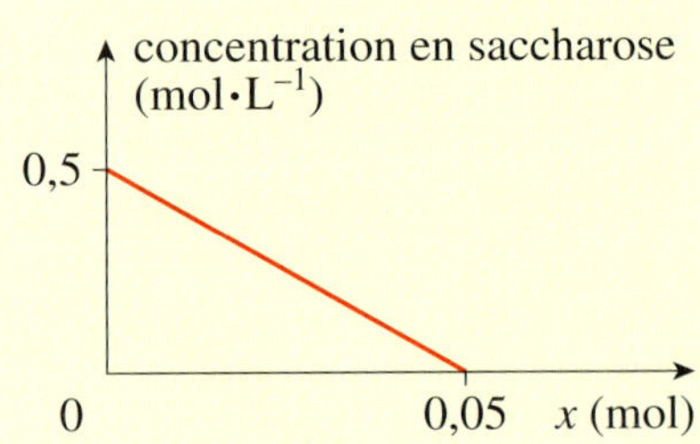

Exercices

Tester ses connaissances

● **1.** Définir une espèce chimique à partir de la notion de molécule.

● **2.** Quelle est la formule des espèces chimiques constituées par les ions Mg^{2+} et Cl^- ? Al^{3+} et O^{2-} ? Na^+ et PO_4^{3-} ?

● **3.** Donner des exemples de caractéristiques physiques d'une espèce chimique.

● **4.** Qu'appelle-t-on phase fixe et phase mobile dans une chromatographie ?

Appliquer ses connaissances

● **5.** ✶ Après la description d'une situation expérimentale, une interprétation est proposée en italique. Dire si cette interprétation est correcte ou non, en le justifiant.

a. Lorsqu'une bougie brûle, on peut mettre en évidence, au-dessus de la flamme, la présence de l'espèce chimique eau. *Cela signifie que l'espèce chimique eau est présente dans la bougie.*

b. Lorsqu'on chauffe du calcaire, par exemple pour produire du ciment, il se dégage du dioxyde de carbone. *Cela signifie que l'espèce chimique dioxyde de carbone est présente dans le calcaire.*

c. Les hauts-fourneaux permettent de transformer le minerai de fer en fer métallique. Le fer métallique est constitué d'atomes de fer. *Ces atomes de fer étaient donc présents dans le minerai de fer.*

d. La réaction du dichlore gazeux avec le sodium métallique produit l'espèce chimique chlorure de sodium. Celle-ci est constituée d'ions sodium et d'ions chlorure. *Cela signifie que les ions sodium sont présents dans le sodium métallique et que les ions chlorure sont présents dans le dichlore.*

● **6.** ✶ Pour chaque question, choisir la ou les bonnes réponses.

1. Le chauffage du carbone avec l'oxyde de cuivre permet une transformation chimique pour laquelle une coloration cuivrée apparaît. Cela prouve que :

a. des atomes de cuivre étaient présents à l'état initial ;

b. des ions cuivre étaient présents à l'état initial ;

c. l'élément chimique cuivre était présent à l'état initial.

2. Il apparaît un dépôt de couleur orange sur une lame de zinc trempée dans une solution de sulfate de cuivre :

a. comme il y avait des ions cuivre en solution, alors le dépôt orange est constitué d'ions cuivre ;

b. comme il y a des atomes de cuivre à l'état final, alors c'est qu'il y avait des atomes de cuivre à l'état initial ;

c. comme il y a l'élément chimique cuivre à l'état final, alors c'est qu'il y avait l'élément chimique cuivre à l'état initial.

● **7.** ✶ **a.** Quelle est la charge électrique des ions nitrate NO_3^-, sulfate SO_4^{2-}, peroxyde O_2^{2-}, oxyde O^{2-}, carbonate CO_3^{2-}, thiosulfate $S_2O_3^{2-}$.

b. Calculer leur masse molaire.

Aller plus loin

● **8.** ✶✶ *Espèces chimiques inflammables*

a. Dans les laboratoires, on trouve sur certains flacons l'étiquette ci-contre. Que signifie ce pictogramme, et quelles précautions faut-il prendre lors de la manipulation de tels flacons ?

b. La combustion d'une espèce chimique est une réaction mettant en jeu le dioxygène de l'air. Écrire l'équation de combustion de l'éther, espèce chimique de formule $C_4H_{10}O$, sachant que les seuls produits de la combustion sont le dioxyde de carbone et l'eau.

c. Un flacon contient un volume $V_E = 1{,}00$ L d'éther. Quelle est la quantité de matière n_E d'éther dans un tel flacon sachant que la masse volumique de cette espèce chimique est $\rho_E = 0{,}796 \text{ g} \cdot \text{cm}^{-3}$?

d. À l'aide d'un tableau d'avancement, déterminer la quantité de matière de dioxygène nécessaire pour brûler la totalité du litre d'éther.

e. Déterminer également les quantités de matière de dioxyde de carbone et d'eau produites par la combustion de tout l'éther.

f. Comparer le volume de dioxygène, à 25 °C et à la pression atmosphérique, et le volume final total de gaz produit, sachant que l'eau et le dioxyde de carbone sont tous les deux à la température de 900 °C et à la pression atmosphérique. (On considérera que ces gaz respectent l'équation d'état du gaz parfait.)

g. L'explosion d'un flacon d'éther correspond à une combustion rapide du contenu du flacon. Déduire des résultats de la question précédente une explication au danger d'une telle explosion.

aide

a. Relire la signification des pictogrammes de sécurité dans le rabat de couverture.

b. Identifier dans l'énoncé les réactifs et les produits, et établir l'équation chimique.

c. Il faut utiliser la relation :

$$n = \frac{\text{masse de l'échantillon}}{\text{masse molaire de l'espèce chimique}}$$

Pour déterminer la masse de l'échantillon, utiliser la relation entre masse volumique et volume :

$$\rho = \frac{\text{masse de l'échantillon}}{\text{volume de l'échantillon}}$$

d. Dans le tableau d'avancement, considérer, qu'à l'état initial, il y a la quantité de matière d'éther déterminée à la question précédente et la quantité de dioxygène nécessaire pour être dans les proportions stœchiométriques.

e. Exploiter le tableau d'avancement pour les produits formés, après avoir déterminé x_{max}.

f. Utiliser l'équation d'état du gaz parfait pour déterminer le volume final, en faisant attention aux unités.

9. ★★ *Espèces chimiques corrosives*

a. L'acide sulfurique est toujours étiqueté avec le pictogramme ci-contre. Quelles mesures de protection faut-il prendre lors de son utilisation ?

b. Qu'observerait-on si de l'acide sulfurique se trouvait en contact avec la peau ?

c. L'acide sulfurique H_2SO_4 réagit avec de nombreux métaux, en particulier avec l'aluminium. Il se forme du sulfate d'aluminium de formule $Al_2(SO_4)_3$. Étant donné la position de l'aluminium dans la classification périodique, quelle est la charge des cations aluminium ?

d. En déduire la charge x des ions sulfate SO_4^{x-}.

e. Proposer l'écriture de la réaction de corrosion de l'aluminium par l'acide sulfurique sachant qu'il se forme uniquement du dihydrogène (gaz) et du sulfate d'aluminium (solide).

f. Une règle d'aluminium de 9,0 g tombe dans un litre d'acide sulfurique (de masse volumique $\rho = 1{,}84 \text{ g} \cdot \text{cm}^{-3}$). Quelle est la quantité de matière de chacun des réactifs à l'état initial ? Dresser un tableau d'avancement pour cette réaction chimique. Quel est son réactif limitant ? En déduire la quantité de matière de chacun des produits formés.

g. Quelle masse de sulfate d'aluminium va-t-on ainsi produire ?

10. ★★★ *Isomères et chromatographie*

On dispose de trois flacons (F_A, F_B et F_C) sur chacun desquels est inscrite la formule $C_{14}H_{12}$. On réalise une chromatographie ① en déposant sur la plaque, à la même hauteur, un peu de chaque échantillon. Après migration d'un solvant approprié sur cette plaque, on constate que les taches des échantillons A et B ont migré à la même hauteur alors que, pour l'échantillon C, la tache est à une hauteur différente.

a. Que peut-on en déduire pour les échantillons A, B et C ?

b. Qu'aurait donné la chromatographie ②, dans les mêmes conditions, d'un mélange de l'échantillon A et de l'échantillon B, et la chromatographie ③ d'un mélange de l'échantillon A et de l'échantillon C ?

c. L'échantillon A est dissous dans l'alcool, agité en présence d'acide. Après extraction, on récupère une poudre blanche dont l'analyse révèle que toutes les molécules sont constituées de 14 atomes C et de 12 atomes H.
La chromatographie ④ de ce nouvel échantillon fournit un chromatogramme identique à celui de la chromatographie ③.
Proposer une explication.

11. ★★ *Bonbons colorés*

Un bonbon coloré, par exemple de la marque Smarties®, est introduit dans l'eau. Quand suffisamment de colorant s'est dissous on retire ce qui reste du bonbon. On renouvelle l'expérience avec un bonbon d'une autre couleur pour obtenir une autre solution colorée. On réalise ainsi 6 solutions à partir de bonbons rouges (R), bleus (B), verts (V), orange (O), marron (M) et jaunes (J). Les solutions colorées, ainsi obtenues, sont déposées sur du papier filtre.
On réalise une chromatographie en utilisant de l'alcool comme solvant. On obtient après migration le résultat ci-dessus.

a. Quelles sont, dans cette chromatographie, la phase fixe et la phase mobile ?

b. Combien d'espèces chimiques semblent nécessaires pour obtenir les six couleurs utilisées lors de la préparation de ces bonbons ?

c. Pourquoi est-il important que les solutions soient initialement déposées sur une même ligne ?

12. ★★ *Le cinabre*

Un des plus anciens pigments connus est le cinabre, de couleur rouge vermillon. C'est l'espèce chimique colorée sulfure de mercure HgS.

Le peintre de ce tableau (XVe siècle) a utilisé du cinabre pour obtenir la couleur rouge vermillon du manteau de saint Jérôme (personnage de gauche).

1. a. Nommer les éléments chimiques présents dans cette espèce chimique.

b. Le cinabre est une espèce chimique ionique ; on voudrait déterminer les formules des ions monoatomiques la constituant.
Déduire la charge de l'ion soufre de sa position dans la classification périodique.

c. En déduire la charge de l'ion mercure.

d. Le sulfure de mercure est quasi insoluble dans tout solvant.
Pourquoi est-ce un avantage pour son utilisation comme pigment à usage textile ?

e. Pourrait-on identifier ce pigment au moyen d'une chromatographie ?

2. a. Le chauffage à l'air du sulfure de mercure produit du mercure liquide et du dioxyde de soufre SO_2. Proposer une équation chimique pour cette réaction.

b. À l'aide d'un tableau d'avancement, déterminer la quantité de matière n de sulfure de mercure, puis la masse m nécessaire à la production d'un litre de mercure, sachant que la masse volumique de ce métal liquide est 13,6 $g \cdot cm^{-3}$.

c. Le minerai de cinabre contient environ 2 % en masse de l'espèce chimique sulfure de mercure. Quelle masse de minerai faut-il traiter pour obtenir un litre de mercure métallique ?

d. On dit improprement que le mercure est extrait du cinabre. Pourquoi cette formulation est-elle impropre ?

13. ★★★ *La taurine et la bière*

La taurine est une espèce chimique d'intérêt biologique, soluble surtout dans l'eau, que l'on rencontre dans les muscles. Sa formule est $C_2H_7NO_3S$. On fait réagir de la taurine selon la réaction représentée par :

$$C_2H_7NO_3S + C_6H_3FN_2O_4 \rightarrow C_8H_9N_3O_7S + X \quad (1)$$

X représente la formule d'une molécule.

a. Quelle est cette formule X ?

b. Représenter la molécule de formule X avec le modèle de Lewis. Pendant la transformation de la taurine, suivant la réaction d'équation ci-dessus, l'espèce chimique $C_6H_3FN_2O_4$ donne une autre réaction qui se représente par :

$$C_6H_3FN_2O_4 + HO^- \rightarrow C_6H_4N_2O_5 + F^- \quad (2)$$

c. La chromatographie d'une goutte du système chimique dans lequel se transforme la taurine conduit à quatre taches. Que peut-on en déduire en considérant que ni les ions ni les espèces chimiques ioniques n'apparaissent sur cette plaque de chromatographie ?

d. On souhaite vérifier si une bière contient de la taurine. On ajoute à 10 mL de bière un peu de l'espèce chimique $C_6H_3FN_2O_4$. Après une dizaine de minutes, on introduit le mélange dans une ampoule à décanter avec 10 mL d'éther. On agite fortement et on laisse décanter. La chromatographie de la phase organique permet d'identifier la présence des espèces chimiques $C_8H_9N_3O_7S$ et $C_6H_3FN_2O_4$.
Proposer une explication.

e. Est-ce une preuve de la présence de la taurine dans la bière ?

14. ★★ *Le vert de la feuille* (klôros-phullon)

Étape 1. Le broyage de quelques feuilles d'épinard avec de l'éther de pétrole conduit à un liquide de couleur verte.

Étape 2. Une goutte de ce liquide, déposée à l'extrémité d'une craie, se comporte comme sur la photo ci-dessous.

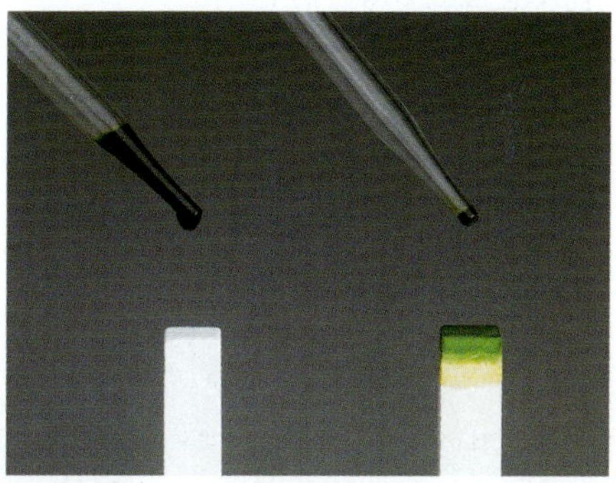

Étape 3. La partie verte de la craie est grattée et broyée avec un peu d'alcool. L'alcool se colore en vert. Il est ensuite filtré.

Étape 4. Au filtrat de l'étape précédente sont ajoutées quelques gouttes d'une solution d'acide nitrique. La solution verte devient progressivement jaune.

a. Proposer une interprétation aux observations relevées lors des différentes étapes ci-dessus.

b. Proposer une hypothèse pour interpréter ce qui se passe lors de l'étape 4.

c. Proposer une expérience qui permette de vérifier cette hypothèse.

1. Une galaxie spirale.

2. La Voie lactée.

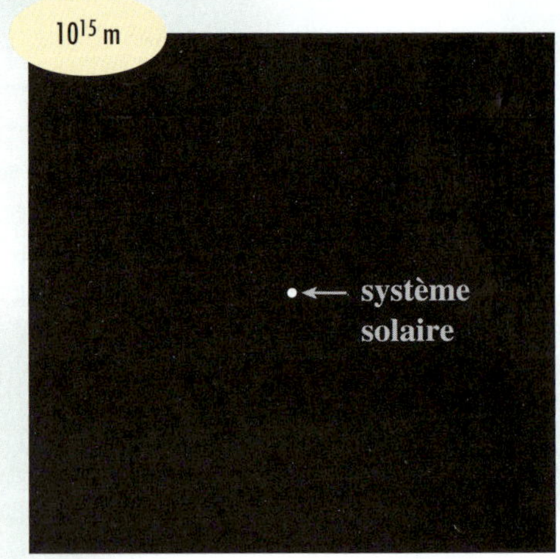

3. La plus proche étoile est à 10 fois la largeur de cette image.

7. Le pont de l'île d'Oléron.

8. Un violoncelle.

9. Grains de sable.

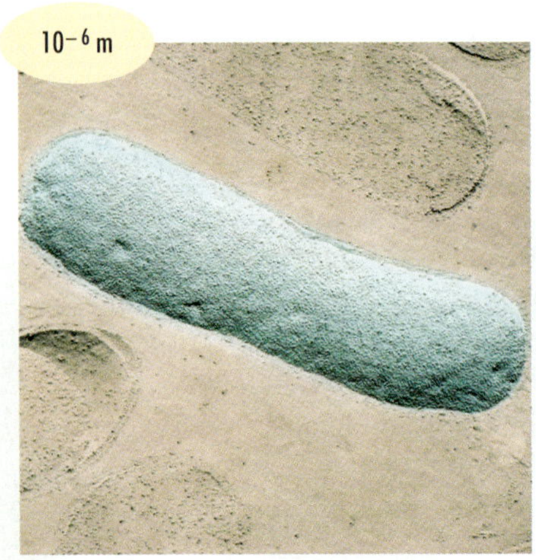

10. La bactérie *Escherichia coli*.

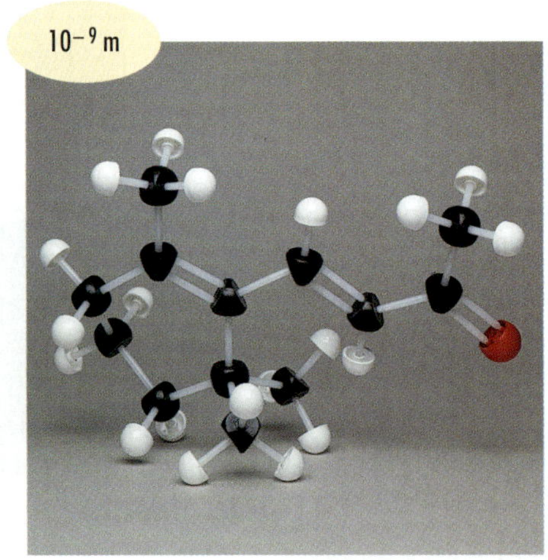

11. Une molécule d'ionone.

12. Le plus proche électron est à 20 fois la largeur de cette image.

10^{12} m

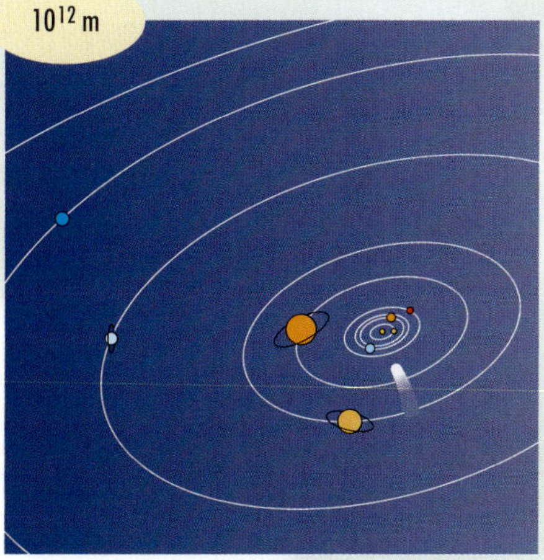

4. Le système solaire.

10^{9} m

5. La Terre et la Lune.

10^{6} m

6. La France vue de satellite.

EXPLORATION DE L'ESPACE

PARTIE IV

10^{-15} m

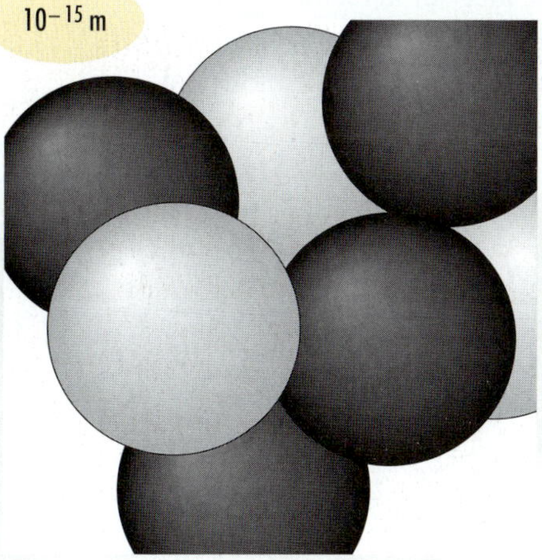

13. Le noyau d'un atome.

Le côté de chaque image correspond à une longueur 1 000 fois plus petite que le côté de l'image précédente. Certaines images sont pratiquement vides car, à l'échelle considérée, le seul objet visible a une taille inférieure à un point de l'image.

« ... Qu'est-ce que l'homme dans la nature ?
Un néant à l'égard de l'infini,
un tout à l'égard du néant,
un milieu entre rien et tout. »

Blaise PASCAL (1623-1662)

Prérequis du collège

- L'atome et ses constituants.
- Structure du système solaire, du système Terre-Lune.
- La lumière : propagation ; vitesse ; sources de lumière ; lumière émise, reçue et absorbée ; faisceau ; rayon de lumière.
- Distance, vitesse et durée. Relation $d = vt$.

Prérequis de mathématiques

- Puissances de 10.
- Proportionnalité.
- Théorème de Thalès.

Prérequis de chimie du programme de seconde

- Les ions.

Contenu de la partie

Quand on demandait à Albert Einstein ce qu'il étudiait, il aimait répondre « l'Univers ». Tel est effectivement l'enjeu de la physique. Cette première partie commence par décrire l'Univers, des structures les plus grandes (les galaxies) aux structures les plus petites (les atomes). Pour cela, il va falloir utiliser des outils étudiés en mathématiques : les puissances de 10, le théorème de Thalès, etc.
Il sera aussi question de l'étude de la lumière avec l'objectif de comprendre la constitution des étoiles. L'analyse de la lumière qu'elles nous envoient permet en effet d'avoir une idée sur la façon dont elles sont constituées. C'est un des enjeux de la physique moderne, qui s'accompagne de questions métaphysiques sur l'origine du monde et donc de l'homme.

Référence au programme

Cette partie introduit le cours de physique en présentant l'Univers, des atomes aux galaxies. Elle fait intervenir les mesures de distances pour se repérer, de l'échelle atomique à l'échelle astronomique.
La lumière et ses propriétés sont mises à profit, d'une part pour mesurer certaines distances, d'autre part pour obtenir des renseignements concernant les étoiles.

STRUCTURE DE L'UNIVERS

11

OBJECTIFS

- Utiliser les puissances de 10 dans l'évaluation des distances mises en jeu dans l'Univers.
- Savoir que la lumière se propage en ligne droite et connaître la valeur de sa vitesse de propagation.

L'observation de l'Univers a de tout temps fasciné l'homme. La description des objets qui composent cet Univers nécessite de pouvoir estimer des distances infiniment grandes et infiniment petites. Pour cela, les propriétés de la lumière constituent un outil que les scientifiques ont appris à maîtriser.

PLAN DU COURS

1 La lumière meurt-elle ?

a. À votre avis, la lumière meurt-elle ? Donner des exemples de situations qui soutiennent votre point de vue en s'inspirant, par exemple, du **Doc. 1**.
b. Énumérer plusieurs points communs aux différentes situations évoquées à la question précédente.
c. En déduire des conditions nécessaires à une bonne propagation de la lumière.

Doc. 1. Exemple de sources lumineuses proche et éloignée.

2 Structure de l'Univers

a. Quelle taille prendrait la photo de la Voie lactée (**Doc. 2**) avec l'échelle de l'image de la galaxie spirale (**Doc. 1**) ?
b. Comment devrait-on dessiner la Voie lactée avec l'échelle de l'image du système solaire (**Doc. 3**) ?
c. Positionner sur un axe vertical les tailles approximatives d'objets courants : un livre, un téléphone portable, le diamètre d'une mine de crayon, une armoire.

d. Positionner sur un autre axe vertical les tailles des différents objets représentés sur les images 1 à 13 des pages d'entrée de la partie IV (p. 178-179).
e. Sur ce deuxième axe, positionner les tailles des objets représentées sur le premier axe.
Que constate-t-on ?

Doc. 1. Une galaxie spirale.

Doc. 2. La Voie lactée.

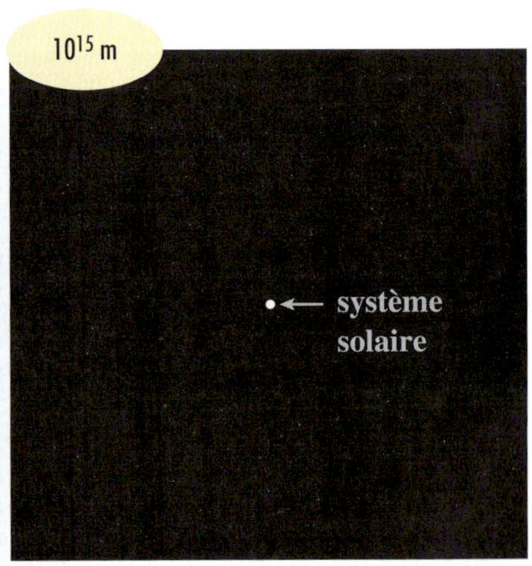

Doc. 3. La plus proche étoile est à 10 fois la largeur de cette image.

3 Voyage dans l'infiniment grand

Objectif

- Utiliser les puissances de 10 dans les calculs en siences physiques

1. Représenter les nombres

Il est souvent commode d'exprimer des distances à l'aide de la notation scientifique.
Cela consiste à écrire un nombre sous la forme $a \cdot 10^n$ où a est un nombre décimal tel que $1 \leqslant a < 10$ et n un nombre entier positif ou négatif.
Notre galaxie, la Voie lactée, contient environ deux cent milliards d'étoiles, ce qui représente une masse égale à environ quarante milliards de fois la masse du Soleil.

a. Écrire les nombres évoqués dans la phrase ci-dessus à l'aide de la notation scientifique.

On appelle ordre de grandeur d'un nombre très grand ou très petit la plus proche puissance de dix de ce nombre.

b. Donner les ordres de grandeur des nombres évoqués dans l'énoncé.

On appelle chiffres significatifs d'un nombre N les chiffres qui constituent a dans la notation scientifique de ce nombre ($N = a \cdot 10^n$).
Exemple. $N = 0{,}000\ 120$ s'écrit $1{,}20 \cdot 10^{-4}$ et possède trois chiffres significatifs : 1 ; 2 et 0.

c. Avec combien de chiffres significatifs, la masse du Soleil, donnée dans le rabat de couverture, est-elle exprimée ?

2. Multiplier et diviser des grands nombres

Le résultat d'une multiplication ou d'une division ne doit pas avoir plus de chiffres significatifs que la donnée qui en comporte le moins.

a. Calculer la masse des deux cent milliards d'étoiles de la galaxie et exprimer ce nombre en kg en respectant la règle sur le nombre de chiffres significatifs.
b. Donner l'ordre de grandeur du résultat.
c. Calculer la masse moyenne d'une étoile en kg.
d. Donner l'ordre de grandeur du résultat.

3. Additionner des grands nombres

Un voyageur souhaite aller sur Titan, un satellite de Saturne, en partant de la Terre. Il parcourt $7{,}8 \cdot 10^7$ km pour se rendre sur Mars et $1{,}2 \cdot 10^9$ km pour rejoindre Saturne, puis $1{,}22 \cdot 10^6$ km pour aller sur Titan (**Doc. 1**).

a. Exprimer ces nombres en milliard de kilomètres.
F.M. 8 **b.** Calculer la distance totale parcourue par le voyageur. Le résultat en milliard de kilomètres devra être arrondi afin de ne pas être exprimé avec plus de chiffres significatifs que la donnée (exprimée en milliard de kilomètres) qui en comporte le moins.

Voir exercice 19

Doc. 1. Représentation du trajet du voyageur.

4 Mesures par visée

Objectifs
- Découvrir la mesure par visée pour des objets courants
- Comprendre sa limite et manipuler quelques distances astronomiques

On peut mesurer, avec un double décimètre ou avec un mètre de bricoleur, la dimension de différents objets. Cela permet de savoir si le piano passera par la porte, ou si un meuble tiendra dans la cuisine. Cette technique de mesure pourtant bien pratique n'est pas facilement transposable à la détermination de la hauteur d'une maison ou à la distance entre deux étoiles. On utilise alors des techniques de mesures indirectes comme celles développées ci-dessous.

1. Mesure de la hauteur d'un immeuble

À l'aide d'une règle graduée tenue à bout de bras, viser un immeuble comme le montre le **Doc. 1**.

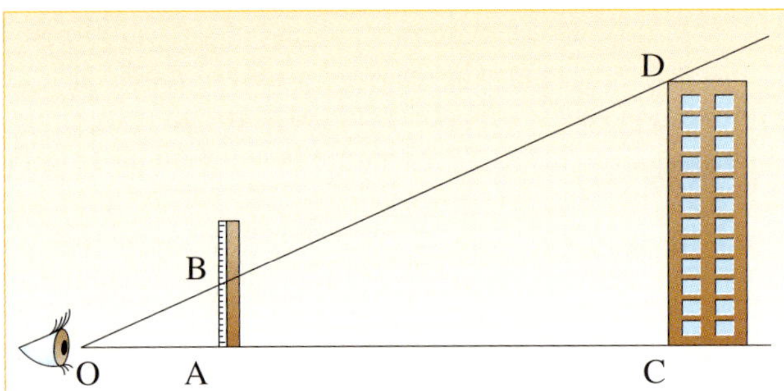

Doc. 1. Schéma représentant la visée d'un immeuble.

a. À l'aide du théorème de Thalès, quelle relation peut-on établir entre les longueurs AB, CD, OA et OC ?
b. Parmi ces longueurs, lesquelles peuvent être déterminées sans trop de difficultés ?
c. En déduire approximativement la hauteur de l'immeuble.

2. Vérification à l'aide d'une autre méthode

a. Déterminer le nombre d'étages que comporte l'immeuble.
b. Sachant que la hauteur d'un étage est d'environ 3 m, en déduire une estimation de la hauteur de l'immeuble précédemment observé. Comparer cette valeur à celle trouvée à la question **1.c**.
c. Quelle méthode semble la plus précise ? Pourquoi ?

3. Autres déterminations de distances

a. Un randonneur souhaite déterminer approximativement la distance à laquelle il se trouve de la montagne qu'il doit gravir. À l'aide d'une règle qu'il tient bras tendu (en considérant que la règle est à la distance $d \approx 0{,}60$ m de son œil), il constate que la montagne, d'une hauteur réelle de 2 500 m, a une hauteur apparente de 8,3 cm. À quelle distance se trouve-t-il de cette montagne ?
b. Proposer une façon de vérifier la mesure.

4. Distances astronomiques

a. La méthode de visée de la partie **1** est-elle utilisable pour déterminer des grandeurs astronomiques comme le diamètre du Soleil ? Justifier la réponse.

On appelle diamètre apparent du Soleil l'angle sous lequel est vu le Soleil par un observateur terrestre.

b. Proposer un schéma représentant un œil, la Lune et le Soleil lors d'une éclipse totale de Soleil. On considérera que le Soleil et la Lune sont vus sous le même diamètre apparent.
c. Appliquer la relation de Thalès au schéma de la question **b**.
d. À l'aide de valeurs numériques empruntées au rabat de couverture, montrer que le théorème de Thalès est raisonnablement applicable à une telle situation.

Théorème de Thalès

Si les points O, A, B sont alignés dans le même ordre que O, A′, B′ et que (AA′) est parallèle à (BB′), alors :

$$\frac{OA}{OB} = \frac{OA'}{OB'} = \frac{AA'}{BB'}$$

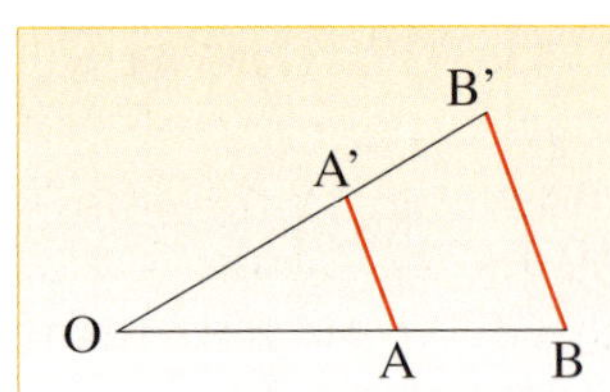

Voir exercice 22

1 Présentation de l'Univers

Il y a de nombreuses façons de décrire l'Univers. La description qui suit considère l'homme et la façon dont il est constitué à l'échelle microscopique, puis l'environnement de l'homme à l'échelle cosmique (**Doc. 1**).

Doc. 1. L'homme, constitué de l'invisible infiniment petit, au milieu de l'infiniment grand.

1.1. De quoi sommes-nous constitués ?

Les êtres humains que nous sommes sont constitués de cellules de dimensions voisines de 0,020 mm pour la plupart. Les cellules sont elles-mêmes constituées de molécules. Parmi les plus grosses molécules, on compte l'ADN qui se replie pour se loger dans un noyau cellulaire de 0,001 mm de diamètre. Parmi les plus petites molécules, on trouve la molécule d'eau dont la dimension est voisine de 0,000 000 15 mm. On connaît plusieurs millions de molécules différentes.
Les molécules sont constituées d'atomes. Il existe une centaine d'atomes différents. Ils sont mentionnés dans la classification périodique (voir rabat de couverture). Le plus petit est l'atome d'hydrogène. Sa taille est voisine de 0,000 000 053 mm. L'atome d'uranium est parmi les plus gros. Sa taille avoisine 0,000 000 14 mm. Bien que le mot **atome** signifie « qui ne peut être coupé », les atomes sont constitués d'un noyau, dont la taille est environ 0,000 000 000 001 mm, entouré d'électrons qui se déplacent dans l'espace vide entourant l'atome.
Les atomes dont nous sommes constitués sont également présents dans tous les objets matériels qui nous entourent : livres, maisons, arbres, montagnes, etc.

La matière est constituée d'atomes, souvent regroupés en molécules. Il existe une centaine d'atomes différents.

Doc. 2. Les étoiles perdues dans le cosmos sont constituées des mêmes atomes que ceux que l'on connaît sur Terre.

Voir activité 2

1.2. L'Univers qui nous entoure

Notre planète, la Terre, s'est formée il y a 4,5 milliards d'années à partir de poussières du cosmos provenant d'explosions d'étoiles.
De telles poussières ont également servi de matière première à la formation d'autres étoiles, le Soleil en particulier, des planètes... et des êtres vivants. Les atomes que nous connaissons étaient déjà présents dans ces poussières d'étoiles (**Doc. 2**).
Les corps célestes sont organisés en systèmes planétaires. Le nôtre est le système solaire, constitué du Soleil autour duquel gravitent les planètes. La plus proche, Mercure, effectue un tour autour du Soleil en 88 jours. Un peu plus loin du Soleil gravite la planète Vénus, improprement appelée l'Étoile du Berger. Viennent ensuite la Terre, qui met un an à faire le tour du Soleil, Mars (**Doc. 3**) sur laquelle se posent parfois des vaisseaux spatiaux inhabités envoyés par la NASA ou par l'agence spatiale européenne, puis Jupiter, Saturne, Uranus, Neptune et enfin Pluton (voir le tableau du rabat de couverture). Autour du Soleil gravitent également des astéroïdes et des comètes. Les planètes ont pour la plupart des satellites naturels. La Terre en possède un, la Lune, et on en connaît seize autour de Jupiter : Io, Europe, Ganymède, etc.

Doc. 3. Mars est l'une des neufs planètes tournant, comme la Terre, autour du Soleil.

Les corps célestes qui, comme notre Soleil, émettent leur propre lumière sont appelés étoiles. La plus proche du Soleil est Proxima du Centaure et brille à quelque 40 mille milliards de kilomètres. Les étoiles sont probablement entourées de planètes, difficiles à détecter, même par les télescopes les plus puissants. La faible lumière que renvoient les planètes n'est que le reflet de celle émise par leur étoile. Les étoiles sont regroupées en galaxies. Notre galaxie, appelée la Voie lactée, regroupe 100 à 200 milliards d'étoiles dans un rayon d'un milliard de milliards (10^{18}) de kilomètres.

Les principaux corps célestes sont les planètes, tournant autour des étoiles. Les étoiles sont regroupées en galaxies. Ces corps sont constitués des mêmes atomes que ceux connus sur Terre.

1.3. Structure lacunaire de l'Univers

La matière n'occupe qu'une minuscule place dans l'Univers. Elle est, à l'échelle microscopique comme à l'échelle cosmique, entourée de vide. L'Univers possède une structure lacunaire.

À l'échelle microscopique, on constate que le noyau des atomes est entouré de vide dans lequel se déplacent des électrons (**Doc. 4.a**).
À l'échelle cosmique, les étoiles sont entourées de vide dans lequel gravitent les planètes (**Doc. 4.b**). Les galaxies sont « pleines de vide » entre les systèmes planétaires et sont elles-mêmes séparées les unes des autres par des immensités pratiquement vides (**Doc. 4.c**).

➤ **Voir exercice 12**

a.

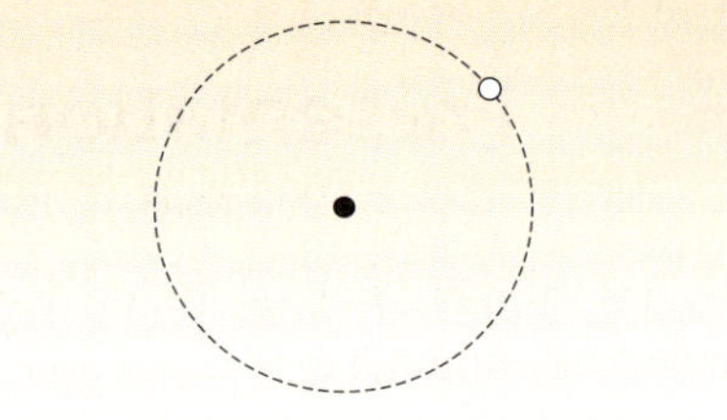

b.

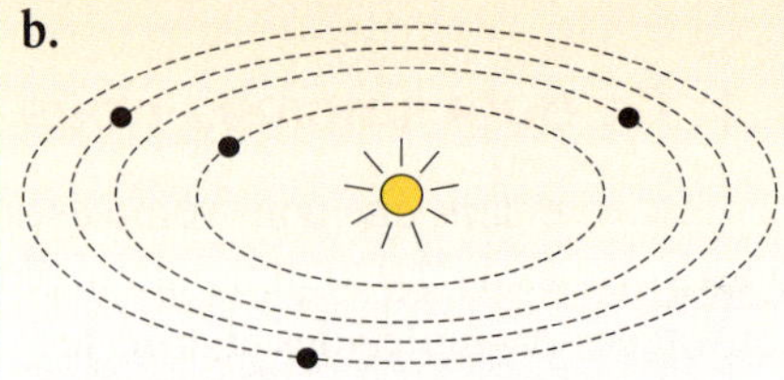

Doc. 4. La matière occupe une place minuscule dans l'Univers.
a. Façon dont le physicien Bohr modélisait l'atome d'hydrogène, avec un électron tournant autour d'un noyau.
b. Représentation partielle du système solaire.
c. Photo de galaxies prise au télescope.

2 Mesures de longueurs

Pour représenter les nombres très grands et très petits nécessaires à la description de l'Univers, on utilise la notation scientifique ainsi que les multiples et sous-multiples du mètre.

Voir activité 3 Voir activité 5

2.1. Notation scientifique et ordre de grandeur

À l'échelle microscopique comme à l'échelle cosmique, les distances entre les objets constituant l'Univers s'expriment difficilement avec les unités habituelles : millimètre, mètre ou kilomètre. La notation scientifique simplifie la lecture et l'écriture de ces nombres.

La notation scientifique est l'écriture d'un nombre sous la forme du produit :

$$a \times 10^n \quad \text{noté aussi} \quad a \cdot 10^n$$

tel que $1 \leq a < 10$ et n étant un nombre entier positif ou négatif.
On appelle ordre de grandeur d'un nombre très grand ou très petit la plus proche puissance de dix de ce nombre.

Calculs avec les puissances de 10

- $10^m \times 10^n = 10^{m+n}$
- $\dfrac{10^m}{10^n} = 10^{m-n}$
- $\dfrac{1}{10^n} = 10^{-n}$
- $(10^m)^n = 10^{m \times n}$

Les nombres évoqués précédemment pour décrire la structure de l'Univers s'écrivent aussi de la façon suivante.

• La taille de la la molécule d'eau vaut :

$$0{,}000\ 000\ 15 \text{ mm} = 1{,}5 \cdot 10^{-7} \text{ mm}$$

• L'ordre de grandeur de la taille d'une molécule d'eau est 10^{-10} m.

• La masse de Mars vaut $6{,}43 \cdot 10^{23}$ kg. L'ordre de grandeur de la masse de Mars est 10^{24} kg.

2.2. Unités de longueurs

L'utilisation des multiples et sous-multiples du mètre fournit aussi une représentation des distances microscopiques et cosmiques. Les principaux sous-multiples du mètre sont le millimètre, le micromètre ($1\ \mu\text{m} = 10^{-6}$ m) et le nanomètre ($1 \text{ nm} = 10^{-9}$ m). On utilise aussi des multiples du mètre comme le kilomètre. Le tableau récapitulatif des multiples et sous-multiples figure dans le rabat de couverture ; il est résumé dans le **Doc. 5**.

Préfixe	Symbole	×
téra	T	10^{12}
giga	G	10^{9}
méga	M	10^{6}
kilo	k	10^{3}
milli	m	10^{-3}
micro	μ	10^{-6}
nano	n	10^{-9}
pico	p	10^{-12}

Doc. 5. Symboles des multiples et sous-multiples d'une unité de base comme le mètre.

2.3. Chiffres significatifs

Dans l'écriture d'un nombre sous la forme $a \cdot 10^n$, les chiffres utilisés pour écrire le décimal a sont appelés chiffres significatifs. Le nombre de chiffres significatifs utilisés pour exprimer une valeur donnée indique la précision avec laquelle cette valeur est représentée.
Le résultat d'une multiplication ou d'une division ne doit jamais avoir plus de chiffres significatifs que la donnée qui en comporte le moins.

La masse d'un atome de sodium est $m = 3{,}82 \cdot 10^{-23}$ g. Dans 1,0 g de sodium le nombre d'atomes de sodium est donc :

$$N = \frac{1{,}0}{3{,}82 \cdot 10^{-23}} \quad \text{soit} \quad 2{,}6 \cdot 10^{22} \text{ atomes}$$

et pas $2{,}617\ 800 \cdot 10^{22}$ comme l'affiche une calculette.

En effet, le nombre représenté par « 1,0 » ne possède que deux chiffres significatifs et impose au résultat de n'en posséder que deux également.

➤ **Voir exercices 17 et 22**

2.4. Utilisation du théorème de Thalès

On peut déterminer de façon indirecte la dimension d'un objet en utilisant le théorème de Thalès. Cette technique, appelée visée, nécessite l'utilisation d'une règle graduée tenue à bout de bras. On mesure la longueur apparente AA′ de l'objet (**Doc. 6**). Si l'on connaît la distance OA entre l'œil et la règle ainsi que la distance OB entre l'œil et l'objet, le théorème de Thalès permet de trouver la dimension BB′ de l'objet :

$$\frac{\text{OA}}{\text{OB}} = \frac{\text{AA}'}{\text{BB}'} \quad \text{soit} \quad \text{BB}' = \frac{\text{AA}' \times \text{OB}}{\text{OA}}$$

L'angle α représenté sur le **Doc. 6** est appelé diamètre apparent de l'objet. C'est l'angle sous lequel l'observateur voit l'objet.

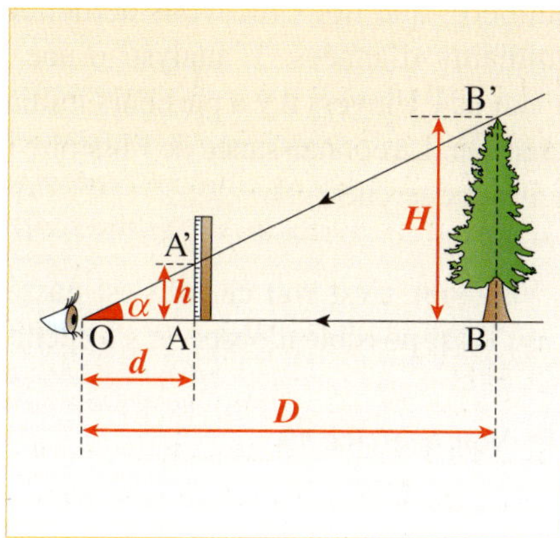

Doc. 6. Principe de la mesure par visée.

3 L'année de lumière

3.1. Propagation de la lumière

Dans l'air et dans les vide, la lumière se propage en ligne droite à la vitesse :

$$c = 3{,}00 \cdot 10^8 \text{ m} \cdot \text{s}^{-1}$$

C'est une vitesse limite qu'aucun objet ne peut atteindre.

$$\text{vitesse} = \frac{\text{distance}}{\text{durée}}$$

On peut représenter le trajet de la lumière par une ligne droite fléchée dans le sens de la propagation : cette représentation s'appelle un rayon lumineux (**Doc. 7**). Le fait que la lumière se propage en ligne droite est mis à profit lors d'une mesure par visée vue au paragraphe **2.4**.

La vitesse de propagation de la lumière est énorme à l'échelle humaine, puisqu'il suffit de 0,033 ms (milliseconde) à la lumière pour parcourir 10 km. En revanche, la lumière semble se propager à la vitesse d'une tortue à l'échelle cosmologique puisqu'il lui faut cent mille ans pour traverser notre galaxie.

Voir activité 4

Doc. 7. Le faisceau de lumière du phare (a) se représente par un rayon lumineux (b), c'est-à-dire par un segment de droite fléché dans le sens de la propagation.

3.2. Définition de l'année de lumière

L'année de lumière est la distance parcourue par la lumière dans le vide pendant une année. L'année de lumière est une unité de distance (et non une unité de temps) :

$$\textbf{1 année de lumière = 1 a. l.} \approx \mathbf{10^{13}} \textbf{ km}$$

année de lumière
= année lumière

On peut retrouver par le calcul la valeur en kilomètre d'une année de lumière. En effet, une année correspond à $t \approx 3 \cdot 10^7$ s. On a donc :

$$1 \text{ a. l.} = c \times t = 3 \cdot 10^8 \times 3 \cdot 10^7 = 9 \cdot 10^{15} \text{ m} = 9 \cdot 10^{12} \text{ km}$$

1 année = 365,25 jours
= $8{,}77 \cdot 10^3$ h
= $5{,}26 \cdot 10^5$ min
= $3{,}16 \cdot 10^7$ s

L'ordre de grandeur de l'année de lumière est 10^{13} km.

L'étoile la plus proche du Soleil, Proxima du Centaure, se trouve à $4 \cdot 10^{13}$ km de nous, soit à 4 années de lumière. Cela signifie que la lumière que nous verrons cette nuit en regardant cette étoile a en fait été émise il y a 4 ans.

Les étoiles les plus lointaines que les astronomes aient jamais observées sont à plusieurs milliards d'années de lumière. Cela signifie que leur lumière, que nous recevons actuellement, a été émise il y a plusieurs milliards d'années. L'analyse d'une telle lumière permet d'approcher l'état de l'Univers il y a plusieurs milliards d'années, c'est-à-dire lors de sa création. La connaissance de l'histoire de l'Univers est donc en jeu dans de telles recherches.

Voir loin, c'est voir ce qui s'est passé il y a longtemps. La limite de ce qu'il est possible d'observer s'appelle l'horizon cosmologique.

➤ Voir exercice 19

essentiel

Les outils de description de l'Univers

- **La notation scientifique** est l'écriture des nombres sous la forme $a \cdot 10^n$ où a est un décimal compris entre 1 et 10 et n un entier positif ou négatif. Cette écriture conventionnelle met en évidence l'**ordre de grandeur** du nombre et indique la **précision** avec laquelle sa valeur est connue.
- L'ordre de grandeur d'un nombre est la puissance de 10 la plus proche de ce nombre.
- La précision avec laquelle on connaît une valeur donnée est indiquée par le nombre de **chiffres significatifs** utilisés pour l'écrire. La précision du résultat d'un calcul ne doit pas excéder celles des données de l'opération.
- **Opérations sur les puissances de 10 :**

$10^m \times 10^n = 10^{m+n}$	$\dfrac{1}{10^n} = 10^{-n}$
$\dfrac{10^m}{10^n} = 10^{m-n}$	$(10^m)^n = 10^{m \times n}$

Propagation de la lumière

La propagation de la lumière dans le vide ou dans l'air se fait :

en ligne droite et **à la vitesse limite de $c = 3{,}00 \cdot 10^8\ \text{m} \cdot \text{s}^{-1}$**

Application. Technique de la visée

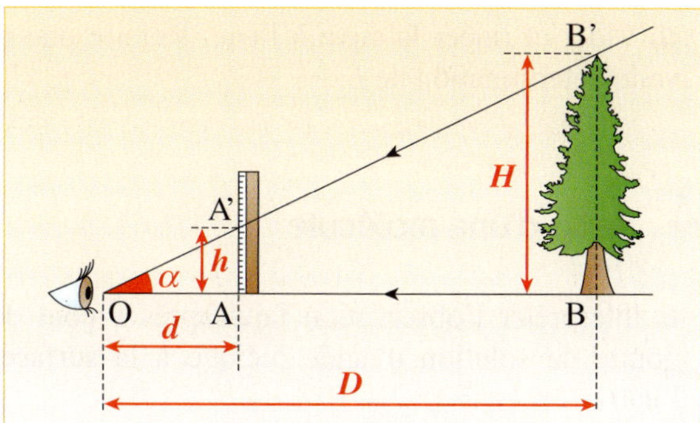

On applique le théorème de Thalès car (AA') est parallèle à (BB') :

$$\frac{d}{D} = \frac{h}{H}$$

Application. L'année de lumière

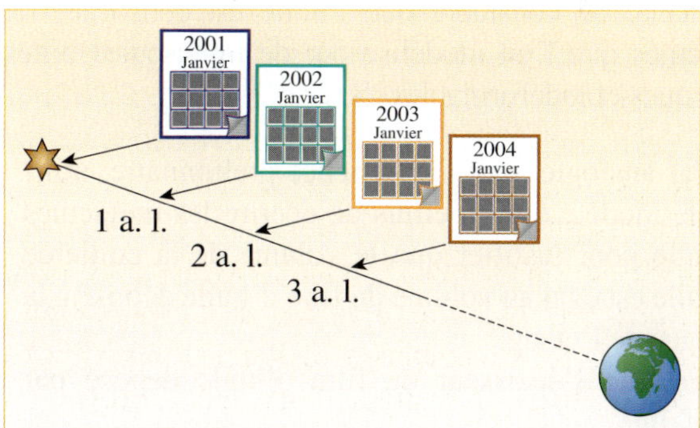

L'année de lumière est la distance parcourue par la lumière dans le vide en une année :

$$1 \text{ a. l.} \approx 10^{13} \text{ km}$$

- La lumière d'une étoile met du temps à atteindre la Terre.
- Voir loin, c'est voir ce qui s'est passé il y a longtemps.

5 TP Détermination de la taille d'une molécule

Objectif

- Mettre en œuvre une technique de mesure afin d'évaluer l'ordre de grandeur de la taille d'une molécule

1. Expérience préliminaire

■ Mesurer 10 mL de sable tassé dans une éprouvette.
■ Verser ce sable dans un cristallisoir posé sur une feuille quadrillée. Tapoter sur le cristallisoir de façon à ce que les grains de sable se disposent au contact les uns des autres, sur une seule couche.

a. Estimer, en cm^2, l'aire couverte par le sable. En déduire par le calcul l'épaisseur de la couche de sable.
b. Quelle hypothèse doit-on faire sur la taille des grains de sable pour répondre à cette question ?

2. Expérience de Franklin

Au XVIIIe siècle, Franklin a fait l'expérience suivante : au bord d'un étang près de Londres, il a déposé à la surface de l'eau une cuillerée d'huile (2 mL). L'huile s'est étalée sur environ 2 000 m^2 !

L'observation de Franklin suggère deux questions.
• Quelle est l'épaisseur du film d'huile sur l'étang ?
• Pourquoi le film ne peut-il pas être plus fin ?
Pour cela, on considère que l'huile est constituée de molécules que l'on modélise par de minuscules billes identiques et indéformables.

a. Par analogie avec l'expérience préliminaire, utiliser le modèle qui a permis de décrire les molécules d'huile pour justifier que le volume de la cuillerée d'huile est égal au volume du film d'huile déposé à la surface de l'étang.
b. Estimer l'épaisseur du film d'huile déposé par Franklin.
c. En déduire l'ordre de grandeur de la taille d'une molécule d'huile.

3. Réalisation de la couche d'huile

■ Dans une cuve rectangulaire propre de largeur ℓ, verser de l'eau sur une hauteur de 2 cm.
■ Poser à la surface de l'eau un flotteur propre en plastique léger de largeur ℓ (**Doc. 1**). Rapprocher ensuite le flotteur du bord gauche de la cuve.

■ On dispose d'une solution d'acide oléique notée (S_0) de proportion volumique en acide oléique égale à 0,37 % (il y a 0,37 mL d'acide pour 100 mL de solution).

a. Comment peut-on déterminer le volume d'une goutte de solution (S_0) ?
Proposer une méthode expérimentale. La mettre en œuvre après l'avoir fait valider par le professeur.

■ Déposer, à la surface de l'eau, entre le flotteur et le bord gauche de la cuve, une goutte de la solution.

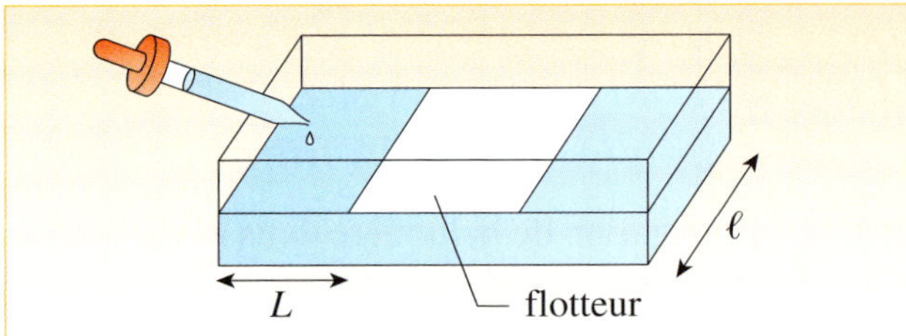

Doc. 1.

b. Qu'observe-t-on ?
c. Mesurer la distance L quand le flotteur s'est immobilisé.
d. Vider et rincer la cuve à l'eau. Refaire une nouvelle détermination de L.

4. Taille d'une molécule

a. Interpréter l'observation faite après l'ajout de la goutte de solution d'acide oléique à la surface de l'eau.
b. Effectuer le produit $L \times \ell$. Exprimer le résultat en cm^2 puis en m^2. À quoi correspond cette aire ?
c. Déterminer le volume d'acide oléique déposé à la surface de l'eau. Attention à ne pas confondre le volume d'acide oléique et le volume de la solution d'acide oléique. Exprimer ce résultat en m^3.
d. Avec un raisonnement identique à celui de l'expérience préliminaire, estimer la taille e d'une molécule d'acide oléique. Exprimer e en nanomètre.
e. Estimer l'ordre de grandeur de la taille de la molécule d'acide oléique.

Exercice résolu 1

La taille des objets constituant l'Univers

Énoncé

a. Quelle est la différence entre un satellite, une planète, une étoile et une galaxie ?

b. Donner des exemples de chacun de ces corps célestes.

c. Classer dans l'ordre de taille décroissante : le diamètre de Io qui est un satellite de Jupiter ; le diamètre de Jupiter ; la distance Terre-Soleil ; le diamètre du Soleil ; la distance parcourue par la Terre autour du Soleil en un an ; le diamètre d'une galaxie. Proposer une justification à ce classement.

d. Les plus petites galaxies ont une dimension voisine de dix mille années de lumière.
Quel est l'ordre de grandeur L de cette longueur en kilomètre ?

Jupiter et quatre satellites.

e. Classer les objets suivants par taille croissante : une graine de moutarde ; un noyau d'atome ; une bactérie ; une molécule d'ADN ; une molécule d'eau.

Conseils

a. Il faut définir ces corps célestes les uns par rapport aux autres.

c. Effectuer ce classement à partir de la définition de ces corps célestes.

d. Se rappeler que l'ordre de grandeur d'une année de lumière vaut 10^{13} km.

e. Se rappeler de la définition de ces objets les uns par rapport aux autres.

Résolution

a. Une galaxie est un regroupement d'étoiles, une planète tourne autour d'une étoile et un satellite autour d'une planète. De plus, une étoile émet de la lumière, contrairement à une planète ou à un satellite.

b. Galaxie : la Voie lactée, Andromède.
Une étoile : le Soleil, l'Étoile polaire.
Une planète : la Terre, Mars.
Un satellite : la Lune autour de la Terre, Europe autour de Jupiter.

c. Par ordre de taille décroissante, on a :
– le diamètre d'une galaxie,
– la distance parcourue par la Terre autour du Soleil en un an,
– la distance Terre-Soleil,
– le diamètre du Soleil,
– le diamètre de Jupiter,
– le diamètre de Io.

En effet, les galaxies sont toujours plus grosses que les étoiles et que les systèmes planétaires.
Les étoiles sont plus grosses que les planètes qui sont elles-mêmes plus grosses que les satellites (Io par exemple).

d. $L = 10^4 \times 10^{13} = 10^{17}$ km.

e. Par ordre de taille croissante, on a :
– le noyau d'un atome,
– une molécule d'eau,
– une molécule d'ADN,
– une bactérie,
– une graine de moutarde.

Exercice résolu 2

Mesure de la circonférence de la Terre

Deux siècles avant J.-C., Ératosthène, un philosophe grec qui vivait en Égypte, avait remarqué qu'à Syène (Assouan), à midi, le jour du solstice d'été, le Soleil ne donnait aucune ombre et éclairait le fond des puits.
Le même jour, à Alexandrie, ville située plus au nord, un obélisque donnait une ombre dont on pouvait mesurer la longueur. Ératosthène déduisit de cette mesure que les rayons solaires faisaient un angle α de 7,2° avec la verticale d'Alexandrie. On savait également qu'en parcourant 100 stades par jour, les caravanes de chameaux partant de Syène mettaient 50 jours pour relier Alexandrie.

Énoncé

Ératosthène a interprété ces observations en formulant deux hypothèses.
- La Terre est sphérique.
- Le Soleil est si éloigné de la Terre que ses rayons arrivent sur la surface terrestre parallèles entre eux.

a. Faire le schéma de la circonférence terrestre montrant les positions S et A de Syène et d'Alexandrie (situées sur le même méridien). Tracer les directions des verticales en ces deux lieux. En quel point se coupent-elles ?

b. Sur un deuxième schéma, plus grand que le précédent, représenter un puits à Syène et un obélisque situé à Alexandrie. Tracer un rayon du Soleil éclairant le fond du puits à Syène, et un autre passant par le sommet de l'obélisque d'Alexandrie ; représenter son ombre.

c. Marquer l'angle α sur le schéma. Où retrouve-t-on cet angle ?

d. Le stade était l'unité de distance en usage à l'époque d'Ératosthène (1 stade $\simeq$ 0,16 km). Calculer en stade, puis en kilomètre, la distance entre les deux villes. En déduire la circonférence de la Terre, puis son rayon.

Conseils

a. La Terre est une sphère et les verticales sont perpendiculaires à sa surface.

b. Plus le schéma sera grand, plus le raisonnement sera facilité.

c. Utiliser les propriétés des angles alternes internes.

d. La longueur d'un arc de cercle est proportionnelle à l'angle au centre correspondant.

Résolution

a. et **b.**

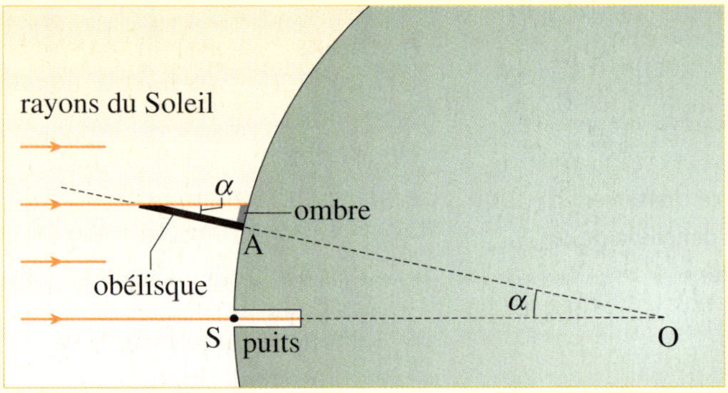

Les verticales de deux lieux comme S et A se coupent au centre de la Terre.

c. L'angle α entre les rayons solaires et l'obélisque d'Alexandrie est aussi l'angle au centre de la Terre entre les verticales de S et A.

d. Soit d, la distance entre Syène et Alexandrie et t la durée correspondant à 1 jour :

$d = v \times t = 100 \times 50 = 5{,}0 \cdot 10^3$ stades soit $5{,}0 \cdot 10^3 \times 0{,}16 = 8{,}0 \cdot 10^2$ km.

La circonférence de la Terre, C, correspond à un angle au centre de 360°.

Donc $\dfrac{C}{360} = \dfrac{d}{\alpha}$ soit $C = \dfrac{8{,}0 \cdot 10^2 \times 360}{7{,}2} = 4{,}0 \cdot 10^4$ km.

Le rayon de la Terre est $R = \dfrac{C}{2\pi} = \dfrac{4{,}0 \cdot 10^4}{2\pi} = 6{,}4 \cdot 10^3$ km.

Exercices

Certaines valeurs numériques se trouvent dans le rabat de couverture.

Tester ses connaissances

1. Qu'appelle-t-on notation scientifique d'un nombre ? Appliquer cette définition en donnant l'écriture scientifique du nombre 0,026 7.

2. Qu'appelle-t-on ordre de grandeur d'un nombre ?

3. Avec combien de chiffres significatifs doit-on exprimer l'aire d'un disque dont la mesure du rayon a donné $R = 0{,}017$ m ? Justifier la réponse.

4. Donner deux propriétés essentielles caractérisant la propagation de la lumière dans le vide.

5. Quelle est la valeur de la vitesse de la lumière dans le vide, exprimée en $m \cdot s^{-1}$ avec trois chiffres significatifs ?

6. Donner la définition et la valeur en km d'une année de lumière.

7. Pourquoi dit-on que voir loin, c'est voir dans le passé ?

Appliquer ses connaissances

Notation scientifique, ordre de grandeur et chiffres significatifs

8. ✶ Compléter le tableau suivant.

Notation décimale (en mètre)	Notation scientifique (en mètre)	Valeur sans puissance de dix exprimée dans l'unité convenable
4 320		
		31,4 µm
0,000 77		
		45,2 mm
	$1{,}2 \cdot 10^{-7}$	
		53 pm
	$6{,}30 \cdot 10^{2}$	
		589 nm

9. ✶ Compléter le tableau suivant.

Notation décimale	Notation scientifique	Ordre de grandeur
382		
	$7{,}24 \cdot 10^{-5}$	
0,000 97		
	$9{,}7 \cdot 10^{\cdots}$	10^{-6}

10. ✶ Donner en mètre l'ordre de grandeur des longueurs suivantes :

26 µm ; 0,98 dam ; 25 cm ; 0,17 mm ; 697 km ; 0,79 nm.

11. ✶ Donner le nombre de chiffres significatifs des résultats suivants :

$3{,}25 \cdot 10^{4}$; 0,000 43 ; $2 \cdot 10^{5}$; $5{,}01 \cdot 10^{8}$; $6{,}1 \cdot 10^{-5}$.

12. ✶✶ On peut modéliser un atome d'aluminium par une sphère de rayon $r_{Al} = 182$ pm.
Combien faut-il aligner d'atomes côte à côte pour obtenir une longueur de 1,0 cm ?

13. ✶✶ On verse à la surface d'un étang un volume $V = 2$ cm^3 d'huile. Elle s'étale sur une surface $S = 2\ 000$ m^2.
Sachant que la couche formée a une épaisseur égale à la taille e d'une molécule d'huile, déterminer l'ordre de grandeur de e.

14. ✶✶ Un aimant constitué de fer pèse 56 g. Il contient $6{,}0 \cdot 10^{23}$ atomes de fer. Donner un ordre de grandeur en kg de la masse d'un atome de fer.

15. ✶✶ Un atome de cuivre pèse $1{,}05 \cdot 10^{-22}$ g.

a. Sachant qu'un cube de cuivre, de volume 1,00 dm^3, contient $8{,}50 \cdot 10^{25}$ atomes de cuivre, déterminer la masse du cube de cuivre.

b. Rappeler la définition de la masse volumique ρ.

c. Déduire des données ci-dessus la masse volumique du cuivre et la comparer à 8 960 $kg \cdot m^{-3}$, valeur déterminée expérimentalement.

d. Déterminer le volume de 1,0 kg de cuivre.

aide

a. La masse du cube correspond à la masse des atomes qu'il contient.

c. et **d.** Utiliser la définition de la masse volumique.

● **16.** ★★ Le physicien Bohr a décrit l'atome d'hydrogène comme constitué d'un noyau, de diamètre $1{,}1 \cdot 10^{-15}$ m, autour duquel un électron se déplace sur une orbite circulaire de rayon $5{,}3 \cdot 10^{-11}$ m. On souhaite représenter un atome de Bohr par une boule de diamètre 2,5 cm autour de laquelle gravite une balle.

a. À quelle distance d du centre de la boule devrait se trouver le centre de la balle pour que les proportions soient respectées ?

b. Pourquoi dit-on que l'atome a une structure lacunaire ?

● **17.** ★★ Pour mesurer le diamètre d'un cylindre, on utilise successivement différents instruments.
• Au double décimètre, on trouve $D = 2{,}5$ cm.
• Au pied à coulisse, la mesure est $D = 2{,}49$ cm.
• Avec l'instrument le plus précis, le palmer, on obtient $D = 2{,}492$ cm.

a. Quel est le nombre de chiffres significatifs de chaque mesure ?

b. Calculer l'aire A de la base de ce cylindre $\left(A = \pi R^2 = \dfrac{\pi D^2}{4}\right)$ en exprimant le résultat avec un nombre de chiffres significatifs en adéquation avec la précision de chaque mesure.

Lumière : mesures de distance

● **18.** ★ Calculer le temps mis par la lumière pour parcourir la distance Terre-Soleil. Exprimer le résultat en minute. On utilisera les données du rabat de couverture.

● **19.** ★ Compléter le tableau suivant. On prendra :
– une année de lumière (a. l.) $= 9{,}46 \cdot 10^{12}$ km ;
– une unité astronomique (U.A.) $= 1{,}50 \cdot 10^{8}$ km.

	Distance (km)	Distance (a. l.)	Distance (U.A.)
Distance entre la Terre et Sirius		8,7	
Distance entre la Terre et Pluton			40
Distance entre la Terre et l'Amas de la Vierge	$3{,}4 \cdot 10^{20}$		
Diamètre de la Voie lactée		$1{,}2 \cdot 10^{5}$	

Note. L'unité astronomique est définie comme la distance entre la Terre et le Soleil.

● **20.** ★★ La galaxie d'Andromède se trouve à la distance $d = 2{,}0 \cdot 10^{6}$ a. l. de la Terre.

a. Convertir cette distance en km.

b. Combien de temps la lumière met-elle pour nous parvenir de la galaxie d'Andromède ?

● **21.** ★★ L'étoile ε de la constellation de Cassiopée se situe à la distance $d = 4{,}45 \cdot 10^{15}$ km de la Terre.

a. Convertir cette distance en a. l.

b. En quelle année a été émise la lumière provenant de Cassiopée et observée en 2004 ?

● **22.** ★★ Maxime souhaite évaluer la hauteur H de son cerisier.
Il constate qu'un crayon de hauteur $h = 18$ cm placé à $d = 60$ cm de ses yeux semble avoir la même taille que l'arbre qui se trouve à la distance $D = 15$ m.

a. Faire un schéma représentant l'œil de Maxime, le crayon et le cerisier, lors de la visée.

b. Quelle est la hauteur H du cerisier ?

c. Déterminer l'angle α sous lequel Maxime, placé à la distance D du cerisier, voit le cerisier.

● **23.** ★★ À quelle distance L faut-il se placer d'un objet circulaire de diamètre $D = 6{,}0$ m pour qu'une pièce de 2 € tenue verticalement, à bout de bras, l'occulte totalement ?
La pièce se trouve à $\ell = 70$ cm des yeux et elle a un diamètre $d = 2{,}5$ cm.

● **24.** ★★★ De la Terre, on voit la Lune sous un diamètre apparent α égal à $9{,}1 \cdot 10^{-3}$ rad.

a. La Lune se trouve à la distance $\ell = 3{,}84 \cdot 10^{5}$ km de la Terre. Déterminer le diamètre d de la Lune. On utilisera la relation $\tan \alpha = \alpha$, si α, exprimé en radian, est un petit angle ($\alpha < 0{,}17$ rad).

b. Le Soleil est vu depuis la Terre sous le même diamètre apparent que la Lune. Déterminer la distance Terre-Soleil L sachant que le diamètre du Soleil est $D = 1{,}39 \cdot 10^{6}$ km.

c. Justifier que la Lune puisse masquer le Soleil lors d'une éclipse totale de Soleil.

aide

a. Exprimer la tangente de l'angle α en fonction de ℓ et de d.

b. Exprimer la tangente de l'angle α en fonction de L et de D.

c. Utiliser le fait que lors d'une éclipse totale de Soleil, le Soleil, la Terre et la Lune sont alignés.

Mesures de durées

● **25.** ★★ **a.** Quel est le temps t_{lum} mis par la lumière pour parcourir une distance $d = 3$ km ?

b. Sachant que la vitesse du son dans l'air est $c_{son} = 340$ m · s^{-1}, quel est le temps t_{son} mis par le son pour parcourir 3 km ?

c. Justifier que, lorsque la foudre tombe, on puisse considérer que le temps écoulé entre le moment où l'on voit l'éclair et le moment où l'on entend le tonnerre soit égal au temps que met le son pour parvenir à l'observateur depuis le point d'impact de la foudre.

d. En déduire une technique, basée sur des mesures de durée, qui permette de déterminer la distance entre l'observateur et le point d'impact de la foudre.

● **26.** ★★★ Un bateau utilise un sonar pour sonder la profondeur de l'océan. Le sonar est un appareil de mesure de distance qui utilise la réflexion des ondes ultrasonores sur des obstacles. L'appareil enregistre le temps écoulé entre l'instant de l'émission de l'onde et celui où il détecte l'onde réfléchie. La distance parcourue par l'onde correspond au double de la distance entre l'appareil et l'obstacle.

a. Calculer la profondeur de l'eau sous le bateau si l'écho est reçu par le sonar 132 ms après l'émission du signal, sachant que la vitesse de propagation du son dans l'eau est de 1 500 m · s^{-1}.

b. Un sonar émet un signal pendant 1 ms. On admet que le signal du retour, pour être clairement distingué du signal émis, doit parvenir au plus tôt 0,5 ms après la fin de l'émission. Quelle profondeur minimale un tel dispositif peut-il mesurer ?

● **27.** ★★★ Lors d'une mission spatiale Apollo, un miroir a été déposé sur le sol lunaire. Depuis cette mission, un flash laser émis par un laboratoire terrestre en direction de la Lune peut se réfléchir sur le miroir. Le reflet du flash peut être perçu du laboratoire après un temps $t = 2{,}56$ s.

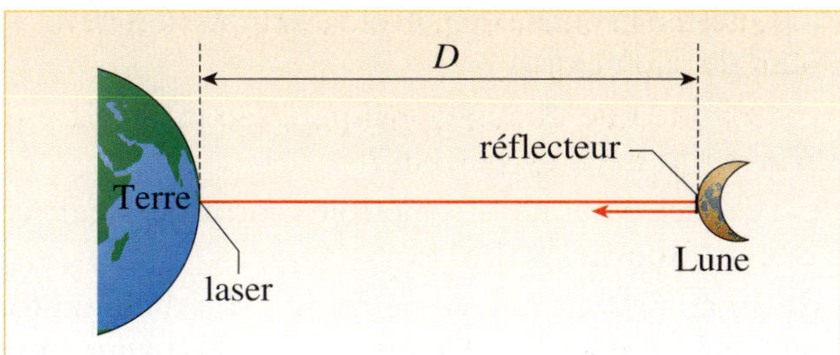

a. Déterminer la distance D entre la Terre et la Lune.

b. Avec quelle précision faudrait-il déterminer l'intervalle de temps entre l'émission et la réception du flash laser pour déterminer D à 1 km près ?

Aller plus loin

● **28.** ★★★ *Détermination de la taille d'un cheveu*

On souhaite mesurer la taille d'un cheveu en réalisant une expérience de diffraction. Pour cela, on place, entre une source lumineuse et un écran d'observation, une fente fine de largeur a.

On observe sur l'écran une succession de taches lumineuses. On répète l'expérience avec des fentes de différentes largeurs a_1, a_2, a_3, etc. On mesure pour chaque fente la largeur d de la tache centrale observée sur l'écran. Les valeurs sont réunies dans le tableau suivant.

Largeur a de la fente (µm)	250	150	100	50	25
Largeur d de la tache centrale (cm)	1,49	2,55	3,80	7,62	15,3

1. a. On appelle courbe d'étalonnage la représentation graphique $d = f(a)$ avec d exprimée en cm et a en µm. Tracer cette courbe.

b. On remplace la fente par un cheveu. On observe également sur l'écran une succession de taches. La taille de la tache centrale est $d = 4{,}85$ cm. Déterminer l'épaisseur du cheveu en admettant que l'on puisse utiliser la courbe d'étalonnage établie à l'aide des fentes calibrées.

c. Afin de gagner du temps lors de la réalisation de la courbe d'étalonnage précédente, pourrait-on utiliser moins de points expérimentaux ? Justifier la réponse.

2. On désire obtenir une courbe d'étalonnage avec moins de points expérimentaux. On utilise alors une loi physique qui prévoit que d est proportionnelle à $1/a$.

a. Pour chaque valeur de a exprimée en µm, calculer $1/a$ qu'on exprimera en µm^{-1}.

b. Tracer la représentation graphique $d = f(1/a)$ avec d exprimée en cm et $1/a$ en µm^{-1}. La loi proposée est-elle vérifiée ?

c. À l'aide de cette représentation graphique, déterminer l'épaisseur du cheveu.

d. Pourquoi peut-on établir ce graphe avec moins de points expérimentaux ? Justifier la réponse.

aide

1. b. À partir de la courbe d'étalonnage, déterminer l'abscisse correspondant à $d = 4{,}85$ cm.

2. a. Se rappeler que 1 µm = 10^{-6} m.

b. La courbe obtenue est-elle droite ?

c. À partir de la courbe d'étalonnage, déterminer l'abscisse correspondant à $d = 4{,}85$ cm. Attention, on obtient $1/a$.

d. Comparer les allures des graphes obtenus.

29. ✱✱✱ *Écholocation*

Les chauves-souris peuvent repérer des obstacles en émettant des ultrasons. Une fois émis, les ultrasons sont réfléchis par les obstacles et sont recueillis par la chauve-souris sous forme d'écho. Une chauve-souris émet, toutes les 70 ms, des cris d'environ 3 ms.

a. Quelle est la durée entre deux cris ?

b. Sachant que la vitesse des ultrasons dans l'air est égale à 340 m · s^{-1}, quelle est la distance minimale à laquelle doit se trouver un obstacle pour être détecté ? On admettra que la chauve-souris ne peut pas crier et percevoir l'écho simultanément.

c. À quelle distance maximale doit se trouver un obstacle pour que l'écho soit totalement revenu avant que la chauve-souris n'ait poussé un autre cri ?

30. ✱✱✱ *Parallaxe d'une étoile*

En 1838, l'Allemand Friedrich Bessel a déterminé pour la première fois la distance D entre la Terre et une étoile de la constellation du Cygne par la méthode de la parallaxe. La parallaxe p d'une étoile est l'angle Terre-étoile-Soleil.

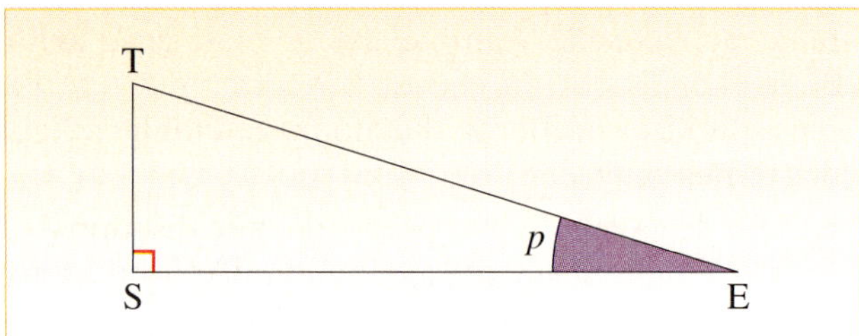

Dans cet exercice, on utilisera l'approximation valable pour les petits angles exprimés en radian :

$$\sin \alpha \approx \tan \alpha \approx \alpha$$

On définit la seconde d'angle (notée ″) par :

$$3\,600'' = 1° = \frac{2\pi}{360} \text{ (en radian)}$$

La distance R entre la Terre et le Soleil est appelée unité astronomique (U.A.) :

$$R = 1 \text{ U.A.} = 1{,}50 \cdot 10^8 \text{ km}.$$

a. Bessel a trouvé $p = 0{,}23'' = 1{,}1 \cdot 10^{-6}$ rad pour l'étoile étudiée. Déterminer en km la distance à laquelle se trouve cette étoile de la Terre.

b. Convertir cette distance en a. l.

c. Montrer que la distance D (exprimée en U.A.) d'une étoile quelconque au Soleil est égale à $1/p$ où p est exprimé en radian.

d. On définit le parsec (pc) comme la distance D d'une étoile dont la parallaxe est égale à 1″. Déterminer la valeur d'un parsec en U.A., puis en km et en a. l.

e. Alpha Centauri se trouve à 1,32 pc du Soleil. Déterminer sa parallaxe.

31. ✱✱✱ *Hipparque et les éclipses de Lune*

a. La Lune fait un tour (360°) autour de la Terre en 27,3 jours. Quel angle parcourt-t-elle en une heure ?

b. Lors d'une éclipse de Lune, la Lune pénètre dans l'ombre de la Terre : elle est progressivement occultée jusqu'à disparaître complètement.
Sachant que le diamètre apparent de la Lune est approximativement $\alpha = 0{,}5°$, combien de temps dure la phase de pénétration de la Lune dans l'ombre de la Terre ?

c. En assimilant l'ombre de la Terre à un cylindre de diamètre égal à celui de la terre, Hipparque a déterminé, 150 ans avant J.-C., le rapport des diamètres des deux astres.
En s'aidant du schéma, retrouver ce rapport sachant que la Lune reste totalement dans l'ombre de la Terre au maximum pendant 2 heures.

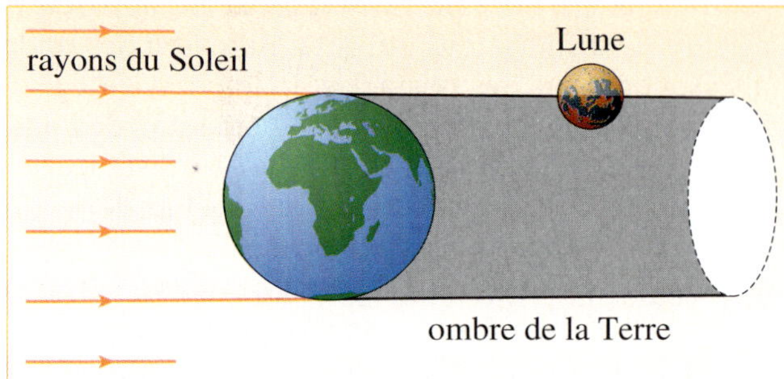

Quelques dizaines d'années auparavant, Érastothène avait déterminé le rayon de la Terre (6,4 · 10^3 km). Hipparque a ainsi pu en déduire le rayon de la Lune, puis la distance Terre-Lune.

d. Retrouver ces résultats et évaluer, en pourcentage, l'écart avec les valeurs connues aujourd'hui.

32. ✱✱✱ *Marée noire*

Suite à une avarie, un pétrolier laisse échapper 2,5 · 10^4 tonnes de pétrole brut de ses cuves à raison de 1,2 · 10^3 tonnes par heure. Ce pétrole se répand sur la mer et forme, à la surface de l'eau, une nappe d'aire égale à 2,9 · 10^4 km^2.

a. Quel est la masse de pétrole échappée des cuves au bout de cinq heures ?

b. Combien de temps faut-il pour laisser s'échapper 2,5 · 10^4 tonnes de pétrole ?

c. À quel volume de pétrole correspondent ces 2,5 · 10^4 tonnes ?

d. En admettant que ce pétrole se soit étalé uniformément, quelle est l'épaisseur de la nappe ainsi formée ? Donner un ordre de grandeur du résultat.

Donnée. La masse volumique du pétrole est :

$$\rho = 0{,}86 \text{ kg} \cdot \text{dm}^{-3}$$

UN SYSTÈME DISPERSIF : LE PRISME

12

Pour expliquer l'apparition des couleurs de l'arc-en-ciel sur le cahier, il faut disposer de modèles. On doit à Newton le modèle de la lumière et à Descartes les lois pour la réfraction. Ces modèles permettent l'interprétation du pouvoir dispersif du prisme.

OBJECTIFS

- Connaître la notion de radiation, et savoir qu'une radiation se caractérise par sa longueur d'onde.
- Connaître et appliquer les lois de Descartes sur la réfraction.
- Utiliser un prisme pour décomposer la lumière blanche.

PLAN DU COURS

1 La lumière peut-elle changer de direction de propagation ?

On cherche à interpréter de la même façon deux expériences qui n'ont apparemment aucun point commun.

▪ *Première expérience*

Observer le trajet du faisceau laser (**Doc. 1**).

a. Ce trajet correspond-il à celui que l'on peut prévoir d'après les propriétés de la lumière envisagées au chapitre 11 ?

▪ *Deuxième expérience*

On met une pièce de 0,20 € dans un récipient non transparent.

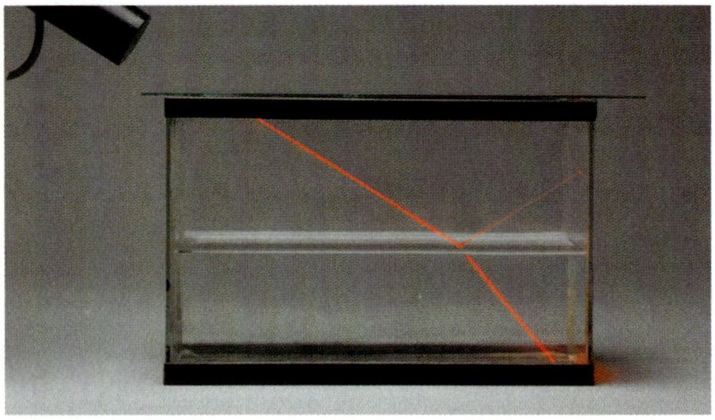

Doc. 1. Traversée d'une surface de séparation air/eau par un faisceau laser.

On place le récipient de telle sorte que seule une petite partie de la pièce soit visible (**Doc. 2**).
Sans bouger, on regarde la pièce pendant que quelqu'un remplit lentement le récipient d'eau.

b. Qu'observe-t-on ?
c. Quels points communs ces deux expériences (**Doc. 1 et 2**) possèdent-elles ?
d. En utilisant leurs points communs, proposer une interprétation commune aux deux expériences.

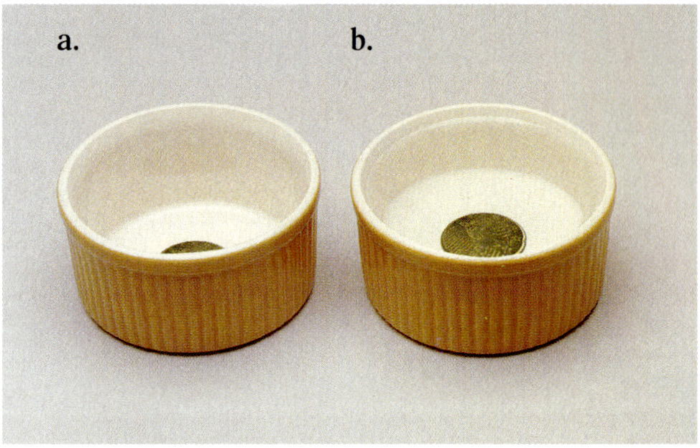

Doc. 2. Récipient contenant une pièce de 0,20 € : **a.** sans eau ; **b.** avec de l'eau.

2 Lumière blanche ou lumière colorée ?

▪ On considère un montage mettant en jeu une source de lumière blanche, un filtre rouge, une fente, une lentille de projection et un écran alignés dans cet ordre.
La trace qui est observée sur l'écran est schématisée par le **Doc. 1.a**.

▪ On ajoute un prisme entre la lentille et l'écran. Ce qui est observé à l'écran est schématisé sur le **Doc. 1.b**.

a. Décrire la modification intervenue sur l'écran.

▪ On repère sur l'écran la trace notée R de la lumière observée puis on enlève le filtre. Ce qui est observé à l'écran est schématisé sur le **Doc. 1.c**.

b. Quels sont les effets d'un prisme sur la lumière blanche ?

c. Que retrouve-t-on sur l'écran au niveau de la trace R marquée précédemment ?

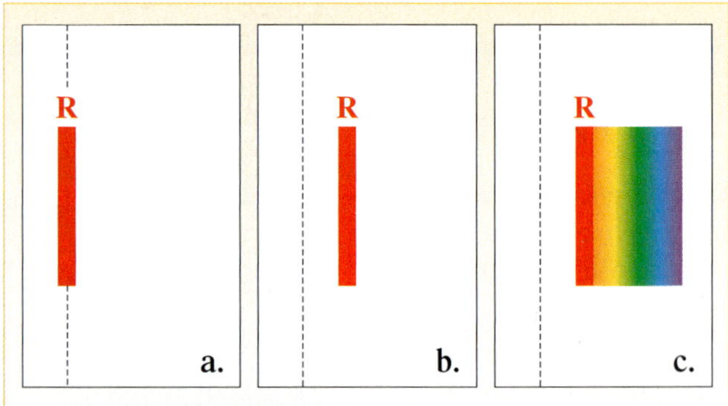

Doc. 1. Représentation de ce qui est observé sur l'écran pour chaque expérience.

3 TP Réfraction de la lumière

Objectif

- Mise en évidence expérimentale de la loi de Descartes pour la réfraction

1. Étude de la réfraction de la lumière

■ Mettre en place le dispositif schématisé sur le **Doc. 1**.

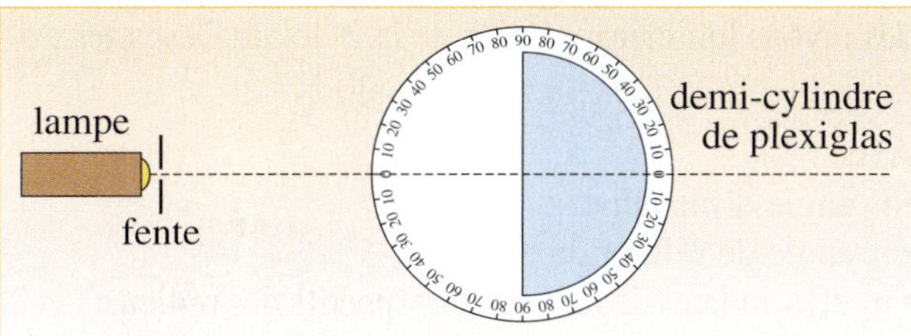

Doc. 1. Dispositif expérimental.

■ Faire tourner le demi-cylindre de plexiglas comme schématisé sur le **Doc. 2**.

a. Quel est le comportement de la lumière sortant du demi-cylindre lorsqu'on tourne ce dernier ?

On se propose d'étudier ce phénomène de déviation de la lumière nommé réfraction.
On appelle **rayon incident** le rayon lumineux décrivant le trajet de la lumière entre la lampe et la face d'entrée du demi-cylindre.
On appelle **rayon réfracté** le rayon lumineux décrivant le trajet de la lumière dans le demi-cylindre.

b. Repérer le rayon incident sur le **Doc. 2**.
c. Repérer le rayon réfracté sur le **Doc. 2**.

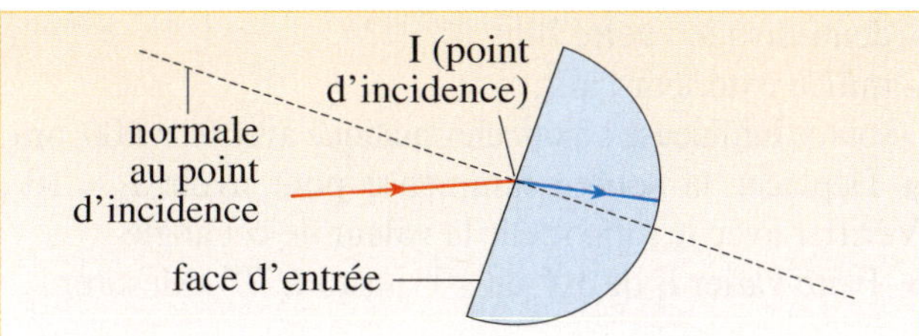

Doc. 2. Schéma permettant de définir le vocabulaire utilisé.

On définit l'**angle d'incidence i_1** comme l'angle entre le rayon incident et la normale, et l'**angle de réfraction i_2** comme l'angle entre le rayon réfracté et la normale.

d. Positionner ces angles sur le **Doc. 2**.

■ Construire un tableau à deux colonnes dans lequel on consignera les valeurs de i_1 et de i_2.

■ Faire tourner le demi-cylindre de sorte que $i_1 = 5°$, puis faire varier i_1 de 5° en 5° jusqu'à ce que $i_1 = 20°$. Mesurer i_2 à chaque fois.

e. Tracer le graphe représentant i_2 en fonction de i_1 en prenant comme échelle, sur les deux axes, 1 cm pour 5°. Quelle relation mathématique simple entre i_1 et i_2 peut-on proposer ?

2. Lois de Descartes

■ Mesurer i_1 et i_2 de 10° en 10° jusqu'à 80°. Compléter les tableaux et graphe précédents.

a. La relation trouvée à la question **1.e** est-elle toujours valable ?
b. Ajouter deux colonnes au tableau précédent et calculer les valeurs de $\sin i_1$ et de $\sin i_2$. On se limitera à trois chiffres significatifs.
c. Tracer le graphe représentant $\sin i_2$ en fonction de $\sin i_1$. On prendra comme échelle, sur les deux axes, 1 cm pour 0,1.
d. Quelle remarque peut-on faire quant à cette nouvelle représentation graphique ?
F.M. 9 **e.** Montrer que la relation mathématique existante entre $\sin i_1$ et $\sin i_2$ est du type $\sin i_2 = a \sin i_1$ où a est un nombre qui ne dépend pas de i_1.
f. Déterminer graphiquement la valeur de a.
g. Au XVIIe siècle, René Descartes a énoncé une loi appelée seconde loi de Descartes pour la réfraction. Cette loi lie les angles i_1 et i_2 : $n_1 \sin i_1 = n_2 \sin i_2$ où n_1 et n_2 sont deux coefficients dépendant des milieux traversés et appelés indices de réfraction. Montrer que cette relation est compatible avec la relation proposée à la question **e** et trouver le lien entre a, n_1 et n_2.

On appelle **plan d'incidence** le plan contenant les rayons incident et réfracté.

h. Quel est ce plan dans l'expérience étudiée au **1** ?
i. La lumière est-elle déviée lorsqu'elle sort du demi-cylindre ? Le résultat est-il surprenant ? Justifier.

Voir exercice 18

4 Utilisation du simulateur *Descartes*

Objectifs
- Mettre en évidence la seconde loi de Descartes pour la réfraction
- Savoir qu'une longueur d'onde caractérise une radiation monochromatique

1. Lumière blanche et lumière colorée

■ Dans le simulateur *Descartes*, paramétrer la situation expérimentale suivante :
– demi-disque : verre flint ;
– milieu extérieur : air ;
– options d'affichage : décocher réflexion partielle.
■ Positionner la source de lumière sur une des divisions 80 de la moitié gauche du cadran.

a. Choisir successivement une source lumineuse monochromatique puis polychromatique blanche et observer la lumière sortant du demi-disque. Quelles différences constate-t-on ? Proposer une définition de l'expression « lumière polychromatique ».

Chaque couleur peut se décliner en nuances. Afin de les distinguer, on fait correspondre chaque nuance à une radiation que l'on caractérise par un nombre appelé **longueur d'onde, notée λ**.
On appelle **lumière monochromatique** une lumière constituée d'une seule radiation.

b. Quelle indication le simulateur donne-t-il pour justifier que λ est bien une longueur ?
c. À l'aide du curseur, déterminer la couleur correspondant à une radiation dont la longueur d'onde est : $\lambda = 420$ nm, $\lambda = 534$ nm et $\lambda = 712$ nm.

2. Indice de réfraction

On appelle **milieu transparent** tout matériau qui laisse passer la lumière. Il est caractérisé par un nombre (sans unité), appelé **indice de réfraction** du milieu, noté n.
■ Modifier la valeur de λ en déplaçant le curseur. Observer, lors de ce déplacement, la valeur indiquée par le simulateur pour l'indice de réfraction du demi-disque dans la fenêtre « demi-disque ».

a. L'indice de réfraction du milieu constituant le demi-disque est-il le même pour toute longueur d'onde ?
b. Déterminer l'indice de réfraction de l'air puis celui de l'eau à 400 nm et 800 nm. Ne conserver que trois chiffres significatifs.

3. Seconde loi de Descartes

Le simulateur a été programmé pour déterminer la position des rayons lumineux à l'aide de la 2e loi de Descartes :

$$n_1 \sin i_1 = n_2 \sin i_2$$

Avec :
- i_1 angle d'incidence ;
- i_2 angle de réfraction ;
- n_1 et n_2 indices de réfraction respectifs des milieux 1 et 2.

Ces notations sont rappelées sur le **Doc. 1**.

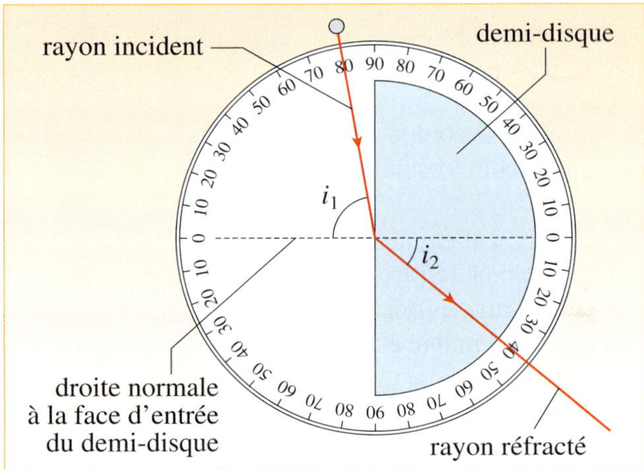

Doc. 1.

On se propose dans cette partie d'illustrer cette loi.
■ Paramétrer la situation suivante :
– demi-disque : verre flint ;
– milieu extérieur : air ;
– source lumineuse : monochromatique avec $\lambda = 600$ nm.
■ Déplacer la source lumineuse pour avoir $i_1 = 10°$. Vérifier avec le rapporteur la valeur de cet angle.
■ Faire varier i_1 de 10° en 10° jusqu'à 70°. Mesurer i_2.

a. À l'aide d'un tableur, créer un tableau dans lequel on consignera les valeurs de i_1, i_2, $\sin i_1$ et $\sin i_2$.
F.M. 9 **b.** Tracer le graphe représentant $\sin i_2$ en fonction de $\sin i_1$. En déduire que $\sin i_2 = a \sin i_1$ et déterminer a. Retrouver la valeur de l'indice de réfraction du verre flint à partir de ce graphe.

Voir exercice 18

1 Lumière et radiations

1.1. Un modèle pour la lumière

Voir activité 2

Au XVIIe siècle, Isaac Newton s'est intéressé à la nature de la lumière. À la sortie d'un prisme éclairé par un faisceau de lumière blanche, il a observé sur un écran une suite ininterrompue de couleurs : les couleurs de l'arc-en-ciel.
Cet ensemble de couleurs est appelé **spectre** de la lumière blanche. Newton a alors proposé un modèle de la lumière afin d'interpréter ces observations.

> ***Modèle de la lumière***
> **La lumière est constituée d'un ensemble de radiations lumineuses. Chaque radiation correspond à une nuance de couleur.**

Pour interpréter l'expérience décrite ci-dessus, on considère que chaque radiation possède une direction de propagation différente à la sortie du prisme. Les radiations correspondant au bleu sont plus déviées que celles correspondant au vert, au jaune et au rouge. C'est ce qui produit cet effet d'arc-en-ciel.

1.2. Caractérisation d'une radiation lumineuse

> **Dans l'air et dans le vide, on caractérise une radiation par un nombre, appelé longueur d'onde, exprimé en mètre ou en sous-multiple du mètre. La longueur d'onde est notée λ.**

Par exemple, la couleur bleue correspond à des radiations de longueurs d'onde comprises entre 440 nm et 480 nm (**Doc. 1**).

λ (nm)	Couleur
400-420	violet
440-480	bleu
490-540	vert
550-570	jaune
580-600	orange
650-800	rouge

Doc. 1. Correspondances entre les plages de longueurs d'onde des radiations dans le vide ou dans l'air et la couleur perçue par un œil humain « normal ».

1.3. Notion de rayonnement

> **On appelle rayonnement l'ensemble des radiations émises par une source. Un rayonnement qui n'est constitué que d'une seule radiation est dit monochromatique, sinon il est dit polychromatique.**

La lumière émise par un laser correspond à un rayonnement monochromatique. Pour les lasers usuellement rencontrés au lycée, ce rayonnement est constitué d'une radiation de longueur d'onde $\lambda = 632{,}8$ nm.
La lumière blanche correspond à un rayonnement polychromatique, constitué de toutes les radiations de longueurs d'onde comprises entre 400 nm et 800 nm. C'est la partie visible du rayonnement représenté sur le **Doc. 2**.
Il existe des rayonnements invisibles à l'œil (**Doc. 2**) :
– le rayonnement ultraviolet (UV), constitué de radiations de longueurs d'onde inférieures à 400 nm ;
– le rayonnement infrarouge (IR), constitué de radiations de longueurs d'onde supérieures à 800 nm.

➤ Voir exercice 11

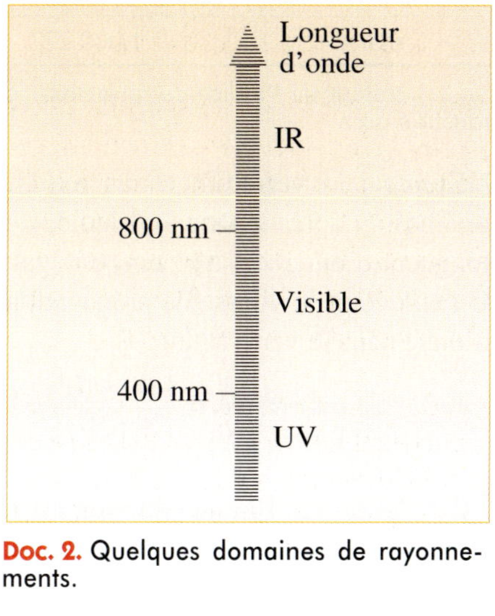

Doc. 2. Quelques domaines de rayonnements.

2 Réfraction de la lumière

Au XVIIe siècle, le physicien et philosophe français René Descartes (**Doc. 3**) a énoncé des lois permettant la description du comportement de la lumière lorsque celle-ci change de milieu de propagation.
L'utilisation de ces lois permet de comprendre la dispersion évoquée au paragraphe 1.

Doc. 3. René Descartes (1596-1650), philosophe, mathématicien et physicien français.

2.1. Indice de réfraction

On appelle milieu transparent tout matériau qui laisse passer de la lumière.

Certaines matières en plastique, colorées ou incolores, sont des milieux transparents ainsi que de nombreux liquides, colorés ou non, comme l'alcool ou une solution bleue de sulfate de cuivre.
En revanche, du lait, du bois ne sont pas des milieux transparents.
La vitesse v de propagation de la lumière dans les milieux transparents est différente de la vitesse c de propagation de la lumière dans le vide. Cette vitesse v dépend de la composition chimique du milieu.

Voir activité 4

Un milieu transparent est caractérisé, pour une radiation de longueur d'onde λ donnée, par un nombre n, sans unité, appelé indice de réfraction et défini par :

$$n = \frac{c}{v}$$

c : vitesse de propagation en $m \cdot s^{-1}$ de la radiation dans le vide

v : vitesse de propagation en $m \cdot s^{-1}$ de la radiation dans ce milieu

• $n > 1$ car $c > v$
• n dépend de λ

Le **Doc. 4** donne la valeur de l'indice de réfraction de quelques milieux transparents pour différentes valeurs de longueurs d'onde λ.

Milieu transparent	λ = 400 nm	λ = 590 nm	λ = 800 nm
Verre flint	1,734	1,629	1,588
Eau	1,340	1,332	1,329
Air	1,000 278	1,000 277	1,000 276

Doc. 4. Valeur de l'indice de réfraction pour différents milieux transparents en fonction de λ.

Exemple. Le verre flint est un verre particulier utilisé pour fabriquer des prismes. D'après le **Doc. 4**, l'indice de réfraction de ce matériau, pour la longueur d'onde λ = 590 nm, est égal à 1,629.
On en déduit la vitesse de propagation de la lumière pour cette longueur d'onde dans le verre flint :

$$v = \frac{c}{n} = \frac{3{,}00 \cdot 10^8}{1{,}629} = 1{,}84 \cdot 10^8 \text{ m} \cdot \text{s}^{-1}$$

Par définition, l'indice du vide est égal à 1 exactement. On prendra l'indice de l'air égal à 1,000 pour toutes les longueurs d'onde.

2.2. Lois de Descartes pour la réfraction

Lors de la traversée de la surface de séparation entre deux milieux, la lumière change de direction ; on dit qu'elle se réfracte.

Voir activités 1, 3, 4

René Descartes a énoncé deux lois relatives à la réfraction de la lumière, appelées **lois de Descartes pour la réfraction**. Ces lois s'énoncent en utilisant la notion de rayon lumineux.

Le **Doc. 5** représente la réfraction d'un rayon lumineux lors d'un changement de milieu.

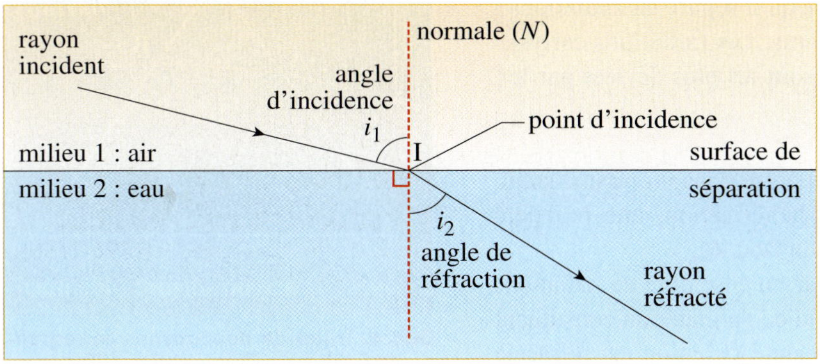

Doc. 5. Vocabulaire utilisé pour étudier le passage de la lumière à travers la surface de séparation entre deux milieux.

- Le **rayon incident** est le rayon lumineux avant la surface de séparation, dans le sens de propagation de la lumière.
- Le **rayon réfracté** est le rayon lumineux après la surface de séparation.
- La droite (N), appelée **normale au point d'incidence** I, est perpendiculaire en I à la surface de séparation. Elle sert de référence pour mesurer les angles.
- L'**angle d'incidence** est l'angle entre la normale (N) en I et le rayon d'incidence. On note cet angle i_1.
- L'**angle de réfraction** est l'angle entre la normale (N) en I et le rayon réfracté. On note cet angle i_2.

Les rayons incident et réfracté sont situés de part et d'autre de la normale.

Lois de Descartes pour la réfraction

- **1re loi. Le rayon incident et le rayon réfracté appartiennent à un même plan, perpendiculaire à la surface de séparation, appelé plan d'incidence.**
- **2e loi. L'angle d'incidence et l'angle de réfraction sont tels que :**

$$n_1 \sin i_1 = n_2 \sin i_2$$

où n_1 et n_2 sont les indices de réfraction des milieux transparents 1 et 2 pour une longueur d'onde donnée.

Exemple. Un faisceau de lumière monochromatique, de longueur d'onde $\lambda = 620$ nm, arrive sous un angle d'incidence $i_1 = 25°$ à la surface de séparation air/eau. Pour cette longueur d'onde, l'indice de réfraction n_1 de l'air est égal à 1,000 et l'indice de réfraction n_2 de l'eau est égal à 1,33. Ce faisceau est alors réfracté d'un angle i_2 égal à :

$$\sin i_2 = \frac{n_1 \sin i_1}{n_2} = 0{,}32 \quad \text{soit} \quad i_2 = 19°$$

➤ Voir exercices 12 et 18

3 Dispersion de la lumière blanche

Lorsqu'un faisceau de lumière polychromatique traverse un prisme en verre, on constate que le faisceau sortant est dévié vers la base du prisme et qu'il est constitué de différentes couleurs. La couleur bleue est plus déviée que la couleur rouge. Cela s'interprète à l'aide du modèle de la lumière et des lois de Descartes.

Voir activité 2

Le prisme est appelé *système dispersif* parce qu'il sépare les radiations constituant un rayonnement polychromatique. Les radiations correspondant au plus petites longueurs d'onde sont les plus déviées par le prisme.

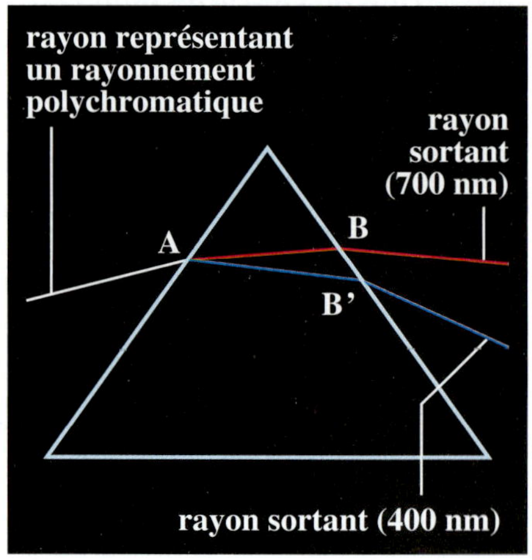

Doc. 6. Trajet de deux rayons correspondant à des radiations de 400 nm et 700 nm.

Un faisceau de lumière polychromatique qui entre dans un prisme subit, conformément aux lois de Descartes pour la réfraction, une première réfraction lors du passage air/verre (point A du **Doc. 6**).
Ce faisceau de lumière peut être modélisé par un ensemble de radiations de longueurs d'onde différentes. Puisque l'indice du matériau constituant le prisme dépend de la longueur d'onde, chaque radiation est réfractée avec un angle différent. Les radiations de petites longueurs d'onde sont les plus déviées.
Une deuxième réfraction a lieu lors du passage verre/air (points B et B′ sur le **Doc. 6**). Toutes les radiations sont à nouveau déviées différemment suivant leur longueur d'onde. Le trajet de la lumière est ainsi modifié deux fois, à l'entrée et à la sortie du prisme.

Un prisme est d'autant plus dispersif que l'indice de réfraction du milieu le constituant varie beaucoup avec la longueur d'onde.

Voir activité 5

Cette propriété de dispersion de la lumière par un prisme est utilisée lorsqu'on souhaite analyser une lumière, c'est-à-dire déterminer les radiations qui composent cette lumière. C'est le même phénomène de dispersion de la lumière qui produit des arcs-en-ciel (**Doc. 7**).

➤ Voir exercices 20 et 25

Doc. 7.

essentiel

Lumière monochromatique

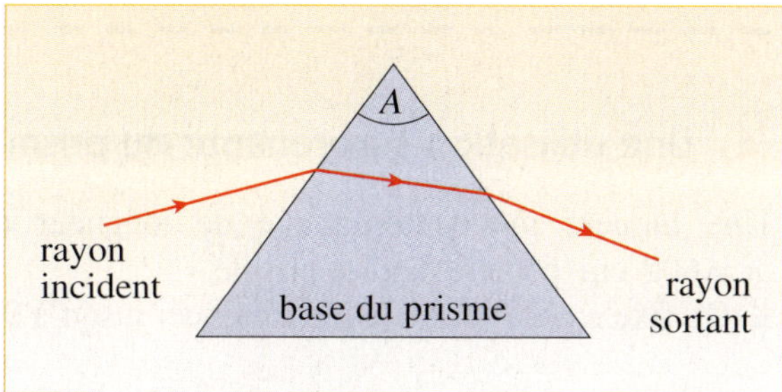

- Exemple : lumière d'un laser.
- C'est une lumière correspondant à une radiation, caractérisée par une seule longueur d'onde.
- Elle est déviée par un prisme.

Lumière polychromatique

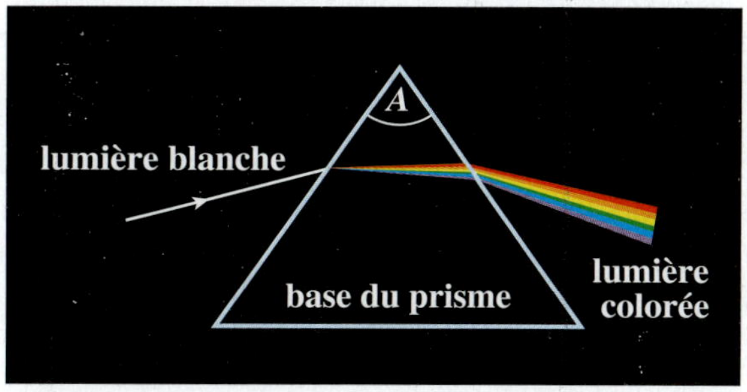

- Exemple : lumière émise par le Soleil.
- C'est une lumière correspondant à un rayonnement constitué de nombreuses radiations et caractérisée par une plage de longueurs d'onde.
- Elle est déviée et dispersée par un prisme.

Indice de réfraction d'un milieu transparent

$$n = \frac{c}{v}$$

c : vitesse de la lumière dans le vide en $m \cdot s^{-1}$

v : vitesse de la lumière dans le milieu en $m \cdot s^{-1}$

- n dépend du milieu.
- n dépend de la longueur d'onde de la radiation.
- n intervient dans la seconde loi de Descartes.
- n est toujours supérieur à 1.
- n n'a pas d'unité.

Lois de Descartes pour la réfraction

- **Première loi de Descartes**

Le rayon incident et le rayon réfracté appartiennent à un plan perpendiculaire à la surface de séparation entre les deux milieux transparents considérés, appelé plan d'incidence.

- **Seconde loi de Descartes**

$$n_1 \sin i_1 = n_2 \sin i_2$$

n_1 et n_2 sont les indices de réfraction des milieux 1 et 2.

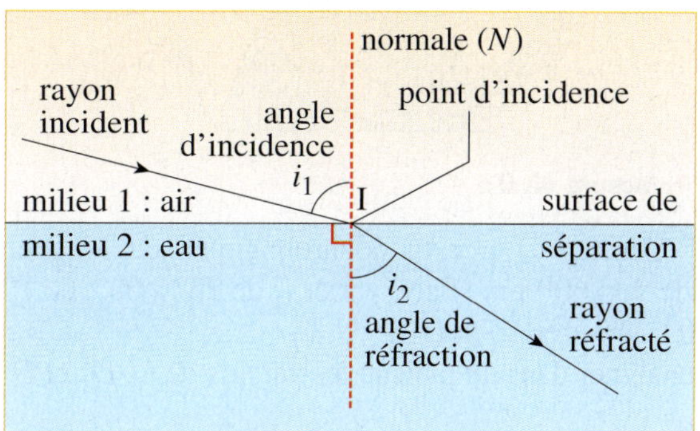

5 Étude d'un prisme à l'aide du simulateur *Prisme*

Objectifs

- Utiliser les lois de Descartes afin de déterminer le trajet de la lumière dans un prisme

On simule la déviation de la lumière par un prisme à l'aide du simulateur *Prisme*. Dans cette simulation, on considère que la lumière blanche se propage dans l'air avant de pénétrer dans un prisme en verre flint, d'angle au sommet $A = 45°$.

1. Dispersion de la lumière

- Paramétrer le simulateur afin de tenir compte des conditions expérimentales précisées ci-dessus.
- Utiliser une source de lumière polychromatique blanche et choisir un angle d'incidence i_1 voisin de 30°.
- Afficher les normales aux dioptres.

a. Quel est l'aspect de la lumière à sa sortie du prisme ?

On appelle **déviation** le changement de direction subi par un rayon lumineux lors de la traversée de la surface de séparation entre deux milieux. On note D_1 la déviation subie lors de la traversée de la face d'entrée et D_2 la déviation subie lors de la traversée de la face de sortie. Le simulateur permet de mesurer directement une déviation (**Doc. 1**).

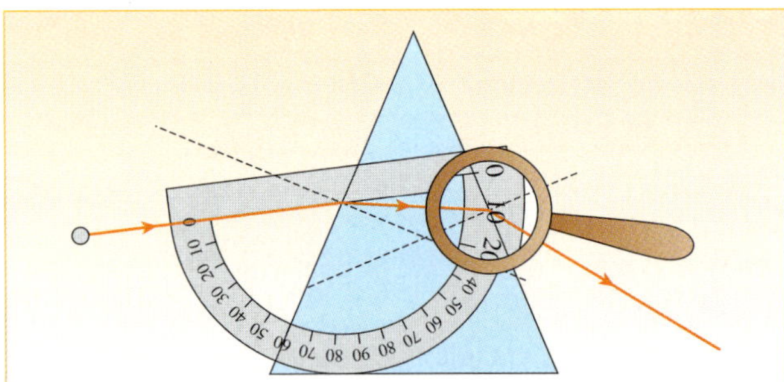

Doc. 1. Mesure de D_1.

- Choisir une source monochromatique, de longueur d'onde $\lambda = 600$ nm. Faire varier i_1 de 20° à 60°, de 10° en 10°. Mesurer D_1 et D_2.
- Consigner dans un tableau les valeurs de i_1, D_1 et D_2.

b. Calculer, pour chaque valeur de i_1, la déviation totale $D = D_1 + D_2$ subie par un rayon lumineux lors de la traversée du prisme.
c. Refaire la même étude pour $\lambda = 720$ nm. Les résultats trouvés sont-ils différents ?

2. Une utilisation surprenante du prisme

Une lumière monochromatique de longueur d'onde $\lambda = 600$ nm pénètre dans le prisme.

- On fixe i_1 à 20° et on le fait diminuer jusqu'à 0°.

a. Quel est le comportement du rayon lumineux à l'intérieur du prisme à son arrivée sur la face de sortie ?

Ce phénomène est appelé **réflexion totale**.

b. Justifier cette expression.
c. Lors de ce phénomène de réflexion totale, quelle est la valeur de l'angle i_1' entre le rayon à l'intérieur du prisme et la normale à la face de sortie du prisme ?

On considérera que tout rayon lumineux arrivant avec un angle plus grand que i_1' à l'interface entre le verre flint et l'air subira une réflexion totale.

- On considère maintenant la situation du **Doc. 2**.

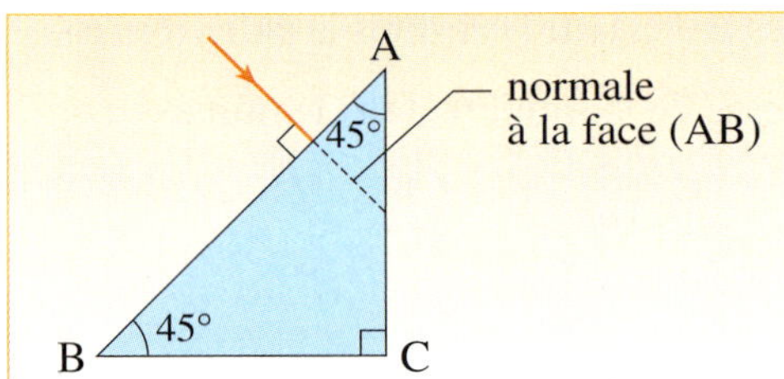

Doc. 2.

d. D'après la 2e loi de Descartes, quel est le comportement de la lumière lors de son entrée dans le prisme ?
e. Schématiser le rayon lumineux lorsqu'il pénètre dans le prisme.

- Déterminer géométriquement l'angle que fait le rayon lumineux avec la face (AC). Déterminer l'angle i_1' fait par le rayon lumineux avec la normale à la face (AC).

f. Déduire, des résultats précédents, si la lumière est réfractée lors de son arrivée sur la face (AC).
g. Déterminer le trajet complet de la lumière. Compléter le schéma précédent. En quoi ce trajet est-il surprenant ?

Voir cours 3 ; exercice 25

Exercice résolu 1

Réfraction de la lumière

Énoncé

Un faisceau parallèle de lumière monochromatique, constituée d'une radiation de longueur d'onde $\lambda = 600$ nm, arrive sur la surface de séparation entre l'air et l'eau suivant un angle d'incidence i_1 égal à 35°. Pour cette longueur d'onde, l'indice de réfraction vaut 1,33. Sur la figure ci-contre, le faisceau est représenté par un rayon lumineux.

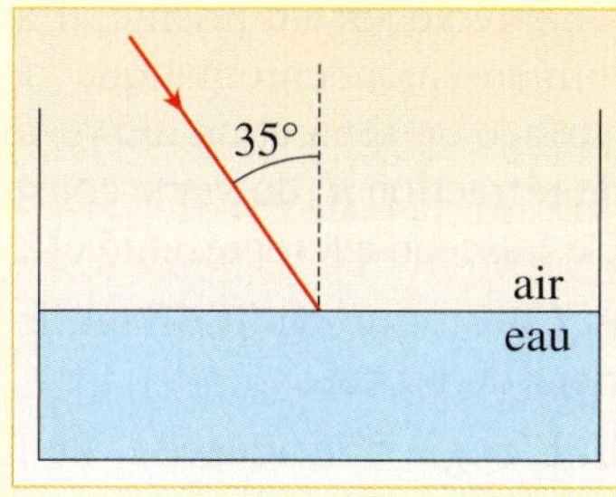

a. Déterminer la valeur de l'angle de réfraction i_2.

b. Déduire de la valeur de l'indice de réfraction la vitesse de propagation de la lumière dans l'eau.

c. On change l'inclinaison du faisceau lumineux de telle sorte que l'angle de réfraction i'_2 est maintenant égal à 43°.
Déterminer la valeur de l'angle d'incidence i'_1.

d. On oriente maintenant le faisceau lumineux incident perpendiculairement à la surface de l'eau. Quelle est la valeur de l'angle d'incidence i''_1 ?

e. En déduire que le faisceau n'est pas dévié.

Conseils

a. Identifier les valeurs de i_1, n_1 et n_2 avant d'utiliser la seconde loi de Descartes.
Pour trouver un angle dont on connaît la valeur du sinus, on utilise la touche $\sin^{-1}$ de la calculatrice.

b. Utiliser la définition de l'indice de réfraction *n*.

d. Se rappeler que l'angle d'incidence se mesure entre la direction du rayon lumineux et la normale à la surface de séparation.

Résolution

a. D'après la seconde loi de Descartes pour la réfraction :

$$n_1 \sin i_1 = n_2 \sin i_2$$

Ainsi, $\sin i_2 = \dfrac{n_1 \sin i_1}{n_2} = \dfrac{1{,}000 \times \sin 35}{1{,}33} = 0{,}43$ d'où $i_2 = 26°$.

b. On sait que $n = \dfrac{c}{v}$. Donc, $v = \dfrac{c}{n} = \dfrac{3{,}00 \cdot 10^8}{1{,}33} = 2{,}26 \cdot 10^8\ \text{m} \cdot \text{s}^{-1}$.

c. On applique de nouveau la seconde loi de Descartes pour la réfraction pour les nouveaux angles i'_1 et i'_2 :

$$n_1 \sin i'_1 = n_2 \sin i'_2$$

Ainsi, $\sin i'_1 = \dfrac{n_2 \sin i'_2}{n_1} = \dfrac{1{,}33 \times \sin 43}{1{,}000} = 0{,}91$ d'où $i'_1 = 65°$.

d. Si le faisceau lumineux incident est perpendiculaire à la surface de l'eau, alors l'angle d'incidence i''_1 est nul.

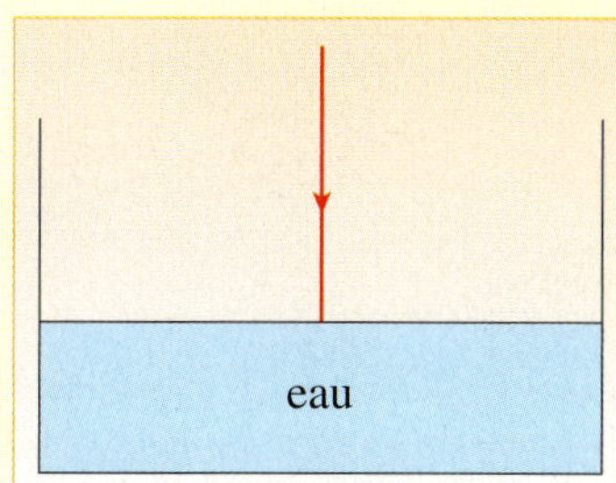

e. On applique de nouveau la seconde loi de Descartes pour la réfraction :

$$n_1 \sin i''_1 = n_2 \sin i''_2$$

Or, $i''_1 = 0°$ donc $\sin i''_1 = 0$.

Ainsi, $\sin i''_2 = 0$ et $i''_2 = 0°$. Le faisceau n'est donc pas dévié.

Exercice résolu 2

Dispersion par un prisme

Énoncé

On envoie sur un prisme, d'angle au sommet égal à 45°, un faisceau de lumière monochromatique de couleur jaune perpendiculairement à la surface de séparation air/verre. Pour la longueur d'onde utilisée, l'indice de réfraction n_J du verre constituant le prisme vaut 1,33.
Ce faisceau est représenté ci-contre par un rayon lumineux.

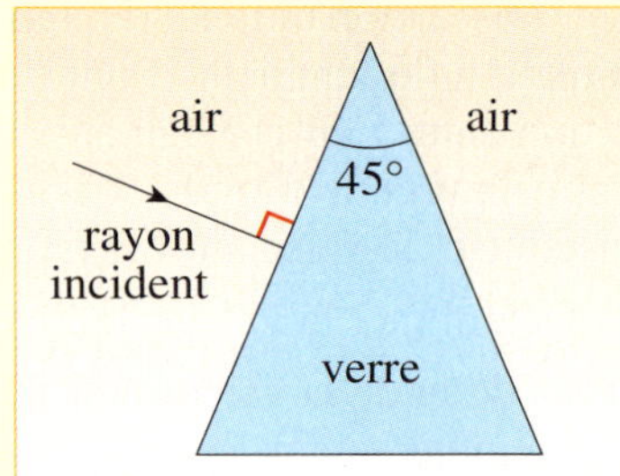

a. Construire, en justifiant, le prolongement du rayon lumineux à l'intérieur du prisme.

b. L'angle d'incidence i_1 du faisceau à la sortie du prisme est égal à 45°. Déterminer l'angle i_2 que fait le rayon avec la normale à sa sortie du prisme. On prendra l'indice de réfraction de l'air n_{air} égal à 1,00. Faire un schéma.

c. On remplace le faisceau de lumière jaune par un faisceau laser de lumière rouge pour lequel l'indice de réfraction du verre n_R vaut 1,29. Comparer le trajet de ce faisceau lumineux à celui du faisceau précédent.

d. Que se passerait-il si l'on remplaçait le faisceau laser par de la lumière blanche ?

Conseils

a. Utiliser la seconde loi de Descartes pour déterminer l'angle de réfraction.

b. Pour trouver un angle dont on connaît la valeur du sinus, on utilise la touche $\sin^{-1}$ de la calculatrice.

d. Retrouver, à l'aide de la question c, que le prisme disperse la lumière.

Résolution

a. La surface de séparation air/verre est traversée par un rayon qui lui est perpendiculaire. L'angle d'incidence est donc nul. D'après la seconde loi de Descartes, l'angle de réfraction est nul également. Le rayon n'est pas dévié.

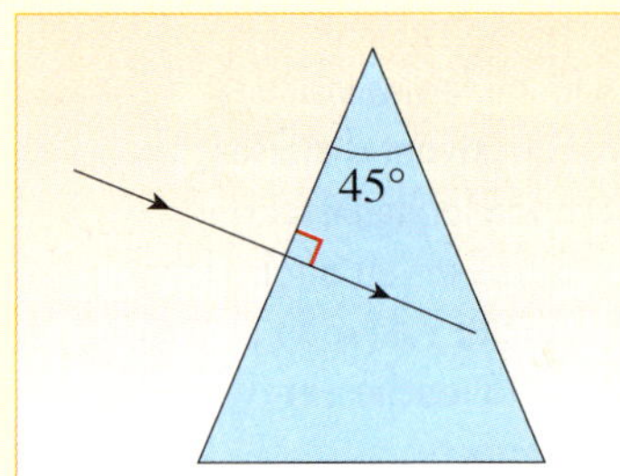

b. À présent, l'angle d'incidence i_1 se situe dans le milieu **verre** d'indice $n_J = 1,33$. D'après la seconde loi de Descartes :

$$n_J \sin i_1 = n_{air} \sin i_2$$

donc :

$$\sin i_2 = \frac{n_J \sin i_1}{n_{air}} = \frac{1,33 \sin 45}{1,00} = 0,94$$

et $i_2 = 70°$.

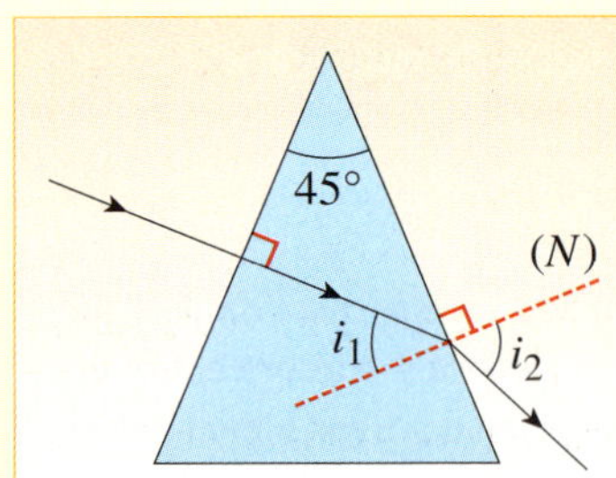

c. Lors de son entrée dans le prisme, la lumière n'est pas déviée. En revanche, l'angle de sortie i_2' est différent de i_2 puisque $n_J \neq n_R$. Un calcul semblable au précédent mais avec $n_R = 1,29$ donne $i_2' = 66°$.
Le faisceau de lumière rouge est moins dévié que le faisceau de lumière jaune.

d. Une lumière blanche est constituée de radiations de longueurs d'onde comprises entre 400 nm et 800 nm. Pour chaque longueur d'onde, l'indice du verre est différent. Les radiations sortent du prisme avec des angles différents. La lumière blanche est dispersée par le prisme.

Exercices

Tester ses connaissances

● **1.** En quelle unité s'exprime une longueur d'onde ?

● **2.** Quelle est la plage des longueurs d'onde des radiations appartenant au rayonnement visible ?

● **3.** Qu'appelle-t-on rayonnement ultraviolet ? Qu'appelle-t-on rayonnement infrarouge ?

● **4.** Définir un rayonnement monochromatique et donner un exemple de source monochromatique.

● **5.** Qu'appelle-t-on rayon incident et rayon réfracté ? (Répondre à l'aide d'un schéma.)

● **6.** Énoncer les deux lois de Descartes pour la réfraction.

● **7.** Quelle relation existe-t-il entre l'indice de réfraction d'un milieu et la vitesse de la lumière dans ce milieu ?

● **8.** Quelle est la valeur de l'indice de réfraction du vide ? Quelle est sa valeur pour l'air ?

● **9.** Qu'appelle-t-on dispersion de la lumière ?

Appliquer ses connaissances

Radiations lumineuses

● **10.** ✶ Une lumière monochromatique, constituée d'une radiation de longueur d'onde $\lambda = 540$ nm, se propage dans l'air.

a. Rappeler la définition du terme monochromatique.

b. À quelle couleur correspond cette radiation ?

● **11.** ✶ On éclaire un écran blanc avec une lumière monochromatique.

a. Quelle est la couleur de l'écran si la lumière est constituée d'une radiation de longueur d'onde égale à 450 nm ?

b. Est-il équivalent d'éclairer simultanément un écran avec deux lumières, l'une constituée d'une radiation de longueur d'onde 450 nm et l'autre d'une radiation de longueur d'onde 560 nm, ou avec une unique radiation de longueur d'onde $450 + 560 = 1\ 010$ nm ? Justifier la réponse.

Indice de réfraction

● **12.** ✶ Une lumière monochromatique se propage dans un milieu matériel d'indice de réfraction n à la vitesse $v = 1{,}85 \cdot 10^8$ m · s^{-1}. Quelle est la valeur de n ?

● **13.** ✶ L'éther vendu en pharmacie est une espèce chimique transparente caractérisée par son indice de réfraction $n = 1{,}350\ 6$, mesuré avec une radiation de longueur d'onde 590 nm (lumière jaune).

a. Quelle est la vitesse de propagation de la « lumière jaune » dans l'éther ?

b. Combien de temps la « lumière jaune » met-elle pour traverser 10,0 cm d'air ? Même question avec 10,0 cm d'éther.

c. Peut-on utiliser commodément la différence entre les durées mesurées précédemment pour mesurer l'indice de réfraction de l'éther ? Justifier la réponse.

Donnée : $c = 3{,}00 \cdot 10^8$ m · s^{-1}.

aide

a. Utiliser la définition de l'indice de réfraction donnée dans le cours au paragraphe **2.1**.

b. Si d est la distance parcourue, alors $t = \dfrac{d}{v}$.

c. Comparer la précision des mesures de ces durées.

Lois de Descartes

● **14.** ✶ On considère une lumière monochromatique constituée d'une radiation de longueur d'onde $\lambda = 550$ nm, se propageant dans l'air. Cette lumière arrive sur de l'eau avec un angle d'incidence i_1 de 30°. L'angle de réfraction i_2 est égal à 22°.

a. Compléter le schéma avec les termes suivants : rayon incident, rayon réfracté, normale à la surface de séparation, surface de séparation. Indiquer les angles i_1 et i_2.

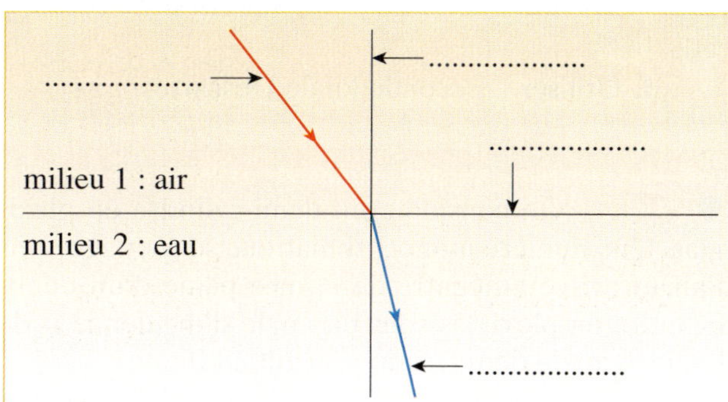

b. Énoncer la seconde loi de Descartes pour la réfraction. Déterminer l'indice de réfraction de l'eau pour la radiation considérée.

● **15.** ★ On considère la propagation d'un rayon lumineux d'un milieu 1 vers un milieu 2 pour une radiation de longueur d'onde λ fixée.

a. Si l'angle d'incidence i_1 vaut 56°, l'indice du milieu 1 vaut 1,0 et l'indice du milieu 2 vaut 1,5, que vaut l'angle de réfraction i_2 ?

b. Si l'indice du milieu 1 vaut 1,70, si le milieu 2 est l'air et si l'angle de réfraction i_2 vaut 40°, que vaut l'angle d'incidence i_1 ?

c. Si le milieu 2 est l'air, si l'angle d'incidence i_1 vaut 10° et si l'angle de réfraction i_2 vaut 27°, que vaut l'indice du milieu 1 ?

● **16.** ★★ On remplit d'eau un aquarium et on éclaire la surface de l'eau avec un faisceau laser rouge.

a. On oriente le faisceau laser perpendiculairement à la surface de l'eau. Quelle est la valeur de l'angle d'incidence ?

b. À l'aide de la 2de loi de Descartes pour la réfraction, déterminer la valeur de l'angle de réfraction.

c. On éclaire maintenant la surface de l'eau sous une incidence de 45°. On mesure l'angle de réfraction, on trouve 32°. En déduire l'indice de l'eau pour la longueur d'onde de la lumière de ce laser.

d. Quelle est la vitesse de propagation de la lumière dans l'eau ?

e. On remplace l'eau de l'aquarium par de l'huile et on éclaire la surface de l'huile sous une incidence de 45°. Pourquoi l'angle de réfraction ne sera-t-il pas égal à 32° ?

f. L'indice de réfraction de l'huile étant supérieur à celui de l'eau, prévoir si l'angle de réfraction est plus petit ou plus grand que 32°.

> **aide**
> **a.** L'angle cherché est celui fait par la direction du faisceau laser avec la normale à la surface de séparation.
> **d.** Utiliser la définition de l'indice de réfraction d'un milieu transparent.
> **e.** Évoquer la raison pour laquelle il y a réfraction.
> **f.** Utiliser la seconde loi de Descartes.

● **17.** ★★ On considère un demi-cylindre en plexiglas. Une lumière monochromatique se propage dans l'air et arrive au centre de la face plane d'un demi-cylindre en plexiglas sous un angle d'incidence i_1 de 45,0°. L'angle de réfraction i_2 vaut 28,1°.

a. Déterminer l'indice n_P du plexiglas pour la radiation considérée.

b. Quelle est la vitesse de propagation de cette lumière dans le plexiglas ?

● **18.** ★★ On étudie la propagation dans l'air d'une lumière monochromatique, constituée d'une radiation de longueur d'onde $\lambda = 560$ nm, que l'on envoie au centre de la surface plane d'un demi-cylindre de plexiglas, sous une incidence $i_1 = 30°$.

Dans ces conditions, l'indice du plexiglas vaut $n_2 = 1{,}61$.

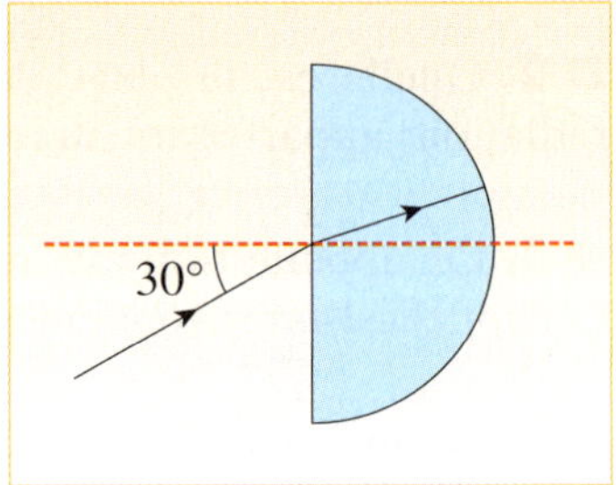

a. À quelle couleur correspond la radiation considérée ?

b. Déterminer l'angle de réfraction i_2.

c. Quelle est la direction du rayon lumineux lorsqu'il ressort du demi-cylindre ? Est-ce surprenant ? Justifier la réponse.

● **19.** ★★ On veut calculer la vitesse de la lumière dans le verre. Pour cela, on dispose d'un cube de verre de 10 cm d'épaisseur. On envoie la lumière d'un faisceau laser sur ce cube sous une incidence de 80°. Le faisceau laser ressort du cube de verre à 8,7 cm de la verticale du point d'entrée.

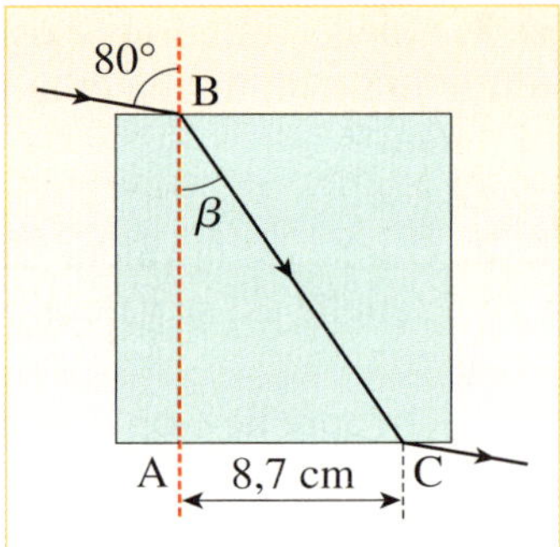

a. En remarquant que le triangle ABC est rectangle en A, déterminer l'angle de réfraction i_2.

b. En déduire l'indice de réfraction du verre.

c. Calculer la valeur de la vitesse de la lumière dans le cube de verre.

d. Déterminer l'angle i_1' que fait le faisceau laser avec la normale à la base du cube. En déduire l'angle que fait le faisceau avec cette normale lorsqu'il ressort du cube de verre.
Que remarque t-on ?

> **aide**
> **a.** Utiliser le fait que l'angle de réfraction correspond à l'angle β du triangle ABC.
> **b.** Appliquer la seconde loi de Descartes pour la réfraction.
> **c.** Utiliser la définition de l'indice de réfraction.
> **d.** Utiliser le fait que la somme des angles dans un triangle vaut 180°. Appliquer de nouveau la seconde loi de Descartes pour la réfraction lorsque le faisceau arrive en C.

Prisme

20. ✶ On dispose d'un prisme que l'on éclaire à l'aide de différentes sources de lumière.

a. On éclaire le prisme avec la lumière d'un laser. Comparer la lumière entrant et sortant du prisme.

b. On utilise maintenant un faisceau de lumière émis par une lampe halogène.
Que constate-t-on à la sortie du prisme ? Justifier la réponse.

c. La lumière qui sort d'un prisme est monochromatique. Que peut-on dire de la lumière utilisée pour éclairer sa face d'entrée ?

21. ✶ On éclaire un prisme avec de la lumière blanche.

a. Qu'observe-t-on sur un écran blanc placé sur le trajet de la lumière sortant du prisme ?

b. On place maintenant un cache entre le prisme et l'écran de façon à n'arrêter que la partie de la lumière qui est la moins déviée. On constate sur l'écran qu'une seule couleur est présente. Quelle est cette couleur ?

c. On considère que la lumière qui n'est pas arrêtée par le cache est monochromatique. On place un autre prisme sur le trajet de cette lumière. Que peut-on dire de la lumière qui sort de ce deuxième prisme ?

22. ✶✶ Les éclairages publics sont souvent constitués de lampes à vapeur de sodium. On éclaire un prisme avec une lampe à vapeur de sodium et on observe sur un écran, placé après le prisme, une unique raie colorée.
La longueur d'onde de la radiation correspondante est $\lambda = 589$ nm.

a. À quelle couleur correspond cette radiation ?

b. La lumière émise par cette lampe est-elle monochromatique ou polychromatique ? Justifier la réponse.

c. On utilise maintenant une lampe à vapeur de mercure. On observe plusieurs raies colorées sur l'écran : violet, vert, orange.
La lumière émise par cette lampe est-elle monochromatique ou polychromatique ? Justifier la réponse.

d. Quelle est la couleur de la raie la moins déviée par le prisme ?

aide

b. et **c.** La lumière considérée est-elle constituée d'une ou de plusieurs radiations lumineuses ?

d. Une radiation est d'autant plus déviée que sa longueur d'onde est petite.

Aller plus loin

23. ✶✶✶ *Irisation d'un faisceau de lumière blanche*

a. Tracer, à l'aide d'un rapporteur, un rayon arrivant avec un angle d'incidence de 60,0° sur une surface de séparation entre l'air et l'eau.
Tracer (après calcul) le rayon réfracté, en supposant qu'il s'agit d'abord d'une radiation de longueur d'onde $\lambda_R = 740$ nm (lumière rouge), puis de longueur d'onde $\lambda_B = 470$ nm (lumière bleue).

b. On considère qu'un faisceau de lumière blanche de 5 mm de large arrive sur cette surface. Tracer, pour les deux longueurs d'onde, le trajet des rayons lumineux correspondant aux bords du faisceau.

c. En déduire pourquoi seuls les bords du faisceau lumineux sont irisés lors du changement de milieu transparent.

Données. Indices de réfraction de l'eau pour deux longueurs d'onde différentes :
- $n(470 \text{ nm}) = 1{,}336$,
- $n'(740 \text{ nm}) = 1{,}330$.

24. ✶✶✶ *Déviation de la lumière par un prisme*
On considère un prisme en verre, d'angle au sommet $A = 60{,}0°$. Une lumière monochromatique constituée d'une radiation de longueur d'onde $\lambda = 435{,}9$ nm se propage dans l'air et arrive sur le prisme avec un angle d'incidence i_1 égal à 56,0°.
Pour cette longueur d'onde, l'indice du prisme n_2 est égal à 1,668.

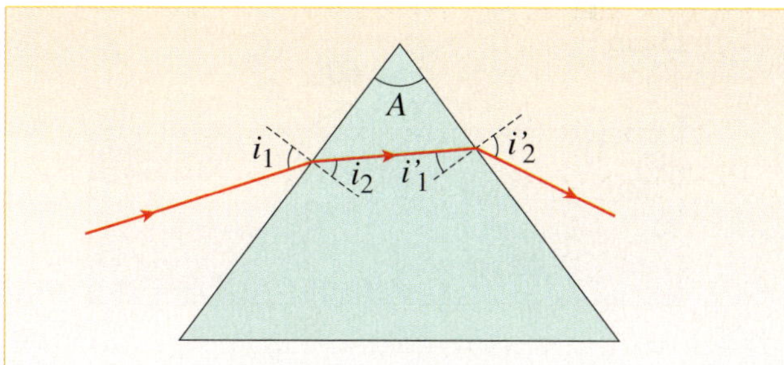

On appelle déviation D l'angle que fait la direction du faisceau émergent par rapport à la direction du faisceau incident.
Les divers angles obéissent aux relations suivantes :

$$A = i_2 + i'_1 \quad \text{et} \quad D = i_1 + i'_2 - A$$

a. Déterminer la valeur de la vitesse de la lumière dans le prisme.

b. Déterminer l'angle de réfraction i_2.

c. En utilisant les relations de l'énoncé, déterminer l'angle i'_1.

d. En déduire l'angle i'_2 ainsi que la déviation subie par le faisceau après la traversée du prisme.

25. ★★ *Où est passée la lumière ?*

L'angle au sommet A d'un prisme vaut 45,0°. On éclaire une de ses faces à l'aide d'une lumière monochromatique violette. L'indice de réfraction du prisme pour la lumière violette est 1,680.

a. Le faisceau incident éclaire le prisme perpendiculairement à la face d'entrée. Représenter sur un schéma le prisme et le rayon lumineux avant et après la première surface de séparation air/verre.

b. Soit i_1' l'angle fait par le rayon lorsqu'il arrive sur la seconde surface de séparation. Vérifier que l'angle i_1' vaut 45,0° et montrer, par le calcul, qu'il n'y a pas d'angle mathématiquement possible pour que la lumière violette sorte du prisme.

c. Quel devrait être l'angle maximal du prisme pour que le faisceau en sorte sachant que $i_1' = A$, quel que soit l'angle A ?

d. Pour cet angle, que se passerait-il si l'on éclairait le prisme sous la même incidence, mais avec une lumière blanche ? On rappelle que la lumière violette est plus déviée que toutes les autres lumières.

26. ★★ *Propagation dans un bloc de plastique*

On positionne en L un laser à 5,00 cm au-dessus d'un bloc de plastique transparent, à faces parallèles, d'épaisseur 5,00 cm. Le faisceau laser arrive sur la face d'entrée du bloc sous une incidence de 60,0°. L'indice de réfraction du plastique vaut 1,402 pour la radiation constituant la lumière de ce laser.

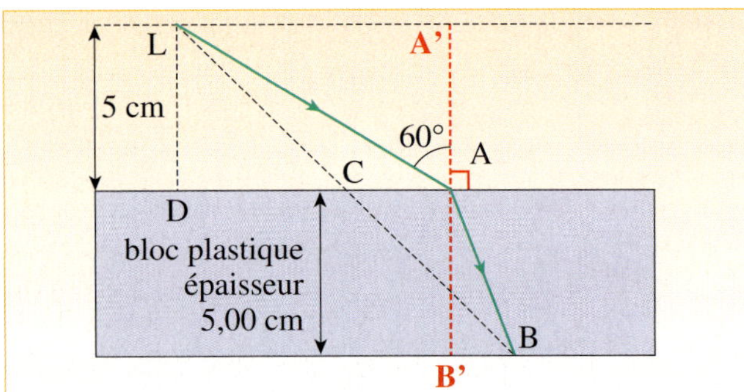

a. En remarquant que le triangle LAA′ est rectangle en A′, déterminer la longueur LA que parcourt la lumière avant d'atteindre la première surface de séparation air/plastique. En déduire la durée t_1 nécessaire pour parcourir dans l'air la distance LA.

b. Déterminer l'angle de réfraction dans le bloc de plastique.

c. Déterminer la vitesse de la lumière dans ce matériau.

d. Déterminer la longueur AB que parcourt la lumière dans le bloc de plastique. En déduire la durée t_2 nécessaire pour parcourir dans le bloc la distance AB.

e. Calculer la durée totale $t_1 + t_2$ du parcours de la lumière entre L et B.

aide

a. Utiliser le théorème de Pythagore dans le triangle LAA′. Utiliser la relation entre la vitesse, la distance et le temps.

b. Utiliser la seconde loi de Descartes.

c. Utiliser la définition de l'indice de réfraction.

d. Le triangle AB′B est rectangle en B′.

27. ★★ *Propagation dans une fibre optique*

Une fibre optique permet de véhiculer des informations sous forme de lumière. Une fibre à saut d'indice est constituée d'un cœur, milieu transparent d'indice $n_c = 1{,}61$ entouré d'une gaine, milieu également transparent, d'indice $n_g = 1{,}52$.

On envoie un rayon lumineux sur la face d'entrée de la fibre, entourée d'air, sous une incidence de 32,0°.

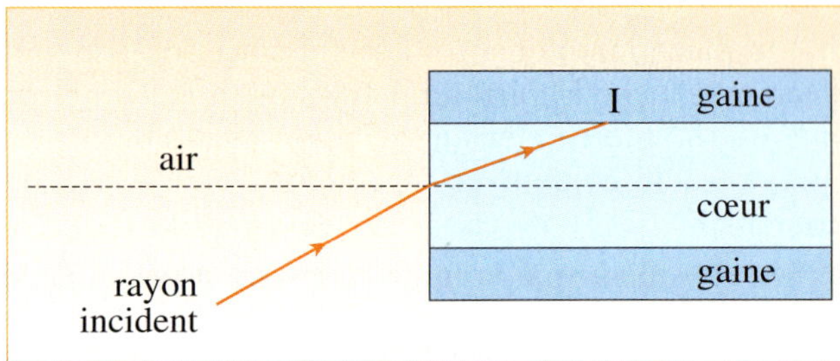

a. Déterminer l'angle de réfraction i_2 du rayon lumineux lorsqu'il pénètre dans la fibre.

b. Déterminer la vitesse de la lumière dans le cœur.

c. Pour que la lumière se propage dans la fibre, il faut qu'elle ne puisse pas entrer dans la gaine. La condition à réaliser est que l'angle d'incidence i_3 en I soit tel que $n_c \sin i_3 > n_g$.

Trouver une relation entre i_2 et i_3 et en déduire que la lumière se propage dans la fibre.

28. ★★ *Lame à faces parallèles*

Un faisceau lumineux monochromatique arrive, sous une incidence de 30,0°, sur une lame à faces parallèles. L'indice du verre est $n = 1{,}50$.

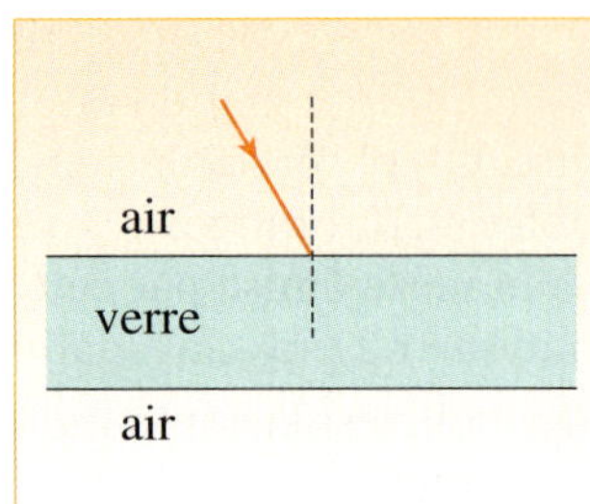

a. Déterminer l'angle de réfraction i_2 dans le verre.

b. Déterminer l'angle d'incidence i_1' sous lequel arrive le rayon sur la deuxième face de la lame.

c. Déterminer l'angle i_2' sous lequel émerge la lumière de la lame. En s'aidant d'un rapporteur, construire le trajet du rayon lumineux. Comparer les directions des rayons incident et émergent. Que remarque-t-on ?

LES MESSAGES DE LA LUMIÈRE

13

Seuls les poètes savent s'approcher des étoiles. Les physiciens ont au mieux posé leurs instruments sur quelques planètes proches. Heureusement, l'étude de la lumière que nous recevons des étoiles est riche d'informations. Elle nous renseigne sur leur température et sur leur composition chimique, par exemple.

OBJECTIFS

- Savoir qu'un corps chaud émet un rayonnement.
- Savoir distinguer un spectre d'émission d'un spectre d'absorption.
- Connaître le principe de l'analyse de la lumière et ses principales applications.
- Savoir que l'étude des spectres permet de connaître la composition de l'enveloppe des étoiles.

PLAN DU COURS

1 - Notion de spectroscopie

2 - Spectres d'émission

3 - Spectres d'absorption

4 - Application à l'astrophysique

1 La couleur des flammes

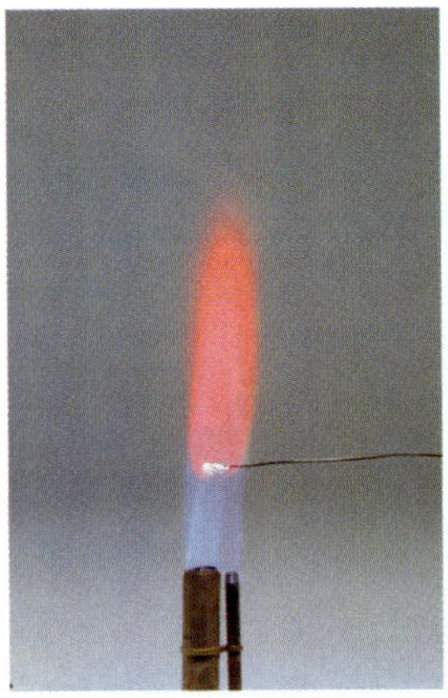

Doc. 1. Couleur de la flamme lors de l'introduction de chlorure de lithium.

Si l'on introduit dans la flamme bleutée d'un bec bunsen un peu de poudre blanche de chlorure de lithium, la flamme prend la magnifique couleur rouge du **Doc. 1**. Elle redevient bleue dès que le chlorure de lithium est retiré de la flamme. On aurait eu la même coloration de la flamme si l'on avait introduit du bromure de lithium.

Doc. 2. Couleur de la flamme lors de l'introduction de chlorure de cuivre.

c. Si l'on introduit du chlorure de cuivre dans une flamme, celle-ci prend une couleur verte (**Doc. 2**), alors que si l'on introduit du chlorure de sodium, elle prend une couleur orange. L'hypothèse retenue précédemment est-elle toujours acceptable ?

d. Proposer une application à l'utilisation de la couleur des flammes.

a. Quelle hypothèse peut-on formuler sur l'origine de la coloration de la flamme ?

b. Si l'on introduit du lithium métallique dans une flamme, la couleur rouge apparaît également. Faut-il compléter ou modifier l'hypothèse précédente ?

Voir exercices 12 et 14

2 Une autre façon de regarder l'arc-en-ciel

À l'aide d'un prisme, on peut disperser de la lumière blanche. Cela permet de projeter sur un écran toutes les couleurs de l'arc-en-ciel (**Doc. 1**). Si l'on regarde cet arc-en-ciel artificiel à travers une cuve à faces parallèles remplie d'une solution de sulfate de cuivre, la partie rouge de l'arc-en-ciel devient noire (**Doc. 2**).

Doc. 1. Spectre de la lumière blanche.

Doc. 2. Spectre de la lumière blanche à travers une cuve de solution de sulfate de cuivre.

a. Justifier l'interprétation suivante : certaines radiations sont arrêtées par la solution de sulfate de cuivre alors que d'autres ne sont pas arrêtées.

b. On éclaire un écran blanc par de la lumière blanche puis on interpose, sur le trajet de cette lumière, une cuve de solution de sulfate de cuivre (bleue). Prévoir la couleur de la lumière arrivant sur l'écran.

c. On disperse par un prisme la lumière colorée obtenue à la sortie de la cuve (voir question **b**). En utilisant l'interprétation de la question **a**, prévoir ce que l'on doit voir sur l'écran.

d. On regarde l'arc-en-ciel artificiel de la première expérience (**Doc. 1**) à travers une solution colorée par du permanganate de potassium. La partie verte de l'arc-en-ciel est maintenant noire.
Quelle interprétation, comparable à celle de la question **a**, peut-on donner ?

Voir exercices 15 et 17

3 Couleur et température des étoiles

Objectif

- Savoir qu'un corps chaud émet un rayonnement qui dépend de sa température

En analysant des expériences de laboratoire, on se propose d'expliquer pourquoi les étoiles n'ont pas toutes la même couleur (**Doc. 1**).

Doc. 1. La température des étoiles rouges est inférieure à celle des étoiles bleues.

■ À l'aide d'un bec bunsen, on provoque l'incandescence d'un morceau de charbon de bois et on souffle doucement dessus pour y envoyer de l'air (**Doc. 2.a**). Le charbon de bois émet une lumière orangée.

■ Si l'on remplace l'air par du dioxygène, la lumière émise est alors jaune, presque blanche, et beaucoup plus vive (**Doc. 2.b**).

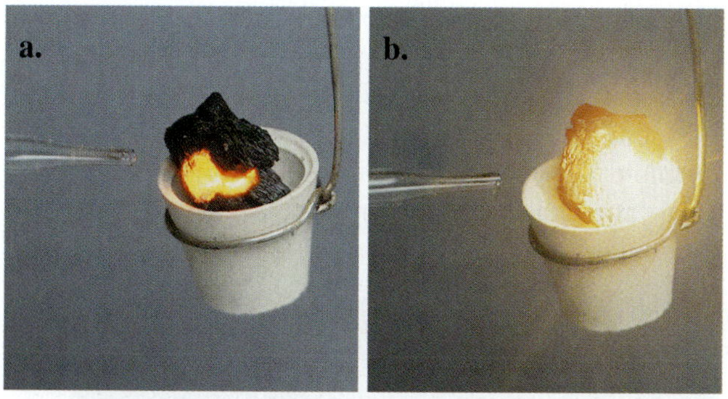

Doc. 2. Morceau de charbon brûlant **a.** sous courant d'air ; **b.** sous courant de dioxygène.

a. Justifier simplement, en utilisant les termes « chaleur » et « température » les différences données lors des deux expériences.
b. Montrer que les deux énoncés théoriques suivants sont en accord avec les observations précédentes.
• Énoncé ①. Tout corps chauffé à une température suffisante émet de la lumière.
• Énoncé ②. La couleur de la lumière émise par un corps chaud dépend de la température du corps.

■ On alimente une lampe à filament par un générateur de tension variable. À basse tension, le filament rougeoie, alors qu'à plus haute tension la lumière émise est blanche (**Doc. 3**).

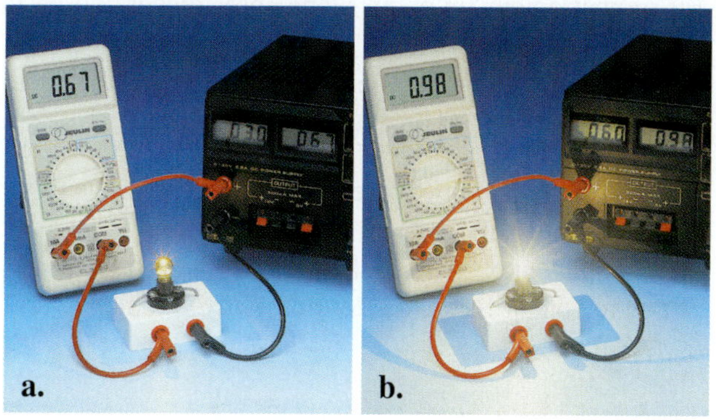

Doc. 3. Effet d'un variateur de lumière : plus l'intensité du courant est grande, plus le filament est chaud, et plus la lumière est blanche (**b**).

c. Interpréter ces observations à l'aide des énoncés théoriques précédents.
d. Proposer un dispositif expérimental qui permette d'analyser la lumière émise par la lampe.

■ On réalise une telle analyse et on observe ce qu'on appelle des spectres lumineux (**Doc. 4**).

Doc. 4. Spectre d'émission continu de la lumière émise par le filament d'une lampe suivant sa température.
Le spectre **a** a été réalisé à une température inférieure à celle du spectre **b**.

e. Quelle différence peut-on noter entre les deux spectres ?
f. Proposer un énoncé ③ donnant une relation qualitative (c'est-à-dire non mathématique) entre les radiations émises par un corps chaud et sa température.
g. Déduire de cet énoncé une interprétation pour les couleurs différentes des étoiles (**Doc. 1**).

Voir exercice 10

4 Atome et lumière

Objectifs

- Savoir reconnaître un spectre continu et un spectre de raies
- Savoir qu'un atome ou un ion est capable d'émettre une radiation

1. Spectre continu, spectre discontinu

On appelle « spectre d'une lumière » l'image obtenue par projection sur un écran blanc après dispersion de la lumière.
On va montrer qu'il existe plusieurs types de lumière dont les spectres sont profondément différents.

a. Comment obtient-t-on expérimentalement le spectre d'une lumière ?
b. Donner une autre définition du spectre d'une lumière, en utilisant les termes « rayonnement » et « radiation ».

La lumière émise par de nombreuses lampes résulte de l'échauffement du filament de la lampe.

c. Comment savoir qu'une lampe possède un filament ?
d. Donner des exemples de lampes de la vie quotidienne qui ont un filament et d'autres qui n'en n'ont pas.

On appelle lampe à vapeur de mercure un tube contenant de la vapeur de mercure à très faible pression, chauffée par un dispositif électrique adapté.
Une telle lampe émet une lumière bleutée qu'il ne faut pas regarder sans se protéger les yeux car le rayonnement émis contient des radiations ultraviolettes dangereuses pour l'œil.

e. Dans quelles situations de la vie quotidienne rencontre-t-on des lampes émettant un rayonnement ultraviolet ? Quelles précautions doivent entourer l'utilisation de telles lampes ?

On réalise le spectre de la lumière blanche émise par une lampe à filament (**Doc. 1**) puis celui de la lumière émise par une lampe à vapeur de mercure (**Doc. 2**).

f. Quelle différence essentielle existe-t-il entre les deux spectres ?
g. La théorie permet d'énoncer qu'à faible pression de nombreux gaz portés à haute température émettent une lumière dont le spectre est discontinu. Pourquoi cet énoncé est-il cohérent avec les deux expériences évoquées ?

Doc. 1. Spectre de la lumière émise par le filament d'une lampe.

Doc. 2. Spectre de la lumière émise par une lampe à vapeur de mercure.

2. Spectroscopie atomique

La théorie prévoit que seuls les atomes ou les ions monoatomiques au sein d'un gaz chaud peuvent émettre de la lumière dont le spectre est discontinu.

a. Rappeler la différence entre un atome isolé et un atome au sein d'une molécule. Donner des exemples pour chacun des cas.

Une lampe à vapeur de sodium fonctionne suivant le même principe qu'une lampe à vapeur de mercure mais la couleur de la lumière émise est orange. De telles lampes sont utilisées pour l'éclairage des autoroutes, par exemple.
Le spectre de la lumière d'une lampe à vapeur de sodium est donné dans le **Doc. 3**.

Doc. 3. Spectre d'émission d'une lampe à vapeur de sodium.

b. D'après l'introduction théorique de cette partie **2**, dire si le sodium en phase vapeur est sous forme d'atomes ou de molécules.
c. Peut-on envisager une lampe au néon qui émettrait une lumière dont le spectre serait discontinu ? Et une lampe à vapeur d'eau ?

Voir exercices 11 et 14

1 Notion de spectroscopie

On a vu au chapitre précédent que l'on pouvait décomposer la lumière à l'aide d'un système dispersif, tel un prisme.

L'image obtenue par dispersion de la lumière émise par une source (lampe, étoile, etc.) s'appelle le spectre de la lumière émise par cette source. Faire de la spectroscopie c'est réaliser et analyser des spectres pour obtenir des informations sur la lumière étudiée.

Suivant son mode de production, la lumière possède des caractéristiques différentes. Certaines lumières sont un peu jaunes, d'autres, utilisées pour les spectacles, sont franchement colorées. Les lampes de bronzage (**Doc. 1**) émettent une lumière différente et, dans les laboratoires de physique, on trouve des lampes dont la lumière possède des propriétés surprenantes. Toutes ces lumières peuvent être étudiées en réalisant leur spectre et en le comparant à celui de la lumière blanche, émise par le Soleil par exemple.

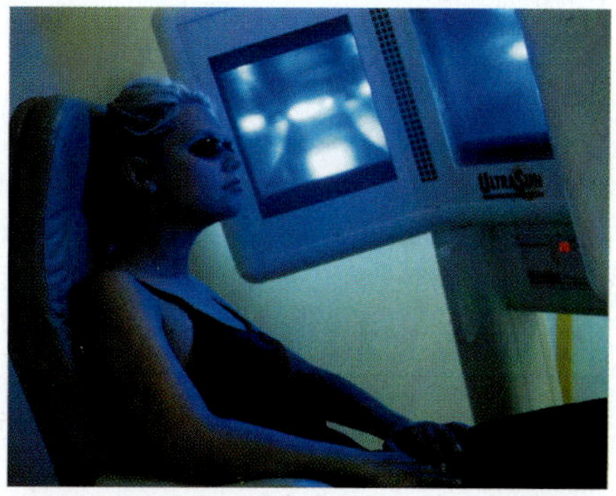

Doc. 1. Lampe permettant le bronzage. La spectroscopie permet de comprendre la différence entre une telle lampe et une lampe ordinaire.

2 Spectres d'émission

Cette partie étudie quelques objets qui produisent de la lumière et fournit des explications sur la façon dont la lumière est créée.

2.1. Spectres continus d'origine thermique

Pour obtenir de la lumière on peut chauffer un corps. C'est le cas des lampes dont on chauffe électriquement le filament. C'est également le cas du charbon que l'on brûle (**Doc. 2**). Le spectre de la lumière produite dans de telles conditions contient des radiations de longueurs d'onde comprises entre 400 nm et 800 nm.

On montre expérimentalement que plus le corps émettant la lumière est chaud, plus le spectre est riche en radiations de courtes longueurs d'onde (**Doc. 3**).

Doc. 2. Charbon incandescent sous courant de dioxygène. À cause de sa température, le charbon émet de la lumière.

Voir activité 3

Un corps chaud émet un rayonnement continu qui s'enrichit en radiations de courtes longueurs d'ondes (vers le violet) quand la température de ce corps augmente.
Le spectre d'un tel rayonnement est un spectre d'émission parce que c'est celui d'une lumière émise par un corps. C'est aussi un spectre continu parce que toutes les radiations possibles d'une certaine plage de longueurs d'onde sont présentes.

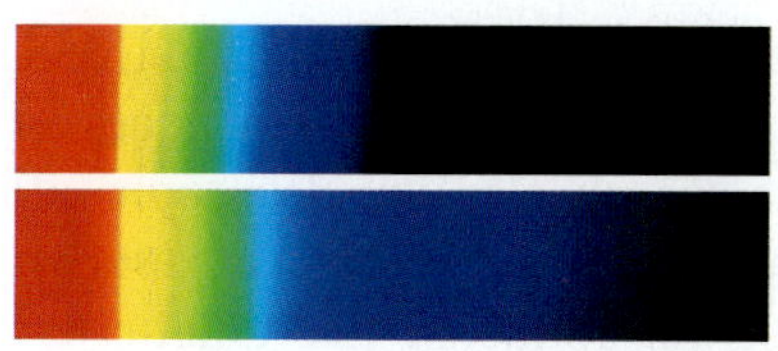

a.

b.

Doc. 3. Spectres d'émission continus de la lumière émise par le filament d'une lampe à deux températures différentes.
Le spectre **b** a été obtenu à la température la plus élevée. La lumière émise dans ce cas est plus riche en radiations de courtes longueurs d'onde, ce qui se traduit par la présence d'une plage violette.

Il y a, dans la vie quotidienne, des situations où la couleur de la lumière émise par un corps varie avec sa température.

▌*Exemples*

• Les puissants projecteurs utilisés dans les stades, au moment de leur extinction, passent du blanc au rouge. À ce moment, la température du filament diminue, ce qui tend à faire disparaître les radiations correspondant à la lumière violette, puis bleue, puis verte, etc. La partie rouge du spectre de la lumière devient prépondérante, ce que l'œil perçoit comme un rougeoiement du projecteur.
• Un corps (solide ou gazeux) chauffé à des températures extrêmement élevées produit des radiations de longueurs d'onde inférieures à 400 nm. Il s'agit d'un rayonnement ultraviolet, non visible, mais capable de détruire les yeux et de provoquer des cancers de la peau. De tels rayonnements sont produits par des lampes UV ainsi que par certaines étoiles.
• Un corps moyennement chaud, par exemple vers 800 °C - 1 000 °C, émet seulement un rayonnement infrarouge. Ce dernier n'est pas visible. Il est en revanche perçu par la peau sous forme de chaleur.

2.2. Spectre de raies

Le spectre de la lumière émise par certaines sources n'est pas continu, mais présente des raies de lumière (**Doc. 4**). Chaque raie est constituée d'une seule radiation caractérisée par une unique longueur d'onde.

Voir activités 1 et 3

À température élevée, les atomes isolés et les ions monoatomiques en phase gazeuse peuvent émettre de la lumière dont le spectre n'est pas continu. Ce type de spectre est appelé spectre de raies d'émission.

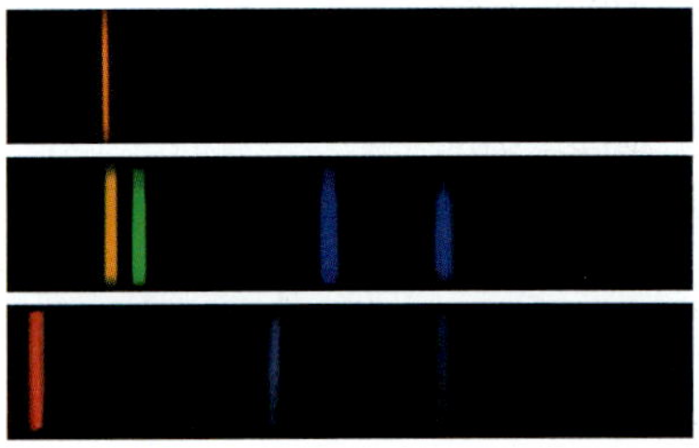

a.
b.
c.

Doc. 4. Spectres de la lumière émise par une lampe à vapeur de sodium (**a**), par une lampe à vapeur de mercure (**b**) et par une lampe à hydrogène (**c**).

On ne rencontre des atomes isolés que dans certains gaz (les atomes au sein des molécules sont reliés entre eux donc ne sont pas isolés).

▌*Exemples*

• Les lampes à vapeur de sodium sont des tubes sous faible pression contenant de la vapeur constituée d'atomes de sodium. Cette vapeur est chauffée électriquement. La lampe émet une lumière orange dont le spectre est donné dans le **Doc. 4.a**. C'est effectivement un spectre d'émission puisqu'il correspond à une lumière émise par les atomes de sodium. Un tel spectre n'est pas continu puisqu'il est principalement constitué d'une raie.
• Les lampes à vapeur de mercure fonctionnent suivant ce principe. L'analyse de la lumière émise conduit aussi à un spectre de raies (**Doc. 4.b**).

Un spectre de raies est caractéristique des atomes (ou des ions) qui constituent le gaz. On peut ainsi, par comparaison à des spectres de référence, identifier la composition de certains gaz.

Cette possibilité d'identification de la composition chimique d'un gaz d'atomes ou d'ions monoatomiques est à la base d'une méthode d'analyse chimique appelée **spectroscopie atomique**. Un échantillon inconnu (d'huile, de fruit, de sang, etc.) est chauffé dans les conditions où une partie se transforme en gaz. Celui-ci est à son tour chauffé de sorte qu'il émette de la lumière.
L'analyse du spectre de cette lumière permet d'identifier les atomes présents dans le gaz, donc la nature des atomes qui étaient présents dans l'échantillon analysé (**Doc. 5**).

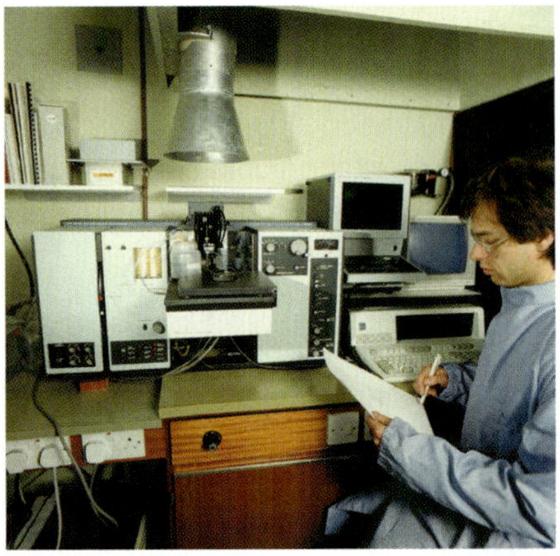

Doc. 5. Laboratoire de contrôle utilisant un spectroscope mettant en jeu l'analyse de spectres de raies.

➤ Voir exercices 10, 12 et 15

3 Spectres d'absorption

Nous avons montré comment la lumière émise par un corps pouvait être étudiée. Nous allons maintenant nous intéresser à la lumière ayant subi une modification en traversant un corps transparent.

3.1. Obtention de spectres d'absorption

La lumière blanche qui traverse un milieu transparent, mais coloré, devient une lumière colorée. C'est le cas de la lumière qui traverse des vitraux (**Doc. 6**) ou une solution colorée (**Doc. 7**). Il manque généralement une plage de couleur dans un tel spectre (**Doc. 8**).

Doc. 7. Un faisceau de lumière blanche devient violet après avoir traversé une cuve de solution violette de permanganate de potassium. La solution de permanganate est utilisée ici comme un filtre.

Doc. 6. Lumière colorée obtenue par absorption, lors de la traversée d'un vitrail, de la lumière blanche du soleil.

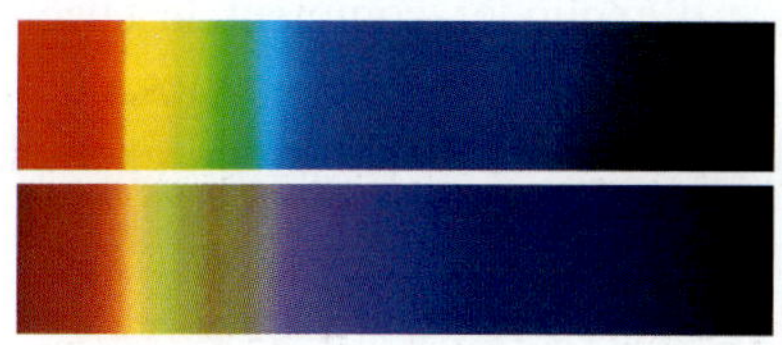

a.

b.

Doc. 8. a. Spectre de la lumière blanche avant la traversée de la solution violette.
b. Spectre de la lumière après la traversée de la solution. Les radiations non absorbées, quand elles ne sont pas dispersées, confèrent à la solution sa couleur violette.

On appelle spectre d'absorption le spectre d'une lumière ayant traversé un milieu qui l'a privée d'une partie du rayonnement initial.

3.2. Cas des solutions colorées : spectre de bandes

Dans le dispositif du **Doc. 7**, la lumière initialement blanche passe à travers une solution de permanganate de potassium. Sur l'écran, en l'absence de système dispersif, on a une tache violette.
Grâce au système dispersif (**Doc. 9**), on obtient un spectre (**Doc. 8.b**) où une plage de longueurs d'onde est absente.

Voir activité 2

La traversée des solutions colorées par de la lumière blanche conduit à une lumière colorée dont le spectre, par comparaison au spectre de la lumière blanche, montre l'absence d'une plage de radiations. Il s'agit d'un spectre de bandes d'absorption. C'est aussi un spectre continu.

Réaliser un spectre de bandes d'absorption permet parfois de déterminer la composition chimique d'une solution colorée. Une telle identification n'est pas aussi certaine que dans le cas des spectres de raies. En effet, ce dernier cas ne fait intervenir qu'une centaine d'atomes. En revanche, il existe d'innombrables solutions colorées (du sirop de grenadine à la solution de sulfate de cuivre).

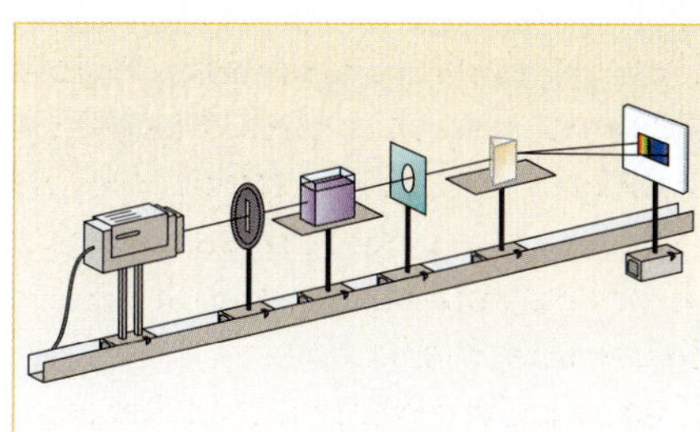

Doc. 9. Schéma de l'expérience permettant l'obtention du spectre de la lumière violette produite par le dispositif du **Doc. 7**.

3.3. Cas des gaz d'atomes ou d'ions monoatomiques : spectre de raies

Si une lumière blanche traverse un gaz d'atomes ou d'ions monoatomiques, le spectre de la lumière résultante montre des raies noires sur un fond continu (**Doc. 10.a**). Ces raies noires correspondent à des radiations manquantes absorbées par le gaz. L'expérience montre que ces radiations absorbées ont les mêmes longueurs d'onde que celles émises par ce même gaz d'atomes ou d'ions monoatomiques quand il est chauffé (**Doc. 10**).

Doc. 10. a. Spectre de raies d'absorption du sodium (c'est un spectre continu entrecoupé d'une raie noire).
b. Spectre de raies d'émission du sodium.

Un atome ou un ion monoatomique en phase gazeuse ne peut absorber que les radiations qu'il est capable d'émettre.

Nous allons voir que ces spectres de raies d'absorption permettent de déterminer la constitution chimique des étoiles.

➤ **Voir exercices 15 et 16**

4 Application à l'astrophysique

Avant d'expliquer comment la spectroscopie permet de déterminer la composition chimique des étoiles, nous allons donner une description simplifiée d'une étoile à partir de l'exemple du Soleil.

4.1. Constitution du Soleil

Le Soleil est une énorme « boule » principalement constituée d'hydrogène et d'hélium, comme l'essentiel de l'Univers. Depuis dix milliards d'années, cette boule est le siège de transformations qui l'échauffent depuis son cœur à dix millions de degrés jusqu'à sa périphérie à six mille degrés. C'est à l'intérieur du Soleil qu'est créée la chaleur responsable de la lumière solaire.

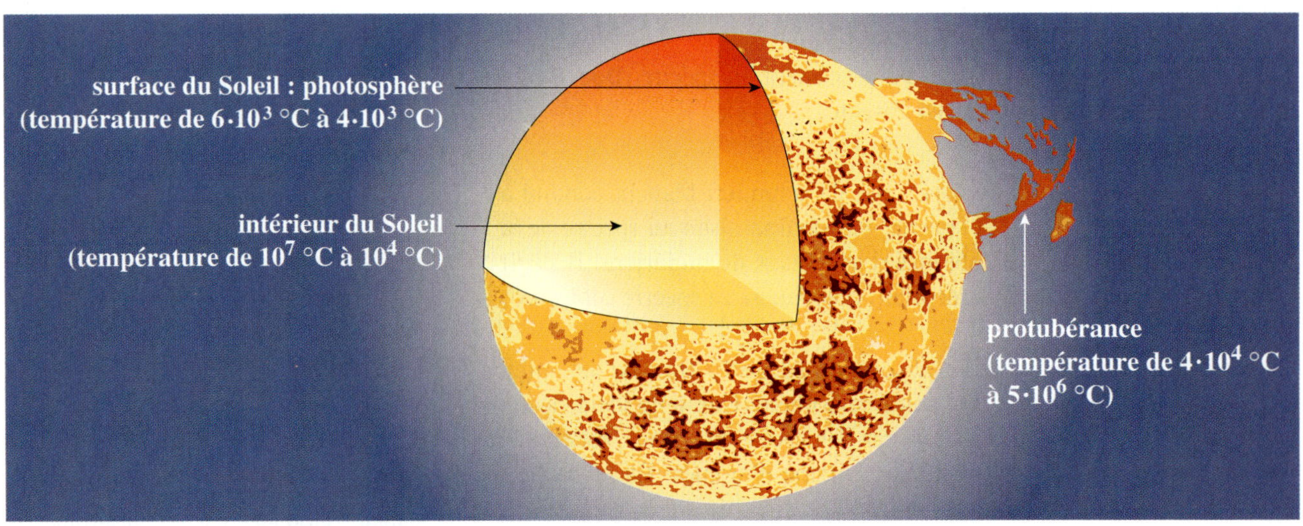

Doc. 11. Structure simplifiée du Soleil et évolution de sa température du centre à sa périphérie.

On appelle **photosphère** la couche superficielle d'environ 350 km d'épaisseur qui entoure le Soleil (**Doc. 11**). Elle émet toute la lumière que nous recevons du Soleil.
La température très élevée (6 000 °C) de la photosphère justifie que le spectre de la lumière solaire soit continu.
En traversant la partie haute de la photosphère certaines radiations de la lumière solaire sont absorbées par des atomes isolés ou des ions monoatomiques. L'analyse du spectre d'une telle lumière, une fois arrivée sur Terre, permet d'identifier les éléments chimiques à l'origine des raies d'absorption (**Doc. 12**).

Doc. 12. Spectre de la lumière solaire.

Le spectre d'émission continu de la lumière solaire, entrecoupé de raies d'absorption, permet de connaître la composition chimique de l'enveloppe gazeuse du Soleil.

4.2. Nature chimique des étoiles

Les étoiles, comme le Soleil, sont des objets célestes très chauds. On peut estimer la température de leur surface par l'analyse de leur spectre d'émission (**Doc. 13**). Cette analyse donne également des informations sur la composition chimique de l'enveloppe gazeuse qui les entoure.

Comme pour le Soleil, on identifie les atomes et les ions qui composent l'enveloppe gazeuse d'une étoile grâce aux raies d'absorption présentes dans le spectre de la lumière émise par l'étoile.

Les étoiles peuvent ainsi être classées suivant :
– la température de leur surface (entre 4 000 °C et 30 000 °C) ;
– leur luminosité (certaines étoiles sont plus brillantes que d'autres) ;
– la composition chimique de leur enveloppe externe.
On constate que plus l'enveloppe d'une étoile est chaude, plus on y trouve les éléments chimiques H et He. Les spectres des étoiles les moins chaudes montrent la présence de nombreux éléments métalliques (Ca, Fe, etc.).
La couleur d'une étoile traduit sa température : les étoiles bleues sont les plus chaudes, les rouges, les moins chaudes (**Doc. 14**).
Le Soleil est une étoile jaune de température intermédiaire.

➤ **Voir exercices 19, 20 et 22**

Températures °C	Longueurs d'onde (nm)
1 000 -1 200	1 000 - 4 000
2 000 - 3 200	350 - 2 500
3 200 - 7 000	180 - 900

Doc. 13. Exemples de correspondances entre la température d'un corps et la plage de longueurs d'onde du rayonnement émis.

Doc. 14. Constellation de la Croix du Sud. La température des étoiles rouges est inférieure à celle des étoiles bleues.

À la température des étoiles, la règle de l'octet n'est pas respectée : on trouve, dans ces conditions, des ions Si^+, Ca^+, etc.

Voir activité 3 **Voir activité 5**

essentiel

Spectres d'émission

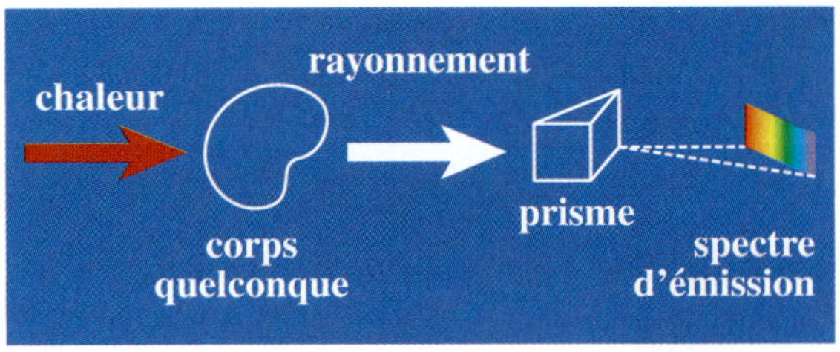

- Spectres continus d'origine thermique

Spectre d'émission continu	Température du corps
	De 1 000 °C à 2 000 °C
	De 2 000 °C à 9 000 °C

- Raies d'émission caractéristiques d'un atome ou d'un ion

Spectre de raies d'émission	Composition du gaz (atomes ou ions)
	Hg (mercure)

Spectres d'absorption

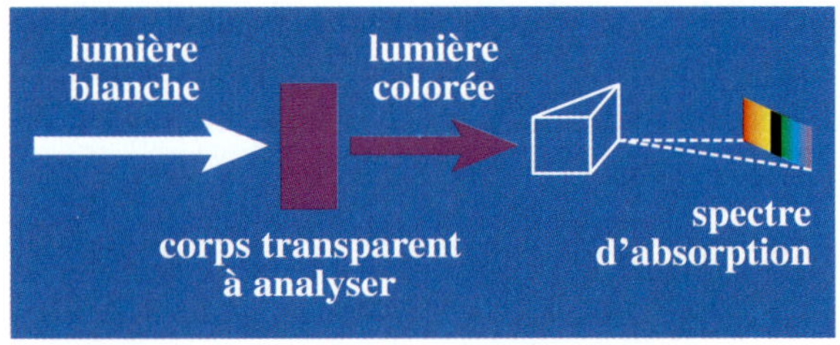

- Bandes d'absorption de solutions colorées

Spectre de bandes d'absorption	Espèce chimique en solution
	$K^+ + MnO_4^-$
Les bandes d'absorption renseignent sur la nature des espèces chimiques colorées présentes dans la solution.	

- Raies d'absorption caractéristiques d'un atome ou d'un ion

Spectre de raies d'absorption	Composition chimique du gaz
	Hg (mercure)

Identification d'un atome ou d'un ion : application à l'astrophysique

- Principe : un atome ou un ion monoatomique ne peut absorber que les radiations qu'il est capable d'émettre.
- Les spectres de raies d'émission sont caractéristiques des atomes et des ions monoatomiques.

Spectre d'absorption de la vapeur de mercure

Spectre d'émission de la vapeur de mercure

- Le spectre de la lumière d'une étoile permet de connaître la température et la composition chimique de son enveloppe externe.

5 Composition des étoiles

Objectifs

- Savoir repérer par sa longueur d'onde, dans un spectre d'émission, une radiation caractéristique d'une entité chimique
- Savoir que l'étude des spectres permet de connaître la composition de l'enveloppe externe des étoiles

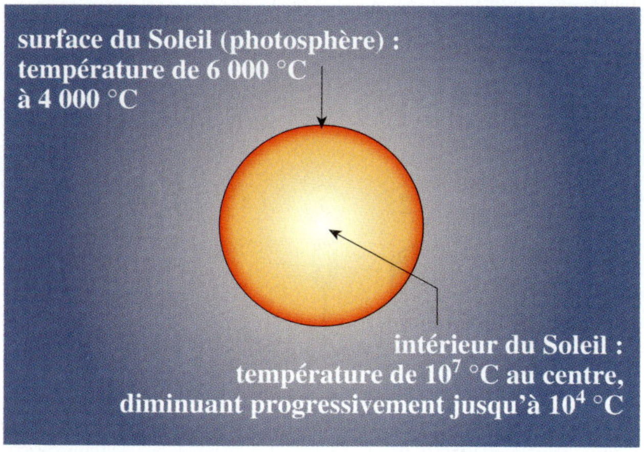

Doc. 1. Évolution de la température du Soleil, du centre à sa périphérie.

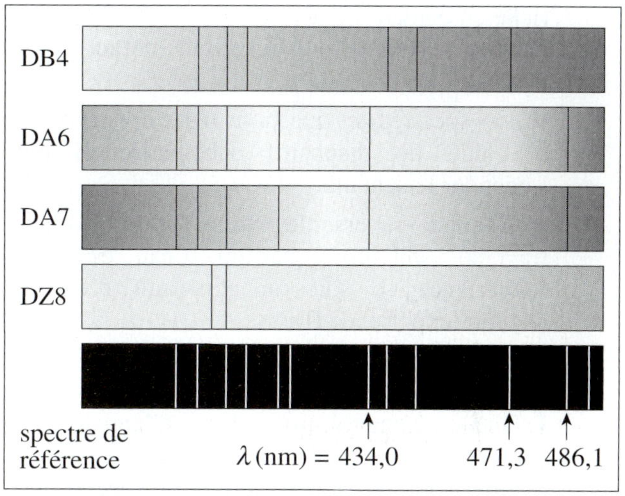

Doc. 2. Spectre de la lumière de quatre étoiles et spectre de référence.

1. Structure du Soleil

Les hypothèses, maintenant admises par les physiciens, sur la structure du Soleil permettent de représenter notre étoile de façon très simplifiée comme sur le **Doc. 1**.

a. Comment évolue la température T à l'intérieur du Soleil en fonction de la distance au centre du Soleil ?
b. Quelle est la température de la partie visible du Soleil ?
c. Pour quelle raison théorique le Soleil émet-il de la lumière ?

2. Composition chimique de l'enveloppe externe de quelques étoiles

L'analyse de la lumière de quatre étoiles appelées naines blanches DB4, DA6, DA7 et DZ8 permet d'obtenir les spectres du **Doc. 2**. Le cinquième spectre, réalisé en laboratoire, est un spectre de référence.

a. Quelle différence y a-t-il entre les spectres des naines blanches, d'une part, et le spectre de référence d'autre part ?
b. Décrire le principe d'obtention du spectre de référence.
c. Proposer une interprétation au fait que les spectres contiennent des raies d'absorption.
d. Le spectre de référence du **Doc. 2** permet de déterminer avec précision les longueurs d'onde des raies des spectres des naines blanches. Proposer une méthode rendant possible cette détermination de longueur d'onde. Vérifier sur le spectre de référence que cette méthode permet effectivement de retrouver une des longueurs d'onde données à partir de deux autres.
e. Appliquer cette méthode pour attribuer une longueur d'onde à chacune des raies d'absorption qui apparaissent sur les spectres des naines blanches.
f. À l'aide du tableau ci-dessous, préciser les entités chimiques présentes dans chaque naine blanche.

Atome ou ion	Longueurs d'onde (nm) mesurées lors d'expériences terrestres				
H	486,1	434,0	410,1	397,0	388,9
He	587,6	504,8	501,6	492,2	471,3
	447,1	438,8	414,4	402,6	396,4
He^+	468,6	302,3			
Ca^+	396,8	393,3	373,7	370,6	

Voir exercice 21

Exercice résolu 1

Spectre d'une lampe halogène

Énoncé

Une lampe à halogène équipée d'un variateur de lumière est utilisée pour une expérience.

a. Comment peut-on expliquer que la lampe émette de la lumière ?

b. Cette lumière traverse un prisme. La lumière dispersée est interceptée par un écran blanc. Quelles sont les caractéristiques du spectre obtenu ?

c. En agissant sur le variateur, on change la luminosité de la lampe. Le spectre de la lumière est alors plus riche en couleur bleue.
Dans quel sens a-t-on agi sur le variateur ? Justifier la réponse en faisant appel à la température du filament de la lampe.

d. Les spectres des questions **b** et **c** ont été obtenus à l'aide du dispositif schématisé ci-contre. Légender le schéma.

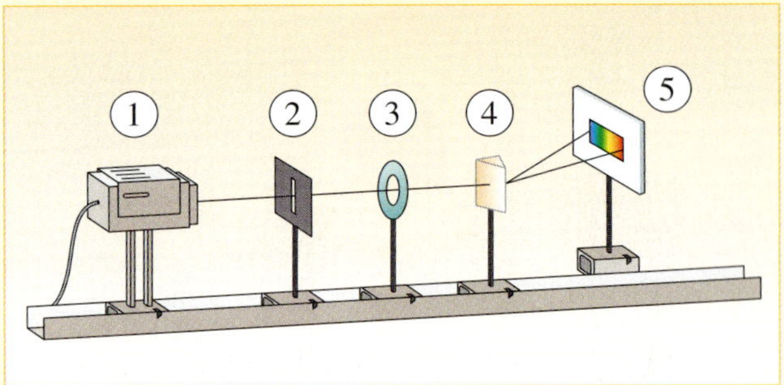

e. Avant de traverser le prisme, la lumière blanche traverse, soit un aquarium d'eau très froide (expérience A), soit un aquarium d'eau très chaude (expérience B).
Y a-t-il une différence entre les deux spectres ? Justifier la réponse.

f. On ajoute une solution colorée à l'eau de l'aquarium.
Quelles sont les caractéristiques du spectre obtenu ?

g. On laisse l'aquarium avec la solution colorée, mais on enlève le prisme. Que voit-on sur l'écran ? Justifier la réponse.

Conseils

b. Les termes utilisés pour décrire un spectre sont : continu, discontinu, absorption, émission, raies, bandes.

c. Plus la source de lumière est chaude, plus le spectre s'enrichit en lumière bleue.

e. Attention, cette question est un piège.

f. Voir question b.

Résolution

a. Le filament de la lampe, chauffé électriquement, émet de la lumière car sa température est très élevée.

b. La lumière est émise par un corps solide. Le spectre de la lumière émise est donc un spectre continu.

c. Puisque le spectre fait apparaître plus de couleur bleue, c'est que le filament qui a émis le rayonnement a une température plus élevée. On a donc modifié le variateur de façon à augmenter l'intensité du courant.

d. ① Lampe. ② Fente. ③ Lentille. ④ Prisme. ⑤ Écran.

e. Ce qui compte, c'est la température du corps qui émet la lumière, et non pas la température des milieux transparents traversés. Il n'y a pas de changement du spectre sur l'écran.

f. Les spectres de solutions colorées sont des spectres de bandes (spectres d'absorption).

g. Si l'on enlève le prisme, la lumière n'est plus dispersée. Sur l'écran, on voit une tache de la couleur de la solution.

Exercice résolu 2

Analyse de la lumière d'une étoile

Énoncé

Le spectre de la lumière reçue d'une étoile (spectre continu entrecoupé de raies noires) est donné ci-dessous. Afin de l'analyser, on le compare à un spectre réalisé en laboratoire : c'est le spectre de l'argon.

a. Comment qualifie-t-on le spectre de l'argon ?

b. Quelle information ce spectre fournit-il sur l'état physique de l'argon lors de la réalisation du spectre ?

c. À l'aide du réglet fourni, vérifier pour $\lambda = 470$ nm et $\lambda = 560$ nm que l'on peut déduire la longueur d'onde d'une radiation située à la division d (en centimètre) de la relation :

$$\frac{\lambda - 450}{d} = \frac{668 - 450}{10{,}9} = 20$$

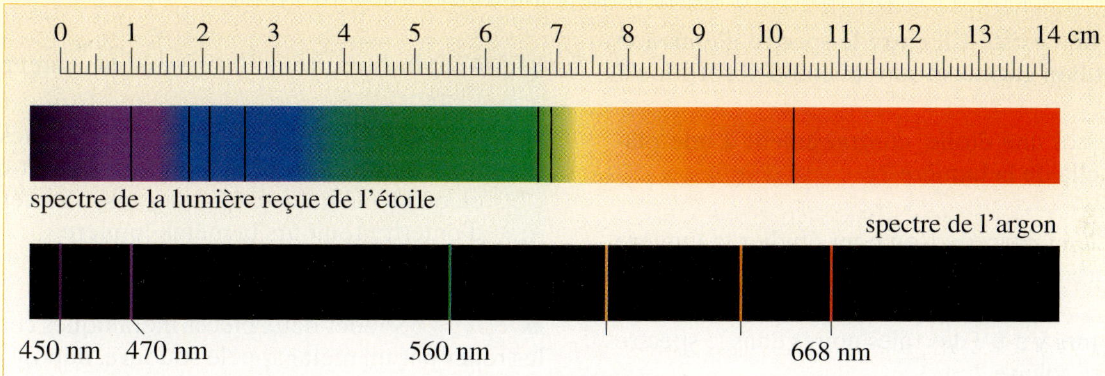

d. En déduire la longueur d'onde des radiations apparaissant sous forme de raies orange et rouge. On fera attention au nombre de chiffres significatifs.

e. Les radiations de longueurs d'onde suivantes sont présentes sur le spectre de raies de l'hélium : 471,1 nm ; 492,2 nm ; 501,6 nm et 587,6 nm. En déduire que l'espèce chimique hélium est présente à la surface de l'étoile étudiée. Pourquoi ce résultat n'est-il pas surprenant ?

Conseils

a. Revoir les qualificatifs des spectres vus dans le cours.

b. Utiliser la condition nécessaire à la formation d'un spectre de raies.

c. Vérifier que la relation est valable pour les longueurs d'onde 470 nm et 560 nm.

d. Utiliser à nouveau la relation, λ étant maintenant l'inconnue.

e. Vérifier avec la relation que les longueurs d'onde données correspondent aux raies noires.

Résolution

a. Le spectre de l'argon est un spectre de raies d'émission.

b. Dans les conditions de réalisation du spectre, l'argon est un gaz constitué d'atomes ou d'ions monoatomiques.

c. La position de la radiation de longueur d'onde 470 nm est $d = 1{,}0$ cm . On reporte ces deux valeurs dans la relation et l'on trouve effectivement 20.
Cette relation est donc vérifiée sur cet exemple. Elle l'est également pour $\lambda = 560$ nm et $d = 5{,}5$ cm : $(560 - 450)/5{,}5 = 20$.

d. Pour la raie orange à $d = 7{,}6$ cm, la relation donne :

$$\lambda = 20d + 450 = 6{,}0 \cdot 10^2 \text{ nm}$$

Pour la raie rouge à $d = 9{,}6$ cm, la relation donne $\lambda = 6{,}4 \cdot 10^2$ nm.

e. Des radiations correspondant aux longueurs d'onde des raies de l'hélium devraient être présents pour les divisions : 1,0 cm ; 2,1 cm ; 2,6 cm ; 6,9 cm.
Les radiations correspondantes sont effectivement présentes dans le violet, le bleu et le jaune.
L'hélium, avec l'hydrogène, est très abondant dans les étoiles. Ce résultat n'est donc pas surprenant.

Exercices

Tester ses connaissances

● **1.** Quelle est la condition nécessaire pour qu'un corps émette de la lumière ?

● **2.** Qu'est-ce qu'un spectre d'origine thermique ?

● **3.** Quelle est la caractéristique du spectre émis par un solide chauffé ?

● **4.** Décrire le spectre d'une lumière blanche avant et après sa traversée d'une solution bleue de sulfate de cuivre.

● **5.** Quel lien existe-t-il entre le spectre d'émission d'un échantillon gazeux et son spectre d'absorption ?

● **6.** Pourquoi une étoile, contrairement à une planète, émet-elle de la lumière ?

● **7.** Comment procède-t-on pour étudier la lumière qui nous parvient du Soleil et des étoiles ?

● **8.** Pourquoi y a-t-il des raies noires dans le spectre de la lumière solaire ?

● **9.** Comment peut-on analyser la composition chimique de l'enveloppe externe d'une étoile ?

Appliquer ses connaissances

Spectre d'émission

● **10.** * **a.** Un boulet de charbon émet une lumière presque blanche. Que peut-on déduire de cette information ?

b. On retire ce boulet de charbon du feu. Après quelques instants, il devient rouge clair, puis rouge foncé. Comment peut-on interpréter ces observations ?

c. On réalise le spectre de la lumière émise par le boulet de charbon quand il est blanc, puis quand il est rouge foncé. Quelle différence attend-on entre les deux spectres ?

● **11.** * Une lampe ordinaire (à filament de tungstène) est observée à travers un prisme.

a. Que voit-on ? Pourquoi ?

b. Que peut-on dire de la température du filament de la lampe ?

c. Qu'est-ce qui permet le chauffage du filament ?

● **12.** On pulvérise dans la flamme d'un bec bunsen une solution de bromure de potassium. La flamme prend une couleur violette. Si on projette une solution de bromure de zinc, la couleur violette n'apparaît pas.

a. S'attend-on à voir apparaître la couleur violette si l'on laisse tomber dans la flamme de la poudre de zinc ?

b. Quel est l'élément chimique à l'origine de la couleur violette ?

c. Peut-on prévoir la couleur de la flamme si l'on projette une solution de bromure de sodium ?

d. Dans ce dernier cas, la flamme est orangée. Quel élément chimique est responsable de cette nouvelle couleur ? Justifier la réponse.

aide

a. et **b.** Interpréter l'origine de la couleur de la flamme.

c. et **d.** Comparer les éléments chimiques évoqués dans cet exercice et utiliser le fait qu'un élément chimique donné est susceptible d'émettre toujours la même lumière.

● **13.** ** Souder deux pièces métalliques consiste à les relier par un métal appelé soudure, déposé à l'état liquide, qui se solidifie en refroidissant.

a. Le soudage à l'arc permet d'assembler des pièces en fer comme des poutres. La soudure est constituée de fer. Une intense lumière est produite pendant le soudage. Proposer une interprétation de cette lumière.

b. Comment peut-on qualifier le spectre de la lumière émise lors de cette opération ?

● **14.** ** On effectue un spectre de flamme en introduisant un échantillon d'une espèce chimique dans la flamme d'un bec bunsen et en analysant la lumière émise à l'aide d'un prisme.
Lors d'une première expérience, on réalise le spectre de l'espèce chimique chlorure de sodium. Le spectre fait apparaître une intense raie orange de longueur d'onde $\lambda = 590$ nm.
Dans une seconde expérience, on réalise le spectre de l'espèce chimique sulfate de sodium. Le spectre fait apparaître la même raie ($\lambda = 590$ nm).

a. Comment appelle-t-on les spectres obtenus ?

b. Que peut-on en déduire ?

c. Quel est l'élément chimique responsable de la présence de la raie de longueur d'onde $\lambda = 590$ nm ? Justifier la réponse.

d. En déduire une explication au fait que lorsque de l'eau salée déborde d'une casserole et tombe dans la flamme, cette dernière prend une couleur orangée.

Spectre d'absorption

15. ★ Un filtre photographique est une lame de verre teinté qui absorbe la lumière de la même façon qu'une solution colorée.

a. De la lumière naturelle ayant traversé un filtre photographique fournit-elle un spectre de raies ou un spectre de bandes ?
Justifier la réponse.

b. On dispose de deux filtres. Le premier absorbe toutes les radiations de longueurs d'onde inférieures à 700 nm. Le second absorbe toutes les radiations de longueurs d'onde supérieures à 620 nm. Lequel de ces deux filtres fournira une lumière rouge ?

c. On regarde de la lumière blanche au travers des deux filtres juxtaposés devant l'œil. Que voit-on ?

d. On regarde la raie d'un spectre d'émission du sodium de longueur d'onde $\lambda = 590$ nm. En l'absence de filtre, cette raie apparaît jaune. Comment apparaît-elle si on la regarde au travers du premier filtre seul ? puis du second filtre seul ?

16. ★★ On brûle du sodium métallique dans la flamme d'un bec bunsen. Une forte lumière jaune en résulte. Son analyse montre qu'elle est constituée d'une unique radiation caractérisée par la longueur d'onde $\lambda = 590$ nm.

a. Que peut-on déduire de cette expérience quant à la nature du sodium dans la flamme du bec bunsen ?

b. On effectue maintenant le spectre de la lumière blanche d'un arc électrique. Un arc électrique est créé par un fort courant électrique que l'on fait passer entre deux tiges de carbone. Sachant que, dans ces conditions, le carbone ne peut pas devenir gazeux, prévoir la nature du spectre obtenu.

c. Dans le faisceau de lumière blanche de l'arc électrique de la question précédente, on place un bec bunsen, et on fait à nouveau brûler du sodium dans la flamme.
Le spectre de la lumière résultante est un spectre continu entrecoupé d'une raie noire. Proposer une interprétation.

aide

a. Revoir en **2.2** (cours) la condition nécessaire à la formation d'une lumière dont le spectre est un spectre de raies.

b. Si la source lumineuse est un gaz monoatomique, le spectre d'émission est un spectre de raies, sinon, c'est un spectre continu.

c. On est dans le cas du **3.3** puisque la lumière blanche de l'arc électrique passe dans une flamme contenant des atomes de sodium.

17. ★★ La lumière ayant traversé une solution de chlorure de titane ($Ti^{3+} + 3Cl^-$) est analysée. Le spectre est l'un des trois spectres suivants.

- S_a : spectre constitué de radiations de longueurs d'onde 434 nm ; 486 nm et 656 nm.
- S_b : spectre continu entrecoupé d'une raie noire correspondant à une radiation de longueur d'onde 590 nm.
- S_c : spectre de bande dont les radiations comprises entre 480 nm et 530 nm ont été absorbées.

a. À quel spectre correspond la solution de chlorure de titane ?

b. Préciser dans quelles conditions ont été obtenus les autres spectres.

c. Quelle est la couleur d'une solution de chlorure de sodium sachant que cette espèce chimique constitue le sel de cuisine ? En déduire la nature du spectre obtenu après traversée par la lumière blanche d'une telle solution.

d. En déduire quel ion est responsable de la couleur de la solution de chlorure de titane.

Applications à l'astrophysique

18. ★★ Le spectre de la lumière émise par une étoile est constitué d'un fond continu entrecoupé de raies noires.

a. À quoi correspond le fond continu ?

b. À quoi correspondent les raies noires ?

c. Représenter un axe de longueurs d'onde (de 16 cm de long) gradué de 50 nm en 50 nm entre 400 nm et 800 nm.

d. Quelle est l'allure du spectre si l'élément chimique Na est présent dans l'enveloppe gazeuse de l'étoile, sachant qu'un atome de sodium peut émettre une raie de longueur d'onde 590 nm ?

19. ★★ Le spectre de la lumière solaire est donné ci-dessous.

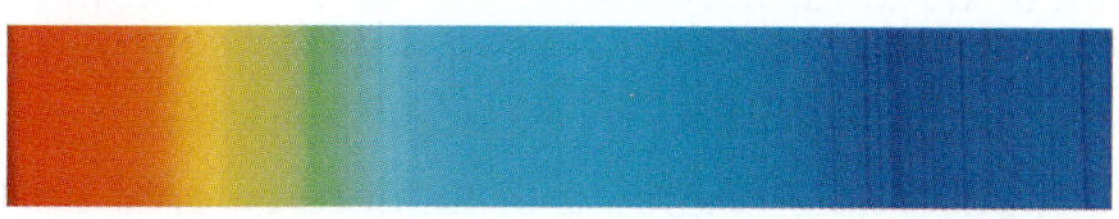

a. La température de la surface du Soleil est de 6 000 °C.
Est-ce en accord avec ce spectre ?

b. Les raies noires, appelées raies de Fraunhofer, peuvent-elles avoir pour origine des atomes présents à l'intérieur du Soleil ou plutôt dans son enveloppe ?

c. Certaines raies noires de ce spectre n'apparaissent pas si le spectre est observé à partir d'un satellite artificiel évoluant en dehors de l'atmosphère terrestre. Que peut-on en déduire ?

● **20.** ** Le 23 février 1987, un éclat est apparu dans le Grand Nuage de Magellan et a duré plusieurs semaines dans le ciel nocturne. Cet éclat lumineux a été attribué à l'explosion d'une étoile donnant ainsi naissance à un supernova. Cette étoile se trouvait à $5{,}2 \cdot 10^4$ pc (1 pc = 1 parsec = 3,26 années de lumière).

a. Quand l'explosion a-t-elle eu lieu ?

b. En même temps que l'éclat de la supernova, les détecteurs terrestres ont également enregistré un rayonnement de longueurs d'onde plus courtes que celles provenant du Soleil.
Que peut-on en déduire à propos de la température de la supernova au moment de son explosion ?

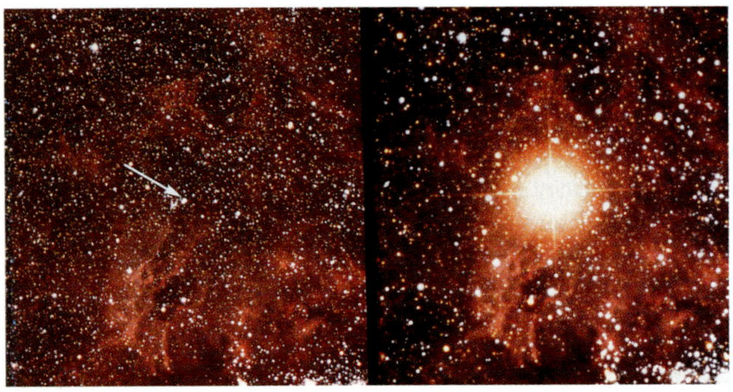

aide

a. Utiliser la relation entre le temps et la distance exprimée en années de lumière (voir chapitre 11).

b. Utiliser la relation entre la température d'un corps et la plage de longueurs d'onde observée dans le spectre de la lumière émise par le corps. (Revoir cours **2.1** et **4.1**.)

Aller plus loin

● **21.** ** *Feu d'artifice*
La beauté d'un feu d'artifice provient en partie de la couleur de la lumière émise lors de l'explosion, dans le ciel, d'une charge de poudre à laquelle ont été ajoutées une ou plusieurs espèces chimiques.

a. Proposer une origine à la lumière colorée du feu d'artifice.

b. Le spectre de la lumière colorée émise par le feu d'artifice est un spectre de raies. Que peut-on en déduire ?

c. Les principales longueurs d'onde des spectres de raies de quelques entités chimiques sont données dans le tableau ci-après. En déduire quel élément chimique permet de faire un feu d'artifice rouge. On précise que, dans une flamme, l'ion chimique sodium émet une lumière jaune.

Atome ou ion	Hg	Sr	Na	Li	Fe
Longueur d'onde nm	408	461	589	671	428
	496		590		432
	477				496
	546				517

d. Parmi les espèces chimiques suivantes, laquelle faudrait-il mélanger à la poudre pour obtenir un feu d'artifice rouge :

$HgCl_2$? $SrCl_2$? NaCl ? LiCl ? $FeCl_3$?

aide

a. Réfléchir à la température de ce qui est projeté dans le ciel.

b. Donner les conditions d'obtention d'un spectre de raies (cours **2.2**).

c. Trouver la plage de longueurs d'onde correspondant à la lumière rouge et voir quels atomes ou ions sont susceptibles d'émettre de la lumière possédant une telle longueur d'onde.

d. Il faut une espèce chimique contenant l'ion proposé à la question précédente.

● **22.** *** *Lampe à hydrogène*
On appelle lampe à hydrogène un tube scellé contenant du dihydrogène gazeux. On soumet ce gaz à une décharge électrique. Une lumière est émise.

a. Proposer une interprétation à cette émission de lumière.

b. On effectue le spectre de la lumière émise par cette lampe. Il s'agit d'un spectre de raies. Pourquoi peut-on affirmer que la lumière n'est pas émise par des molécules H_2 ? Justifier la réponse.

c. Certaines des longueurs d'onde de la lumière obtenue peuvent être calculées par la relation :

$$\lambda = \frac{4n^2}{R_H(n^2 - 4)}$$

avec $R_H = 10\ 979\ 708{,}01\ \text{m}^{-1}$, et n un nombre entier strictement supérieur à 2 (exprimé sans unité).
Combien de longueurs d'onde cette formule permet-elle de prévoir dans le domaine de la lumière visible ?

d. Quelle précision est-on autorisé à donner sur la réponse numérique de la question précédente ?

aide

a. Revoir les conditions d'obtention d'une lumière.

b. À quelles conditions a-t-on un spectre de raies ?

c. Essayer les valeurs entières de $n > 2$.

d. 4 et n sont des nombres entiers exacts.

● 23. ★★ *Au clair de la lune*

Chaque point de la Lune est alternativement éclairé par le Soleil (jour lunaire) puis plongé dans l'obscurité (nuit lunaire). Un cycle jour-nuit, sur la Lune, dure 27,3 jours terrestres. Le jour, la température atteint 130 °C, et la nuit, elle descend à – 180 °C.

a. Quel serait, en fonction du temps, le tracé de l'enregistrement de la température d'un point de la surface de la Lune sur une période de 4 jours lunaires ?

b. Pourquoi peut-on affirmer que la lumière qui nous provient de la Lune n'est pas due à sa température ?

c. La Lune émet tout de même un rayonnement. Est-ce un rayonnement ultraviolet ou infrarouge ?.

● 24. ★★ *Classement des étoiles*

Depuis l'Antiquité, les astronomes ont cherché à classer les étoiles. Le classement visuel le plus simple s'appelle classement par magnitude apparente. Il se traduit par un nombre sans unité. Plus ce nombre est petit, plus l'étoile est lumineuse. Au-delà de la magnitude 7, les étoiles ne sont pas visibles à l'œil nu. Un autre classement, proposé par les astronomes de l'université de Harvard (USA), précise la température de l'étoile ; il est en étroite relation avec la composition de son enveloppe gazeuse. Le classement utilise les lettres O, B, A, F, G, K et M. Les étoiles de classe O sont les plus chaudes (température supérieure à 30 000 °C). Le Soleil est de classe G. Les étoiles les moins chaudes sont de classe M.

1. *Étude de l'Étoile polaire.* Cette étoile est de classe spectrale F.

a. Comparer la température de la surface de l'Étoile polaire et celle de la surface du Soleil.

b. Est-ce en accord avec le fait que l'on bronze en s'exposant au Soleil et pas à la lumière de l'Étoile polaire ?

2. *Étude de l'étoile Véga de la Lyre.* Cette étoile est à 23 années de lumière de la Terre. Sa magnitude apparente est 0,14 et sa classe spectrale A.

a. Est-ce une étoile dont l'éclat est fort ou faible ?

b. Comparer sa température à celle du Soleil.

c. Justifier qu'une telle magnitude apparente soit en accord avec les autres données dont on dispose sur cette étoile.

d. Si on cherche cette étoile dans le ciel, quel éclat et quelle couleur s'attend-on à trouver ?

e. On sait que l'enveloppe de Véga de la Lyre contient les ions Mg^+, Si^+ et Ca^+. Comment a-t-on pu obtenir ces informations ?

f. Quels autres éléments chimiques sont certainement présents dans cette étoile ?

● 25. ★★ *Étoiles et éléments chimiques*

La lumière émise par chaque étoile dépend en premier lieu de la température de sa surface. Cette lumière est constituée de radiations. Chaque radiation a une intensité qui lui est propre.
Si l'on trace l'intensité de chaque radiation émise par le Soleil, en fonction de sa longueur d'onde, on a le graphe suivant.

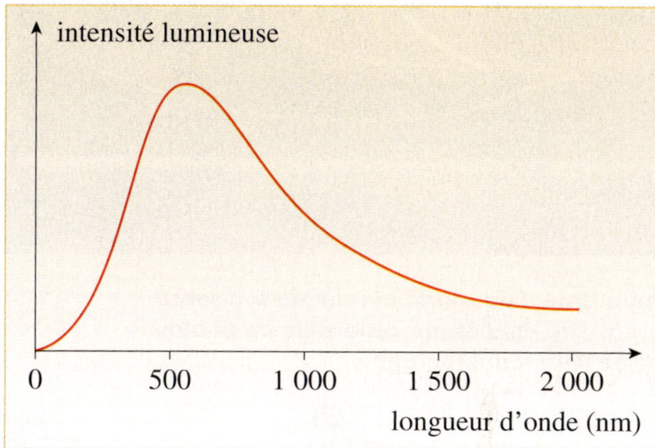

a. Quelle partie de ce graphe correspond au rayonnement visible par l'œil ? Est-ce une partie où l'intensité des radiations est importante ?

b. La température de la surface du Soleil est de 6 000 °C. Quelle est l'allure de la courbe de l'entité des radiations émise par l'étoile Antarès dont la surface est voisine de 3 500 °C ?
Même question pour l'étoile Spica, de température de surface de 23 000 °C.

c. En déduire une façon de repérer dans le ciel les étoiles chaudes et les étoiles « froides » ?

d. L'enveloppe gazeuse des étoiles est constituée de gaz d'atomes isolés ou de cations monoatomiques.
L'hélium ionisé est l'élément chimique le plus abondant dans l'enveloppe des étoiles les plus chaudes. Quels ions l'hélium peut-il former ?

e. L'enveloppe des étoiles les plus chaudes fait apparaître également les éléments chimiques H, O, N, C et Si. Celles des étoiles les moins chaudes fait apparaître beaucoup de métaux et de cations métalliques : Ca, Ti, Fe, etc. Quelle règle peut-on proposer quant à la relation entre le numéro atomique des éléments chimiques, préents dans l'enveloppe des étoiles, et sa température ?

f. La présence de ces éléments est déduite de l'analyse de spectres. Pour réaliser de tels spectres, il est nécessaire qu'il y ait des substances qui absorbent, d'autres qui émettent, un dispositif de mesure et un système dispersif. Représenter sur un schéma ces différents élémens en les organisant de façon spatiale. Préciser la nature de chacun de ces éléments.

Le mouvement du sportif et celui de son sabre peuvent être étudiés par cette suite de photos appelée chronophotographie.

Le mouvement de la Lune autour de la Terre a permis, dès l'Antiquité, de mesurer le temps.

Le mouvement de l'oiseau qui s'envole peut être reconstitué à partir de quelques photos prises à différents instants.

L'UNIVERS EN MOUVEMENTS ET LE TEMPS

PARTIE V

Le mouvement et le temps sont deux notions inséparables de l'étude de la mécanique. Les mouvements ne peuvent être étudiés que dans le temps, et le temps ne peut être mesuré que grâce à un mouvement.

« Il n'y a que le mouvement pour mesurer le temps.
Il faut que la matière bouge, se fasse ou se défasse,
se déplace ou s'écoule pour rendre sensible le temps. »

Jean d'ORMESSON, écrivain contemporain

Prérequis du collège

- État de repos ou de mouvement d'un objet par rapport à un autre.
- Mouvement uniforme, accéléré, ralenti.
- Vitesse moyenne $v = d/t$.
- Force : mesure, unité, représentation, effets.
- Poids et masse.
- Durée, période, fréquence.

Prérequis de mathématiques

- Puissances de 10.
- Vecteurs.
- Projections orthogonales.

Contenu de la partie

La mécanique constitue l'essentiel de cette partie. C'est une discipline de la physique qui interfère avec notre vie de tous les jours puisqu'elle étudie le mouvement des objets et celui des corps célestes. Son approche va se faire en comprenant, dans un premier temps, ce qu'est une interaction. Cette notion étant acquise, on verra que pour quantifier une interaction, il faut introduire la notion de force. Cette notion est essentielle pour décrire le mouvement.
Les applications des connaissances de cette partie permettent donc d'aborder l'étude de l'espace et celle du temps. Ces deux notions interdépendantes sont considérées sous leurs aspects quotidiens et scientifiques.

Référence au programme

Cette partie s'articule autour de trois notions fondamentales :
– la relativité de tout mouvement ;
– le principe d'inertie ;
– l'utilisation de ce principe pour la mise en évidence de forces, les forces gravitationnelles notamment.
Le mouvement des objets est en effet interprété par l'existence de forces, susceptibles de modifier la vitesse ou la trajectoire de l'objet en mouvement. En particulier, le mouvement des planètes s'interprète par l'existence de forces gravitationnelles.
Les mouvements des corps célestes ont permis très tôt à l'Homme de se repérer dans le temps, avant que la fabrication d'instruments appropriés ne permette des repérages plus précis.

MOUVEMENTS ET FORCES

14

Grand Temple d'Abou Simbel (Égypte), vers 1250 av. J.-C. Le mouvement du bras du tireur, de l'arc et des pattes du cheval est habilement rendu par le procédé du décalage, qui permet de représenter une action échelonnée dans le temps.
Aujourd'hui, à l'aide de quelle représentation le physicien étudie-t-il le mouvement ?

OBJECTIFS

- Décrire le mouvement d'un point dans des référentiels différents.
- Étudier des interactions entre objets et représenter les forces s'exerçant sur un objet donné.

PLAN DU COURS

1 - Modélisation d'un objet en mouvement

2 - Modèle des interactions

3 - Notion de force

1 Trajectoire

a. Le tracé jaune (**Doc. 1**) représente le trajet d'un point de l'hélicoptère pendant son déplacement. Quel point de l'hélicoptère a pu être choisi ?
b. Aurait-on eu le même tracé si l'on avait choisi un point à l'extrémité d'une pale ?
c. Si l'on souhaite décrire le mouvement de l'hélicoptère, quelles informations perd-on à le représenter par le point envisagé à la question **a** ?
d. Que gagne-t-on en échange ?

Doc. 1. Trajet d'un point d'un hélicoptère.

2 Perception d'un mouvement

1. Situations différentes perçues de la même façon

Deux trains sont à l'arrêt en gare, côte à côte (**Doc. 1**). Vous êtes dans l'un d'eux et vous fixez une personne assise dans l'autre train.
L'un des trains démarre.

a. Comment percevez-vous le mouvement de la personne si c'est son train qui part ? On considérera les diverses situations possibles.
b. À quelle condition auriez-vous la même perception si c'était votre train qui partait ?
c. Proposer un moyen simple permettant de savoir lequel des deux trains part.

2. Même situation perçue de façons différentes

Le passager d'un TGV se déplaçant à 300 $km \cdot h^{-1}$ marche à 5 $km \cdot h^{-1}$ dans le couloir, dans le sens de déplacement du train.

a. Quelle est la vitesse de ce passager pour un autre passager assis dans le train ?
b. Quelle est la vitesse de ce passager pour un observateur immobile qui regarde passer le train ?
c. Répondre aux mêmes questions dans le cas où le passager marche en sens inverse du sens de déplacement du train.

Doc. 1. Trains en gare.

3 Référentiel et vitesse

Objectif

- Montrer que la trajectoire et la vitesse d'un point dépendent du référentiel considéré

Un référentiel est un objet par rapport auquel on repère les positions successives du point dont on étudie le mouvement.

Pour résoudre tout problème faisant intervenir un référentiel, il est commode de s'identifier à un observateur immobile solidaire de l'objet choisi comme référentiel.

1. Mouvement de la valve d'une roue

- Découper dans du carton un disque de 2 cm de rayon, représentant une roue de bicyclette. Marquer son centre O et un point V du pourtour représentant la valve.
- Tracer une droite sur le cahier : elle représente le chemin suivi par le vélo. Placer sur cette droite, à gauche, un point I. Poser le disque sur le cahier en faisant coïncider I et V, la droite étant tangente au disque. Simuler le mouvement de la roue en faisant tourner le disque, la droite restant tangente au disque. Marquer sur le cahier quelques positions de V au cours du mouvement pour un ou deux tours du disque au moins.

On appelle trajectoire d'un point la ligne formée par l'ensemble des positions occupées par le point au cours de son mouvement.

a. Quelle est la forme de la trajectoire du point V ? Dans quel référentiel étudier le mouvement de V ?
b. Si l'on choisit comme référentiel l'axe de la roue, quelle sera la trajectoire du point V ?
c. Pourquoi, lors de l'étude d'un mouvement, est-il important de préciser le référentiel d'étude choisi ?

2. Mouvement d'un mobile sur coussin d'air

F.M. 5 Le **Doc. 1** représente, à l'échelle 1/2, un enregistrement par étincelage, toutes les 20 ms, des mouvements des points C et P d'un mobile cylindrique se déplaçant sur une table à coussin d'air. C est le centre de la base du mobile, P un point de la périphérie.

On appelle vitesse moyenne v d'un point entre deux positions A et B le rapport de la longueur AB du trajet à la durée t mise pour effectuer ce trajet : $v = AB/t$

a. Dans quel référentiel les deux mouvements sont-ils étudiés ?
b. D'après les tracés, quel point a une vitesse moyenne constante ? Calculer la valeur de cette vitesse.
c. Quel mouvement faudrait-il communiquer au mobile pour que le point C soit immobile dans le référentiel constitué par la table (et la feuille de papier) mais pas le point P ? Quelle serait alors la trajectoire du point P ?
Comment faudrait-il déplacer la feuille de papier sur laquelle est obtenu l'enregistrement pour retrouver l'enregistrement du **Doc. 1** ?
d. Dans ces conditions, comparer le mouvement du point C, dans le référentiel constitué par l'axe du mobile, au mouvement de ce point dans le référentiel constitué par la feuille de papier.
e. Même question pour le point P.

Voir exercice 13

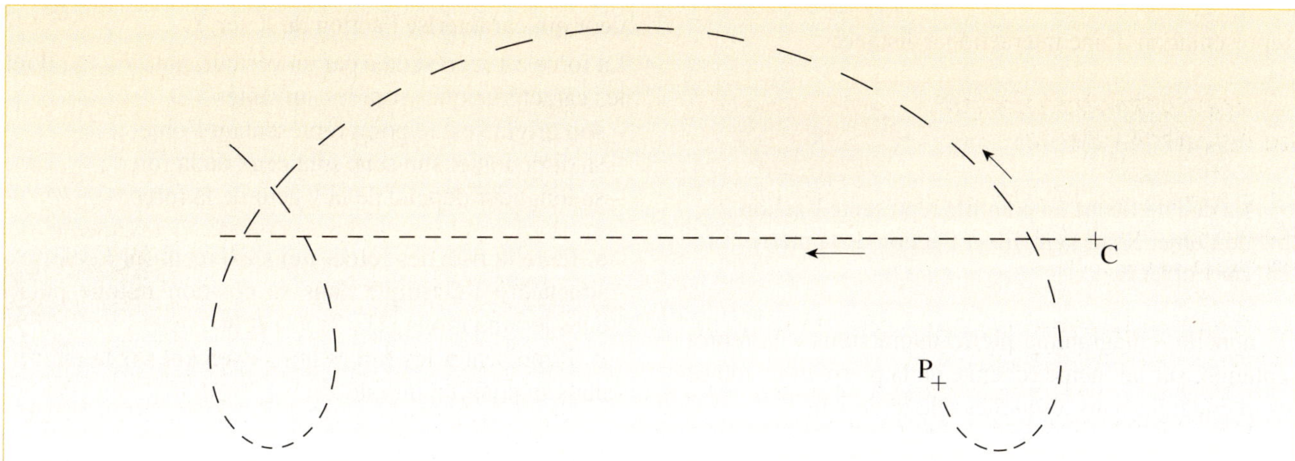

Doc. 1. Enregistrement du mouvement des points C et P d'un mobile sur table à coussin d'air (échelle 1/2).

4 TP De l'interaction à la force

Objectifs

- Analyser diverses situations en utilisant le modèle des interactions
- Introduire la notion de force

1. Modèle des interactions

Une pierre est suspendue à un fil élastique. La pierre est immobile.

a. Quels sont les objets qui agissent sur la pierre ?
b. Sur quels objets agit la pierre ?

Modèle des interactions

Quand un objet X agit sur un objet Y (ici la pierre), **simultanément** Y agit sur X : on dit que les objets X et Y sont en interaction.
On distingue deux types d'interactions :
– l'interaction de contact lorsque les deux objets se touchent ;
– l'interaction à distance lorsque les deux objets ne se touchent pas.

c. Les réponses aux questions **a** et **b** sont-elles en accord avec le modèle des interactions ? Modifier les réponses en cas de désaccord.

Représentation d'une interaction de contact :

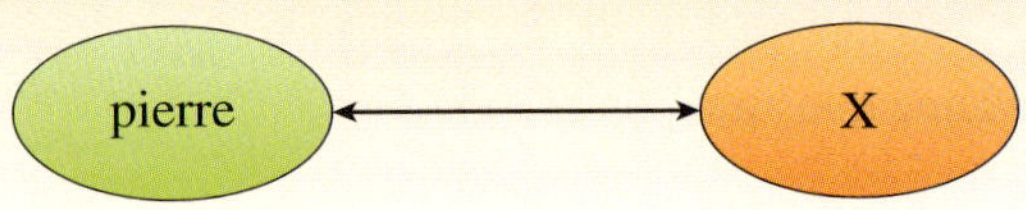

La double flèche représente l'action de l'objet X sur la pierre et l'action de la pierre sur l'objet X.

Représentation d'une interaction à distance :

La double flèche en pointillé représente l'action de l'objet X sur la pierre et l'action de la pierre sur l'objet X.

On appelle « diagramme pierre-interactions » la représentation, sur un même schéma, de la pierre et de toutes les interactions dans lesquelles elle intervient.

d. Faire le diagramme pierre-interactions.

On considère à présent les situations suivantes.
(1) La pierre est maintenue par la main au-dessus de sa position initiale, l'élastique restant tendu.
(2) La pierre est maintenue par la main en dessous de sa position initiale.
(3) La pierre vient juste d'être lâchée à partir de la position haute de la situation (1).
(4) La pierre vient juste d'être lâchée à partir de la position basse de la situation (2).

e. Pour chaque situation, construire le diagramme pierre-interactions. Que constate-t-on lorsqu'on compare ces diagrammes ?
f. Dans le cas de la situation (4), l'une des actions mises en jeu sur la pierre est plus grande que l'autre. À votre avis, quelle est l'action la plus grande ? Qu'est-ce qui permet de justifier la réponse ?
g. Pour les différentes situations suivantes, construire le diagramme objet-interactions des objets dont le nom est souligné.
- Un <u>livre</u> posé sur une table.
- Un livre posé sur une <u>table</u>.
- La <u>Terre</u>, le Soleil et la Lune.
- Un <u>motard</u> circulant à vive allure sur sa moto.
- Un motard circulant à vive allure sur sa <u>moto</u>.

2. Notion de force

Quand un objet X est en interaction avec un objet Y (ici la pierre), on appelle force exercée par X sur Y la grandeur qui caractérise l'action de X sur Y.

La force est représentée par un vecteur, noté $\vec{F}_{X/Y}$, dont les caractéristiques sont les suivantes :
– son origine est le point représentant l'objet ;
– sa direction et son sens sont ceux de la force ;
– sa longueur dépend de la valeur de la force.

a. Faire la liste des forces qui s'exercent sur la pierre attachée à l'élastique dans sa position initiale puis dans les situations (1), (2), (3) et (4).
b. Représenter les forces qui s'exercent sur la pierre dans sa position initiale.

Voir exercice 33

1 Modélisation d'un objet en mouvement

Lorsqu'on veut étudier le mouvement d'un objet, il faut modéliser la situation, c'est-à-dire la simplifier et n'en considérer que certains aspects.

1.1. Représentation d'un objet par un point

En général, pour étudier le mouvement d'un objet, on étudie le mouvement de l'un de ses points. Le choix du point dépend des informations que l'on souhaite connaître et de celles que l'on accepte de perdre. L'étude du mouvement de l'objet se ramène alors à l'étude du mouvement du point choisi.

Exemple. On s'intéresse au mouvement d'un joueur de tennis (**Doc. 1**). Si l'on veut uniquement connaître le déplacement du joueur sur le court, on choisira par exemple un point de sa tête. Si l'on veut avoir des informations sur son geste lors du coup droit, on choisira un point de sa main.

Doc. 1. L'étude du mouvement d'un point de la tête du joueur (point blanc) ne donne pas les mêmes informations que celle d'un point de sa main (point bleu).

Remarque. En physique, il est souvent intéressant d'étudier le mouvement du centre de gravité d'un objet.

Le centre de gravité d'un objet a été défini en classe de troisième comme le point d'application de son poids.

1.2. Référentiel

Dire qu'un point est en mouvement nécessite que l'on précise par rapport à quel objet de référence on considère ce mouvement. Par exemple, une maison est immobile par rapport à la Terre, mais est en mouvement par rapport à une voiture qui passe devant elle. Il faut donc toujours indiquer quel objet (la Terre ou la voiture dans cet exemple) est pris comme référence lorsqu'on décrit un mouvement.

Un référentiel est un objet par rapport auquel on repère les positions successives du point dont on étudie le mouvement. Lorsqu'on décrit le mouvement d'un objet (ou du point qui le représente), il faut toujours indiquer le référentiel choisi.

Les objets de référence adaptés aux situations étudiées en classe sont souvent des objets fixes par rapport à la Terre, comme la route pour étudier le mouvement d'une voiture, ou le sol pour étudier celui d'un parachutiste.

L'ensemble des objets de référence fixes par rapport à la Terre constitue le référentiel terrestre.

D'autres référentiels peuvent être utilisés, par exemple un train si l'on étudie le mouvement de l'un de ses passagers.

Voir activités 2 et 3

1.3. Trajectoire

La trajectoire du point représentant un objet est la ligne formée par l'ensemble des positions occupées par ce point au cours du mouvement. Le sens du déplacement peut être indiqué par une flèche. La trajectoire dépend du référentiel utilisé.

La trajectoire du point représentant un objet peut être une ligne complexe. Cependant, les trajectoires rencontrées le plus souvent dans les exercices sont la droite et le cercle.
Quand on ne précise pas le point qui représente un objet, on considère que la trajectoire de l'objet est celle de son centre de gravité.

▌*Exemple.* La traînée visible derrière un avion matérialise sa trajectoire, qui, elle, est une ligne mathématique (**Doc. 2**).

Doc. 2. La traînée matérialise la trajectoire de l'avion. Le trait noir est la trajectoire de l'avion.

Voir activités 1 et 3

1.4. Vitesse

Dans un référentiel donné, la vitesse moyenne du point M représentant un objet, entre les positions A et B, est égale à la longueur du trajet AB divisée par la durée *t* mise pour parcourir AB :

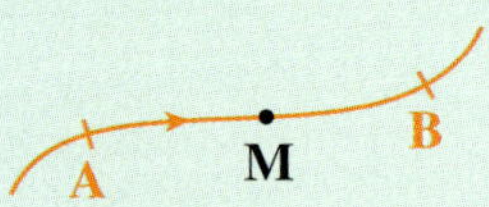

$$v = \frac{AB}{t}$$

AB en mètre (m)
***t* en seconde (s)**
***v* en mètre par seconde ($m \cdot s^{-1}$)**

$1{,}0\ km \cdot h^{-1} = 0{,}28\ m \cdot s^{-1}$
$1{,}0\ m \cdot s^{-1} = 3{,}6\ km \cdot h^{-1}$

Quand on ne précise pas le point qui représente l'objet, la vitesse d'un objet est définie comme la vitesse de son centre de gravité. La vitesse dépend du référentiel choisi.

▌*Exemple.* Un voyageur marchant dans un TGV se déplace à la vitesse de $0{,}5\ m \cdot s^{-1}$ dans le référentiel du train, mais à $80\ m \cdot s^{-1}$ dans le référentiel terrestre.

La vitesse affichée par le compteur d'une voiture s'appelle la vitesse **instantanée**. Il ne faut pas la confondre avec la vitesse **moyenne**.

1.5. Caractérisation d'un mouvement

**Dans un référentiel donné, le mouvement du point représentant un objet est *caractérisé à chaque instant par sa direction, son sens et la vitesse du point*.
L'évolution de ces caractéristiques permet de classer les mouvements en différents types.**

Le **Doc. 3** regroupe les principaux types de mouvements, classés selon la nature de la trajectoire et l'évolution de la vitesse.
Les schémas représentent quelques positions d'un point en mouvement. Entre deux positions successives, il y a toujours le même intervalle de temps. En reliant les positions, on obtient la trajectoire du point.

		mouvement rectiligne	mouvement circulaire	mouvement curviligne
trajectoire		une droite	un cercle	quelconque
direction du mouvement		constante	change en chaque point	change sur les parties courbes de la trajectoire
sens du mouvement		deux sens possibles	deux sens possibles	deux sens possibles
vitesse	**mouvement uniforme** valeur constante de la vitesse	a. 	b. 	c. 
	mouvement varié la valeur de la vitesse change	d. 	e. 	f. 

Doc. 3. Principaux types de mouvements.

Un mouvement varié est accéléré si la valeur de la vitesse augmente et retardé si elle diminue. Les causes de la modification des caractéristiques d'un mouvement seront étudiées dans le chapitre suivant.

F.M. 5 Les schémas comme ceux du **Doc. 3** peuvent être obtenus à partir de différentes techniques d'enregistrement, comme la chronophotographie.

Voir activité 5

➤ **Voir exercices 13 ; 16 ; 26**

2 Modèle des interactions

Le modèle des interactions fait intervenir des **objets** ou des **systèmes**. Le mot système est réservé à un ensemble d'objets.

Exemples
- Une pierre est un objet ; une voiture considérée globalement est un objet.
- L'ensemble voiture-chauffeur-passagers est un système.

2.1. Interaction entre deux objets

L'énoncé suivant est applicable dans toutes les situations, c'est-à-dire que les objets soient au repos ou en mouvement.

Quand un objet X agit sur un objet Y, *simultanément* Y agit sur X : on dit que X et Y sont en interaction.
On distingue les interactions *de contact* lorsque les deux objets se touchent et les interactions *à distance* lorsqu'ils ne se touchent pas.

Les interactions à distance peuvent être des interactions :
– magnétiques (entre deux aimants) ;
– électrostatiques (entre une règle en plastique ayant été frottée et un petit morceau de papier) ;
– gravitationnelles (entre la Terre et un objet). Ce type d'interaction sera étudiée dans le chapitre 16.

▌*Exemple.* Considérons un verre posé sur une table.
Le verre est en interaction avec la table, avec la Terre (notre planète) et avec l'air qui l'entoure.
Les interactions verre/table et verre/air sont des interactions de contact. En revanche, entre le verre et la Terre, il y a une interaction à distance.

2.2. Diagramme objet-interactions

• Construction du diagramme

La représentation d'un objet et d'une interaction est donnée dans le **Doc. 4** ci-dessous.

Voir activité 4

Représentation de l'objet X	**a.** 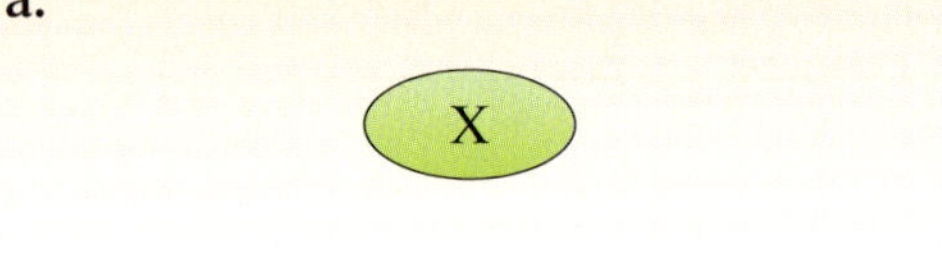
Représentation d'une interaction de contact entre les objets X et Y	**b.** 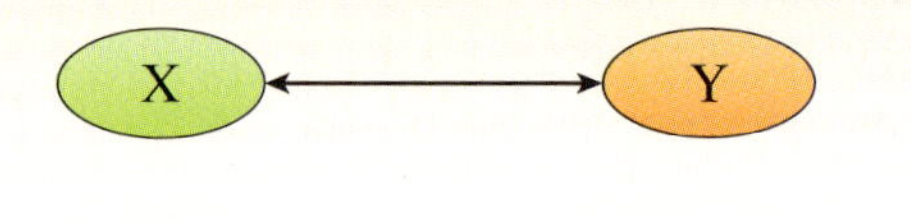
Représentation d'une interaction à distance entre les objets X et Y	**c.** 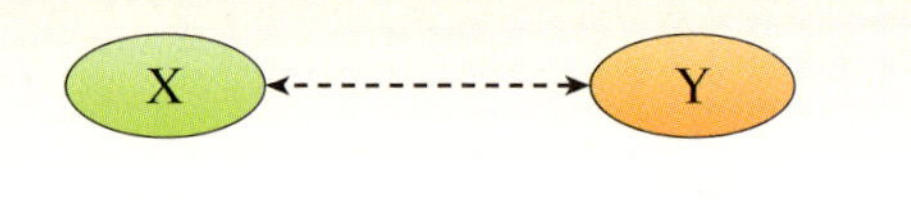

Doc. 4. Représentation d'un objet et d'une interaction.
On note par une double flèche pleine une interaction de contact.
On note par une double flèche en pointillé une interaction à distance.
La double flèche représente dans tous les cas l'action de X sur Y et l'action de Y sur X.

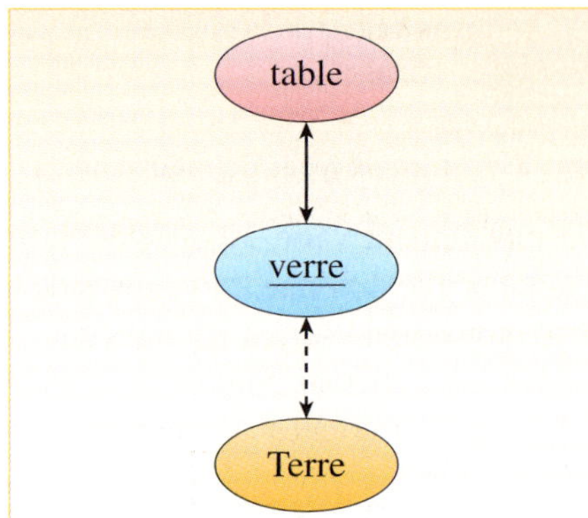

Doc. 5. Diagramme verre-interactions correspondant à la situation « un verre est posé sur une table ». L'interaction entre le verre et l'air est négligée.

On appelle diagramme objet-interactions la représentation de l'objet que l'on a choisi d'étudier et de ses interactions avec les autres objets.

Seules les interactions entre l'objet étudié et les autres objets figurent donc sur un diagramme objet-interactions.
Pour distinguer l'objet choisi des autres objets, on souligne son nom dans le diagramme (**Doc. 5**).

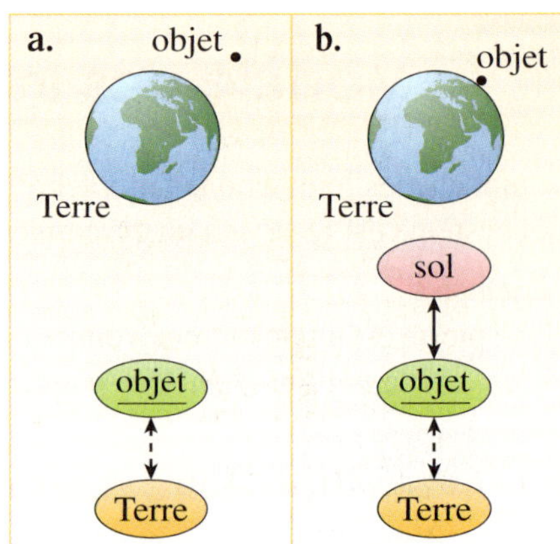

Doc. 6. a. Objet en interaction avec la Terre.
b. Objet en interaction avec la Terre et le sol.

• Cas de l'interaction avec la Terre

Quel que soit l'objet considéré, son interaction avec la Terre (notre planète) est une interaction à distance (**Doc. 6.a et b**).
Si l'objet est posé « par terre » (c'est-à-dire sur le sol), intervient de plus une interaction de contact entre l'objet et le sol (**Doc. 6.b**).

➤ Voir exercice 33

Voir activité 6

3 Notion de force

3.1. Définition et représentation

Quand un objet X est en interaction avec un objet Y, on appelle *force exercée par X sur Y* la grandeur qui caractérise l'action de X sur Y. La valeur d'une force s'exprime en newton (symbole N).

Pour représenter une force qui s'exerce sur un objet, il faut choisir un point représentant l'objet. On choisit souvent son centre de gravité.

On représente la force exercée par X sur Y par un vecteur.
Son symbole est $\vec{F}_{X/Y}$ et ses caractéristiques sont les suivantes :
– son origine est le point représentant l'objet ;
– sa direction et son sens sont ceux de la force ;
– sa longueur dépend de la valeur de la force.

Sur un même schéma, lorsque les valeurs des forces sont connues, les longueurs des vecteurs sont proportionnelles aux valeurs des forces qu'ils représentent. On précise l'échelle choisie (**Doc. 7**).

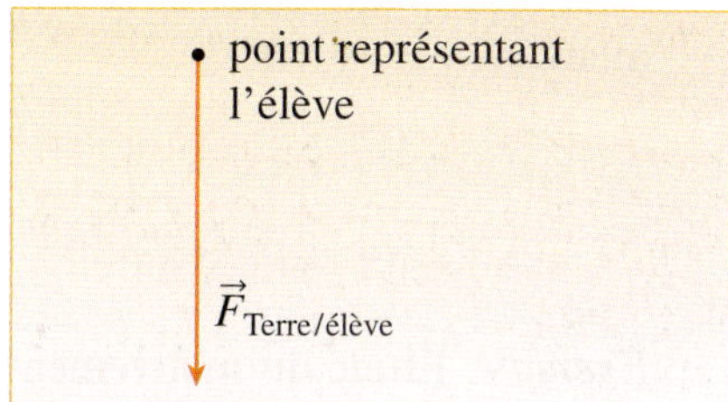

Doc. 7. Représentation de la force, de valeur $5 \cdot 10^2$ N, exercée par la Terre sur un élève de masse 50 kg.
Échelle : 1 cm correspond à $2 \cdot 10^2$ N.

3.2. Actions réciproques

À toute interaction correspondent toujours deux forces de valeurs égales et de sens opposés.

Les vecteurs qui les représentent sont portés par la même droite. Cette droite dépend de la situation étudiée (**Doc. 8**).

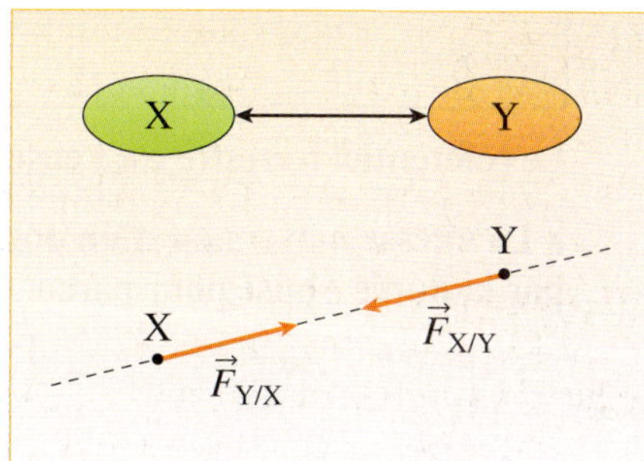

Doc. 8. Représentation des deux forces correspondant à une interaction.

▮ *Exemple.* Considérons à nouveau un verre posé sur une table. Les représentations des différentes forces en jeu sont données dans le **Doc. 9**.

Diagramme verre-interactions	Représentation des forces de l'interaction verre/table	Représentation des forces de l'interaction verre/Terre	Représentation des forces qui s'exercent sur le verre
a. 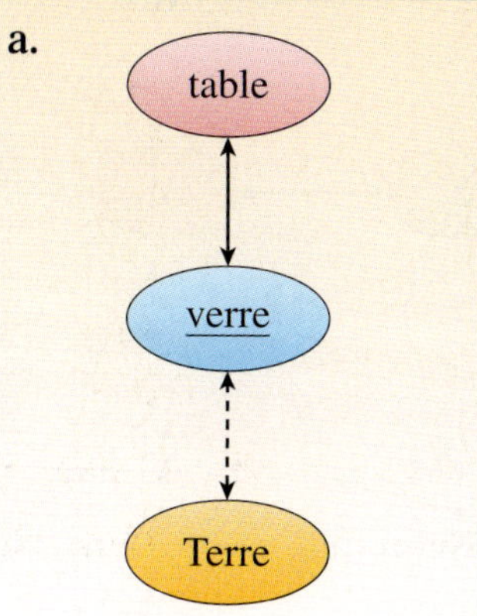	b. 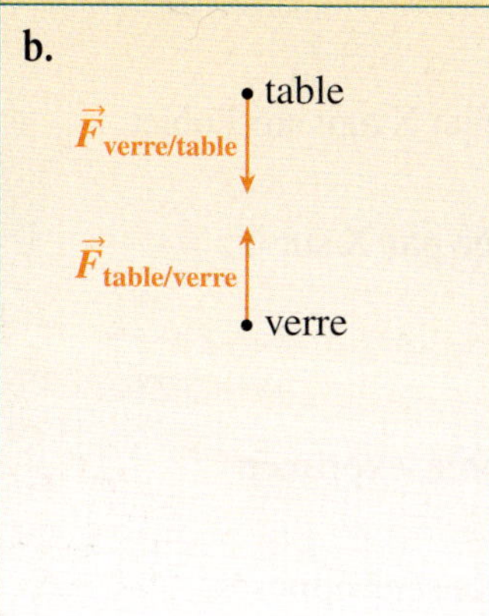	c. 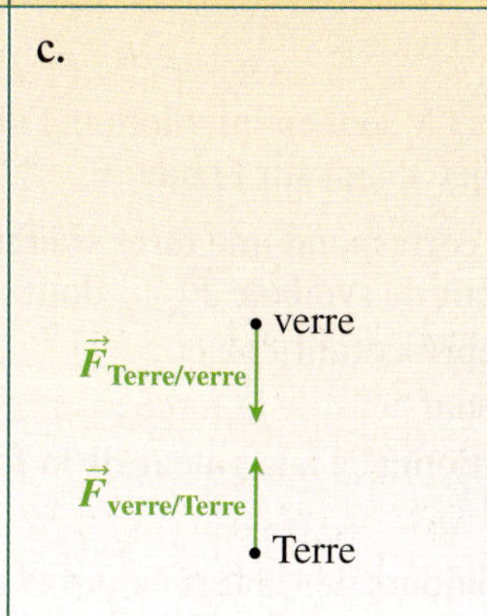	d. 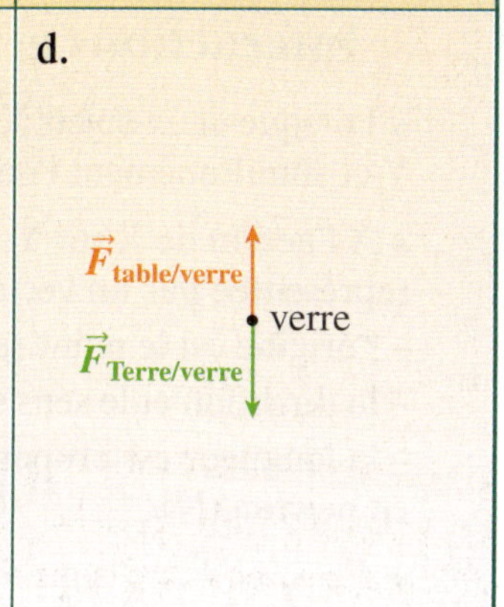

Doc. 9. Représentation des forces en jeu dans la situation « un verre est posé sur une table ».

➤ Voir exercice 33

Voir activité 4 Voir activité 6

essentiel

Étude d'un mouvement

• Pour étudier le mouvement d'un objet, on étudie le mouvement de l'un de ses points.

• Il faut toujours indiquer l'objet, appelé référentiel, choisi comme référence pour décrire le mouvement.

Exemple. Étude du mouvement du système « bateau + rameurs » qui se déplace sur un lac en ligne droite.

Trajectoire du point bleu		Trajectoire du point rouge	
Référentiel du bateau	**Référentiel terrestre**	**Référentiel du bateau**	**Référentiel terrestre**
a.	b. 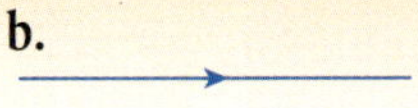	c. 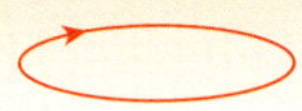	d. 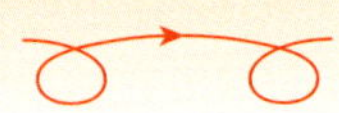

Le référentiel terrestre est l'ensemble des objets de référence fixes par rapport à la Terre.

• La vitesse moyenne v d'un point entre les positions A et B est égale à la longueur du trajet AB divisée par la durée t mise pour parcourir AB :

$$v = \frac{AB}{t}$$

AB en mètre (m)
t en seconde (s)
v en mètre par seconde ($m \cdot s^{-1}$)

Un mouvement dont la valeur de la vitesse est constante est dit uniforme.

Interactions et forces

• Lorsque deux objets X et Y sont en interaction, l'objet X agit sur l'objet Y et simultanément l'objet Y agit sur l'objet X.

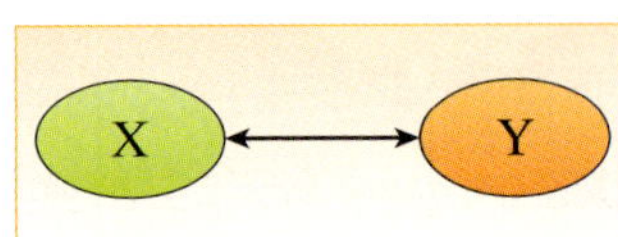

• À l'action de X sur Y, correspond une force exercée par X sur Y, représentée par un vecteur de symbole $\vec{F}_{X/Y}$ dont :
– l'origine est le point représentant l'objet ;
– la direction et le sens sont ceux de la force ;
– la longueur est proportionnelle à la valeur de la force, exprimée en newton (N).

• $\vec{F}_{X/Y}$ et $\vec{F}_{Y/X}$ sont toujours de valeurs égales et de sens opposés.

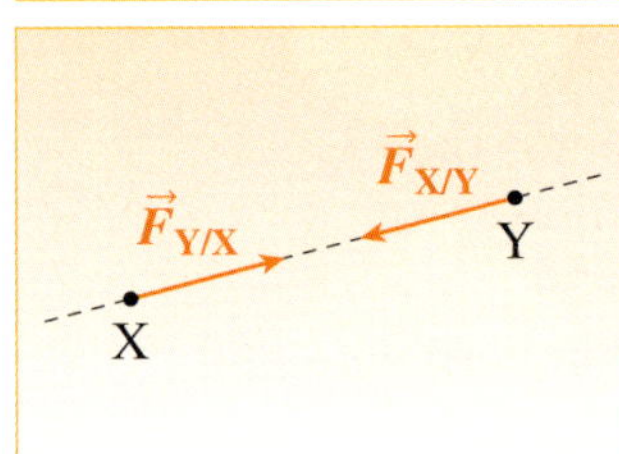

5 Mouvements d'un point matériel

Objectif

- Étudier quelques mouvements en se ramenant à des mouvements simples

1. Lâcher d'une balle par un cycliste

Un cycliste roule à vitesse constante sur une route horizontale rectiligne. Il **lâche** une balle (sans la lancer) à la verticale du centre de la roue avant du vélo. On représentera le mouvement de la balle par celui de son centre.

a. Dans le référentiel terrestre (sol), prévoir la trajectoire de la balle et celle d'un point du cadre du vélo.

F.M. 5 Une caméra immobile, posée sur le sol, permet d'obtenir l'enregistrement du mouvement de la balle et du mouvement d'un point du cadre du vélo à intervalles de temps réguliers (**Doc. 1**).

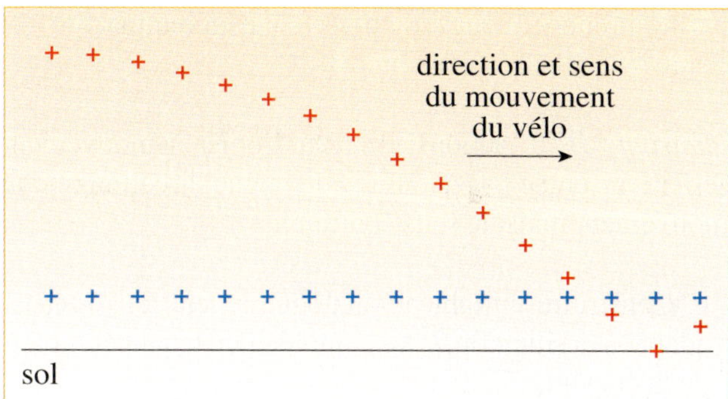

Doc. 1. Enregistrement du mouvement d'une balle lâchée d'un vélo (en rouge) et du mouvement d'un point du cadre du vélo (en bleu).

Décalquer l'enregistrement. Tracer un axe horizontal et un axe vertical à partir de la position initiale de la balle. Tracer les verticales et les horizontales passant par chaque position de la balle, de telle sorte qu'elles rencontrent respectivement l'axe horizontal et l'axe vertical.

b. Que peut-on dire des espaces séparant les points obtenus sur l'axe horizontal ? sur l'axe vertical ?

On peut considérer que le mouvement de la balle est ainsi décomposé par projection en deux mouvements :
– l'un selon l'horizontale ;
– l'autre selon la verticale.

c. Montrer qu'une des deux projections correspond à un mouvement à vitesse constante et l'autre à un mouvement à vitesse croissante.

d. Comparer le mouvement de la balle en projection horizontale et celui d'un point du cadre du vélo.
e. Quel serait le mouvement de la balle dans un référentiel constitué par le vélo ?

2. Lancer d'une balle

La balle est maintenant **lancée** horizontalement par un expérimentateur immobile.

a. Quels points communs y a-t-il entre le mouvement de la balle lancée et celui de la balle lâchée du vélo ? Qu'y a-t-il de différent ?
b. Le **Doc. 2** donne un enregistrement par chronophotographie du mouvement du centre d'une balle lancée horizontalement. Procéder comme avec le **Doc. 1**. Les conclusions sont-elles les mêmes ? Était-ce prévisible ?

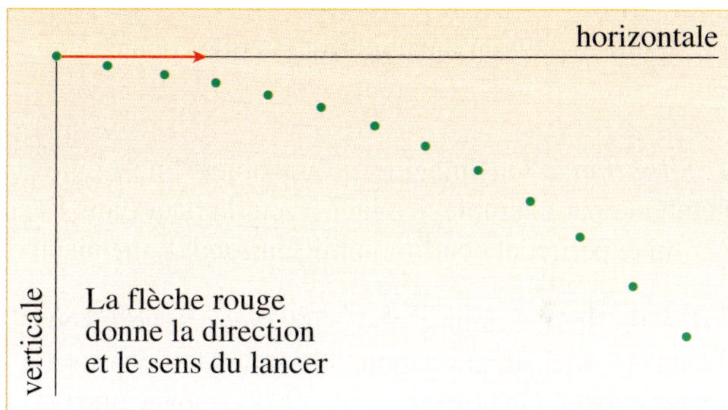

Doc. 2. Enregistrement du mouvement d'une balle lancée horizontalement.

3. Types de mouvement

a. Quel point, envisagé dans cette activité, a un mouvement rectiligne et dans quel référentiel ?
b. Quel point a un mouvement circulaire ? Préciser dans quel référentiel. Le mouvement de ce point est-il circulaire si le référentiel est le sol ?
c. Donner des exemples de points, envisagés dans cette activité, dont le mouvement est uniforme.
Donner un exemple de point dont le mouvement est accéléré.
Préciser dans chaque cas le référentiel considéré.

6 TP Mouvement et forces

Objectifs

- Construire un diagramme objet-interactions
- Faire l'inventaire des forces s'exerçant sur un objet en mouvement dans différentes circonstances

1. Diagramme des interactions

■ *Situation 1.* Lancer un objet assez lourd (médecine-ball, livre...) vers le haut et le rattraper.

a. À quel(s) moment(s) l'expérimentateur exerce-t-il une action sur l'objet ? Préciser dans quel sens cette action s'exerce.
b. Repérer et décrire différentes phases dans le mouvement de l'objet, que l'on représentera par un point. Dire, pour chacune des phases, comment varie la vitesse de l'objet.

On retiendra un découpage du mouvement en 4 phases.
- Phase 1 : le lancer.
- Phase 2 : la montée.
- Phase 3 : la descente.
- Phase 4 : la réception.

c. Faire un diagramme objet-interactions pour chaque phase.

■ *Situation 2.* On imagine qu'un objet, une boule de pétanque par exemple, est lancé vers le haut dans l'eau par un expérimentateur immobile au fond d'une piscine.

d. Faire le diagramme boule-interactions correspondant à cette situation pour chacune des phases du mouvement. On utilisera le même découpage que précédemment.

2. Passage du diagramme des interactions aux forces

a. Recopier et compléter le tableau du **Doc. 1** concernant la situation 1, en respectant les consignes A et B.

Consigne A. On utilisera une échelle qualitative pour représenter les forces : une force dont la valeur est plus grande que celle d'une autre sera représentée par un vecteur plus long.
Consigne B. On négligera l'action de l'air devant les autres actions en jeu.

b. Reprendre la question précédente en remplaçant la consigne B par la consigne B′.

Consigne B′. L'action de l'air sur l'objet en mouvement sera représentée par une force de même direction que le mouvement mais de sens contraire.

c. Construire un tableau analogue à celui du **Doc. 1** adapté à la situation 2. Le compléter en tenant compte de la consigne C.

Consigne C. L'action de l'eau sur la boule en mouvement sera représentée par une force de même direction que le mouvement mais de sens contraire.

Voir cours 2 et 3 ; exercice 33

Phase du mouvement	Liste des forces s'exerçant sur l'objet	Représentation des forces s'exerçant sur l'objet	Sens du mouvement	Variation de la vitesse
Lancer				
Montée				
Descente				
Réception				

Doc. 1. Étude du mouvement d'un objet lancé vers le haut.

Exercice résolu

Une voiture contre un arbre

Énoncé

Une voiture roule à vitesse constante sur une route droite bordée d'arbres. Elle met $t = 0{,}2$ s pour parcourir la distance $d = 45$ m séparant deux arbres consécutifs. On étudie le mouvement du système « voiture », constitué par le véhicule et ses occupants, dans le référentiel terrestre.

a. Définir le référentiel terrestre.

b. On représente le système soit par l'extrémité du nez du conducteur, soit par un point du phare avant gauche, soit par le bout du pot d'échappement. Discuter de la pertinence du choix de chacun des points.

c. Préciser la trajectoire de la voiture et trouver deux adjectifs pour qualifier son mouvement.

d. Calculer, en $km \cdot h^{-1}$, la vitesse de la voiture.

e. Le conducteur aperçoit soudain un arbre couché sur la route. Il freine brutalement en maintenant son véhicule en ligne droite, mais il ne peut pas éviter l'obstacle.
Reprendre les questions **b** à **d** précédentes pour cette deuxième partie de trajet.

f. Tracer le diagramme système-interactions et faire la liste des forces qui s'exercent sur le système « voiture » au moment du choc.

Conseils

b. Seuls des points immobiles par rapport à la voiture conviennent.

c. Ne pas confondre la trajectoire qui est une forme géométrique et le mouvement.

d. Attention aux unités.

f. Penser aux interactions de contact et aux interactions à distance.

Résolution

a. Le référentiel terrestre est constitué des objets fixes par rapport à la Terre.

b. Dans le référentiel terrestre, pour étudier le mouvement du système « voiture », tous les points fixes du véhicule ou de ses occupants conviennent. Un point du nez du conducteur convient donc tant que celui-ci ne bouge pas par rapport à la voiture. Les deux autres points proposés conviennent aussi.

c. La trajectoire est une droite. Le mouvement est donc rectiligne. Comme la vitesse est constante, il est uniforme.

d. $v = \dfrac{d}{t} = \dfrac{45 \cdot 10^{-3}}{\dfrac{2{,}0}{3\ 600}} = 81\ km \cdot h^{-1}$.

e. Un point du phare ou du pot d'échappement convient pour représenter le système, mais le conducteur ne sera probablement pas immobile lors du freinage brutal. Le mouvement est toujours rectiligne mais non uniforme car la vitesse passe de $81\ km \cdot h^{-1}$ à $0\ km \cdot h^{-1}$.

f. Les forces qui s'exercent sur la voiture sont :
- la force exercée par la Terre $\vec{F}_{Terre/voiture}$;
- la force exercée par l'arbre $\vec{F}_{arbre/voiture}$;
- la force exercée par le sol $\vec{F}_{sol/voiture}$.

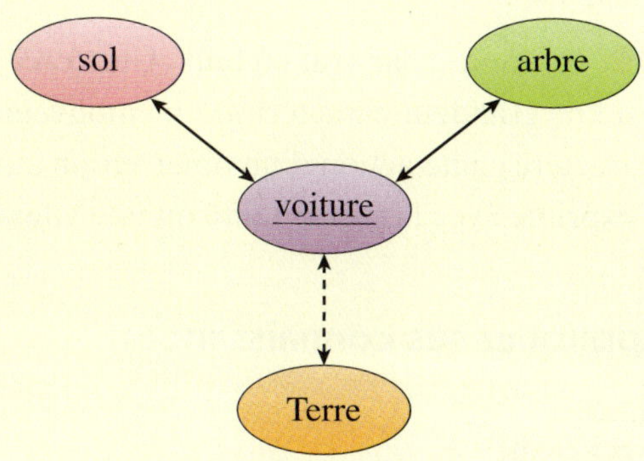

Exercices

Dans tous les exercices, on négligera l'action de l'air sur les objets étudiés. En l'absence de précision, on étudiera les mouvements dans le référentiel terrestre.

Tester ses connaissances

● **1.** Que gagne-t-on à représenter un objet par un point pour l'étude de son mouvement ? Que perd-on ?

● **2.** Qu'appelle-t-on référentiel ?

● **3.** Quand peut-on considérer qu'un objet fait partie du référentiel terrestre ?

● **4.** Donner la définition de la trajectoire d'un point représentant un objet. Dépend-elle du référentiel d'étude ?

● **5.** Quelle relation permet de calculer la vitesse moyenne d'un point ? Préciser les unités utilisées.

● **6.** Par quoi caractérise-t-on, dans un référentiel donné, le mouvement d'un point représentant un objet ?

● **7.** Répondre par vrai ou faux.

a. La direction d'un mouvement change à chaque instant si la trajectoire est rectiligne.

b. La direction d'un mouvement change lors d'un changement de sens sur une trajectoire rectiligne.

c. La direction d'un mouvement change à chaque instant si la trajectoire est circulaire.

● **8.** Quelle est la trajectoire correspondant à un mouvement rectiligne ? à un mouvement curviligne ?

● **9.** À quelle condition y a-t-il une interaction de contact entre deux objets ? Qu'appelle-t-on interaction à distance ? Donner un exemple.

● **10.** Répondre par vrai ou faux. Une force :

a. est une grandeur caractérisant un mouvement ;

b. caractérise une action d'un objet sur un autre ;

c. s'exprime avec la même unité qu'une vitesse.

Appliquer ses connaissances

Mouvements et référentiels

● **11.** ✶ Pour étudier le mouvement d'un vélo, est-il préférable de représenter ce dernier par un point du cadre ? un point d'une pédale ? un point d'un pneu ? un point de la selle ? Justifier les réponses.

● **12.** ✶ Pour chacune des affirmations suivantes, quel point a-t-on pu choisir pour représenter l'objet en mouvement ? Préciser le référentiel d'étude.

a. La cabine d'ascenseur a un mouvement rectiligne.

b. La roue de la bicyclette a un mouvement rectiligne.

c. La roue du vélo a un mouvement circulaire.

● **13.** ✶ Pour chacune des affirmations suivantes, préciser le référentiel sous-entendu.

a. La Terre fait un tour en 24 heures.

b. La Terre fait un tour en 365 jours.

c. Le Soleil descend peu à peu dans le ciel et se couche derrière l'horizon.

d. Le paysage défile à toute allure derrière les vitres du TGV.

e. Le TGV file à toute allure à travers la campagne.

● **14.** ✶ Jérôme est le passager d'une voiture roulant à la vitesse constante de $60 \text{ km} \cdot \text{h}^{-1}$ sur une route rectiligne bordée d'arbres.

a. Décrire le mouvement de Jérôme dans le référentiel route.

b. Décrire le mouvement de Jérôme dans le référentiel voiture.

c. Dans quel référentiel peut-on considérer que les arbres du bord de la route sont en mouvement à la vitesse de $60 \text{ km} \cdot \text{h}^{-1}$?

● **15.** ✶ On appelle satellite géostationnaire un satellite artificiel qui, à altitude constante, reste en permanence à la verticale d'un point donné de la Terre.

a. Quelle est la trajectoire de ce satellite dans le référentiel terrestre ?

b. Quelle est la trajectoire de ce satellite par rapport à un autre satellite géostationnaire ?

Mouvement et vitesse

● **16.** ✶ Le 16-06-1999, l'Américain Maurice Greene a battu le record du monde du 100 m en 9,79 s.
Quelle était la vitesse moyenne du coureur ? On l'exprimera en $\text{m} \cdot \text{s}^{-1}$ puis en $\text{km} \cdot \text{h}^{-1}$.

● **17.** ✶ **a.** Pour quitter l'attraction terrestre et pouvoir être mis sur orbite, un satellite doit être lancé avec une vitesse supérieure à $40 \cdot 10^3 \text{ km} \cdot \text{h}^{-1}$. Déterminer la valeur de cette vitesse en $\text{m} \cdot \text{s}^{-1}$.

b. À cette vitesse, combien de temps (en seconde) mettrait-on pour relier Paris à Lyon, la distance entre les deux villes étant de 440 km ?

18. ★ Répondre aux questions en utilisant les renseignements suivants. Les vitesses données sont considérées comme constantes.

- Vitesse de la lumière dans l'air : $3,0 \cdot 10^8$ m · s^{-1}.
- Vitesse de la Terre dans son mouvement circulaire autour du Soleil : 30 km · s^{-1}.
- Vitesse de croisière d'un TGV : 300 km · h^{-1}.
- Vitesse du son dans l'air : 340 m · s^{-1}.
- Le nœud, unité de vitesse utilisée par les marins, correspond à un mille marin (soit 1 852 m) par heure.
- Vitesse des électrons constituant le courant électrique dans un conducteur métallique : 1 mm · s^{-1}.

a. Combien de temps met la lumière pour parcourir la distance Soleil-Terre soit $1,5 \cdot 10^8$ km ?

b. Retrouver la valeur de la distance Soleil-Terre sachant que la Terre fait un tour autour du Soleil en 365,25 jours.

c. Quelle serait la durée d'un trajet Lyon-Paris (440 km) en TGV à la vitesse donnée ci-dessus ? Commenter la valeur trouvée.

d. Un avion de chasse atteint la vitesse mach 3, soit trois fois la vitesse du son. Quelle est, en km · h^{-1}, la vitesse d'un avion volant à mach 3 ?

e. Quelle est, en km · h^{-1}, la vitesse d'un voilier naviguant à 20 nœuds ?

f. Quelle est, en km · h^{-1}, la vitesse d'un électron dans un conducteur métallique ? Comparativement aux autres vitesses évoquées dans cet exercice, s'agit-il d'une vitesse élevée ?

19. ★★ Une roue de bicyclette fait un tour en 0,25 s. Le rayon de la roue mesure 35 cm.

a. De quelle longueur avance la bicyclette lorsque la roue fait un tour ?

b. Quelle est, en m · s^{-1} et en km · h^{-1}, la vitesse de la bicyclette ?

20. ★★ Une moto de reportage TV suit un coureur cycliste pendant le tour de France. La route est alors plane et droite. La moto roule exactement à la même vitesse que le cycliste et fournit au téléspectateur l'information suivante :
« Le coureur roule actuellement à quarante-huit kilomètres heure. »

a. Quelle unité de vitesse est en fait utilisée ? Écrire correctement l'information donnée par le reporter.

b. Dans quel référentiel l'information fournie par le pilote de la moto est-elle valable ?

c. La caméra fait un gros plan sur la roue du vélo. Quel est le mouvement, perçu par le téléspectateur, du centre de la roue ? de la valve de la roue ?

d. Quelle est, dans le référentiel terrestre, la trajectoire du centre de la roue ? la trajectoire de la valve ?

21. ★★ Un enfant est immobile sur le tapis roulant d'une aérogare. Il lâche une balle. Le mouvement de la balle est étudié par chronophotographie au moyen d'un appareil photographique A fixé sur le tapis roulant et d'un appareil B fixé au sol, à l'extérieur du tapis roulant. Des photographies sont prises simultanément par les deux appareils toutes les 0,10 s. Les chronophotographies obtenues, notées A et B, sont représentées ci-dessous à l'échelle 1/20.

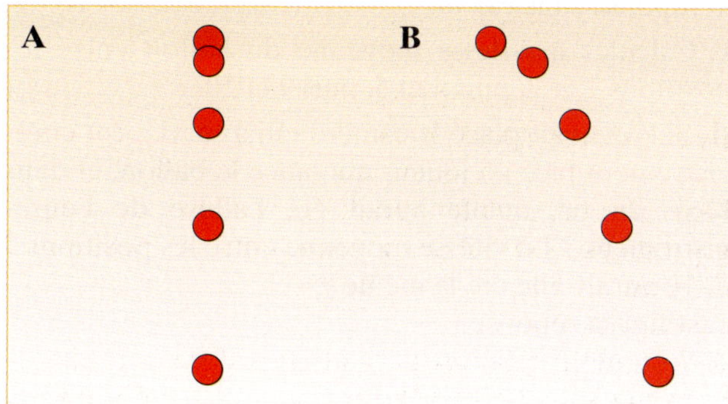

a. Pourquoi les trajectoires sont-elles différentes ?

b. À l'aide de la chronophotographie A, déterminer la vitesse moyenne de la balle, en m · s^{-1}, dans le référentiel considéré, entre les positions 2 et 3, puis 3 et 4, puis 4 et 5 de la balle.

c. À partir de chaque chronophotographie, donner le type de mouvement de la balle dans le référentiel considéré.

aide
a. Revoir la définition de la trajectoire.
b. La durée mise par la balle pour parcourir la distance d entre deux positions consécutives est de 0,10 s. Il faut déterminer d et se reporter à la définition de la vitesse.
c. Revoir la caractérisation d'un mouvement.

22. ★★ Lors du service d'un tennisman de haut niveau, la vitesse de la balle atteint 200 km · h^{-1}.

a. Le mouvement de la balle est supposé rectiligne uniforme après le service. Calculer le temps dont dispose l'adversaire placé à 40 m pour réagir.

b. Le mouvement est-il en fait uniforme ? accéléré ? retardé ? Justifier intuitivement la réponse.

c. L'adversaire a-t-il plus ou moins de temps pour se positionner que le calcul de la question **a** ne le laisse prévoir ?

d. Quel point est implicitement utilisé pour représenter la balle lors d'un tel mouvement ? Sachant que les joueurs donnent toujours de l'effet à leur balle lors d'un service, quelle information est perdue avec le choix d'un tel point ?

Exercices

● **23.** ★★ On considère l'enregistrement du mouvement d'un ballon de volley lors d'une remise en jeu. Différentes positions du ballon ont été numérotées ; l'intervalle de temps entre deux positions successives est de 0,10 s.

a. Pour quelle raison est-il préférable de représenter le ballon par son centre de gravité pour décrire son mouvement ?

b. Le mouvement du ballon est-il uniforme ? Justifier la réponse sans calcul.

c. Calculer la vitesse moyenne du ballon entre les positions 1 et 2, puis 4 et 5, puis 9 et 10.

d. Si l'on avait placé la caméra qui a servi à cet enregistrement face au joueur qui lance le ballon, et dans l'axe du tir, quelle aurait été l'allure de l'enregistrement ? La vitesse moyenne entre les positions 9 et 10 aurait-elle été la même ?
Justifier la réponse.

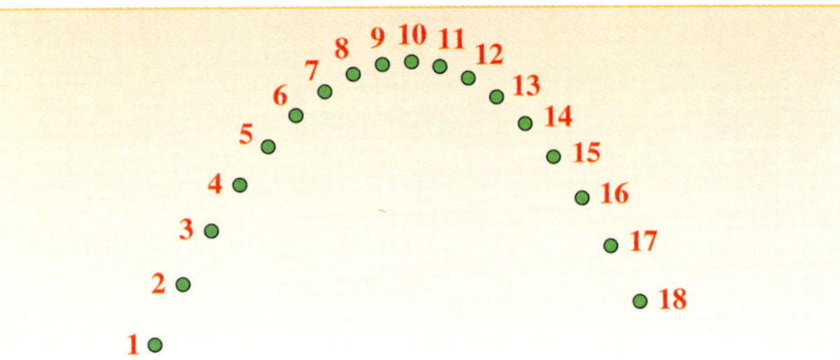

1,0 cm sur le schéma correspond à 0,90 m en réalité.

● **24.** ★★ Un enfant jongle avec 2 balles. Il lance, avec régularité, une balle en l'air toutes les 0,50 s. Une balle lancée avec une main est toujours rattrapée avec l'autre main. Chaque balle parcourt une distance de 1,0 m avant d'atteindre sa hauteur maximale.

a. Quel point faut-il choisir pour représenter la balle de telle sorte que son mouvement soit le plus simple possible ? Décrire ce mouvement.

b. Au bout de combien de temps et après avoir parcouru quelle distance une balle lancée est-elle relancée par la même main ?

c. En déduire la vitesse moyenne d'une balle.

● **25.** ★★ À l'entraînement, un tireur vise avec un fusil une cible placée à 100 m. On assimile le mouvement de la balle à un mouvement rectiligne uniforme dont la vitesse moyenne est de 1 000 km $\cdot$ h^{-1}.

a. Combien de temps la balle met-elle pour atteindre la cible ?

b. Le son, résultant du coup de fusil, se déplace dans l'air avec une vitesse constante de 330 m $\cdot$ s^{-1}. Au bout de combien de temps après le coup de fusil, une personne située à hauteur de la cible sera-elle informée qu'un coup de feu a eu lieu ?

c. Le canon étant rayé en forme d'hélice, la balle part en tournant sur elle-même. Décrire le mouvement du centre de gravité de la balle. Faire de même pour le mouvement d'un point de la périphérie de la balle.

d. Le coup de fusil est tiré en l'air. Peut-on toujours considérer que le mouvement du projectile est rectiligne ? uniforme ? Justifier la réponse.

● **26.** ★★ On étudie la chronophotographie du mouvement ascendant d'un volant de badminton.
Décalquer le document ci-contre en représentant le volant dans chacune de ses positions par son extrémité inférieure (notée P).

a. Projeter les points P représentant 5 positions successives du volant sur les axes horizontal et vertical du document et comparer les longueurs des intervalles entre deux points consécutifs sur chaque axe.

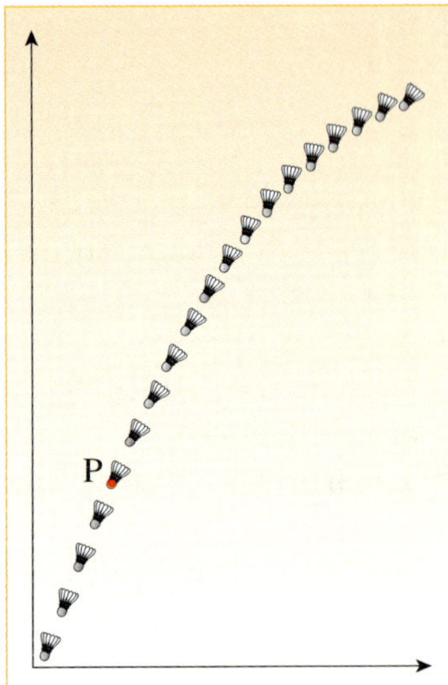

b. Le mouvement du volant a été décomposé en deux mouvements rectilignes. Selon quel axe le mouvement est-il uniforme ? Le mouvement selon l'autre axe est-il accéléré ? retardé ?

c. D'après l'enregistrement, tous les points du volant ont-ils le même mouvement que le point P ?

Force et interactions

● **27.** ★ Répondre par vrai ou faux aux questions suivantes en justifiant la réponse.

1. Une pomme est suspendue à la branche d'un pommier :

a. la branche agit sur la pomme ;

b. la Terre agit sur la pomme ;

c. la pomme agit sur la branche ;

d. la pomme agit sur la Terre.

2. La pomme tombe de l'arbre. Au cours de la chute :

a. la Terre agit sur la pomme ;

b. la pomme agit sur la Terre.

3. La pomme tombe sur le sol. La pomme étant sur le sol :

a. la Terre agit sur la pomme ;

b. le sol agit sur la pomme ;

c. la pomme agit sur le sol ;

d. la pomme agit sur la Terre.

> **aide**
>
> **1.** Utiliser le modèle des interactions. Considérer les interactions mettant en jeu la pomme.
>
> **2.** Le fait que la pomme soit en mouvement n'empêche pas de considérer les interactions mettant en jeu la pomme.
>
> **3.** Faire la différence entre le sol et la Terre pour appliquer le modèle des interactions.

● **28.** ★ Pierre et Alice se disputent le même livre. Chacun tire de son côté, mais le livre ne bouge pas entre les deux combattants bien ancrés au sol.

a. Donner le diagramme livre-interactions.

b. Donner le diagramme Pierre-interactions.

● **29.** ★ Claire fait ses courses dans un supermarché. Dire si les situations suivantes peuvent être représentées par le diagramme chariot-interactions.

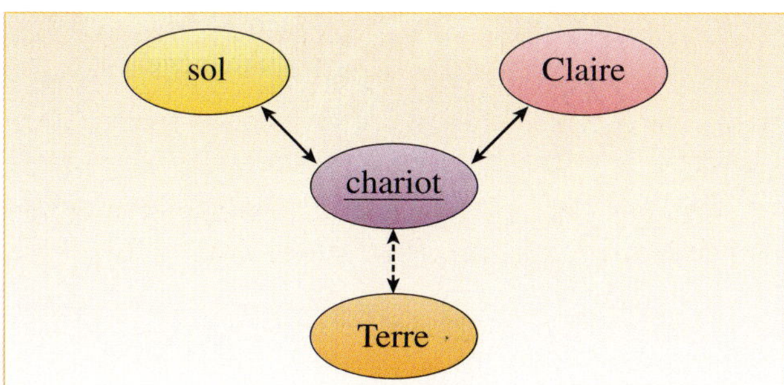

a. Claire pousse son chariot vide à vitesse constante.

b. Elle tire son chariot vide à vitesse constante.

c. Elle soulève l'arrière de son chariot vide à l'arrêt.

d. Elle pose un paquet de lessive dans son chariot.

e. Elle se tient à son chariot vide immobile.

f. Elle tire son chariot vide en accélérant.

g. Elle pousse son chariot vide en accélérant.

h. Elle tire son chariot rempli de marchandises à vitesse constante.

i. Elle tire son chariot rempli de marchandises en accélérant.

● **30.** ★ Lors d'une séance d'entraînement, Sébastien et Nicolas tirent en sens contraires sur les extrémités d'une corde. Les deux garçons résistent et chacun reste sur sa position sans bouger.

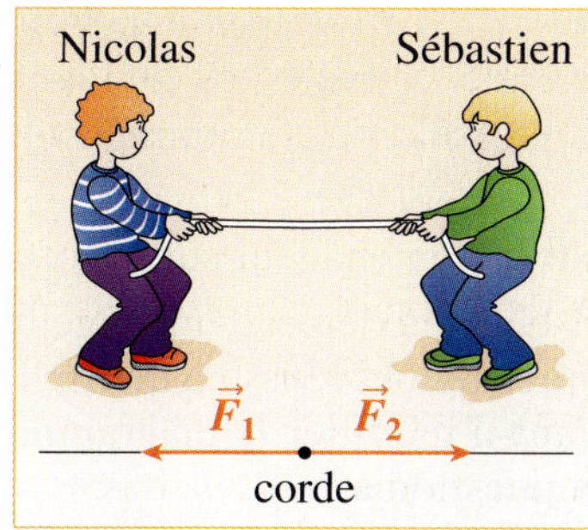

a. Chacun des deux vecteurs $\vec{F}_1$ et $\vec{F}_2$ représente la force exercée par l'un des garçons sur la corde. Attribuer chaque force à celui qui l'exerce.

b. Quelle force agissant sur la corde n'a pas été représentée ?

● **31.** ★ **1.** Un livre repose sur une table. Choisir les bonnes propositions.

a. Aucune force n'agit sur le livre puisque qu'il ne bouge pas.

b. La seule force qui agit sur le livre est l'attraction de la Terre.

c. La seule force qui agit sur le livre est due à la table.

d. Deux forces agissent sur le livre : l'attraction de la Terre et la force exercée par la table.

2. On place le livre sur une balance. Préciser la ou les forces qui agissent sur le livre.

● **32.** ★ François pèse 80 kg et Hubert pèse 60 kg. Ils sont assis face à face sur des fauteuils de bureau à roulettes. Hubert pousse avec ses pieds sur les genoux de François.

1. En utilisant le modèle des interactions, choisir les bonnes propositions.

a. Hubert exerce une force sur François. François n'exerce pas de force sur Hubert.

b. Hubert exerce une force sur François. François exerce une force sur Hubert.

c. François exerce une force sur Hubert. Hubert n'exerce pas de force sur François.

2. Faire de même dans le cas de fauteuils sans roulettes.

● **33.** ★★ Lors d'un jeu, Alain est couché sur le sol, une balle posée sur la poitrine. Frédéric, debout sur le sol, se penche et appuie sur la balle.
Ni la balle comprimée, ni Frédéric, ni Alain ne bougent.

a. Représenter le diagramme balle-interaction.

b. Représenter les forces qui s'exercent sur la balle.

c. Représenter le diagramme Alain-interaction.

d. Représenter les forces qui s'exercent sur Alain.

● **34.** ★★ Un déménageur tente, sans y parvenir, de pousser un coffre sur un plancher horizontal.

a. Dessiner le diagramme coffre-interactions.

b. Donner la direction et le sens de la force exercée par le déménageur sur le coffre.

c. Un deuxième déménageur plus fort remplace le précédent et réussit à mettre le coffre en mouvement. Faut-il modifier le diagramme coffre-interactions de la question **a** ?

d. Le deuxième déménageur arrive sur un plan incliné descendant et continue de pousser le coffre. Faut-il modifier le diagramme coffre-interaction de la question **a** ?

Pour aller plus loin

● **35.** ★★ *Patinage*

En patinage, un anneau de vitesse est constitué d'une piste de glace d'abord rectiligne, puis décrivant un demi-cercle, puis rectiligne à nouveau, et enfin décrivant encore un demi-cercle pour revenir au point initial.

Un patineur file avec une vitesse constante de $72\ \text{km} \cdot \text{h}^{-1}$ sur cet anneau de vitesse.

a. Décrire complètement son mouvement.

b. Sur quelles parties de l'anneau de vitesse, la direction du mouvement est-elle constante ?

c. On considère les interactions qui s'exercent sur la lame de l'un des patins du patineur. Proposer un diagramme lame-interactions.

d. Faire la liste des forces qui s'exercent sur la lame du patin.

● **36.** ★★★ *Vélo*

Le rayon de la roue d'un vélo est $R = 34{,}0$ cm. Le plateau du vélo (lié au pédalier) possède 55 dents et le pignon possède 11 dents.

a. Dans le référentiel terrestre, quelle est la vitesse moyenne d'un point du cadre du vélo si le cycliste pédale avec un rythme régulier de 1 tour de pédale par seconde ?

b. Tracer sur un même schéma la trajectoire d'un point du cadre et celle d'un point donné de la circonférence du pneu.

En déduire une comparaison des vitesses moyennes d'un point du cadre et d'un point de la circonférence du pneu.

c. Dans le référentiel du cadre du vélo, quelle est la trajectoire d'un point du pneu ?

d. Combien de temps s'écoule entre deux contacts successifs d'un point donné du pneu avec le sol ?

e. En déduire, dans le référentiel du cadre du vélo, la vitesse moyenne d'un point du pneu. Vérifier la validité de la comparaison de la question **b**.

aide

a. La roue fait 5 tours quand le pédalier fait un tour. Calculer la distance parcourue par le cycliste pour 5 tours de roue, puis utiliser la définition de la vitesse moyenne.

b. Les points considérés parcourent la même distance pendant la même durée.

c. Considérer le cadre immobile.

d. Entre deux contacts successifs d'un point donné du pneu avec le sol, la roue fait un tour.

e. Utiliser la définition de la vitesse moyenne.

● **37.** ★★★ *Manège*

Un enfant se rend à une fête foraine avec sa mère. Un manège tourne à vitesse constante, dans le sens des aiguilles d'une montre. La mère, représentée par un point M, s'assoit à côté du manège. L'enfant, représenté par un point E, monte sur le manège. On s'intéresse aux trois situations suivantes.

(E_1) L'enfant est assis dans une voiture de course.

(E_2) L'enfant se dirige vers le centre du manège.

(E_3) L'enfant s'arrange pour rester au même niveau que sa mère en dépit de la rotation du manège.

Le schéma ci-dessous représente une vue de dessus de l'état initial des différentes situations.

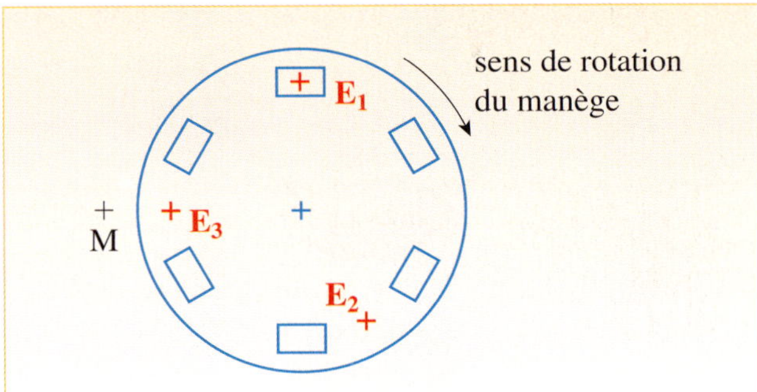

a. Dans le référentiel terrestre, la mère est-elle immobile ?

b. Dans le référentiel terrestre, représenter, en vue de dessus, la trajectoire de E pour les trois situations et préciser, chaque fois que c'est possible, la nature du mouvement de E.

c. On se place à présent dans le référentiel du manège. Dans ce référentiel, la mère est-elle immobile ?

d. Dans le référentiel du manège, représenter la trajectoire de E pour les 3 situations et préciser, chaque fois que c'est possible, la nature du mouvement de E.

LE PRINCIPE D'INERTIE

15

Lorsque la surface de la glace est parfaitement lisse, le palet de curling glisse sans s'arrêter, malgré les forces qui s'exercent sur lui. Quelle est la particularité de ces forces ?

OBJECTIFS

- Connaître les effets d'une force sur le mouvement d'un objet.
- Savoir énoncer et utiliser le principe d'inertie.

PLAN DU COURS

1 - Force et mouvement

2 - Principe d'inertie

1 Peut-on imposer une trajectoire circulaire à un objet ?

■ Tracer sur une feuille de papier un arc de cercle assez grand et poser cette feuille sur une surface plane assez grande (**Doc. 1**).
■ Lancer une bille en essayant de lui faire suivre la courbe plane tracée.

a. La bille peut-elle suivre la trajectoire imposée ?
b. Proposer des événements de la vie quotidienne au cours desquels un objet se déplaçant dans un plan horizontal suit une trajectoire courbe.
c. Montrer que, pour certains de ces événements, l'objet est soumis à au moins une force dont la direction n'est pas verticale.
d. Proposer une condition qui semble nécessaire à l'obtention d'un mouvement circulaire dans un plan horizontal.
e. Trouver un dispositif permettant à la bille de suivre la trajectoire imposée. Faire valider par le professeur.

■ Réaliser l'expérience.

f. L'expérience est-elle concluante ?

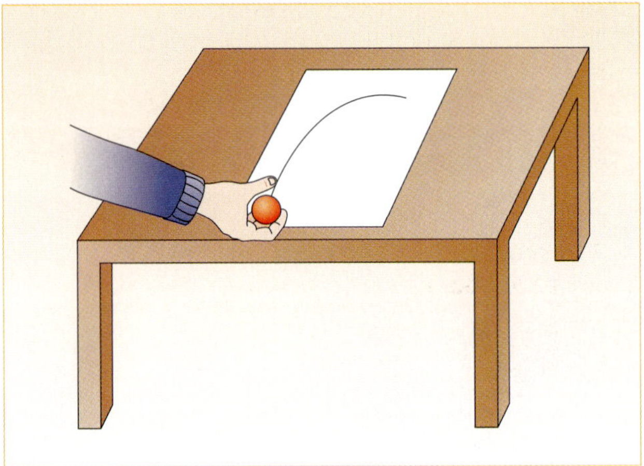

Doc. 1. Schéma du dispositif.

2 Deux balles dans le vent

■ On fixe un sèche-cheveux sur une table de façon à ce qu'il puisse souffler horizontalement.
■ À proximité du sèche-cheveux et perpendiculairement à la direction de l'air soufflé, on trace une droite sur une feuille de papier fixée à la table (**Doc. 1**).
■ On met en marche le sèche-cheveux puis on lance plusieurs fois, avec une vitesse initiale aussi identique que possible, une balle de ping-pong le long de la droite tracée.

a. Qu'observe-t-on ?

■ On recommence l'expérience avec une autre balle de ping-pong, en la lançant avec la même vitesse que précédemment.

b. Quelle(s) différence(s) observe-t-on entre les mouvements des deux balles ?
c. Proposer une explication à l'origine des différences de mouvement observées.

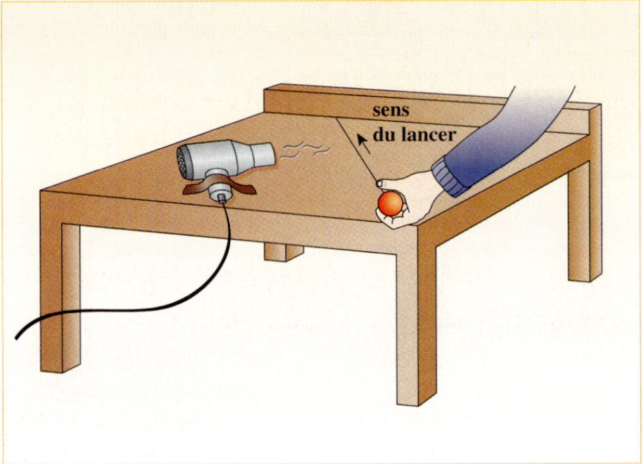

Doc. 1. Schéma du dispositif.

Voir exercice 7

3 TP Introduction au principe d'inertie

Objectif

- Introduire le principe d'inertie en utilisant le modèle des interactions

Dans toute l'activité, on se placera dans le référentiel terrestre et on représentera la balle de ping-pong par son centre.

1. Étude d'une balle de ping-pong immobile

- Remplir un cristallisoir d'eau.
- Maintenir sous l'eau la balle de ping-pong comme l'indique le **Doc. 1**.

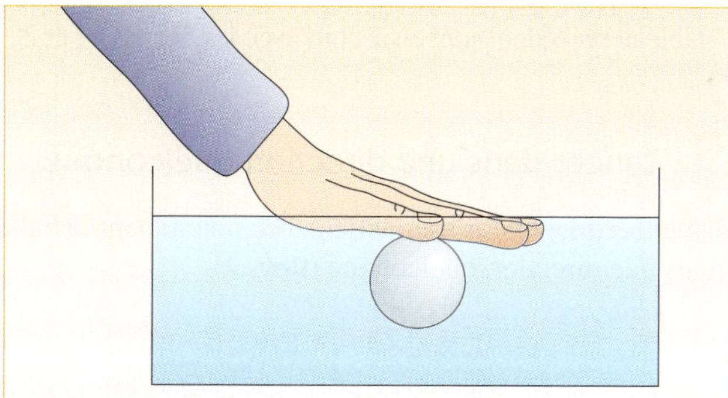

Doc. 1.

L'objet étudié est la balle de ping-pong.

a. Établir le diagramme balle-interactions.
b. Faire l'inventaire des forces exercées sur la balle en précisant leur direction et leur sens.

Énoncé 1

Si la vitesse et la direction du mouvement d'un objet ne varient pas, alors les forces qui s'exercent sur cet objet se compensent.

c. Les conditions nécessaires pour utiliser l'énoncé 1 sont-elles remplies par la balle de ping-pong dans la situation schématisée sur le **Doc. 1** ?
d. À l'aide de cet énoncé, interpréter l'immobilité de la balle.
e. En utilisant la réponse à la question précédente, schématiser les forces qui s'exercent sur la balle de ping-pong.
f. Une balle de ping-pong roule en ligne droite sur une table à vitesse constante. À l'aide d'une étude analogue à celle qui précède, schématiser les forces qui s'exercent sur la balle.

2. Étude d'une balle de ping-pong en mouvement non uniforme

- Maintenir sous l'eau une balle de ping-pong puis retirer la main.

a. Qu'observe-t-on ?
b. Établir le diagramme balle-interactions au moment où l'on retire la main.
c. Faire l'inventaire des forces exercées sur la balle.

Énoncé 2

Si la vitesse ou la direction du mouvement d'un objet varie, alors les forces qui s'exercent sur cet objet ne se compensent pas.

d. Montrer que les conditions nécessaires pour utiliser l'énoncé 2 sont remplies par la balle au moment où l'on retire la main qui la maintenait sous l'eau.
e. Interpréter la mise en mouvement de la balle à l'aide de l'énoncé 2.
f. Faire un schéma des forces qui s'exercent sur la balle en mouvement. En quoi ce schéma montre-t-il que les forces ne se compensent pas ?

3. Mouvement d'une pierre suspendue à un élastique

- Suspendre une pierre à l'extrémité d'un élastique.
- Déplacer la pierre de sa position d'équilibre vers le bas puis la lâcher.

a. Qu'observe-t-on ? Dans quel sens la pierre se met-elle en mouvement au moment où on la lâche ? On se limite à l'étude de la montée.
b. Établir le diagramme pierre-interactions.
c. Faire l'inventaire des forces exercées sur la pierre.
d. En utilisant les énoncés donnés précédemment, justifier que les forces qui s'exercent sur la pierre, lorsqu'on la lâche, ne se compensent pas.
e. Faire un schéma des forces qui s'exercent sur la pierre.

Voir exercices 11 et 13

4 Décomposition du mouvement d'une balle

Objectif

- Décrire le mouvement d'un objet

Dans toute cette activité, on négligera l'action de l'air sur la balle et on se placera dans le référentiel terrestre. La balle est représentée par son centre.

1. Lancer suivant la direction horizontale

Une balle est lancée horizontalement à proximité d'une caméra. Le film obtenu conduit au **Doc. 1**.

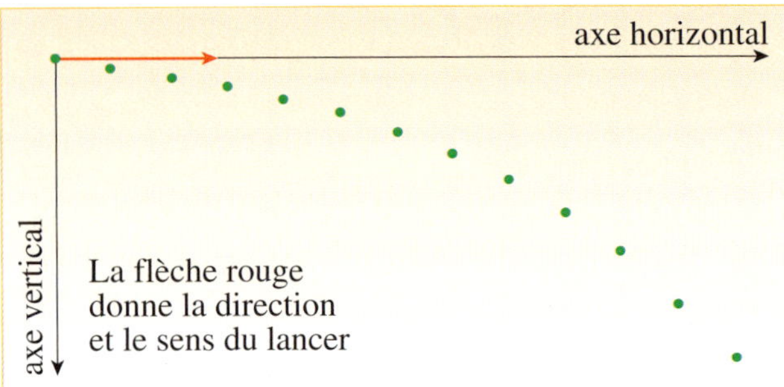

Doc. 1. Enregistrement du mouvement de la balle.

a. Qu'est ce qui permet d'affirmer que la vitesse de la balle varie au cours du mouvement ?
b. Quelle est la seule force qui s'exerce sur la balle lors de sa chute ? Préciser sa direction et son sens.

On souhaite décomposer le mouvement de la balle suivant l'axe horizontal et suivant l'axe vertical.

F.M. 6 ▪ Décalquer l'enregistrement. Tracer les horizontales passant par chaque position de la balle au cours de son mouvement. Les points d'intersection des horizontales avec l'axe vertical constituent la projection du mouvement de la balle sur l'axe vertical.

▪ Faire de même pour obtenir la projection du mouvement de la balle sur l'axe horizontal.

c. Montrer que l'une de ces deux projections représente un mouvement à vitesse constante et l'autre un mouvement à vitesse variable. Justifier les réponses.
d. Recopier et compléter le tableau suivant. Préciser si la vitesse est constante ou pas et donner le nom de la force agissant sur la balle le cas échéant.

Selon l'axe horizontal		Selon l'axe vertical	
Vitesse	Force	Vitesse	Force

Énoncés

Pour tout mouvement projeté :
- *Énoncé 1.* Si la vitesse du point projeté suivant une direction ne varie pas, alors les forces qui s'exercent sur la balle selon cette direction se compensent.
- *Énoncé 2.* Si la vitesse du point projeté suivant une direction varie, alors les forces qui s'exercent sur la balle selon cette direction ne se compensent pas.

e. Montrer que les informations rassemblées dans le tableau précédent sont en accord avec les énoncés 1 et 2.

2. Lancer dans une direction quelconque

Un expérimentateur immobile, lance maintenant la balle dans une direction quelconque (**Doc. 2**).

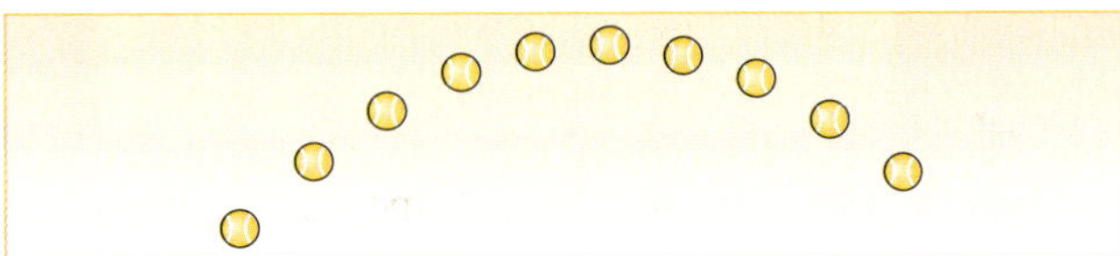

Doc. 2. Chronophotographie du mouvement de la balle.

a. Quelle est la seule force qui s'exerce sur la balle lors de son mouvement ? Préciser sa direction et son sens.

Énoncés

Pour tout mouvement projeté :
- *Énoncé 3.* Si les forces qui s'exercent sur la balle selon une direction se compensent, alors la vitesse du point projeté suivant cette direction ne varie pas.
- *Énoncé 4.* Si les forces qui s'exercent sur la balle selon une direction ne se compensent pas, alors la vitesse du point projeté suivant cette direction varie.

b. Prévoir l'évolution de la vitesse du point projeté suivant les directions horizontale et verticale.
c. Après avoir décalqué le **Doc. 2** et projeté le mouvement suivant l'axe horizontal et suivant l'axe vertical, vérifier les prévisions de la question **b.**
d. Existe-t-il des points communs avec le mouvement étudié dans la partie **1** ? Lesquels ?

Voir exercice 15

Le but de ce chapitre est d'étudier, dans le référentiel terrestre, les effets d'une force sur le mouvement d'un objet. Cette étude sera l'occasion de présenter l'un des principes fondamentaux de la mécanique : le principe d'inertie.

1 Force et mouvement

1.1. Effet d'une force sur un mouvement

Voir activité 2

La modification des forces qui s'exercent sur un objet (changement d'une force existante ou intervention d'une nouvelle force) se traduit soit par la modification de la vitesse de cet objet, soit par la modification de la direction du mouvement, soit par les deux à la fois.

- **Effet d'une force sur la vitesse**

Lorsqu'un cycliste, roulant à la vitesse constante de 20 $km \cdot h^{-1}$, se trouve subitement soumis à un violent vent de face, il est ralenti. La force exercée par l'air sur le cycliste modifie la vitesse du cycliste.
Si on souhaite mettre en mouvement un cycliste à l'arrêt, il est nécessaire de pousser le cycliste et donc d'exercer sur lui une force. Cette force est plus faible que celle nécessaire au déplacement d'une voiture à l'arrêt. La masse de cet objet a donc une influence sur sa mise en mouvement.

- **Effet d'une force sur la direction du mouvement**

Lorsqu'on approche un aimant d'une bille en acier, roulant sur une table avec un mouvement rectiligne, on constate que la bille est déviée de sa trajectoire initiale. La force exercée par l'aimant sur la bille modifie la trajectoire de celle-ci (**Doc. 1**).

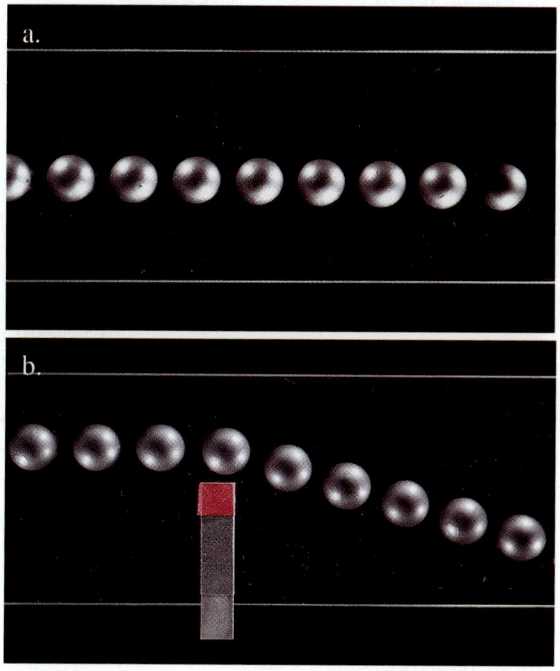

Doc. 1. Chronophotographies d'une bille roulant sur une table.
a. En l'absence de l'aimant. **b.** En présence de l'aimant.

1.2. Rôle de la masse

Voir activité 2

L'effet d'une force sur le mouvement d'un objet dépend de la masse de cet objet. Cet effet est d'autant plus important que la masse est petite.

Exemple. Si un sèche-cheveux souffle de l'air dans une direction perpendiculaire à la trajectoire d'une balle de ping-pong en mouvement sur une table, cette trajectoire, initialement rectiligne, est modifiée.
Cette modification est beaucoup moins importante si on utilise une balle de ping-pong remplie d'eau (**Doc. 2**).

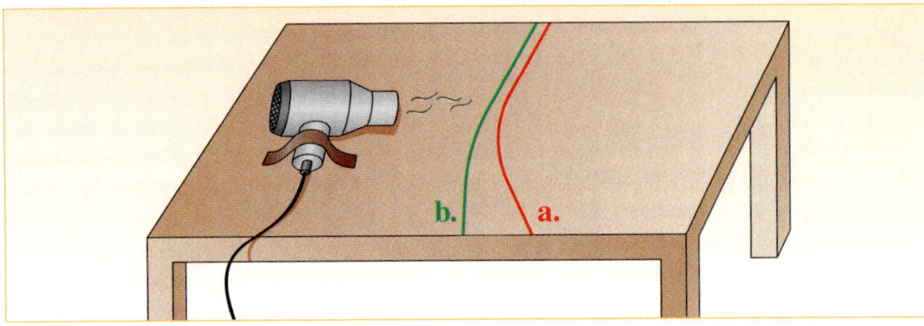

Doc. 2. Schéma du dispositif. **a.** Trajectoire de la table de ping-pong vide. **b.** Trajectoire de la balle de ping-pong remplie d'eau.

➤ Voir exercice 7

2 Principe d'inertie

Un principe est une loi générale qui est vérifiée par l'exactitude de ses conséquences.

2.1. L'inertie

Dans le langage courant, le mot « inertie » évoque une incapacité à agir, ou à réagir à une sollicitation. On l'associe souvent à un objet lourd, gros, donc difficile à déplacer, ou à une personne peu dynamique.
Qu'en est-il dans le domaine de la physique ?

Modifier le mouvement d'un objet nécessite d'exercer une force d'autant plus grande que la masse de l'objet est grande. La résistance qu'oppose un objet à la modification de son mouvement représente son inertie.

Exemples

• Les freins et les moteurs des véhicules servent à modifier leur vitesse, donc leur mouvement. Freins et moteurs doivent être d'autant plus puissants que la masse du véhicule est grande. Un moteur de mobylette est ainsi beaucoup moins puissant qu'un moteur de camion parce que « l'inertie » d'une mobylette est moindre que celle d'un camion.

• Une personne massive (un boxeur, par exemple) peut enfoncer une porte plus facilement qu'une personne légère (une danseuse, par exemple) parce qu'elle a plus d'inertie. En effet, modifier le mouvement d'une personne de masse élevée nécessite d'exercer une force que les fixations de la porte ne peuvent pas fournir : c'est la porte qui cède.

2.2. Énoncé du principe d'inertie

Le principe d'inertie particularise le mouvement rectiligne uniforme parmi tous les mouvements existants. En outre, l'état de repos est considéré dans le principe d'inertie comme un mouvement rectiligne uniforme dont la vitesse est nulle.
Ce principe s'énonce ainsi : « Tout corps persévère dans son état de repos ou de mouvement rectiligne uniforme si les forces qui s'exercent sur lui se compensent. » On notera que le terme « corps » est utilisé ici pour désigner un objet.

État de repos = mouvement rectiligne uniforme particulier.

2.3. Utilisation du principe d'inertie

Voir activités 1, 3

Dans les exercices, il est plus commode d'utiliser l'un des quatre énoncés ci-dessous, obtenus à partir de l'énoncé historique.

On appliquera le principe d'inertie dans le référentiel terrestre que pour des mouvements de courtes durées.

Énoncé 1. **Si un corps est immobile ou s'il est en mouvement rectiligne uniforme (c'est-à-dire si sa vitesse et sa direction ne varient pas), alors les forces qui s'exercent sur ce corps se compensent.**

Lorsqu'un livre est posé sur une table, il est immobile. D'après l'énoncé 1, on peut en déduire que les forces qui s'exercent sur le livre (son poids et la force exercée par la table sur le livre) se compensent (**Doc. 3**).

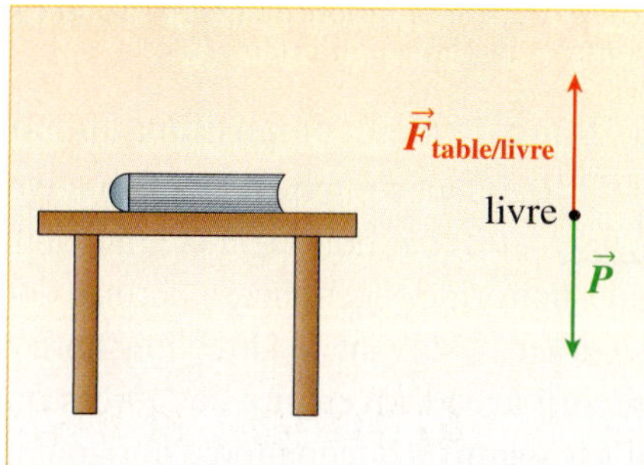

Doc. 3. Représentation des forces qui s'exercent sur un livre posé sur une table.

Énoncé 2. **Si un corps n'est ni immobile ni en mouvement rectiligne uniforme (c'est-à-dire si sa vitesse ou sa direction ou les deux à la fois varient), alors les forces qui s'exercent sur ce corps ne se compensent pas.**

Un enfant assis sur un tourniquet est en mouvement circulaire. Un tel mouvement n'étant pas rectiligne, on peut en déduire, d'après l'énoncé 2, que les forces s'exerçant sur l'enfant (son poids et la force exercée par le tourniquet sur l'enfant) ne se compensent pas. Ainsi, la force exercée par le tourniquet sur l'enfant n'est pas égale à l'opposé du poids de l'enfant.

Énoncé 3. **Si les forces qui s'exercent sur un corps se compensent, alors le corps est immobile ou est en mouvement rectiligne uniforme (c'est-à-dire que sa vitesse et sa direction ne varient pas).**

Deux enfants tirent en sens opposé et avec la même force sur une corde de masse négligeable (**Doc. 4**). La corde n'est donc soumise qu'aux deux forces exercées par les enfants. Les forces qui s'exercent sur la corde se compensent, donc, d'après l'énoncé 3, on en déduit que la corde est immobile.

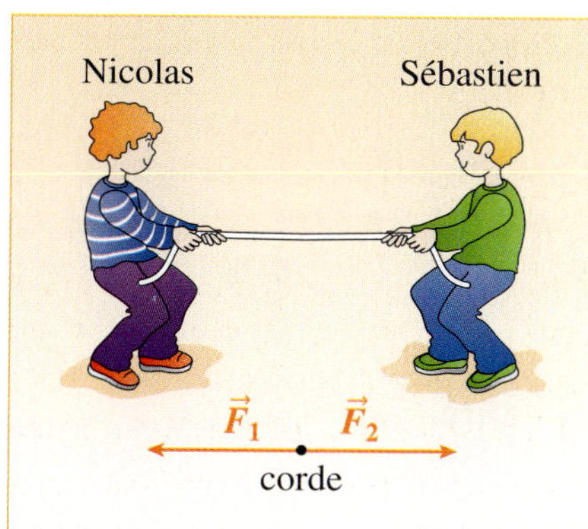

Doc. 4. Deux enfants tirent sur une corde avec des forces égales.

Énoncé 4. **Si les forces qui s'exercent sur un corps ne se compensent pas, alors ce corps n'est ni immobile ni en mouvement rectiligne uniforme (c'est-à-dire que sa vitesse et/ou sa direction varient).**

Si, dans l'exemple précédent, un troisième enfant vient prêter main forte à l'un des deux autres, les forces qui s'exercent sur la corde ne se compenseront plus. D'après l'énoncé 4, la corde va se mettre en mouvement. Cette mise en mouvement, par rapport à la situation de repos, constitue une modification de la vitesse de la corde.

2.4. Application du principe d'inertie à la décomposition d'un mouvement

On peut appliquer le principe d'inertie et les énoncés précédents après projection du mouvement d'un corps sur des axes.

En général, on décompose un mouvement suivant un axe horizontal et un axe vertical.

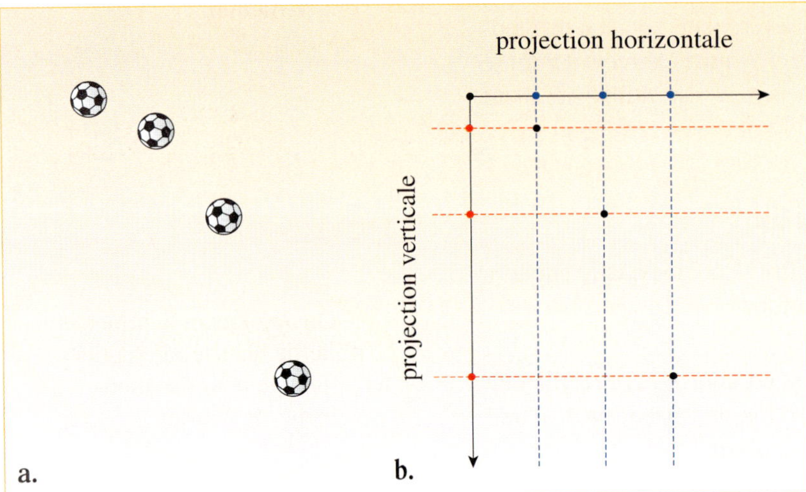

Doc. 5. Chronophotographie de la chute d'un ballon (**a**) et projections du mouvement du centre du ballon (**b**).

- **Étude de la décomposition du mouvement sur l'axe horizontal**

F.M. 6 La décomposition du mouvement du ballon représenté sur le **Doc. 5** montre que le mouvement horizontal du ballon est rectiligne uniforme. L'énoncé 1 permet donc d'en déduire que les forces qui s'exercent suivant la direction horizontale se compensent. Ceci est en accord avec l'inventaire des forces qui s'exercent sur le ballon : celui-ci n'est soumis à aucune force horizontale (**Doc. 6**).

- **Étude de la décomposition du mouvement suivant l'axe vertical**

Le **Doc. 5** montre que le mouvement vertical est varié. D'après l'énoncé 2, on peut donc en déduire que les forces qui s'exercent suivant la direction verticale ne se compensent pas. Ceci est en accord avec l'inventaire des forces qui s'exercent sur le ballon (**Doc. 6**).

➤ **Voir exercice 15**

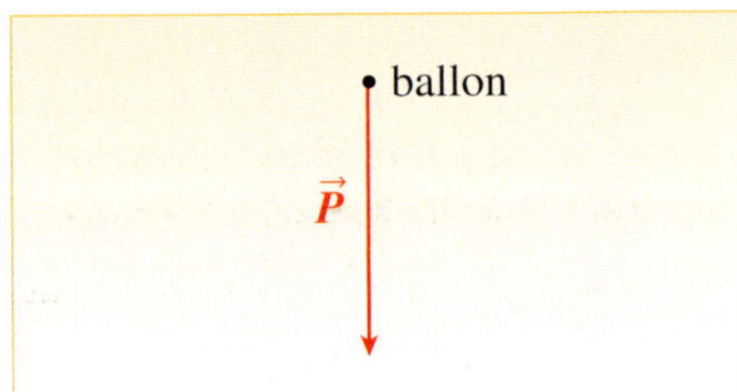

Doc. 6. Schéma de la force s'exerçant sur le ballon lors de sa chute.

essentiel

Principe d'inertie

Tout corps persévère dans son état de repos ou de mouvement rectiligne uniforme si les forces qui s'exercent sur lui se compensent.

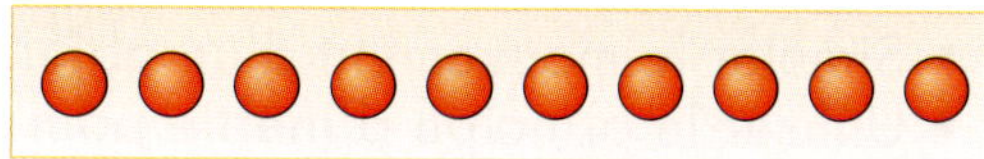

Chronophotographie d'un mouvement rectiligne uniforme

Effet de la force sur la direction du mouvement d'un objet

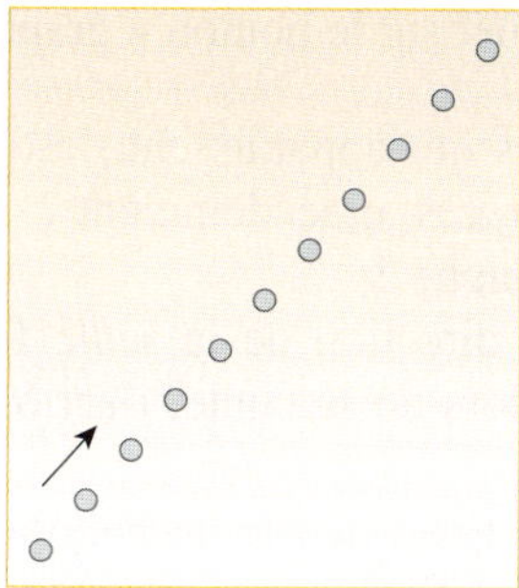

a. Mouvement rectiligne uniforme.

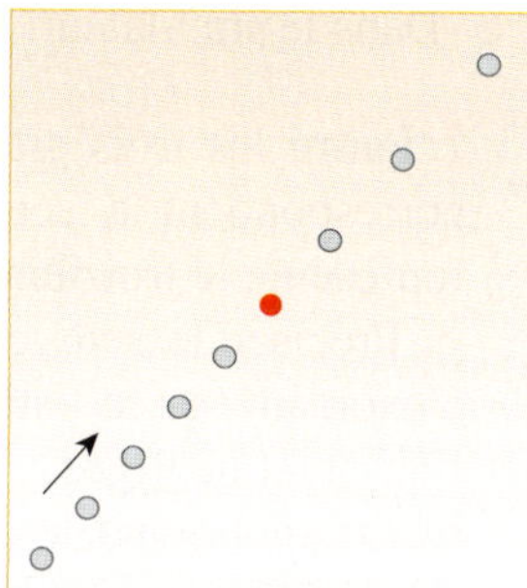

b. Modification de la vitesse.

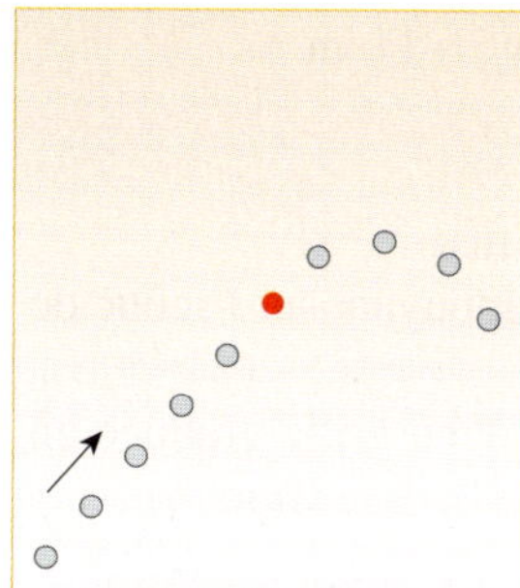

c. Modification de la direction.

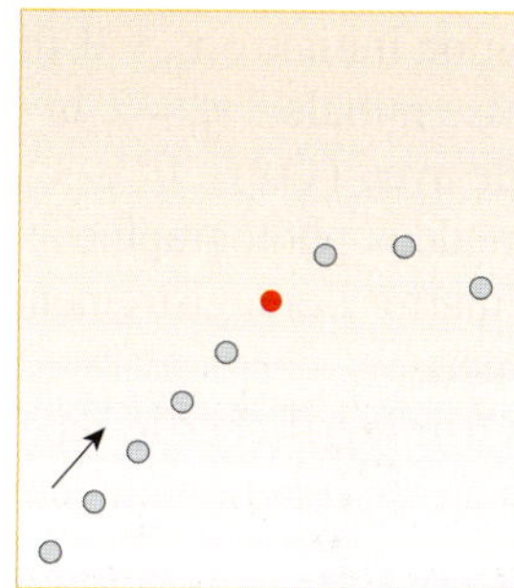

d. Modification de la vitesse et de la direction.

La modification des forces qui s'exercent sur un objet se traduit :

- soit par la modification de la vitesse de cet objet (b) ;
- soit par la modification de la direction du mouvement (c) ;
- soit par les deux à la fois (d).

Rôle de la masse

L'effet d'une force sur le mouvement d'un objet dépend de sa masse. Cet effet est d'autant plus important que la masse est petite.

Effet d'un sèche-cheveu sur une balle de ping-pong

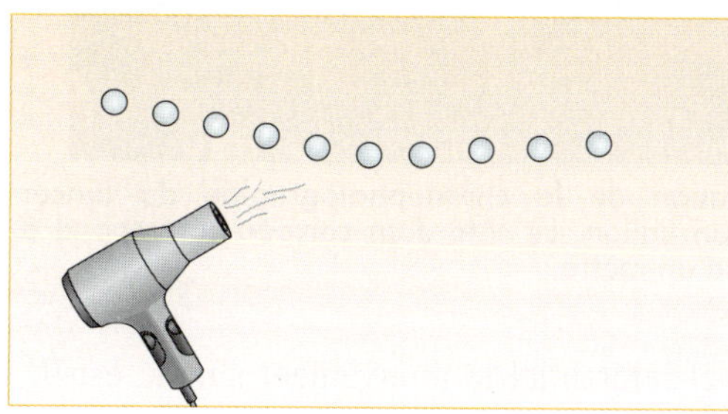

Effet d'un sèche-cheveu sur une balle de ping-pong pleine d'eau

5 Utilisation du simulateur *Newton*

Objectifs
- Simuler le mouvement d'un objet avec le simulateur Newton
- Utiliser le principe d'inertie pour étudier ce mouvement

1. Simulation d'un lancer horizontal

▪ Dans le simulateur Newton, paramétrer la situation expérimentale suivante :
– projectile : ballon ;
– lieu : Terre ;
– position initiale : $x_0 = 0$ m et $y_0 = 11$ m ;
– vitesse initiale : $v_0 = 7\ \text{m} \cdot \text{s}^{-1}$;
– angle avec $(\text{O}x)$: 0° ;
– entre deux photographies : 150 ms.

▪ Démarrer l'enregistrement en appuyant sur l'icône de la caméra.

▪ Choisir « Afficher le repère ». Une grille graduée en mètre apparaît automatiquement à l'écran (**Doc. 1**).

Doc. 1. Simulation de la chronophotographie du lancer horizontal d'un ballon. Le côté d'un carreau correspond à une distance d'un mètre.

a. Dans quel référentiel le mouvement simulé est-il étudié ?
b. Que peut-on dire de la trajectoire du ballon ? Que peut-on dire du mouvement du ballon ?
c. Sur une feuille, représenter les projections du mouvement du ballon sur les axes horizontal et vertical.
d. Que peut-on dire de la vitesse horizontale et de la vitesse verticale ?
e. Représenter l'abscisse x du ballon en fonction du temps t. (Échelles : horizontale, 1 cm correspond à 10 ms ; verticale, 1 cm correspond à 1 m.) Quelle est l'allure de ce graphe ? Faire de même pour l'ordonnée y.

▪ Dans le simulateur, cliquer sur le bouton « graphe ».

f. Parmi les trois graphes qui apparaissent, lesquels correspondent à ceux tracés précédemment ? Que représente le troisième graphe ?
g. Préciser le sens et la direction de la seule force s'exerçant sur le ballon lors de sa chute, l'action de l'air étant négligée.
h. En appliquant le principe d'inertie au ballon lors de sa chute, suivant les directions horizontale et verticale, vérifier les affirmations trouvées en **d**.

2. Prévision et simulation d'un lancer dans une direction quelconque

On souhaite prévoir puis vérifier, à l'aide du simulateur, le mouvement d'un ballon lancé depuis l'origine du repère avec une vitesse v_0 égale à $10\ \text{m} \cdot \text{s}^{-1}$ et inclinée vers le haut de 30° par rapport à l'axe horizontal.

a. Donner les caractéristiques de la force s'exerçant sur le ballon.
b. Prévoir la nature du mouvement du ballon suivant chacune des directions horizontale et verticale.
c. Simuler le mouvement décrit dans l'énoncé.
d. Vérifier les prévisions de la question **b**.
e. Existe-t-il des points communs entre les mouvements simulés en **1** et **2** ? On pourra comparer les forces qui s'exercent sur le ballon ainsi que les projections horizontale et verticale des deux mouvements.
f. D'après la question **e**, peut-on généraliser certaines propriétés des lancers de ballon ? Montrer que ces propriétés s'appliquent encore au lancer d'un ballon depuis l'origine du repère avec une vitesse v_0 égale à $10\ \text{m} \cdot \text{s}^{-1}$ dirigée verticalement, vers le haut.

Voir exercice 15

6 Acquisition vidéo d'une chute libre

Objectifs

- Réaliser l'enregistrement du mouvement d'un objet en chute libre
- Exploiter les données obtenues

1. Acquisition et traitement d'une vidéo

▪ À l'aide d'une webcam, on filme le mouvement d'une balle lâchée, sans vitesse initiale, selon l'axe vertical (**Doc. 1**). On obtient un fichier vidéo au format « avi ».
▪ Enregistrer ce fichier sur un ordinateur sous le nom chute.avi.
▪ À l'aide du logiciel AviMéca, ouvrir le fichier chute.avi. Ce logiciel permet d'analyser le fichier vidéo image par image.

Doc. 1. Chronophotographie du mouvement de la balle.

▪ Prendre, pour origine des temps, la date correspondant à la première image et, pour origine des positions, la position correspondant à la première image.
▪ Afin de mesurer des positions, le logiciel a besoin d'une échelle. Pour cela, on pointe sur le fichier vidéo deux points à proximité du point de départ de la chute. On mesure la distance réelle entre les deux points et on entre cette valeur dans le logiciel. Celui-ci convertit les positions sur l'écran en distances réelles.
▪ Pour chaque image, repérer avec le curseur la position du centre de la balle. Un tableau à deux colonnes (t ; y) correspondant aux positions du centre de la balle se remplit (**Doc. 2**).

Mesures | Etalonnage

t (s)	y (m)
2.00E-1	-2.87E-1
2.40E-1	-3.89E-1
2.80E-1	-5.15E-1
3.20E-1	-6.51E-1
3.60E-1	-7.94E-1
4.00E-1	-9.55E-1
4.40E-1	-1.13E0
4.80E-1	-1.33E0
5.20E-1	-1.52E0
5.60E-1	-1.73E0

Doc. 2. Capture d'écran du tableau.

▪ Enregistrer le tableau obtenu sous le nom chute.rrr.
▪ Ouvrir le fichier chute.rrr à l'aide d'un logiciel tableur-grapheur.

2. Exploitation des données

L'étude de la chute de la balle est réalisée dans le référentiel terrestre.

a. Quelle est la trajectoire de la balle ?
b. En observant la distance parcourue par la balle entre deux mesures, que peut-on dire quant à l'évolution de la vitesse de la balle ?
c. Quelle est la nature du mouvement de la balle ?
d. Faire l'inventaire des forces s'exerçant sur la balle lors de sa chute. On négligera par la suite l'action de l'air sur la balle.
e. En appliquant le principe d'inertie à la balle, vérifier que son mouvement correspond à celui proposé à la question **c**.

Lors d'une chute libre, la théorie permet de prévoir la position verticale y de l'objet en fonction du temps t. La relation existante entre y et t est :

$$y = -\frac{1}{2}gt^2$$

où g est l'accélération de la pesanteur et vaut 9,8 m · s^{-2}. On se propose de vérifier cette relation graphiquement.

f. Créer une nouvelle colonne dans le tableau et calculer les valeurs de t^2.
g. À l'aide du tableur, tracer la représentation graphique de y en fonction de t^2. Préciser l'échelle utilisée.
h. L'allure du tracé correspond-elle à la loi proposée ?
F.M. 9 **i.** Déterminer le coefficient directeur k de la droite tracée à la question **g** et vérifier que sa valeur est en accord avec celle donnée dans l'énoncé.
j. Pourquoi les deux points nécessaires à l'étalonnage doivent être pris à proximité du point de départ de la chute ?

Voir exercice 13

Exercice résolu

Projection d'un mouvement

Énoncé

On étudie le mouvement d'une balle dans le référentiel terrestre. On enregistre le mouvement de la balle lancée et on obtient le schéma ci-contre.
On a tracé sur le schéma les horizontales et les verticales passant par les diverses positions enregistrées.
L'action de l'air sur la balle est supposée négligeable.

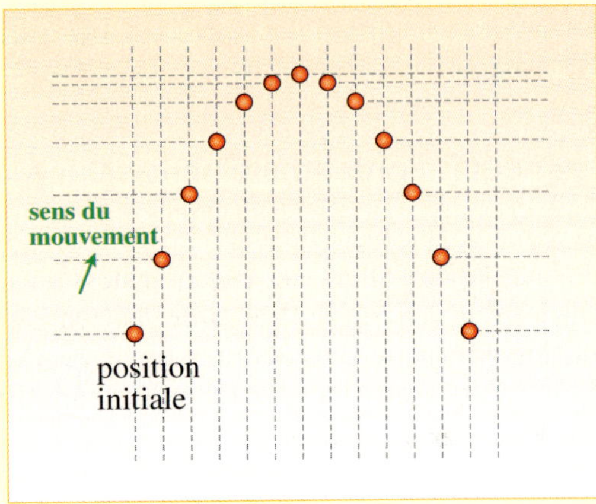

a. En utilisant le quadrillage, construire la projection horizontale du mouvement. Quelle est la nature du mouvement selon cette direction ?

b. En utilisant le quadrillage, construire la projection verticale du mouvement. Quelle est la nature du mouvement selon cette direction ?

c. À quelle force la balle est-elle soumise ?
Quelle est sa direction et son sens ?

d. Appliquer le principe d'inertie pour chacun des mouvements projetés et retrouver les réponses aux questions **a** et **b**.

Conseils

a. et b. Reporter horizontalement et verticalement chaque position de la balle au cours de son mouvement. Comparer les distances entre deux points successifs pour chaque projection.

d. Appliquer le principe d'inertie à chacune des projections.

Résolution

a. On obtient :

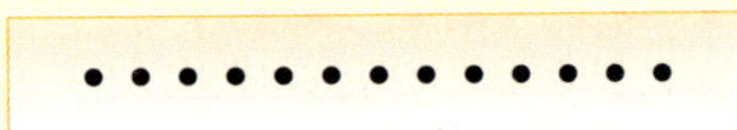

La distance parcourue entre deux points successifs, pendant des intervalles de temps égaux, est la même au cours du mouvement. La vitesse suivant la direction horizontale est donc constante : la projection horizontale du mouvement correspond à un mouvement uniforme.

b. On obtient le schéma ci-contre.
La distance parcourue entre deux points successifs, pendant des intervalles de temps égaux, varie au cours du mouvement. La vitesse suivant la direction verticale est variable : la projection verticale du mouvement correspond à un mouvement varié.

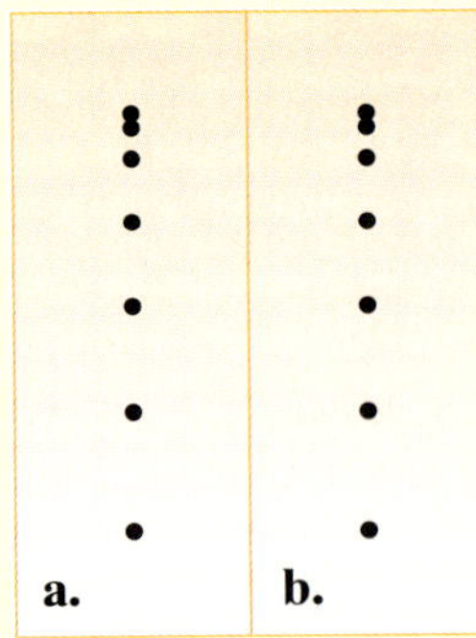

a. Montée b. Descente

c. La balle est soumise à son poids, de direction verticale et de sens vers le bas.

d. Suivant l'axe horizontal, la balle n'est soumise à aucune force. D'après le principe d'inertie, le mouvement horizontal se fait à vitesse constante.
Suivant l'axe vertical, la balle est soumise à une force non nulle.
D'après le principe d'inertie, le mouvement vertical se fait à vitesse variable.

Exercices

Sauf indication contraire, les mouvements sont étudiés dans le référentiel terrestre et on représentera chaque objet étudié par un point.

Tester ses connaissances

● **1.** Citer deux effets possibles d'une force agissant sur un objet en mouvement.

● **2.** Quelle est l'influence de la masse sur la modification du mouvement d'un objet soumis à une nouvelle force ?

● **3.** Énoncer le principe d'inertie.

● **4.** D'après le principe d'inertie, à quel mouvement correspond le cas où les forces qui s'exercent sur un objet se compensent ?

● **5.** Dans le référentiel terrestre, est-il exact de dire que si la trajectoire d'un objet n'est pas rectiligne, alors cet objet est soumis à des forces qui ne se compensent pas ?

● **6.** Qu'appelle-t-on projection horizontale et projection verticale d'un mouvement ?

Appliquer ses connaissances

Effets d'une force sur un mouvement

● **7.** ✶ Une boule en mousse contenant un noyau en fer roule sur une table horizontale et passe à proximité d'un aimant : son mouvement est alors modifié. On fait la même expérience avec une boule en bois contenant un noyau de fer identique à celui de la boule précédente : le mouvement de la boule est à peine modifié.
En supposant que les forces exercées par l'aimant sur les deux boules sont identiques, expliquer pourquoi la boule en bois est peu déviée.

● **8.** ✶ Le propriétaire d'une moto en panne pousse son véhicule pour le faire démarrer. La moto, initialement arrêtée, se met à rouler.
En poussant avec la même force une mobylette, la vitesse acquise par la mobylette est plus importante.
En poussant une voiture avec la même force, la vitesse est plus faible.
Interpréter la différence entre ces trois situations.

Principe d'inertie

● **9.** ✶ Une voiture se déplace en ligne droite à vitesse constante sur une route plane et horizontale.

a. Quel est le mouvement de la voiture ?

b. D'après le principe d'inertie, que peut-on dire quant aux forces qui s'exercent sur la voiture ?

● **10.** ✶ Après une descente, un skieur évolue en ligne droite sur une portion de piste plane et horizontale. Au bout d'une dizaine de mètres, il s'arrête.

a. Quel est le mouvement du skieur avant l'arrêt ?

b. Établir le diagramme skieur-interactions. En déduire les forces qui s'exercent sur le skieur.

c. Que peut-on dire des forces qui s'exercent sur le skieur ?

● **11.** ✶ Notre satellite naturel, la Lune, tourne à vitesse constante autour de la Terre. Dans un référentiel constitué par la Terre privée de son mouvement de rotation, la trajectoire de la Lune est un cercle.

a. Quel est le mouvement de la Lune dans ce référentiel ?

b. La Lune est-elle soumise à des forces qui se compensent ? Justifier la réponse.

● **12.** ✶✶ Sur la glace d'une patinoire, on enregistre le mouvement du centre P d'un palet retenu par un fil fixé en A.

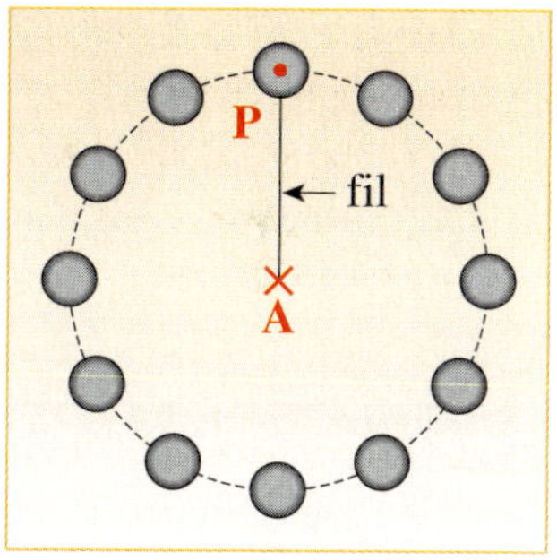

a. Décrire le mouvement du centre du palet représenté sur le schéma ci-contre.

b. On admet que le poids du palet et la force exercée par la glace sur le palet se compensent. Montrer, en utilisant le principe d'inertie, qu'il existe au moins une autre force agissant sur le palet, et préciser laquelle.

c. Si le fil casse, quel sera le mouvement ultérieur du palet ? Justifier la réponse à l'aide du principe d'inertie.

aide

a. On caractérise le mouvement d'un point par sa trajectoire et par l'évolution de sa vitesse au cours du temps.

b. Utiliser le fait que le mouvement du centre du palet n'est pas rectiligne uniforme.

c. Le centre du palet ne subissant plus la force exercée par le fil, faire l'inventaire des forces s'exerçant alors sur le palet.

● **13.** ★★ Lorsqu'on lâche verticalement et sans vitesse initiale une balle de tennis, la distance y (en mètre) parcourue par la balle lors de sa chute est donnée par la loi $y = \frac{1}{2} g t^2$ où t est la durée de chute exprimée en seconde ; $g = 9{,}8 \text{ m} \cdot \text{s}^{-2}$.

a. Sachant que la chute dure 1,5 s, déterminer la hauteur h à laquelle la balle de tennis a été lâchée.

b. Déterminer la position de la balle toutes les 150 ms et représenter ces positions entre 0 et 1,5 s.

c. Quel est le mouvement de la balle de tennis ?

d. D'après le principe d'inertie, que peut-on dire des forces qui s'exercent sur la balle de tennis ?

e. On lâche du même endroit un ballon de volley. En appliquant la loi énoncée ci-dessus, déterminer au bout de combien de temps le ballon doit toucher le sol.

f. On lâche simultanément les deux objets. On entend deux impacts distincts. La loi donnée précédemment est-elle vérifiée ? Proposer une explication.

● **14.** ★★ **1.** On considère une bille lâchée sans vitesse initiale dans l'air (fig. 1).

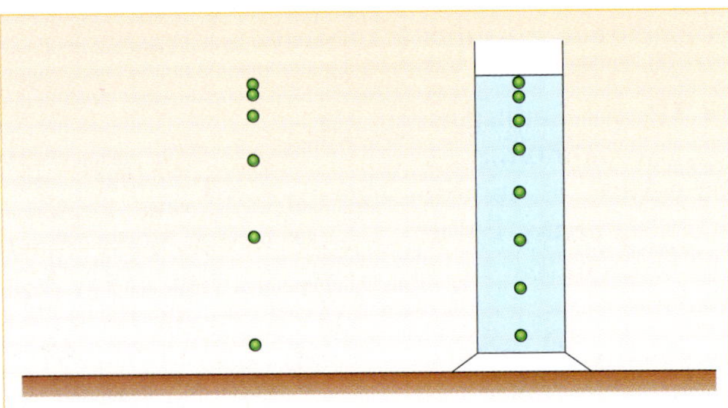

Figure 1 Figure 2

a. Déduire de la chronophotographie (fig. 1) l'évolution de la vitesse de la bille au cours du temps.

b. En vertu du principe d'inertie, que peut-on dire des forces qui s'exercent sur la bille ?

c. Faire l'inventaire des forces qui s'exercent sur la bille et les représenter sur un schéma.

2. La même bille tombe maintenant dans une éprouvette contenant de la glycérine (fig. 2). On distingue deux phases dans le mouvement de la bille.

a. Déduire de la chronophotographie ci-dessus (fig. 2) l'évolution de la vitesse de la bille pour chacune de ces deux phases.

b. On étudie la seconde phase du mouvement. Que peut-on dire des forces qui s'exercent sur la bille ?

c. Faire l'inventaire des forces qui s'exercent sur la bille et les représenter sur un schéma.

Projection d'un mouvement

● **15.** ★★ On lance une balle avec une vitesse initiale horizontale. Le schéma ci-après représente la chronophotographie du mouvement de la balle.

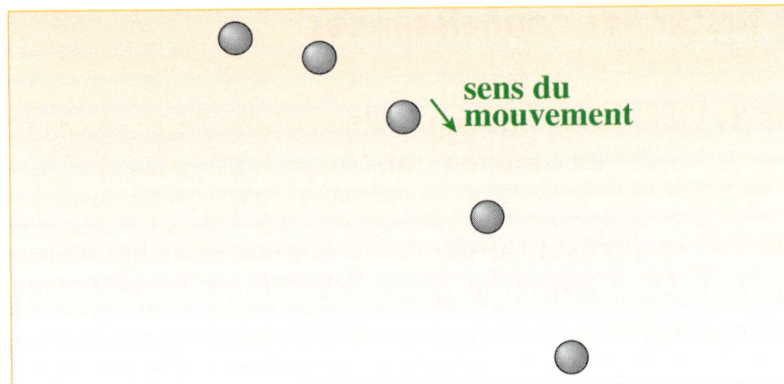

a. Quelle est la nature du mouvement de la balle dans le référentiel terrestre ?

b. Établir un diagramme balle-interactions. Quelles sont les forces (on précisera la direction et le sens) qui s'exercent sur la balle lors de sa chute ? On négligera par la suite la force exercée par l'air sur la balle.

c. Réaliser la projection horizontale du mouvement. Dire comment évoluent les espacements entre deux positions successives de la balle au cours du temps ?

d. Réaliser la projection verticale du mouvement. Dire comment évoluent les espacements entre deux positions successives de la balle au cours du temps ?

e. Montrer que la nature du mouvement horizontal et celle du mouvement vertical de la balle sont bien conformes au principe d'inertie.

● **16.** ★★★ Un joueur de pétanque lance une boule de 800 g avec une vitesse initiale $v_0 = 9{,}00 \text{ m} \cdot \text{s}^{-1}$ dont la direction fait un angle $\alpha = 40{,}0°$ avec l'horizontale. On obtient la chronophotographie suivante.

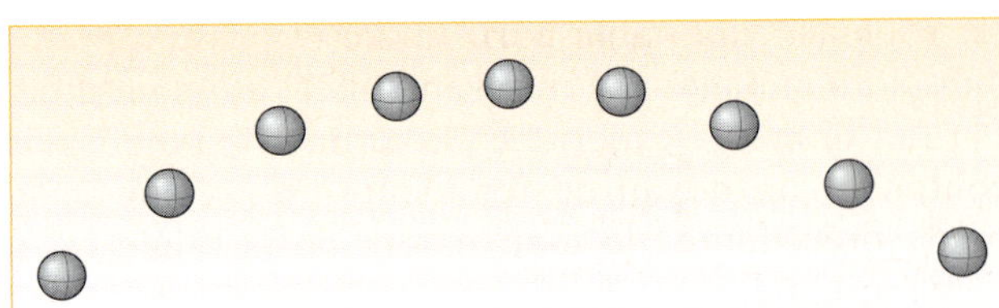

La distance horizontale parcourue par la boule entre les deux positions extrêmes est de 8,27 m pour une durée de 1,20 s. L'intervalle de temps entre deux positions successives photographiées est de 0,150 s.

Première loi. La valeur de la vitesse horizontale de la boule est constante pendant tout le mouvement et vaut $v_x = v_0 \cos \alpha$.

Deuxième loi. La valeur de la vitesse verticale est donnée par la relation :

$$v_y(t) = -gt + v_0 \sin \alpha \quad \text{avec} \quad g = 9{,}80 \text{ m} \cdot \text{s}^{-2}$$

1. Étude de la première loi

a. Réaliser la projection horizontale du mouvement de la boule.

b. Comment évolue la vitesse suivant l'axe horizontal ?

c. Justifier que l'on pouvait prévoir ce résultat à l'aide du principe d'inertie.

d. Déterminer la valeur v_x de la vitesse horizontale de la boule à partir de la projection, puis à partir de la première loi.

e. La première loi est-elle vérifiée ?

2. Étude de la deuxième loi

a. Réaliser la projection verticale du mouvement de la boule. Montrer que le mouvement vertical de la boule peut se décomposer en deux phases.

b. Comment évolue la vitesse suivant l'axe vertical ?

c. Justifier que l'on pouvait prévoir ce résultat à l'aide du principe d'inertie.
Aux instants $t = 0{,}300$ s et $t = 1{,}05$ s, la balle possède des vitesses algébriques verticales telles que :
$v_y(0{,}300) = 2{,}85 \text{ m} \cdot \text{s}^{-1}$ et $v_y(1{,}05) = -4{,}50 \text{ m} \cdot \text{s}^{-1}$

d. Justifier le signe négatif de $v_y(1{,}05)$.

e. À l'aide de la 2e loi, calculer les valeurs de v_y aux instants $t = 0{,}300$ s et $t = 1{,}05$ s.

f. La deuxième loi est-elle vérifiée ?

Aller plus loin

17. *Forces non colinéaires*

L'enseigne schématisée ci-contre est suspendue devant une boulangerie.

a. Établir le diagramme enseigne-interactions.

b. À quelles forces est soumise l'enseigne ? Que peut-on dire de ces forces quand l'enseigne est immobile ?

c. Représenter sur un schéma les forces exercées sur l'enseigne en respectant la condition trouvée à la question **b**.

aide

b. Appliquer le principe d'inertie.

c. Les forces ont des directions non colinéaires. Lorsque des forces se compensent, cela veut dire que la somme des vecteurs les représentant est égale au vecteur nul.

18. *Équilibre électrostatique*

On considère un pendule constitué d'une petite boule en aluminium suspendue à l'extrémité d'un fil inextensible de masse négligeable. L'autre extrémité du fil est accrochée à un support. Si l'on approche une tige en verre préalablement frottée sur un chiffon de laine, on constate que la tige en verre attire la boule et on obtient la situation schématisée ci-dessous.

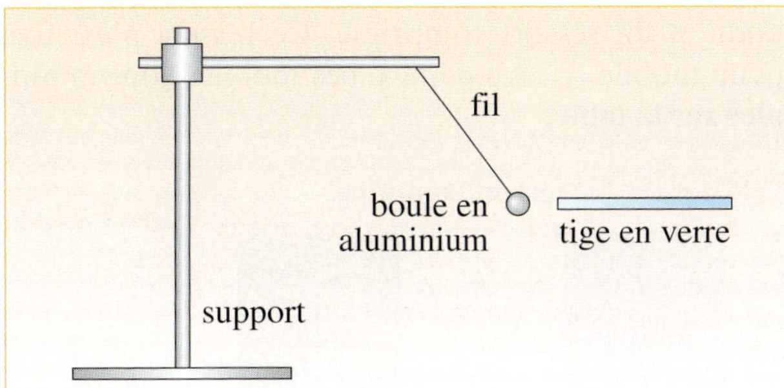

a. Établir le diagramme boule-interactions.

b. Quelles forces s'exercent sur la boule ?

c. La boule est immobile. Que peut-on dire quant aux forces qui s'exercent sur celle-ci ?

d. Sur un schéma, représenter les forces qui s'exercent sur la boule en respectant la condition trouvée à la question **c**. On schématisera la boule par un point.

19. *Trajectoire d'une balle*

Une personne en rollers se déplace en ligne droite à vitesse constante dans une rue horizontale. Cette personne lâche une balle qu'elle tenait à la main, à la verticale de la pointe avant de son roller gauche. Les avis sont partagés sur le point de chute de l'objet.

Premier avis : « La balle retombera derrière la pointe du roller gauche puisque les rollers avancent pendant que la balle est en l'air. »

Deuxième avis : « La balle tombera sur la pointe du roller gauche. »

Cet exercice se propose de chercher quelle affirmation est correcte. On se place dans le référentiel terrestre lié à la rue et on observe le mouvement de la balle lâchée par la personne qui se déplace sur ses rollers.

1. a. Dans ce référentiel, quelle est la direction du mouvement de la balle à l'instant où elle est lâchée ?

b. Quelle force agit sur la balle lorsqu'elle tombe ? (On négligera les forces exercées par l'air.)

c. Le mouvement de la balle, projeté suivant la direction horizontale, est-il modifié lorsque celle-ci tombe ?

d. Lequel des deux avis est correct ? Donner l'allure de la trajectoire de la balle. Justifier la réponse.

2. Reprendre cet exercice dans le cas où la personne se déplace, non plus en rollers, mais en vélo et lâche la balle à la verticale du centre de la roue avant.

Exercices

20. ★★★ *Influence de la masse*

On dispose d'une table horizontale, recouverte d'une feuille de papier, sur laquelle des mobiles peuvent se déplacer sur coussin d'air, sans frottements. À intervalles de temps réguliers, le centre de la base de chaque mobile marque sa position sur la feuille de papier. Ces traces informent sur le mouvement du mobile.

Deux mobiles ① et ②, de masses respectives $m_1 = 0{,}710$ kg et $m_2 = 1{,}070$ kg, sont reliés par un fil tendu et un ressort comprimé. Ce ressort n'est fixé qu'au mobile ①. Au départ, ces mobiles sont immobiles sur la table.

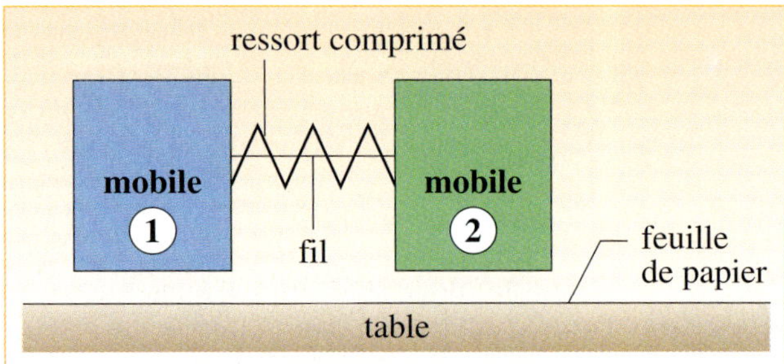

Le fil est brûlé : le ressort se détend, et les deux mobiles s'écartent sous l'action du ressort. On admettra que les forces exercées par le ressort sur chacun des mobiles ont la même valeur. Les positions respectives des axes des mobiles sont enregistrées par marquage à intervalles de temps réguliers (60 ms).

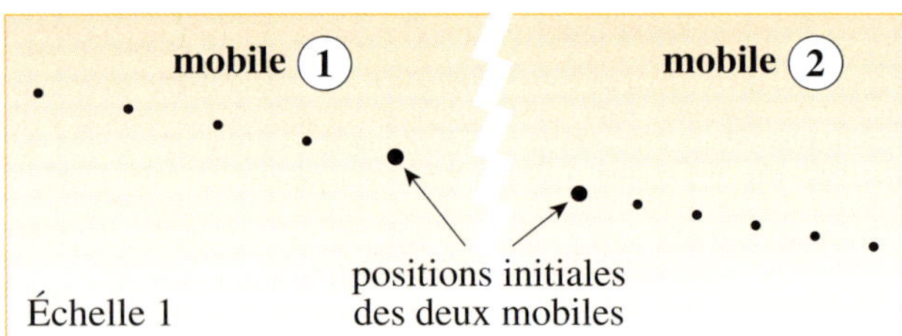

a. Montrer à partir de l'enregistrement que les mouvements des mobiles sont rectilignes uniformes.

b. En déduire que les forces exercées sur le mobile ① se compensent pendant le mouvement.

c. Calculer les valeurs des vitesses v_1 et v_2 de chaque mobile.

d. Que peut-on dire de l'influence de la masse des mobiles sur leur vitesse après la séparation ?

aide

F.M. 5 **a.** Utiliser la fiche méthode 5 pour interpréter les enregistrements.

b. Utiliser l'un des quatre énoncés relatifs au principe d'inertie.

c. Utiliser l'échelle de l'enregistrement.

d. Revoir le rôle de la masse dans le paragraphe **1.2** du cours.

21. ★★★ *Skieur sur un téléski*

1. Afin de monter au sommet d'une piste, un skieur se présente sur l'aire horizontale de départ d'un téléski. Initialement immobile, il s'accroche à une perche, faisant un angle β constant avec l'horizontale. On admettra que la perche exerce une force de traction dirigée selon la direction de la perche.

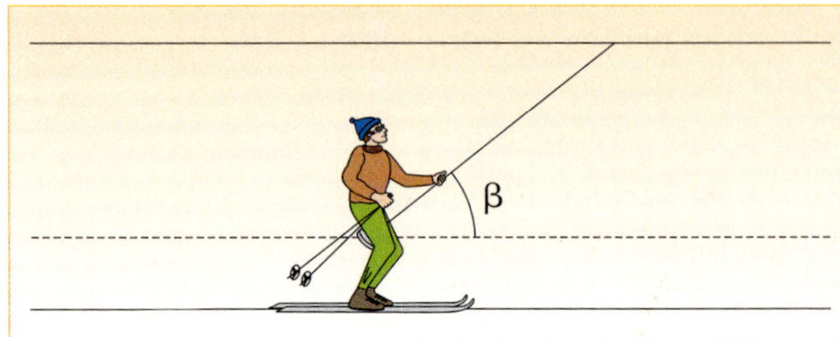

Lors de la phase de démarrage, le skieur parcourt une longueur $\ell = 8{,}0$ m pendant 8,0 s.

À la fin de cette phase, la vitesse se stabilise à la valeur de $v = 2{,}0\ \text{m} \cdot \text{s}^{-1}$.

a. Pendant la phase de démarrage, comment évolue la vitesse du skieur ? Quel est son mouvement ?

b. Faire l'inventaire des forces qui s'exercent sur le skieur lors de la phase de démarrage.

c. Appliquer le principe d'inertie au skieur. Que peut-on dire des forces qui s'exercent sur le skieur pendant la phase de démarrage ?

2. Le skieur, toujours tiré par la même perche, monte, à la vitesse constante $v = 2{,}0\ \text{m} \cdot \text{s}^{-1}$, sur une pente rectiligne inclinée.

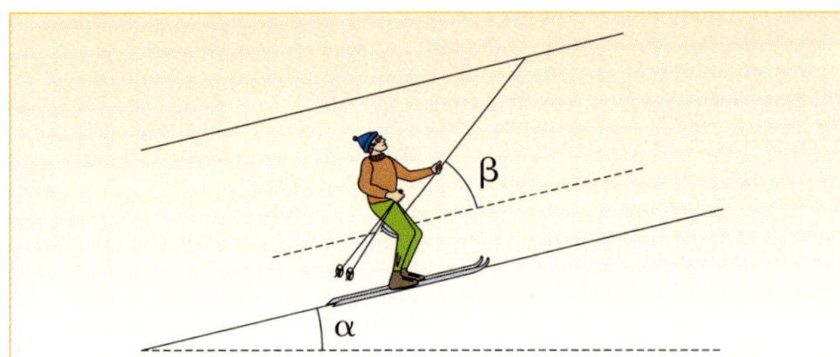

a. Quel est désormais le mouvement du skieur ?

b. Que peut-on dire des forces qui s'exercent sur le skieur lors de la montée ?

3. Pour chacune des situations ci-dessus, préciser quel est le diagramme skieur-interactions approprié.

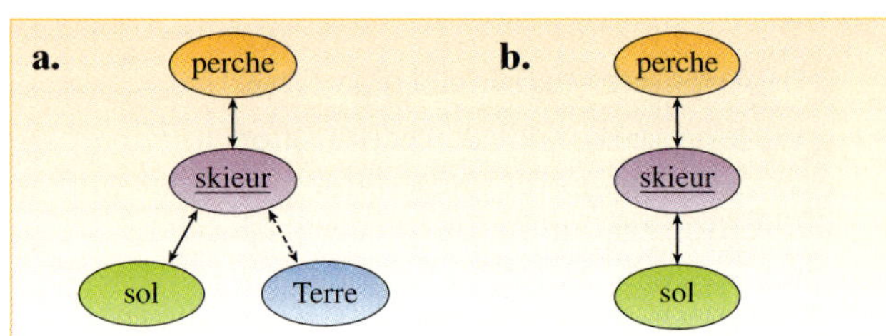

L'INTERACTION GRAVITATIONNELLE

16

OBJECTIFS

- Utiliser le principe d'inertie pour interpréter la chute des corps.
- Savoir calculer la force d'interaction gravitationnelle qui s'exerce entre deux corps.
- Savoir calculer le poids d'un corps en différents lieux.
- Prévoir le mouvement d'un projectile.

PLAN DU COURS

1 - La gravitation universelle

2 - Trajectoires de projectiles

Notre Univers est composé de nombreuses galaxies de formes très différentes. Certaines, comme la galaxie des Chiens de chasse, ont une forme de spirale. Dans ces galaxies, la matière tourne autour du centre de la galaxie. Quelle est la force responsable de ce mouvement ?

1 Peut-on trouver sur Terre des mouvements identiques à celui de la Lune ?

La Lune, satellite naturel de notre planète, possède un mouvement circulaire uniforme.

a. Que signifie l'expression « circulaire uniforme » ?
b. D'après le principe d'inertie, que peut-on dire des forces qui s'exercent sur un objet ayant un mouvement circulaire uniforme ?

On considère deux positions de la Lune sur sa trajectoire (**Doc. 1**).

c. Faire l'inventaire des forces s'exerçant sur la Lune si on néglige l'action des astres autres que la Terre sur la Lune. Recopier le schéma du **Doc. 1** et représenter ces forces sur le schéma pour les deux positions.

On souhaite trouver sur Terre des objets qui soient aussi en mouvement circulaire uniforme.

d. Proposer un dispositif expérimental tel que le mouvement d'un objet soit circulaire uniforme et dont la trajectoire se situe dans un plan horizontal. Faire l'inventaire des forces qui s'exercent sur l'objet.
e. Existe-t-il des points communs entre le mouvement de la Lune et celui proposé à la question **d** ?

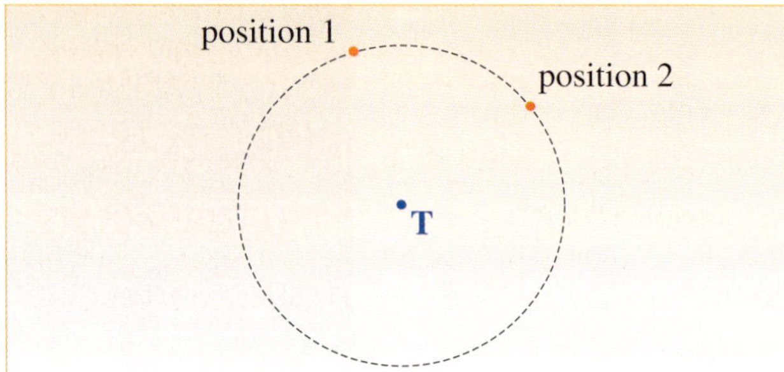

Doc. 1. Représentation de deux positions de la Lune lors de son mouvement autour de la Terre.

2 Le tube de Newton

Première expérience

- Lâcher d'une même hauteur une balle de tennis et une boule de bois.

a. Qu'observe-t-on ?

- Refaire la même expérience en remplaçant la boule de bois par un morceau de papier.

b. Qu'observe-t-on ?
c. Proposer une interprétation aux différences observées.

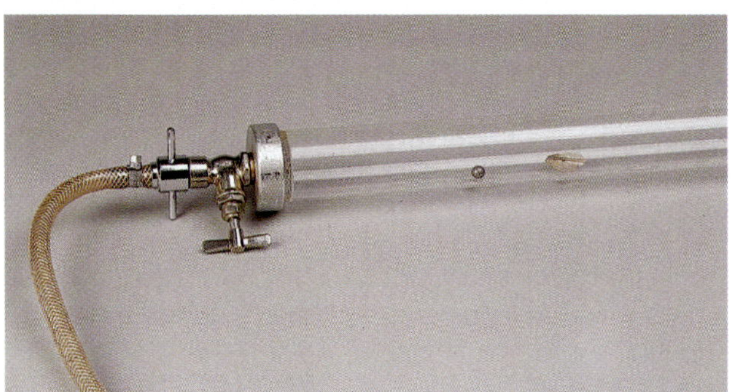

Doc. 1. Tube de Newton.

Deuxième expérience

- On considère un tube fermé dans lequel se trouvent une bille et une plume (**Doc. 1**).
- On retourne le tube de façon à le maintenir vertical.

d. Qu'observe t-on ?

Troisième expérience

- On laisse la bille et la plume dans le tube et on évacue l'air du tube à l'aide d'une pompe.
- On retourne le tube de façon à le maintenir vertical.

e. Qu'observe-t-on ?
f. Proposer une interprétation aux différences entre les mouvements observés lors des deux dernières expériences.

Voir exercice 19

3 La force d'interaction gravitationnelle

Objectif

- Mettre en évidence les paramètres intervenant dans l'expression de la force d'interaction gravitationnelle

Certaines données, nécessaires pour cette activité, se trouvent dans le rabat de couverture.
L'interaction gravitationnelle est une interaction attractive qui existe entre deux corps et qui est due à leur masse. Cette interaction permet d'interpréter pourquoi les corps tombent et pourquoi les planètes tournent autour du Soleil.
Dans toute cette activité, on ne considère que deux corps de masses m_1 et m_2, loin de tout autre corps. La distance entre les centres des deux corps est notée d. Toute interaction autre que l'interaction gravitationnelle sera négligée.

1. Interaction gravitationnelle

a. Établir le diagramme corps 1 – interactions. À quelle force, de valeur F_1, est soumis le corps 1 ?
b. Établir le diagramme corps 2 – interactions. À quelle force, de valeur F_2, est soumis le corps 2 ?
c. Quelle relation existe-t-il entre F_1 et F_2 ? Justifier.

2. Influence de la distance

■ On considère que le corps 1 est la Terre et que le corps 2 est la sonde *Voyager* partie vers Jupiter.

a. À votre avis, est-ce qu'au moment où la sonde s'éloigne de la Terre la force qu'exerce la Terre sur la sonde augmente ou diminue ? Argumenter.
b. On note F la valeur commune à F_1 et F_2. Déduire de la question précédente qu'une expression de la forme $F = \alpha d$, où α est un coefficient indépendant de la distance d, n'est pas possible.

■ On considère maintenant l'interaction qui existe entre une pomme de masse $m_1 = 200$ g (corps 1) et un abricot de masse $m_2 = 50$ g (corps 2). On fait varier la distance entre ces deux corps.
Dans le tableau suivant, les valeurs de F sont exprimées en piconewton ($1\ \text{pN} = 1 \cdot 10^{-12}\ \text{N}$) en fonction de d.

d (m)	0,25	0,50	1,0	2,0	4,0
F (pN)	11	2,7	0,67	0,17	0,042

c. Montrer que les valeurs du tableau sont en accord avec une expression de la forme $F = \dfrac{\alpha}{d^2}$.

■ On considère maintenant que le corps 1 est la Terre, de rayon R_T, le corps 2 étant l'abricot.

d. Quelle est la distance entre l'abricot et la Terre lorsque celui-ci se trouve au rez-de-chaussée d'un immeuble, situé au niveau du sol ? au 10e étage d'un immeuble, soit 30 m plus haut ?
Pourquoi peut-on affirmer que la force d'interaction gravitationnelle entre le corps 2 et la Terre est la même dans les deux cas ?

3. Influence de la masse

La valeur commune F des forces d'interaction gravitationnelle a pour expression :

$$F = F_1 = F_2 = \frac{G m_1 m_2}{d^2}$$

avec $G = 6{,}67 \cdot 10^{-11}\ \text{N} \cdot \text{m}^2 \cdot \text{kg}^{-2}$.
Les masses m_1 et m_2 sont exprimées en kilogramme, la distance d en mètre et la valeur F de la force en newton.

a. Retrouver les valeurs du tableau évoquées en **2.**
b. Calculer la valeur de la force exercée par la Terre sur un abricot de masse 50 g lorsque celui-ci est posé sur le sol.
c. Calculer la valeur de la force qu'exerce l'abricot sur la Terre. Le résultat est-il surprenant ?
d. Calculer la valeur de la force qu'exerce une pomme de masse 200 g sur un abricot de masse 50 g quand $d = 25$ cm. Comparer cette valeur avec la valeur de la force déterminée en **b**.
e. En déduire que, sur Terre, on pourra négliger l'interaction gravitationnelle entre des corps de masses usuelles.
f. Déterminer la valeur de la force exercée par la Terre sur la Lune et montrer que la valeur de cette force est très grande, comparée aux valeurs des forces évoquées précédemment.

Voir exercices 10 et 16

4 Conséquences de l'interaction gravitationnelle

Objectif

- Déterminer les valeurs des forces d'interaction gravitationnelle s'exerçant entre deux corps

Certaines valeurs nécessaires aux calculs se trouvent dans le rabat de couverture.
On a représenté sur le **Doc. 1** les forces d'interaction gravitationnelle $\vec{F}_{B/A}$ et $\vec{F}_{A/B}$ qui s'exercent sur les corps A et B.

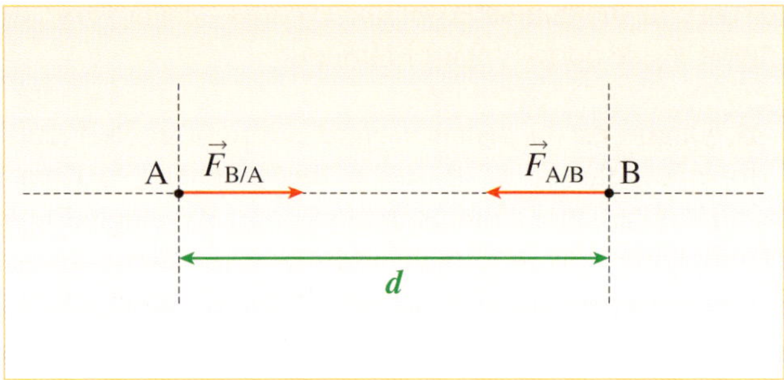

Doc. 1.

La valeur commune des forces $\vec{F}_{A/B}$ et $\vec{F}_{B/A}$, notée F, a pour expression :

$$F = \frac{G m_A m_B}{d^2}$$

Les masses m_A et m_B des objets sont exprimées en kg, la distance d en m. G est la constante de la gravitation universelle :

$$G = 6{,}67 \cdot 10^{-11}\ \text{N} \cdot \text{m}^2 \cdot \text{kg}^{-2}$$

1. Interaction gravitationnelle et poids

a. Rappeler la distinction entre la masse d'un corps et son poids.
b. Calculer le poids, à la surface de la Terre, d'une personne de masse $m = 70$ kg sachant que, sur Terre, $g = 9{,}8\ \text{N} \cdot \text{kg}^{-1}$.
c. Calculer la valeur de la force d'interaction gravitationnelle exercée par la Terre sur la personne de masse 70 kg. Dans un tel cas, on considère que d est la distance de la personne au centre de la Terre.
d. Comparer ces deux valeurs numériques. Que peut-on dire ?
e. À l'aide de l'expression de la valeur de la force d'interaction gravitationnelle, déterminer l'expression de l'accélération de la pesanteur g_T sur Terre. Retrouver sa valeur numérique.
f. Calculer la valeur de g_L sur la Lune puis déterminer le poids de la même personne sur la Lune.

2. Interaction gravitationnelle et saut en hauteur

La hauteur que l'on atteint lors d'un saut dépend de la vitesse avec laquelle on s'élance. La relation entre la vitesse (en $\text{m} \cdot \text{s}^{-1}$) et la hauteur (en m) est $v^2 = 2gh$ où g est l'accélération de la pesanteur de la planète considérée.

a. Sur Terre, quelle doit être la valeur v de la vitesse si on veut s'élever d'une hauteur $h = 1{,}0$ m ?
b. En s'élançant avec la même vitesse v, quelle hauteur h' peut-on atteindre sur la Lune ?
c. Une telle expérience a-t-elle déjà été réalisée ?

La durée t d'un saut dépend également de la vitesse v avec laquelle on s'élance. La relation existant entre les deux grandeurs est $v = gt$.

d. Quelle est la durée du saut précédent sur Terre ? sur la Lune ?

Un spationaute effectue une sortie hors de sa navette spatiale (**Doc. 2**). On considère qu'il est à une distance $d_N = 3{,}0$ m du centre de la navette dont la masse est $m_N = 200$ t. La masse du spationaute et de son équipement vaut 130 kg.

Doc. 2. Spationaute effectuant une sortie.

e. Que peut-on dire de la valeur de la force d'interaction gravitationnelle exercée par la navette sur le spationaute pendant sa sortie ?
f. Si le spationaute sautait, il ne retomberait jamais sur la navette. Proposer une explication. Quelle précaution doit prendre un spationaute qui effectue une sortie dans l'espace ?

Voir exercice 12

Pendant des siècles, de nombreux physiciens ont été fascinés par le mouvement des astres sans pouvoir l'expliquer.
La loi de la gravitation universelle énoncée par Newton au XVIIe siècle a enfin permis de comprendre le mouvement des astres et de prédire l'existence de nouvelles planètes. Ainsi, l'existence de Neptune fut envisagée par le Français Le Verrier avant même d'être découverte à la fin du XIXe siècle.

1 La gravitation universelle

1.1. Interaction gravitationnelle entre deux corps

Voir activité 3

Du simple fait de leur masse, des corps s'attirent. Cette interaction est appelée interaction gravitationnelle.

Sur Terre, lorsqu'on lâche un corps, il tombe. Cette chute peut s'interpréter en considérant que le corps est attiré par la Terre puisque cette dernière possède une masse ($6 \cdot 10^{24}$ kg) et que le corps possède également une masse.
Il existe une interaction gravitationnelle entre le corps et la Terre.
S'agissant de la Lune et de la Terre, comme ces deux astres possèdent une masse, ils sont en interaction gravitationnelle.
C'est cette interaction qui permettra d'interpréter le mouvement de la Lune autour de la Terre.

En physique, on utilise souvent le mot « corps » pour « objet ».

F : valeur d'une force (en N).
$\vec{F}$: vecteur représentant la force.

1.2. Énoncé de la loi de la gravitation universelle

La loi de la gravitation universelle a été énoncée par Newton (**Doc. 1**) au XVIIe siècle.

La valeur de la force d'interaction gravitationnelle exercée par un corps A sur un corps B (et par un corps B sur un corps A) a pour expression :

$$F_{A/B} = F_{B/A} = F = G\,\frac{m_A m_B}{d^2}$$

- **$G = 6{,}67 \cdot 10^{-11}$ N · m^2 · kg^{-2} est la constante de gravitation universelle ;**
- **m_A et m_B, exprimées en kilogramme, sont les masses des corps A et B ;**
- **d, exprimée en mètre, est la distance entre les centres des corps A et B, supposés à répartition sphérique de masse ;**
- **F s'exprime en newton.**

L'expression de la valeur de la force d'interaction gravitationnelle montre que la valeur $F_{A/B}$ de la force qu'exerce A sur B est identique à la valeur $F_{B/A}$ de la force qu'exerce B sur A. Ceci est cohérent avec ce qui a été énoncé au chapitre 14.
On a représenté sur le **Doc. 2** les forces d'interaction gravitationnelle entre les deux corps A et B.

Doc. 1. La loi de la gravitation universelle a été énoncée par Newton (1642-1727).

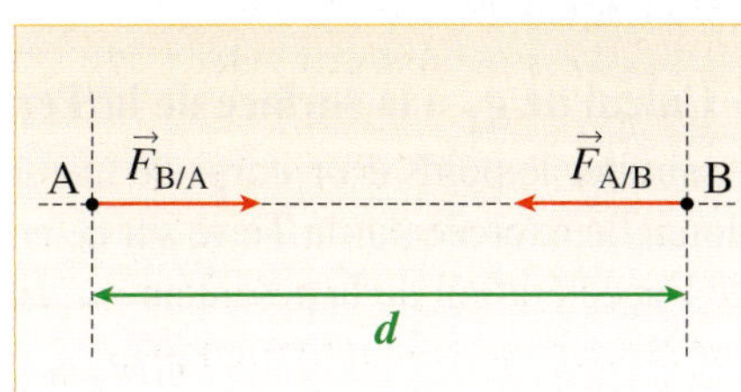

Doc. 2. Représentation par des vecteurs des forces d'interaction gravitationnelle entre deux corps A et B.

Exemples

• La valeur de la force d'interaction gravitationnelle qu'exerce un corps de masse $m = 45$ g sur un corps de masse $m = 100$ g, distants de $d = 50$ cm se calcule grâce à la relation ci-dessus :

$$F = \frac{6{,}67 \cdot 10^{-11} \times 4{,}5 \cdot 10^{-2} \times 1{,}00 \cdot 10^{-1}}{(0{,}50)^2} = 1{,}2 \cdot 10^{-12}\ \text{N}$$

Cette valeur, bien que non nulle, est faible si on la compare au poids de chaque corps sur Terre (0,44 N pour le premier et 0,98 N pour le second).

• La valeur de la force d'interaction gravitationnelle entre la Lune et la Terre peut également être déterminée par cette relation :

$$F = \frac{6{,}67 \cdot 10^{-11} \times 6 \cdot 10^{24} \times 7 \cdot 10^{22}}{(3{,}8 \cdot 10^{8})^2} = 2 \cdot 10^{20}\ \text{N}$$

Cette valeur paraît énorme, mais il faut avoir présent à l'esprit que l'effet d'une force sur le mouvement d'un corps est d'autant plus faible que la masse du corps est grande. Seule une force énorme peut ainsi agir significativement sur le mouvement de la Lune.

On ne s'intéresse qu'à des corps dont la répartition de masse est sphérique.

Voir activités 3, 4

Voir activité 5

1.3. La pesanteur

La force d'interaction gravitationnelle exercée par la Terre permet également d'interpréter la pesanteur que subissent tous les corps sur Terre. Nous verrons ensuite ce qu'il en est de la pesanteur sur la Lune ou sur d'autres planètes.

Sur Terre, tout corps est soumis à une force, appelée poids $\vec{P}$. Cette force verticale, dirigée vers le bas, s'applique au centre de gravité du corps et a pour valeur $P = mg$.

• g est l'accélération de la pesanteur et vaut en moyenne 9,80 N · kg^{-1} ;

• m, exprimée en kg, est la masse du corps.

Le poids d'un corps sur Terre peut être assimilé à la force d'interaction gravitationnelle exercée par la Terre sur le corps.

• Variation du poids avec le lieu

La valeur du poids sur Terre dépend légèrement du lieu où se trouve le corps. Les valeurs du **Doc. 3** permettent de montrer qu'une même personne a un poids plus faible à l'équateur qu'aux pôles. Cela s'interprète par le fait que la Terre n'est pas une sphère parfaite, mais est aplatie aux pôles.

La distance d étant plus petite aux pôles qu'à l'équateur, la force d'interaction gravitationnelle (donc le poids du corps) est plus grande aux pôles qu'à l'équateur.

	g (N · kg^{-1})
Paris	9,81
équateur	9,78
pôles	9,83

Doc. 3. La valeur de l'accélération de la pesanteur dépend de la latitude.

• Calcul de g_T à la surface de la Terre

Assimiler le poids d'un corps de masse m à la force d'interaction gravitationnelle exercée par la Terre sur ce corps permet de déterminer la valeur de l'accélération de la pesanteur g_T. En effet :

$$\text{si} \quad F = P \quad \text{alors} \quad \frac{GM_T m}{R_T^2} = m g_T \quad \text{et} \quad g_T = \frac{GM_T}{R_T^2}$$

où M_T est la masse de la Terre et R_T son rayon.

Pour un objet à la surface de la Terre, la distance Terre-objet est égale au rayon de la Terre.

On peut calculer g_T à la surface de la Terre en connaissant la masse et le rayon de la Terre :

$$g_T = \frac{6{,}67 \cdot 10^{-11} \times 5{,}98 \cdot 10^{24}}{(6{,}38 \cdot 10^6)^2} = 9{,}80 \text{ N} \cdot \text{kg}^{-1}$$

Ce calcul montre que g_T est indépendant du corps considéré.

- **Calcul de g_L à la surface de la Lune**

Voir activité 4

Le poids d'un corps à la surface de la Lune est défini comme la force d'interaction gravitationnelle exercée par la Lune sur ce corps. Comme précédemment, on peut déterminer la valeur de l'accélération de la pesanteur g_L à la surface de la Lune :

$$g_L = \frac{GM_L}{R_L^2}$$

où M_L est la masse de la Lune et R_L son rayon. D'où :

$$g_L = \frac{6{,}67 \cdot 10^{-11} \times 7{,}33 \cdot 10^{22}}{(1{,}74 \cdot 10^6)^2} = 1{,}61 \text{ N} \cdot \text{kg}^{-1}$$

Cette valeur, six fois plus faible que celle de l'accélération de la pesanteur sur Terre, indique qu'un même corps a un poids six fois plus faible sur la Lune que sur la Terre.
Cela a permis aux spationautes de supporter la masse importante de leurs équipements d'exploration, de faire des sauts dignes de ceux du capitaine Haddock dans *On a marché sur la lune*, ou de faire décoller facilement les modules posés sur le sol lunaire.

➤ Voir exercice 12

2 Trajectoires de projectiles

2.1. Chute libre d'un corps

Voir activité 2

Pendant son mouvement, si un corps est uniquement soumis à son poids, on dit qu'il décrit un mouvement de chute libre.
Ce mouvement dépend des conditions initiales de vitesse et de direction du mouvement, mais il est indépendant de la masse du corps.

Chute libre = pas d'interaction avec l'air.

Une chute libre n'est pas uniquement une chute verticale vers le bas comme le vocabulaire courant le laisse entendre. On assimile un saut en longueur à une chute libre par exemple. De même, la phase ascendante d'un corps lancé vers le haut est également appelée chute libre.
Pour qu'un mouvement à la surface de la Terre soit assimilé à une chute libre, il faut que le corps en mouvement soit soumis à la seule attraction de la Terre, donc que l'on puisse négliger l'action de l'air. Une feuille d'arbre ne tombe donc pas en chute libre pas plus qu'un parachutiste. Dans un cas comme dans l'autre, l'effet qu'exerce l'air sur la feuille ou sur le parachutiste est déterminant sur la vitesse et sur la direction du mouvement à chaque instant.

Voir activité 5

2.2. Influence de la vitesse initiale sur la chute d'un corps

Lorsqu'on lance un corps, celui-ci n'est soumis qu'à son poids si l'on néglige l'action de l'air. La trajectoire qu'il décrit dépend des conditions de lancement : valeur de la vitesse initiale, direction du lancement.

• **Influence de la vitesse initiale**

Les chronophotographies du **Doc. 4** illustrent la relation entre la vitesse initiale et la trajectoire d'une bille. Dans chaque cas, la bille est lancée horizontalement avec des vitesses différentes. La projection de ces mouvements suivant un axe vertical et suivant un axe horizontal montrerait que, conformément au principe d'inertie, le mouvement horizontal est uniforme alors qu'il est accéléré suivant l'axe vertical (**Doc. 5**).

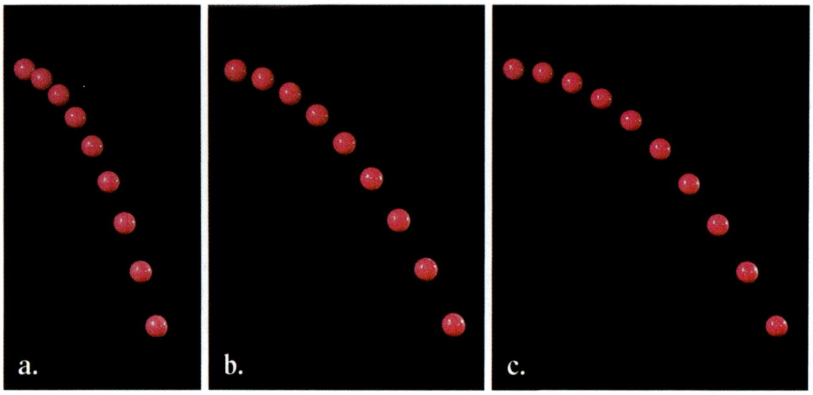

Doc. 4. Trajectoire de la bille pour des valeurs de vitesse initiale différentes et un angle $\alpha = 0°$ par rapport à l'horizontale.

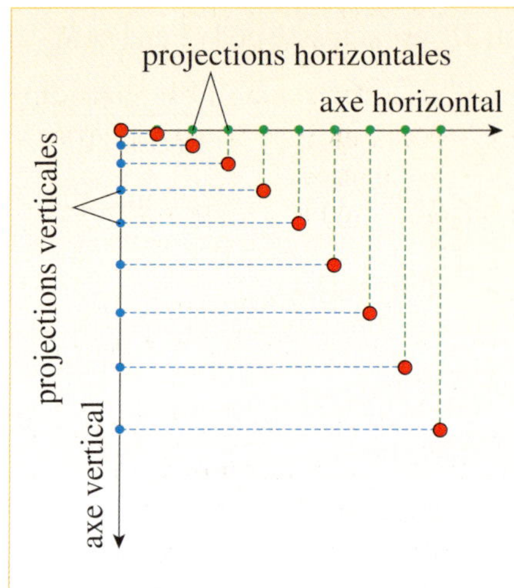

Doc. 5. Décomposition du mouvement du **Doc. 4.c**.

• **Influence de la direction initiale du mouvement**

Le **Doc. 6** illustre l'influence de la direction initiale de lancement pour une même valeur de la vitesse initiale de la bille. On constate que le lancer, avec un angle initial de 45° par rapport à l'horizontale, permet d'atteindre une distance plus grande qu'avec des angles de 20° ou 60°. La hauteur maximale atteinte est d'autant plus grande que l'angle est plus grand.

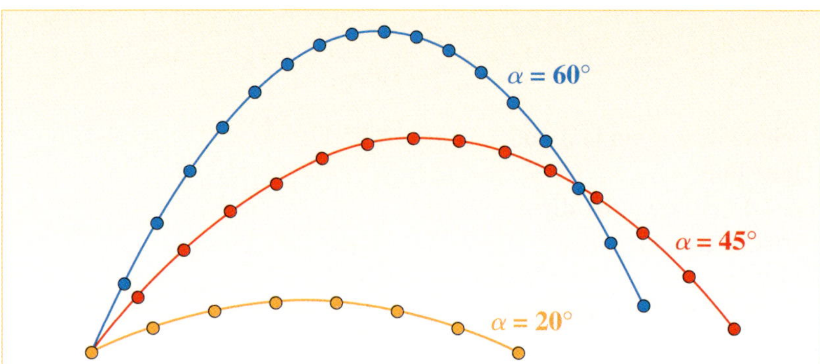

Doc. 6. Trajectoires de la bille pour des directions de lancement par rapport à l'horizontale différentes et une valeur de vitesse initiale identique.

2.3. Mouvement de la Lune et des satellites

Activité 6

Il est commode d'étudier le mouvement de la Lune ainsi que celui des satellites artificiels, non pas dans le référentiel terrestre, mais dans le référentiel géocentrique défini par le globe terrestre privé de son mouvement de rotation sur lui-même.

- **Mouvement de la Lune**

Bien que la Lune soit attirée par la Terre, la Lune ne tombe pas sur la Terre mais est animée d'un mouvement circulaire uniforme.

On a schématisé sur le **Doc. 7.a** la Terre ainsi que la Lune lorsque celle-ci occupe, sur sa trajectoire, deux positions aux dates t_1 et t_2. Le schéma du **Doc. 7.b** représente la Terre par le point T et la Lune par le point L_1 à la date t_1, par le point L_2 à la date t_2 et par le point L'_2 à la date t_2 s'il n'y avait pas d'interaction gravitationnelle.

En effet, en l'absence de force s'exerçant sur la Lune, la direction du mouvement de la Lune serait celle représentée par la droite en pointillés. La force gravitationnelle exercée par la Terre sur la Lune modifie donc, à chaque instant, la direction du mouvement de la Lune et fait tourner celle-ci autour de la Terre depuis des milliards d'années.

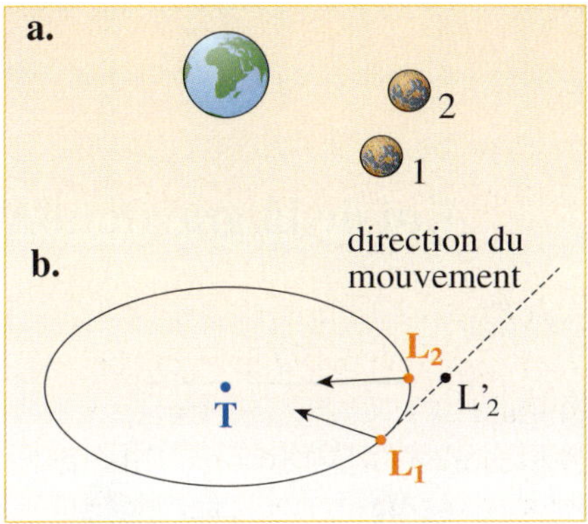

Doc. 7. **a.** La Lune et la Terre.
b. Positions occupées par la Lune sur sa trajectoire. La représentation en perspective de la trajectoire circulaire fait apparaître celle-ci comme une ellipse.

- **Mouvement d'un satellite artificiel**

À l'aide d'un lanceur comme Ariane 5, on envoie, depuis la Terre, un satellite artificiel dans l'espace (**Doc. 8**).

Le schéma du **Doc. 9** représente la Terre (T) et différentes positions du satellite pendant la phase de lancement. Dans le cas représenté ici, la trajectoire finale du satellite autour de la Terre n'est pas circulaire mais elliptique.

- En S_1, le satellite est soumis à l'attraction terrestre $\vec{F}_1$ et à la force $\vec{F}'_1$ exercée par les moteurs du lanceur. La valeur de la vitesse du satellite augmente.
- En S_2, les moteurs sont éteints. Le satellite n'est soumis qu'à l'attraction terrestre $\vec{F}_2$. La valeur de la vitesse du satellite diminue.
- À l'approche de sa trajectoire définitive, position S_3, les moteurs sont à nouveau allumés. Ils exercent sur le satellite une force $\vec{F}'_3$ de direction différente de la force $\vec{F}'_1$ exercée initialement par les moteurs. Le satellite est alors soumis à l'attraction terrestre $\vec{F}_3$ et à la force exercée par ses moteurs. L'effet combiné de ces deux forces modifie la direction de son mouvement.
- Sur sa trajectoire finale, position S_4, les moteurs sont définitivement arrêtés. Le satellite n'est soumis qu'à l'attraction terrestre $\vec{F}_4$.

Cette dernière modifie en permanence la direction de son mouvement. Le satellite commence à tourner, comme la Lune, **sans moteur**, sur sa trajectoire propre. Ce mouvement ne s'arrêtera jamais.

Doc. 8. Le lanceur Ariane 5 après le décollage.

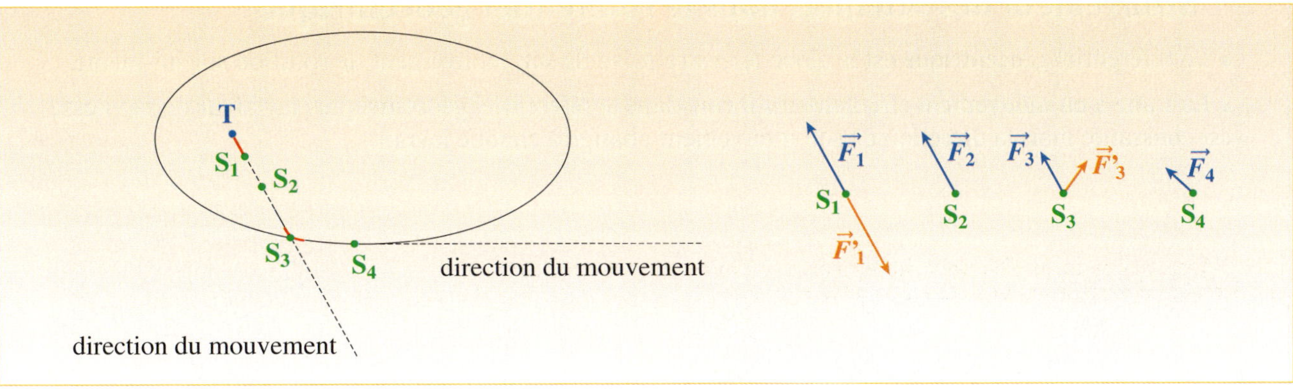

Doc. 9. Trajectoire suivie par un satellite lors de sa mise en orbite. La trajectoire représentée en rouge indique que les moteurs du lanceur sont en marche.

➤ **Voir exercices 14 et 16**

Activité 6

essentiel

Loi de la gravitation universelle

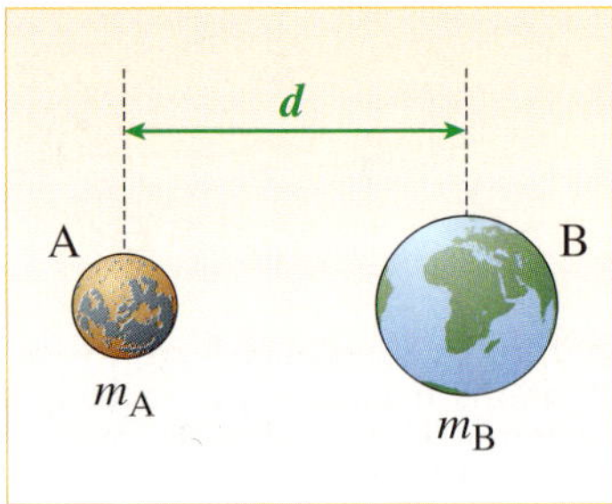

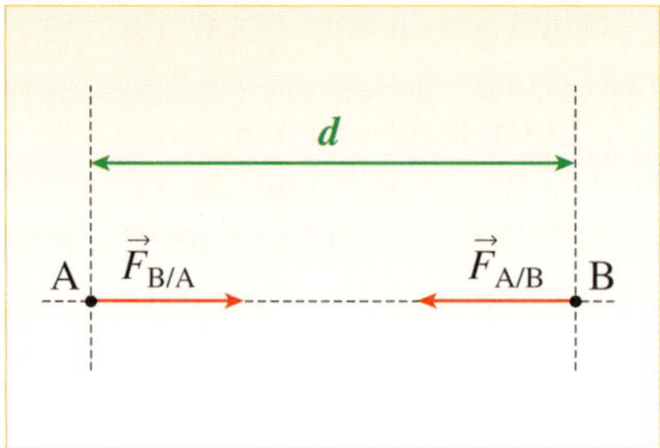

$$F_{A/B} = F_{B/A} = F = \frac{G m_A m_B}{d^2}$$

- $G = 6{,}67 \cdot 10^{-11}\ \text{N} \cdot \text{m}^2 \cdot \text{kg}^{-2}$
- m_A et m_B en kg
- d en m

- $\vec{F}_{A/B}$: force d'interaction gravitationnelle exercée par le corps A de masse m_A sur le corps B de masse m_B.

- $\vec{F}_{B/A}$: force d'interaction gravitationnelle exercée par le corps B de masse m_B sur le corps A de masse m_A.

Pesanteur

Sur la Terre	Sur la Lune
Le poids d'un objet sur Terre est assimilé à la force gravitationnelle exercée par la Terre sur cet objet.	Le poids d'un objet sur la Lune est assimilé à la force gravitationnelle exercée par la Lune sur cet objet. Sa valeur est environ six fois plus faible que sur la Terre pour un même objet.

- Tout objet soumis uniquement à son poids décrit un mouvement de chute libre.
- Dans le référentiel terrestre, la trajectoire d'un objet en chute libre dépend de sa vitesse initiale et de la direction de son lancement.

Mouvement des satellites dans le référentiel géocentrique

- Le référentiel géocentrique est le globe terrestre privé de son mouvement de rotation sur lui-même.
- La Lune a un mouvement circulaire uniforme dans le référentiel géocentrique : la valeur de sa vitesse est constante mais la direction de son mouvement change à chaque instant.

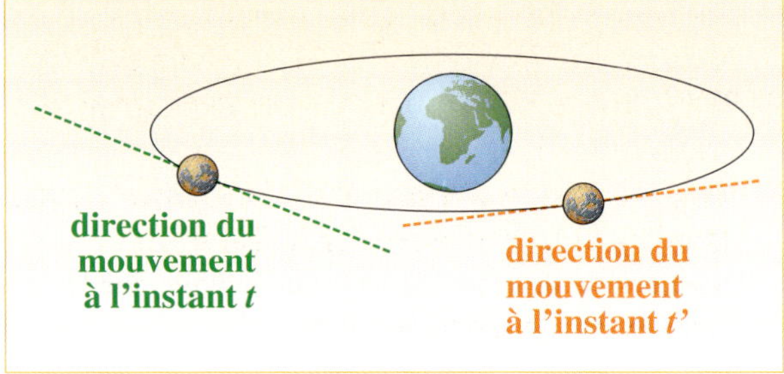

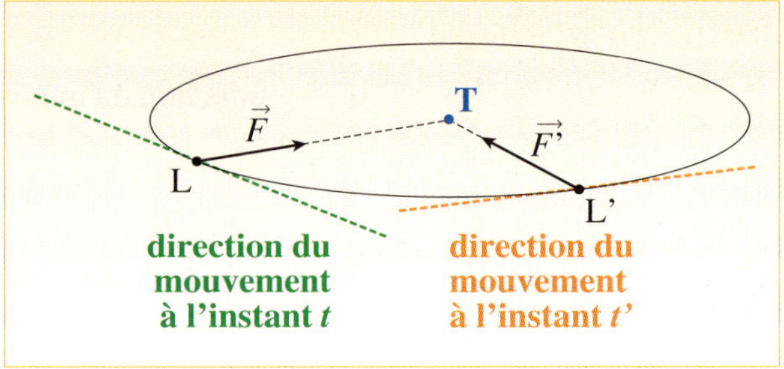

5 TP Chute d'une goutte dans de l'huile

Objectif

- Utiliser le principe d'inertie et l'expression de la force d'interaction gravitationnelle pour décrire la chute d'un corps

1. Mouvement d'une goutte

On souhaite étudier la chute d'une goutte de solution de permanganate de potassium de densité 1,0 introduite en haut d'une colonne d'huile (**Doc. 1**).

a. Prévoir, en justifiant, quel sera le mouvement de la goutte de solution de permanganate de potassium.

■ Remplir d'huile une éprouvette graduée de 250 mL de sorte que la surface libre de l'huile se situe plusieurs centimètres au-dessus de sa plus haute division .

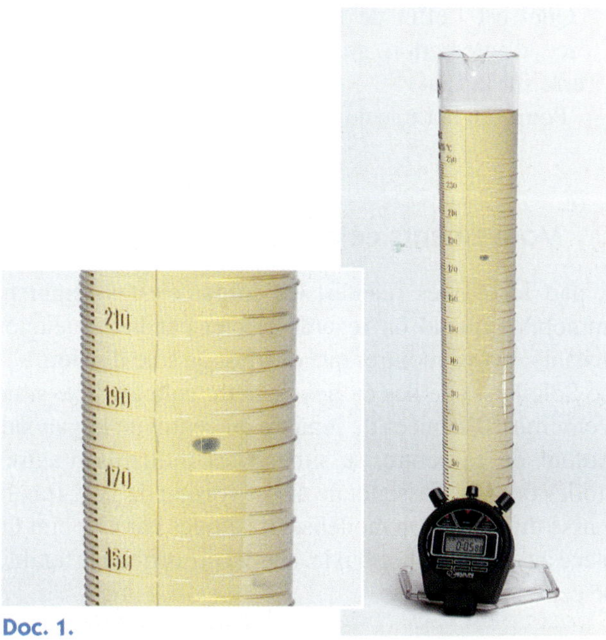

Doc. 1.

■ À l'aide d'une pipette, déposer une goutte de solution de permanganate de potassium au-dessus de la surface libre de l'huile. Cette goutte peut rester accrochée sous la surface de contact huile/air.
Il suffit alors de la toucher avec la pipette pour qu'elle se mette en mouvement.
■ Observer le mouvement de la goutte.

b. Quel est le mouvement de la goutte ? Confronter ces observations à vos prévisions.
c. Proposer une méthode, utilisant un chronomètre, qui permette de vérifier la réponse à la question précédente. Faire valider la méthode par le professeur.

2. Vitesse d'une goutte

■ À l'aide d'un chronomètre, mesurer le temps mis par la goutte pour parcourir une distance correspondant à un volume de 10 mL de l'éprouvette :
– autour de la division 200 mL ;
– autour de la division 120 mL ;
– autour de la division 50 mL.

a. Déterminer les valeurs des vitesses de la goutte : v_{200}, v_{120} et v_{50}.
b. Ces mesures confirment-elles votre réponse à la question **1.b** ?
c. Établir un diagramme goutte-interactions. Indiquer, en rouge sur le diagramme, où se trouve l'interaction gravitationnelle.
d. Faire l'inventaire des forces qui s'exercent sur la goutte lors de son mouvement.
e. En utilisant le principe d'inertie, comparer les valeurs des forces qui s'exercent sur la goutte lorsque celle-ci a dépassé la graduation 200 mL. Représenter ces forces sur un schéma.
f. Calculer la valeur de la force F résultant de l'interaction entre l'huile et la goutte. Préciser la direction et le sens de cette force. On déterminera la masse d'une goutte de solution de permanganate de potassium.

3. Influence de la masse sur la vitesse

■ On remplace la goutte de solution de permanganate de potassium par une goutte d'une solution saturée de chlorure de sodium de densité 1,2.

a. Montrer à l'aide de mesures comparables à celles réalisées précédemment que le mouvement, après une phase d'accélération, est toujours rectiligne uniforme.
b. Qu'est-ce qui change dans le diagramme goutte-interactions ?
c. Qu'est-ce qui change entre la force d'interaction gravitationnelle exercée par la Terre sur chacune de ces gouttes ?
Justifier le titre de la partie **3**.

Voir cours 2.1 ; exercices 14 et 19

6 Mouvement des satellites

Objectif

- Interpréter le mouvement de la Lune par extrapolation du mouvement d'un projectile

1. Étude de deux corps

On considère deux corps de masse m_1 et m_2. Les centres de deux corps sont séparés d'une distance égale à d. Ils sont supposés n'interagir avec aucun autre corps.

a. Établir le diagramme corps 2 – interactions.

▪ À l'instant initial, on considère que le corps 2 est immobile dans le référentiel (R_1) lié au corps 1.

b. Quel sera le mouvement du corps 2 dans (R_1) ?

▪ On considère maintenant qu'à l'état initial le corps 2 possède une vitesse initiale. En outre, on suppose que l'interaction gravitationnelle entre les corps 1 et 2 est négligeable.

c. Quel sera le mouvement du corps 2 dans (R_1) ?

▪ On considère toujours les deux mêmes corps mais on ne néglige plus l'interaction gravitationnelle. On suppose qu'à l'instant initial le corps 2 possède une vitesse initiale dont la direction est indiquée sur le **Doc. 1**.

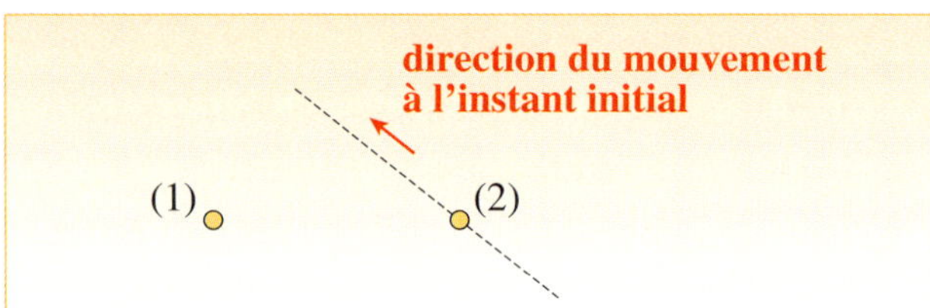

Doc. 1.

d. Après l'instant initial, quel est le mouvement du corps 2 dans (R_1) ?

2. Pourquoi la Lune ne tombe-t-elle pas sur la Terre ?

a. Rappeler la définition du référentiel géocentrique.
b. Quel est le mouvement de la Lune dans le référentiel géocentrique ?
c. D'après le principe d'inertie, que peut-on dire des forces qui s'exercent sur la Lune ?
d. Établir le diagramme Lune-interactions. On négligera l'action des astres autres que la Terre. En déduire la nature de la force qui s'exerce sur la Lune. Quelle est sa valeur ?
e. Recopier et compléter le schéma ci-contre (**Doc. 2**) en représentant la force qui s'exerce sur la Lune pour les positions 1 à 4. Comparer la direction de cette force, à chaque instant, et la direction du mouvement.

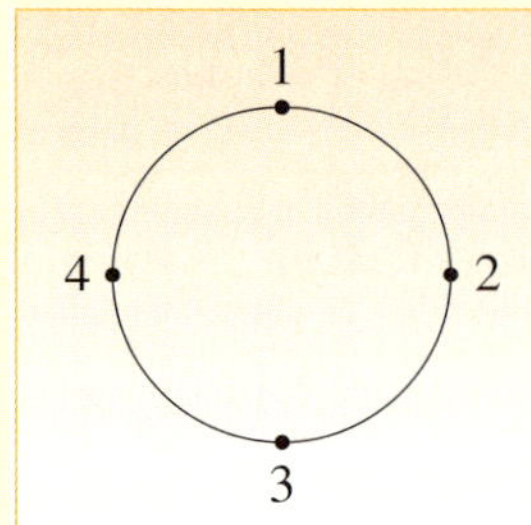

Doc. 2.

f. Quel est l'effet de la force d'interaction gravitationnelle exercée par la Terre sur la Lune ?
g. Pourquoi la Lune ne tombe-t-elle pas sur la Terre ?

3. Mouvements célestes

À part les étoiles filantes, les corps célestes semblent immobiles quand on regarde le ciel pendant quelques instants. On va montrer que ce n'est qu'une illusion.
Le Soleil est une des étoiles de notre galaxie. Il se situe à environ 10^5 années de lumière du centre de la galaxie. Autour de ce centre, se situent des milliards d'autres étoiles dont la masse totale M est voisine de 10^{10} fois la masse du Soleil. On modélise ces étoiles par un point O, placé au centre de la galaxie, auquel on attribue la totalité de cette masse M.

a. Faire un diagramme Soleil-interactions en ne considérant que le Soleil et le point O.
b. Déterminer la distance, en mètre, entre le Soleil et le centre de la galaxie.
c. Estimer la masse M supposée présente au point O.
d. Estimer la valeur de la force d'interaction gravitationnelle exercée par le centre de la galaxie sur le Soleil.
e. Donner des arguments au fait que nous sommes en mouvement dans la galaxie et donc que les corps célestes qui nous paraissent immobiles ne le sont pas.

Voir cours 2.3 ; exercices 10 et 16

Exercice résolu

Vitesse d'un satellite

Énoncé

On considère un satellite de masse m en rotation autour de la Terre de la masse M_T, à une altitude h constante.

a. Quel est le référentiel adapté à l'étude de ce mouvement ?

b. Quelle est la trajectoire du satellite dans ce référentiel ?

c. Quelle est la force exercée par la Terre sur ce satellite ? Donner son expression et calculer sa valeur F.

d. Représenter la Terre, le satellite et cette force sur un schéma.

e. Le satellite, dont la vitesse est constante, fait un tour sur son orbite en 5 h 47 min. Calculer cette vitesse.

f. Représenter sur le schéma précédent, la position du satellite 2 h après sa position initiale. Représenter aussi la force d'interaction gravitationnelle exercée par la Terre sur le satellite.

Données

$m = 500$ kg ; $h = 10{,}0 \cdot 10^3$ km ; $R_T = 6{,}38 \cdot 10^3$ km ;

$M_T = 5{,}98 \cdot 10^{24}$ kg ; $G = 6{,}67 \cdot 10^{-11}$ N · m² · kg⁻².

Conseils

b. L'altitude du satellite est constante, donc sa distance par rapport au centre de la Terre est constante également.

c. Pour trouver l'expression de la force, écrire la distance *d* entre le satellite et le centre de la Terre en fonction de *h* et R_T, rayon de la Terre.

e. La distance parcourue par le satellite en 5 h 47 min est la circonférence d'un cercle, de rayon *d*, égale à $2\pi d$.

f. En 2 h, le satellite effectue environ un tiers de tour. La force a la même valeur que précédemment et est toujours orientée vers le centre de la Terre.

Résolution

a. Le référentiel géocentrique est adapté à l'étude du mouvement du satellite.

b. La trajectoire du satellite est circulaire car son altitude h est constante.

c. Le satellite est soumis à la force d'interaction gravitationnelle exercée par la Terre. Sachant que la distance entre le satellite et le centre de la Terre est $d = R_T + h$, l'expression de F est :

$$F = \frac{GmM_T}{d^2} = \frac{GmM_T}{(R_T + h)^2}$$

$$F = \frac{6{,}67 \cdot 10^{-11} \times 500 \times 5{,}98 \cdot 10^{24}}{((6{,}38 + 10{,}0) \cdot 10^6)^2} = 743 \text{ N}$$

d. Voir les schémas.

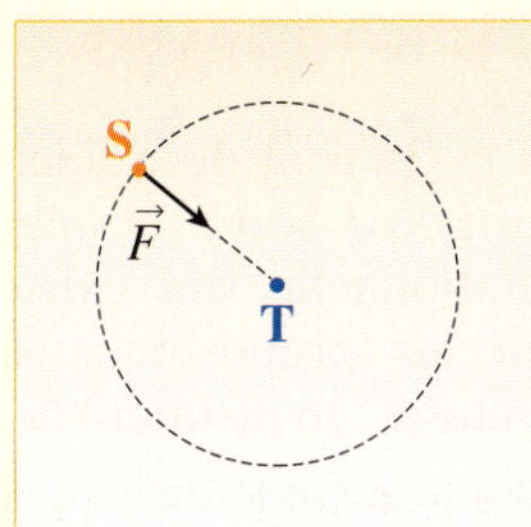

e. La vitesse v du satellite est égale au rapport entre la distance parcourue et la durée du parcours. Le satellite effectue un tour en 5 h 47 min, soit :

$$5 \times 3\,600 + 47 \times 60 = 20\,820 \text{ s}$$

La distance parcourue est alors égale à $2\pi \times (R_T + h)$. On obtient :

$$v = \frac{2\pi d}{t} = \frac{2\pi(6{,}38 + 10{,}0) \cdot 10^6}{20\,820}$$

$$= 4{,}93 \cdot 10^3 \text{ m} \cdot \text{s}^{-1}$$

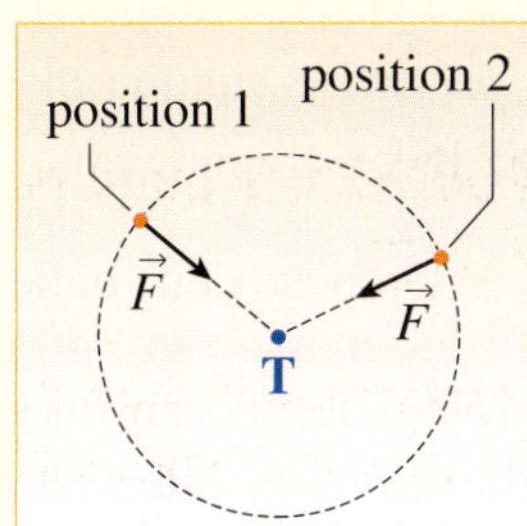

f. La flèche qui représente la force a la même longueur que la flèche dessinée en **d** car la valeur de la force n'a pas changé. Elle est dirigée vers le centre de la Terre.

Exercices

Les valeurs numériques nécessaires à certains calculs se trouvent dans le rabat de couverture.

Tous les corps sont supposés à répartition sphérique de masse et seront représentés par leur centre.

Sauf précision contraire, le référentiel utilisé pour ces exercices est le référentiel géocentrique.

$G = 6{,}67 \cdot 10^{-11}\ \text{N} \cdot \text{m}^2 \cdot \text{kg}^{-2}$ et $g_T = 9{,}8\ \text{N} \cdot \text{kg}^{-1}$.

Tester ses connaissances

1. Qu'appelle-t-on référentiel géocentrique ?

2. Quelle est la trajectoire de la Lune dans le référentiel géocentrique ?

3. Énoncer la loi de la gravitation universelle.

4. Rappeler l'expression du poids d'un objet.

5. Le poids d'un objet est-il le même sur Terre que sur la Lune ?

6. Qu'appelle-t-on chute libre d'un corps ?

7. Quels paramètres liés au lancement d'un projectile influencent son mouvement ultérieur ?

Appliquer ses connaissances

Interaction gravitationnelle et pesanteur

8. * On considère deux objets de masses m et m', distants de d. Soit F la valeur de la force d'interaction gravitationnelle qui existe entre les deux objets. Parmi les propositions suivantes, lesquelles sont correctes ? On justifiera la réponse.

a. Si on double la distance d, F est doublée.

b. Si on double la masse m', F est doublée.

c. Si on divise la distance d, F est multipliée par 4.

d. Si on divise chaque masse m et m' par 2, F est divisée par 2.

9. * On pose deux balles immobiles sur une table, l'une de masse $m = 40$ g et l'autre de masse $m' = 250$ g. Leurs centres sont distants de 10 cm.

a. Déterminer la valeur de la force d'interaction gravitationnelle que chaque balle exerce sur l'autre.

b. Déterminer le poids de chacune des balles sur Terre.

c. Comparer les valeurs trouvées aux questions **a** et **b**. Lorsqu'on étudie les forces qui s'exercent sur une des deux balles, est-ce légitime de négliger les forces d'interaction gravitationnelle, qu'exercent les balles l'une sur l'autre, devant leur poids ?

10. * Saturne possède de nombreux satellites, dont Téthys. Téthys décrit une trajectoire circulaire autour de Saturne.

a. Déterminer la valeur de la force d'interaction gravitationnelle exercée par Téthys sur Saturne.

b. Quelle est la valeur de la force d'interaction gravitationnelle exercée par Saturne sur Téthys ?

c. Représenter ces deux forces sur un schéma.

Données : $m_{\text{Téthys}} = 6{,}27 \cdot 10^{20}$ kg ;
$d_{\text{Téthys-Saturne}} = 2{,}95 \cdot 10^5$ km.

11. ** Le satellite géostationnaire Météosat qui se trouve à l'altitude de $h = 3{,}6 \cdot 10^4$ km décrit, dans le repère géocentrique, une orbite circulaire autour de la Terre en 24 h.

a. D'après le principe d'inertie, que peut-on dire des forces qui s'exercent sur Météosat ?

b. Déterminer la valeur de la force d'interaction gravitationnelle exercée par la Terre sur Météosat.

c. Déterminer la valeur de la force d'interaction gravitationnelle exercée par la Lune sur Météosat. L'attraction de la Lune est-elle suffisante pour que Météosat se satellise autour de la Lune ?

Donnée : $m_{\text{Météosat}} = 316$ kg.

12. ** Lors des missions Apollo, les astronautes étaient équipés, pour leur sortie sur la Lune, d'une combinaison spatiale de masse $m = 60$ kg.

a. Calculer le poids P_T de cet équipement sur la Terre puis le poids P_L de cet équipement sur la Lune.

b. Quelle est la masse m' d'un objet dont le poids sur Terre P'_1 est égal au poids de la combinaison spatiale sur la Lune ?

c. La combinaison spatiale est-elle plus facile à porter sur la Terre que sur la Lune ?
Justifier la réponse.

Donnée : $g_L = 1{,}61\ \text{N} \cdot \text{kg}^{-1}$.

13. ** **a.** Déterminer la valeur de la force d'interaction gravitationnelle exercée par Mars sur un objet de masse $m = 100$ kg posé à sa surface.

b. Quel est le poids de cet objet sur Mars ?

c. Déterminer la valeur de l'accélération de la pesanteur g_M sur Mars. Comparer cette valeur à la valeur moyenne de g_T sur Terre.

aide
a. Appliquer la relation vue dans le cours. Attention à exprimer les grandeurs dans les bonnes unités.
b. Le poids est égal à la force d'interaction gravitationnelle exercée par Mars sur l'objet.
c. Penser que $P_{\text{objet sur Mars}} = m \times g_M$.

Trajectoire d'un projectile

14. ** **a.** Une personne, sur un tapis roulant, lance une balle dans le sens de déplacement du tapis. La balle retombe sur le tapis, 10 m plus loin. De quels paramètres dépend la trajectoire de la balle ?

b. Le tapis roulant est maintenant arrêté. On suppose que la personne lance la balle de la même façon qu'à la question précédente. La balle retombe-t-elle au même endroit sur le tapis ?

c. Un observateur situé hors du tapis roulant observe ces deux lancers. Pour cet observateur, c'est-à-dire dans le référentiel terrestre, la balle tombe moins loin lors du second lancer que lors du premier. En déduire que, dans ce référentiel, la vitesse initiale n'est pas la même dans les deux cas.

15. ** Dans leur lutte contre les incendies de forêt, les avions Canadair, en vol horizontal, lâchent de l'eau sur les flammes. Dans cette opération, le pilote de l'avion doit lâcher l'eau avant d'être à la verticale des flammes.

a. Dans le référentiel terrestre, quelle est la direction de la vitesse initiale de l'eau lorsqu'elle est lâchée de l'avion ?

b. Justifier pourquoi le pilote doit lâcher l'eau avant d'être à la verticale des flammes.

aide
a. Dans le référentiel terrestre et avant d'être lâchée, l'eau possède le même mouvement que l'avion, donc la même vitesse.
b. La direction de la chute n'est pas verticale.

Trajectoire des satellites et des planètes

16. * Ganymède est un des nombreux satellites de Jupiter. Dans le référentiel lié à Jupiter, Ganymède décrit une trajectoire quasi circulaire autour de Jupiter de rayon $R = 1{,}07 \cdot 10^6$ km. On suppose que Ganymède n'est soumis qu'à l'influence de Jupiter.

a. Par application du principe d'inertie, que peut-on affirmer quant aux forces s'exerçant sur Ganymède ?

b. Établir le diagramme Ganymède-interactions.

c. Calculer la valeur de la force exercée par Jupiter sur Ganymède.

d. Calculer la valeur de la force exercée par le Soleil sur Ganymède. Est-ce légitime de la négliger par rapport à la force exercée par Jupiter sur Ganymède ?

Données :

$$M_{\text{Ganymède}} = 1{,}48 \cdot 10^{23} \text{ kg} ;$$
$$d_{\text{Soleil-Ganymède}} \approx 7{,}80 \cdot 10^8 \text{ km}.$$

17. *** On considère deux satellites A et B de même masse qui ont, dans le référentiel géocentrique, un mouvement circulaire autour de la Terre, l'un à l'altitude h_A, l'autre à l'altitude h_B avec $h_A < h_B$.

a. Comparer les valeurs de la force d'interaction gravitationnelle exercée par la Terre sur A et B.

b. La vitesse, en $\text{m} \cdot \text{s}^{-1}$, d'un satellite sur son orbite est donnée par la relation suivante :

$$v = \sqrt{\frac{GM_T}{R}}$$

où M_T est la masse de la Terre exprimée en kg, R la distance du centre du satellite au centre de la Terre, exprimée en m.
Pour quel satellite la vitesse est-elle la plus grande ?

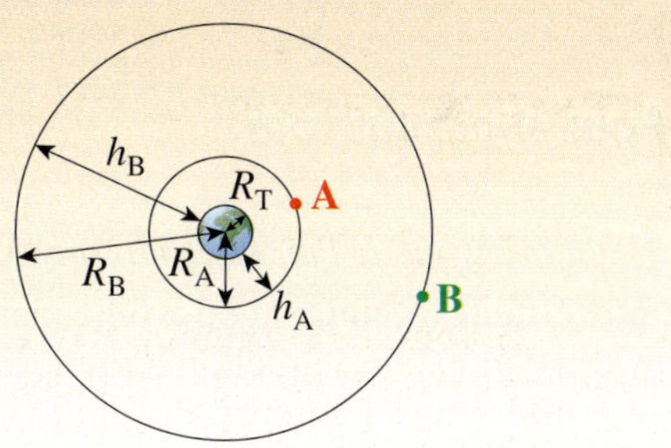

c. Déterminer le temps T_A, exprimé en heure, mis par A pour décrire son orbite à la vitesse v_A, s'il se trouve à une altitude $h_A = 1{,}0 \cdot 10^4$ km de la surface terrestre.

d. Même question pour B qui se trouve à une altitude $h_B = 3{,}6 \cdot 10^4$ km, on notera T_B ce temps. Que constate-t-on ?

e. En déduire que B paraît immobile pour un observateur terrestre fixe.

f. La 3e loi de Kepler montre que le rapport T^2/R^3 est constant pour des satellites tournant autour d'un même astre, avec T le temps, en seconde, mis par le satellite pour décrire son orbite et R le rayon, en mètre, de son orbite.
Vérifier que cette loi est respectée pour A et B.

Exercices

● **18.** ★★★ Phobos est une lune de Mars, de masse $M_{Phobos} = 1{,}06 \cdot 10^{16}$ kg. Dans le référentiel lié à Mars, Phobos décrit une orbite circulaire de rayon $R = 9\ 380$ km autour de Mars.

a. Représenter schématiquement Mars et Phobos ainsi que la force d'interaction gravitationnelle exercée par Mars sur Phobos. Donner les caractéristiques de cette force.

b. La vitesse, exprimée en $m \cdot s^{-1}$, de Phobos sur son orbite est donnée par la relation $v = \sqrt{\frac{GM_{Mars}}{R}}$ où R est la distance de centre à centre entre Phobos et Mars, exprimée en mètre, et M_{Mars} la masse de Mars en kilogramme. Calculer la vitesse de Phobos sur son orbite.

c. Déterminer le temps mis par Phobos pour faire un tour complet sur son orbite. Combien d'orbites décrit Phobos par jour terrestre ?

aide

a. Il s'agit d'un schéma analogue à la situation Terre-Lune.

b. Appliquer la formule de l'énoncé.

c. La distance parcourue par Phobos correspond au périmètre $p = 2\pi R$ de son orbite.

Pour aller plus loin

● **19.** ★★★ *Effet de l'air sur un mouvement.*

1. On étudie la chute d'une bille dans un tube de Newton (tube dans lequel on a fait le vide).
Pour différentes hauteurs de chute, on mesure la vitesse de la bille.
Les valeurs sont données dans le tableau ci-dessous.

h (m)	v ($m \cdot s^{-1}$)
0,40	2,8
0,80	4,0
1,20	4,9

a. Montrer que ces données sont cohérentes avec la relation :

$$h = \frac{v^2}{2g}$$

b. En déduire la vitesse avec laquelle la bille a été lâchée à $h = 0$.

c. Établir un diagramme bille-interactions et en déduire que l'on a affaire à une chute libre.

2. On effectue ensuite des lâchers, sans vitesse initiale, d'une balle de tennis et d'une boule de pétanque, en dehors du tube de Newton. Pour différentes hauteurs de chute, on mesure la vitesse de la bille. Les valeurs sont données dans le tableau ci-dessous.

h (m)	v_1 ($m \cdot s^{-1}$) balle de tennis	v_2 ($m \cdot s^{-1}$) boule de pétanque
1,00	4,40	4,43
2,00	6,18	6,26
3,00	7,43	7,67
4,00	8,47	8,85
5,00	9,36	9,90

a. Les mouvements de balle et la boule suivent-ils la loi observée dans le tube de Newton ?

b. Proposer un diagramme balle-interactions et un diagramme boule-interactions (on pourra être amené à utiliser l'interaction de l'air sur un des deux objets).

c. En déduire que l'une des chutes est une chute libre et que l'autre ne l'est pas.

● **20.** ★★★ *Entre la Terre et la Lune*

Il existe un point E entre la Terre et la Lune, à la distance x du centre de la Terre, tel que, si on y place un objet de masse m, les forces d'interaction gravitationnelle exercées par la Terre et par la Lune, sur cet objet, se compensent.

a. Exprimer la valeur de la force d'interaction gravitationnelle exercée par la Terre sur l'objet de masse m.

b. Exprimer la valeur de la force d'interaction gravitationnelle exercée par la Lune sur l'objet de masse m en cette même position. On appellera D la distance Terre-Lune.

c. Déterminer la distance x à laquelle se trouve E de la Terre.

d. Montrer que le point E est plus proche de la Lune que de la Terre.

e. En déduire le mouvement de l'objet lâché sans vitesse initiale entre E et la Terre, puis le mouvement de l'objet lâché sans vitesse initiale entre E et la Lune, et enfin le mouvement de l'objet lâché sans vitesse initiale en E.

aide

a. Exprimer la valeur de la force d'interaction gravitationnelle.

c. Poser que les deux forces précédemment établies sont égales et en déduire une équation dont l'inconnue est x. Déterminer x.

e. Appliquer le principe d'inertie à l'objet.

LE TEMPS

17

La Persistance de la mémoire, Salvador Dali, 1931

La mesure minutieuse du temps qui s'écoule est une obsession chronique de l'homme depuis des millénaires. Comment l'homme a-t-il essayé de résoudre ce problème ?

OBJECTIFS

- Connaître et savoir utiliser quelques dispositifs de mesure du temps.
- Connaître les phénomènes astronomiques permettant un repérage dans le temps.
- Connaître les définitions de la période et de la fréquence d'un phénomène périodique.

PLAN DU COURS

1 - Techniques de mesure d'une durée

2 - Principe de la mesure du temps

1 Rendez-vous

« – Allez salut, à demain matin 8 heures pour le cours de physique.
– Au fait tu pourras être là pour la fête que j'organise dans 4 semaines ?
– Je t'en parle demain, mon père passe me prendre dans 30 secondes ! »

Extrait de conversation entendue à la sortie d'un lycée, un mardi vers 17 h

Imaginez deux autres adolescents naufragés sur une île déserte. Évidemment ils ne disposent pas de montre, réveil ou tout autre dispositif moderne de mesure du temps et ils n'ont pas non plus de moyens de communication à distance tels que des téléphones.

a. Ces deux adolescents sur leur île se séparent pour la nuit comme les deux lycéens de l'extrait ci-contre mais sont désireux de se retrouver le lendemain matin tôt. Quelle phrase pourraient-ils prononcer pour se donner rendez-vous ?
b. Proposer des méthodes permettant aux deux naufragés d'être sûrs de se retrouver au bout d'un temps qui correspondrait pour nos lycéens à 4 semaines soit 28 jours.
c. Est-il possible aux deux adolescents isolés sur leur île de mesurer une durée de 30 s comme l'évoque l'extrait ci-contre ?
d. Si le séjour des deux naufragés sur l'île se prolongeait, comment ceux-ci pourraient-ils évaluer le nombre d'années passées loin des leurs ?

2 Mesure du temps ou comment se faire cuire un œuf ?

Un randonneur ayant envie d'un œuf à la coque découvre que sa montre ne fonctionne plus, au moment d'introduire son œuf dans l'eau bouillante qu'il a préparée. Il risque donc de rater la cuisson « à point » de 3 minutes précisément. Il sort alors de son sac le *Guide du parfait randonneur*.
Après consultation de la rubrique « horloge », il ramasse un caillou, l'accroche à une ficelle de 25 cm (mesurée grâce à la taille de sa main) et se confectionne une horloge de fortune. Suivant scrupuleusement les instructions, il met en fonctionnement son horloge.
Il compte 60 allers-retours du caillou devant lui puis arrête l'horloge. Aussitôt, il remet en route le dispositif et recompte 60 allers-retours.
Il lui faudra un troisième lancer avant de retirer finalement son œuf de l'eau.

a. Imaginer les instructions, contenues dans le guide, qui ont permis au randonneur de résoudre son problème.
b. Quels paramètres liés à la fabrication ou à l'utilisation de l'horloge de fortune peuvent, à votre avis, avoir une influence sur le fonctionnement de l'horloge ?

c. Monter une horloge équivalente à celle du randonneur et étudier l'effet de ces différents paramètres sur le fonctionnement de l'horloge. Corriger si besoin votre réponse à la question **a**.

Doc. 1. Le randonneur et son horloge de fortune.

3 TP Du chronomètre à l'oscilloscope

Objectif

- Mettre en œuvre des techniques de mesure de durées

1. Un chronomètre pour mesurer des durées

Faire clignoter une diode électroluminescente (LED) en la branchant aux deux bornes d'un générateur basses fréquences (GBF). La fréquence est fixée à 0,5 Hz avec des signaux créneaux et une amplitude maximale (voir **Doc. 1**).

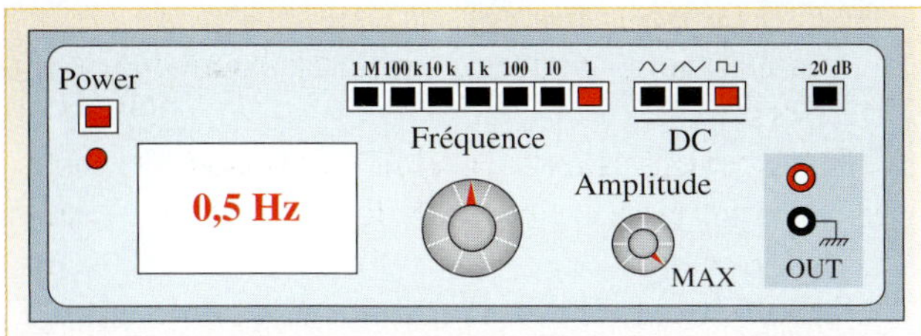

Doc. 1. Un GBF et ses principaux réglages.

On définit la période du clignotement de la diode comme la durée écoulée entre deux illuminations successives de la diode. Cette définition n'a de sens que si la durée entre deux illuminations de la diode reste constante.

a. Mesurer cette période notée T_1 à l'aide d'un chronomètre. Recommencer la mesure quatre fois et noter les nouvelles valeurs T_2, T_3, T_4 et T_5. Comparer les cinq valeurs. La mesure de période vous semble-t-elle reproductible ?
b. Mesurer la durée écoulée entre la première et la onzième illumination d'une diode. Justifier le fait que l'on ait mesuré dix périodes.
c. En déduire la valeur d'une période notée T'_1. Recommencer la mesure et noter la nouvelle valeur T'_2. Faire de même pour avoir T'_3, T'_4, T'_5.
d. Quelle méthode de mesure de la période est la plus précise ? Justifier votre réponse.
e. Donner finalement une valeur numérique à la période T' de clignotement de la diode.

2. Le GBF peut-il servir de chronomètre ?

On définit la fréquence de clignotement comme le nombre de clignotements de la diode perçu en une seconde.

a. Déterminer la fréquence f' de clignotement de la diode en comptant le nombre de clignotements perçu sur une durée de dix secondes.
b. Cette fréquence f' a-t-elle un rapport avec la fréquence f indiquée par le GBF ?
c. Grâce aux valeurs numériques T' et f', proposer une relation générale entre la période exprimée en seconde et la fréquence exprimée en hertz.
d. Pourquoi peut-on dire que le GBF peut être utilisé comme chronomètre ?

3. L'oscilloscope peut-il servir de chronomètre ?

Plutôt que d'utiliser un chronomètre ou un GBF, c'est un oscilloscope qui va permettre de mesurer des durées. Sur l'écran de l'oscilloscope, l'axe des ordonnées (vertical) repère des tensions alors que l'axe des abscisses (horizontal) repère des durées. L'oscilloscope visualise donc l'évolution d'une tension en fonction du temps.

▪ En conservant le montage précédent (diode et GBF), régler le GBF sur 250 Hz. Puis en ajoutant deux fils, relier chacune des deux bornes du GBF à la voie 1 d'un oscilloscope. Faire les réglages nécessaires.

F.M. 7

a. En observant l'écran de l'oscilloscope, repérer un motif qui se reproduit toujours identique à lui-même.
b. Par analogie avec la période de clignotement de la diode, définir la période de la tension visualisée sur l'écran de l'oscilloscope.
c. Mesurer sur l'horizontale le nombre de carreaux nécessaire pour représenter le motif de la question **a**. En déduire, en utilisant la base de temps de l'oscilloscope, la durée nécessaire pour que ce motif se réalise.
d. Traduire le résultat précédent par une phrase utilisant l'expression « période de la tension ».
e. Comparer la période lue sur l'écran de l'oscilloscope avec la période du signal délivré par le GBF.
f. En déduire la période de clignotement de la diode.
g. Pourquoi peut-on dire que l'oscilloscope peut servir de chronomètre ?
h. Comment faudrait-il procéder pour fixer la période de clignotement de la diode à la valeur de 2 ms sans utiliser l'indication de fréquence du GBF ?

Voir exercice 19

4 TP Phénomènes astronomiques

Objectif

- Savoir que les alternances des saisons et l'alternance du jour et de la nuit sont dus à des phénomènes astronomiques

1. Le jour et la nuit

Pour cette activité, on utilisera un globe terrestre sur lequel on repère New York et Paris avec des gommettes.

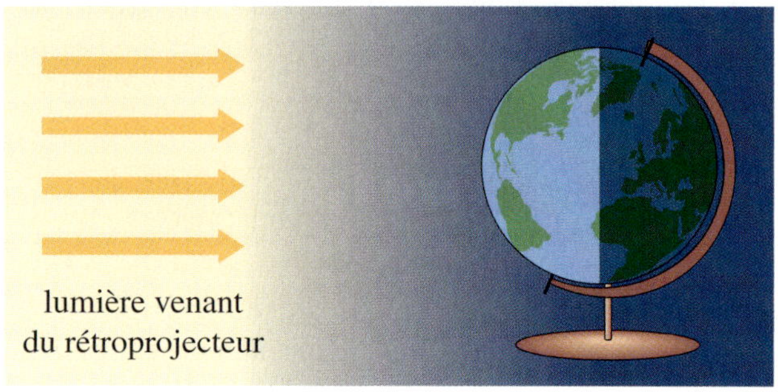

Doc. 1. Dispositif d'étude.

▪ Éclairer ce globe par un rétroprojecteur placé à plusieurs mètres avec la même disposition que sur le **Doc. 1.** Le faisceau de lumière du rétroprojecteur, considéré comme un ensemble de rayons parallèles, représente la lumière solaire.

▪ Observer les zones d'ombre et de lumière apparaissant sur le globe. Placer les deux villes dans l'ombre.

a. Dans quel sens faut-il faire tourner le globe pour que le Soleil « se lève à l'est » ?
b. Quand on tourne le globe dans le sens proposé à la question **a**, une des deux villes entre alors dans une zone de lumière, de quelle ville s'agit-il ?
c. Comment un observateur terrestre appelle-t-il ce moment d'entrée dans la zone de lumière ?
d. Pour les habitants de la ville évoquée, au bout de combien de temps ce phénomène se reproduit-il ?
e. La Terre met 86 164 s pour faire un tour sur elle-même. Convertir cette durée en heures puis en heures, minutes, secondes.
f. La durée passée dans l'ombre est-elle plus longue que la durée passée dans la lumière pour les deux villes ? Est-ce vrai pour la ville de Quito en Amérique du Sud et pour la ville du Cap à l'extrémité sud de l'Afrique ? Proposer une interprétation à cette différence.
g. Pourquoi, dans la position où se trouve le globe terrestre, le pôle Nord n'est-il jamais éclairé ? Que faudrait-il pour qu'il soit éclairé ? Cela se produit-il ?

2. Les saisons

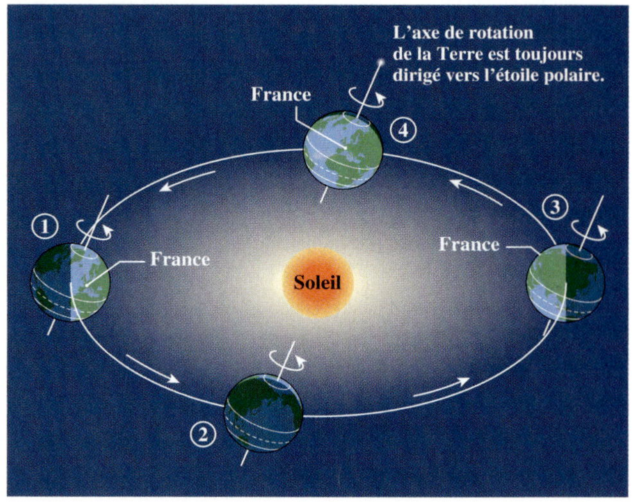

Doc. 2. Alternance des saisons.

Sur le **Doc. 2** sont représentées différentes positions de la Terre autour du Soleil.

a. Combien de temps met la planète Terre pour faire un tour complet autour du Soleil et revenir à sa position initiale ? (On se référera au rabat de couverture du livre.) Donner cette durée en secondes.
b. En regardant le **Doc. 2**, préciser laquelle des quatre positions dessinées a été considérée dans le dispositif du **Doc. 1**.

Parmi les quatre positions de la Terre représentées sur le **Doc. 2**, deux correspondent aux équinoxes, c'est-à-dire aux moments de l'année où le jour est aussi long que la nuit pour tous les habitants de la Terre.

c. Donner ces deux positions, en vous aidant du dispositif du **Doc. 1**.
d. Les deux autres positions correspondent au moment de l'année où le jour est soit le plus long possible, soit le plus court possible. Donner le nom de ces deux positions.
e. Indiquer sur le **Doc. 2**, pour les quatre positions représentées, les différentes saisons vécues sur Terre.

Voir exercice 7

5 La face cachée de la Lune

Objectif

- Comprendre le phénomène des phases de la Lune

1. Éclairement de la Lune par le Soleil

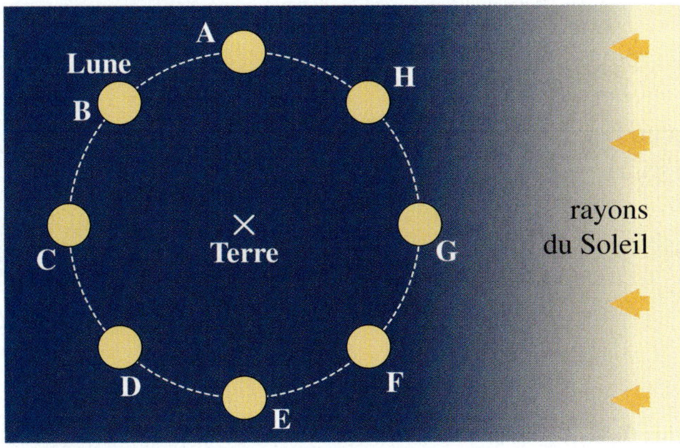

Doc. 1. La Lune, éclairée par le Soleil, en rotation autour de la Terre.

a. Recopier le schéma du **Doc. 1** et colorier la partie de la Lune qui est éclairée par le Soleil pour chacune des positions représentées.

2. Rotations de la Lune

La Lune ne présente pas tous les jours, à l'observateur terrestre, le même aspect. Par exemple, la Lune éclairée par le Soleil peut ne pas être visible du tout de la Terre, c'est la nouvelle lune. Elle peut également présenter un disque complet – c'est la pleine lune – ou simplement un croissant ou un quartier.

a. Montrer, à l'aide du **Doc. 2**, qu'un observateur terrestre voit toujours la même face de la Lune.

b. Tracer sur une feuille un cercle représentant la trajectoire circulaire de la Lune autour de la Terre, puis déplacer sur cette trajectoire une bille dont on aura repéré un point particulier. Le mouvement de la bille simulant celui de la Lune doit être tel que le point particulier est toujours orienté vers le centre de la trajectoire.

c. Sur le schéma de la question **1.a**, faire figurer un point particulier de la surface lunaire sur les 8 positions représentées.

d. Pourquoi peut-on affirmer que la Lune tourne autour d'elle-même tout en tournant autour de la Terre ?

e. En utilisant votre simulation, dire combien de temps met la Lune pour faire un tour sur elle-même sachant qu'elle met environ 28 jours pour faire le tour de la Terre.

3. Phases de la Lune

a. Sur le schéma de la question **1.a**, préciser quelle partie de la Lune est visible depuis la Terre pour chaque position de la Lune.

b. Relier alors les photos du **Doc. 2** avec les positions de la Lune du **Doc. 1**.

c. Comment la Lune apparaît-elle depuis la Terre pour le dernier quartier et le dernier croissant ? À quelle position du **Doc. 1** cela correspond-il ?

d. Lesquelles des 8 positions du **Doc. 1** n'ont pas été utilisées ni en **3.b**, ni en **3.c** ? Donner des noms à ces dernières positions.

Voir exercice 7

a. Premier croissant **b.** Premier quartier **c.** Lune croissante **d.** Pleine lune

Doc. 2. Photos de la Lune vue de la Terre pour différentes positions de la Lune par rapport à la Terre.

On ne saurait actuellement plus vivre sans se repérer dans le temps. Mais si dates et heures apparaissent partout, le repérage dans le temps n'a pas toujours été aussi simple.

1 Techniques de mesure d'une durée

1.1. L'observation de la nature

Pour mesurer des intervalles de temps, l'homme s'est d'abord appuyé sur la répétition de certains phénomènes naturels :
– le rythme des saisons, dû à la position de la Terre par rapport au Soleil ;
– l'apparition régulière de la Lune dans le ciel et l'évolution de son aspect, encore évoquée dans le calendrier musulman ;
– l'alternance du jour et de la nuit, due à la rotation de la Terre sur elle-même.

Voir activité 5

Voir activité 4

1.2. Dispositifs construits par l'homme

Les observations ci-dessus ne permettent pas de mesurer des durées inférieures à la journée.
Des systèmes plus ingénieux ont donc été inventés.
• Les **gnomons** (**Doc. 1**) et les **cadrans solaires**, basés sur le déplacement de l'ombre, ont vu le jour 4000 ans avant J.-C.

Voir activité 6

• Les **clepsydres** (**Doc. 2**), inventées par les Égyptiens 3000 ans avant J.-C., étaient constituées d'un réservoir d'eau percé d'un orifice. Ainsi, elles se vidaient régulièrement et le niveau de l'eau indiquait le temps écoulé. Les sabliers sont basés sur le même principe.
• Les premières **horloges mécaniques** utilisant la chute d'un « poids » apparurent au xe siècle. Elles furent améliorées par les horloges à balancier (**Doc. 3**). Plus précises que les gnomons et les clepsydres, elles devaient fréquemment être remises à l'heure.
• Les **horloges électriques** du XIXe siècle, bien plus fiables que leurs ancêtres, permirent de gagner en précision.
• L'apparition des **horloges à quartz**, au XXe siècle, permit de se repérer dans le temps avec une erreur inférieure à 1 min 20 s par mois.
• Actuellement, les **horloges atomiques** (**Doc. 4**) réduisent cette erreur à 1 s tous les trois milliards d'années.

➤ Voir exercice 10

Doc. 1. Gnomon.

Doc. 2. Clepsydre.

Doc. 3. Horloge mécanique.

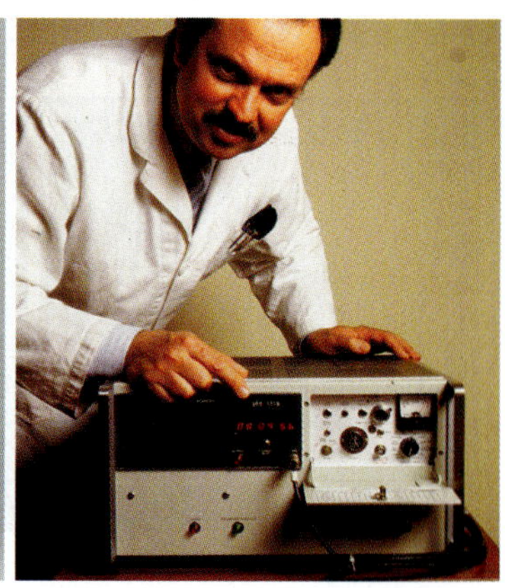

Doc. 4. Horloge atomique.

2 Principe de la mesure du temps

2.1. Utilisation d'un phénomène périodique

Pour « mesurer » le temps, on évalue des durées, c'est-à-dire des différences entre deux dates, l'une d'elles étant considérée comme l'origine. La plupart des évaluations de durée se font par l'observation de phénomènes qui se répètent régulièrement.

Un phénomène qui se reproduit identique à lui-même à intervalles de temps réguliers est appelé phénomène périodique.

Ainsi, la Terre met environ 24 heures pour tourner sur elle-même. Comme ce phénomène se répète, on dit que la rotation de la Terre sur elle-même est périodique.
L'électrocardiogramme du **Doc. 5** représente un phénomène périodique ; les battements du cœur de cet homme ont lieu à intervalles de temps réguliers.

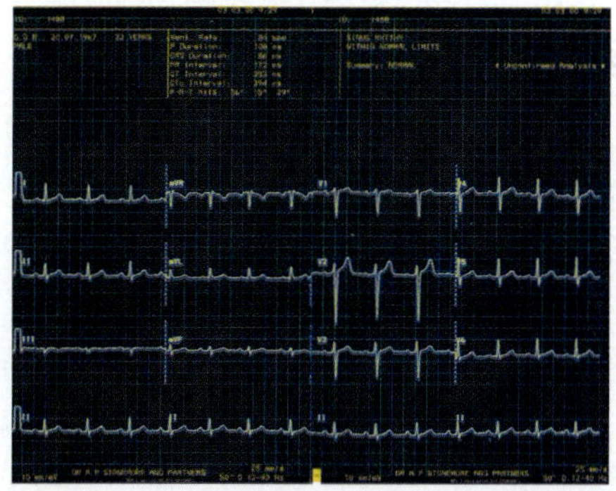

Doc. 5. Un électrocardiogramme. La régularité des pics, apparaissant sur l'enregistrement du bas, montre que la pulsation cardiaque est périodique.

2.2. Période et fréquence

La période d'un phénomène périodique est le plus petit intervalle de temps au bout duquel le phénomène se reproduit identique à lui-même. On la note *T*. Elle s'exprime en seconde, minute, etc.

La Terre a une période de rotation sur elle-même de 24 heures, et une période de révolution autour du Soleil d'une année.
Dans le cas d'un pendule, la période correspond au temps mis par le caillou pour faire un aller et retour depuis sa position haute (**Doc. 6**). On peut également évaluer le nombre de fois où un phénomène périodique se reproduit par seconde ; on parle alors de fréquence.

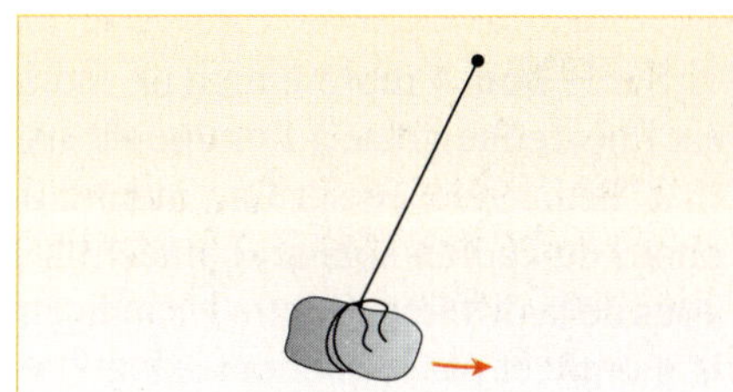

Doc. 6. Pendule constitué d'une pierre attachée à un fil, accroché à un point fixe.

La fréquence d'un phénomène périodique correspond au nombre de fois que ce phénomène se répète par seconde. On la note *f*. Elle s'exprime en hertz (Hz). Elle est égale à l'inverse de la période :

$$f = \frac{1}{T} \quad \text{avec } T \text{ exprimée en seconde}$$

$$f = \frac{1}{T} \quad \text{et} \quad T = \frac{1}{f}$$

Exemples

• La fréquence des oscillations d'un cristal de quartz utilisé dans les montres modernes est $f = 32\ 768$ Hz. Sa période est donc :

$$T = \frac{1}{f} = \frac{1}{32\ 768} = 3{,}051\ 8 \cdot 10^{-5} \text{ s}$$

• La période du **Doc. 5** est $T = 0{,}7$ s ; la fréquence vaut :

$$f = \frac{1}{T} = \frac{1}{0{,}7} = 1{,}4 \text{ Hz}$$

Le cœur bat à 1,4 battement par seconde, soit 84 battements par minute.

➤ **Voir exercices 12, 14, 15 et 20**

6 Cadran solaire

Objectif

- Comprendre la lecture d'un cadran solaire

1. Lecture de cadran solaire

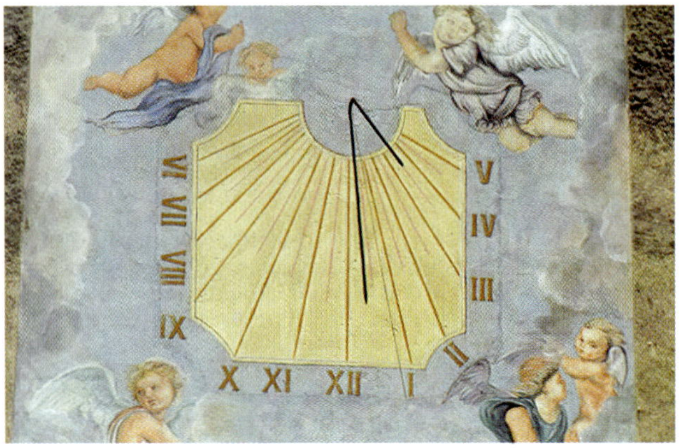

Doc. 1. Cadran solaire.

a. Sur le **Doc. 1** représentant un cadran solaire, quelle est l'heure lue grâce à l'ombre du style ?
b. L'heure relevée sur une montre au moment de la photo du cadran solaire donne 13 h 18. Que pensez-vous de la différence entre les indications fournies par la montre et par le cadran solaire ?

L'objectif de la suite de cette activité est de déterminer les raisons de cette différence.
La première de ces raisons est liée au mouvement du Soleil par rapport à la Terre. Puisque l'on dit qu'il est midi lorsque le Soleil est au plus haut, il a fallu inventer les fuseaux horaires. En effet il ne peut être midi au même moment partout sur la Terre car le Soleil n'est pas au plus haut partout sur la Terre en même temps. La lecture du cadran solaire devra en tenir compte.

2. Midi solaire

On dit qu'il est **midi solaire** en un lieu lorsque le Soleil passe à la verticale du **méridien local** (**Doc. 2**). Cela permet de définir l'heure solaire et, à partir de là, un jour solaire de 24 h.

a. Qu'est-ce qu'un méridien ?
b. Dessiner en rouge, sur une carte de France, le méridien qui passe par votre ville.
c. Lorsqu'il est midi solaire dans votre ville, est-il plus ou moins de midi solaire à Berlin ?

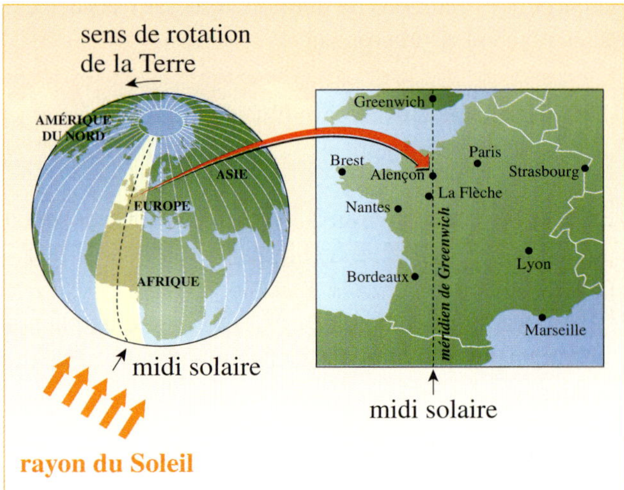

Doc. 2. Méridien et midi solaire.

3. Les fuseaux horaires

Pour simplifier la notion d'heure, la Terre est divisée en 24 fuseaux horaires.
À l'intérieur d'un fuseau horaire donné, l'heure devrait être la même en tout point et elle sert à déterminer l'**heure légale**, notée $T_{\text{légal}}$.
L'heure légale du fuseau 0 est l'heure solaire à Greenwich (près de Londres). Elle est appelée **temps universel TU**.
La France, par laquelle passe le méridien de Greenwich, n'a pas adopté ce temps universel comme heure légale mais a choisi :
– en automne et en hiver,

$$T_{\text{légal}}(\text{France}) = \text{TU} + 1 \text{ heure} \ ;$$

– en printemps et en été,

$$T_{\text{légal}}(\text{France}) = \text{TU} + 2 \text{ heures}$$

L'heure légale est celle que tout le monde utilise (celle de la montre).
En utilisant le **Doc. 3** répondre aux questions suivantes.

a. Quelle est l'heure légale de Paris en hiver lorsqu'il est 12 h 00 (heure légale) à Greenwich ?
b. Quelle est l'heure légale de Paris en hiver lorsqu'il est 12 h 00 (heure légale) à Moscou ?
c. Quelle est l'heure légale de Paris en été lorsqu'il est 12 h 00 (heure légale) à Mexico ?

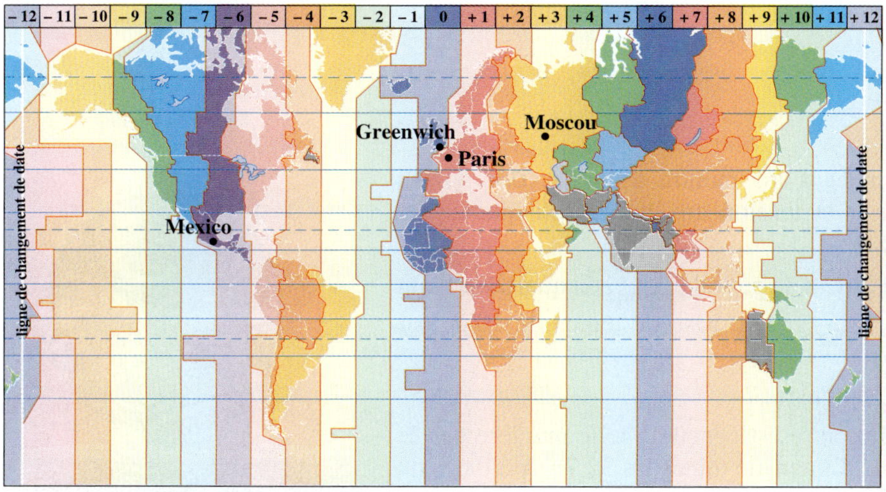

Doc. 3. Carte permettant de trouver l'heure légale en hiver, partout dans le monde, à partir du temps universel TU.

Mois \ Jours	1	11	21
janvier	3,37	7,57	10,95
février	13,43	14,37	14,05
mars	12,90	10,67	7,78
avril	4,33	1,35	– 1,10
mai	– 2,80	– 3,57	– 3,37
juin	– 2,17	– 0,42	1,65
juillet	3,67	5,32	6,25
août	6,22	5,10	2,98
septembre	– 0,30	– 3,87	– 7,60
octobre	– 11,08	– 13,97	– 15,85
novembre	– 16,53	– 15,73	– 13,63
décembre	– 10,38	– 6,27	– 1,70

Doc. 4. Décalage E, en minutes, entre l'heure solaire et l'heure du cadran.

4. Heures solaires en un lieu donné

Dans un fuseau horaire, même si l'heure légale est la même partout, l'heure solaire dépend de l'endroit où l'on se trouve.

Il faut donc tenir compte de la longitude du lieu pour déterminer cette heure solaire, et donc pouvoir lire correctement le cadran solaire.

L'heure solaire, en un lieu de longitude λ, est liée au temps universel par la relation :

$$T_{\text{solaire}}(\text{local}) = \text{TU} - 240 \times \lambda$$

– avec λ exprimée en degrés, comptée positivement vers l'ouest, négativement vers l'est et partant du méridien de Greenwich ;

– avec $240 \times \lambda$ en secondes ;

– avec TU lui-même lié à l'heure légale du lieu.

Par exemple, à Paris, la longitude est de 2,33° Est soit :

$$T_{\text{solaire}}(\text{Paris}) = \text{TU} - 240 \times (-2{,}33)$$
$$= \text{TU} + 560 \text{ s}$$
$$= \text{TU} + 9 \text{ min } 20 \text{ s}$$

En hiver, on a donc :

$$T_{\text{solaire}}(\text{Paris}) = T_{\text{légal}}(\text{Paris}) + 9 \text{ min } 20 \text{ s} - 1 \text{ h}$$

a. Lorsqu'il est 12 h 00 (heure solaire) à Greenwich, qu'elle est l'heure solaire à Paris ?

b. Sachant que la longitude de Brest est 4,5° Ouest, donner l'heure solaire de Brest lorsqu'il est 12 h 00 (heure solaire) à Greenwich.

c. En déduire le décalage entre l'heure solaire à Paris et à Brest.

5. Heures du cadran solaire

En un lieu donné, le Soleil repasse à la verticale du méridien toutes les 24 heures environ. En réalité, la durée entre deux passages successifs n'est pas exactement égale à 24 heures. Les décalages notés E par rapport à 24 heures sont donnés dans le **Doc. 4** pour les jours 1, 11 et 21 de chaque mois.

Ainsi, le 1er janvier, le Soleil est en avance de 3,37 min soit 3 min 22 s par rapport aux 24 heures attendues pour revenir au midi solaire.

Donc l'heure indiquée par un cadran solaire correctement positionné est donné par :

$$T_{\text{cadran}}(\text{local}) = T_{\text{solaire}}(\text{local}) - E$$

a. Tracer le graphe représentant ces décalages pour une année complète.

b. À quel moment de l'année le Soleil est-il le plus en avance par rapport au moment où l'on l'attend ? le plus en retard ?

c. Quels sont les moments où le Soleil arrive exactement au moment où on l'attend ?

d. Finalement, quand il est 16 h (heure solaire) le 11 janvier, quelle est l'heure du cadran ?

6. Conclusion : l'heure légale en France

a. Écrire la relation entre heure légale et heure du cadran en un lieu de France métropolitaine en hiver.

b. Pour le cadran solaire du **Doc. 1**, en considérant que la photo a été prise à Paris le 11 janvier, vérifier l'heure de la montre indiquée dans la partie 1.

Exercice résolu

Réveil à quartz

Énoncé

Lors de l'étude du fonctionnement d'une montre à quartz (**Doc. 1**), un oscilloscope permet de visualiser la tension aux bornes du quartz. On obtient l'oscillogramme du **Doc. 2**.

F.M. 7 **a.** Quelle est, d'après le **Doc. 2**, la période T_{quartz} du quartz, sachant que l'oscilloscope est réglé sur une base de temps de 10 µs par division ?

b. Quelle est la fréquence f_{quartz} du quartz ?

c. Le dispositif électrique de la montre est conçu de telle manière que le moteur de la montre reçoit un pic d'intensité toutes les 32 768 périodes du quartz. Déterminer la période T_{pic} de réception de ces pics d'intensité.

d. On peut également relever, grâce à l'oscilloscope, une représentation de ces pics d'intensité en fonction du temps (**Doc. 3**).
Utiliser le **Doc. 3** pour vérifier la période T_{pic} sachant que l'oscilloscope est réglé sur une base de temps de 500 ms par division.

e. Quel intérêt présente cette période T_{pic} pour la montre ?

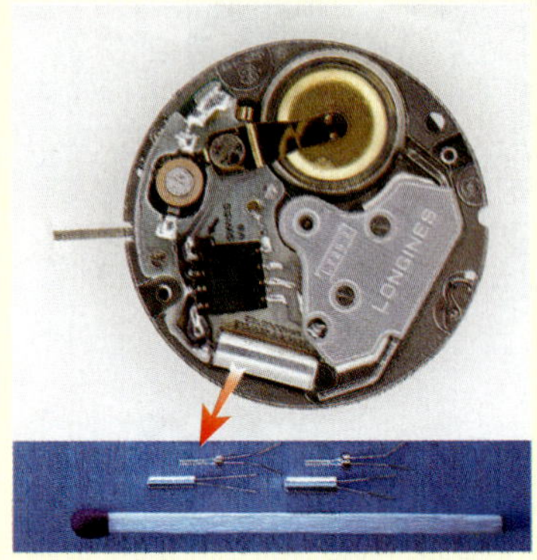

Doc. 1. Intérieur d'une montre à quartz.

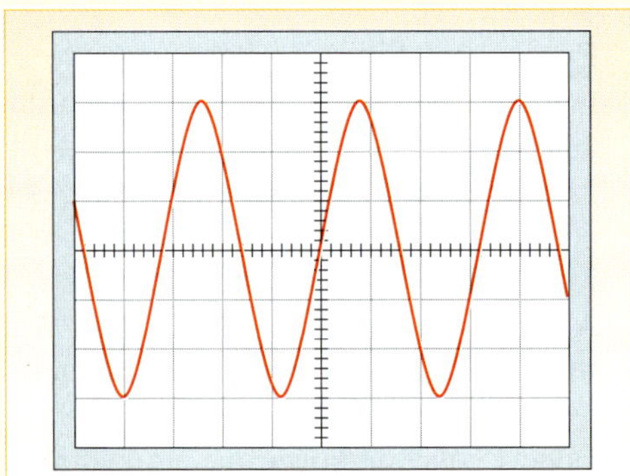

Doc. 2. Représentation de la tension aux bornes du quartz en fonction du temps.

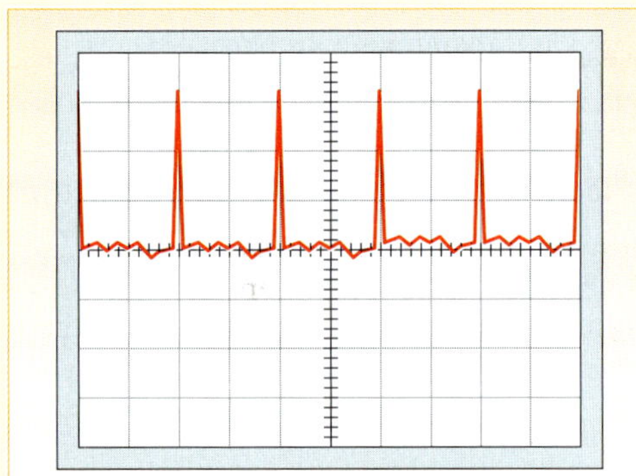

Doc. 3. Représentation de l'intensité transmise au moteur en fonction du temps.

Conseils

a. La base de temps d'un oscilloscope correspond à l'échelle horizontale de représentation des temps.

b. Attention aux unités, si la période est en seconde alors la fréquence est en hertz.

e. Réfléchir à la plus petite unité de temps utilisée par la montre.

Résolution

a. Comme la période de la tension est représentée sur 3,2 divisions et que chaque division représente 10 µs, la période vaut :

$$T_{quartz} = 3{,}2 \times 10 = 32 \ \mu s$$

b. $f_{quartz} = \dfrac{1}{T_{quartz}} = \dfrac{1}{3{,}2 \cdot 10^{-5}} = 3{,}1 \cdot 10^{4} \text{ Hz}.$

c. $T_{pic} = 32\ 768 \times T_{quartz} = 32\ 768 \times 3{,}2 \cdot 10^{-5} = 1{,}0 \text{ s}.$

d. Comme une période de la tension s'étend sur 2,0 divisions et que chaque division représente 500 ms, la période vaut :

$$T_{quartz} = 2{,}0 \times 500 = 1{,}0 \cdot 10^{3} \text{ ms} = 1{,}0 \text{ s}$$

e. Cette période est importante, car c'est elle qui donne le rythme de la trotteuse.

Exercices

Tester ses connaissances

● **1.** Définir un phénomène périodique et donner la définition d'une période.

● **2.** Quelle relation existe-t-il entre la période et la fréquence d'un phénomène périodique ?

● **3.** La rotation de la Lune autour de la Terre permet-elle de mesurer des durées ?

● **4.** Expliquer pourquoi sur Terre il y a alternance du jour et de la nuit. Cette alternance constitue-t-elle un phénomène périodique ?

● **5.** Quel est le phénomène astronomique responsable des saisons ?

Appliquer ses connaissances

Durées

● **6.** ★ Donner le nombre de jours d'une année bissextile. Exprimer cette durée en heures, puis en minutes, puis en secondes.

● **7.** ★★ Le jour solaire est la durée séparant deux passages successifs du Soleil dans le plan du méridien du lieu. Le jour sidéral est la durée séparant deux passages successifs d'une étoile très lointaine dans le plan du méridien du lieu.

a. Le jour solaire dure 86 400 s. Mettre cette durée en heures, minutes, secondes.

b. Le jour sidéral dure 86 164 s. Mettre cette durée en heures, minutes, secondes.

c. Montrer à l'aide d'un schéma pourquoi le jour solaire est plus long que le jour sidéral.

● **8.** ★★★ Le calendrier cosmique représente les quinze milliards d'années de l'Univers, ramenées à la durée exacte d'une année. L'Univers est né le 1er janvier à zéro heure. Les premières galaxies se sont formées le 2 janvier. Le 10 septembre à midi, notre Soleil s'est formé. Le système Terre-Lune est né le 13 septembre. La vie est apparue le 15 octobre, les dinosaures, le 24 décembre.
Naissance des premières fleurs, le 28 décembre.
Le 31 décembre, vers 21 heures, l'australopithèque Lucy descend de son arbre. À 23 heures 59 minutes et 50 secondes, les Égyptiens construisent les pyramides.
À 23 heures 59 minutes 59,937 secondes, l'homme marche sur la Lune.
Nous sommes aujourd'hui le 31 décembre et il est minuit. Que va-t-il se passer demain ? Dans une seconde, l'humanité sera installée dans l'ensemble du système solaire. En fin d'après-midi, le 1er janvier vers 18 heures, l'humanité aura exploré l'ensemble de la galaxie.
Le 1er avril – ce n'est pas une blague –, le Soleil deviendra un géant rouge et détruira la Terre.

D'après « Les Fantômes de l'Univers », J.-P. Luminet.

a. Représenter sur un axe toutes les dates évoquées dans ce texte.

b. Quel autre type d'axe pourrait-on utiliser pour que la représentation donne plus de lisibilité à la partie récente de notre histoire ?

c. Quel est l'âge réel du Soleil ?

d. À quelle date réelle, l'homme a-t-il marché sur la Lune ?

e. Dans combien de temps, à notre échelle de temps, la Terre sera-t-elle détruite ?

> **aide**
> **a.** Prendre un axe de 15 carreaux comme le nombre de mois évoqués.
> **b.** Utiliser une répartition avec des puissances de 10.
> **c.** à **d.** Déterminer le nombre de secondes d'une année et en déduire la durée réelle à laquelle correspond une seconde de ce curieux calendrier.

Dispositifs de mesure de durées

● **9.** ★ La vente aux enchères dite « à la bougie » répond à un rituel codifié depuis le XVe siècle. Lors de l'annonce d'un premier acquéreur, on allume simultanément deux bougies identiques.
Les acheteurs potentiels portent alors leurs enchères. Lorsque les bougies sont totalement consumées, on allume une troisième bougie identique aux deux premières. Si personne ne renchérit avant que la troisième bougie ne s'éteigne, l'adjudication est prononcée.

a. En quoi le texte ci-dessus décrit-il un dispositif de mesure de durée ?

b. Ce dispositif de mesure de durées est-il basé sur un phénomène périodique ?

c. Indiquer en unité « bougies » la durée totale d'une vente à la bougie.

d. Quelle information manque-t-il pour exprimer la durée totale d'une vente à la bougie dans une unité du système international ?

● **10.** ✶ **a.** Nommer les dispositifs suivants.

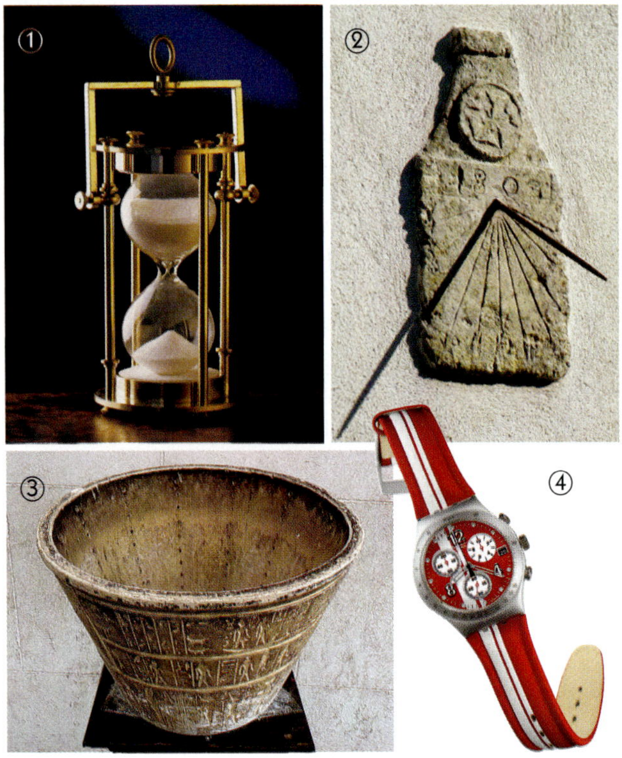

b. Expliquer leur principe de fonctionnement.

c. Préciser lesquels sont basés sur un phénomène périodique.

d. Sur quel phénomène sont basés les autres dispositifs ?

● **11.** ✶✶ On se propose de construire une clepsydre avec une burette. Pour cela on mesure, avec un chronomètre, le temps nécessaire pour atteindre les différentes divisions lors de l'écoulement du liquide.

Temps (s)	0	2	6	10	14	24	37	55	77	98	120
Volume (mL)	0	1	2	3	4	6	8	10	12	14	16

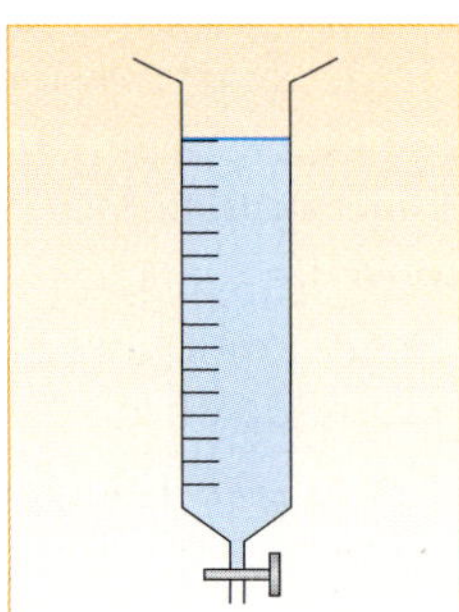

a. Reproduire le dessin de la burette ci-contre graduée en millilitre. Ajouter sur le dessin des divisions en rouge correspondant aux mesures de temps effectuées de 0 à 120 s.

b. Pour des durées égales, faut-il toujours faire écouler des volumes de liquide égaux ?

c. Si on effectuait le même travail sur les clepsydres de l'exercice 10, photo ③, les divisions correspondant à des durées égales seraient régulièrement réparties. Expliquer pourquoi.

Périodes et fréquences

● **12.** ✶ Parmi les représentations suivantes lesquelles sont périodiques ?

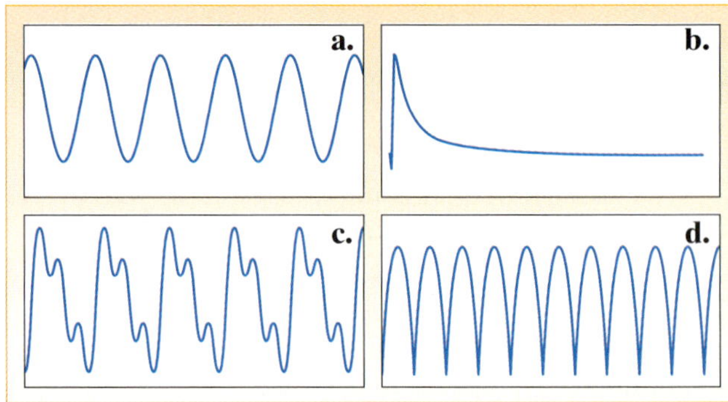

● **13.** ✶ Sur le tableau d'affichage d'un arrêt de bus il est écrit :

> Fréquence de passage aux heures de pointe, toutes les 4 minutes, sinon toutes les 12 minutes

Le terme « fréquence » est-il utilisé avec le même sens qu'en physique ?

● **14.** ✶ Une feuille est posée sur l'eau d'un lac et un caillou est jeté dans l'eau à proximité de la feuille. Une série de vaguelettes circulaires se propage depuis le point d'impact du caillou. La feuille monte et descend alors au rythme des vagues. Il s'écoule 1,7 s entre deux positions hautes successives de la feuille sur la crête des vaguelettes. Quelle est la fréquence de ce phénomène périodique ?

● **15.** ✶ La fréquence d'une horloge d'ordinateur est de 3,0 GHz. Quelle est la durée d'une oscillation du phénomène périodique associé ?

● **16.** ✶ La fréquence cardiaque d'un homme au repos est de 60 battements par seconde.

a. Mettre cette fréquence en hertz.

b. Calculer la période du phénomène.

c. L'homme se met à courir et son cœur bat plus vite. Est-ce la période ou la fréquence du battement cardiaque qui augmente ?

● **17.** ✶ Une horloge atomique au césium 133 a une fréquence de 9 192 631 770 Hz.

a. Quelle période T correspond à ce phénomène ?

b. Calculer la distance que parcourt la lumière dans le vide en une durée égale à la période T de cette horloge.

18. ★ Quelle planète du système solaire a la plus courte période de révolution autour du Soleil ? la plus petite fréquence associée ?

19. ★★ À l'aide de l'oscilloscope, représenté ci-dessous, on visualise une tension électrique en fonction du temps.

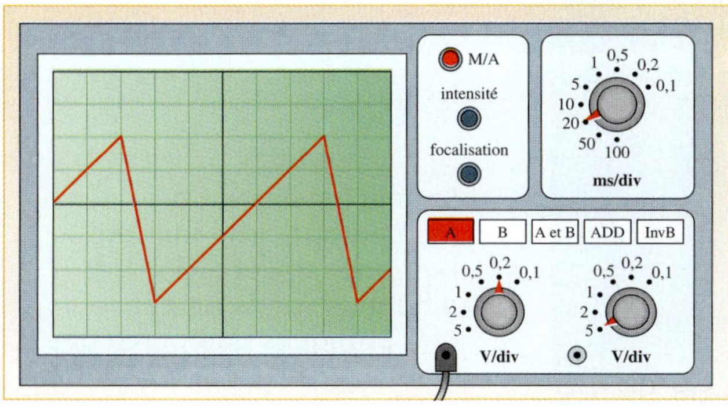

a. La tension est-elle périodique ? Justifier la réponse.

b. Si oui, combien de périodes sont représentées ?

c. Déterminer la période de cette tension électrique en expliquant comment les informations figurant sur l'oscilloscope ont été utilisées.

d. En déduire la fréquence de cette tension.

e. Représenter l'écran de l'oscilloscope avec une base de temps de 50 ms par division.

Aller plus loin

20. ★★★ *Le pendule simple*

« J'ai pris deux boules, l'une de plomb et l'autre de liège puis j'ai attaché chacune d'elles à deux fils très fins, longs tous deux de quatre coudées ; les écartant alors de la position perpendiculaire, je les lâchais en même temps [...] ; une bonne centaine d'allées et venues, accomplies par les boules elles-mêmes, m'ont clairement montré qu'entre le corps pesant, et le corps léger, la coïncidence est telle que sur mille vibrations comme sur cent, le premier n'acquiert sur le second aucune avance, fût-ce la plus minime, mais que tous deux ont un rythme de mouvement rigoureusement identique.
On observe également l'action du milieu qui, en gênant le mouvement, ralentit bien davantage les vibrations du liège que celles du plomb, sans toutefois modifier leur fréquence ; même si les arcs décrits par le liège n'ont plus que cinq ou six degrés, contre cinquante ou soixante pour le plomb, ils sont en effet traversés en des temps égaux. »

Discours concernant deux sciences nouvelles
Galilée (1638).

a. Utiliser les mots « période » et « amplitude du mouvement » pour réécrire la dernière phrase du texte.

b. Pourquoi était-il intéressant de prendre différents matériaux pour les boules servant à l'expérience ?

c. Pourquoi était-il important de conserver la même longueur de fil pour toutes les expérimentations faites par Galilée ?

d. Galilée ne mentionne pas le volume de ces boules dans les paramètres qui peuvent modifier la fréquence du pendule. Pensez-vous que ce soit un oubli regrettable ? Pourquoi ?
On veut étudier l'influence de la longueur L du pendule sur sa période T afin de compléter l'étude de Galilée.
On utilise une sphère de cuivre. Les résultats sont donnés dans le tableau.

L (m)	0,20	0,30	0,35	0,40	0,45	0,50	0,55	0,60	0,80	1,10	1,30
T (s)	0,90	1,10	1,19	1,27	1,35	1,42	1,49	1,55	1,79	2,10	2,28

e. Tracer la courbe représentant la période en fonction de la longueur.

f. La période est-elle proportionnelle à la longueur du pendule ?

g. L'expérimentateur désire concevoir un pendule qui « batte » la seconde, c'est-à-dire que le pendule change de sens exactement chaque seconde. Utiliser la courbe précédente pour déterminer la longueur de ce pendule.

h. Finalement le pendule fabriqué par l'expérimentateur retarde. Faut-il réduire ou augmenter la longueur du pendule ? Justifier la réponse.

i. À partir du texte de Galilée et des résultats des questions **e** à **h**, faire la liste des paramètres influençant la période T du pendule.

j. Quels autres paramètres pourraient être étudiés ? Proposer des modes opératoires.

aide

a. L'amplitude d'un pendule correspond à l'angle maximal que fait le fil avec la verticale.

b. Réfléchir à ce qui est modifié lorsqu'on change de boule ?

c. Une étude expérimentale ne peut évaluer l'effet que d'une seule grandeur d'influence à la fois.

F.M. 9 **e.** Mettre la période en ordonnée (verticale) avec l'échelle 4 carreaux correspondant à 1 s, et la longueur en abscisse (horizontale) avec l'échelle 10 carreaux correspondant à 1 m.

g. Le pendule a une demi-période de 1,0 s.

Véliplanchiste lors d'une figure acrobatique.

Le véliplanchiste, l'aviateur et le parapentiste utilisent l'air pour se déplacer. Ces différents sports ne peuvent être pratiqués que parce que l'air exerce une pression sur les objets à son contact.

Bouclier thermique d'une usine de séparation des isotopes de l'uranium. Le bouclier permet de protéger une partie sensible de l'installation de la température élevée du gaz qu'elle contient. La température est une grandeur importante pour décrire l'état d'un gaz.

PARTIE VI

L'AIR QUI NOUS ENTOURE

Pour s'approcher de la température la plus basse qui existe, 273,15 °C, les scientifiques disposent d'outils sophistiqués comme ceux présentés sur la photo. Une telle température correspond au zéro dans l'échelle de température absolue de Kelvin.

Le baromètre enregistreur permet de tracer l'évolution de la pression atmosphérique en fonction du temps. Cela constitue des données précieuses pour les prévisions météorologiques.

« L'homme essaie de se faire, de la façon qui lui convient le mieux, une image simplifiée et intelligible du monde. »

Albert EINSTEIN (1879-1955)

Prérequis du collège

- L'air, mélange de dioxygène et de diazote.
- Compressibilité d'un gaz.
- Modèle de l'état gazeux.
- Thermomètre.
- Unités de surface et de volume.

Prérequis de mathématiques

- Puissances de 10.

Prérequis de chimie du programme de seconde

- Molécules.
- Loi d'Avogadro.
- Quantité de matière.

Contenu de la partie

Cette dernière partie utilise des connaissances de physique et de chimie étudiées cette année. Il s'agit d'être capable de décrire l'air qui nous entoure de façon microscopique, c'est-à-dire avec la notion de molécule ou d'atome, pour comprendre son comportement usuel, mais aussi de façon macroscopique. Le lien entre ces deux descriptions permet de comprendre ce que sont la température et la pression autrement qu'avec des expressions telles que « c'est chaud » ou « c'est froid ».

Le lien avec la chimie apparaît clairement avec l'introduction d'une équation d'état, c'est-à-dire une relation mathématique qui relie toutes les grandeurs qui permettent la description d'un gaz : pression, volume, température et quantité de matière. Ces notions seront utiles pour les élèves qui continuent un parcours scientifique, mais aussi dans des situations telle que la plongée sous-marine, la météo, etc.

Référence au programme

L'air qui nous entoure est un milieu privilégié pour illustrer l'existence de différents niveaux d'appréhension du monde naturel : le niveau macroscopique et le niveau microscopique.

Cette dernière partie du cours de physique modélise le comportement de la matière gazeuse au niveau microscopique puis introduit les grandeurs macroscopiques permettant de rendre compte de l'état d'un gaz. La relation qui existe entre ces grandeurs, dans les conditions habituelles d'étude des gaz pour lesquelles ceux-ci sont modélisés par « le gaz parfait », est appelée équation d'état du gaz parfait.

L'ÉTAT GAZEUX

18

Un ballon-sonde, gonflé au dihydrogène ou à l'hélium, s'élève grâce à la poussée ascendante qu'exerce sur lui l'air atmosphérique. Les appareils contenus dans la nacelle permettent d'étudier la température, la pression, la composition de l'atmosphère, la couche d'ozone…

OBJECTIFS

- Connaître le comportement d'un gaz : l'air.
- Connaître les grandeurs physiques macroscopiques permettant la description d'un gaz.
- Être capable de donner une interprétation microscopique du comportement d'un gaz.

PLAN DU COURS

1 - Description microscopique d'un gaz

2 - Notion de pression

3 - État thermique, température

1 Liquide et gaz

1. Ballon de baudruche

Un ballon de baudruche dégonflé est adapté au col d'un flacon contenant de l'air (**Doc. 1**).

a. Prévoir ce qui se passerait si le flacon rempli d'air était immergé dans de l'eau chaude (à 60 °C).

L'expérience est maintenant envisagée avec le même flacon rempli d'eau à température ambiante.

b. Prévoir ce qui se passerait si le flacon rempli d'eau était immergé dans de l'eau chaude (à 60 °C).

Doc. 1. Ballon de baudruche dégonflé adapté au col d'un flacon contenant de l'air.

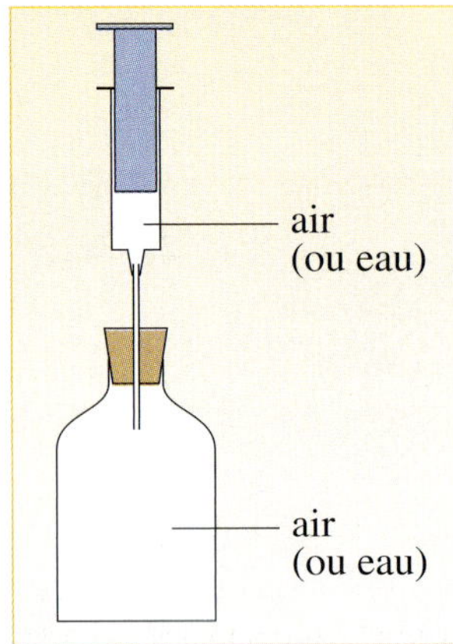

Doc. 2. Ajout d'air (ou d'eau) à un flacon rempli d'air (ou d'eau).

2. Air et eau

On souhaite ajouter de l'air dans un flacon bouché plein d'air et de l'eau dans un flacon bouché plein d'eau, par exemple au moyen d'une aiguille reliée à une seringue et traversant le bouchon du flacon (**Doc. 2**).

a. Est-ce possible pour l'air ? pour l'eau ?
b. Proposer une interprétation au niveau microscopique.

2 Force pressante et surface

Chaussés de raquettes, deux frères jumeaux, Marc et Jean, marchent dans la neige. Chacun porte un sac à dos. Marc constate qu'il laisse dans la neige des traces beaucoup moins profondes que celles de Jean.
Cherchant à expliquer cette différence, les deux frères envisagent diverses expériences.
① Ôter leurs sacs à dos.
② Ôter leurs raquettes.
③ Échanger leurs sacs à dos.
④ Échanger leurs raquettes.
⑤ Marcher plus lentement.

a. Les deux frères sont-ils susceptibles ou non d'obtenir une information intéressante de chacune des expériences proposées ? Justifier les réponses et préciser les conditions requises pour qu'une expérience soit pertinente.
b. La valeur d'une grandeur, susceptible d'influencer l'enfoncement dans la neige, n'a pas été explicitement prise en compte par les deux frères lors des expériences envisagées. De quelle grandeur s'agit-il ?

En physique, on introduit une grandeur que l'on appelle **pression**, notée p, reliée à deux autres grandeurs :
– la force, de valeur F, exercée ici par chacun des frères sur la neige ;
– la surface S sur laquelle s'exerce cette force, c'est-à-dire ici la surface de contact entre chacun des frères et la neige.
Dans la situation évoquée précédemment, la grandeur pression est supposée traduire l'enfoncement dans la neige : plus la pression exercée sur la neige est grande, plus l'enfoncement est important.
Une seule des relations ci-dessous est correcte :

$$p = \frac{F}{S} \qquad p = \frac{S}{F} \qquad p = \frac{1}{SF} \qquad p = SF$$

c. Compte tenu des prévisions concernant les expériences des frères jumeaux, laquelle des relations proposées est correcte ?

Voir exercices 10 et 14

3 TP Pression de l'air dans une seringue

Objectif

- Introduire la notion de pression d'un gaz et en donner une interprétation microscopique

1. Pression et force pressante

Boucher avec un doigt une grosse seringue contenant de l'air puis enfoncer le piston à mi-course.
On perçoit une résistance au niveau du piston : on dit que l'air de la seringue exerce une force pressante sur le piston. Il en résulte une **pression**.
La pression est une grandeur qui caractérise l'air emprisonné dans la seringue. Elle s'exprime en pascal (Pa) ou en hectopascal (hPa) et se mesure au moyen d'un pressiomètre (**Doc. 1**).

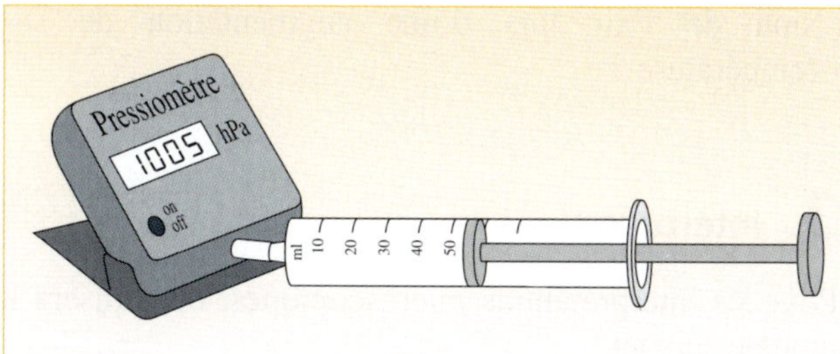

Doc. 1. Mesure de la pression de l'air dans une seringue.

Relier la seringue à un pressiomètre. Pour différentes positions du piston, noter la pression p de l'air dans la seringue. L'exprimer en pascal (Pa).

a. Comment varie la pression p de l'air en fonction du volume qu'il occupe dans la seringue ?

Mesurer le diamètre du piston en contact avec l'air de la seringue.

b. Calculer la valeur de la surface S (en m^2) du piston.

On appelle **force pressante** la force exercée par l'air de la seringue sur le piston. La direction de cette force est perpendiculaire à la surface du piston. Sa valeur F (en N) est donnée par la relation :

$$F = pS$$

où p est la pression de l'air dans la seringue.

c. Calculer la valeur de la force pressante exercée par l'air de la seringue sur le piston pour $p = 1{,}5 \cdot 10^5$ Pa.
d. Faire le même calcul pour une seringue plus petite, la pression p étant la même.

Réaliser l'expérience permettant d'obtenir $p = 1{,}5 \cdot 10^5$ Pa avec la grosse seringue puis avec la petite.

e. Pour atteindre $p = 1{,}5 \cdot 10^5$ Pa, a-t-on eu la sensation de pousser davantage sur le piston de la grosse seringue que sur celui de la petite seringue ?
f. Cette observation est-elle en accord avec les résultats **c** et **d**, si l'on admet que la poussée exercée par l'opérateur sur le piston a même valeur que la force pressante exercée par l'air de la seringue sur le piston ?

2. Interprétation microscopique

Pour interpréter les observations précédentes, on décrit l'air au moyen d'un **modèle microscopique**.

Énoncés du modèle

① L'air est constitué de molécules éloignées les unes des autres, sans matière entre elles : c'est le vide.
② Les molécules de l'air sont en mouvement incessant et désordonné. Elles se répartissent uniformément dans tout l'espace qui leur est offert.
③ Les molécules peuvent entrer en collision entre elles et avec les parois du récipient contenant l'air. Ces chocs sont à l'origine de la force pressante exercée par l'air de la seringue sur le piston.

a. Pourquoi y a-t-il davantage de chocs moléculaires sur le piston de la grosse seringue que sur celui de la petite, pour la même pression et la même durée ?
b. On enfonce le piston d'une des seringues afin de diviser par 2 le volume d'air emprisonné. Comment évoluent l'espacement des molécules, le nombre de chocs sur le piston pendant une même durée et la pression de l'air dans la seringue ? Est-ce en accord avec **1.a** ?
c. Proposer une expérience prouvant qu'il n'est pas concevable que les molécules de l'air se touchent.
d. Quelles observations courantes prouvent qu'il n'est pas concevable que ces molécules soient immobiles ?
e. Les molécules de l'air ayant une masse moyenne de $5 \cdot 10^{-23}$ g et une vitesse moyenne de $500\ m \cdot s^{-1}$, justifier le fait qu'une force pressante puisse être ressentie comme on l'a constaté en début de partie **1**.

Voir exercices 10 et 14

4 TP État thermique, température et volume

Objectifs

- Présenter la notion d'état thermique
- Montrer que la température est une des grandeurs utilisées pour décrire l'état d'un gaz

1. État thermique d'un gaz

■ *Expérience 1.* Adapter un ballon de baudruche sur le col d'un flacon en verre contenant de l'air. Chauffer le flacon, au moyen d'un sèche-cheveu par exemple.

a. Qu'observe-t-on ? Expliquer cette observation.
b. Décrire l'expérience précédente en utilisant l'expression « état thermique ».

■ *Expérience 2.* Un ballon en verre contient de l'air. Il est fermé par un bouchon traversé par un tube fin dont la partie horizontale présente un index de liquide coloré (**Doc. 1**). Appliquer les mains contre le ballon.

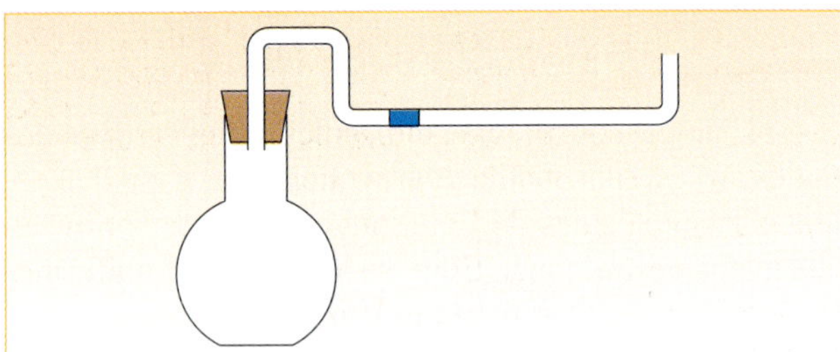

Doc. 1. Dispositif de l'expérience 2.

c. Que constate-t-on ? Proposer une explication.

2. Volume, pression et température d'un gaz

■ *Expérience 3.* Réaliser le montage du **Doc. 2**.

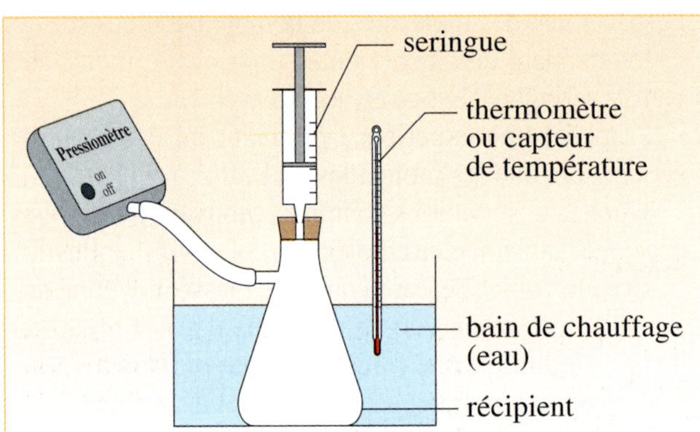

Doc. 2. Montage permettant d'étudier le comportement d'un gaz à différentes températures.

Pour trois températures différentes du bain de chauffage lire le volume repéré par la position du piston de la seringue et l'indication du pressiomètre.

a. Lors de l'étude du comportement de l'air contenu dans le récipient, les mesures ont-elles été effectuées à pression constante ? à température constante ? à volume constant ?
Justifier les réponses.
b. Si le piston de la seringue était initialement bloqué, comment évolueraient les grandeurs volume et pression de l'air lors d'une augmentation de sa température ?

3. Interprétations

Pour les interprétations microscopiques, on utilisera le modèle suivant.

Énoncés du modèle

① L'air est constitué de molécules éloignées les unes des autres. À pression constante, ces molécules sont d'autant plus éloignées que la température est élevée.
② Les molécules sont en mouvement incessant et désordonné. L'agitation des molécules est d'autant plus importante que la température est élevée.
③ Les molécules peuvent entrer en collision entre elles et avec les parois du récipient contenant l'air.

a. Proposer une interprétation microscopique de l'augmentation de volume du ballon de baudruche de l'expérience 1, qui a lieu à pression constante.
b. Proposer une interprétation microscopique du déplacement de l'index constaté lors de l'expérience 2, qui a lieu à pression constante.
c. Proposer une interprétation microscopique du fait que la température de l'air du ballon de l'expérience 2 augmente lorsqu'on applique les mains contre le ballon.
d. Quel phénomène physique renseigne sur l'état thermique de l'air dans les trois expériences réalisées ?

Voir exercice 20

1 Description microscopique d'un gaz

1.1. Modélisation d'un gaz

Décrire un gaz de façon microscopique, c'est chercher à rendre compte de son comportement en partant du fait que le gaz est constitué de molécules.

Une telle description microscopique est résumée par le **Doc. 1**. Les quatre énoncés proposés constituent le modèle microscopique des gaz.

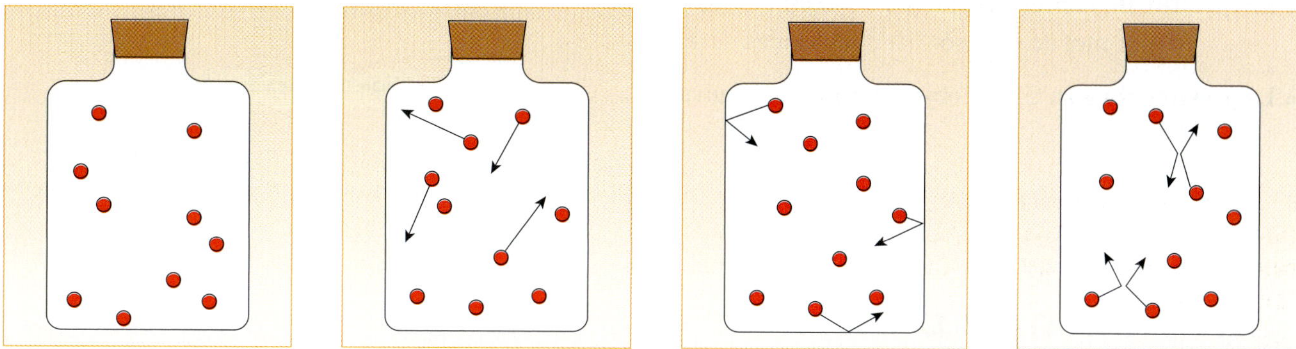

Énoncé 1. Un gaz est constitué de molécules éloignées les unes des autres.

Énoncé 2. Les molécules qui constituent un gaz sont en mouvement continuel. Ce mouvement s'effectue en ligne droite.

Énoncé 3. Les molécules rebondissent sur les parois du récipient qui contient le gaz. Leur trajectoire est alors modifiée.

Énoncé 4. Il arrive que deux molécules s'entrechoquent. Elles changent alors toutes les deux de trajectoire.

Doc. 1. Les quatre énoncés nécessaires à la description microscopique d'un gaz.

Remarque. Au cours de leur mouvement, les molécules d'un gaz ne subissent ni déformation, ni coupure ; elles ne s'attirent pas, elles ne se repoussent pas.

1.2. Utilisation de la description microscopique

Le modèle microscopique d'un gaz (énoncés du **Doc. 1**) peut être utilisé pour interpréter des résultats d'expériences mettant en jeu un gaz.

Exemple 1. Pourquoi l'odeur d'un parfum (ou d'une espèce chimique comme l'éther) peut-elle être perçue par une personne située à quelque distance du flacon ?

Le parfum (ou l'éther) étant volatil, des molécules odorantes s'échappent du liquide et rencontrent les molécules de l'air ambiant, en mouvement incessant et désordonné (énoncé 2). Il en résulte des chocs (énoncé 4) et un brassage des molécules de l'air et des molécules odorantes : ces dernières parviennent à notre nez et sont détectées par notre odorat (**Doc. 2**).

Exemple 2. Pourquoi est-il possible de pousser le piston d'une seringue contenant de l'air bien que son ouverture soit bouchée ?

La seringue remplie d'air contient des molécules de diazote et des molécules de dioxygène. Ces molécules sont espacées (énoncé 1). L'action de pousser le piston a pour effet de rapprocher les molécules les unes des autres. On dit que l'air est **compressible**. Les molécules en mouvement (énoncé 2) s'écartent de nouveau si la compression cesse : l'air est **élastique**.

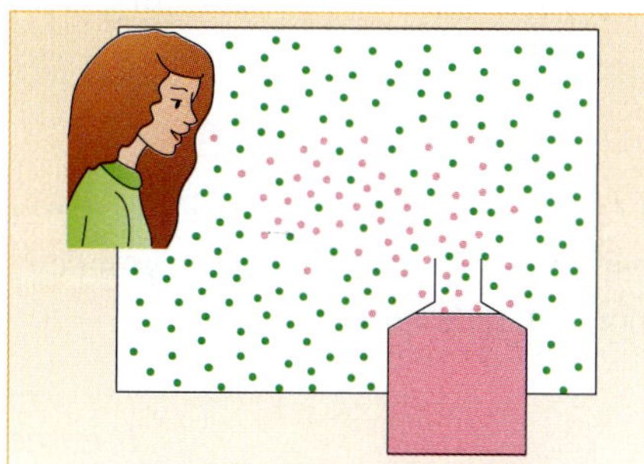

Les molécules odorantes (•) s'échappant du flacon de parfum, se mélangent aux molécules de l'air (•) et parviennent au nez.

Doc. 2. Représentation de la perception de l'odeur d'un parfum.

1.3. Limite d'une description microscopique d'un gaz

Un ballon de baudruche rempli d'air contient environ 10^{21} molécules en mouvement. Décrire complètement cet air par la connaissance du mouvement de chaque molécule est inconcevable. On fait donc appel à quatre grandeurs macroscopiques.

- **La température du gaz.** Elle peut se mesurer à l'aide d'un thermomètre et s'exprimer, par exemple, en degré Celsius (°C).
- **Le volume du gaz.** C'est le volume intérieur du récipient qui emprisonne le gaz.
Il s'exprime en litre (L), en mètre cube (m^3), etc.
- **La quantité de matière du gaz.** Elle s'exprime en mole :
$$1 \text{ mol de gaz} = 6 \cdot 10^{23} \text{ molécules du gaz}$$
- **La pression du gaz.** C'est l'objet du paragraphe suivant.

Dans le cas de l'air, on utilisera la grandeur « quantité de matière » bien que les entités composant l'air (molécules O_2 et N_2 essentiellement) ne soient pas identiques.

$1 \text{ m}^3 = 10^3 \text{ dm}^3$
$1 \text{ dm}^3 = 1 \text{ L}$
$1 \text{ cm}^3 = 1 \text{ mL}$

Voir activités 3 et 4

2 Notion de pression

2.1. Force pressante

On appelle force pressante l'action exercée par un gaz sur une paroi de récipient ou plus généralement sur toute surface en contact avec le gaz. Cette force est toujours perpendiculaire à la surface sur laquelle elle agit.

Dans l'expérience du **Doc. 3**, une masse de 1 kg est posée sur le piston d'une seringue pleine d'air. La déformation de la membrane montre que l'air présent dans la seringue exerce une force pressante sur la membrane. En l'absence de masse, la membrane n'est pas déformée. Cela ne signifie pas l'absence de force pressante, mais l'égalité de deux forces pressantes exercées en chaque point de la membrane, l'une par l'air présent dans la seringue, l'autre par l'air extérieur à la seringue. Chaque force est perpendiculaire à la membrane, et l'une compense l'autre.

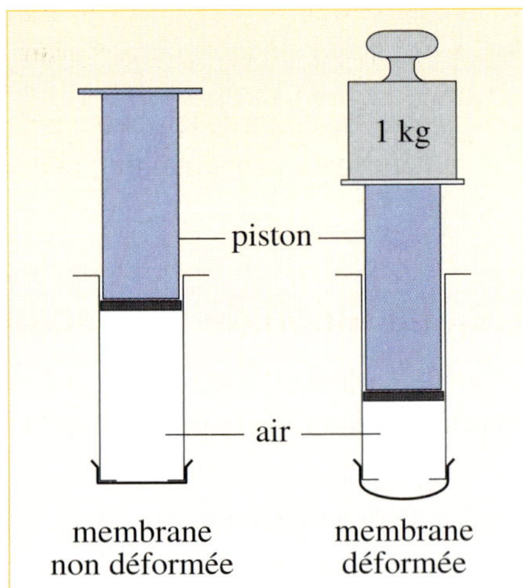

Doc. 3. Mise en évidence de la force pressante exercée par un gaz sur une membrane.

2.2. Pression d'un gaz

L'état d'un gaz exerçant une force pressante de valeur F sur une surface S, est en partie décrit par une grandeur macroscopique appelée **pression**, notée p, telle que :

$$p = \frac{F}{S}$$

F en newton (N)
S en mètre carré (m^2)
p en pascal (Pa)

P (majuscule) pour poids
p (minuscule) pour pression

Le pascal est l'unité légale de pression. C'est la pression exercée par une force pressante d'un newton sur une surface d'un mètre carré.

Une pression peut s'exprimer en hectopascal (hPa), en bar ou en millibar (mbar).

$1 \text{ bar} = 10^5 \text{ Pa}$
$1 \text{ mbar} = 10^{-3} \text{ bar}$
$1 \text{ hPa} = 10^2 \text{ Pa}$
$1 \text{ mbar} = 1 \text{ hPa}$

La pression d'un gaz dans un récipient est la même en tout point. Si le récipient est ouvert, cette pression est égale à la pression atmosphérique.

Exemples

• Dans un ballon de volley-ball, la pression de l'air est la même en tout point.

• Dans une seringue dont l'orifice est obturé, on peut augmenter la pression du gaz en enfonçant le piston car un gaz est compressible. La pression change, mais pour chaque position du piston, elle est la même en tout point du volume du gaz.
Si la seringue n'est pas obturée, la pression du gaz est égale à la pression atmosphérique quelle que soit la position du piston.

Remarque. La notion de pression s'utilise pour d'autres systèmes que les gaz. La relation entre les grandeurs p, F et S permet de comprendre pourquoi on s'enfonce moins dans la neige quand on est chaussé de raquettes. En effet, la surface S de la raquette en contact avec la neige est supérieure à celle d'une chaussure, la force pressante F étant la même. La pression correspondante est donc inférieure et le marcheur chaussé de raquettes s'enfonce moins.

Voir activités 2 et 3

2.3. Interprétation microscopique de la pression

Quand on comprime un gaz, le volume disponible pour ses molécules diminue. Les chocs des molécules sur les parois du récipient contenant le gaz sont plus fréquents.
Le **Doc. 4** montre que, dans l'expérience du **Doc. 3**, la membrane se bombe dans le sens où les chocs moléculaires sont les plus fréquents. Ces chocs sont d'autant plus fréquents que la pression du gaz est grande.

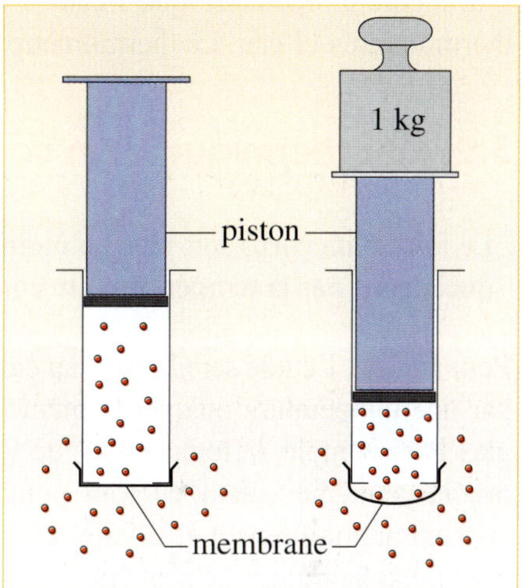

Doc. 4. Interprétation microscopique de la déformation d'une membrane. Les molécules de l'air sont représentées par des points rouges.

La pression d'un gaz dans un récipient fermé dépend du nombre de chocs des molécules du gaz sur la paroi du récipient pendant une durée donnée.

2.4. Mesure de la pression

La pression d'un gaz se mesure au moyen d'un manomètre ou pressiomètre.
Un manomètre (**Doc. 5**) présente une surface déformable mise au contact du gaz dont on veut mesurer la pression.
Quand la pression du gaz change, la valeur de la force pressante s'exerçant sur la membrane est modifiée ; il s'ensuit une déformation dont l'importance est liée à la pression du gaz.

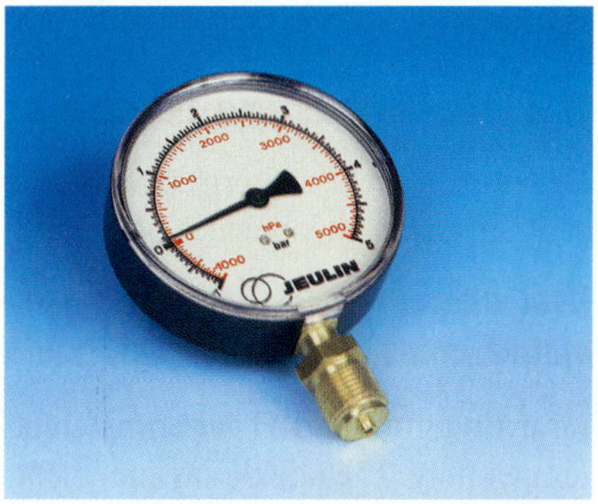

Doc. 5. Manomètre relatif qui indique la différence entre la pression du gaz et la pression atmosphérique. Il peut afficher une valeur négative si la pression mesurée est inférieure à la pression atmosphérique.

L'air atmosphérique exerce une force pressante sur la surface de tout objet à son contact.
Il en résulte une pression appelée **pression atmosphérique** qui se mesure au moyen d'un baromètre.

➤ Voir exercices 10, 14 et 19

Voir activité 5

3 État thermique, température

3.1. Équilibre thermique et température

Une température se mesure à l'aide d'un thermomètre. La mesure d'une température nécessite que le thermomètre soit en contact avec le corps dont on détermine la température. Les thermomètres usuels indiquent la température en degré Celsius (°C).

La lecture, sur un thermomètre, de la température d'un corps ne s'effectue qu'une fois l'équilibre thermique atteint entre le thermomètre et le corps. Cet état d'équilibre n'est atteint qu'au bout d'un « certain » temps.

Quand on trempe le réservoir d'un thermomètre dans de l'eau chaude, la température indiquée augmente, puis se stabilise. Le thermomètre est alors à la même température que l'eau : il y a **équilibre thermique** entre le thermomètre et l'eau. Le thermomètre indique la température de l'eau.

3.2. État thermique d'un corps

Le fait qu'un corps soit plus ou moins chaud exprime son état thermique, décrit par la température du corps.

Pour les gaz, l'étude sera limitée au cas où l'état thermique peut être décrit par une température unique, la même dans tout le volume occupé par le gaz. Par exemple, la température de l'air contenu dans un ballon de baudruche a même valeur en tout point du gaz. Dans certains cas, cette approximation ne peut être faite. L'atmosphère, par exemple, est un gaz dont l'état thermique ne peut être décrit par une seule température (**Doc. 6**). La connaissance de la température est suffisante pour décrire l'état thermique d'un gaz, mais elle ne suffit pas pour décrire complètement l'état d'un gaz. En effet, la variation de température d'un gaz s'accompagne de la variation d'une autre grandeur au moins, son volume par exemple.

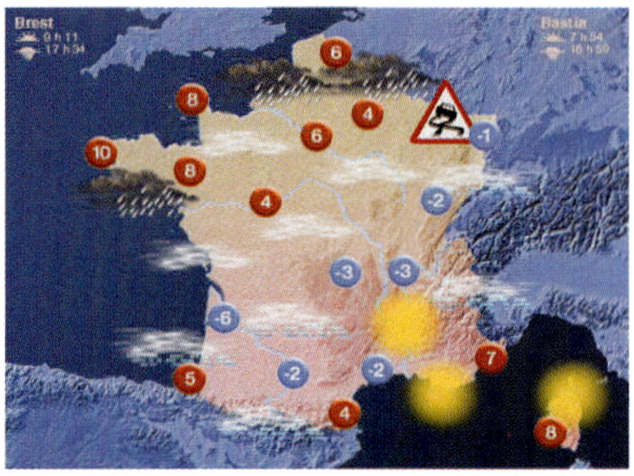

Doc. 6. Carte météo des températures relevées au même moment en diverses villes de France.

Voir activités 1 et 4

3.3. Mesure d'une température

La température d'un corps peut se mesurer au moyen d'instruments utilisant différents phénomènes physiques.

- La **dilatation**. Le liquide d'un thermomètre subit une variation de volume en relation avec sa température (**Doc. 7**).
- Le **rayonnement**. Tout corps émet un rayonnement qui dépend de sa température. L'étude du rayonnement d'une lampe, d'une étoile... renseigne sur sa température (voir chapitre 13).
- La variation d'une **grandeur électrique**. La résistance (ou la tension aux bornes) de certains dipôles dépend de la température. C'est le principe de nombreux thermomètres électroniques ou capteurs de température.

Doc. 7. Thermomètre usuel.

Voir activité 6

➤ Voir exercices 22 et 27

essentiel

Description microscopique d'un gaz

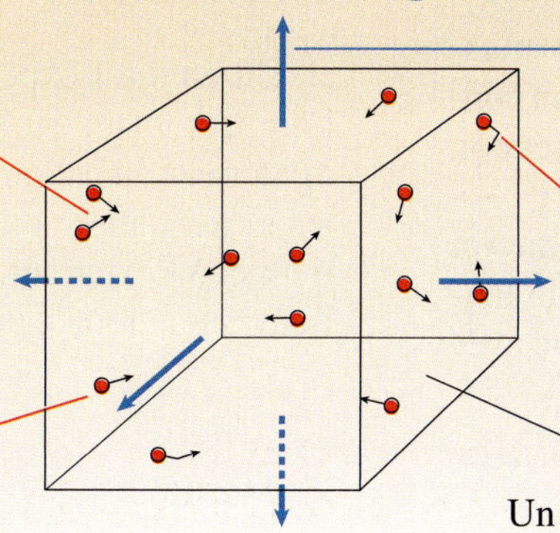

Description macroscopique d'un gaz

Le verre n'est pas vide, il contient un gaz : l'air.

Grandeur	Symbole	Exemple d'unités	Mesure
température	θ	degré Celsius (°C)	thermomètre
volume	V	m^3, L, ...	mesure des dimensions puis calcul
pression	p	pascal (Pa) (unité légale)	pressiomètre ou manomètre
quantité de matière	n	mole	ne se mesure pas, mais se calcule : $n = \frac{V}{V_m}$

- **Pression d'un gaz**

$$p = \frac{F}{S}$$

p : pression en pascal (Pa)
F : force pressante en newton (N)
S : surface en mètre carré (m^2)

- **Température**

On mesure la température d'un corps une fois que l'équilibre thermique entre le corps et le thermomètre est atteint.

5 La pression atmosphérique

Objectif

- Mettre en évidence la pression atmosphérique et constater certains de ses effets

La Terre est entourée d'une couche d'air appelée **atmosphère**. Cet air exerce sur la surface des objets à son contact des forces pressantes. Il en résulte une pression appelée **pression atmosphérique**.
La valeur de la pression atmosphérique dépend du lieu et du moment. À un instant donné, elle varie avec la latitude du lieu. Pour une latitude donnée, elle diminue avec l'altitude.

1. Mise en évidence

- *Expérience 1*. Sur un verre rempli d'eau à ras bord, on pose une feuille de papier que l'on maintient avec la paume de la main. On retourne le verre et on ôte la main : le papier reste en place, l'eau reste dans le verre.
- *Expérience 2*. Un manchon cylindrique fermé par une membrane de caoutchouc est relié à une pompe qui évacue l'air contenu dans le manchon (**Doc. 1**). Lorsqu'on met la pompe en action, la membrane s'incurve puis éclate.
- *Expérience 3*. Un ballon de baudruche en partie dégonflé et fermé est placé sous une cloche à vide (**Doc. 2**). Lorsqu'on met en action la pompe reliée à la cloche, le volume du ballon augmente.

a. Estimer les valeurs des forces pressantes exercées par l'air et par l'eau sur les faces de la feuille de papier quand le verre est retourné et représenter ces forces sur un schéma.
b. Dans l'expérience 2 du crève-vessie (**Doc. 1**), quelles sont les valeurs de la pression dans le manchon et sous la cloche avant le pompage ?
c. Même question pendant le pompage.

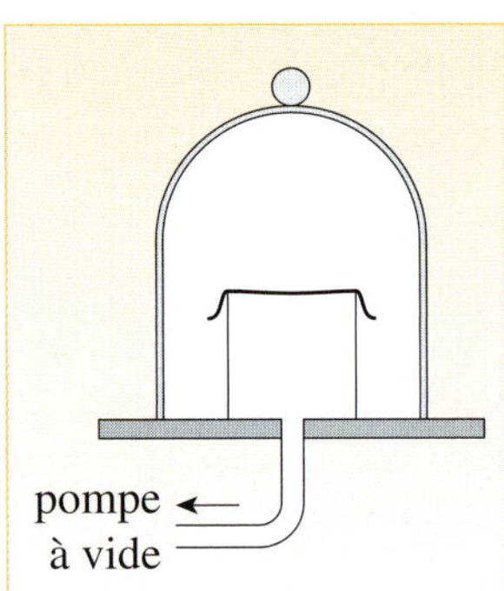

Doc. 1. Expérience du crève-vessie.

Doc. 2. Ballon sous cloche à vide.

d. On étudie l'expérience 3 pendant le pompage de l'air. Comment évolue la pression dans la cloche et à l'extérieur du ballon ? Représenter les forces pressantes s'exerçant en différents points du ballon à l'intérieur et à l'extérieur. En déduire une interprétation de l'augmentation de volume du ballon.

2. Mesure

La pression atmosphérique se mesure avec un **baromètre**.
On appelle **pression atmosphérique normale** la pression atmosphérique mesurée au niveau de la mer (altitude zéro) dont la valeur est $1{,}013 \cdot 10^5$ Pa. Exprimée avec d'autres unités, cette pression vaut 1,013 bar ou 1 atmosphère (atm) ou 760 millimètres de mercure (mm Hg).

a. Les prévisions météorologiques utilisent des mesures de pression atmosphérique. Cette pression est-elle plus grande ou plus petite que la normale dans un anticyclone ? et sur un front dépressionnaire ?
b. Les bulletins météo donnent la pression atmosphérique en hectopascal (hPa) ou en millibar (mbar). Quelle est la correspondance entre ces unités ?
c. Lors de bulletins météo, il est parfois précisé que la pression atmosphérique est mesurée au niveau de la mer. Pourquoi cette précision est-elle importante ?

3. Effet sur l'ébullition de l'eau

À la pression atmosphérique normale, l'eau (pure) bout à la température de 100 °C.
Un bécher contenant de l'eau à 20 °C est placé sous une cloche à vide. On met la pompe en marche. Au bout de quelques instants, l'eau bout. Pourtant, l'eau n'est pas chaude !

a. Tirer une conclusion de cette expérience.
b. Pourquoi la cuisson des légumes dans l'eau bouillante est-elle plus rapide à la mer qu'à la montagne ?

Voir cours 2 ; exercice 19

6 TP Mesure d'une température

Objectif

- Étudier le principe de quelques thermomètres

1. Thermomètre à dilatation de liquide

On utilise le dispositif du **Doc. 1**. Le bain d'eau permet de modifier la température du liquide coloré.

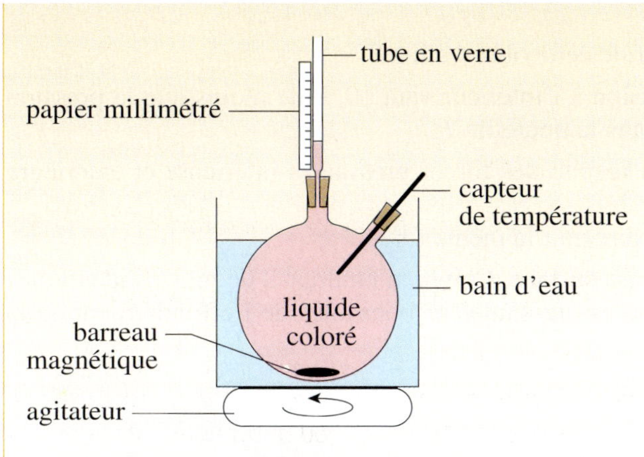

Doc. 1. Montage d'étude de la dilatation d'un liquide.

Lire, en s'aidant du papier millimétré, la hauteur H (en mm) du liquide coloré dans le tube en verre pour différentes températures θ (en °C).

a. Construire un tableau regroupant les différentes valeurs de H et de θ.
b. Représenter graphiquement les variations de H en fonction de θ.
c. Quelle relation mathématique traduit la représentation graphique précédente : $H = a\theta + b$? $H = a\theta$? $H = \theta^2$? a et b sont des constantes.
d. Établir une correspondance entre les différentes parties du dispositif (ballon rempli de liquide coloré, tube en verre, papier millimétré) et celles d'un thermomètre à liquide (**Doc. 2**).
e. Quel est l'intérêt d'utiliser un tube fin ?
f. Le phénomène de dilatation d'un liquide, mis à profit pour mesurer une température, entraîne-t-il pour le liquide une variation de masse ? de volume ? de masse volumique ? de quantité de matière ?

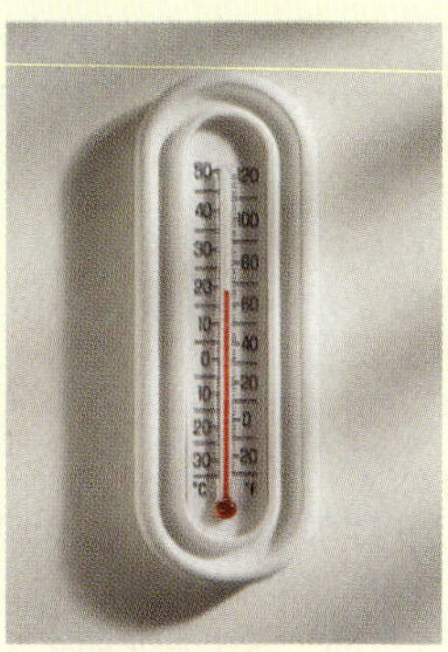

Doc. 2. Thermomètre à dilatation de liquide.

g. Lors de la mesure de la température d'un gaz, quelle partie du thermomètre doit impérativement être en contact avec le gaz : la totalité du thermomètre ? la colonne ? le réservoir ?
h. Quels critères interviennent dans le choix d'un thermomètre destiné à mesurer une température dont l'ordre de grandeur est connu ?

2. Capteur de température

Un thermomètre électronique comporte un capteur (diode au silicium, par exemple) aux bornes duquel la tension évolue avec la température.

Réaliser le montage du **Doc. 3** qui comporte, en série, un générateur de tension continue, une diode et un résistor R. Un voltmètre permet de mesurer la tension U aux bornes de la diode. La diode, raccordée à des fils longs et souples, est introduite dans le gaz dont on doit mesurer la température.

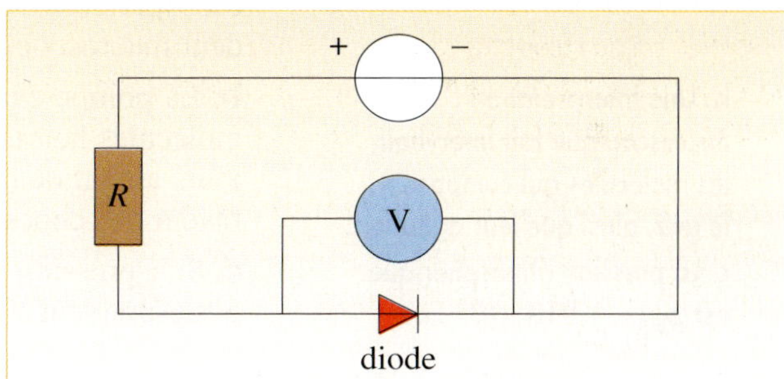

Doc. 3. Schéma de principe du montage électrique.

Le gaz étudié est l'air contenu dans un ballon en verre. Le ballon est successivement immergé dans des bains à différentes températures θ (mesurées avec un thermomètre à liquide) comprises entre 0 °C et 50 °C. On note la tension U pour chaque température θ, à l'équilibre thermique.

a. Regrouper dans un tableau les valeurs de U et de θ.
b. Représenter les variations de U en fonction de θ. Que peut-on déduire du graphe ?
c. Quelle variation de tension est associée à une variation de température du gaz de 1 °C ?

Voir cours 3 ; exercices 22 et 27

Exercice résolu

Effondrement d'une bouteille

Énoncé

Une bouteille vide en plastique est bouchée avec un bouchon transpercé par un tuyau. Le tuyau est relié à une pompe qui évacue l'air de la bouteille. Rapidement, la bouteille s'effondre sur elle-même.

a. Proposer une grandeur macroscopique qui permette d'interpréter cette observation. Quelle est l'unité légale utilisée pour exprimer cette grandeur ?

b. Quelle interprétation microscopique peut-on donner de cette observation ?

c. La bouteille commence à s'effondrer quand la pression à l'intérieur vaut 10 % de moins que la pression atmosphérique. Quelle est, à ce moment, la pression dans la bouteille ?

d. Quelle est alors la valeur de la force pressante qui résulte des forces pressantes intérieure et extérieure s'exerçant sur chaque cm^2 de la surface de la bouteille ?
Quelle masse m, appuyant sur une surface de 1 cm^2, exercerait la même force ?

e. On a utilisé une bouteille d'un litre et demi. Estimer sa surface. Combien faudrait-il de masses identiques à la précédente pour exercer le même effet que les forces pressantes responsables de l'effondrement de la bouteille ? Quelle est la masse totale correspondante ?

Conseils

b. Une interprétation microscopique fait intervenir les molécules qui composent le gaz, ainsi que leur agitation.

c. La pression atmosphérique est $p_{ext} = 1{,}013 \cdot 10^5$ Pa.

d. Le poids P est donné par $P = mg$. Sur Terre :

$$g = 10 \text{ N} \cdot \text{kg}^{-1}$$

e. Pour estimer la surface, on peut considérer que la bouteille est un cylindre de diamètre 8,0 cm et de 30 cm de hauteur.

Résolution

a. La déformation de la bouteille indique que la pression de l'air à l'extérieur est supérieure à la pression de l'air à l'intérieur. La pression est bien une grandeur macroscopique. Elle s'exprime en pascal (Pa).

b. La pompe évacue de l'air contenu dans la bouteille. Il y a donc moins de molécules heurtant la paroi intérieure de la bouteille. En revanche, il y a toujours autant de chocs moléculaires contre sa paroi extérieure. Le bilan est en faveur des chocs extérieurs. La bouteille s'effondre sur elle-même.

c. Si la pression atmosphérique est $p_{ext} = 1{,}013 \cdot 10^5$ Pa, 10 % de cette valeur correspondent à $1{,}013 \cdot 10^4$ Pa. La pression dans la bouteille est :

$$p_{int} = 1{,}013 \cdot 10^5 - 1{,}013 \cdot 10^4 = 9{,}12 \cdot 10^4 \text{ Pa}$$

d. Chaque cm^2 de surface, en contact avec l'air intérieur et l'air extérieur, est soumis à une force pressante F qui résulte de la différence entre les forces pressantes F_{ext} et F_{int} exercées par l'air extérieur et l'air intérieur.

$$F = F_{ext} - F_{int} = p_{ext} \times S - p_{int} \times S = (p_{ext} - p_{int}) \times S \quad \text{où} \quad S = 1 \text{ cm}^2$$

Donc $F = (1{,}013 \cdot 10^5 - 9{,}12 \cdot 10^4) \times 1 \cdot 10^{-4} \simeq 1$ N.
La masse m dont le poids a même valeur que la force pressante F est :

$$m = \frac{F}{g} = \frac{1}{10} = 0{,}1 \text{ kg}$$

e. Considérons que la bouteille est un cylindre de hauteur $h = 30$ cm et de diamètre $2R = 8{,}0$ cm. La surface totale est $S_t = S_{fond} + S_{latérale} = \pi R^2 + 2\pi Rh$.

$$S_t = \pi(4{,}0)^2 + 2\pi \times 4{,}0 \times 30 = 8{,}0 \cdot 10^2 \text{ cm}^2$$

La force pressante s'exerçant sur la bouteille est donc d'environ $8 \cdot 10^2$ N.
Il faudrait 800 masses de 100 g, soit une masse totale de 80 kg, pour exercer le même effet que les forces pressantes réparties sur la surface de la bouteille.

Exercices

Tester ses connaissances

1. Quelle description peut-on donner d'un gaz à l'échelle microscopique ?

2. Quelles grandeurs macroscopiques permettent de décrire un gaz ?

3. Que signifie l'expression « les gaz sont compressibles » ?

4. Quelles sont l'origine et la direction des forces pressantes s'exerçant sur la paroi d'un récipient contenant un gaz ?

5. Comment calcule-t-on la force pressante exercée par un gaz de pression p sur une portion de paroi de surface S ?

6. Avec quel appareil mesure-t-on la pression d'un gaz ? Quelle est l'unité légale de pression ?

7. Qu'appelle-t-on pression atmosphérique ? Avec quel appareil la mesure-t-on ? Quelles sont les unités utilisées ? Quelle est la valeur de la pression atmosphérique normale ?

8. Qu'est-ce que le phénomène de dilatation ?

9. Avec quel appareil mesure-t-on une température ? Quelles sont les conditions à respecter lors de la mesure ?

Appliquer ses connaissances

Force pressante, pression, unités

10. ★ Sur une paroi de surface $S = 10\ \text{cm}^2$, un gaz exerce une force pressante $F = 0{,}50\ \text{N}$.

a. Quelle est la pression p exercée par le gaz ?

b. Comparer cette pression à la pression atmosphérique normale.

c. Que devient la pression du gaz si la surface est doublée, la force pressante conservant la même valeur ?

11. ★ La pression de l'air dans un ballon de basket est de 1,6 bar.

a. Exprimer cette pression en millibar, en hectopascal et en pascal.

b. La comparer à la pression atmosphérique normale.

12. ★ À l'altitude de croisière d'un avion (10^4 m) la pression atmosphérique est de 300 hPa. À l'intérieur de l'avion, la pression est de 800 hPa.

a. Quelle est la valeur de la force pressante exercée par l'air de l'avion sur un hublot de diamètre 30 cm ?

b. Quelle est la valeur de la force pressante exercée par l'air extérieur sur le hublot ?

c. Donner la direction, le sens et la valeur de la force pressante s'exerçant sur le hublot.

> **aide**
> **a.** et **b.** Déterminer la surface d'un hublot. Puis utiliser la relation entre pression, force pressante et surface.
> **c.** Penser à considérer la force qui résulte de l'action de l'air sur les deux faces du hublot.

13. ★ La pression d'un gaz dans une seringue bouchée est $p = 2{,}0$ bars.

a. Exprimer cette pression dans l'unité légale.

b. Que vaut la force pressante exercée par ce gaz sur une portion de paroi de surface $S = 25\ \text{cm}^2$?

c. On comprime le gaz en exerçant une force sur le piston. La pression du gaz devient 2,5 bars. Quelle est alors la valeur de la force pressante exercée par le gaz sur la portion de paroi précédente ?

d. Si l'on augmente la pression du gaz dans la seringue, le bouchon saute. Représenter sur un schéma la direction dans laquelle part le bouchon. Justifier.

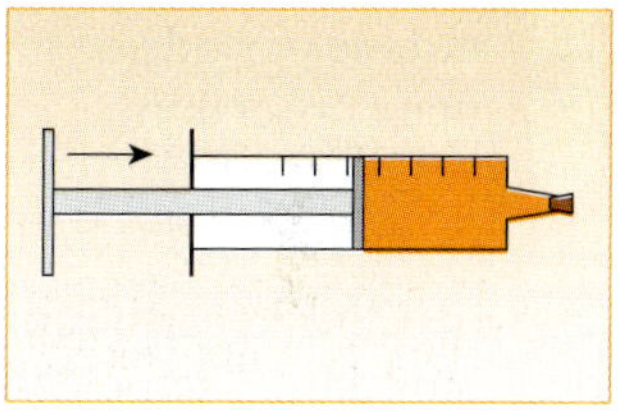

14. ★★ Dans l'expérience du **Doc. 3** de la page 304, la pression de l'air dans la seringue est égale à la pression atmosphérique lorsque la membrane n'est pas déformée. Si une masse de 1,0 kg est posée sur le piston, la membrane se déforme.

a. Quelle est la valeur de la pression de l'air dans la seringue lorsque la membrane n'est pas déformée ?

b. Quelle est la valeur de la force exercée par la masse sur le piston ? On donne $g = 10\ \text{N} \cdot \text{kg}^{-1}$.

c. Quelle est la pression exercée par la masse sur le piston de surface $1{,}0\ \text{cm}^2$?

d. La pression du gaz dans la seringue est égale à sa pression en l'absence de masse, augmentée de la pression exercée par la masse sur le piston. En déduire la valeur de la force pressante exercée par l'air de la seringue sur la membrane de surface $1{,}0\ \text{cm}^2$.

e. À quelles forces pressantes la membrane est-elle soumise ?

Exercices

● **15.** ✶ Un baromètre métallique est constitué d'une boîte rigide dont le couvercle est une mince feuille flexible d'acier ondulé. L'air extérieur exerce une force sur le couvercle, qui se déforme quand la pression varie. Une aiguille reliée au couvercle permet de lire la pression atmosphérique p sur un cadran. La surface du couvercle est de 20 cm^2.

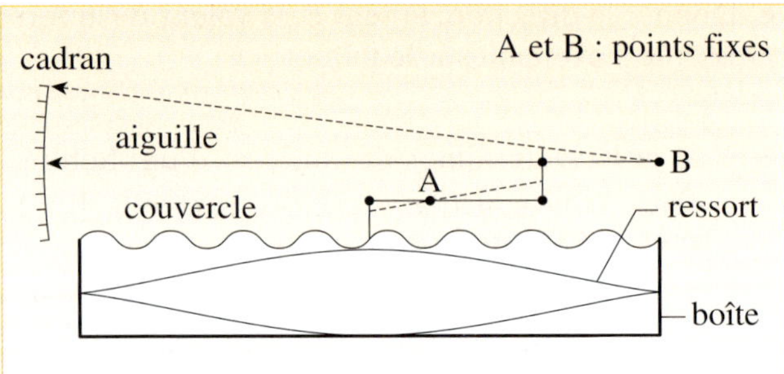

a. Quelle est la force exercée sur le couvercle par l'air atmosphérique si $p = 1$ bar ?

b. Un ressort à lames d'acier est placé dans la boîte. Quel est son rôle ?

c. Par mauvais temps, comment évolue la pression atmosphérique ? Dans quel sens dévie l'aiguille ?

> **aide**
> **a.** Considérer que le couvercle se comporte comme une surface plane de 20 cm^2.
> **b.** Penser au sens de déformation du couvercle.
> **c.** Une période de mauvais temps correspond à une dépression.

● **16.** ✶ Sur la carte représentée ci-dessous figurent des courbes, appelées isobares, utilisées en météorologie et des valeurs en hectopascal.

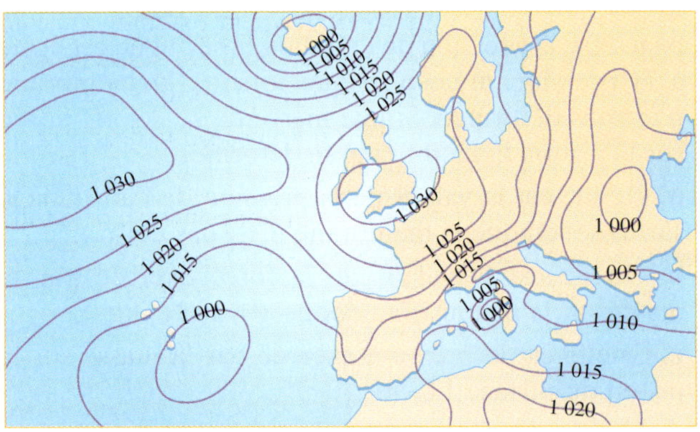

a. Que représentent les isobares ? Justifier à l'aide de l'étymologie de ce mot.

b. Quelle est la différence de pression entre deux courbes voisines ?

c. Repérer une zone d'anticyclone (hautes pressions) et une zone dépressionnaire (faibles pressions).

● **17.** ✶ La superficie de la peau recouvrant le corps humain est d'environ 1,8 m^2 pour un adulte.

a. Quelle est la force pressante exercée par l'air atmosphérique (à la pression normale) sur un centimètre carré de peau ?

b. À quelle force, exercée par l'air, serait soumise une surface plane égale à la surface totale de la peau ?

● **18.** ✶✶ À température constante, la pression atmosphérique p (en Pa) varie avec l'altitude (si celle-ci n'excède pas quelques dizaines de km) selon la relation $p = p_0 - \rho g h$ où ρ (en $kg \cdot m^{-3}$) est la masse volumique de l'air à la température considérée et h l'altitude (en m).

- $p_0 = 1{,}013 \cdot 10^5$ Pa
- $\rho = 1{,}29\ kg \cdot m^{-3}$
- $g = 9{,}81\ N \cdot kg^{-1}$

a. À quelle altitude la pression atmosphérique est-elle égale à p_0 ?

b. Quelle est la valeur de p au pied de la tour Eiffel (altitude : 40 m) ? au sommet (hauteur de la tour Eiffel : 300 m) ?

c. Estimer la précision de la mesure effectuée avec un baromètre usuel. Cette précision est-elle suffisante pour déterminer la hauteur de la tour Eiffel à partir de mesures de pression ?

● **19.** ✶✶ Les principales chaînes de télévision proposent des prévisions météorologiques au cours desquelles la pression atmosphérique est donnée.

a. Quelle unité est généralement utilisée ?

b. La pression atmosphérique **normale** a une valeur de $1{,}013 \cdot 10^5$ Pa soit 1,013 bar. Exprimer cette valeur en hectopascal et en millibar.
Que remarque-t-on ?

c. Cette même pression s'exprime aussi avec d'autres unités : l'atmosphère (atm) et le millimètre de mercure (mm Hg).
La pression atmosphérique normale est alors de 1,00 atm et de 760 mm Hg.
Quelle est, en Pa, la pression correspondant à 0,800 atm ? à 748 mm Hg ?

État thermique, température

● **20.** ✶ Un ballon de baudruche fermé renferme un volume $V_1 = 1{,}00$ L d'air à 0 °C (état thermique 1). La masse de cet air est $m = 1{,}3$ g. Le volume devient $V_2 = 1{,}09$ L à 25 °C (état thermique 2) et $V_3 = 1{,}18$ L à 50 °C (état thermique 3).

a. Quel est le phénomène physique mis en jeu lors du passage de l'état thermique 1 à l'état thermique 2, puis à l'état thermique 3 ?

b. Justifier, par une interprétation microscopique, que la masse d'air du ballon est la même dans les trois états thermiques.

c. Représenter graphiquement les variations de volume de l'air du ballon en fonction de la température.

d. En déduire le volume occupé par l'air à 10 °C et à 70 °C.

aide

a. Voir comment évolue le volume du ballon en fonction de la température.

b. Le ballon est fermé. De l'air ne peut s'en échapper ou y pénétrer.

c. Choisir une échelle convenable. La température est en abscisse.

d. Utiliser le graphe.

● **21.** ★ Pour étalonner un thermomètre à dilatation de liquide on introduit son réservoir dans de l'eau provenant de glace pure en cours de fusion, puis dans la vapeur s'échappant d'eau pure en ébullition.
Le niveau atteint par le liquide correspond aux points 0 et 100 respectivement de l'échelle Celsius avec un étalonnage réalisé à la pression atmosphérique normale.

a. Pourquoi utilise-t-on de l'eau et de la glace pures pour réaliser cet étalonnage ?

b. La colonne de liquide entre les points 0 et 100 mesure 15 cm.
Quelle est la longueur correspondant à 1 °C ?

c. La hauteur de la tige de verre du thermomètre est de 20 cm.
Quelle est la température maximale mesurable au moyen de ce thermomètre ?

● **22.** ★★ Les pays anglo-saxons utilisent l'échelle Fahrenheit de température définie comme suit : à la température 0 °C correspond 32 °F et à la température 100 °C correspond 212 °F.
Les 180 divisions, comprises entre 32 °F et 212 °F, représentent chacune 1 °F.

a. Quelles seraient les indications d'un thermomètre Fahrenheit dans un milieu dont la température est de -10 °C ?

b. Quelle température les livres de médecine anglais indiquent-ils pour le corps d'une personne en bonne santé ?

c. Quelle est la température Celsius correspondant au zéro de l'échelle Fahrenheit ?

d. Pour quelle température l'indication est-elle la même pour un thermomètre Celsius et pour un thermomètre Fahrenheit ?

Analyse d'expériences

● **23.** ★ L'expérience réalisée par Otto von Guericke à Magdebourg en 1654 est représentée ci-dessous. Deux demi-sphères ont été posées l'une contre l'autre de façon à constituer une sphère. Par un système de vanne, l'air contenu dans la sphère a été évacué à l'aide d'une pompe. La vanne a été refermée et la sphère déconnectée de la pompe. Il a alors été impossible de séparer les deux demi-sphères même en attachant à chacune un attelage de 8 chevaux, les deux attelages tirant en sens opposés. L'ouverture de la vanne et la rentrée d'air dans la sphère ont ensuite permis de séparer les demi-sphères sans effort.

a. Donner l'interprétation de cette expérience historique à l'aide d'une grandeur macroscopique.

b. Proposer une interprétation microscopique.

● **24.** ★ Un autocuiseur (« cocotte-minute ») est utilisé pour faire cuire des légumes dans de l'eau. Il est hermétiquement fermé avant chauffage.

a. Quel gaz est présent dans l'autocuiseur avant chauffage et à quelle pression ?

b. Quand l'eau se met à bouillir, la pression du gaz dans l'autocuiseur augmente. Quel est alors le gaz présent ? Pourquoi la pression augmente-t-elle ?

c. Quel est l'intérêt de la soupape présente sur le couvercle de l'autocuiseur ?

d. Quand la soupape tourne, la température d'ébullition de l'eau dans l'autocuiseur est voisine de 120 °C. Quel intérêt présente la cuisson en autocuiseur par rapport à la cuisson à l'air libre ?

aide

a. Penser au gaz qui se trouve au-dessus de l'eau lorsqu'on ferme l'autocuiseur.

b. L'ébullition est le changement d'état liquide → gaz.

c. L'autocuiseur est fermé. Penser à la sécurité.

d. L'eau bout à 100 °C dans une casserole ouverte à l'air libre.

● **25.** ★★ Une pièce de monnaie est placée sur le goulot humide d'une petite bouteille contenant de l'air. On applique les mains (chaudes) contre la bouteille. La pièce se soulève légèrement, retombe et se soulève de nouveau.

a. Expliquer ce qui se passe à l'aide d'une grandeur macroscopique.

b. Proposer une explication microscopique.

● **26.** ★★ Le bidon d'eau distillée des salles de travaux pratiques de chimie comporte un bouchon à sa partie supérieure et un robinet latéral.

a. Lorsqu'on ouvre le robinet, l'eau commence à couler, puis l'écoulement cesse. Pourquoi ?

b. L'écoulement reprend lorsqu'on débouche le bidon. Pourquoi ?

Aller plus loin

● **27.** ★★★ *Dilatation d'un liquide*

La dilatation d'un liquide obéit à la loi :

$$V = V_0(1 + a\theta)$$

où V est le volume du liquide à la température θ (°C), V_0 son volume à 0 °C et a son coefficient de dilatation (en $°C^{-1}$). Pour l'éthanol, $a = 1{,}1 \cdot 10^{-3}\ °C^{-1}$ et, pour la glycérine, $a = 0{,}49 \cdot 10^{-3}\ °C^{-1}$.

a. Quelle est l'augmentation de volume subie par 10 cm^3 d'éthanol dont la température s'élève de 0 °C à 20 °C ?
Même question pour la glycérine.

b. Si on utilise l'alcool ou la glycérine comme liquide thermométrique, avec lequel des deux liquides la précision de lecture sera-t-elle la plus grande ?

● **28.** ★★★ *Réaction chimique entre gaz*

À chaque extrémité d'un tube en verre, on place un coton imbibé d'acide chlorhydrique à gauche, de solution d'ammoniac à droite. Il en émane les gaz chlorure d'hydrogène HCl et ammoniac NH_3. Ces gaz réagissent pour donner du chlorure d'ammonium qui apparaît sous forme de fumées blanches là où les deux gaz se rencontrent.

a. Faire un schéma légendé du dispositif.

b. En s'appuyant sur le modèle microscopique des gaz, justifier le fait que les gaz vont se rencontrer.

c. À température donnée, la vitesse moyenne des molécules d'un gaz est inversement proportionnelle à $\sqrt{M}$ où M est la masse molaire du gaz. L'apparition des fumées a-t-elle lieu au milieu, vers la droite ou vers la gauche du tube ? Justifier.

● **29.** ★★ *Thermomètre médical*

Les thermomètres médicaux auriculaires mesurent la température du tympan, voisine de celle du corps. Ce sont des thermomètres à infrarouge dont le fonctionnement repose sur le phénomène suivant : tout objet émet un rayonnement qui dépend de sa température de surface.

a. Un objet à la température θ (en °C) émet un rayonnement dont la longueur d'onde λ (en nm) est donnée par la relation suivante : $\lambda = \dfrac{2{,}90 \cdot 10^6}{273 + \theta}$.

Calculer λ pour la température normale du corps ($\theta = 37$ °C) puis dans le cas d'une forte fièvre ($\theta = 41$ °C).

b. Sachant que la longueur d'onde d'un rayonnement infrarouge est comprise entre $8 \cdot 10^2$ nm et 10^6 nm, justifier le fait qu'un thermomètre à infrarouge puisse être utilisé comme thermomètre médical.

c. Quelle devrait être la température de surface d'un objet pour qu'il émette une radiation visible de longueur d'onde 500 nm ? Donner l'exemple d'un tel objet.

● **30.** ★★★ *Thermomètre de Galilée*

Un thermomètre de Galilée est constitué de boules de verre scellées, de mêmes volumes mais de masses différentes, renfermant des liquides colorés. Elles peuvent se déplacer verticalement dans un liquide incolore. Chaque boule porte une indication de température : 18 °C (boule de plus grande masse), 20 °C, 22 °C, 24 °C et 26 °C (boule de plus petite masse). La température est donnée par la boule la plus basse parmi les boules groupées en haut du thermomètre (ici la boule jaune).

a. Comment varie la masse volumique d'un liquide lorsque sa température augmente ?

b. Que se passe-t-il lorsqu'on introduit dans un liquide un solide plus dense que le liquide ? moins dense ? de même densité ?

c. Quelles forces s'exercent sur une boule se déplaçant dans le liquide ? On précise que l'une des forces dépend de la masse de la boule et pas de son volume, l'autre du volume de la boule mais pas de sa masse.

d. En utilisant les réponses aux questions **a**, **b** et **c**, donner le principe de fonctionnement d'un thermomètre de Galilée.

LE GAZ PARFAIT

19

Une bouteille de plongée sous-marine, de volume V, contient une quantité de matière n de gaz à une pression p et à une température θ. Les grandeurs p, V, n, θ décrivent l'état du gaz dans la bouteille. Quelle relation existe-t-il entre ces grandeurs ?

OBJECTIFS

- Définir le modèle du gaz parfait et l'échelle Kelvin de température.
- Utiliser les variables d'état nécessaires à la description d'un gaz : volume, quantité de matière, pression et température.

PLAN DU COURS

1 - Variables d'état d'un gaz

2 - Le gaz parfait

3 - Interprétation microscopique

1 Plongée sous-marine

Le catalogue d'un magasin spécialisé propose un choix de bouteilles de plongée sous-marine dont les caractéristiques figurent dans le tableau ci-dessous (**Doc. 1**).

Capacité intérieure (L)	Pression maximale (bar)	Volume d'air détendu à 1 bar (L)
2	200	400
4	200	800
6	200	1 200
10	230	2 300
15	230	3 450

Doc. 1. Caractéristiques de bouteilles de plongée.

Le catalogue fournit les renseignements suivants concernant le détendeur : « Le détendeur permet de respirer sous l'eau l'air de la bouteille à la demande. L'air à haute pression est détendu une première fois à la sortie de la bouteille, dans le premier étage, en air à moyenne pression. L'air à moyenne pression dans le flexible est détendu une deuxième fois dans le deuxième étage à pression ambiante » (**Doc. 2**).

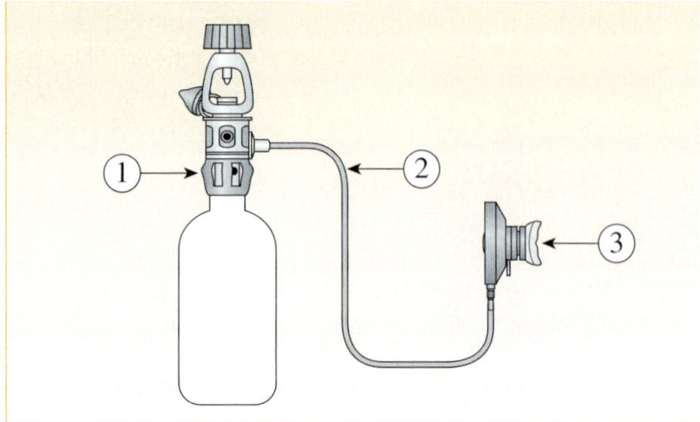

Doc. 2. Bouteille de plongée et son détendeur.

a. Identifier sur le **Doc. 2** les trois parties du détendeur.

b. La pression atmosphérique est $p_{atm} = 1$ bar. On notera respectivement V_b, p_{max} et V_{atm} les trois grandeurs du **Doc. 1**. Calculer, pour chaque bouteille, les produits $p_{max}V_b$ et $p_{atm}V_{atm}$.
Que constate-t-on ?

2 Variables d'état

Un ballon de volley-ball dégonflé est relié à un manomètre et à une pompe (**Doc. 1**).

a. Entre les photos **a** et **b**, les valeurs des grandeurs suivantes ont-elles ou non varié : la quantité de matière d'air dans le ballon ? sa pression ? son volume ? Si une variation a lieu, préciser son sens.

b. Même question entre les photos **b** et **c**.

c. Le ballon gonflé est laissé au soleil. La pression de l'air à l'intérieur du ballon augmente, mais le volume du ballon ne varie pas. Quelle autre grandeur est restée constante ?
Quelle autre grandeur a varié ?

d. On appelle **variables d'état** les quatre grandeurs décrivant l'état d'un gaz.
Quelles sont-elles ?

e. À partir des exemples précédents, montrer que lorsqu'une des variables d'état varie, une autre au moins varie aussi.

Doc. 1. Les étapes de gonflage d'un ballon de volley-ball.

3 Simulation du comportement d'un gaz

Objectif

- Étudier, grâce à un simulateur, le comportement microscopique d'un gaz

1. Modèle et simulation

Ouvrir le simulateur *Avogadro-Ampère* du cédérom. Observer les petites particules colorées représentant les molécules du gaz (**Doc. 1**).

a. Le gaz étudié est l'air. Pourquoi y a-t-il deux sortes de particules ? Que représentent les particules rouges ?
b. Rappeler la définition de la trajectoire d'un objet.

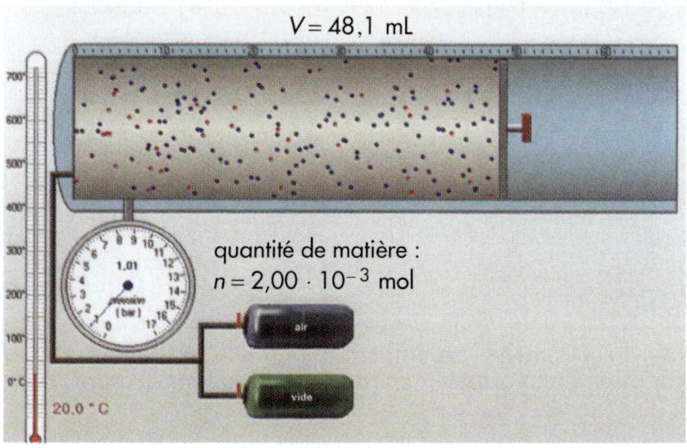

Doc. 1. Copie d'écran du simulateur *Avogadro-Ampère*.

Déplacer complètement à gauche le curseur « quantité de matière » situé sous l'animation. Suivre des yeux la trajectoire d'une particule rouge.

c. En déduire la nature du mouvement des molécules d'un gaz.
d. D'après la simulation, les molécules d'un gaz ont-elles toutes des vitesses de même valeur ?

2. Comportements microscopique et macroscopique d'un gaz

Le simulateur affiche les valeurs des quatre grandeurs macroscopiques décrivant l'état d'un gaz : volume V (en mL), pression p (en bar), température θ (en °C) et quantité de matière n (en mol) du gaz. Il est possible de faire varier V, θ et n.
Faire varier θ et observer le mouvement des particules.

a. Quel lien peut-on établir entre l'état thermique d'un gaz et le mouvement de ses molécules ?

b. Quelle grandeur macroscopique traduit le nombre de chocs des molécules d'un gaz sur une paroi, pendant une durée donnée ?
Prévoir le sens de variation de cette grandeur quand le nombre de chocs augmente.

Pour les valeurs minimales de température et de quantité de matière, compter au mieux le nombre de particules (rouges et bleues) qui entrent en collision avec le piston pendant trente secondes, pour $V = 50$ mL.
Mettre le curseur « quantité de matière » une division plus à droite puis complètement à droite. Faire le même comptage pendant la même durée dans chaque cas.

c. Les trois mesures réalisées confirment-elles l'évolution de la grandeur évoquée en **b** ?

3. Interdépendance des variables d'état

On simule un gaz pour lequel :
– la température est constante, $\theta = 20$ °C ;
– la quantité de matière est constante :

$$n = 2,00 \cdot 10^{-3} \text{ mol}.$$

Choisir successivement les volumes de gaz :
$V_1 = 20$ mL ; $V_2 = 40$ mL ; $V_3 = 60$ mL.
Lire, dans chacun des cas, la pression du gaz, notée respectivement p_1, p_2 et p_3, affichée par le simulateur.

a. Pour chaque couple de valeurs de la pression et du volume, calculer le produit pV. Quelle loi peut-on proposer pour traduire la propriété du produit pV à température constante ?

On simule maintenant différents systèmes gazeux :
– à la même température constante $\theta = 20$ °C ;
– de même volume $V = 50$ mL.
Choisir successivement les quantités de matière de gaz :
$n_1 = 1,00 \cdot 10^{-3}$ mol ; $n_2 = 2,00 \cdot 10^{-3}$ mol ;
et $n_3 = 3,00 \cdot 10^{-3}$ mol.
Lire, dans chacun des cas, la pression du gaz, notée respectivement p_1, p_2 et p_3, affichée par le simulateur.

b. Proposer une loi reliant les grandeurs p et n pour des gaz de même volume et à la même température, ayant le même comportement que celui simulé.

4 TP Loi de Mariotte. Zéro absolu

Objectif

- Vérifier la loi de Mariotte et introduire la notion de zéro absolu

1. Pression et volume d'un gaz

On se propose de vérifier qu'à température θ constante le produit pV de la pression p d'un gaz par son volume V garde une valeur constante. C'est la loi de Mariotte :

$$pV = \text{constante}$$

▪ On dispose d'une seringue et d'un pressiomètre. On opère à température ambiante, constante.

a. Proposer un mode opératoire pour réaliser cette vérification dans le cas de l'air.
b. Mettre en œuvre le mode opératoire après accord du professeur. Faire les calculs nécessaires et vérifier que l'air obéit à la loi de Mariotte.
c. Soit V_0 le volume maximal occupé par l'air de la seringue et p_0 la pression correspondante. Prévoir quelle sera la pression pour un volume $0{,}5V_0$, puis $0{,}8V_0$. Vérifier les prévisions en réalisant l'expérience.

▪ On souhaite vérifier que la loi de Mariotte s'applique à d'autres gaz que l'air. On utilise le méthane (gaz de ville) de formule chimique CH_4.
▪ Relier la seringue, le piston étant rentré à fond, à la sortie d'un tuyau de gaz de ville par l'intermédiaire d'un raccord adapté. Ouvrir le robinet de gaz et tirer à fond le piston afin de remplir la seringue de méthane. Fermer le robinet de gaz. Déconnecter la seringue et la relier très rapidement au pressiomètre.
▪ Réaliser une série de mesures, comme précédemment, pour différentes positions du piston de la seringue. Effectuer les calculs.

d. La loi de Mariotte est-elle vérifiée pour le méthane ?
e. La valeur du produit pV est-elle la même pour les expériences réalisées avec l'air et avec le méthane ?
f. La valeur du produit pV était-elle la même pour tous les groupes d'élèves dans le cas de l'expérience réalisée avec l'air ?
g. Sachant qu'à température donnée la valeur du produit pV ne dépend pas du gaz utilisé, prévoir quelle grandeur peut avoir une influence sur cette valeur dans les expériences réalisées.
h. Dans les expériences précédentes, le volume considéré, lu sur la seringue, est en fait un peu différent du volume du gaz étudié. Pourquoi ? Comment réduire cette différence ?

2. Pression et température d'un gaz

▪ Un récipient en verre, indéformable, de volume constant V, contient de l'air. Il est relié de façon étanche à un capteur de température et à un pressiomètre (**Doc. 1**). On se propose de mesurer la pression de l'air contenu dans le récipient pour différentes températures.

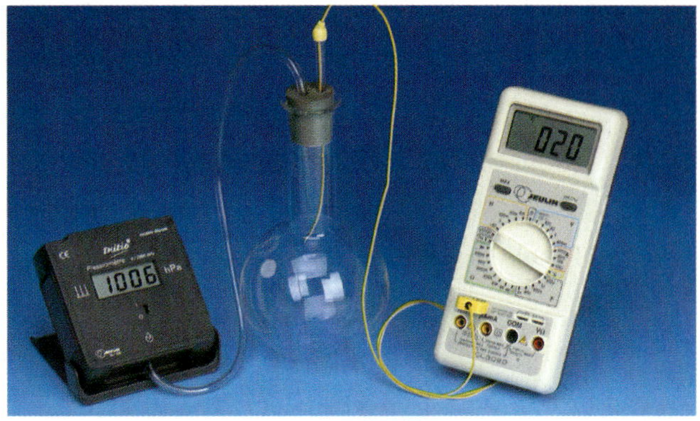

Doc. 1. Dispositif expérimental permettant l'étude de la variation de la pression en fonction de la température.

▪ Le récipient contenant le gaz, initialement à température ambiante (20 °C), est placé dans la glace fondante (température 0 °C), puis dans des bains-marie à différentes températures (40 °C, 60 °C...). On note la pression à l'équilibre thermique.
▪ Grouper les résultats dans un tableau à deux colonnes en exprimant la pression en Pa et la température en °C.

a. Placer les points correspondant aux différents couples de valeurs dans un système d'axes. Les températures seront portées en abscisse sur un axe gradué entre – 300 °C et + 100 °C (1 cm pour 20 °C), les pressions en ordonnée sur un axe gradué entre 0 et $1{,}3 \cdot 10^5$ Pa (1 cm pour $0{,}2 \cdot 10^5$ Pa).
b. Tracer la droite passant au mieux par les points représentés et la prolonger jusqu'à ce qu'elle coupe l'axe des abscisses. Quelle est la température correspondant à cette intersection ? C'est le **zéro absolu**.
c. Que vaut la pression associée à cette température ?
d. En se référant à l'interprétation microscopique de la pression d'un gaz, quelle signification peut-on donner au zéro absolu à l'échelle microscopique ?
e. Une température inférieure au zéro absolu est-elle concevable ?

1 Variables d'état d'un gaz

1.1. Les quatre variables d'état

Il a été mentionné au chapitre précédent que la description macroscopique d'un gaz nécessite quatre grandeurs : la température θ du gaz, son volume V, sa pression p et sa quantité de matière n.

La description macroscopique de l'état d'un gaz fait intervenir quatre variables d'état : la température, le volume, la pression et la quantité de matière du gaz. Ces grandeurs sont interdépendantes : quand l'une d'elles varie, une autre au moins varie aussi.

Exemple 1. Si un plongeur consomme, à température θ constante, de l'air contenu dans une bouteille de volume V constant, la quantité de matière n de gaz dans la bouteille ainsi que la pression p du gaz diminuent.

Exemple 2. Lorsqu'un ballon de volley gonflé est laissé au soleil, ni le volume V de l'air intérieur, ni sa quantité de matière n ne varient. En revanche, sa température θ augmente ainsi que sa pression p. Le ballon devient plus dur au toucher.

Voir activités 1 et 2

1.2. Température absolue

Les températures sont exprimées couramment en degré Celsius (°C). Elles peuvent être positives (température de l'air en été) ou négatives (température de l'air en hiver). Les températures négatives ne peuvent descendre en dessous d'une valeur limite, voisine de -273 °C. Cette température limite a été choisie comme origine d'une échelle de températures appelée **échelle des températures absolues ou échelle Kelvin**.

L'échelle des températures absolues, ou échelle Kelvin, fait intervenir :
– une température appelée température absolue, notée T, exprimée en kelvin (K) et toujours positive ;
– une origine des températures appelée zéro absolu ($T = 0$ K) correspondant à $-273{,}15$ °C :

$$T = \theta + 273{,}15 \qquad \begin{array}{l} T \text{ en kelvin (K)} \\ \theta \text{ en degré Celsius (°C)} \end{array}$$

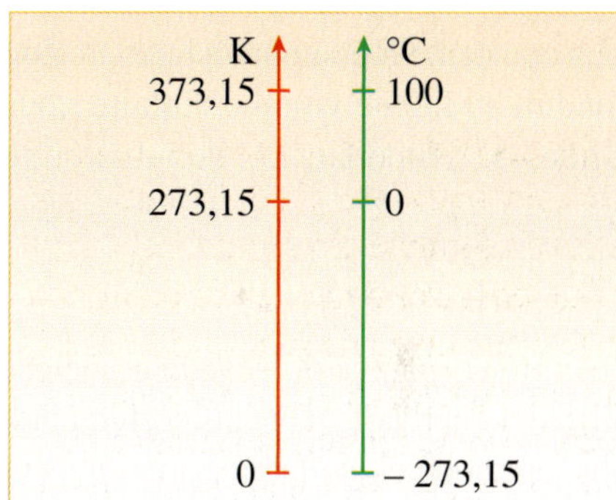

Doc. 1. Échelles Kelvin et Celsius.

Voir activité 4

Remarque. Les échelles Kelvin et Celsius comportent des divisions égales. Seul un décalage de 273,15 divisions intervient (**Doc. 1**).

Le **Doc. 2** donne la représentation graphique des variations de la pression p en fonction de la température θ pour une quantité de matière n donnée d'air emprisonné dans des récipients fermés de différents volumes V. Dans chaque cas, le prolongement de la droite obtenue rencontre l'axe des abscisses en un point pour lequel $p = 0$ et $\theta = -273$ °C.

D'autres expériences montrent que les coordonnées de ce point ne dépendent ni de la nature du gaz, ni de sa quantité de matière, ni de son volume. C'est la raison pour laquelle le mot « absolu » a été choisi pour qualifier l'échelle de température dont l'origine est ce point.

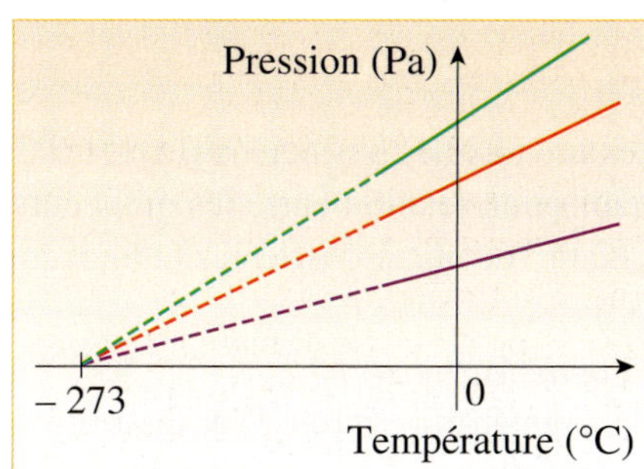

Doc. 2. Représentations graphiques des variations de p en fonction de θ pour n donnée et pour différentes valeurs de V (constant).

➤ Voir exercice 8

2 Le gaz parfait

2.1. L'équation d'état du gaz parfait

Quel que soit le gaz étudié, nous admettrons que la relation $pV = nRT$ est vérifiée. Cette relation est appelée équation d'état du gaz parfait.
R est une constante qui ne dépend pas du gaz considéré :

$$pV = nRT \qquad \begin{array}{l} p \text{ en Pa} \\ V \text{ en m}^3 \\ n \text{ en mol} \\ T \text{ en K} \\ R = 8{,}31 \text{ J} \cdot \text{mol}^{-1} \cdot \text{K}^{-1} \end{array}$$

Dans l'unité de la constante R, J signifie joule. 1 J équivaut à 1 Pa · m³.

• L'équation d'état du gaz parfait permet de calculer le volume molaire d'un gaz quelles que soient les conditions. Par exemple une mole de gaz ($n = 1{,}0$ mol) à 20 °C ($T = 20 + 273 = 293$ K) et à la pression dite normale ($p = 1{,}013 \cdot 10^5$ Pa) occupe le volume :

$$V = \frac{nRT}{p} = \frac{1{,}0 \times 8{,}31 \times 293}{1{,}013 \cdot 10^5} = 24 \cdot 10^{-3} \text{ m}^3$$

Donc $V_m = 24 \text{ L} \cdot \text{mol}^{-1}$ à 20 °C.

• La constante R étant indépendante du gaz considéré, le calcul qui précède conduit au même volume molaire pour tous les gaz dans les mêmes conditions de température et de pression : c'est la loi d'Avogadro-Ampère.

Loi d'Avogadro-Ampère
Dans les mêmes conditions de température et de pression, tous les gaz ont le même volume molaire.

2.2. Limite de validité de l'équation du gaz parfait

La notion de gaz parfait est un modèle, c'est-à-dire une représentation simplifiée de la réalité. Le comportement d'un gaz réel se rapproche d'autant plus du modèle que la pression du gaz est faible et sa température élevée.

Dans le cadre de ce chapitre, on ne considérera que des gaz dont le comportement est celui du gaz parfait.

L'équation d'état du gaz parfait n'est pas utilisable dans le cas d'un gaz réel proche de la liquéfaction ou dont la pression est trop élevée.
Dans les conditions habituelles de température et de pression (1 bar et 20 °C environ), l'air se comporte comme le gaz parfait.

2.3. Loi de Mariotte

Les travaux des physiciens Boyle (1662) et Mariotte (1676) ont conduit à établir une relation entre les grandeurs pression p et volume V, pour une quantité de matière n de gaz et une température θ (ou T) constantes.

Loi de Mariotte
À température θ (ou T) et quantité de matière n constantes, si un gaz passe d'un état 1 pour lequel sa pression est p_1 et son volume V_1 à un état 2 pour lequel sa pression est p_2 et son volume V_2, alors :

$$p_1V_1 = p_2V_2$$

pV = constante pour n et θ constantes, quel que soit le gaz.

Exemple. En déplaçant le piston d'une seringue bouchée, on modifie le volume V et la pression p de l'air à l'intérieur, mais le produit pV conserve la même valeur si la température θ (ou T) et la quantité de matière n sont constantes.
Si l'air est remplacé par la même quantité de matière d'un autre gaz, à la même température, le produit pV a la même valeur que pour l'air. C'est ce que montrèrent Gay-Lussac, Charles et Dalton, vers 1800.

➤ **Voir exercices 11 et 14**

Voir activités 3 et 4

3 Interprétation microscopique

3.1. Agitation thermique

La description microscopique d'un gaz fait intervenir le mouvement incessant, désordonné et rapide de ses molécules. Cette agitation est d'autant plus importante que la température du gaz est élevée : on parle d'agitation thermique.

L'agitation des molécules d'un gaz, appelée agitation thermique, est liée à la température du gaz.

Le simulateur *Avogadro* du cédérom permet de visualiser le lien entre la température et la vitesse de déplacement des molécules.
L'agitation thermique a pour effet le mouvement, appelé mouvement brownien, des particules de poussière dans l'air calme (**Doc. 3**) : ces particules sont heurtées de façon aléatoire par les molécules de l'air.

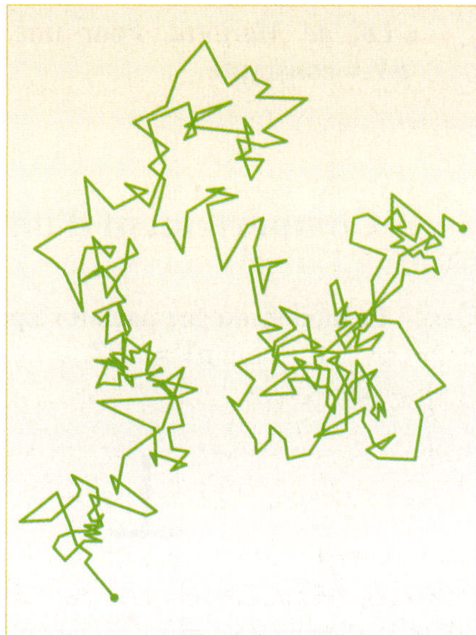

Doc. 3. Schématisation du mouvement d'une particule de poussière bousculée par les molécules de l'air.

3.2. Zéro absolu et pression

Pour le gaz parfait, la température $T = 0$ K correspond à l'immobilité des molécules et à une pression nulle. Il n'est donc pas possible d'obtenir des températures absolues négatives.
La pression est liée à la fréquence (et à la violence) des chocs moléculaires. Si la température diminue, la vitesse des molécules et la fréquence (et la violence) des chocs diminuent aussi. Donc la pression du gaz diminue.
Pour les gaz réels la situation est différente : à très basse température, ils se liquéfient et on ne peut plus utiliser le modèle du gaz parfait.

Au zéro absolu, pour le gaz parfait :
– il n'y a plus d'agitation thermique ;
– la pression est nulle.

3.3. Distances intermoléculaires

Un gaz réel se comporte comme le gaz parfait si sa pression est faible et sa température supérieure à sa température de liquéfaction.

À l'échelle microscopique, un gaz réel se comporte comme le gaz parfait si ses molécules sont très éloignées les unes des autres.

Voir activité 3

essentiel

Équation d'état du gaz parfait

$$pV = nRT$$

p : pression (Pa)
V : volume (m^3)
n : quantité de matière (mol)
T : température absolue (K)
$R = 8{,}31\ J \cdot mol^{-1} \cdot K^{-1}$

$$T(K) = \theta\ (°C) + 273{,}15$$

- *Loi d'Avogadro-Ampère*. Dans les mêmes conditions de température et de pression, le volume molaire V_m est le même pour tous les gaz :

$$n = 1\ \text{mol} \qquad V_m = \frac{RT}{p}$$

- *Loi de Mariotte*. Pour une quantité de matière donnée d'un gaz à température constante, $pV =$ constante.

Comportement d'un gaz réel

Le modèle du gaz parfait s'applique :
pV = nRT.

Le modèle du gaz parfait ne s'applique pas.

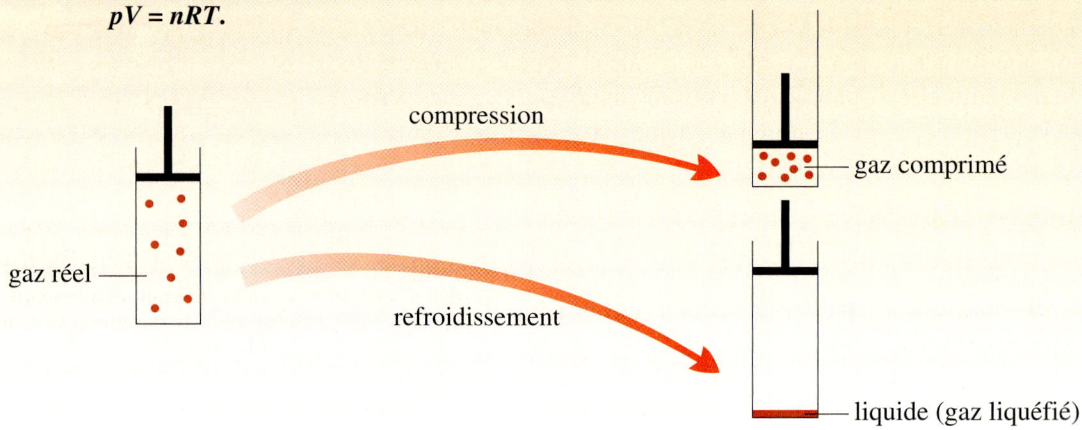

Interprétations macroscopique et microscopique

Grandeur macroscopique	Point de vue microscopique
Température absolue T (K)	La température caractérise l'agitation des molécules du gaz. Pour $T = 0$ K, il n'y a plus d'agitation.
Pression p (Pa)	La pression a pour origine les chocs des molécules entre elles et sur les parois du récipient.

5 Loi d'Avogadro-Ampère. Volume molaire d'un gaz

Objectifs

- Montrer qu'un gaz est pesant
- Retrouver la loi d'Avogadro-Ampère introduite en chimie
- Comparer les volumes occupés par une entité chimique à l'état gazeux et liquide

1. Mesure de la masse d'un litre d'air

On bouche une bouteille en verre. Elle contient $V = 1{,}10$ L d'air à la pression atmosphérique. On la pèse : sa masse est $m_1 = 380{,}10$ g.
La bouteille est vidée au moyen d'une pompe à vide et bouchée. On pèse la bouteille vide. Sa masse est $m_2 = 378{,}68$ g.

a. En déduire la masse d'un litre d'air.
b. Proposer une méthode expérimentale permettant de déterminer le volume intérieur V de la bouteille.
c. Que se serait-il passé si l'on avait fait le vide dans une bouteille en plastique ?

2. Quantité de matière d'un gaz

Des bouteilles identiques à celle de la partie **1** (même masse, même volume) sont remplies avec différents gaz à la température de 20,0 °C et à une pression égale à la pression atmosphérique soit $1{,}013 \cdot 10^5$ Pa (**Doc. 1**).

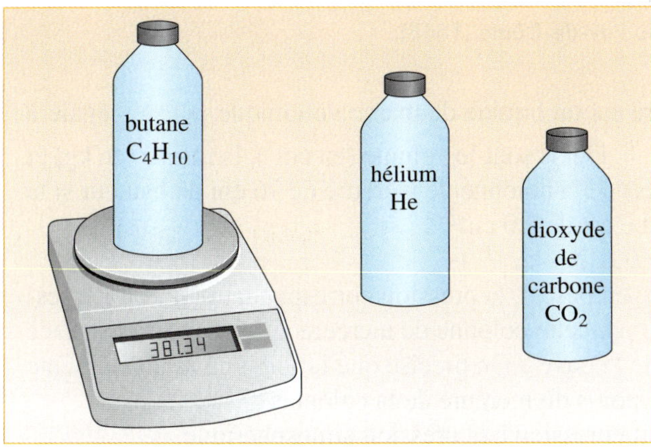

Doc. 1. Bouteilles remplies de différents gaz à la même température et à la même pression.

Les bouteilles sont ensuite pesées. Les masses m obtenues sont données dans le tableau ci-dessous (**Doc. 2**).

Gaz	Hélium	Butane	Dioxyde de carbone
m (g)	378,86	381,34	380,70

Doc. 2. Masses des bouteilles contenant différents gaz.

Recopier le tableau du **Doc. 2** en ajoutant 3 lignes :
– une pour la masse m_g de gaz dans chaque bouteille ;
– une pour la masse molaire M_g de chaque gaz ;
– une pour la quantité de matière n_g de chaque gaz.

a. Effectuer les calculs nécessaires et compléter le tableau.
b. Comparer les valeurs de la dernière ligne du tableau. La conclusion était-elle prévisible ?
c. Montrer qu'à partir de l'équation d'état du gaz parfait, on peut retrouver la conclusion précédente. Déterminer la valeur de n_g à partir de cette équation.

3. Volume molaire, volume moléculaire

a. Déduire, des données expérimentales de la partie **2**, le volume molaire V_m de chacun des gaz dans les conditions envisagées.
Ces résultats étaient-ils prévisibles ?
b. Quel est le volume disponible pour une seule entité chimique de chacun des gaz considérés ?

À basse température ou à pression élevée, un gaz peut être liquéfié. Le tableau ci-dessous (**Doc. 3**) donne les valeurs des masses volumiques des liquides correspondant aux gaz considérés.

Liquide	Hélium	Butane	Dioxyde de carbone
Masse volumique ($kg \cdot L^{-1}$)	0,147	0,601	1,10

Doc. 3. Masses volumiques des liquides correspondant à différents gaz.

c. Quel est le volume occupé, à l'état liquide, par un atome d'hélium He, une molécule de butane C_4H_{10} et une molécule de dioxyde de carbone CO_2 ?
d. Que peut-on déduire de la comparaison des volumes trouvés en **b** et en **c** dans chacun des cas ? Est-ce conforme au modèle microscopique des gaz ?

Voir exercice 20

6 DOCUMENT Les fontaines des jardiniers de Florence

Le phénomène d'ascension des liquides par aspiration est utilisé depuis l'Antiquité par les fontainiers et les jardiniers pour faire monter l'eau des puits, phénomène expliqué par l'affirmation communément admise alors : « La nature a horreur du vide. » Ainsi, l'aspiration de l'air attire l'eau qui monte pour prendre sa place...

Galilée (1564-1642), sceptique, pensait que cette affirmation devait connaître des limites, compte tenu du fait qu'un jardinier florentin de sa connaissance possédait une pompe toute neuve incapable d'élever de l'eau au-dessus d'une dizaine de mètres !

Torricelli et Viviani réalisèrent en 1643 l'expérience suivante : un tube de verre d'un mètre fut complètement rempli de mercure puis bouché. Le tube fut retourné sur une cuve contenant du mercure, puis débouché (**Doc. 1**). Torricelli constata que le mercure du tube descendait, le niveau s'établissant à une certaine hauteur, toujours la même si l'expérience était reproduite dans les mêmes conditions. La dénivellation *H* entre les niveaux du mercure dans la cuve et le tube était voisine de 76 cm, et conservait sa valeur, même avec le tube incliné.

Les résultats obtenus par Torricelli furent communiqués à des savants de l'époque. Le physicien et philosophe français Blaise Pascal suggéra que, si la pression de l'air était en cause dans l'expérience de Torricelli, la hauteur *H* de la colonne de mercure dans le tube devait être plus faible au sommet d'une montagne où l'air est plus rare.

Il chargea, en 1648, son beau-frère Périer de réaliser l'expérience en plaine puis au sommet du Puy-de-Dôme (**Doc. 2**). Les prévisions se confirmèrent : la différence de hauteur de la colonne de mercure dans les deux expériences dépassait 8 cm. Le premier baromètre, à mercure, voyait donc le jour et permettait d'exprimer la pression atmosphérique en centimètre de mercure par la hauteur *H*. On trouve encore actuellement des baromètres « selon Torricelli ».

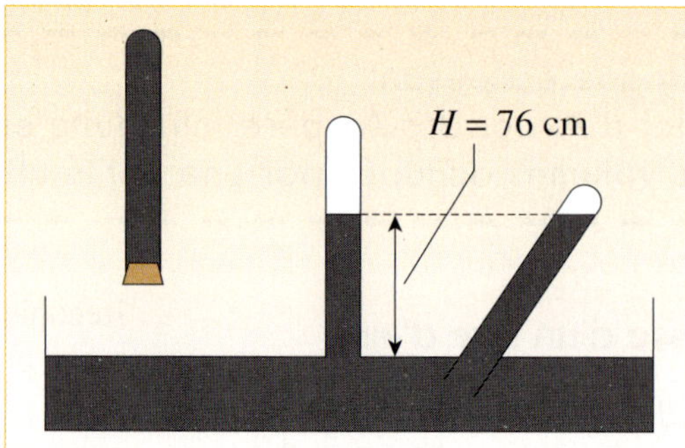

Doc. 1. Expérience de Torricelli.

Doc. 2. Périer au Puy-de-Dôme (1648).

a. Le mercure est un liquide de masse volumique $\rho_{mercure}$ égale à $13{,}6\ \text{g} \cdot \text{cm}^{-3}$. Quels sont le volume (en cm^3), la masse (en kg) et le poids (en N) de la colonne de mercure de 76 cm de hauteur si la section du tube est de $2{,}0\ \text{cm}^2$?
(Prendre $g = 9{,}8\ \text{N} \cdot \text{kg}^{-1}$.)

b. Quelle est, en pascal, la pression correspondant à la force pressante exercée par cette colonne de mercure au niveau de la surface du mercure de la cuve ? On précise que la force pressante a même valeur que le poids du mercure de la colonne.
Comparer cette pression à la pression atmosphérique.

c. Si le mercure était remplacé par de l'eau (de masse volumique $\rho_{eau} = 1{,}0\ \text{g} \cdot \text{cm}^{-3}$), quelle serait la hauteur de la colonne d'eau qui imposerait la même force pressante que la colonne de mercure de 76 cm ?

d. Proposer une explication au problème rencontré par le jardinier.

Note : le mercure est toxique.

Exercice résolu 1

Volume molaire d'un gaz

Énoncé

Un flacon indéformable, fermé, de volume intérieur $V = 2{,}0$ L, contient du dioxygène O_2 à la pression $p = 1{,}2 \cdot 10^5$ Pa et à la température $\theta = 25$ °C.

a. Déterminer la quantité de matière de dioxygène dans le flacon.

b. En utilisant l'équation d'état du gaz parfait, déterminer le volume molaire V_m du dioxygène dans les conditions considérées.

c. Montrer que l'on peut aussi déduire la valeur du volume molaire du résultat de la question **a**.

d. Le gaz est porté à la température $\theta' = 50$ °C. Quelles sont alors les valeurs des quatre variables d'état qui caractérisent le gaz ? Le volume molaire du gaz a-t-il été modifié ?

Données

- Le zéro absolu correspond à -273 °C.
- $R = 8{,}31$ J · mol^{-1} · K^{-1}.

Conseils

a. Utiliser l'équation d'état du gaz parfait.

Attention ! V s'exprime en m^3 et c'est la température absolue qui intervient.

b. Le volume molaire V_m est le volume occupé par $n = 1$ mol de gaz.

d. Se rappeler que le flacon est fermé et indéformable.

Résolution

a. L'équation d'état du gaz parfait $pV = nRT$ permet de déterminer la quantité de matière de dioxygène dans le flacon :

$$n = \frac{pV}{RT} \quad \text{avec } T = 273 + \theta$$

$$n = \frac{1{,}2 \cdot 10^5 \times 2{,}0 \cdot 10^{-3}}{8{,}31 \times (273 + 25)} = 9{,}7 \cdot 10^{-2} \text{ mol}$$

b. L'équation d'état du gaz parfait dans le cas où $n = 1$ mol s'écrit $pV_m = RT$ où V_m est le volume molaire. Donc $V_m = \dfrac{RT}{p}$.

$$V_m = \frac{8{,}31 \times (273 + 25)}{1{,}2 \cdot 10^5} = 21 \cdot 10^{-3} \text{ m}^3 \cdot \text{mol}^{-1} \quad \text{soit} \quad 21 \text{ L} \cdot \text{mol}^{-1}.$$

c. Une quantité de matière $n = 9{,}7 \cdot 10^{-2}$ mol de dioxygène occupe un volume $V = 2{,}0$ L. Le volume molaire du gaz est :

$$V_m = \frac{V}{n} = \frac{2{,}0}{9{,}7 \cdot 10^{-2}} = 21 \text{ L} \cdot \text{mol}^{-1}.$$

d. La quantité de matière de gaz est constante : $n = 9{,}7 \cdot 10^{-2}$ mol.
Le volume du gaz est constant : $V = 2{,}0$ L soit $2{,}0 \cdot 10^{-3}$ m^3.
La température est $T' = 273 + \theta' = 273 + 50 = 323$ K.
La pression du gaz est :

$$p' = \frac{nRT'}{V} = \frac{9{,}7 \cdot 10^{-2} \times 8{,}31 \times 323}{2{,}0 \cdot 10^{-3}} = 1{,}3 \cdot 10^5 \text{ Pa}$$

Le volume molaire n'a pas changé puisque $V_m = \dfrac{V}{n}$ avec V et n constants.

On peut vérifier que le calcul utilisant la relation $V_m = \dfrac{RT'}{p'}$ conduit bien à $V_m = 21$ L · mol^{-1}.

Exercice résolu 2

Pression d'un gaz et expérience du jet d'eau

Énoncé

Un laboratoire achète une bouteille de chlorure d'hydrogène, gaz de formule chimique HCl. Le volume de la bouteille est $V = 0{,}50$ L et la pression intérieure $p = 6{,}0$ bar. On considérera le gaz comme parfait.

a. Donner la valeur de la pression du gaz avec l'unité légale.

b. Quelle est la quantité de matière n de chlorure d'hydrogène dans la bouteille, si la pression a été mesurée à la température $\theta = 18$ °C ?

c. Quel volume V_1 de chlorure d'hydrogène à la pression atmosphérique pourrait-on récupérer en admettant que l'on puisse vider complètement la bouteille, sachant que l'on opère à température constante ?

d. On remplit un ballon de volume $V_2 = 1{,}0$ L à la pression atmosphérique et à la température de 18 °C. Quelle est la masse m_2 de chlorure d'hydrogène dans le ballon ?

e. Le chlorure d'hydrogène est un gaz très soluble dans l'eau. Le ballon envisagé précédemment est fermé au moyen d'un bouchon traversé de part en part par un tube de verre dont une extrémité est au contact du gaz. L'autre extrémité est fermée avec le doigt puis retournée dans une cuve contenant de l'eau (**Doc. 1.a**). Lorsque l'on enlève le doigt, on constate qu'un jet d'eau est projeté dans le ballon (**Doc. 1.b**). Expliquer ce qui se passe.

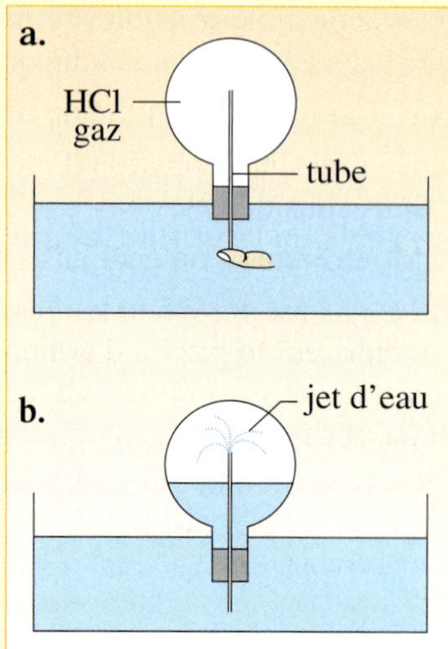

Doc. 1.

Conseils

a. Un bar équivaut à 10^5 Pa.

b. Utiliser l'équation d'état du gaz parfait (attention aux unités).

c. On peut utiliser la loi de Mariotte, pV = constante, puisque la température et la quantité de matière de gaz sont constantes.

d. La masse se détermine à partir de la quantité de matière et de la masse molaire.

e. Quand un gaz se dissout dans l'eau, il disparaît de la phase gazeuse dont la pression diminue.

Résolution

a. Dans la bouteille, la pression du gaz est $p = 6{,}0 \cdot 10^5$ Pa.

b. Le gaz étant considéré comme parfait, la quantité de matière est donnée par :

$$n = \frac{pV}{RT} \quad \text{avec } T = 273 + \theta \quad \text{d'où} \quad n = \frac{6{,}0 \cdot 10^5 \times 0{,}50 \cdot 10^{-3}}{8{,}31 \times (273 + 18)} = 0{,}12 \text{ mol}$$

c. On utilise la loi de Mariotte puisque la température est la même avant et après la détente du gaz comprimé. Si l'on détend la totalité du contenu de la bouteille, la pression du gaz passe de $p = 6{,}0 \cdot 10^5$ Pa à la pression atmosphérique $p_{atm} = 1{,}0 \cdot 10^5$ Pa. Le volume passe de $V = 0{,}50$ L à V_1 donné par :

$$V_1 = \frac{pV}{p_{atm}} = \frac{6{,}0 \cdot 10^5 \times 0{,}50 \cdot 10^{-3}}{1{,}0 \cdot 10^5} = 3{,}0 \cdot 10^{-3} \text{ m}^3 \text{ soit } 3{,}0 \text{ L}$$

d. Avec tout le contenu de la bouteille (0,12 mol), on récupère 3,0 L de gaz à la pression atmosphérique. 1,0 L correspond donc à $n_2 = 0{,}040$ mol à cette pression. La masse molaire du chlorure d'hydrogène HCl est $M = 36{,}5 \text{ g} \cdot \text{mol}^{-1}$. La masse m_2 de gaz est :

$$m_2 = n_2 \times M = 0{,}040 \times 36{,}5 = 1{,}5 \text{ g}$$

e. Le chlorure d'hydrogène, au contact de l'eau par l'intermédiaire du tube de verre, se dissout dans l'eau. Au cours de la dissolution, la quantité de matière de gaz dans le ballon diminue. À température et volume constants, la pression dans le ballon diminue, ce qui entraîne l'aspiration de l'eau dans le ballon car la pression intérieure est devenue inférieure à la pression atmosphérique. C'est pourquoi on parle d'expérience du jet d'eau.

Pour tous les exercices :

- Les gaz considérés obéissent au modèle du gaz parfait.
- $R = 8{,}31\ \text{J} \cdot \text{mol}^{-1} \cdot \text{K}^{-1}$.
- Pression atmosphérique normale : $1{,}013 \cdot 10^5$ Pa.
- Le zéro absolu correspond à $-273{,}15$ °C.
- Les masses molaires attribuées aux éléments chimiques sont à chercher dans la classification périodique.

Tester ses connaissances

1. Écrire l'équation d'état du gaz parfait en précisant la signification de chaque symbole et l'unité correspondante.

2. Quelles conditions doit respecter un gaz réel pour pouvoir être assimilé au gaz parfait ?

3. Répondre par vrai ou faux.
Pour un gaz, la valeur du produit pV dépend-elle :

a. de la température du gaz ?

b. de la nature du gaz ?

c. de la quantité de matière du gaz ?

4. Comment évolue la pression d'une quantité de matière donnée de gaz lorsque son volume augmente à température constante ? lorsque sa température augmente à volume constant ?

5. Quelle est l'unité de température absolue ? Donner son symbole.

6. Quelle est la relation entre la température Celsius θ et la température absolue T ?

7. Quelle est l'interprétation microscopique du zéro de l'échelle de température absolue ?

Appliquer ses connaissances

Échelles de température

8. ✶ À quelles températures en kelvin correspondent les températures Celsius suivantes, mesurées à la pression atmosphérique normale ?

a. Température de liquéfaction du dioxygène : $-182{,}96$ °C.

b. Température d'ébullition de l'eau : 100,00 °C.

c. Température de fusion de la glace : 0,00 °C.

d. Température de fusion de l'argent : 961,93 °C.

9. ✶ Quelles sont, en degré Celsius, les températures correspondant à :

a. 10 K ? **b.** 50 K ?

c. 273,15 K ? **d.** 500 K ?

10. ✶ Est-il possible d'obtenir une température égale à :

a. -280 °C ? **b.** 273,15 K ?

c. -25 K ? **d.** 25 K ?

Justifier les réponses.

Équation d'état du gaz parfait

11. ✶ Une seringue contient 18 cm^3 d'air à la pression atmosphérique normale. On bouche l'extrémité de la seringue et on pousse le piston de façon à réduire le volume gazeux à 6,0 cm^3. On suppose que la température reste constante.
Quelle est alors, en pascal, la pression du gaz dans la seringue ?

12. ✶ À température constante, un gaz, dont la quantité de matière est donnée, est comprimé de telle sorte que sa pression est multipliée par 5.

a. Qu'advient-il du volume du gaz ?

b. Même question pour une quantité de matière donnée de gaz détendu à température constante, la pression étant divisée par 3.

13. ✶ Un flacon en verre contient 0,75 L de butane C_4H_{10} à 25 °C et à la pression de $2{,}5 \cdot 10^5$ Pa. Le col de ce flacon est mis en coïncidence avec celui d'un second flacon de volume 1,25 L, à la température de 25 °C, dans lequel on a fait le vide. La température des flacons reste constante au cours de l'expérience.

a. Pourquoi le butane va-t-il occuper les deux flacons ?

b. Quelle est la pression finale du gaz dans l'ensemble constitué par les deux flacons ?

c. Quelle aurait été la pression finale du gaz dans l'ensemble constitué par les deux flacons si le volume du flacon initialement vide avait été de 0,25 L ?

aide

a. Utiliser le modèle microscopique des gaz.

b. À température constante, la loi de Mariotte s'applique pour une quantité de matière donnée de gaz.

c. Comparer les volumes finalement occupés par le butane dans les deux cas.

14. ★ Un ballon en verre, fermé, contient 5,0 g de dioxygène O_2. La température du gaz est de 25 °C et sa pression de $1,0 \cdot 10^5$ Pa.

a. Quelle est la quantité de matière de dioxygène dans le ballon ?

b. Quelle est la température absolue du gaz ?

c. Quel est le volume du gaz ?

d. On chauffe le ballon. La température du gaz atteint 50 °C. La variation du volume du ballon étant négligeable, déterminer la nouvelle pression du gaz.

15. ★★ Une bouteille contient du gaz butane C_4H_{10} comprimé surmontant du butane liquéfié. La bouteille est munie d'un manomètre et d'un détendeur.

a. Quels sont les rôles du manomètre et du détendeur ?

b. Le contenu de la bouteille a une masse de 12 kg. Quelle est la quantité de matière correspondante ?

c. En admettant que la totalité du contenu de la bouteille puisse être utilisée sous forme de butane gazeux à 20 °C et à la pression atmosphérique de $1,0 \cdot 10^5$ Pa, quel est le volume de gaz disponible ?

16. ★★ Un récipient contient un gaz dont la pression est de $1,1 \cdot 10^5$ Pa et la température de 50 °C. Le gaz est refroidi à volume constant jusqu'à la température de 10 °C.

a. Quelle est alors la valeur de sa pression ?

b. Quelle est la quantité de matière du gaz si son volume est de 1,0 L ? de 2,0 L ? de 0,50 L ?

17. ★★ Calculer le volume occupé à 20 °C et pour une pression de $1,0 \cdot 10^5$ Pa par une masse de 100 g de chacun des gaz suivants.

a. L'argon (gaz monoatomique Ar).

b. Le dioxygène (gaz diatomique O_2).

c. Le dioxyde de carbone (gaz triatomique CO_2).

d. L'hexafluorure de soufre SF_6, gaz avec lequel sont gonflées les balles de tennis.

18. ★★ Un récipient en verre contient 32 g de méthane CH_4. Parmi les opérations suivantes, quelles sont celles qui permettent de doubler la pression du gaz dans le récipient ? Justifier les réponses.

a. Ajouter de l'eau (à la température du gaz) de telle sorte que le récipient soit rempli à moitié. Le gaz est insoluble dans l'eau.

b. Élever la température du gaz de 30 °C à 60 °C.

c. Élever la température de – 73 °C à 127 °C.

d. Ajouter 32 g de méthane à la même température.

e. Ajouter dans le récipient 32 g de diazote N_2 à la même température (aucune réaction chimique n'a lieu entre les deux gaz).

f. Ajouter 56 g de diazote N_2 à la même température.

19. ★★ **a.** Déterminer le volume molaire de l'air dans les conditions suivantes :

$$p = 5,0 \cdot 10^4 \text{ Pa} \quad \text{et} \quad T = 283 \text{ K}$$

b. Même question en haut de l'Everest :

$$p = 0,30 \text{ bar} \quad \text{et} \quad \theta = -40 \text{ °C}$$

c. Comparer les valeurs obtenues à celle utilisée dans les conditions où la pression est normale et la température de 20 °C. Que peut-on en conclure ?

d. Un ballon de baudruche contient 2,0 g de dioxyde de carbone CO_2. Quel serait son volume dans les conditions de la question **a** ? en haut de l'Everest ? dans les conditions où la pression est égale à la pression atmosphérique normale et la température de 20 °C ?

aide

a. Si $V = V_m$, $n = 1$ mol dans l'équation d'état du gaz parfait.

b. Attention aux unités.

d. Il faut d'abord déterminer la quantité de matière de dioxyde de carbone.

20. ★★ Un flacon contient 0,80 L de dioxyde de carbone CO_2 à la température de 20 °C et à une pression égale à la pression atmosphérique normale.

a. Quelle est la quantité de matière de dioxyde de carbone dans le flacon ?

b. En déduire la valeur du volume molaire du dioxyde de carbone et la comparer à la valeur habituellement adoptée dans ces conditions.

c. Dans les mêmes conditions, le dioxyde de carbone est remplacé par du méthane CH_4. Répondre aux mêmes questions et conclure.

21. ★★ Une masse donnée d'un gaz est considérée dans trois états successifs.

- État 1 caractérisé par p_1, V_1, T_1.
- État 2 caractérisé par p_2, V_2, T_2.
- État 3 caractérisé par p_3, V_3, T_3.

On donne $p_1 = 1,0 \cdot 10^5$ Pa, $V_1 = 2,0$ L, $T_1 = 300$ K.

a. Le passage de l'état 1 à l'état 2 s'effectue à pression constante par une élévation de température de 20 K. Déterminer p_2, V_2 et T_2.

b. Le passage de l'état 2 à l'état 3 s'effectue à température constante par une augmentation de pression de $1,0 \cdot 10^4$ Pa.
Déterminer p_3, V_3 et T_3.

● **22.** ★★ On considère une masse m d'un gaz de masse molaire M dans un récipient de volume V_0, à la pression p_0 et à la température absolue T_0.

a. Donner l'expression de la masse volumique de ce gaz en fonction de p_0, de T_0 et de M.

b. Comment varie la masse volumique de ce gaz quand sa pression augmente à température constante ? quand sa température augmente à pression constante ?

c. À la température T_0 et à la pression p_0, comparer les masses volumiques du dihydrogène H_2 et du dioxygène O_2.

d. Déterminer la masse volumique du diazote N_2, à 20 °C, lorsque sa pression est égale à la pression atmosphérique normale.

aide

a. La masse volumique du gaz est égale au quotient de sa masse par son volume.
b. Utiliser l'expression trouvée en **a**.
c. Comparer les masses molaires des deux gaz.
d. Utiliser la relation trouvée en **a**.

Mélange de gaz

● **23.** ★★ Le gaz de Lacq est constitué, en volume, de 70 % de méthane CH_4, de 5 % d'autres hydrocarbures gazeux, de 15 % de sulfure d'hydrogène H_2S (à l'origine de la production de soufre) et de 10 % de dioxyde de carbone CO_2.
On prendra $V_m = 24\ L \cdot mol^{-1}$.

a. Quelle quantité de matière et quelle masse de méthane y a-t-il dans 1 m^3 de gaz de Lacq ?

b. Quelle est la masse de sulfure d'hydrogène dans 1 m^3 de gaz de Lacq ?

c. Comparer les rapports en volume, en quantité de matière et en masse, de méthane et de sulfure d'hydrogène dans le gaz de Lacq.

● **24.** ★★ La composition de l'air en volume est d'environ 78 % de diazote N_2, 21 % de dioxygène O_2 et 1 % d'argon Ar.
Bien que l'air soit constitué d'entités chimiques différentes, on peut considérer une quantité de matière d'air, par exemple une mole d'air.
Un récipient contient un litre d'air dans les conditions où le volume molaire est 24 $L \cdot mol^{-1}$.

a. Rappeler la définition du volume molaire d'un gaz et la loi d'Avogadro-Ampère.

b. Déterminer la quantité de matière de chacun des gaz du récipient.

c. Quelle est la masse totale de l'air du récipient ?

d. Montrer que l'on peut attribuer à l'air la masse molaire 29 $g \cdot mol^{-1}$.

Aller plus loin

● **25.** ★★★ *Densité d'un gaz*
La densité d'un gaz par rapport à l'air est égale au rapport de la masse d'un volume V de gaz à la masse du même volume V d'air, les volumes étant mesurés dans les mêmes conditions de température et de pression. Dans tout l'exercice, on se placera dans les conditions où la pression est égale à la pression atmosphérique normale et où la température est de 20 °C.

a. Calculer la masse d'un litre de dioxyde de carbone CO_2 et celle d'un litre de dihydrogène H_2.

b. On considère que l'air est un mélange de gaz, constitué de 78 % de diazote N_2, 21 % de dioxygène O_2 et de 1 % d'argon Ar. Les pourcentages sont donnés en volume. Déterminer la masse d'un litre d'air.

c. Calculer la densité par rapport à l'air du dioxyde de carbone et celle du dihydrogène.

d. Exprimer la masse d'un litre de gaz puis sa densité en fonction de la masse molaire M du gaz. Vérifier les valeurs trouvées en **c**.

e. Déduire de ce qui précède que pour introduire du dihydrogène dans un ballon, il faut procéder comme le montre le schéma ①, alors que pour recueillir du dioxyde de carbone, il est préférable de procéder comme le montre le schéma ②.

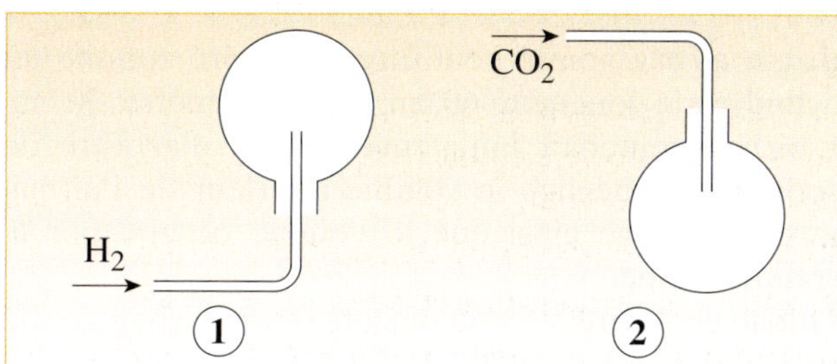

26. ★★★ *Mélange de gaz et plongée*

Dans un récipient de volume V, on introduit une quantité de matière n_1 d'un premier gaz occupant un volume V_1 à la pression p_1 et à la température T_1, et une quantité de matière n_2 d'un second gaz occupant un volume V_2 à la pression p_2 et à la température T_2. Le mélange gazeux est alors à la pression p et à la température T.

a. Quelle est la quantité de matière n du mélange ?

b. Écrire l'équation d'état du gaz parfait pour chacun des gaz puis pour le mélange.

Montrer que les 3 relations précédentes conduisent à l'expression :

$$\frac{pV}{T} = \frac{p_1V_1}{T_1} + \frac{p_2V_2}{T_2}$$

c. Dans le cas où $p = p_1 = p_2$ et $T = T_1 = T_2$, déterminer le volume V du mélange en fonction des volumes V_1 et V_2.

d. Dans le cas où $V = V_1 = V_2$ et $T = T_1 = T_2$, établir la relation entre les trois pressions p, p_1 et p_2. (Cette relation est appelée loi de Dalton.)

e. Dans une bouteille de plongée sous-marine, de volume 5,0 L, on a introduit 46 L d'hélium He et 12 L de dioxygène O_2, chaque gaz étant à la pression de $1{,}0 \cdot 10^5$ Pa et à la température de 25 °C.

Quelle est la pression du mélange gazeux dans la bouteille ?

27. ★★★ *Airbag*

Les coussins gonflables des voitures, ou airbags, contiennent une espèce chimique solide appelée azoture de sodium, de formule NaN_3, qui se décompose lors d'un choc par suite du déclenchement d'un détonateur.

Il se forme du sodium Na et un gaz, le diazote N_2, qui permet le gonflage de l'airbag.

a. Écrire l'équation chimique de la réaction de décomposition de l'azoture de sodium.

b. Établir un tableau d'avancement de la réaction de décomposition de 100 g d'azoture de sodium.

c. On se place dans les conditions où le volume molaire d'un gaz est $24 \text{ L} \cdot \text{mol}^{-1}$. Quels sont la quantité de matière et le volume de diazote obtenus lors de la décomposition de 100 g d'azoture de sodium ?

d. Un airbag gonflé peut être considéré comme un cylindre de longueur 60 cm et de diamètre 30 cm. L'airbag contenait initialement 100 g d'azoture de sodium. On néglige le volume intérieur de l'airbag avant gonflage ainsi que le volume occupé par le sodium formé.

Quelle est la pression du diazote dans l'airbag gonflé si la température est de 20 °C ?

28. ★★★ *Montgolfière*

Une montgolfière est constituée d'une enveloppe en nylon, d'une nacelle et d'un système de chauffage qui permet de gonfler l'enveloppe à l'air chaud. Cet air chaud fait monter la montgolfière et les passagers.

1. a. L'enveloppe a un volume de 2 000 m^3. La pression de l'air dans l'enveloppe est la même que celle de l'atmosphère environnante (10^5 Pa). L'air intérieur est chauffé à 120 °C. Quelle est la quantité de matière d'air chaud contenue dans l'enveloppe ?

b. Trouver la quantité de matière d'un même volume d'air, à la même pression, à 20,0 °C. On rappelle que la grandeur quantité de matière s'utilise dans le cas de l'air bien qu'il s'agisse d'un mélange de gaz.

c. À volume égal (2 000 m^3), quelle est la différence entre les quantités de matière d'air chaud et d'air à 20 °C ? Quelle masse cela représente-t-il si l'on attribue à l'air, bien qu'il s'agisse d'un mélange de gaz, la masse molaire de $29 \text{ g} \cdot \text{mol}^{-1}$?

d. On admet que la masse calculée précédemment est égale à la masse de la charge qui peut être élevée. L'enveloppe, la nacelle et le système de chauffage ont une masse totale de 130 kg. Combien de passagers de masse 60 kg peut-on charger dans la nacelle?

2. La montgolfière est soumise à la poussée d'Archimède exercée par l'air extérieur.

a. En quoi consiste la poussée d'Archimède ?

b. La poussée d'Archimède s'exerçant sur l'enveloppe, à une altitude donnée, dépend-elle du volume de l'enveloppe ? de la masse de son contenu ?

3. Après l'ascension de la montgolfière, on arrête le chauffage de l'air. La montgolfière descend lentement. Expliquer pourquoi, en envisageant les variations éventuelles des grandeurs macroscopiques décrivant l'état de l'air dans l'enveloppe.

4. Comment expliquer la possibilité de chauffer la totalité de l'air d'une grande salle à l'aide de seulement quelques radiateurs posés contre les murs ?

FICHES MÉTHODES

1 Fiche Méthode

Techniques de laboratoire

Synthèse, extraction et caractérisation d'espèces chimiques

Objectifs : Savoir mettre en œuvre, dans les meilleures conditions d'utilisation et de sécurité, les dispositifs courants de synthèse, d'extraction et de caractérisation d'espèces chimiques.

Extraction

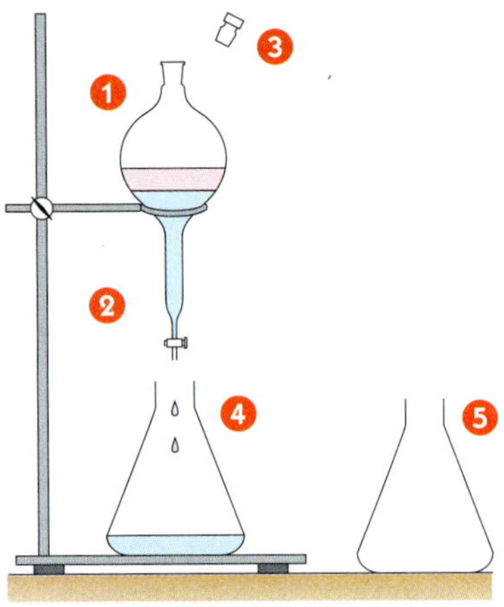

L'ampoule à décanter permet d'extraire une espèce chimique lors d'une extraction à deux solvants.

Préparation

- Fixer une ampoule à décanter 1 au-dessus d'un erlenmeyer 4.
- Fermer le robinet 2.
- Introduire un peu d'eau dans l'ampoule à décanter pour vérifier l'absence de fuite.

Extraction

- Introduire le mélange à séparer à l'aide d'un entonnoir, par le haut de l'ampoule à décanter.
- Introduire le solvant d'extraction.
- Boucher hermétiquement l'ampoule avec le bouchon 3.
- Retourner l'ampoule.
- Agiter énergiquement pendant une dizaine de secondes (photo 6).
- Dégazer l'ampoule en ouvrant le robinet, l'ampoule étant toujours maintenue retournée.

Séparation

- Reposer l'ampoule sur le support et retirer le bouchon.
- Laisser reposer.
- Recueillir séparément les deux phases grâce au robinet dans deux erlenmeyers distincts (4 et 5).

Filtration

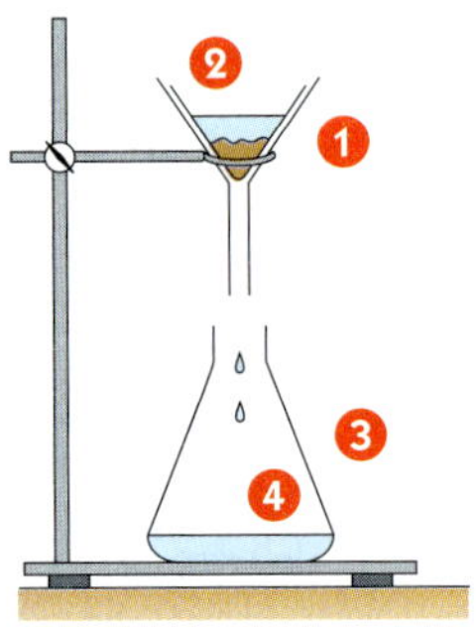

La filtration consiste à séparer les solides des liquides grâce à un entonnoir et à un filtre.

- Fixer avec un support, un entonnoir 1 au-dessus d'un erlenmeyer 3.
- Placer un papier filtre 2 dans l'entonnoir.
- Verser le mélange à séparer.
- Le liquide obtenu 4 est appelé filtrat.

Chauffage à reflux

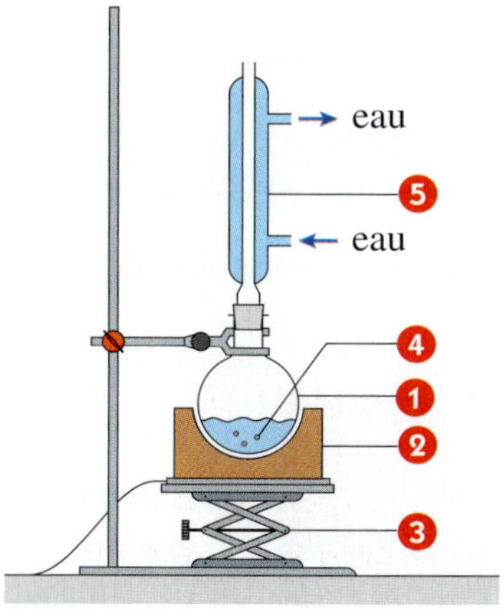

Le chauffage à reflux permet de chauffer un liquide sans perdre les espèces chimiques volatiles.

Préparation

- Introduire le liquide dans le ballon 1 avec quelques grains de pierre ponce 4.
- Fixer le ballon.
- Surmonter le ballon d'un réfrigérant 5.
- Alimenter le réfrigérant en eau par le bas.

Chauffage

- Chauffer avec un chauffe-ballon 2 posé sur un support élévateur 3.
- Après l'arrêt du chauffage, laisser circuler l'eau dans le réfrigérant quelques minutes supplémentaires.

Chromatographie sur couche mince (CCM)

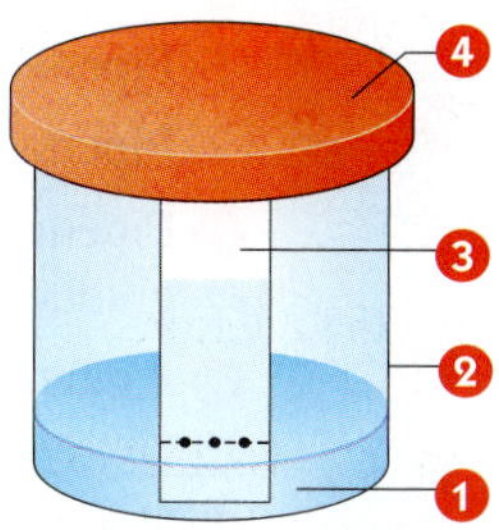

La CCM permet la séparation d'espèces chimiques en solution, en vue d'une analyse.

Préparation de la cuve

- Préparer le solvant. Il servira de phase mobile.
- Placer un demi-centimètre de solvant 1 dans la cuve 2.
- Fermer la cuve avec le couvercle 4.

Préparation de la plaque

- Sur une plaque de chromatographie 3, tracer un trait au crayon à 1 cm du bas.
- Déposer sur le trait, à l'aide de capillaires, les échantillons à étudier et les produits de référence. Les espacer d'au moins 1 cm.

Migration

- Placer la plaque dans la cuve en vérifiant que les dépôts ne trempent pas dans le solvant 1.
- Laisser migrer jusqu'à ce que le niveau du liquide atteigne 80 % de la hauteur de la plaque.

Exploitation

- Retirer la plaque de la cuve et marquer aussitôt au crayon le niveau atteint par le liquide.
- Si les taches sont visibles, interpréter le chromatogramme.
- Si les taches ne sont pas visibles, tremper la plaque dans un révélateur (permanganate de potassium, diiode, etc.) ou placer la plaque sous une lampe UV si la plaque est prévue pour ce type de révélation.

2 Fiche Méthode

La verrerie en chimie

Objectif : Savoir identifier, nommer, choisir et représenter la verrerie de laboratoire.

Identifier et nommer la verrerie

Le document 1 représente la verrerie et les accessoires couramment utilisés dans les laboratoires de chimie. Il faut savoir identifier et nommer ces différents objets.

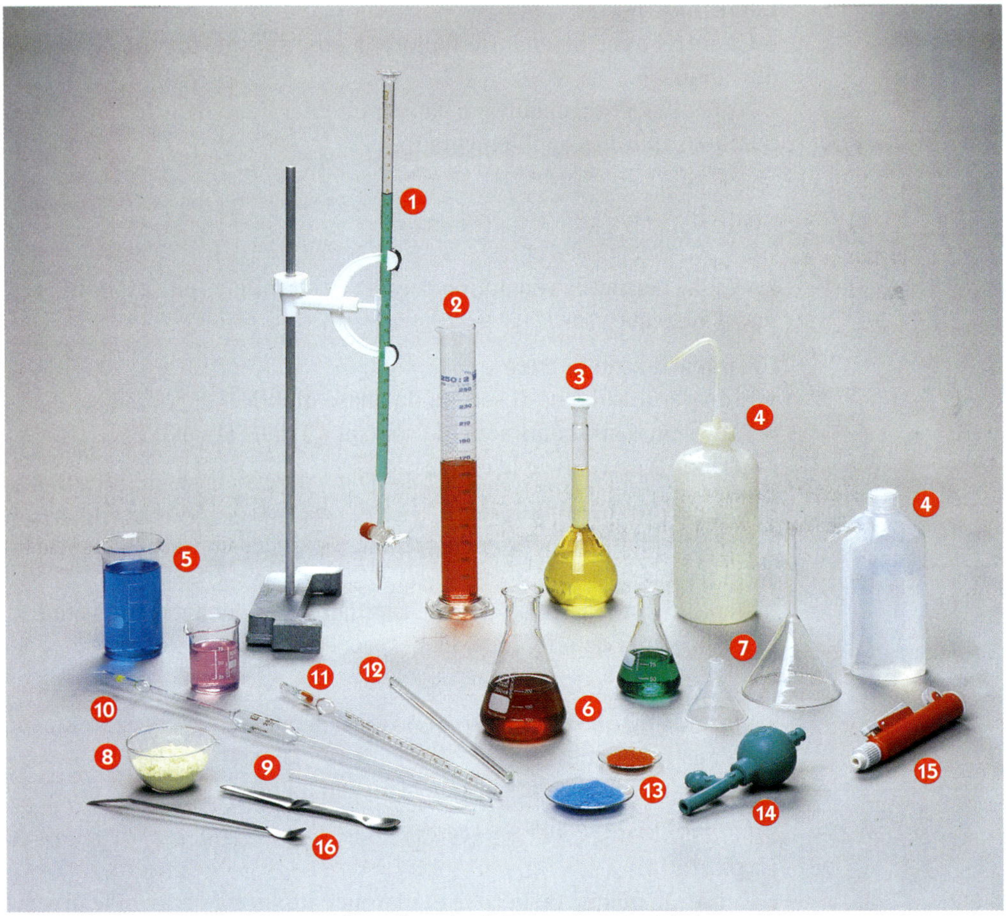

Doc. 1. Verrerie et accessoires utilisés dans les laboratoires de chimie.

1. Burette graduée
2. Éprouvette graduée
3. Fiole jaugée
4. Pissettes
5. Bécher
6. Erlenmeyer
7. Entonnoir
8. Capsule
9. Pipette simple
10. Pipette jaugée
11. Pipette graduée
12. Agitateur en verre
13. Verre de montre
14. Poire d'aspiration
15. Pipeteur
16. Spatule

Prélever un échantillon de liquide ou de solide à partir de son flacon d'origine

Transfert de liquides ou de solides

Les liquides peuvent être versés directement dans un récipient adéquat à partir de leur flacon d'origine. Si l'on souhaite les prélever avec une pipette, il faut préalablement transférer un petit volume de liquide dans un bécher dans lequel on effectuera le pipetage.

Les solides sont manipulés avec des spatules propres 16. Pour introduire un solide ou un liquide dans un récipient à col étroit, on peut utiliser un entonnoir 7.

Attention ! L'aspiration d'une solution au moyen d'une pipette ne se fait jamais avec la bouche.

Pesée de liquides ou de solides

Ce sont des solides qui sont le plus souvent pesés. Lors de la pesée, on peut déposer le solide sur une feuille de papier ou sur un verre de montre ⓭ ou dans une capsule ❽ ou directement dans un bécher ❺ dont la masse devra être prise en compte (**Doc. 2**). Les liquides sont souvent pesés dans un bécher ou un erlenmeyer ❻.

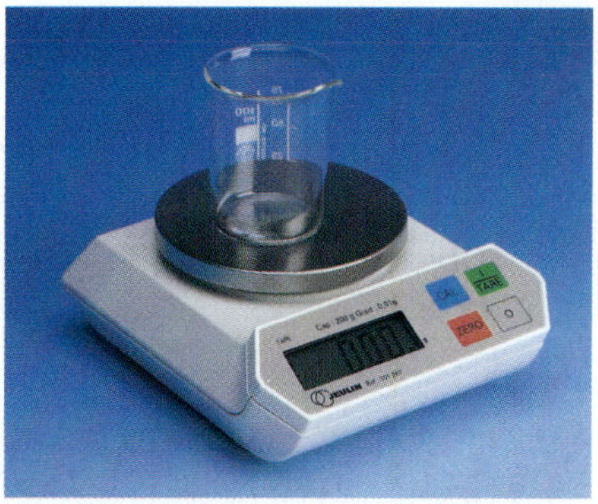

Doc. 2. La fonction « tare » permet de lire la masse du contenu du récipient.

Choisir la verrerie

Chaque pièce de verrerie possède une fonction à connaître pour une bonne utilisation : précise, efficace et en toute sécurité.

Matériel utilisé pour mesurer le volume d'un liquide

Le choix du matériel est lié à la précision recherchée.

• Les pipettes jaugées ❿ à un ou deux traits et les fioles jaugées ❸ servent à mesurer avec précision des volumes déterminés de solutions.

Par exemple :

– Pour les pipettes jaugées : 1 ; 2 ; 5 ; 10 ; 20 mL.

– Pour les fioles jaugées : 25 ; 50 ; 100 ; 200 ; 250 ; 500 mL.

• Les pipettes graduées ⓫ et les burettes graduées ❶ permettent des mesures de volumes précis ne pouvant être réalisées au moyen de pipettes jaugées. Par exemple : 4,2 mL ; 18,5 mL ; etc.

• Les éprouvettes graduées ❷ sont moins précises que les autres instruments.

• Les pipettes simples ❾ servent à ajuster les niveaux des liquides dans les fioles jaugées.

Les pipeteurs ⓯, propipettes ou poires d'aspiration ⓮ s'utilisent pour pipeter un liquide en toute sécurité. Ils ne sont pas prévus pour être au contact direct avec les liquides.

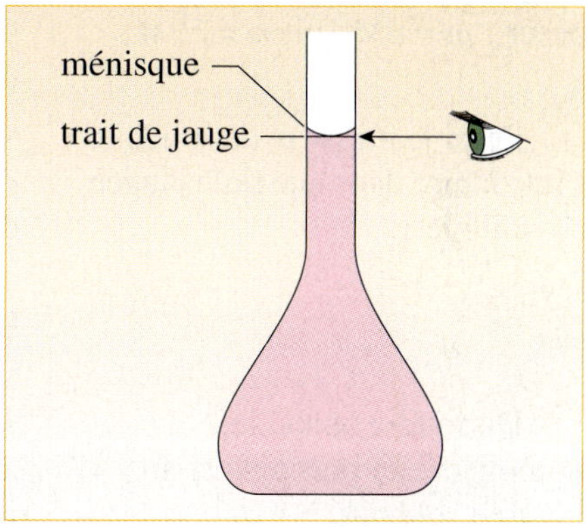

Doc. 3. Lecture d'un niveau de liquide.

Récipients utilisés pour réaliser une expérience

Les béchers ❺, les erlenmeyers ❻ et les tubes à essais permettent d'utiliser les substances chimiques liquides et solides pour effectuer des transformations chimiques. Leur graduation, s'ils en possèdent une, ne sert qu'à déterminer leur capacité. En aucun cas, elle ne doit être utilisée pour une mesure précise de volume.

Représenter la verrerie

Lors de la description d'expériences, certaines pièces de verrerie doivent être représentées.

Pour cela, on réalise des schémas simples, sans perspective (**Doc. 4**).

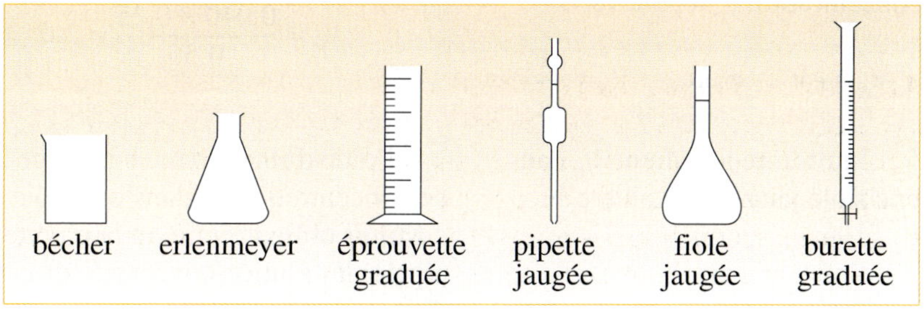

Doc. 4.

3

Fiche Méthode

Préparer une solution de concentration connue

Objectif : Préparer un volume V d'une solution aqueuse de concentration molaire c en soluté apporté.

Exemple. Préparer un volume $V = 0{,}25$ L d'une solution de glucose de concentration $c = 0{,}040$ mol · L^{-1}. La masse molaire du soluté est $M = 180$ g · mol^{-1}.

Dissolution d'un solide

1 Déterminer la masse m à peser : $m = nM$ soit $m = cVM$.

- $m_{glucose} = 0{,}040 \times 0{,}25 \times 180 = 1{,}8$ g.
- Avec une balance, peser 1,8 g de glucose dans une coupelle.

2 Peser la masse m de solide et l'introduire dans une fiole jaugée de volume V.

- À l'aide d'un entonnoir à solide, l'introduire dans une fiole jaugée de 250 mL, propre et rincée.
- Rincer à l'eau distillée la coupelle et l'entonnoir en faisant couler l'eau de rinçage dans la fiole.

3 Dissoudre le solide, homogénéiser puis ajuster au volume souhaité.

- Remplir à moitié la fiole avec de l'eau distillée, boucher et agiter jusqu'à dissolution complète du glucose.
- Compléter la fiole jusqu'au trait de jauge avec de l'eau distillée, et agiter en retournant complètement la fiole bouchée.
- Verser le contenu de la fiole dans un flacon propre et sec puis l'étiqueter soigneusement.

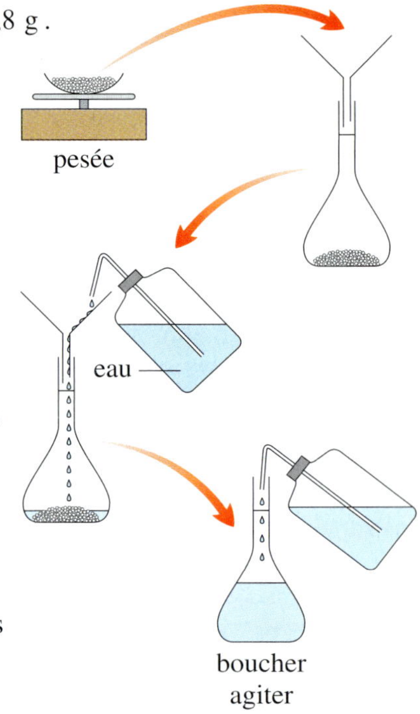

Dilution d'une solution concentrée

1 Calculer le volume V_0 de solution concentrée de concentration c_0 à prélever :

$$c_0 V_0 = cV \quad \text{d'où} \quad V_0 = \frac{cV}{c_0}$$

- On dispose, par exemple, d'une solution concentrée de glucose de concentration $c_0 = 0{,}50$ mol · L^{-1}.

$$V_0 = \frac{0{,}040 \times 0{,}25}{0{,}50} = 2{,}0 \cdot 10^{-2}\ \text{L} \quad \text{soit} \quad V_0 = 20\ \text{mL}$$

2 Introduire le volume V_0 dans une fiole jaugée de volume V.

- À l'aide d'une pipette jaugée de 20 mL, introduire 20 mL de solution de concentration c_0 dans une fiole jaugée de 250 mL.
- Munir obligatoirement la pipette d'une poire d'aspiration. Ne pas pipeter la solution concentrée directement dans le flacon d'origine, mais dans un bécher propre et sec.

3 Ajuster au volume souhaité.

- Ajouter de l'eau distillée jusqu'au trait de jauge et agiter en retournant la fiole plusieurs fois.

4 Fiche Méthode

Utiliser un tableau d'avancement

Objectif : Utiliser un tableau d'avancement dans les situations les plus courantes.

Exemple. Étude du bilan de matière de la réaction de 48 mL de dihydrogène avec un volume V de dioxygène (CNTP). Le volume V sera différent dans les trois cas ci-dessous.

Tableau d'avancement

1 Calculer ou exprimer les quantités de matière initiales.

2 Exprimer les quantités de matière, à l'état final, à l'aide de x_{max}.

		$2H_{2(gaz)}$ +	$O_{2(gaz)}$ →	$2H_2O_{(liq.)}$
E.I.	$x = 0$	$\frac{48 \cdot 10^{-3}}{24} = 2{,}0 \cdot 10^{-3}$	$\frac{V}{V_m} = n$	0
E.F.	x_{max}	$2{,}0 \cdot 10^{-3} - 2x_{max}$	$n - x_{max}$	$2x_{max}$

Si l'on doit déterminer le réactif limitant

Cas où le volume de O_2 est $V = 36$ mL ; $n = 1{,}5 \cdot 10^{-3}$ mol.

1 Faire l'hypothèse qu'un des réactifs est limitant.

2 Poser l'équation traduisant le fait que sa quantité de matière est nulle à l'état final.

3 En déduire une valeur de x_{max} et les quantités de matière des autres réactifs.

- Supposer que le dihydrogène est le réactif limitant.
- On en déduit l'équation :

$$n(H_2)_f = 2{,}0 \cdot 10^{-3} - 2x_{max} = 0 \quad \text{soit} \quad x_{max} = 1{,}0 \cdot 10^{-3} \text{ mol}$$

- En reportant la valeur de $x_{max} = 1{,}0 \cdot 10^{-3}$ mol dans la colonne O_2 à l'E.F., on en déduit la quantité de matière de O_2 restant :

$$n(O_2)_f = 1{,}5 \cdot 10^{-3} - 1{,}0 \cdot 10^{-3} = 0{,}5 \cdot 10^{-3} \text{ mol}$$

Cette quantité est positive ; H_2 est bien le réactif limitant.

Si les conditions finales sont données

Calcul de V s'il s'est formé $1{,}2 \cdot 10^{-3}$ mol d'eau et que O_2 est limitant.

1 Trouver l'avancement maximal x_{max}.

2 Reporter la valeur de l'avancement dans les différentes cases du tableau.

- On déduit de la colonne H_2O à l'E.F. que $x_{max} = 0{,}60 \cdot 10^{-3}$ mol.

$$n - x_{max} = \frac{V}{V_m} - x_{max} = 0 \quad \text{donc} \quad V = 14 \text{ mL}$$

Si une condition particulière est donnée

Calcul de V sachant que l'on est dans les proportions stœchiométriques.

1 Mettre en équation cette donnée grâce au tableau d'avancement.

2 Résoudre cette équation.

- Poser l'équation traduisant le fait que les quantités de matière des réactifs s'annulent toutes les deux à l'état final.
- On a $2{,}0 \cdot 10^{-3} - 2x_{max} = 0$ et $\frac{V}{V_m} - x_{max} = 0$.

On en déduit $x_{max} = 1{,}0 \cdot 10^{-3}$ mol et donc $V = 24$ mL.

5 Fiche Méthode

Techniques d'enregistrement des mouvements rapides

Objectif : Savoir comment utiliser les techniques d'enregistrement de mouvements rapides.

Méthode d'étincelage pour la détermination de l'évolution de la vitesse

1 Mettre en marche le processus de génération du coussin d'air.

- Afin de diminuer les frottements, la surface de la table et la base du mobile sont planes et lisses et le mobile est muni d'une soufflerie.

2 Mettre en marche le processus d'étincelage qui produit la trace de la position du mobile à intervalles de temps réguliers.

- Le mobile est muni d'une électrode reliée à un générateur qui délivre des impulsions électriques toutes les 20 ms. Des étincelles marquent la feuille d'enregistrement (conductrice). L'ensemble des traces (points ou tirets dont on repère les milieux) renseigne sur les positions successives d'un point du mobile, en général le centre de sa base.

3 Lancer le mobile afin de réaliser l'enregistrement.

- Pour réaliser une chute, on incline la table et on lâche le mobile.

Doc. 1. Enregistrement d'un mouvement de chute libre.

4 Observer l'enregistrement et en déduire comment évolue la vitesse.

- Les points n'étant pas régulièrement espacés, la valeur de la vitesse varie.

Utilisation d'une webcam pour l'étude d'un mouvement de chute libre

1 Effectuer les choix de réglage de la webcam. Il s'agit d'établir un compromis entre les différentes possibilités.

- Une webcam est un appareil numérique qui transmet des images à un ordinateur. Il faut régler certains paramètres, comme le nombre d'images par seconde (par exemple une image toutes les 40 ms).

2 Réaliser l'acquisition vidéo.

- Démarrer le logiciel d'acquisition. Lâcher l'objet devant la webcam. Arrêter le logiciel d'acquisition et sauvegarder l'acquisition.

3 Convertir le film en chronophotographie.

Remarque. Un tel logiciel permet aussi d'obtenir un tableau de données (positions à différentes dates) que l'on pourra exploiter.

- Un logiciel permet, à partir des différentes images d'un film, de produire une image unique équivalente à une chronophotographie.

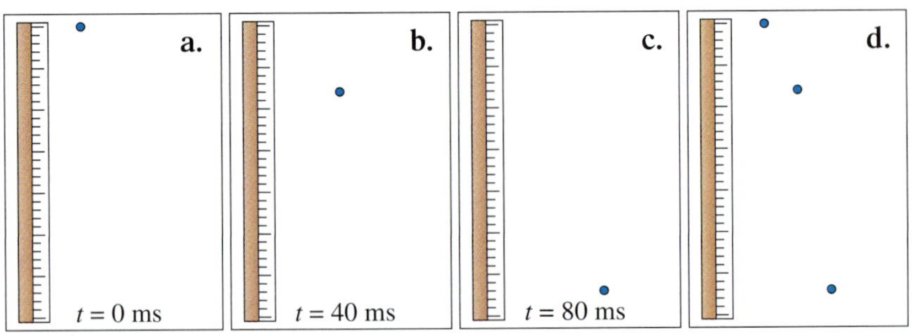

Doc. 2. a-b-c : trois images successives ; d : image finale

4 Étudier l'enregistrement afin d'obtenir des renseignements concernant le mouvement.

- On est ramené à l'utilisation d'une chronophotographie ou d'un enregistrement sur table à étincelage.

6 Fiche Méthode

Décomposer un mouvement

Objectif : Décomposition d'un mouvement quelconque.

On part de la chronophotographie d'un objet dont on étudie le mouvement grâce à une projection sur des axes horizontal et vertical.

1 Choisir un point représentant l'objet et choisir un système d'axes horizontal et vertical.

- Choisir par exemple le centre du ballon puis repérer ce point sur la chronophotographie pour toutes ses positions (**Doc. 1**).
- Reporter ces positions sur une nouvelle feuille (**Doc. 2**).
- Faire coïncider l'origine du système d'axes avec le premier point.

Doc. 1. Chronophotographie

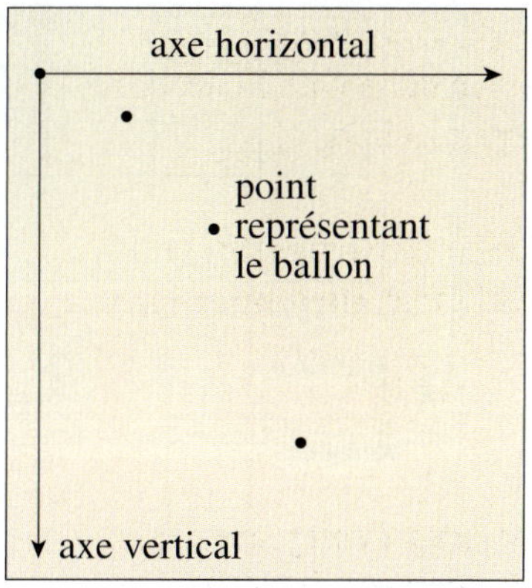

Doc. 2. Report des points

1 Projeter sur les axes la position du point représentant l'objet à différentes dates.

- Tracer les droites (rouges) parallèles à l'axe horizontal. Elles coupent l'axe vertical aux points rouges. Ces points rouges constituent la projection du mouvement sur l'axe vertical.
- Tracer les droites (bleues) parallèles à la direction verticale. Elles coupent l'axe horizontal aux points bleus. Ces points bleus constituent la projection du mouvement sur l'axe horizontal.

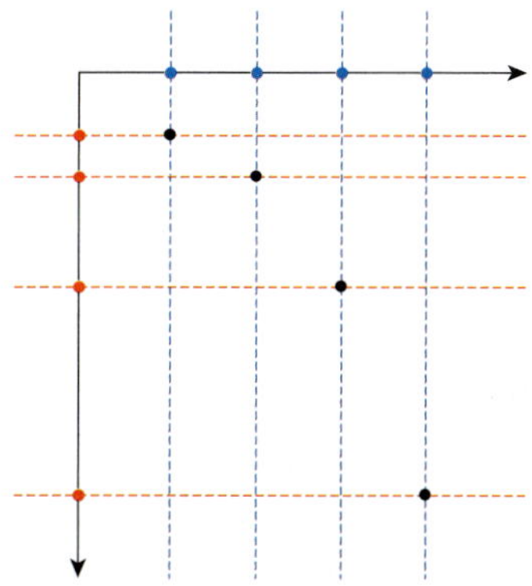

Doc. 3.

Les séries de points bleus et rouges constituent le résultat de la décomposition du mouvement du ballon. Les espacements des points sur chaque axe servent à l'interprétation du mouvement (**Doc. 3**).

2 Utilisation de la décomposition

- Une fois la décomposition réalisée, on peut décrire le mouvement du point projeté. Ce mouvement est uniforme sur l'axe horizontal, et accéléré sur l'axe vertical.

7 Fiche Méthode

Utiliser un oscilloscope

Objectif : Déterminer la période d'un signal électrique.

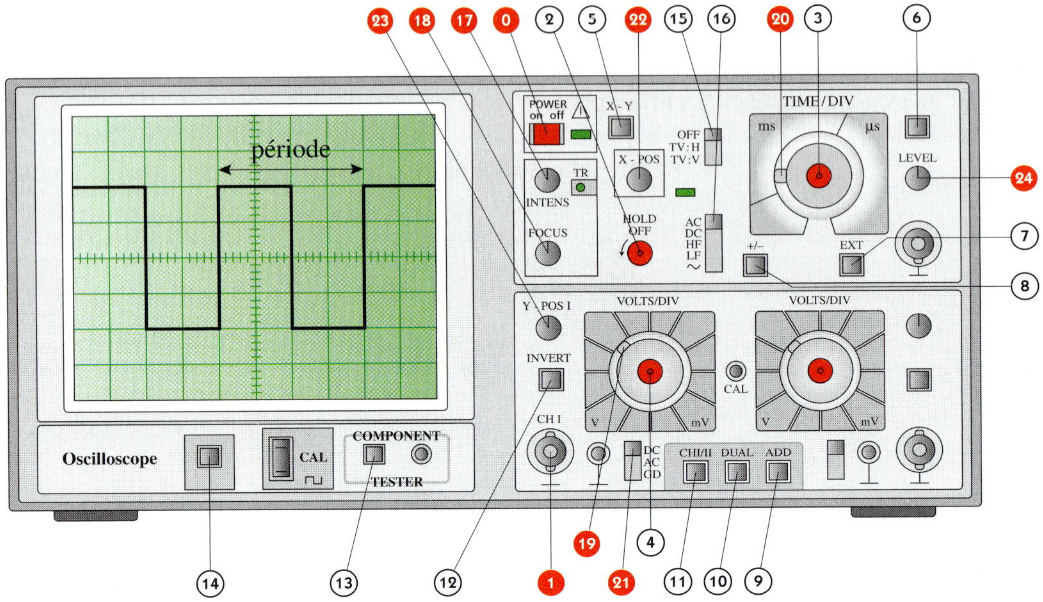

Doc. 1. Façade d'un oscilloscope.

Fonctions des boutons à connaître

- **0** mise sous tension
- **1** sortie voie 1 (branchement du cable coaxial)
- **17** réglage de la luminosité
- **18** réglage de la finesse
- **19** sensibilité verticale
- **20** base de temps (ou balayage)
- **21** bouton de sélection d'une composante de tension
- **22** position horizontale de la trace
- **23** position verticale de la trace
- **24** stabilisation du signal

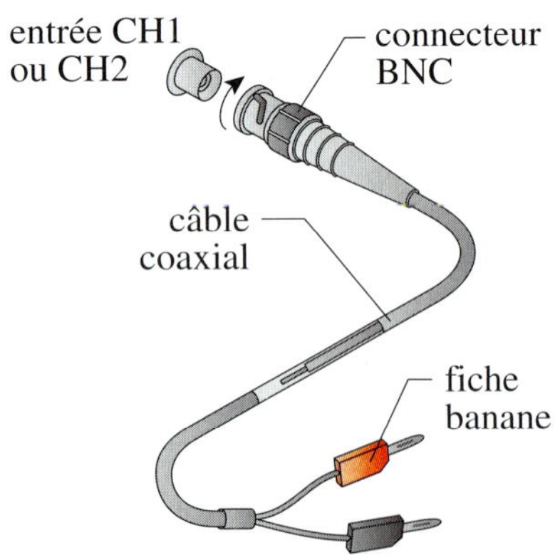

Doc. 2. Câble coaxial.

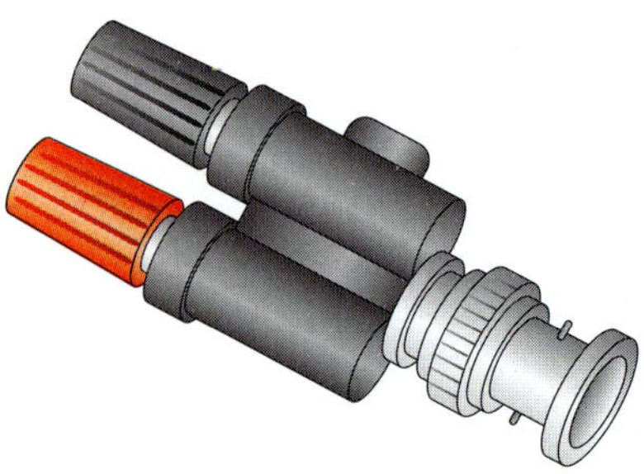

Doc. 3. Adaptateur BNC-banane.

Mise en fonctionnement et préréglages

• Mettre sous tension l'oscilloscope avec le bouton ⓪.	• La diode s'allume pour signaler la mise sous tension.
• Brancher le câble coaxial (**Doc. 2**) ou l'adaptateur (**Doc. 3**).	• Ce câble reliera la sortie ① de l'oscilloscope au circuit électrique étudié.
• Mettre les boutons rotatifs ②, ③ et ④ au minimum. Vérifier que les boutons ⑤ à ⑭ ne sont pas enfoncés, que le ⑮ est sur OFF et le ⑯ sur AC.	• Les boutons ② à ⑯ correspondent à des fonctions non nécessaires en classe de seconde.
• Régler l'intensité ⑰ et la focalisation ⑱.	• La trace sur l'écran sera ainsi nette et suffisamment lumineuse.

Réglages de la voie CH1

• Placer le bouton ⑲ sur la position la plus à gauche 20 V/div.	• Ce bouton donne l'échelle des tensions. Une division verticale (ou un carreau) sur l'écran vaudra 20 V.
• Placer le bouton ⑳ sur une position centrale : 0,2 ms/div.	• Ce bouton donne la base de temps. Une division horizontale (ou un carreau) sur l'écran vaudra 0,2 ms.
• Placer le bouton ㉑ sur GD.	• L'oscilloscope se comporte comme s'il ne recevait pas de tension sur la voie CH1.
• Utiliser les boutons ㉒ et ㉓ pour centrer la trace à l'écran.	• Une fois la trace centrée, le réglage des boutons ne devra plus être modifié.
• Déplacer le bouton ㉑ vers la position DC.	• L'oscilloscope reçoit à nouveau une tension sur la voie CH1.
• Déplacer le bouton ⑲ jusqu'à obtenir une trace qui occupe tout l'écran verticalement.	• Chaque division verticale correspond alors à la tension indiquée par la graduation du bouton ⑲.
• Déplacer le bouton ⑳ jusqu'à obtenir deux à trois périodes sur l'écran.	• Chaque division horizontale correspond alors au temps indiqué par la graduation du bouton ⑳.
• Modifier l'intensité ⑰ et la focalisation ⑱ si nécessaire.	• La trace peut alors être affinée.
• Si le signal n'est pas stable, on pourra modifier délicatement le réglage du bouton ㉔.	• Ce bouton évite le défilement de la trace.

Mesure d'une période

• Repérer une période sur l'écran et le nombre de divisions horizontales qui couvrent une période.	• Voir **Doc. 1**. On a ici 4 divisions horizontales.
• Utiliser l'indication du bouton base de temps et en déduire la valeur de la période.	• La base de temps est de 20 ms/div. La période vaut donc $4 \times 20 = 80$ ms.

8 Fiche Méthode

Chiffres significatifs et opérations avec les puissances de 10

Objectifs : Savoir manipuler des nombres exprimés avec des puissances de 10 et donner un résultat avec le bon nombre de chiffres significatifs.

Détermination du nombre de chiffres significatifs

1 Écrire un nombre en écriture scientifique sous la forme $a \cdot 10^n$ avec $1 \leqslant a < 10$.
Déterminer le nombre de chiffres significatifs.

• Passer de l'écriture d'un nombre à son écriture scientifique en conservant tous les zéros placés à droite du nombre :

$$0{,}002\ 300 = 2{,}300 \cdot 10^{-3}$$

Les chiffres significatifs de $2{,}300 \cdot 10^{-3}$ sont 2 ; 3 ; 0 et 0. Il y a 4 chiffres significatifs.

2 Résultat d'une multiplication ou d'une division.

• Soit à multiplier $2{,}300 \cdot 10^{-3}$ par $1{,}2 \cdot 10^5$:

$$2{,}300 \cdot 10^{-3} \times 1{,}2 \cdot 10^5 = 2{,}8 \cdot 10^2$$

On écrit 2,8 et non 2,76 car le résultat d'une multiplication ne peut avoir plus de chiffres significatifs que la donnée qui en comporte le moins, ici $1{,}2 \cdot 10^5$.

3 Résultat d'une addition ou d'une soustraction.

• Soit à ajouter les longueurs 94 m et 8,7 m :

$$94 + 8{,}7 = 103 \text{ m}$$

On n'écrit pas 102,7 m car la précision de la première longueur est le mètre et qu'une meilleure précision n'est pas possible pour le résultat.

Manipulation des nombres utilisant des puissances de 10

1 *Multiplication*. Utiliser la relation :

$$a \times 10^n \times b \times 10^m = a \times b \times 10^{n+m}$$

• L'aire du rectangle de largeur $3{,}45 \cdot 10^3$ m et de longueur $1{,}20 \cdot 10^5$ m vaut :

$$3{,}45 \cdot 10^3 \times 1{,}20 \cdot 10^5 = 3{,}45 \times 1{,}20 \times 10^{3+5} = 4{,}14 \cdot 10^8 \text{ m}^2$$

Attention à l'unité.

2 *Division*. Utiliser la relation :

$$\frac{a \cdot 10^n}{b \cdot 10^m} = \left(\frac{a}{b}\right) 10^{n-m}$$

• Un automobiliste parcourt $4{,}72 \cdot 10^2$ m pendant une durée de 15 s. Sa vitesse moyenne est égale à :

$$v = \frac{d}{t} = \frac{4{,}72 \cdot 10^2}{1{,}5 \cdot 10^1} = \frac{4{,}72}{1{,}5} \times 10^1 = 31 \text{ m} \cdot \text{s}^{-1}$$

3 *Puissance*. Utiliser la relation :

$$(a \cdot 10^n)^m = a^m \cdot 10^{n \times m}$$

• Le volume d'un cube de côté $a = 5{,}3 \cdot 10^{-2}$ m vaut :

$$V = a^3 = (5{,}3 \cdot 10^{-2})^3 = 5{,}3^3 \times 10^{-6} = 1{,}5 \cdot 10^{-4} \text{ m}^3$$

4 *Comparaison*. Exprimer chaque nombre avec la même puissance de 10, puis comparer.

• La masse d'un nucléon vaut $1{,}67 \cdot 10^{-27}$ kg.
La masse d'un électron est égale à :

$$9{,}1 \cdot 10^{-31} \text{ kg} \quad \text{soit} \quad 0{,}000\ 91 \cdot 10^{-27} \text{ kg}$$

On voit que la masse d'un électron est environ 10^3 plus faible que celle d'un nucléon.

5 *Addition*. Exprimer chaque nombre avec la même puissance de 10, puis additionner.

• L'atome de cuivre comporte 64 nucléons et 29 électrons. Sa masse est égale à :

$$\begin{aligned} m_{\text{at}} &= 64 \times m_{\text{nuc}} + 29 \times m_{\text{él}} \\ &= 64 \times 1{,}67 \cdot 10^{-27} + 29 \times 0{,}000\ 91 \cdot 10^{27} \\ &= 1{,}1 \cdot 10^{-25} + 0{,}000\ 26 \cdot 10^{-25} = 1{,}1 \cdot 10^{-25} \text{ kg} \end{aligned}$$

Ainsi, la masse des électrons est négligeable dans ce calcul.

9 Fiche Méthode

Tracer un graphe et déterminer une pente

Objectifs : Représenter graphiquement des données résultant de mesures ou de calculs et déterminer la pente d'une droite.

Exemple. Déterminer la pente de la représentation graphique « sin i_2 en fonction de sin i_1 ».

Représentation graphique

1 Créer un tableau de valeurs expérimentales et calculées.
Identifier la ligne du tableau qui sera reportée en abscisse (x) et celle qui sera reportée en ordonnée (y).
L'expression « en fonction de ... » précède toujours ce qui est mis en abscisse (x).

• Les données expérimentales sont les angles i_1 et i_2 à partir desquelles on calcule les valeurs correspondantes de sin i_1 et de sin i_2.

	i_1 (°)	5	10	15	20	30	40	50	60	70
	i_2 (°)	3	8	10	12	20	26	50	36	40
x	sin i_1	0,09	0,17	0,26	0,34	0,50	0,64	0,77	0,87	0,94
y	sin i_2	0,05	0,14	0,17	0,21	0,34	0,44	0,77	0,59	0,64

On a porté sin i_1 en abscisse parce que l'énoncé demande « sin i_2 en fonction de sin i_1 ».

2 Tracer un repère et le graduer de façon à ce que les plus grandes valeurs de x et de y puissent être représentées.

• On choisit une graduation de l'axe des abscisses allant de 0 à 1 car les valeurs de sin i_1 vont de 0,09 à 0,94.
On choisit une graduation de l'axe des ordonnées allant de 0 à 0,8 parce que les valeurs de sin i_2 vont de 0,05 à 0,64.

3 Reporter les différents couples de points $(x\ ;\ y)$.

• Chaque point, représenté par une croix, est ainsi reporté avec soin sur le graphique.

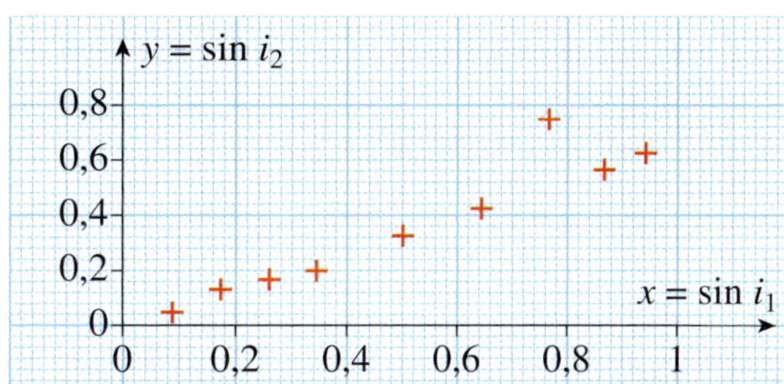

Détermination de la pente d'une droite

1 Tracer une droite qui passe à proximité d'un maximum de points.
Sur la droite, prendre deux points assez éloignés et lire leurs coordonnées :
$(x_A\ ;\ y_A)$ et $(x_B\ ;\ y_B)$.

• Si un point est franchement aberrant, il vaut mieux l'ignorer.
Les coordonnées des points A et B sont :
A(0,09 ; 0,05)
et B(0,94 ; 0,64)

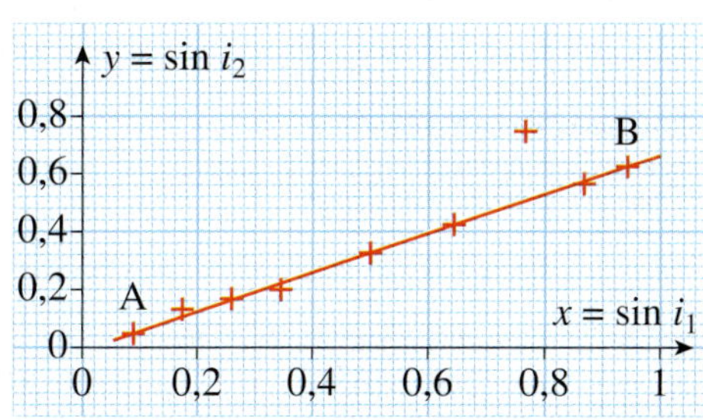

2 La pente a de la droite est donnée par la relation $a = \dfrac{y_B - y_A}{x_B - x_A}$.

• Le calcul de la pente donne ici :

$$a = \frac{0{,}64 - 0{,}05}{0{,}94 - 0{,}09} = 0{,}69$$

Corrigés des exercices

Chapitre 1

11 a. Ce médicament contient au moins trois espèces chimiques : le carbonate de magnésium, l'amidon et le stéarate de magnésium.
b. D'après leurs noms composés, le carbonate de magnésium et le stéarate de magnésium sont ioniques.

12 a. Ce pictogramme indique que l'acétone est inflammable.
b. Il faut éviter de manipuler l'acétone en présence d'une flamme.

16 Les espèces chimiques solubles dans l'eau sont :
– le saccharose que l'on peut dissoudre facilement dans son thé ;
– le chlorure de sodium que l'on peut dissoudre dans l'eau de cuisson du riz ;
– l'acide éthanoïque que l'on peut dissoudre dans de l'eau de cuisson.
Les espèces chimiques insolubles dans l'eau sont les solides, cuivre et polyéthylène.

21 $\rho_{\text{dichlorométh.}} = d_{\text{dichlorométh.}} \times \rho_{\text{eau}} = 1{,}326 \times 1{,}000 = 1{,}326 \text{ g} \cdot \text{cm}^{-3}$.

23 Le détergent contient l'espèce chimique eau et des espèces chimiques de la famille des acides et des sucres.

27 a. Le mélange est hétérogène car l'éther n'est pas soluble dans l'eau.
b. Le benzaldéhyde va se dissoudre préférentiellement dans l'éther.
c. On mélange dans une ampoule à décanter du sirop d'orgeat et de l'éther. On agite, puis après décantation, on récupère la phase de l'éther. Cette phase contient le benzaldéhyde. Il suffit de faire évaporer l'éther pour le récupérer.

29 Seul le schéma **c** représente une expérience réalisée correctement puisque les dépôts ne trempent pas dans le solvant et que les dépôts sont de taille équivalente et petite.

Chapitre 2

10 a. On récupère les arômes naturels sous forme d'huiles essentielles, de jus de fruits ou d'extraits de plante. En chimie, on utilise l'entraînement à la vapeur et l'extraction à deux solvants, par exemple.
b. De tels arômes sont en quantités infimes dans les plantes donc poseront des problèmes d'extraction pour le chimiste. L'obtention dépend également du contexte climatique, politique et des maladies possibles de la plante.
c. Les arômes d'origine synthétique évitent de dépendre des facteurs extérieurs cités en **b** et permettent d'obtenir l'arôme en plus grande quantité.
d. Si on veut obtenir 200 g de confiture, il faut disposer de 1 g d'extrait de pétales. Il faudra donc 5 000 fleurs de jasmin.

12 Réactifs : nitrate d'argent et carbonate de sodium.
Produits : carbonate d'argent et nitrate de sodium.

14 On a synthétisé l'espèce chimique dihydrogène. Les réactifs sont le fer et l'acide chlorhydrique.

17 a. À température ambiante et à la pression atmosphérique, le chloral est liquide et l'hydrate de chloral est solide.
b. L'acide chlorhydrique et le chloral anhydre ne sont pas miscibles puisqu'on parle d'interface entre deux liquides. Puisque l'acide chlorhydrique est une solution aqueuse, le chloral anhydre n'est pas soluble dans l'acide chlorhydrique, il n'est pas soluble dans l'eau.
c. Montage avec filtre, papier filtre et un bécher pour le filtrat.
d. Les réactifs de la synthèse sont le chloral et l'eau. Le chloral a été introduit dans le ballon, de même que l'eau présente dans la solution aqueuse d'acide chlorhydrique. Il est apparu un solide, ce qui laisse penser qu'une nouvelle espèce chimique a été créée.
e. Le produit de la réaction (hydrate de chloral) est un solide, il peut être identifié par sa température de fusion.

18 a. L'acide éthanoïque et l'acide sulfurique sont des espèces chimiques corrosives. Par conséquent, il faut manipuler avec des gants et porter des lunettes de sécurité. La présence des espèces chimiques éthanoate de linalyle et linalol qui sont irritantes impose de travailler sous la hotte, ce qui est d'ailleurs proposé par le texte.
F.M. 1 **b.** Le montage à reflux permet, grâce au réfrigérant, de condenser les vapeurs qui se forment au cours du chauffage des espèces chimiques, évitant ainsi qu'elles ne s'échappent dans l'atmosphère.
c. Une ampoule à décanter est utilisée pour effectuer des extractions utilisant deux solvants mais aussi simplement pour séparer des phases.
d. L'espèce chimique mise en évidence est l'eau.
e. L'éthanoate de linalyle n'est pas présent dans la même phase que l'eau puisqu'il y est peu soluble.
f. Réactifs : linalol, acide éthanoïque. Produits : éthanoate de linalyle, eau. Le linalol réagit avec l'acide éthanoïque pour donner de l'éthanoate de linalyle et de l'eau.

20 a. Le chauffage permet d'accélérer la réaction et le reflux permet de ne pas perdre de réactifs et de produits. F.M. 1
b. La chromatographie repose sur l'entraînement d'espèces chimiques par une phase mobile sur une phase fixe. La vitesse d'entraînement dépend de l'espèce chimique.
c. et **d.** Le chromatogramme montre que la goutte en B contient les mêmes espèces chimiques que les gouttes posées en A et C. Donc la synthèse a donné de l'acide acétylsalicylique et de l'acide salicylique.

Chapitre 3

13 10 protons (électroneutralité) ; $Z = 10$: atome de néon Ne.

18 a. $m_{\text{atome}} = A \times m_{\text{nucléon}} = 56 \times (1{,}7 \cdot 10^{-27}) = 9{,}5 \cdot 10^{-26}$ kg.
b. Le nombre d'atomes est égal à la masse de l'échantillon divisée par la masse d'un atome, soit : $5{,}0 \cdot 10^{-3}/(9{,}5 \cdot 10^{-26}) = 5{,}3 \cdot 10^{22}$ atomes.

22 a.

Symbole du noyau	$^{65}_{29}\text{Cu}$	$^{37}_{17}\text{Cl}$	$^{27}_{13}\text{Al}$	$^{63}_{29}\text{Cu}$	$^{35}_{17}\text{Cl}$
Protons	29	17	13	29	17
Neutrons	36	20	14	34	18
Électrons	27	18	10	27	18

b. Les ions isotopes sont les deux ions cuivre et les deux ions chlorure.

25

Espèce chimique	Éléments chimiques : symboles et noms
CO_2	C : carbone ; O : oxygène
H_2O	H : hydrogène ; O : oxygène
H_2	H : hydrogène
$Cu(OH)_2$	Cu : cuivre ; O : oxygène ; H : hydrogène
Fe	Fe : fer
NaCl	Na : sodium ; Cl : chlore
$BaSO_4$	Ba : baryum ; S : soufre ; O : oxygène

31 a. $A = 39$. **b.** 19 électrons. **c.** Cet ion a un proton de plus que d'électrons ; son symbole est donc K^+. **d.** $(K)^2(L)^8(M)^8$.

36 Le premier isotope est constitué de 1 proton, 0 neutron et 1 électron.
Le deuxième qui a le même nombre de protons et d'électrons que le premier, est constitué de 1 proton, 1 neutron et 1 électron.
Le troisième est aussi constitué d'un proton et d'un électron. La masse de ses neutron est égale à la masse du noyau (égale à la masse de l'atome) moins la masse du proton, soit : $5{,}1 \cdot 10^{-27} - 1{,}7 \cdot 10^{-27} = 3{,}4 \cdot 10^{-27}$ kg.
Cette masse correspond à 2 neutrons. Le troisième isotope est donc constitué de 1 proton, 2 neutrons et 1 électron.

40 a. $(K)^1$, $(K)^2(L)^1$ ou $(K)^2(L)^8(M)^1$. Les numéros atomiques possibles sont : 1, 3 et 11.
b. $m_{\text{atome}} \approx m_{\text{noyau}}$.
$A = m_{\text{noyau}}/m_{\text{nucléon}} = 39{,}1 \cdot 10^{-27}/1{,}7 \cdot 10^{-27} = 23$.
c. Le couple probable est $Z = 11$ et $A = 23$. Ce couple correspond à l'atome de sodium Na.
Note. Il n'existe effectivement pas d'isotope de H $(Z = 1)$ ou de B $(Z = 3)$ ayant 23 nucléons.

Chapitre 4

10 L'ion sulfure $(Z = 16)$ doit avoir une structure en octet : seuls les symboles S^{6+} et S^{2-} sont en accord avec cette condition. Il n'existe pas de cation monoatomique avec plus de 3 charges positives : le symbole de l'ion sulfure est donc S^{2-}. On peut aussi utiliser la règle de nomenclature indiquant que les ions se terminant par « ure » sont des anions (chapitre 1).

16

Z	1	6	7	8	16	17
a. Nombre d'électrons périphériques	1	4	5	6	6	7
b. Nombre de doublets liants pour avoir une structure en octet	1	4	3	2	2	1
Nombre de doublets non liants	0	0	1	2	2	3

c. Sur les schémas, il manque tous les doublets non liants des atomes.

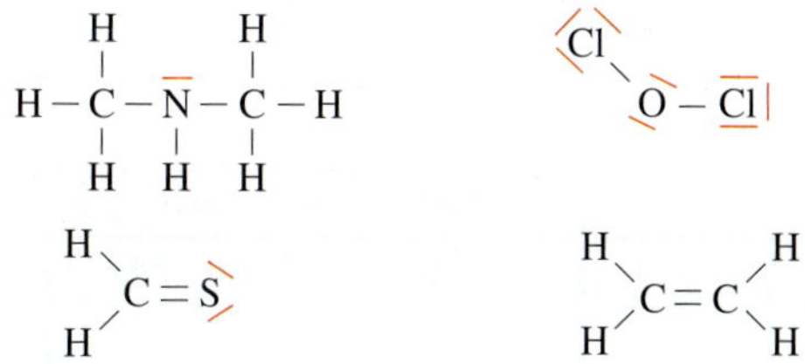

21 a. 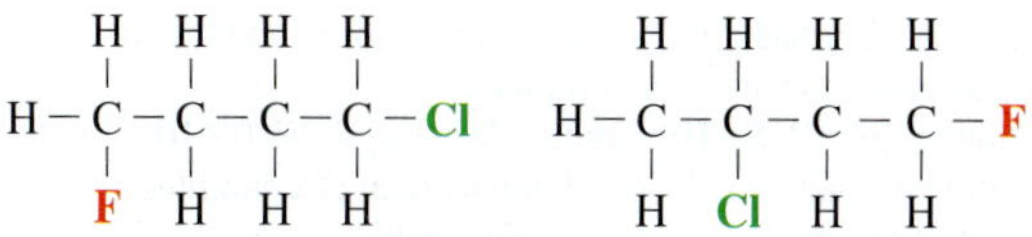

b. Ces deux molécules sont des isomères.

28 a. Voir schéma ci-contre.

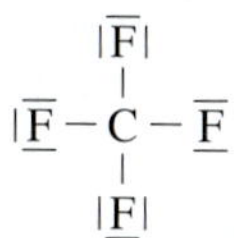

b. Autour de l'atome central C, les 4 doublets d'électrons se repoussent et occupent les sommets d'un tétraèdre.

c. La molécule est tétraédrique : 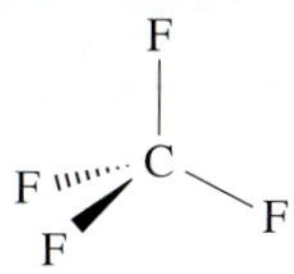

31 a. 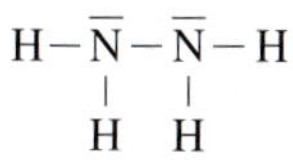 **b.** $H-C\equiv N|$

33 a. CH_4 : 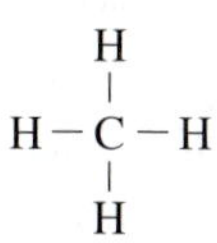

b. C_2H_6 : 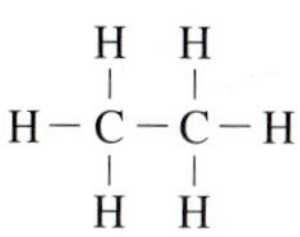 C_3H_8 : 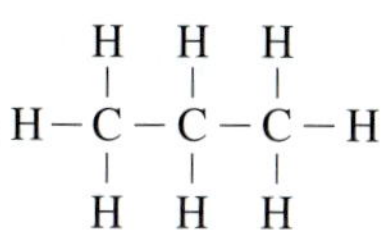

C_4H_{10} deux isomères :

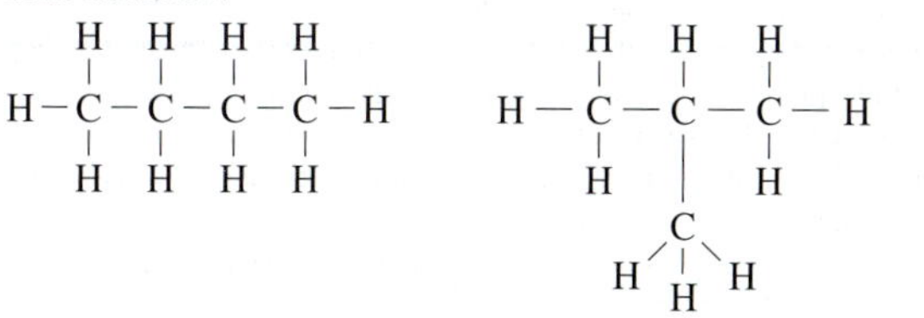

c. C_nH_{2n+2}.

36 Autour de chaque atome de carbone, les doublets électroniques (tous liants ici) se repoussent. Chaque atome C est donc placé au centre d'un tétraèdre dont les sommets sont trois atomes H et l'autre atome C.

Chapitre 5

9 a. Nom : mercure ; symbole : Hg ; $Z = 80$. **b.** Liquide.

18 a. $(L)^6$: 2e période, 6e colonne de la classification restreinte ou 16e colonne de la classification complète. O : oxygène.
b. $Z = 8$.
c. 8 électrons ; O^{2-} car il est dans la 16e colonne.

27 a. 6. **b.** 6e colonne de la classification restreinte, soit 16e colonne de la classification complète.
c. M : 2e période, atome de soufre S. **d.** H_2S par analogie avec H_2O.

33 a. Colonne 7 de la classification restreinte : famille des halogènes.
b. Non, tous les atomes du tableau sont des réponses possibles.
c. Oui, car, parmi les données, seul l'atome de fluor comporte 10 neutrons ($N = Z - A$) : il s'agit donc de l'ion fluorure F^-.

36 a. Le lithium ou tout métal de la même famille.
b. Réactifs : lithium Li et eau H_2O. Produits : ions lithium Li^+, ions hydroxyde HO^- et dihydrogène H_2.

37 a. $(K)^2(L)^8(M)^6$; 2 liaisons pour vérifier l'octet.
b. 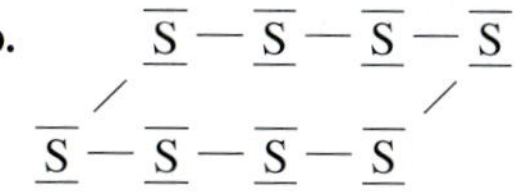

Chapitre 6

8 a. Dans une mole : $6{,}0 \cdot 10^{23}$ atomes de fer.
Dans 0,010 mol : $6{,}0 \cdot 10^{21}$ atomes de fer.
b. $n = \dfrac{2{,}4 \cdot 10^{24}}{6{,}0 \cdot 10^{23}} = 4{,}0$ mol de fer.
c. Dans une mol de O_2, il y a $6{,}0 \cdot 10^{23} \times 2 = 1{,}2 \cdot 10^{24}$ atomes et, dans une mole d'eau, $6{,}0 \cdot 10^{23} \times 3 = 1{,}8 \cdot 10^{24}$ atomes.
d. Même quantité de matière que celle calculée à la question **b**.

10 a. $44{,}0\ g \cdot mol^{-1}$ **b.** $342{,}0\ g \cdot mol^{-1}$ **c.** $180{,}0\ g \cdot mol^{-1}$
d. $249{,}6\ g \cdot mol^{-1}$ **e.** $62{,}0\ g \cdot mol^{-1}$ **f.** $18{,}0\ g \cdot mol^{-1}$.

13 a. $n = \dfrac{m}{M} = \dfrac{24}{12{,}0} = 2{,}0$ mol de carbone ;
b. $\dfrac{24}{18{,}0} = 1{,}3$ mol d'eau ; **c.** $\dfrac{24}{58{,}5} = 0{,}41$ mol de chlorure de sodium.

17 a. $M = 2 \times 1{,}0 + 32{,}1 + 4 \times 16{,}0 = 98{,}1\ g \cdot mol^{-1}$.
b. $m_{\text{molécule}} = \dfrac{M}{N_A} = \dfrac{98{,}1}{6{,}02 \cdot 10^{23}} = 1{,}63 \cdot 10^{-22}$ g.
c. atome H : $\dfrac{1{,}0}{6{,}02 \cdot 10^{23}} = 1{,}66 \cdot 10^{-24}$ g.
atome S : $\dfrac{32{,}1}{6{,}02 \cdot 10^{23}} = 5{,}33 \cdot 10^{-23}$ g.
atome O : $\dfrac{16{,}0}{6{,}02 \cdot 10^{23}} = 2{,}66 \cdot 10^{-23}$ g.
d. $(0{,}166 \times 2 + 5{,}33 + 2{,}66 \times 4)10^{-23} = 1{,}63 \cdot 10^{-22}$ g.
On trouve la même valeur qu'à la question **b**.

26 1. a. Il y a $6{,}0 \cdot 10^{23}$ molécules de butane dans 24 L.
$\dfrac{6{,}0 \cdot 10^{23}}{24} = 2{,}5 \cdot 10^{22}$ molécules dans 1 L
et $2{,}5 \cdot 10^{22} \times 25 \cdot 10^{-3} = 6{,}3 \cdot 10^{20}$ molécules dans 25 mL.
Les quantités de matière sont :
1,0 mol, $\dfrac{1{,}0}{24} = 4{,}2 \cdot 10^{-2}$ mol et $\dfrac{25 \cdot 10^{-3}}{24} = 1{,}0 \cdot 10^{-3}$ mol.
b. Une molécule comporte 14 atomes. Dans 24 L, soit une mole de butane, il y a $6{,}0 \cdot 10^{23} \times 14 = 8{,}4 \cdot 10^{24}$ atomes.
c. $V = n \times V_m = 1{,}5 \cdot 10^{-2} \times 24 = 0{,}36$ L.
2. Le volume molaire étant le même pour tous les gaz dans les mêmes conditions, la réponse aux questions **1.a** et **1.c** est la même pour le dihydrogène.
Nombre d'atomes dans une mole : $6{,}0 \cdot 10^{23} \times 2 = 1{,}2 \cdot 10^{24}$ atomes.
3. Dans une mole d'ammoniac : $6{,}0 \cdot 10^{23} \times 4 = 2{,}4 \cdot 10^{24}$ atomes.
Mêmes réponses aux questions **1.a** et **1.c**.

30 a. $m = \rho V = 0{,}78 \times 50 = 39$ g. (Rappel : 1 cm^3 = 1 mL.)
b. $n = \dfrac{m}{M} = \dfrac{39}{46{,}0} = 0{,}85$ mol avec $M = 2M_C + 6M_H + M_O$.
c. $V_m = \dfrac{V}{n} = \dfrac{50}{0{,}85} = 59$ mL soit $5{,}9 \cdot 10^{-2}$ L.

Chapitre 7

9 a. $\dfrac{0{,}050}{0{,}100} = 0{,}50\ mol \cdot L^{-1}$. **b.** $\dfrac{1{,}5}{2{,}0} = 0{,}75\ mol \cdot L^{-1}$.
c. $\dfrac{1{,}5}{2{,}0} = 0{,}75\ mol \cdot L^{-1}$.

d. $n = \dfrac{m}{M} = \dfrac{5{,}0}{253{,}8} = 2{,}0 \cdot 10^{-2}$ mol.

$c = \dfrac{n}{V} = \dfrac{2{,}0 \cdot 10^{-2}}{0{,}200} = 1{,}0 \cdot 10^{-1}$ mol · L^{-1}.

15 a. $M = 60{,}0$ g · mol^{-1}.
b. Il y a 80 mL d'acide éthanoïque dans un litre de vinaigre :

$$m = \rho V = 1{,}05 \times 80 = 84 \text{ g}$$

c. $n = \dfrac{m}{M} = \dfrac{84}{60{,}0} = 1{,}4$ mol. $c = 1{,}4$ mol · L^{-1}.

18 1. 1,00 g d'aspirine représente $n = \dfrac{m}{M} = \dfrac{1{,}00}{180} = 5{,}56 \cdot 10^{-3}$ mol.

$c_{max} = \dfrac{n}{V} = \dfrac{5{,}56 \cdot 10^{-3}}{0{,}300} = 1{,}85 \cdot 10^{-2}$ mol. · L^{-1}.

2. a. 1,20 g dans 400 mL équivaut à $\dfrac{1{,}20}{400} \times 300 = 0{,}900$ g dans 300 mL : valeur inférieure à 1,00 g. La solution n'est pas saturée.

b. $n = \dfrac{1{,}20}{180{,}0} = 6{,}67 \cdot 10^{-3}$ mol.

$c = \dfrac{6{,}67 \cdot 10^{-3}}{0{,}400} = 1{,}67 \cdot 10^{-2}$ mol · L^{-1}.

22 a. Masse molaire du glucose : $M = 180{,}0$ g · mol^{-1}. Un litre de solution renferme 0,050 mol de glucose soit $0{,}050 \times 180{,}0 = 9{,}0$ g de glucose. 200 mL de solution renferment 5 fois moins de glucose soit 1,8 g.
b. La solution à préparer renfermera 0,005 0 mol de glucose. Cette quantité de matière est apportée par un volume V de solution initiale tel que $c \times V = n = 0{,}010$ mol où c est la concentration molaire de la solution initiale. Donc $V = \dfrac{n}{c} = \dfrac{0{,}010}{0{,}005\,0} = 0{,}020$ L soit 20 mL.
c. On utilise une pipette jaugée de 20 mL (munie d'un dispositif d'aspiration) et une fiole jaugée de 100 mL. On verse un peu de solution (S_1) dans un bécher, on en prélève 20 mL au moyen de la pipette jaugée. Le prélèvement est introduit dans la fiole jaugée. On complète la fiole aux trois quarts avec de l'eau distillée, on bouche et on agite. Puis on complète jusqu'au trait de jauge avec de l'eau distillée, on bouche la fiole et on agite.

28 a. Dans 2,0 cL = 20 mL de pastis à 45° (100 mL de pastis renferment 45 mL d'alcool pur) il y a $\dfrac{45}{100} \times 20 = 9{,}0$ mL d'alcool pur.
b. Dans 100 mL de vin il y a 5 fois plus d'alcool pur que dans 20 mL soit $1{,}8 \times 5 = 9{,}0$ mL. Le vin est à 9°.
c. 100 mL de vin renferment 12 mL d'alcool pur. La masse correspondante est $12 \times 0{,}78 = 9{,}4$ g.
d. $M = 46{,}0$ g · mol^{-1} ; $n = \dfrac{9{,}4}{46{,}0} = 2{,}0 \cdot 10^{-1}$ mol dans 100 mL. La concentration molaire en éthanol est 2,0 mol · L^{-1}.

Chapitre 8

8 Transformations chimiques :
- La combustion d'une allumette. Formation de dioxyde de carbone (caractérisable par l'eau de chaux) et d'eau.
- Une pomme qui pourrit. Formation de nouvelles espèces chimiques colorées et odorantes.
- Du gaz qui brûle. Formation de dioxyde de carbone et d'eau.

12 a. État initial : les deux gaz, ammoniac et chlorure d'hydrogène, au moment de leur mélange.
b. L'ammoniac et le chlorure d'hydrogène. **c.** Le chlorure d'ammonium.
d. État final : système contenant le chlorure d'ammonium et l'un des deux gaz présents dans l'E.I. au moment où l'autre gaz à totalement disparu.

15 a. H figure 5 fois à gauche et 8 fois à droite ; la stœchiométrie n'est donc pas ajustée.
c. Il faut mettre un 2 devant NH_3.
d. Aucun nombre stœchiométrique ne permet que la somme des charges soit la même dans les deux membres.
e. À gauche. **f.** $H_2SO_4 + 2NH_3 \rightarrow 2NH_4^+ + SO_4^{2-}$.

19 a. Ca^{2+}, HO^-. **b.** $CO_2 + H_2O \rightarrow HCO_3^- + H^+$.
c. $HCO_3^- + HO^- \rightarrow CO_3^{2-} + H_2O$.
d. Réactifs : Ca^{2+} et CO_3^{2-} ; produit $CaCO_3$.

Chapitre 9

9 a.

		C	+ O_2	→ CO_2
État initial	$x = 0$	1,3	4	0
État intermédiaire	x	$1{,}3 - x$	$4 - x$	x
État final	x_{max}	$1{,}3 - x_{max}$	$4 - x_{max}$	x_{max}

b. Quand $x = 0{,}2$ mol, $n_C = 1{,}3 - 0{,}2 = 1{,}1$ mol, $n_{O_2} = 4{,}0 - 0{,}2 = 3{,}8$ mol et $n_{CO_2} = 0{,}2$ mol.
c. $n_C = 1{,}3 - 1{,}3 = 0$ mol (réactif limitant), $n_{O_2} = 4{,}0 - 1{,}3 = 2{,}7$ mol et $n_{CO_2} = 1{,}3$ mol.

14 a.

		Pb^{2+}	+ $2Cl^-$	→ $PbCl_2$
E.I.	$x = 0$	$1{,}5 \cdot 10^{-2}$	$2{,}0 \cdot 10^{-2}$	0
	x	$1{,}5 \cdot 10^{-2} - x$	$2{,}0 \cdot 10^{-2} - 2x$	x

b. Un réactif est limitant s'il a totalement disparu à l'état final.
c. Supposons que l'ion Pb^{2+} soit limitant.
On en déduit $x_{max} = 1{,}5 \cdot 10^{-2}$ mol ; alors $x_{Cl} = -1{,}0 \cdot 10^{-2}$ mol.
Cette quantité est négative. L'ion plomb ne peut être limitant.
d. L'ion chlorure est donc limitant. On en déduit :
$x_{max} = 1{,}0 \cdot 10^{-2}$ mol, $n_{Pb} = 5 \cdot 10^{-3}$ mol et $n_{PbCl_2} = 1{,}0 \cdot 10^{-2}$ mol.
e. $M_{PbCl_2} = 278{,}1$ g · mol^{-1} donc $m_{PbCl_2} = 2{,}8$ g.

17 a. $C + O_2 \rightarrow CO_2$.

b. et **c.**

		C	+ O_2	→ CO_2
E.I.	$x = 0$	0,50	1,2	0
	x	$0{,}50 - x$	$1{,}2 - x$	x
E.F.	x_{max}	0	0,70	0,50

d. Le dioxygène est en excès.
e.

État initial CNTP C : 0,50 mol O_2 : 1,2 mol	transformation → chimique	État initial CNTP O_2 : 0,7 mol CO_2 : 0,5 mol

20 a. $Cu^{2+} + 2HO^- \rightarrow Cu(OH)_2$.
b. E.I. : $n_{Cu^{2+}} = 20 \cdot 10^{-3} \times 0{,}12 = 2{,}4 \cdot 10^{-3}$ mol .
c.

		Cu^{2+}	+ $2HO^-$	→ $Cu(OH)_2$
E.I.	$x = 0$	$2{,}4 \cdot 10^{-3}$	n	0
E.F.	x	$2{,}4 \cdot 10^{-3} - x$	$n - 2x$	x

d. Il faut que les ions cuivre soient limitants, donc $x_{max} = 2{,}4 \cdot 10^{-3}$ mol, soit $n > 4{,}8 \cdot 10^{-3}$ mol.
e. Avec les proportions stœchiométriques, $n = 2x_{max} = 4{,}8 \cdot 10^{-3}$ mol, donc $V = 4{,}8 \cdot 10^{-3}/2{,}0 = 2{,}4 \cdot 10^{-3}$ L soit 2,4 mL.

24 a. On déduit d'un tableau d'avancement que $0{,}15 - 2x_{max} = 0$ et $n_{Cl_2} - 3x_{max} = 0$ soit $n_{Cl_2} = 0{,}23$ mol.
b. $2x_{max} = 2{,}0 \cdot 10^{-4}$ mol ; $n_{Al}^{E.I.} = 2{,}0 \cdot 10^{-4}$ mol ; $n_{Cl_2}^{E.I.} = 3 \cdot 10^{-4}$ mol.
c. $V_{Cl_2} = 7{,}2 \cdot 10^{-4}$ L ; $V_{Al} = 2 \cdot 10^{-3}$ cm^3.

30 1. a. Test au réactif de Fehling (voir page 14).
b. $M = 180$ g · mol^{-1} donc $n = 360 \cdot 10^{-3}/180 = 2{,}00 \cdot 10^{-3}$ mol.
c. $C_6H_{12}O_6 + 2Cu^{2+} + 4HO^- \rightarrow CU_2O + C_6H_{12}O_7 + H_2O$.
d. $n_{Cu^{2+}}^{E.I.} - 2x_{max} = 0$ et $n_{glucose}^{E.I.} - x_{max} = 0$ soit :
$n_{Cu^{2+}}^{E.I.} = 2n_{glucose}^{E.I.} = 4{,}00 \cdot 10^{-3}$ mol.
$[Cu^{2+}] = 4{,}00 \cdot 10^{-3}/8{,}3 \cdot 10^{-3} = 0{,}48$ mol · L^{-1}.
2. a. Une pipette jaugée.
b. Dans 10 mL de réactif de Fehling, il y a :
$n'_{Cu^{2+}} = 10 \cdot 10^{-3} \times 0{,}48 = 4{,}8 \cdot 10^{-3}$ mol d'ions Cu^{2+}.
$n'^{E.I.}_{glucose} = 1/2 n'^{E.I.}_{Cu^{2+}} = 2{,}4 \cdot 10^{-3}$ mol dans 14,7 mL.
$[glucose] = 2{,}4 \cdot 10^{-3}/14{,}7 \cdot 10^{-3} = 0{,}16$ mol · L^{-1}.

Chapitre 10

7 a. $NO_3^- : -1e$; $SO_4^{2-} : -2e$; $O_2^{2-} : -2e$; $O^{2-} : -2e$; $CO_3^{2-} : -2e$; $CO_3^{2-} : -2e$; $S_2O_3^{2-} : -2e$.
b. Masses molaires en $g \cdot mol^{-1}$: 62,0 ; 96,1 ; 32,0 ; 32,0.

11 a. La phase fixe : papier filtre ; phase mobile : solution alcoolique et colorants.
b. 5. **c.** Pour identifier les colorants d'un échantillon à l'autre.

13 a. $X = HF$. **b.** $H-\overline{F}|$.
c. Il y a au moins 4 espèces chimiques différentes : $C_2H_7NO_3S$; $C_6H_3FN_2O_4$; $C_8H_9N_3O_7S$ et $C_6H_4N_2O_5$.
d. La taurine a réagi avec $C_6H_3FN_2O_4$; il s'est formé $C_8H_9N_3O_7S$, extrait à l'éther, ainsi que $C_6H_3FN_2O_4$.
e. Oui ; la chromatographie montre la présence de $C_8H_9N_3O_7S$ issue de la réaction de la taurine avec $C_6H_3FN_2O_4$.

Chapitre 11

12 Un atome a une longueur égale à $2r_{Al}$. Si on met bout à bout N atomes, on aura : $N = L/2r_{Al} = 1{,}0 \cdot 10^{-2}/182 \cdot 10^{-12} = 2{,}7 \cdot 10^7$ atomes.

17 a. 2, 3, 4 chiffres significatifs.
b. Avec le double décimètre : $A = 4{,}9\ cm^2$. Avec le pied à coulisses : $A = 4{,}87\ cm^2$. Avec le palmer : $A = 4{,}877\ cm^2$.

19

	Distance (km)	Distance (a.l.)	Distance (U.A.)
Sirius	$8{,}2 \cdot 10^{13}$	8,7	$5{,}5 \cdot 10^5$
Pluton	$6{,}0 \cdot 10^9$	$6{,}3 \cdot 10^{-4}$	40
Amas de la Vierge	$3{,}4 \cdot 10^{20}$	$3{,}6 \cdot 10^7$	$2{,}3 \cdot 10^{12}$
Diamètre de la Voie lactée	$1{,}1 \cdot 10^{18}$	$1{,}2 \cdot 10^5$	$7{,}6 \cdot 10^9$

22 a. Le schéma est :

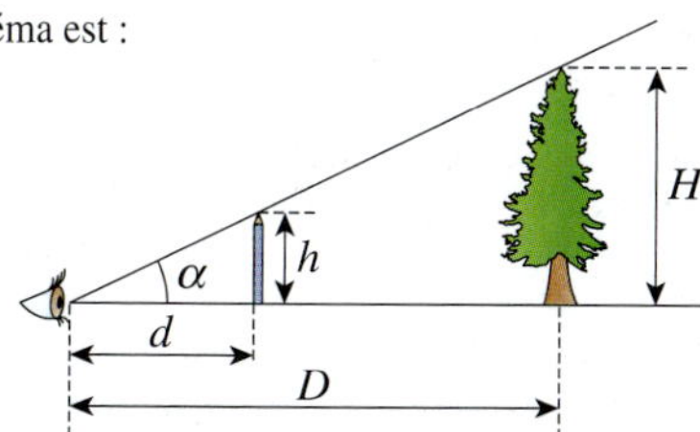

b. La hauteur H du cerisier est : $H = hD/d = 0{,}18 \times 15/0{,}60 = 4{,}5$ m.
c. L'angle α est donné par : $\tan \alpha = h/d = 18/60 = 0{,}3$ soit $\alpha = 17°$.

25 a. $t_{lum} = d/c = 1 \cdot 10^{-5}$ s.
b. $t_{son} = d/c_{son} = 9$ s.
c. La propagation de la lumière est très rapide (10 µs) alors que celle du son nécessite 9 s.
Le temps qui s'écoule entre la vision de l'éclair et l'émission du tonnerre est égal à $9 - 1 \cdot 10^{-5} \approx 9$ s. Ainsi, on peut considérer que le temps entre la vision de l'éclair et l'émission du tonnerre est égal au temps mis par le son pour se propager depuis l'impact de la foudre.
d. La distance à laquelle se trouve l'impact est :

$$d(\text{km}) = 0{,}34 t_{\text{tonnerre}} \approx t_{\text{tonnerre}}/3$$

Il suffit de diviser par trois le temps (en s) mis par le son pour se propager pour déterminer approximativement la distance de l'impact à l'observateur.

31 a. La Lune parcourt : $360/(27{,}3 \times 24) = 0{,}55°$.
b. Pour pénétrer complètement dans l'ombre de la Terre, la Lune doit parcourir un angle égal à son diamètre apparent, c'est-à-dire de 0,5° environ, ce qu'elle fait en 1 heure environ.
c. Avant de réapparaître, la Lune reste encore totalement dans l'ombre pendant deux heures pour y parcourir une distance double. Le diamètre de la Terre D_T est environ 3 fois celui de la Lune D_L.
d. $D_L = D_T/3 = 4{,}3 \cdot 10^3$ km et $R_L = 2{,}2 \cdot 10^3$ km.
Distance Terre-Lune : $D_{TL} = 4{,}3 \cdot 10^3/\tan 0{,}5 = 4{,}9 \cdot 10^5$ km.
Valeurs actuelles : $D_L = 3{,}5 \cdot 10^3$ km et $D_{TL} = 3{,}9 \cdot 10^5$ km.
Écarts relatifs : $100 = \dfrac{|4{,}3 - 3{,}5|}{3{,}5} = 23\ \%$ et $100 = \dfrac{|4{,}9 - 3{,}9|}{3{,}9} = 26\ \%$.

Chapitre 12

11 a. L'écran est de couleur bleue.
b. Non. 1 010 nm caractérise une radiation constituant une lumière infrarouge, non visible par l'œil. La superposition de deux lumières de couleurs différentes donne une couleur (visible), résultant de leur mélange. Les longueurs d'onde ne s'ajoutent pas.

12 Par définition, $n = c/v = 3{,}00 \cdot 10^8/1{,}85 \cdot 10^8 = 1{,}62$.

18 a. La radiation correspond à la couleur verte.
b. Seconde loi de Descartes pour la réfraction : $n_1 \sin i_1 = n_2 \sin i_2$. Ainsi, $\sin i_2 = n_1 \sin i_1/n_2 = 1 \times \sin 30/1{,}61$ et $i_2 = 18°$.
c. Le rayon réfracté est confondu avec la normale à la surface semi-circulaire du demi-cylindre. Ainsi, l'angle d'incidence lors du passage plexiglas-air est nul et le rayon lumineux émergera du demi-cylindre sans être dévié.

20 a. La lumière d'un laser est monochromatique. À la sortie du prisme, la lumière est toujours monochromatique, mais elle est déviée par rapport à la lumière incidente.
b. Les lampes halogène émettent de la lumière blanche. Un tel rayonnement est polychromatique. La lumière sortant du prisme sera non seulement déviée par rapport à la lumière incidente, mais également dispersée.
c. La lumière à la sortie du prisme est monochromatique quand la lumière entrant dans le prisme l'est aussi.

25 a. Le rayon n'est pas dévié car l'angle d'incidence est nul.
b. On vérifie que i'_1 vaut 45,0° grâce à un rapporteur.
D'après la seconde loi de Descartes pour la réfraction, on a :
$\sin i'_2 = 1{,}680 \sin i'_1/1{,}000 = 1{,}19$. Or un sinus est forcément compris entre -1 et 1. Il n'y a pas d'angle i'_2 possible.
c. Au maximum, il faut que $i'_2 = 1$. L'angle A est donné par : $\sin i'_1 = \sin A = 1{,}00 \sin i'_2/1{,}680 = 0{,}59$ soit $A = 36{,}5°$.
d. La lumière blanche serait dispersée par le prisme ; la lumière violette serait la plus déviée et les autres couleurs beaucoup moins.

Chapitre 13

10 a. Il est très chaud. **b.** Cela signifie que de moins en moins de radiations de courtes longueurs d'onde sont émises. La braise se refroidit donc aussi vite que son aspect change.
c. Le spectre de la lumière émise par le boulet de charbon rouge foncé est dans la partie rouge du spectre de la lumière blanche émise par le boulet très chaud. Les autres radiations ne sont plus émises ; la braise a refroidi.

14 a. Un spectre de raies (et non un spectre continu). **b.** La lumière a été émise par un gaz chaud, constitué d'atomes ou d'ions monoatomiques.
c. La raie jaune est commune aux deux spectres, elle est donc caractéristique d'un élément chimique commun aux deux espèces chimiques. Il s'agit nécessairement de l'élément chimique sodium.
d. La coloration orangée provient de la présence de l'élément chimique sodium. Il provient du sel de cuisine ($NaCl$).

15 a. Un spectre de bande. Pour que ce soit un spectre de raies, il faudrait que le filtre soit un gaz d'atomes ou d'ions monoatomiques.
b. Le filtre qui supprime toutes les longueurs d'onde inférieures à 700 nm laisse passer uniquement les radiations de longueurs d'onde supérieures à 700 nm. Dans le domaine du rayonnement visible, toutes ces longueurs d'onde sont dans le domaine du rouge.
c. On ne voit rien, il ne sort pas du tout de lumière. En effet, un filtre va supprimer toutes les radiations de longueurs d'onde inférieures à 700 nm, il ne va donc rester que les radiations de longueurs d'onde supérieures à 700 nm, qui sont toutes arrêtées par l'autre filtre.
d. On observe bien la couleur jaune de cette radiation à travers le second filtre (qui ne filtre pas une telle radiation) alors que le premier filtre l'absorbe.

19 a. Oui, car le spectre couvre tout le domaine du visible.
b. Les raies noires du spectre de la lumière solaire proviennent d'une absorption de la lumière émise par le Soleil. Il est indispensable que les atomes ou les ions monoatomiques qui absorbent ces radiations absentes se situent entre la source lumineuse et nous. Il ne peut donc s'agir d'atomes ou d'ions situés à l'intérieur du Soleil. En revanche, l'absorption par des atomes ou des ions situés dans l'enveloppe du Soleil explique l'existence d'un certain nombre de raies de Fraunhofer.
c. On peut en déduire que des atomes ou des ions présents dans l'atmosphère de la Terre sont impliqués dans certaines absorptions.

Chapitre 14

13 a. Le référentiel est l'axe (imaginaire) de rotation de la Terre, passant par ses pôles. **b.** Le référentiel est le Soleil : référentiel héliocentrique.
c. Il s'agit du référentiel terrestre. **d.** Le référentiel est le train.
e. Il s'agit du référentiel terrestre (sol ou rails ou arbres...)

16 $v = \frac{d}{t} = \frac{100}{9{,}79} = 10{,}2\ \text{m} \cdot \text{s}^{-1} = 36{,}8\ \text{km} \cdot \text{h}^{-1}$.

24 a. On choisit le centre de la balle. Le mouvement d'une balle est vertical ascendant, puis descendant, puis ascendant, etc.
b. Les lancements étant réguliers, toutes les 0,50 s, une balle doit être lancée lorsque la précédente atteint sa hauteur maximale et la durée de la montée ou de la descente est de 0,50 s. Une balle lancée par une main est relancée par la même main après 2 allers-retours : elle a donc mis 2,0 s et parcouru 4,0 m.
c. $v = \frac{d}{t} = \frac{4{,}0}{2{,}0} = 2{,}0\ \text{m} \cdot \text{s}^{-1}$.

26 a. Les intervalles sont de même longueur sur l'axe horizontal. Leur longueur décroît sur l'axe vertical, dans le sens de l'axe.
b. Le mouvement est uniforme selon l'axe horizontal puisque des distances égales sont parcourues pendant des durées égales. Le mouvement est retardé selon l'axe vertical : la vitesse du volant diminue au cours de son ascension.
c. Tous les points n'ont pas le même mouvement : le volant « tourne ».

33 a.

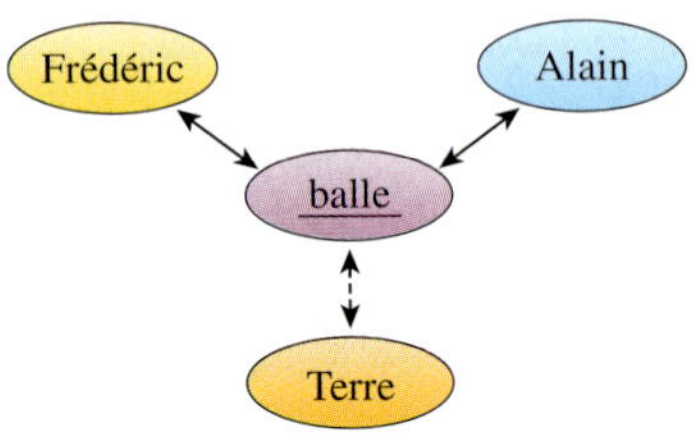

b.

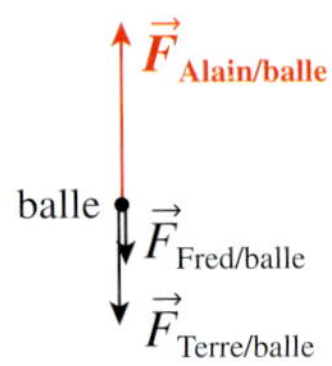

c.

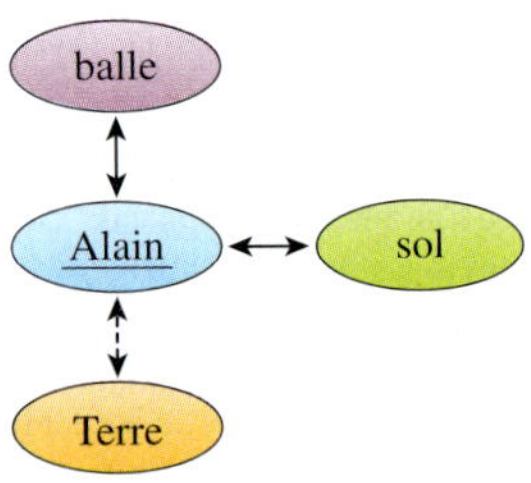

d.

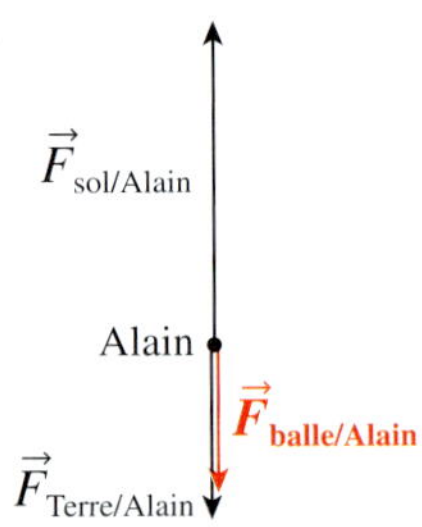

Chapitre 15

7 Les effets d'une force sont d'autant plus importants que la masse est faible. La boule en bois a une masse plus importante que celle en mousse. Les effets de l'aimant sur la boule en bois sont donc moins importants que sur celle en mousse. Le mouvement de la boule en bois est à peine modifié.

11 a. Le mouvement est circulaire uniforme. **b.** D'après le principe d'inertie et puisque son mouvement n'est pas rectiligne uniforme, on peut en déduire que la Lune n'est pas soumise à des forces qui se compensent.

13 a. $h = 9{,}8 \times 1{,}5^2/2 = 11$ m.
b. Les valeurs de y en fonction du temps sont donnés dans le tableau.
c. Mouvement rectiligne non uniforme (accéléré).
d. D'après le principe d'inertie et puisque le mouvement de la balle n'est pas rectiligne uniforme, alors la balle est soumise à des forces qui ne se compensent pas.
e. On doit s'attendre à ce que le ballon mette 1,5 s pour tomber.

t (s)	y (m)
0,15	0,11
0,3	0,44
0,45	0,99
0,6	1,8
0,75	2,8
0,9	4,0
1,05	5,4
1,2	7,1
1,35	8,9
1,5	11

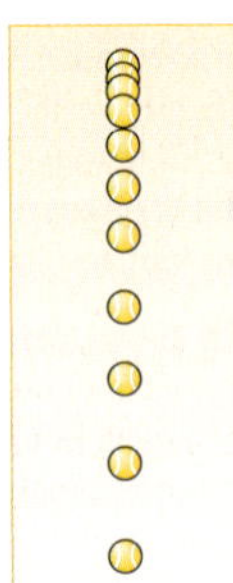

c. Mouvement rectiligne non uniforme (accéléré).
d. D'après le principe d'inertie et puisque le mouvement de la balle n'est pas rectiligne uniforme, alors la balle est soumise à des forces qui ne se compensent pas.
e. On doit s'attendre à ce que le ballon mette 1,5 s pour tomber.

f. La loi n'est plus vérifiée. On peut émettre l'hypothèse que la chute d'un objet dépend de sa masse volumique, de sa forme, de sa surface, etc.

15 a. Le mouvement de la balle est curviligne varié.
b.

La balle est soumise à son poids (force verticale, dirigée vers le bas) et à la force exercée par l'air (force de même direction que le mouvement mais de sens opposé) et qui est négligée par la suite.

c. On a :

L'espacement entre deux positions est constant au cours du temps.
d. On a le schéma vertical ci-contre. L'espacement entre deux positions augmente au cours du temps.
e. On a :
• sur l'axe horizontal : aucune force ne s'exerce sur la balle. D'après le principe d'inertie, le mouvement est rectiligne uniforme ;
• sur l'axe vertical : une force, le poids, s'exerce sur la balle. D'après le principe d'inertie et puisque le mouvement n'est pas rectiligne uniforme, alors les forces suivant cette direction ne se compensent pas.

18 a.

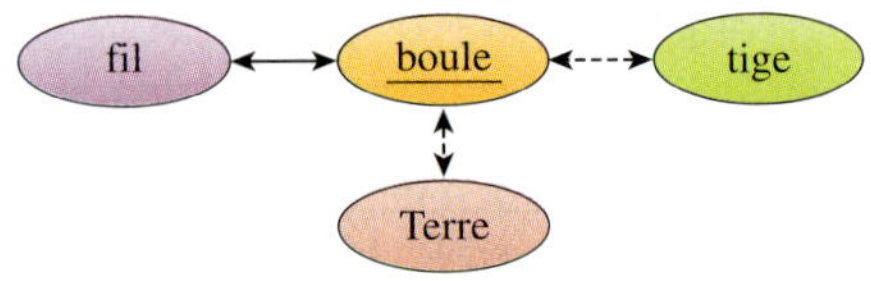

b. La boule est soumise à son poids, à la force exercée par la tige en verre et à la force exercée par le fil.
c. D'après le principe d'inertie et puisque la boule est immobile, on peut en déduire que les forces qui s'exercent sur elle se compensent.

d.

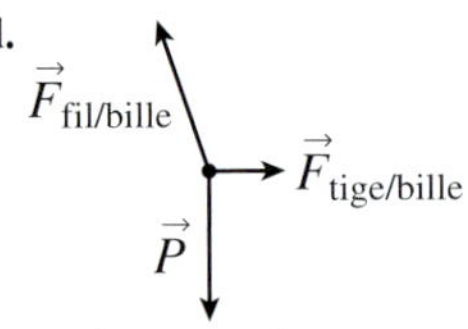

Lorsque des forces se compensent cela veut dire que la somme des vecteurs les représentant est égale au vecteur nul.

Chapitre 16

10 a.
$F_{\text{Téthys/Saturne}} = G \times m_{\text{Téthys}} \times m_{\text{Saturne}} / d^2_{\text{Téthys-Saturne}} = 2{,}73 \cdot 10^{20}$ N.
b. La force que Téthys exerce sur Saturne est égale à la force que Saturne exerce sur Téthys, ainsi $F_{\text{Saturne/Téthys}} = F_{\text{Téthys/Saturne}} = 2{,}73 \cdot 10^{20}$ N.
c.

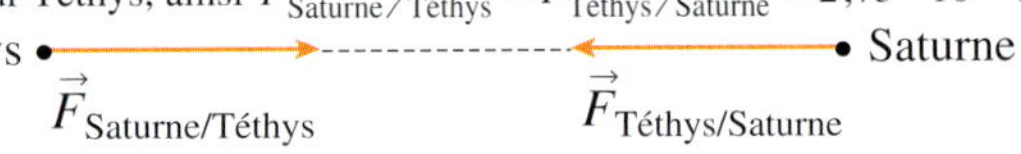

12 a. $P_T(m) = mg_T = 5{,}9 \cdot 10^2$ N et $P_L(m) = mg_L = 97$ N.
b. $P_T(m') = P_L(m)$ donc $m'g_T = mg_L$ et $m' = mg_L/g_T = 9{,}9$ kg.
c. Sur la Lune, un astronaute aura la même sensation que s'il portait sur Terre une combinaison de 9,9 kg. Il lui sera donc facile de la porter. Par contre, sur Terre, ce serait impossible.

14 a. La trajectoire de la balle dépend des conditions initiales : direction de lancement et valeur de la vitesse initiale.
b. Oui, car la trajectoire de la balle est la même puisque la valeur de la vitesse et la direction du lancement n'ont pas changé.
c. La direction du lancement est la même pour un observateur hors du tapis. La trajectoire ayant changé, on peut donc en déduire que la vitesse initiale n'était pas la même dans les deux cas.

16 a. D'après le principe d'inertie et puisque le mouvement de Ganymède n'est pas rectiligne uniforme, alors les forces qui s'exercent sur Ganymède ne se compensent pas.
b.

c. $F_{J/G} = G\,\frac{M_J M_G}{R^2} = 1{,}64 \cdot 10^{22}$ N.

d. $F_{S/G} = G\,\dfrac{M_S M_G}{d^2_{\text{Soleil-Ganymède}}} = 3{,}23 \cdot 10^{19}$ N.

Cette force est environ mille fois moins importante que celle exercée par Jupiter sur Ganymède. Il est donc légitime de la négliger par rapport à la force exercée par Jupiter sur Ganymède.

19 **1. a.** En remplaçant h, v et g par leurs valeurs, on constate que dans les trois cas la relation proposée est vérifiée (aux erreurs d'arrondi près).
b. Pour une hauteur $h = 0$, il faut que $v = 0$ m · s^{-1}.
c. La bille n'est soumise qu'à son poids lors de sa chute, il s'agit donc d'une chute libre.

2. a. On constate que si l'on remplace v par v_2, la relation de la partie **1** est vérifiée. Par contre, si l'on remplace v par v_1 dans la relation de la partie **1**, la relation n'est pas vérifiée. Le mouvement de la boule suit la relation de la partie **1** mais pas celui de la balle de tennis.
b. Le diagramme boule-interactions est le même que le diagramme bille-interactions de la partie **1**. En revanche, pour la bille, il faut prendre en compte une autre interaction ; celle avec l'air est envisageable.

c. Une seule force s'exerce sur la boule de pétanque, son poids, donc le mouvement est une chute libre. Par contre, pour la balle, ce n'est pas une chute libre puisque la balle est soumise à son poids et à la force exercée par l'air lors de son mouvement.

Chapitre 17

7 **a.** Le méridien d'un lieu est la ligne joignant les deux pôles de la Terre et passant par le lieu considéré.
b. 86 400 s = 24 h 00 min 0 s.
c. 86 164 s = 23 h 56 min 4 s.
d. On peut observer sur le schéma que, du fait de la rotation de la Terre sur elle-même et du fait de sa révolution autour du Soleil, le point A se retrouve face à l'étoile lointaine (en B) après avoir effectué un tour, alors que pour se retrouver face au Soleil elle doit tourner encore d'environ 1°. Le jour solaire est donc un peu plus long que le jour sidéral.

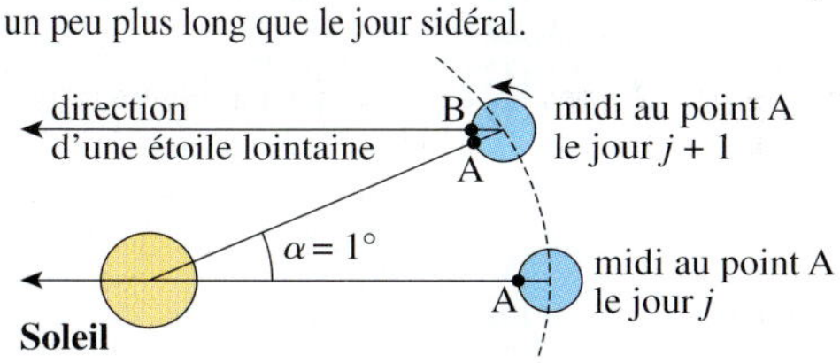

10 **a.** Dispositifs : ① = sablier ; ② = cadran solaire ; ③ = clepsydre ; ④ = montre. **b.** Principes de fonctionnement : voir cours.
c. ② et ④ sont basés sur des phénomènes périodiques.
d. ① et ③ sont basés sur des écoulements.

12 **a**, **c** et **d** sont périodiques.

14 $f = \dfrac{1}{T} = \dfrac{1}{1{,}7} = 0{,}59$ Hz. **15** $T = \dfrac{1}{f} = \dfrac{1}{(3{,}0 \cdot 10^9)} = 3{,}3 \cdot 10^{-10}$ s.

19 **a.** C'est un phénomène périodique. Les oscillations se reproduisent identiques à elles-mêmes, à intervalles de temps égaux.
b. On visualise un peu plus d'une période.
c. La période de la tension s'étend sur 5 divisions. Or, d'après la base de temps lue sur les boutons de réglage de l'oscilloscope, chaque division vaut 20 ms. Donc la période vaut $T = 5 \times 20 \cdot 10^{-3} = 0{,}10$ s.
d. $f = \dfrac{1}{T} = \dfrac{1}{0{,}10} = 10$ Hz.
e. La tension garde la même taille verticalement, mais une période s'étendrait sur 2 divisions au lieu de 5, on verrait donc sur l'écran 5 périodes.

Chapitre 18

10 **a.** $p\ (\text{Pa}) = \dfrac{F\ (\text{N})}{S\ (\text{m}^2)} = \dfrac{0{,}50}{10 \cdot 10^{-4}} = 5{,}0 \cdot 10^2$ Pa.
b. La pression atmosphérique normale est $1{,}013 \cdot 10^5$ Pa. Elle est supérieure à la pression calculée précédemment.
c. La pression est divisée par deux.

14 **a.** $1{,}013 \cdot 10^5$ Pa si la pression atmosphérique est normale.
b. Cette force a même valeur que celle du poids de la masse de 1,0 kg.
$F = m \times g = 1{,}0 \times 10 = 10$ N
c. $p = \dfrac{F}{S} = \dfrac{10}{1{,}0 \cdot 10^{-4}} = 1{,}0 \cdot 10^5$ Pa.
d. La pression du gaz dans la seringue est :
$$p_{\text{int}} = 1{,}013 \cdot 10^5 + 1{,}0 \cdot 10^5 = 2{,}0 \cdot 10^5 \text{ Pa}$$
La force pressante exercée par l'air de la seringue sur la membrane est :
$$F_{\text{int}} = p_{\text{int}} \times S = 2{,}0 \cdot 10^5 \times 1{,}0 \cdot 10^{-4} = 20 \text{ N}$$
La membrane est soumise à la force pressante exercée par l'air intérieur à la seringue soit $F_{\text{int}} = 20$ N et à la force pressante exercée par l'air extérieur :
$$F_{\text{ext}} = p_{\text{atm}} \times S = 1{,}013 \cdot 10^5 \times 1{,}0 \cdot 10^{-4} = 10 \text{ N}$$
Il en résulte sur la membrane une force pressante de 10 N dirigée de l'intérieur de la seringue vers l'extérieur.

19 **a.** On utilise le millibar et, de plus en plus, l'hectopascal.
b. $1{,}013 \cdot 10^5$ Pa $= 1{,}013 \cdot 10^3$ hPa $= 1\ 013$ hPa.
1,013 bar = 1 013 mbar. On remarque que la valeur numérique trouvée est la même en hPa et en mbar : 1 hPa = 1 mbar.
c. $1{,}013 \cdot 10^5$ Pa correspondent à 1,0 atm. Donc 0,80 atm correspond à $0{,}80 \times 1{,}013 \cdot 10^5 = 8{,}1 \cdot 10^4$ Pa.
$1{,}013 \cdot 10^5$ Pa correspondent à 760 mmHg. Donc 748 mmHg correspondent à $1{,}013 \cdot 10^5 \times \dfrac{748}{760} = 9{,}97 \cdot 10^4$ Pa.

22 **a.** Entre les points 0 et 100, il y a 100° (°C) dans l'échelle Celsius. Entre les points 32 et 212, il y a 180° (°F) dans l'échelle Fahrenheit. Donc 100 °C équivalent à 180 °F et 1 °C équivaut à 1,8 °F. La correspondance entre les deux échelles s'écrit : $\theta\ (°\text{F}) = 32 + 1{,}8 \times \theta\ (°\text{C})$.
Donc une température de – 10 °C correspond à 32 – 18 = 14 °F.
b. 98,6 °F ≈ 99 °F. **c.** – 17,8 °C ≈ – 18 °C.
d. $\theta\ (°\text{C}) = \theta\ (°\text{F})$ donc $\theta\ (°\text{C ou °F}) = 32 + 1{,}8 \times \theta\ (°\text{C ou °F})$
$-0{,}8\,\theta = 32$ et $\theta = -40$ °C ou °F.

27 **a.** Pour l'éthanol, l'augmentation de volume est :
$$V - V_0 = V_0 a \theta = 10 \times 1{,}1 \cdot 10^3 \times 20 = 0{,}22 \text{ cm}^3$$
Pour la glycérine : $V - V_0 = 10 \times 0{,}49 \cdot 10^{-3} \times 20 = 0{,}098$ cm^3.
b. Augmentation de volume plus grande pour l'alcool que pour la glycérine dans les mêmes conditions. Plus grande précision avec l'alcool.

Chapitre 19

8 $T\ (\text{K}) = \theta\ (°\text{C}) + 273{,}15$.
a. 90,19 K **b.** 373,15 K **c.** 273,15 K **d.** 1 235,1 K.

11 La loi de Mariotte s'applique : pV = constante.
Le volume passe de 18 cm^3 à 6,0 cm^3 : il est divisé par 3.
La pression est donc multipliée par 3 : $3 \times 1{,}013 \cdot 10^5 = 3{,}039 \cdot 10^5$ Pa.

14 **a.** $M = 2 \times 16{,}0 = 32{,}0$ g · mol^{-1}. $n = \dfrac{m}{M} = \dfrac{5{,}0}{32{,}0} = 0{,}16$ mol.
b. $T = 25 + 273 = 298$ K.
c. $pV = nRT$ donc $V = \dfrac{nRT}{p} = \dfrac{0{,}16 \times 8{,}31 \times 298}{1{,}0 \cdot 10^5} = 4{,}0 \cdot 10^{-3}$ m^3.
d. $p' = \dfrac{nRT'}{V} = \dfrac{0{,}16 \times 8{,}31 \times (50 + 273)}{4{,}0 \cdot 10^{-3}} = 1{,}1 \cdot 10^5$ Pa.

24 **a.** Le volume molaire d'un gaz est le volume occupé par une mole du gaz soit $6{,}02 \cdot 10^{23}$ molécules du gaz. Dans les mêmes conditions de température et de pression, tous les gaz ont le même volume molaire.
b. Un litre d'air renferme 0,78 L de diazote, 0,21 L de dioxygène et 0,01 L d'argon. $n = \dfrac{V}{V_m}$; $n_{N_2} = \dfrac{0{,}78}{24} = 3{,}3 \cdot 10^{-2}$ mol.
$n_{O_2} = \dfrac{0{,}21}{24} = 8{,}8 \cdot 10^{-2}$ mol ; $n_{\text{Ar}} = \dfrac{0{,}01}{24} = 4{,}2 \cdot 10^{-4}$ mol.
c. $m = nM$.
$M_{N_2} = 28{,}0$ g · mol^{-1} ; $M_{O_2} = 32{,}0$ g · mol^{-1} ; $M_{\text{Ar}} = 39{,}9$ g · mol^{-1}.
$m_{N_2} = 3{,}3 \cdot 10^{-2} \times 28{,}0 = 0{,}92$ g
$m_{O_2} = 8{,}8 \cdot 10^{-2} \times 32{,}0 = 0{,}28$ g
$m_{\text{Ar}} = 4{,}2 \cdot 10^{-4} \times 39{,}9 = 0{,}017$ g
Masse d'un litre d'air : 0,92 + 0,28 + 0,017 = 1,2 g.
d. $M_{\text{air}} = (28{,}0 \times 0{,}78) + (32{,}0 \times 0{,}21) + (39{,}9 \times 0{,}01) = 29$ g · mol^{-1}
ou $M_{\text{air}} = 1{,}2 \times 24 = 29$ g · mol^{-1}.

INDEX

Les numéros de page en **noir** renvoient à du cours (définition, illustration), les numéros en **rouge** renvoient aux activités de découverte 1 et 2, les numéros en **bleu** aux autres activités, les numéros en **vert** aux activités expérimentales (TP).

TABLE DES ILLUSTRATIONS

Les Éditions Hatier remercient les Établissements Jeulin (Évreux - 27), Pierron (Sarreguemines - 57), Ranchet (Chassieu - 69) qui ont aimablement fourni le matériel photographié.

Remerciements : Les Auteurs et les Éditions Hatier remercient la Direction de l'École Normale Supérieure de Lyon ainsi que le service technique du Département des Sciences de la Matière pour leur accueil et leur aimable collaboration.

Iconographie : Pierre Philippon / Hatier Illustration

Achevé d' imprimier chez Officine Grafiche 1901 Novara- Italie

Dèpot legal n° 46193-Avril 2004